LES

TROIS RÈGNES

DE LA NATURE

INTRODUCTION

PARIS, IMPRIMERIE ADMINISTRATIVE DE PAUL DUPONT,
45, RUE DE GRENELLE-SAINT-HONORÉ.

PELARGONIUMS.

LE

MUSÉUM

D'HISTOIRE NATURELLE

HISTOIRE DE LA FONDATION ET DES DÉVELOPPEMENTS SUCCESSIFS DE L'ÉTABLISSEMENT;
BIOGRAPHIE DES HOMMES CÉLÈBRES QUI Y ONT CONTRIBUÉ PAR LEUR ENSEIGNEMENT OU PAR LEURS DÉCOUVERTES,
HISTOIRE DES RECHERCHES, DES VOYAGES,
DES APPLICATIONS UTILES AUXQUELS LE MUSÉUM A DONNÉ LIEU, POUR LES ARTS, LE COMMERCE ET L'AGRICULTURE
DESCRIPTION DES GALERIES, DU JARDIN, DES SERRES ET DE LA MÉNAGERIE

PAR

M. P.-A. CAP

ET UNE SOCIÉTÉ DE SAVANTS ET D'AIDES NATURALISTES DU MUSÉUM

PARIS

L. CURMER

RUE RICHELIEU, 47 (AU PREMIER).

—

M DCCC LIV.

A Messieurs

Les Professeurs = Administrateurs, Aides
naturalistes, Préparateurs et Employés du Muséum
d'Histoire naturelle dont l'obligeance extrême a
rendu facile l'érection de ce monument en l'honneur
des sciences naturelles,

Hommage de profonde et sincère reconnaissance,

L. CURMER.

PREMIÈRE PARTIE

HISTOIRE

PAR
P.-A.
CAP

HISTOIRE
DU MUSÉUM

PREMIÈRE PÉRIODE

1635 - 1739

La vaste collection des produits de la nature, qui porte aujourd'hui le nom de *Muséum d'histoire naturelle,* est une des plus belles fondations du règne de Louis XIII. Mais la pensée primitive sur laquelle elle se fonde a été prodigieusement modifiée et développée pendant les deux siècles qui ont suivi l'époque de sa création. Le *Jardin du Roi* eut d'abord pour unique objet de compléter les moyens d'étude que présentait aux étudiants la Faculté de médecine de Paris, et on lut, pendant plus d'un siècle, sur la porte de sa principale entrée, ces mots : *Jardin royal des herbes médicinales.* Lorsque le cabinet réservé dans les bâtiments « aux échantillons des drogues simples et composées » eut acquis une certaine extension, il devint le *Cabinet du roi.* A la botanique et à la chimie, qu'on y enseigna seules pendant trente-quatre ans, on ajouta, par la suite, une chaire d'anatomie, mais sans y joindre un cabinet anato-

A

mique, dont la création se fit attendre près d'un siècle. Plus tard, le cabinet s'enrichit successivement de plusieurs collections de minéralogie et de zoologie, auxquelles finit par s'ajouter
la ménagerie de Versailles. Enfin, en 1792, l'établissement prit le titre de *Muséum d'histoire
naturelle*. Deux ans après, la nouvelle organisation fut mise en vigueur, et, depuis lors, l'établissement s'est élevé par degrés, et presque sans lacune, à ce point de richesse, d'ordre et
de splendeur qui le distingue aujourd'hui.

Ce sont les développements successifs de ce magnifique répertoire des œuvres de la nature
et la description de ses diverses parties qui feront l'objet de ce récit. Nous dirons les efforts
qu'il a coûtés, quelles furent ses vicissitudes, quel concours de zèle, de savoir et d'intelligence
a répandu la vie et la lumière sur toutes ces richesses, les a complétées à force de courage,
d'études et de sacrifices; nous dirons aussi quels hommes y ont consacré leurs talents et
leurs veilles, et ont mêlé leur nom à celui du Muséum d'histoire naturelle, comme à la gloire
des sciences qu'ils y ont représentées.

Henri IV, sur les instances de Richer de Belleval, avait fondé, en 1596, le jardin botanique
de la Faculté de Montpellier. Quelques années après, on créa aussi, pour la Faculté de médecine
de Paris, un jardin de plantes médicinales. Mais ce n'est point là la première origine, en
France, d'une fondation de la même nature, dont le modèle existait déjà en Italie et en Allemagne. Près d'un demi-siècle avant cette époque, le naturaliste Pierre Belon, dans un ouvrage
intitulé : *Remontrances sur le défaut de labour et culture des plantes,* etc. (Paris, 1558), avait
émis l'idée de l'établissement d'une vaste pépinière de végétaux exotiques, qui eût fourni des
arbres et des arbustes à toutes les résidences royales. Il y engageait le collège des médecins
de Paris, « tant pour leur délectation que pour l'augmentation du savoir des doctes, à établir
« un jardin public où, à l'exemple de l'Italie et de l'Allemagne, on élèverait et cultiverait
« diverses sortes de plantes. » Un peu plus tard, en 1577, Nicolas Houël, apothicaire de
Paris, ayant fondé la *Maison de la Charité Chrestienne,* y avait joint un *Jardin des simples,* « lequel estant rempli de beaux arbres fruitiers et plantes odoriférantes, rares et
« exquises, de diverses natures, devait apporter un grand plaisir et une grande décoration
« pour la ville de Paris, etc. » Tel est donc le premier jardin botanique qui ait été établi en
France, et ce jardin fait encore partie aujourd'hui de l'École spéciale de pharmacie de Paris.

Qu'on nous permette de saisir cette occasion de rappeler ici la mémoire de l'un des hommes
les plus recommandables qu'ait produit le seizième siècle, et auxquels l'humanité comme la
science ont le plus de réelles obligations. Nicolas Houël, après avoir acquis dans sa profession
une honorable fortune, voulût l'appliquer tout entière à des fondations charitables et scientifiques. Il conçut la belle pensée de fonder un établissement destiné « à nourrir certain nombre
« d'enfants orphelins, nés de loyal mariage, pour y être instruits tant à servir et honorer Dieu
« que ès bonnes lettres, et aussi apprendre l'art d'apothicairerie. Dans la maison, et par le
« ministère de ces orphelins, devaient être fournis et administrés gratuitement toutes sortes
« de médecines et remèdes convenables aux pauvres de la ville de Paris, *sans que ceux-ci
« soient forcés de sortir de leurs maisons pour aller à l'Hôtel-Dieu.* » L'établissement comprenait dès lors, 1° une chapelle, 2° l'école des jeunes orphelins, 3° une pharmacie complète,
4° un enclos nommé *Jardin des simples,* 5° enfin, un hôpital contigu à la maison de charité.

Ainsi, l'on retrouve dans la pensée qui présida à cette admirable fondation celle des *dispen-
saires,* qui épargnent au pauvre le chagrin de quitter son domicile et de renoncer aux soins de
sa famille lorsque l'âge ou la maladie le force à recourir aux secours publics. Son *Jardin des
simples* inspire, soixante ans plus tard, la création du Jardin du roi, auquel il servit de modèle ;
enfin, c'est à la même pensée que remonte le premier enseignement régulier de la pharmacie
et la fondation de l'école, aujourd'hui la plus complète qui existe pour l'étude de cette profession. Comprend-on que l'existence d'un tel homme soit restée dans l'oubli, et que son nom
même ait échappé à tous les biographes ? Beaucoup de noms fameux ont-ils de meilleurs titres
à notre reconnaissance et à la célébrité.

Vers 1572, un prieur de Marcilly, Jacques Gohorry, possédait, dans le faubourg Saint-Marcel, un jardin dont l'emplacement est précisément celui du labyrinthe du Muséum. C'est là que Botal (Léon *Botalli*), Honorat Chatelain, Jean Chapelier se réunissaient et tenaient des conférences auxquelles assistaient Jean Fernel, A. Paré, Ribit de la Rivière et plusieurs autres savants. A côté du jardin de Gohorry était celui de La Brosse, mathématicien du roi (peut-être parent de Guy de La Brosse), « garni de plantes rares et exquises. » Dans un laboratoire voisin, on se livrait à des opérations de chimie. C'est là qu'au retour des voyages de Belon on répéta les expériences sur l'art de faire éclore des poulets dans des étuves. Duchesne (Quercetan) et Théodore de Mayerne devinrent un peu plus tard les oracles de ces assemblées, préludes de celles qui eurent lieu chez Geoffroy, chez Montmort, chez Justel, chez Bourdelot, et qui furent le berceau de l'Académie des sciences.

Il est très-probable que c'est là que dut éclore la première pensée de la fondation d'un jardin analogue à ceux de la Faculté de Montpellier et de la Maison de la Charité Chrestienne. Une circonstance particulière favorisa le développement de cette idée. La mode qui, chez les personnes de la cour, s'attachait alors aux broderies, faisait rechercher, comme de précieux modèles, les fleurs les plus rares et les plus éclatantes. Jean Robin, grand horticulteur, qui possédait, à la pointe de l'île Notre-Dame, un jardin fort distingué pour l'époque, excité par le goût qui se répandait dans le public et encouragé par Vallet, brodeur du roi, entreprit quelques voyages dans ce but, et fit venir plusieurs plantes nouvelles de l'étranger. C'est à lui qu'avait été confiée la culture des plantes médicinales de la Faculté, avec le titre d'*arboriste* ou de *simpliciste* du roi. Nous le verrons plus tard, secondé par Vespasien Robin, son fils, prendre une part plus active à la fondation du Jardin royal. Jean Robin avait publié, dès l'année 1601, un volume in-folio, dédié à la reine, intitulé : *le Jardin du roi très-chrestien Henri IV,* avec 75 planches gravées à l'eau forte et une notice sur quelques plantes qu'il avait rapportées d'Espagne et de Guinée, entre autres l'*Amaryllis formosissima*. C'est lui qui naturalisa à Paris la Tubéreuse, qu'il avait tirée de Provence.

On ne saurait douter que la rivalité qui existait depuis quelque temps entre les médecins de la cour et les professeurs de la Faculté de médecine n'ait eu une assez large part dans la réalisation de ce projet. Cette dissidence reposait principalement sur des questions de doctrine, controversées des deux parts avec une certaine véhémence. Les premiers penchaient pour le système chémiatrique, émis par Van Helmont et soutenu par Sylvius, tandis que la Faculté prétendait rester fidèle aux principes du dogmatisme galénique. Gui Patin, un de ses professeurs les plus célèbres, et le plus violent adversaire du nouveau système, ne cessa jamais de poursuivre de ses attaques et l'établissement lui-même et les professeurs qui y furent attachés.

Quoi qu'il en soit, on en attribue la première pensée à Jean Riolan, médecin de Marie de Médicis, qui, dans ses voyages, avait visité les jardins botaniques récemment fondés en Allemagne et en Italie. Il présenta en effet, en 1618, au roi une requête pour l'établissement d'un jardin des plantes dans l'Université de Paris. Enveloppé dans la disgrâce de la reine, Riolan ne put donner suite à ce projet; mais trois autres personnages en poursuivirent l'exécution avec plus de persévérance et de succès. Ce sont Jean *Héroard,* médecin du dauphin, fils de Henri IV, qui, à la mort de ce prince, devint médecin de Louis XIII; Charles *Bouvard,* qui lui succéda dans la même charge, et surtout *Guy de la Brosse,* médecin ordinaire du roi, petit-fils d'un médecin d'Henri IV, qui offrit d'acheter de ses deniers le fonds de terrain nécessaire pour cet établissement. Leurs sollicitations réunies décidèrent Richelieu à proposer au roi cette fondation, qui fut autorisée par lettres patentes au mois de mai 1626. On acheta une maison avec dix-huit arpents de terrain « situés dans le faubourg Saint-Victor, non loin de la rivière, ayant deux entrées sur la grande rue du faubourg, consistant en plusieurs corps de

GUY DE LA BROSSE

1641

Publié par L'Ormeau Aîné.

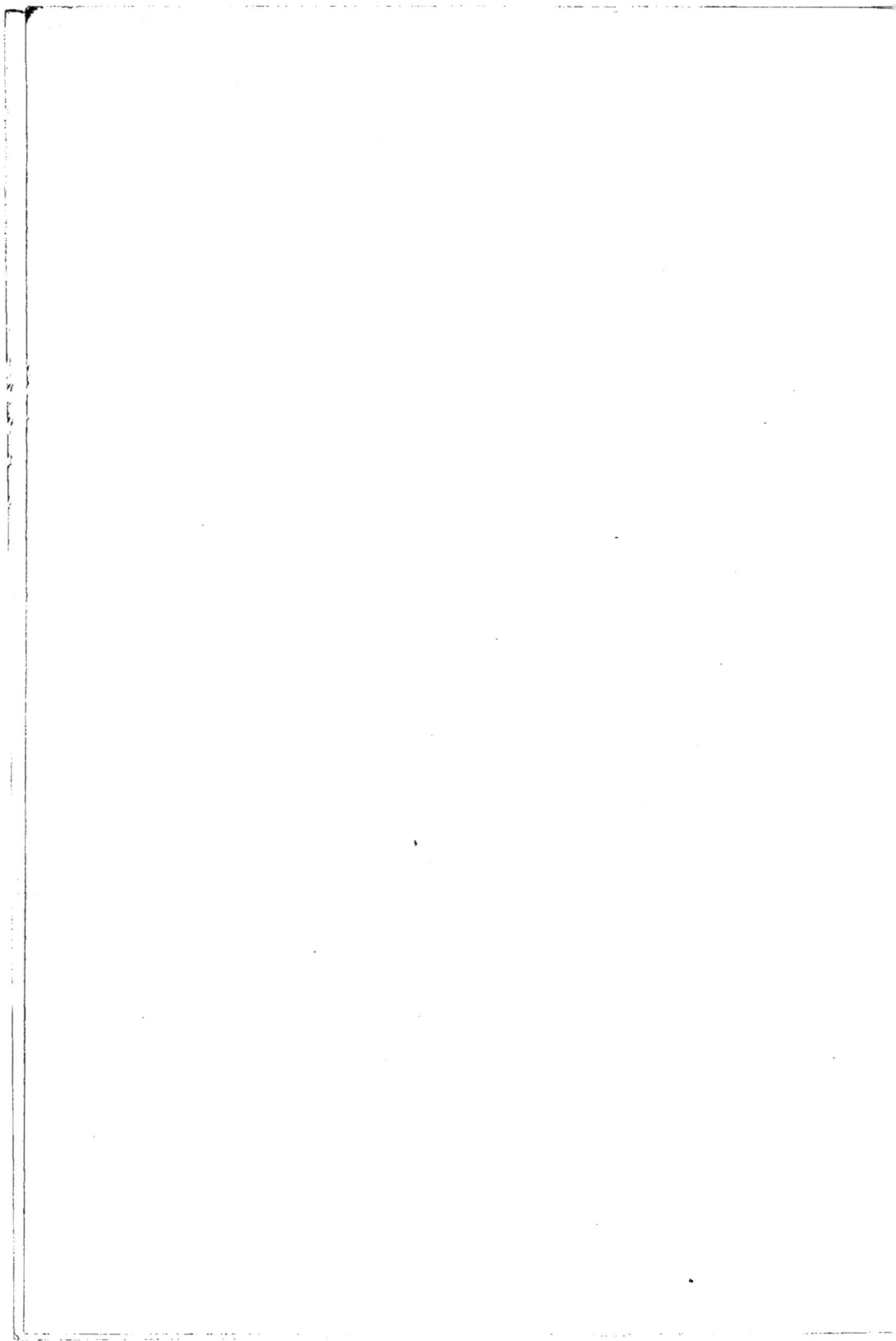

logis, cours, celliers, pressoirs, jardins, bois et *buttes*, plantés en vignes, cyprès, arbres fruitiers et autres; le tout clos de murs, etc. » Cette propriété fut acquise au nom du roi, pour
une somme de 67,000 livres. On en prépara la distribution générale, et l'on arrêta l'organisation provisoire de l'établissement, qui fut définitivement institué par un édit de mai 1635;
précisément la même année que l'Académie française.

Voici les principales dispositions de cet édit :

« *Sur l'avis qui nous a été donné par le feu sieur Heroard et le sieur La Brosse........ de*
« *l'utilité et nécessité qu'il y a d'établir à Paris un jardin de plantes médicinales, tant pour*
« *l'instruction des écoliers en médecine que pour l'utilité publique...... Attendu que l'on n'en-*
« *seigne point à Paris, non plus qu'ès autres écoles de médecine du royaume à faire les opé-*
« *rations de pharmacie, d'où procède une infinité d'erreurs des médecins en leur pratique et*
« *ordonnance, et d'abus ordinaires des apothicaires, leurs ministres en exécution d'icelles, à*
« *la ruine de la santé et de la vie de nos sujets......*

« *Le sieur Bouvard nous aurait supplié que trois docteurs par lui choisis dans la Faculté*
« *de Paris, soient par nous pourvus pour faire aux écoliers la démonstration de l'intérieur*
« *des plantes, et de tous les médicaments, et pour travailler à la préparation et composition*
« *de toute sorte de drogues, par voie simple et chimique.....*

« *A ces causes, confirmons ledit Bouvard et ses successeurs nos premiers médecins en la*
« *surintendance dudit jardin, et, sous lui, la nomination et provision dudit La Brosse en*
« *l'intendance d'icelui...... En outre, avons créé, à titre d'office, trois de nos conseillers-méde-*
« *cins de la Faculté de Paris, qui auront la qualité de démonstrateurs et opérateurs pharma-*
« *ceutiques en notre jardin, pour faire la démonstration de l'intérieur des plantes, et pour*
« *travailler à toutes les opérations pharmaceutiques nécessaires pour instruire les écoliers :*
« *auxquels offices il sera par nous pourvu des personnes de MM. Jacques Cousinot, Urbain*
« *Baudineau et Cureau de la Chambre......*

« *Si voulons que, dans un cabinet de ladite maison, il soit gardé un échantillon de toutes*
« *les drogues, tant simples que composées, ensemble toutes les choses rares en la nature qui*
« *s'y rencontreront; pour servir de règle et y avoir recours en cas de besoin; duquel cabinet*
« *ledit La Brosse aura la clef et régie, pour en faire l'ouverture aux jours de démonstra-*
« *tion......*

« *Et d'autant que ledit La Brosse, qui aura tout le faix de la direction et culture du jardin,*
« *ne pourra pas toujours vaquer à faire la démonstration extérieure des plantes, avons aussi*
« *créé en titre d'office, un sous-démonstrateur, pour l'aider à faire la démonstration extérieure*
« *dans le Jardin, duquel office sera pourvu par nous Vespasien Robin, notre arboriste. Chacun*
« *desquels officiers vaquera à l'exercice de sa charge, aux jours et heures qui lui seront dési-*
« *gnés par notre surintendant..... A tous lesquels avons attribué les gages qui suivent, savoir :*
« *à notre premier médecin, surintendant de toute l'œuvre, 3,000 livres; à chacun des trois*
« *démonstrateurs, 1,500 livres; à La Brosse et à ses successeurs intendants, 6,000 livres; au*
« *sous-démonstrateur, 1,200 livres.*

« *Voulons aussi que ledit La Brosse dispose des logements, à la réserve de ce qui sera bâti*
« *pour l'instruction, le laboratoire et le cabinet pour la conservation des échantillons et*
« *raretés; il choisira les jardiniers, portiers, etc., pour l'entretien duquel Jardin..... Nous*
« *avons ordonné à l'intendant une somme de 4,000 livres par an, outre ses gages..... Don-*
« *nons aux démonstrateurs et opérateurs pharmaceutiques 400 livres pour l'achat des drogues,*
« *et 400 livres pour le salaire des garçons servant au laboratoire.*

« *Pour le payement desquelles sommes sera par nous fait un fonds de 21,000 livres, etc.*
« *Donné à Saint-Quentin, au mois de mai 1635; registré le 15 mai.* »

Il est important de remarquer que la livre tournois représentait, à cette époque, environ
2 fr. 50 c. de notre monnaie, en sorte que la somme totale équivalait à 52,500 fr.

La première organisation avait désigné Héroard comme surintendant, et comme intendant

Guy de la Brosse. Mais, dans l'intervalle de l'autorisation à l'institution définitive, Héroard mourut, en 1627, au siége de La Rochelle, où Louis XIII assistait en personne. Charles Bouvard, devenu après lui premier médecin du roi, lui succéda également comme surintendant du Jardin; mais, déjà avancé en âge, il lui eût été difficile d'y apporter les soins et l'activité nécessaires; le principal honneur en doit donc rejaillir sur Guy de la Brosse, qui, du reste, est généralement considéré comme le véritable fondateur de cet établissement.

Guy de la Brosse avait, en effet, mis en usage les sollicitations les plus pressantes, tant auprès du cardinal que du chancelier Séguier et de M. de Bullion, ministre des finances, afin d'en obtenir les fonds nécessaires pour cette fondation. Parvenu à ce premier résultat, il s'établit dans la maison principale, il traça le Jardin, il y réunit toutes les plantes qu'il put se procurer, en France comme au dehors, et consacra le reste de sa vie à développer l'institution qu'il avait créée. Dès la première année, il y établit son domicile; il fit préparer le terrain et tracer un parterre qui avait quarante-cinq toises de longueur sur trente-cinq de largeur, et le garnit des plantes que lui fournit Jean Robin. En 1636, leur nombre s'élevait déjà à 1800. Guy de la Brosse fit l'ouverture solennelle du jardin en 1640. Dès l'année suivante, il publia un catalogue qui portait à 2,360 le nombre des plantes ou des variétés qu'on y avait recueillies. Il commença même à faire dessiner et graver les figures des plus intéressantes, mais il n'eut pas le temps de pousser ce travail aussi loin qu'il l'eût désiré.

Tout cela n'eut pas lieu sans soulever quelque opposition. Il était assez naturel que la Faculté prît en mauvaise part une fondation qui semblait donner raison à ses adversaires et qui avait évidemment pour objet de créer un enseignement rival, peut-être supérieur au sien. La Faculté protesta donc. Elle eût voulu qu'on lui réservât la désignation des professeurs; elle blâmait le choix de Guy de la Brosse comme intendant; à l'égard de la chimie, elle arguait que « pour bonnes causes et considérations, cette science était défendue et censurée par arrêt du parlement. » Heureusement, le crédit des médecins de la cour l'emporta, et la volonté royale passa outre à l'égard de cette protestation.

On ne devait enseigner d'abord, au Jardin du Roi, que la botanique et la chimie pharmaceutique; mais, dès l'année 1643, on y joignit une chaire d'anatomie, science qui, depuis, y fut toujours professée avec éclat. Dès ce moment, un résultat important était obtenu : on avait décentralisé l'étude des sciences naturelles, jusqu'alors concentrée exclusivement dans l'enceinte de la Faculté de médecine, et on leur avait ouvert un enseignement spécial aussi étendu que le comportaient les connaissances de l'époque. Du reste, les sciences médicales, loin d'en souffrir, ne devaient pas tarder de tirer elles-mêmes les plus heureux fruits de l'extension qui venait d'être donnée à des sciences avec lesquelles elles ont de si nombreux et de si intimes rapports.

Hâtons-nous aussi de reconnaître que, si en étendant chacune de ses branches l'enseignement du Jardin, comme du Muséum, s'est manifestement écarté, par la suite, de la pensée primitive de sa fondation, s'il en est résulté un complément nécessaire et important dans la série des études scientifiques de cet ordre, c'est aux sciences médicales que cet établissement doit sa réelle origine. Ce qui établit que la médecine, dans les temps modernes comme dans l'antiquité, fut toujours le premier point de départ des sciences physiques, comme des sciences naturelles.

Guy de la Brosse mourut au Jardin du Roi en 1641. Il eût été difficile de trouver pour le remplacer quelqu'un doué du même zèle et des mêmes talents pour l'administration. Malheureusement, le surintendant Bouvard eut la fatale idée de nommer à cette place son fils, Bouvard de Fourqueux, conseiller au parlement. Celui-ci, incapable de remplacer Guy de la Brosse comme homme de science, préposa à l'enseignement de la botanique et aux soins de la culture, Vespasien Robin, déjà démonstrateur, qui développa des qualités réelles dans son nouvel emploi. C'est lui qui obtint l'autorisation de faire construire la première serre et qui fit creuser le grand bassin qui existe encore en face des bâtiments.

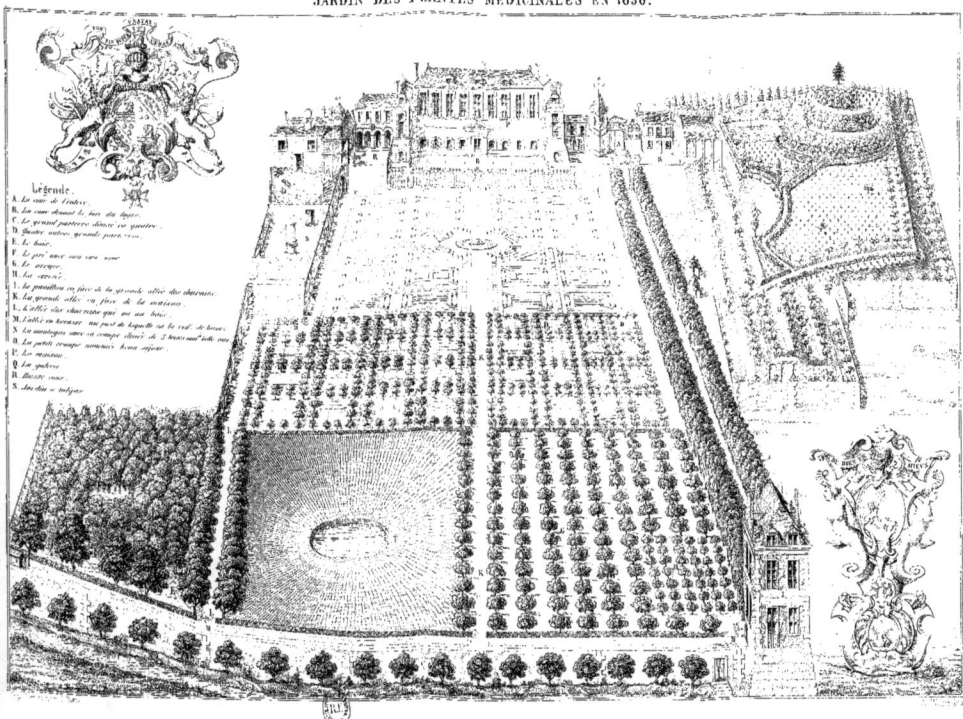

JARDIN DES PLANTES MÉDICINALES EN 1636.

Légende.

A. La cour de l'entrée.
B. La cour devant le bois du logis.
C. Le grand parterre divisé en quatre.
D. Quatre autres grands parterres.
E. Le bois.
F. Le pré avec une croix au bout.
G. Le vivier.
H. La serre.
I. Le pavillon en face de la grande allée des charmes.
K. La grande allée en face de la maison.
L. L'allée des charmes qui va au bois.
M. L'allée en terrasse au pied de laquelle est le cul-de-bœuf.
N. La montagne avec sa rampe élevée de 3 toises au-dessus du sol.
O. La petite orangerie nommée terrasse séjour.
P. La maison.
Q. La galerie.
R. Basse-cour.
S. Jardin à tulipes.

Bouvard père, après la mort de Louis XIII, s'était démis de sa charge de premier médecin, mais il l'avait fait passer à Jacques Cousinot, son gendre. Cousinot étant mort en 1646, la place fut donnée à Vautier, qui revendiqua le privilége de la surintendance, attaché à la charge de premier médecin. Il réussit; mais ayant voulu enlever à Bouvard de Fourqueux la charge d'intendant, il rencontra quelques difficultés qui le blessèrent et qui refroidirent quelque temps son zèle pour la prospérité de l'établissement.

Vautier, longtemps médecin de Marie de Médicis, avait pris un tel ascendant sur la reine qu'il porta ombrage au cardinal de Richelieu; aussi fut-il enveloppé dans la disgrâce de cette princesse, arrêté et jeté dans les prisons de Soissons. Le roi avait désiré que sa mère se rendît à Moulins; mais, la reine s'étant obstinée à rester à Compiègne, on attribua sa résolution à l'influence de Vautier, qui fut envoyé à la Bastille. Plus tard, la reine, retirée en Flandre, fut atteinte d'une fièvre de nature dangereuse et demanda qu'on lui envoyât Vautier. On permit seulement qu'il fût consulté par correspondance, mais Vautier refusa de donner ses conseils par écrit. Il resta donc à la Bastille, et ne reparut à la cour qu'après la mort de Richelieu. C'était, du reste, un homme d'esprit et de cœur; il soutint sa longue disgrâce avec courage et dignité, et n'opposa que le silence aux attaques de Gui Patin, qui, dans ses accès d'humeur caustique et de mauvaise foi, disait de lui que le premier médecin du roi était le dernier médecin du royaume.

Vautier introduisit le premier, au Jardin du Roi, l'enseignement de l'anatomie. Il substitua ce cours à celui qui avait pour titre : *l'intérieur des plantes*, c'est-à-dire l'étude des causes présumées de leurs propriétés médicales. Dès ce moment, les destinées de l'établissement étaient fixées, car les trois chaires principales représentaient déjà l'ensemble des trois règnes de la nature. La botanique y était professée dans toutes ses parties et dans ses principales applications; l'enseignement de la chimie y préparait l'étude approfondie des substances minérales, et le cours d'anatomie la connaissance du règne animal tout entier. Il ne s'agissait plus que de donner à chacune de ces branches les développements qu'appellerait successivement la marche progressive de la science.

Vautier étant mort en 1652, sa place fut donnée à Vallot, d'abord médecin de la reine régente, Anne d'Autriche, et depuis premier médecin du roi Louis XIV. Plus heureux que son prédécesseur, Vallot parvint à éloigner Bouvard de Fourqueux de l'intendance, et dès lors il se dévoua à la prospérité de l'établissement. Il donna pour successeur à Vespasien Robin, Denis Joncquet, médecin et botaniste distingué, auquel il adjoignit le jeune Fagon, petit neveu de Guy de la Brosse. Il chargea ce dernier de divers voyages dans les Pyrénées et dans les Alpes, pour y recueillir des plantes; il en fit venir également de plusieurs contrées étrangères; enfin, en 1665, il publia, avec le concours des botanistes dont il était entouré, son *Hortus regius*, qui comprenait déjà quatre mille espèces ou variétés cultivées au Jardin du Roi.

Vallot, comme ses prédécesseurs, avait vivement excité l'animosité de la Faculté, mais surtout celle de Gui Patin, qui en était le principal organe. Celui-ci, dont on connaît le genre d'esprit et les passions haineuses, avait plus d'un motif pour lui en vouloir. D'abord, Vallot avait guéri le roi d'une maladie grave, à Calais (1653), à l'aide du vin émétique. Il est vrai qu'il ne fut pas aussi heureux dans la maladie d'Henriette d'Angleterre, femme de Charles Ier, qui mourut presque subitement en 1670, après avoir bu un verre d'eau que l'on dit avoir été empoisonné. Voici les vers que Gui Patin rapportait à cette occasion ·

> Le croiriez-vous, race future,
> Que la fille du grand Henri
> Eut en mourant même aventure
> Que son père et que son mari?
> Tous trois sont morts par assassin :
> Ravaillac, Cromwell, médecin.
> Henri d'un coup de bayonnette,
> Charles finit sur le billot,
> Et maintenant meurt Henriette
> Par l'ignorance de Vallot.

Il l'accusait aussi d'avoir acheté sa charge, de Mazarin, pour la somme de **30,000** francs; enfin, comme Vallot était attaché au surintendant Fouquet, au moment de sa disgrâce, Gui Patin prétendait que le roi avait dit qu'il était son espion pensionnaire. Il ajoute que Vallot ressentit un tel chagrin de ce propos qu'il en mourut. Il faut remarquer pourtant que Vallot était asthmatique et qu'il avait soixante-quinze ans.

Vallot mourut en 1671, et Colbert, alors dans tout son crédit et sa puissance, obtint que la surintendance du Jardin fût réunie à celle des bâtiments du roi, dont il était déjà pourvu. Appliquant au Jardin royal les grandes vues administratives qui le distinguaient, il en réforma l'organisation et la fit régler par une ordonnance. L'administration de Vallot avait mérité d'assez nombreux reproches. « Un jour, Colbert, dit Lemontey, se transporte au jardin du roi et reconnaît que le terrain destiné aux cultures botaniques a été planté de vignes à l'usage des administrateurs de l'établissement. Sa colère éclate contre un abus si effronté : il ordonne que la vigne soit à l'instant détruite, et, se faisant apporter une pioche, il en commence lui-même l'arrachement, avec une véhémence toute patriotique. Un botaniste anglais, Salisbury, fut si charmé de cet acte de vigueur, qu'il en consigna le récit dans son *Paradisus londinensis,* et que, pour acquitter la dette de la science, il nomma *Colbertia* l'une des plantes de son catalogue. »

Il y avait quelques années que Gaston d'Orléans, frère de Louis XIII, avait établi, dans son château de Blois, un jardin botanique, longtemps dirigé par Morison, et dont Robert, peintre distingué, avait reproduit sur vélin les plantes les plus intéressantes. A la mort de ce prince, Colbert décida le roi à acheter ces vélins, et chargea Robert de les continuer pour le Jardin de Paris. Celui-ci poursuivit ce travail jusqu'à sa mort, en 1684. Après lui, elle fut continuée par

J. Joubert, paysagiste, mais surtout par Aubriet, qui succéda à Joubert. Les ouvrages de ces trois artistes éminents forment la base de la magnifique collection, qui, d'abord déposée à la bibliothèque du Roi, constitue aujourd'hui l'une des principales richesses du Muséum d'histoire naturelle.

Sous l'administration de Colbert, Antoine Daquin, neveu de Vallot par alliance, et qui lui avait succédé comme premier médecin du Roi, dut se contenter de la seconde place, celle d'intendant. Peu versé dans les sciences naturelles, Daquin laissa de faibles traces de son séjour dans l'institution. Il ne favorisa guère que l'enseignement de l'anatomie. Il eut du moins le mérite d'appeler au professorat de cette science l'illustre Duverney. Il mourut à Vichy, où il avait été exilé en 1693. C'est Daquin que Molière désigna sous le nom de *Tomés*, dans *l'Amour médecin*. Ce nom, tiré du grec, signifie *saigneur*, parce que Daquin préconisait beaucoup la saignée.

COLBERT.

La surintendance du jardin du Roi resta dans les mains de Colbert jusqu'à sa mort, où elle passa dans celles de Louvois; puis elle fut donnée, en 1691, à Édouard Colbert, marquis de Villacerf, qui la conserva jusqu'en 1698. L'année suivante, elle fut rendue au premier médecin; le règlement de 1699 réservait seulement au surintendant des bâtiments du Roi la disposition des fonds nécessaires à l'entretien du jardin.

Daquin, protégé par Mme de Montespan, courtisan adroit, mais insatiable, avait plus d'une fois lassé Louis XIV par ses importunités. Un jour, on vint dire au Roi, à son lever, qu'un officier de sa maison, qu'il estimait beaucoup, venait de mourir. Le Roi, après quelques mots de regrets, ajouta, en fixant les yeux sur Daquin : « Celui-là avait du moins une qualité rare : « il ne demandait jamais rien. » Daquin, qui avait compris l'allusion, répliqua, sans se déconcerter : « Oserai-je demander à Votre Majesté ce qu'elle lui a donné?.... » Le Roi ne répondit point, car, en effet, il n'avait jamais rien accordé à ce discret courtisan.

Cependant, la botanique avait déjà reçu une heureuse impulsion des travaux de Fagon, de

B

Joncquet, de Longuet et de Morin, qui tous avaient secondé Vallot dans l'exécution de l'*Hortus regius*. Guy Crescent Fagon était né en 1638, au Jardin du Roi, alors habité par son grand oncle Guy de la Brosse. D'excellentes études, dirigées surtout vers les sciences naturelles et médicales, l'avaient fait distinguer de bonne heure. Avant d'être appelé au Jardin, il avait rapporté de ses voyages un grand nombre de plantes rares et nouvelles. A son retour, il fut nommé médecin de la Reine et des enfants de France. Il obtint d'abord la chaire de chimie; puis, en 1671, il succéda à D. Joncquet, comme professeur de botanique, et réunit ainsi les deux chaires principales. Mais sa santé était peu capable de résister à tant de travail, et c'est alors qu'il appela de la Provence, pour le seconder, Joseph Pitton de Tournefort, alors âgé de vingt-six ans. Quelques années plus tard, devenu premier médecin de Louis XIV, il fit rétablir en sa faveur la charge de surintendant, laissant à Colbert la surintendance des bâtiments du Roi, et, dès lors, il fit tourner au profit de l'établissement tout le crédit personnel dont il jouissait.

Fagon avait puisé, en quelque sorte, dans le sol natal son goût et son dévouement pour la science. Il avait été dirigé vers les études médicales par cet excellent Germain Gillot, docteur de Sorbonne, qui consacra une fortune assez considérable à l'éducation de pauvres enfants, chez lesquels il s'appliquait à découvrir d'heureuses dispositions. On porte à plus de cinq à six cents le nombre de ceux qu'il fit élever ainsi à ses frais, et dont plusieurs devinrent des hommes célèbres. Fagon était du nombre; aussi conserva-t-il toujours pour lui le respect le plus tendre et une déférence toute filiale.

Fagon fut un des premiers qui soutint en France le système de la circulation du sang. Il en fit même le sujet de sa thèse inaugurale, ce qui fut regardé comme une grande témérité, bien que cette découverte eût été annoncée et démontrée par Harvey, dès l'année 1619. Si l'on en juge par quelques scènes de Molière, en 1673 cette théorie n'était pas encore admise par les vieux médecins de la Faculté (1).

Bien que sa constitution fût assez faible, Fagon déploya la plus grande activité dans l'exercice de ses diverses fonctions. Il était bon, juste et désintéressé. Il réduisit de lui-même les revenus de sa charge et renonça aux avantages qui y étaient attachés pour la nomination aux chaires de la Faculté. Vers la fin de sa vie, il résigna la plupart de ses emplois. Après avoir remis à Tournefort sa chaire de botanique, il obtint pour lui, en 1700, une mission qui lui fit parcourir la Grèce, l'Asie et l'Égypte, pour y rechercher les plantes utiles et curieuses. Il décida Louis XIV à envoyer, dans le même but, Plumier en Amérique, Feuillée au Pérou, Lippi en Égypte. Pendant l'absence de Tournefort, il le fit remplacer par Louis Morin. Enfin ce fut lui qui découvrit à Lyon, et attira à Paris, Antoine de Jussieu, frère aîné de Bernard, dont le nom figure avec tant d'honneur dans la science, et en particulier dans l'histoire du Muséum.

Ainsi, au nombre des bienfaits que le Jardin du Roi dut à Fagon, il faut placer en première ligne le choix qu'il sut faire des hommes les plus capables de le seconder dans ses vues de perfectionnement, et parmi lesquels on distingue surtout Tournefort, Morin, Vaillant, les Jussieu, pour la botanique; pour l'anatomie, Duverney et Winslow, et pour la chimie Louis Lémery, Boulduc et Geoffroy. Son influence sur l'établissement ne part pas seulement de l'époque où il devint surintendant, après Colbert et Daquin, mais du moment où il fut nommé professeur à la place de Joncquet; car, dès lors, il fut chargé en même temps de l'enseignement de la botanique, de la chimie, mais encore du poids principal de l'administration. Fagon, frappé d'infirmités, ne se soutenait depuis longtemps que par le régime, ce qui faisait dire à Fontenelle que son existence était une nouvelle preuve de son habileté. Après

_____

(1) « M. DIAFOIRUS. — Sur toute chose, ce qui me plaît en lui, et en quoi il suit mon exemple, c'est qu'il « s'attache aveuglément aux opinions de nos anciens, et que jamais il n'a voulu *comprendre* ni écouter les rai- « sons et les expériences des prétendues découvertes de notre siècle, touchant la circulation du sang et autres « opinions de même farine. »   (*Le Malade imaginaire*, acte II, scène VI.)

FAGON

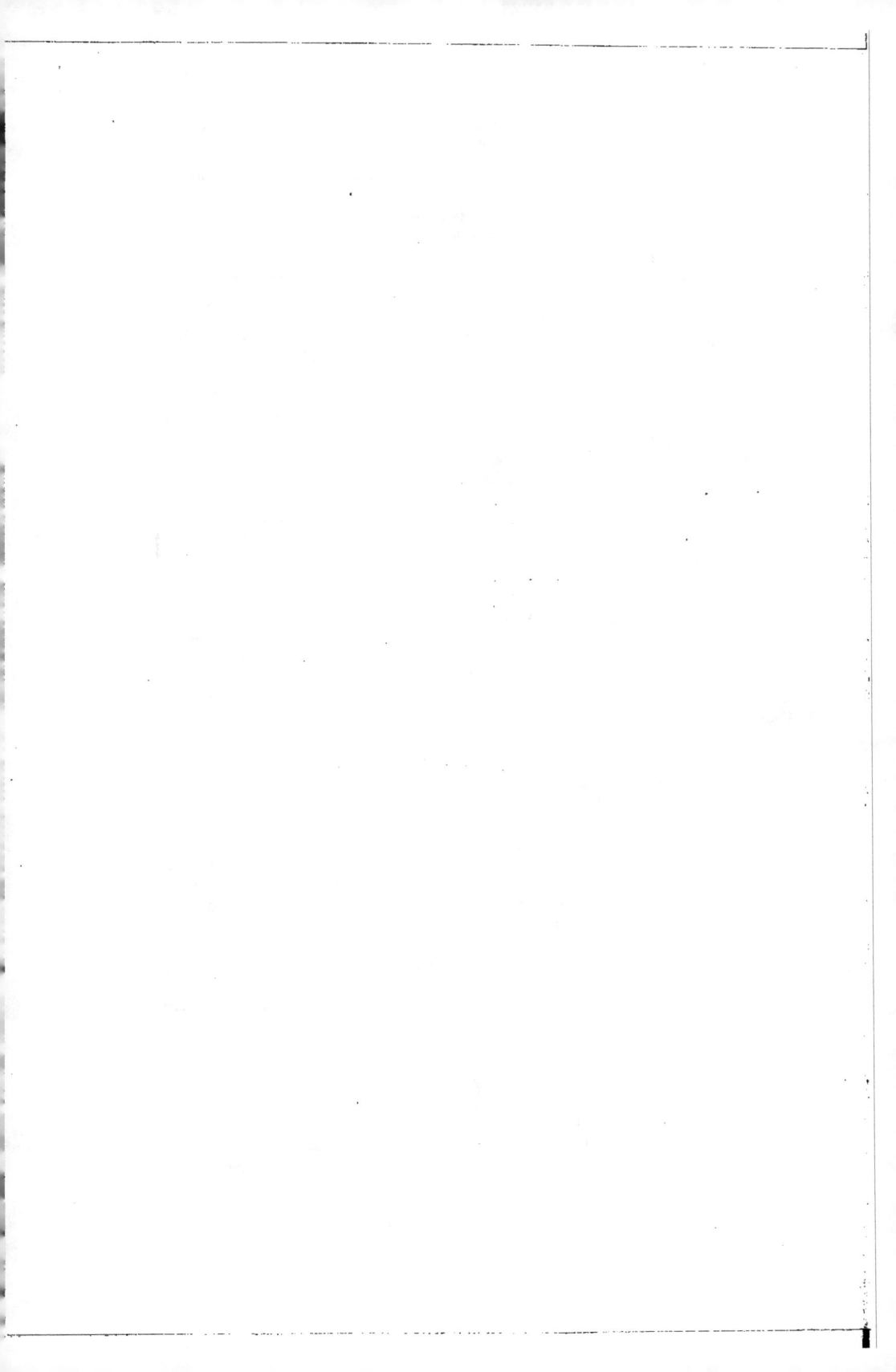

la mort de Louis XIV, il se démit de sa place de premier médecin en faveur de Poirier, et il se retira au Jardin, où il mourut en 1718, à l'âge de quatre-vingts ans.

Le premier savant que rappelle le souvenir de Fagon, est Joseph Pitton de Tournefort, né à Aix-en-Provence, en 1656, avec des dispositions prononcées pour les sciences, et surtout pour la botanique. Il fut cependant destiné d'abord à la théologie ; mais, son père étant mort lorsqu'il n'avait encore que vingt et un ans, il se dirigea vers l'étude de la médecine, entraîné par son penchant naturel, comme par l'exemple d'un de ses oncles, médecin distingué.

Tournefort avait toutes les qualités indispensables au naturaliste. Il était d'un tempérament vif, allègre, laborieux, robuste. Livré à son étude favorite, il parcourut d'abord les montagnes du Dauphiné, de la Savoie, et en rapporta les éléments d'un herbier magnifique, qu'il ne cessa d'enrichir pendant tout le cours de sa vie. L'année suivante, il alla à Montpellier, où il se lia avec le professeur Magnol, et parcourut avec lui tous les environs de cette ville savante. Il visita ensuite les Pyrénées et la Catalogne, non sans courir dans ses pérégrinations quelques dangers, et sans supporter des privations assez dures ; mais déjà suivi par quelques étudiants, auxquels il inspirait le goût de la botanique, en leur expliquant l'anatomie des plantes, et jetant dans ces leçons familières les premières bases d'une classification à laquelle son nom est resté glorieusement attaché.

A son retour en France, en 1681, il jouissait déjà d'une certaine renommée, et Fagon, à qui elle parvint, lui offrit aussitôt un emploi au Jardin Royal. Dès qu'il le connut, il le chargea de le suppléer dans ses leçons, et, quelques années après, il se démit en sa faveur de sa chaire de botanique. Tournefort avait alors vingt-six ans. En 1688, il alla en Espagne, en Portugal, en Andalousie, pour y étudier les palmiers. Il fit aussi un voyage en Angleterre et en Hollande. Hermann, professeur de botanique à Leyde, lui proposa de lui céder sa chaire ; Tournefort n'accepta point ; il revint à Paris, entra à l'Académie en 1694, et, trois ans après, il publia son premier ouvrage, intitulé : *Éléments de botanique.*

Il y avait près d'un demi-siècle qu'André Césalpin avait imaginé l'un des premiers, pour la classification des plantes, une méthode fondée sur les caractères de la fleur et du fruit. Conrad Gessner et Lobel, de Lille, avaient aussi eu l'idée de l'association des plantes par familles naturelles, et même celle de la grande division des monocotylédonées et des dicoty-lédonées qui, pour les végétaux, répond à celle des vertébrés et des invertébrés dans le règne animal. Césalpin avait fait faire aux méthodes un pas encore plus considérable : il avait distingué nettement les sexes des plantes et établi la première distribution fondée sur l'ensemble des caractères tirés de l'organisation. Un peu plus tard, Fabius Columna, s'appuyant sur les travaux de C. Gessner et de Césalpin, proposa une méthode un peu plus développée, fondée également sur la considération du fruit. Enfin, Morison, Rivinus, Jean Ray et Magnol avaient aussi avancé la science, sous ce rapport, par des applications plus ou moins étendues des mêmes principes. C'est à ce moment que parut Tournefort ; mais, le premier, il subordonna les diverses parties et les principaux caractères des plantes à un ordre d'importance relative, qui fit faire un pas énorme à la philosophie de la science. Il répartit ensuite tous les végétaux connus en vingt-deux *classes*, subdivisées elles-mêmes en *sections* et en *ordres*. Dans les classes, il s'appuya surtout sur la forme de la fleur, de la *corolle* (terme heureux, créé par F. Columna) ; dans les subdivisions, il considéra la fleur, le fruit, la disposition des fleurs et des feuilles, enfin tous les caractères secondaires ou accessoires. A l'aide de cette classifica-tion, il put déjà décrire sept cents genres et près de dix mille espèces végétales ; il émit sur quelques grandes familles des idées générales, qui sont restées dans la science ; enfin, l'en-semble de son système, qui précéda de quarante ans l'apparition de celui de Linné, donna à la botanique la plus forte impulsion que cette science eût encore reçue dans les temps modernes.

Tournefort publia, en 1698, un second ouvrage, l'*Histoire des plantes des environs de Paris,* dont le succès le détermina, deux ans après, à en publier une traduction latine, sous le titre de : *Institutiones rei herbariæ*, en 3 vol. in-4°. Ce fut à l'époque même de cette publication que, sur la proposition de Fagon et du chancelier de Pontchartrain, il fut chargé de faire un voyage en Orient, accompagné du peintre Aubriet et du docteur Gundelsheimer. Parti de Marseille en mars 1700, il visita Candie, l'Archipel, Constantinople, l'Arménie, la Géorgie, le mont Ararat, et revint par l'Asie-Mineure, qu'il traversa, en visitant Angora, Pruse, Smyrne et Éphèse. Outre les plantes nouvelles qu'il avait recueillies et qui s'élevaient au nombre de treize cent cinquante-six, il rapportait aussi des minéraux, des fragments d'antiquités, et une foule d'objets naturels extrêmement curieux. Il arriva à Marseille en juin 1702, et se mit aussitôt à rédiger la relation de son voyage, qui fut imprimée en 2 vol. in-4°, mais dont le second ne parut qu'en 1717, après sa mort. Il est intitulé : *Voyage dans le Levant*. C'est un monument scientifique des plus remarquables ; il contient, en outre, des détails littéraires et archéologiques du plus grand intérêt.

A son retour, Tournefort fut nommé professeur de médecine au collège de France. Il mourut en 1708, à l'âge de cinquante-trois ans, des suites d'un violent coup qu'il avait reçu dans la poitrine, frappé, comme l'avait été Morison, par le timon d'une voiture. Il possédait un fort beau cabinet d'histoire naturelle qu'il légua au Roi, et une nombreuse bibliothèque qu'il donna à l'abbé Bignon, inspecteur de l'Académie. Plumier a consacré à Tournefort le genre *Pittonia* (Borraginées), que Linné a changé en celui de *Tournefortia*.

Tournefort était à la fois botaniste, physicien, chimiste et antiquaire. Il était très-érudit, avide de sciences, ardent et intrépide dans ses recherches. Dans le cours de son voyage aux Pyrénées, il fut souvent attaqué et dévalisé par les Miquelets. Une fois, enfermé dans une mauvaise cabane, où il se proposait de passer la nuit, le toit s'en écroula sur sa tête, et il demeura enseveli sous les ruines, dont il parvint à se dégager par ses efforts. Dans son voyage dans le Levant, il donna beaucoup de preuves de sa force comme de son courage. Son caractère était doux et modeste. Malgré sa gloire réelle, ou plutôt à cause de sa gloire, il ne fut pas à l'abri des attaques de ses rivaux. Jean Ray, mais surtout Sébastien Vaillant, l'épargnèrent peu. Ce dernier, dont nous aurons bientôt à parler, était pourtant son élève et fut un botaniste de grand mérite. Tournefort ne se défendit que par le silence, et poussa même la générosité jusqu'à dédier à son antagoniste un genre, sous le nom de *Vaillantia*. Celui-ci ne l'accepta point et essaya de le changer ; mais Linné le rétablit et, sous l'autorité de ce grand homme, les botanistes modernes l'ont conservé définitivement.

Pendant l'absence de Tournefort, son cours du Jardin du Roi fut fait par Morin, de l'Académie des sciences, que Fagon estimait beaucoup. Louis Morin était médecin de Mlle de Guise et de l'Hôtel-Dieu. Il était aussi charitable que laborieux et sobre. Il vécut toute sa longue vie comme un anachorète, au régime du pain et de l'eau, auquel il ajouta seulement, en avançant en âge, un peu de riz et une petite dose de vin. Du reste, il déposait avec autant d'exactitude que de mystère, dans le tronc de l'Hôtel-Dieu, son traitement et ses économies, « payant en quelque sorte les pauvres pour les avoir servis. » Il laissa toutefois une bibliothèque d'une certaine valeur. « Son esprit, dit Fontenelle, lui avait plus coûté à nourrir que son corps. » Exemple remarquable d'une certaine longévité (car il mourut à quatre-vingts ans), malgré une constitution débile, par la seule influence du régime, du goût de la science et de la sagesse. Morin ne sortait guère de chez lui que pour visiter des malades, pour aller à l'Académie ou pour faire son cours. Aussi avait-il peu de relations et ne les recherchait point. « *Ceux qui viennent me voir*, disait-il, *me font honneur ; ceux qui ne viennent pas me font plaisir.* »

Fagon, nous l'avons dit, avait fait choix de Sébastien Vaillant pour diriger les cultures au Jardin du Roi. Vaillant, né en 1669, à Vigny, près de Pontoise, n'avait pas commencé par l'étude des sciences ; il avait été d'abord organiste, mais un penchant naturel le portait vers la médecine. Il pratiqua quelque temps la chirurgie à Evreux, puis à l'armée, et assista, en 1690, à la bataille de Fleurus, où le duc de Luxembourg défit les troupes de la ligue d'Augsbourg. De retour à Paris, et nommé chirurgien de l'Hôtel-Dieu, les leçons de Tournefort réveillèrent son goût pour la botanique. Il travailla avec lui à l'*Histoire des plantes des environs*

TOURNEFORT

1656 + 1708

gravé par A. varnier à Paris

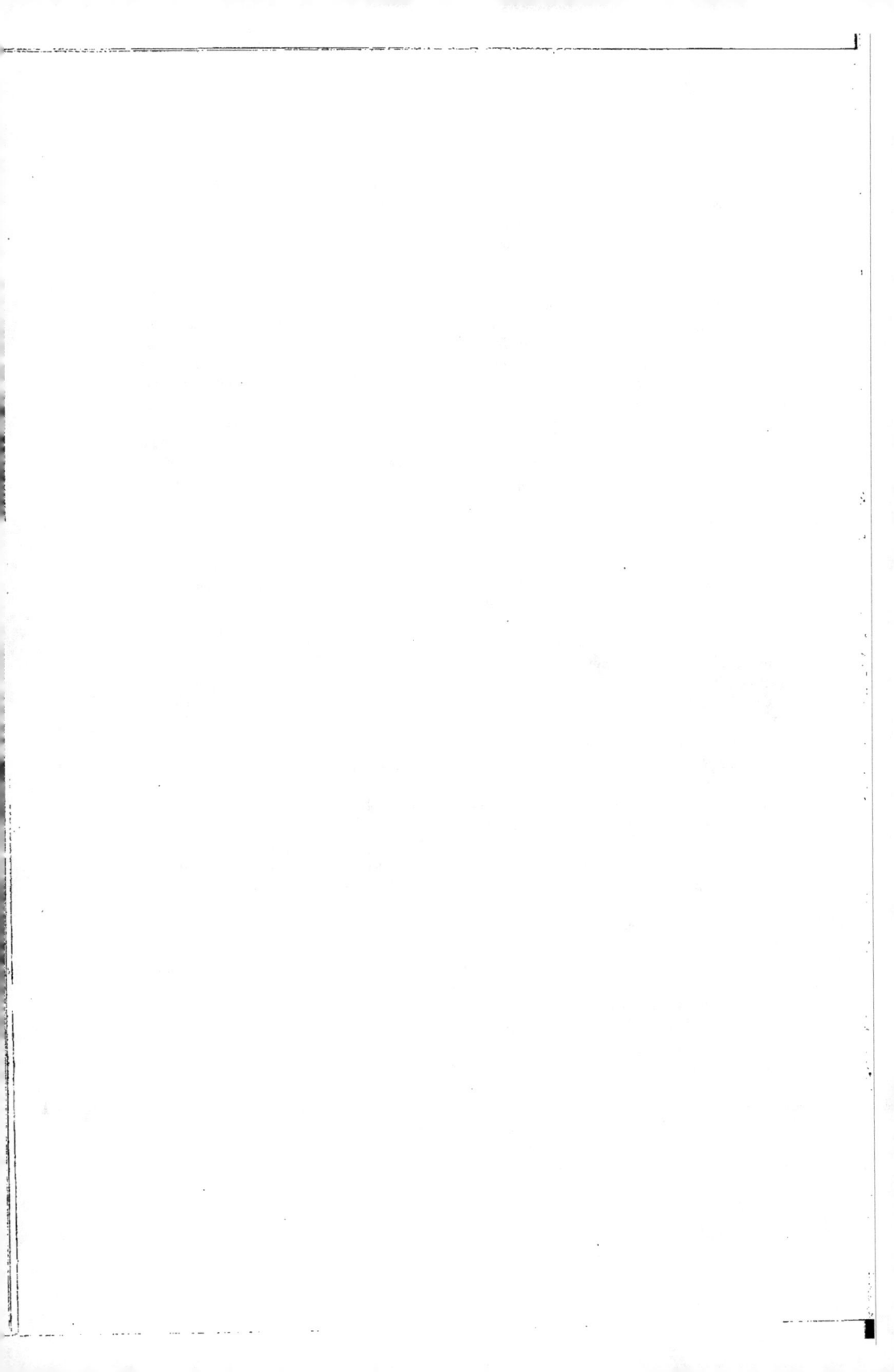

de Paris. Il devint ensuite secrétaire de la surintendance, puis directeur des cultures, enfin professeur de botanique à la place de Fagon, qui lui céda sa chaire, bien que Tournefort y prétendît. Du reste, il s'acquitta de ses emplois avec autant de zèle que de capacité. Il fit construire un amphithéâtre et deux serres chaudes; il disposa le droguier, dont il était conservateur, dans un meilleur ordre. Ce fut lui qui en fit les honneurs à Pierre-le-Grand, lorsque le czar vint en France et visita nos institutions. Enfin, il prépara un herbier considérable, qui fait encore aujourd'hui la principale base de l'herbier du Muséum.

L'enseignement de Vaillant, qui dura plus de trente années, était très-suivi et formait avec celui de Lémery et de Duverney la principale gloire du professorat du Jardin royal. Dans son discours d'ouverture, en 1716, il démontra d'une manière irrévocable l'existence des sexes dans les végétaux et expliqua nettement le phénomène de la fécondation des plantes. Mécontent de la méthode de Tournefort, il en imagina une nouvelle, avant Linné, fondée sur la considération des organes de la fructification; mais la mort l'empêcha d'y donner les développements nécessaires, qui eussent assuré à la France la priorité du système sexuel. Vaillant mourut en 1722. Ses manuscrits, ainsi que les dessins de son *Botanicon parisiense*, furent achetés par Boërhaave et existent encore dans l'université de Leyde. Il mourut pauvre, et cette existence scientifique, si bien remplie, serait demeurée sans tache, si Vaillant ne se fût pas montré ingrat et injuste envers Tournefort, son prédécesseur et son maître. Hâtons-nous de dire qu'il fut pour les deux Jussieu, non-seulement un ardent protecteur, mais encore un rival généreux.

Nous n'avons rien à dire de Danty d'Isnard, qui, nommé professeur de botanique à la place de Tournefort, ne fit qu'un seul cours et mourut l'année suivante. Mais il nous reste à parler de la découverte la plus heureuse de Fagon, dans la personne d'Antoine de Jussieu, c'est-à-dire dans le chef de cette illustre famille qui, depuis le commencement du xviiie siècle, a couvert de ses glorieux rameaux l'arbre de la science du règne végétal. Antoine de Jussieu était né à Lyon en 1686; élève de Goiffon et de Magnol, et venu fort jeune à Paris pour y faire ses études médicales, il fut remarqué de Fagon, qui le nomma professeur de botanique en 1709, à l'âge de vingt-trois ans. Deux ans après, il faisait partie de l'Académie des sciences. En 1716, Fagon l'envoya en Espagne et en Portugal pour y recueillir des plantes. Le jeune professeur emmena avec lui dans ce voyage son frère Bernard, alors âgé de dix-sept ans, le peintre Simoneau et le docteur Salvador, son ami.

Antoine de Jussieu avait publié, en 1714, l'ouvrage du P. Barélier sur les plantes de France et d'Italie. A son retour d'Espagne, il commença à écrire la relation de son voyage; mais son professorat et sa pratique médicale l'empêchèrent de l'achever. Ce fut lui qui, en 1720, remit au chevalier Declieux, un pied de caféier pour le transporter en Amérique, où il a produit tous ceux que l'on cultive aujourd'hui aux Antilles. Vers la fin du xviie siècle, on ne connaissait encore en Europe que le café d'Arabie. Cependant, le Hollandais Van Horn avait fait transporter à Batavia des plants de caféier, qui y avaient réussi à merveille. Un de ces plants fut envoyé au consul d'Amsterdam, qui le fit cultiver dans les serres de la ville. Un autre pied avait été apporté en France par le général d'artillerie Resson; l'arbuste ayant péri, le bourgmestre d'Amsterdam offrit à Louis XIV un autre plant, qui réussit mieux et dont on recueillit quelques boutures. L'une d'elles fut envoyée à la Martinique, et confiée par Antoine de Jussieu aux soins du chevalier Declieux, enseigne de vaisseau. La traversée, qui eut lieu sur un vaisseau marchand, fut longue et pénible. La provision d'eau étant venue à manquer, on fut obligé de la mesurer aux personnes de l'équipage, et on la refusa pour l'arrosement du caféier. Declieux fut donc forcé de partager sa ration personnelle avec la précieuse plante, et parvint ainsi à la conserver. Arrivée dans la colonie, les graines qu'elle produisit furent distribuées à un petit nombre de propriétaires cultivateurs; mais la seconde récolte permit de la répandre davantage. La même année, les cacaotiers du pays ayant été ravagés par une tempête, on arracha plusieurs plantations pour y substituer des caféiers. Plus tard, cet arbuste fut transporté à Saint-Domingue, à la Guadeloupe, ainsi que dans les îles adjacentes, et l'on sait tout le succès qu'y obtint depuis cette importante culture.

On doit à Antoine de Jussieu plusieurs dissertations intéressantes publiées dans les Mémoires de l'Académie, entre autres sur le café, la soude, le cachou, le macer des anciens, le sima-rouba, sur les mines de mercure d'Almaden et sur les pétrifications animales. Une de ces dissertations avait pour sujet une jeune fille venue au monde privée de langue, et qui pourtant avait trouvé le moyen de se faire parfaitement comprendre. C'est à cette occasion que parût l'épigramme suivante :

Qu'une femme parle sans langue,
Et fasse même une harangue,
Je le crois bien.
Qu'avec une langue, au contraire,
Une femme puisse se taire,
Je n'en crois rien.

Antoine de Jussieu pratiquait la médecine avec distinction, mais surtout avec désintéresse-ment. Il mourut en 1718.

Bernard de Jussieu, frère d'Antoine, était aussi né à Lyon, en 1699. Au sortir du collége, à dix-sept ans, il vint à Paris pour achever ses études, mais, la même année, Fagon ayant envoyé Antoine en Espagne et en Portugal, celui-ci désira emmener son frère avec lui. Ce voyage décida le goût de Bernard pour l'étude de la botanique. A son retour, il se résolut à étudier la médecine. Il alla à Montpellier et s'y fit recevoir docteur; mais une sensibilité excessive l'obligea de renoncer à la pratique de cet art. Il revint donc à Paris, et, peu de temps après, Vaillant, qui avançait en âge, lui offrit de lui céder sa place de démonstrateur de botanique au Jardin du Roi.

C'est dans ce poste modeste, dont il ne sortit jamais, que Bernard a exercé sur la botanique

VAILLANT

et sur l'histoire naturelle en général une influence qui fait époque dans l'histoire de la science. Chirac, qui avait succédé à Fagon dans la surintendance, avait laissé tomber l'enseignement de la botanique; les fonds attribués à des dépenses urgentes avaient été détournés de cette destination, et, plus d'une fois, Antoine de Jussieu y avait suppléé de ses propres deniers. Bernard, à son tour, redoubla de zèle pour soutenir l'enseignement ainsi que les cultures du Jardin Royal; le droguier, dont il était conservateur, reçut une extension considérable et prit le titre de *Cabinet du Roi*. Mais où les talents du sous-démonstrateur éclatèrent d'une manière supérieure, ce fut dans les herborisations à la campagne. C'est là qu'il faisait admirer son ardeur, son savoir, et surtout son inépuisable patience. Les élèves, non contents de le pousser à bout par des questions importunes, cherchaient parfois à l'embarrasser en mutilant certaines plantes ou en en composant de toutes pièces, espérant le trouver en défaut; mais Bernard avait bientôt dévoilé leurs ruses et s'en tirait toujours à son honneur. On raconte que Linné l'ayant accompagné dans une excursion semblable aux environs de Paris, et les élèves ayant voulu répéter avec lui la même supercherie, le botaniste suédois leur dit, en leur rendant la plante ainsi défigurée : « A. *Deus, aut Dominus de Jussieu;* Dieu seul ou « votre maître pourrait vous la nommer. »

Déjà, depuis quelques années, en méditant sur les rapports naturels qui existent entre les plantes, Bernard de Jussieu songeait à s'élever des détails de la science à ses généralités, et réunissait en silence les matériaux du système qui se rattache à son nom. Mais une extrême modestie et l'amour de la vérité l'empêchèrent de rien publier durant sa vie, si ce n'est un très-petit nombre de Mémoires, excellents d'ailleurs, sur quelques plantes isolées, bien que les observations dont elles étaient l'objet se rattachassent à la grande démonstration qu'il préparait. Il fit aussi quelques expériences sur les polypes et reconnut la nature du corail. En 1725, il donna une seconde édition, fort augmentée, de l'*Histoire des plantes des environs de Paris*, de Tournefort. La même année il entra à l'Académie des sciences, à l'âge de vingt-six ans.

C'est en revenant d'un voyage qu'il avait fait en Angleterre, en 1734, qu'il rapporta dans son chapeau les deux cèdres du Liban, dont l'un existe encore dans le Jardin du Muséum, et qui est le plus ancien de ceux qui se trouvent en France.

Cependant, une circonstance heureuse lui permit de faire une application de ses grandes vues, qui, sans cela peut-être, eussent été perdues pour la science. Le Roi Louis XV désira former, dans les jardins de Trianon, une école de botanique, et Bernard fut chargé de mettre ce projet à exécution (1758). Le système de Linné jouissait, à cette époque, d'un crédit universel. Jussieu, de plus en plus persuadé que la classification doit se fonder sur l'ensemble des caractères analogues, et ayant approfondi la subordination relative de ces caractères, disposa l'école d'après ces idées. Il partagea d'abord le système entier en deux grandes divisions : les monocotylédonées et les dicotylédonées ; puis il distribua les ordres et les familles suivant l'analogie des caractères généraux, et, sans établir les motifs de cette distribution toute nouvelle, il se borna à publier un simple catalogue du jardin de Trianon. C'était, à la vérité, tracer sur le sol même le plan de la méthode naturelle qu'il avait conçue et qui fut développée plus tard par un membre non moins illustre de sa famille. On ne saurait douter, en effet, que, lorsqu'il appela près de lui son neveu, Antoine-Laurent (1765), il ne lui ait confié les idées générales auxquelles il s'était arrêté dans cette distribution et sur lesquelles se fonde aujourd'hui le système le plus rationnel de toute classification du règne végétal.

Bernard de Jussieu réunissait deux qualités ordinairement fort opposées : un amour passionné de la science et une insouciance complète de l'honneur qu'il pouvait retirer de ses travaux. Quand on lui faisait remarquer que d'autres lui enlevaient quelqu'une de ses découvertes, il s'écriait : « Qu'importe? pourvu que le fait soit reconnu ! » Ces deux qualités, comme son entière abnégation qui l'empêchait de porter ombrage à personne, donnaient beaucoup de poids à ses opinions. Bien que fort avancé dans les bonnes grâces du Roi, Bernard de Jussieu ne demanda jamais aucune faveur.

PLAN DU JARDIN DU ROI, EN 1640

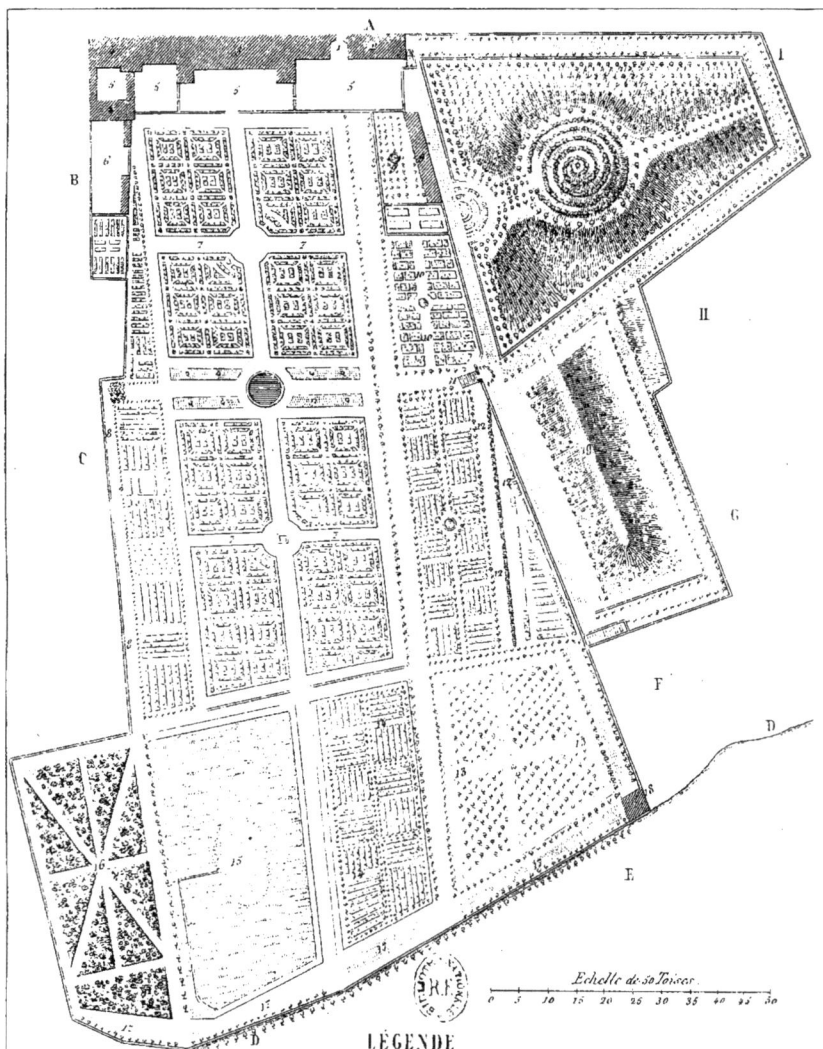

Echelle de 50 Toises.

0 5 10 15 20 25 30 35 40 45 50

LÉGENDE

A. Rue du Jardin du roi.
B. Butte garnie de maisons, nommée le Petit-Gentilly.
C. Clos Patouillet, occupé en marais légumiers.
D. Rivière de Bièvre.
E. Marais légumiers et chantiers de Bois.
F. Marais donnant sur la rue de Seine.
G. Emplacement de l'hôtel Vauvray.
H. Terrain et maisons des Nouveaux Convertis.
I. Groupe de maisons bordant un côté du carrefour de la Rue.
1. Porte d'entrée, unique alors.
2. Amphithéâtre pour les cours.
3. Château à un étage occupé par les intendans.
4. Galerie renfermant les bocaux de matière médicale.
5. Cours du château.
6. Jardin des plantes des Indes.
7. Parterres servant à la culture des plantes médicinales.

8. Jardin légumier devenu l'école des arbres sous Tournefort.
9. Orangerie et son jardin.
10. Banquettes pour les plantes du midi de la France.
11. Escalier pour monter aux buttes.
12. École de botanique, où les plantes furent d'abord rangées
    par ordre de vertus, et ensuite d'après le syst.me de Tournefort.
13. Verger agreste en quinconce.
14. Jardin des couches et des légumes délicats.
15. Terrain vague d'où l'on a tiré le sable pour les allées.
16. Petit bois percé en civile et planté d'arbres rustiques.
17. Terrasse donnant sur le marais.
18. Pavillon que Winslow a habité jusqu'à sa mort.
19. Petite butte plantée en arbres et plantes des montagnes.
20. Grande butte avec ses allées en limaçon, plantée
    d'abord d'arbres de montagnes, puis en vignes
    sous Chirac, et enfin en arbres toujours verts.

Ch. Walter lith.   Lith. Lemercier.

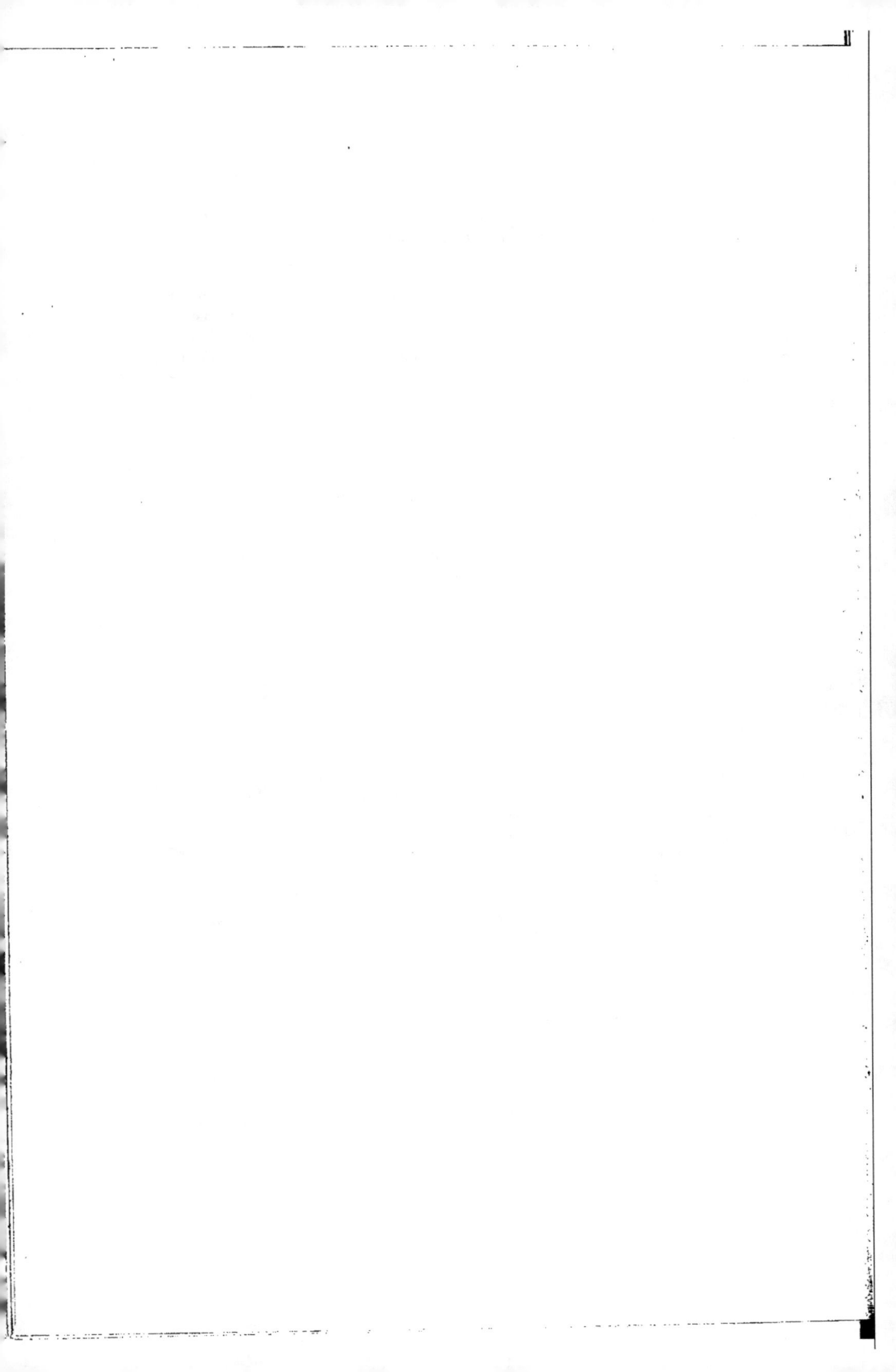

Jean-Jacques Rousseau, qui étudiait la botanique, lui ayant fait demander quelle méthode il devait suivre : « Aucune, répondit Bernard; qu'il étudie les plantes dans l'ordre où la « nature les présente, et qu'il les classe d'après les rapports que l'observation fait découvrir « entre elles. Il est impossible, ajouta-t-il, qu'un homme d'autant de mérite s'occupe de « botanique sans nous apprendre quelque chose. »

A la mort de son frère Antoine, qu'il aimait et respectait comme un père, on lui offrit la chaire qui restait vacante, mais il ne l'accepta point. « Les vieillards n'aiment pas le changement, » dit-il; Lemonnier obtint, par conséquent, la première place, et Bernard resta à la seconde. Quelques années après, il fit venir près de lui son neveu, Antoine-Laurent de Jussieu, dont il dirigea les études vers les sciences naturelles, et mourut en 1777, à l'âge de soixante et dix-huit ans.

Le service le plus éminent que Daquin rendit au Jardin du Roi fut, à coup sûr, le choix qu'il sut faire de Duverney pour y professer l'anatomie. Guichard-Joseph Duverney était né à Feurs, en Forez, en 1648. Après s'être fait recevoir docteur en médecine à Avignon, il vint se fixer à Paris. Son ardeur pour les matières scientifiques le fit admettre aux conférences de l'abbé Bourdelot. Doué d'une élocution remarquable, homme d'esprit et d'excellentes manières, il ne tarda pas à mettre l'anatomie à la mode, même parmi les gens du monde, même à la cour, où il fit souvent des leçons en présence du plus noble auditoire. « Je me souviens, dit Fontenelle, d'avoir vu des gens de ce monde-là, qui portaient des pièces d'anatomie préparées par lui, pour avoir le plaisir de les montrer dans les compagnies. » Quelques vers de Boileau constatent également la vogue singulière qui s'attachait dès lors aux leçons du jeune professeur :

..... D'un nouveau microscope on doit, en sa présence,
Tantôt chez Dalancé faire l'expérience;
Puis, d'une femme morte avec son embryon
Il faut chez *Duverney* voir la dissection;
Rien n'échappe aux regards de notre curieuse.

(*Satire X.*)

Son débit animé et ses formes oratoires attiraient à son cours les hommes qui s'occupaient de déclamation; on assure que le célèbre comédien Baron était souvent au nombre de ses auditeurs. Aussi, tous les succès vinrent-ils en quelque sorte au-devant de lui. En 1674, il entra à l'Académie des sciences; trois ans après, il était professeur au Jardin du Roi, et cet enseignement, qui fait époque dans l'histoire de la science, se soutint pendant un demi-siècle.

Duverney n'était pas d'une complexion robuste, mais il était très-actif et laborieux. Dans ses cours, il faisait faire les démonstrations par Dionis, habile chirurgien, à qui l'on doit un *Traité d'anatomie* et un *Cours d'opérations chirurgicales* longtemps célèbres. Il se fit aussi suppléer par son frère, Pierre Duverney, qui fut, comme lui, membre de l'Académie des sciences et professeur au Jardin du Roi, ainsi que par ses deux neveux, Jacques-François et Emmanuel-Maurice Duverney, qui devinrent tous deux démonstrateurs d'anatomie. Le premier eut la gloire d'être le maître de Daubenton.

Guichard-Joseph Duverney peut être considéré comme le créateur, dans les temps modernes, de l'anatomie comparée. Ayant été envoyé, avec Lahire, en mission scientifique sur les bords de l'Océan, il y disséqua avec soin un grand nombre de poissons. L'année suivante, ils firent ensemble, et dans le même but, un nouveau voyage dans le golfe de Gascogne. L'un des premiers il répandit la lumière sur l'organisation anatomique des animaux, dont jusque-là on se contentait de décrire les mœurs, les habitudes et l'aspect extérieur. Il laissa deux volumes d'*OEuvres anatomiques* et deux volumes sur les *Maladies des os*; il travaillait avec Winslow, son élève, à une seconde édition de son *Traité de l'ouïe*, quand la mort vint le frapper, en 1730, à l'âge de quatre-vingt-deux ans. Il avait exercé le professorat pendant cinquante et un ans, avec le succès le plus brillant et le plus soutenu.

c

Duverney habitait une petite maison isolée à l'extrémité du jardin, du côté de la rivière, et qui n'a été démolie qu'en 1793. Occupé, dans les dernières années de sa vie, d'un ouvrage sur les insectes et les mollusques, il passait des nuits entières dans les endroits les plus humides du jardin, couché sur le ventre, et sans faire aucun mouvement, pour observer les allures et les habitudes des colimaçons.

Jacques-Bénigne Winslow, que nous venons de nommer, était, en effet, l'élève chéri de Duverney. Originaire du Danemarck (Odensée, 1669), Winslow avait été d'abord destiné à l'Église; mais ses goûts le portant d'une manière toute spéciale vers l'étude des sciences, il se résolut à aller en Hollande pour y étudier la médecine. Ses talents précoces décidèrent le gouvernement danois à l'envoyer à Paris, à ses frais, pour prendre ses grades. Présenté à Bossuet, Winslow se convertit à la religion catholique entre les mains de ce prélat, qui devint son protecteur. Bossuet étant mort en 1704, et l'abjuration du jeune savant l'ayant privé des largesses du roi de Danemarck, Duverney le prit en amitié et le chargea de le suppléer dans ses cours au Jardin du Roi. Sa situation difficile et son mérite reconnu déterminèrent la Faculté de Paris à lui faire la remise des frais de sa réception. Peu de temps après, il entra à l'Académie des sciences.

L'éclat avec lequel Winslow avait fait quelque temps les cours de Duverney semblait l'appeler naturellement à devenir son successeur; cependant, à la mort de ce savant, la place fut donnée à Hunauld, médecin du duc de Richelieu. Winslow ne lui succéda qu'en 1743. Il était doué d'une élocution facile; son enseignement comme ses écrits sont remarquables par la méthode, la clarté et la précision. On peut dire qu'il créa en quelque sorte l'anatomie descriptive, aux progrès de laquelle il donna une vive impulsion. Il mourut à Paris, en 1760, à l'âge de quatre-vingt-onze ans.

Cette période de l'enseignement anatomique au Jardin du Roi doit également comprendre François-Joseph Hunauld, élève de Duverney et de Winslow, qui remplit d'une manière brillante l'intervalle qui sépare la carrière professorale de ses deux maîtres. Hunauld, fils et petit-fils de médecins qui marquèrent dans la pratique de l'art, était doué lui-même de talents incontestables. Le duc de Richelieu, qui l'avait emmené dans son ambassade à Vienne, avait pour lui une vive affection. Hunauld s'exprimait avec netteté, avec élégance dans les matières scientifiques. Il n'avait que vingt-huit ans lorsqu'il fut appelé à succéder à Duverney. En 1724, il était entré à l'Académie comme chimiste adjoint; quelques années après, il y prit place comme anatomiste. Malheureusement, il mourut de bonne heure, à l'âge de quarante et un ans, en 1742. Il était allé en Hollande pour y connaître Boërhaave, et avait visité l'Angleterre dans un but scientifique. Ses travaux eurent principalement pour sujet l'ostéologie et l'anatomie du cerveau. La place qu'il laissait vacante au Jardin fut aussitôt accordée à Winslow. Sa collection ostéologique, fort riche pour l'époque, fut achetée par l'Académie, pour la joindre à celle de Duverney, déjà déposée au jardin.

Durant la longue et heureuse période qui se rapporte à l'administration de Fagon, la chimie fut également professée au Jardin du Roi d'une manière supérieure. Fagon, longtemps titulaire de cette chaire, se fit successivement seconder par des hommes d'un vrai mérite. Saint-Yon, accablé d'infirmités, ne fit qu'un seul cours et mourut jeune encore; Claude Berger, fils d'un médecin de Paris, élève de Nicolas Lémery et de Homberg, le remplaça en 1709, et on lui promit la survivance de la chaire; mais il ne put profiter de cet avantage, car il mourut en 1712 d'une affection de poitrine, à l'âge de trente-trois ans.

En même temps que Berger, et dès l'année 1707, Geoffroy avait quelquefois remplacé Fagon dans son cours de chimie. Étienne-François Geoffroy était fils d'un apothicaire de Paris, bien connu dans la science, car il est le chef d'une sorte de dynastie scientifique qui a longtemps figuré d'une manière brillante dans l'enseignement. C'est chez Geoffroy le père, que se réunissaient la plupart des savants de l'époque et que se tenaient, sous la présidence du père Mersenne ou de M. de Montmort, les conférences qui préludèrent à la fondation de l'Académie des sciences. L'éducation du jeune homme fut dirigée de bonne heure vers les sciences médicales, et rien ne fut épargné pour qu'il les cultivât un jour avec distinction.

LARESTE.   GOCCURF

Avant d'occuper les postes éminents qui lui étaient réservés, Geoffroy avait voyagé dans les provinces méridionales de la France et visité les ports de l'Océan. Il se trouvait enfermé à Saint-Malo, en 1693, au moment où les Anglais bombardèrent cette ville; il eût pu être victime de leur fameuse machine infernale, si leur tentative n'eût échoué. Il alla en Angleterre avec le comte de Tallard, alors ambassadeur et depuis maréchal de France; il s'y lia avec Hans Sloane, médecin et naturaliste irlandais, qui le présenta à Sydenham et le fit admettre à la Société royale de Londres. Il voyagea aussi en Hollande et en Italie avec l'abbé de Louvois, comme son médecin, bien qu'il n'en eût pas encore le titre, car il ne fut reçu docteur qu'en 1704. A la mort de Tournefort, Geoffroy le remplaça comme professeur de médecine au collége de France, et, en 1712, il obtint la chaire de chimie au Jardin du Roi, vacante par la mort de Berger.

Étienne-François Geoffroy a laissé un nom célèbre dans la chimie et la matière médicale. C'est à lui que l'on doit les premières tables d'affinité chimique, l'un des travaux qui ont le plus servi à l'avancement de cette science dans les premières années du dix-huitième siècle. Bien que son caractère fût circonspect, méthodique et ses manières timides, son enseignement était très-suivi et rivalisait avec celui de Vaillant, de Duverney et de Winslow. Il mourut en 1731 et fut remplacé par Louis Lémery, fils de Nicolas, à qui la postérité a conservé le titre du grand Lémery.

Il y avait longtemps que Louis Lémery suppléait Fagon et Berger dans la chaire de chimie du Jardin Royal. Il était médecin du Roi depuis 1722 et appartenait à l'Académie des sciences. Il accompagna en France l'infante d'Espagne lorsqu'elle vint épouser Louis XV. C'était un médecin de cour dans toute l'acception du mot. Ses manières étaient distinguées, il s'exprimait avec élégance et ses écrits sont encore remarquables aujourd'hui par l'ordre, la clarté et l'érudition. Les Mémoires de l'Académie contiennent un grand nombre de travaux de chimie qu'il y présenta, et son *Traité des aliments* a joui longtemps d'une certaine célébrité.

Aux savants que nous venons de nommer, et qui représentèrent l'enseignement de la chimie au Jardin du Roi, pendant la période que nous étudions, il faut ajouter le nom de quelques démonstrateurs qui tiennent également une place honorable dans l'histoire de cette science. Christophe Glaser, Suisse d'origine, apothicaire du duc d'Orléans et plus tard du Roi Louis XIV, fut l'un des derniers sectateurs des principes de Paracelse; Simon Boulduc, membre de l'Académie des sciences, et qui fit faire quelques progrès à la matière médicale, fut remplacé comme démonstrateur, en 1729, par son fils Gille-François Boulduc, aussi de l'Académie, apothicaire du Roi, qui s'occupa avec un succès notable de l'analyse des eaux minérales.

Avant eux, Moïse Charas, un peu plus avancé dans la philosophie de la science, marqua en quelque sorte la transition entre l'école spiritualiste de Van Helmont et la chimie plus rationnelle du siècle suivant; Charas fut le précurseur le plus immédiat de Nicolas Lémery. Né à Uzès, en 1618, d'une famille protestante, il s'était livré de bonne heure à l'étude de l'histoire naturelle et de la chimie. Il publia une véritable monographie sur la vipère, qui, à cette époque, était un objet général de curiosité et de terreur. A l'exemple de Nicandre et d'Andromaque, il fit suivre ce travail d'un poëme latin, l'*Echiosophium*, sur le même sujet. Auteur d'une pharmacopée longtemps célèbre, Charas fut atteint, à l'âge de soixante ans, par la révocation de l'édit de Nantes, et obligé de se retirer en Angleterre. A la mort de Charles II, il passa en Hollande, puis il alla à Madrid, sur les instances de l'ambassadeur d'Espagne; mais il ne tarda pas à s'y voir exposé aux poursuites de l'inquisition, comme à la jalousie des médecins espagnols, et l'on saisit pour cela une circonstance assez singulière. Un archevêque de Tolède ayant été déclaré saint après sa mort, son successeur annonça que désormais les serpents et autres animaux venimeux du diocèse perdraient leur venin. Charas, dans une expérience publique, qui eut lieu chez Don Pèdre d'Aragon, fit mordre par une vipère deux poulets, qui moururent aussitôt. Il n'en fallut pas davantage pour le perdre : on l'accusa d'avoir voulu renverser une croyance établie. Il fut obligé de s'enfuir, non, comme le dit Condorcet, pour avoir mal parlé des vipères, mais pour avoir soulevé la rivalité de la médecine espagnole. Il fut jeté en prison à l'âge de soixante-dix ans. On lui fit son procès; il se défendit avec talent et courage. Enfin, au bout de quatre mois et demi, la liberté lui fut rendue, au prix de son abjuration. Il revint en faveur, fut admis à l'Académie, et mourut à quatre-vingts ans, justement entouré de l'estime et de la considération générale.

Nous venons d'énumérer les principaux services que rendit à l'établissement la longue et intelligente administration de Fagon. Après lui, l'enseignement commença à changer de direction et quitta la voie exclusive des sciences médicales, pour se porter plus spécialement vers les sciences naturelles. En 1715, il n'y avait encore au Jardin que trois chaires principales : celles de botanique, de chimie et d'anatomie. Chacune d'elles, indépendamment du professeur titulaire, était pourvue d'un démonstrateur, qui, pendant les leçons, exécutait les expériences et les préparations pharmaceutiques. La botanique avait, en outre, un sous-démonstrateur chargé de faire les herborisations à la campagne et de diriger les cultures.

Les choses ne changèrent point sous l'administration de Poirier, qui avait succédé à Fagon en 1715, et qui ne lui survécut que de quelques jours. En 1718, l'intendance du Jardin, détachée de la charge de premier médecin du roi, fut confiée à Chirac, premier médecin du régent. Pierre Chirac, né à Conques, dans le Rouergue, qui n'a pas laissé un nom bien recommandable dans l'administration du Jardin du Roi, ne mérite pourtant pas d'être oublié dans l'histoire de la science. D'abord destiné à la théologie, il vint à Montpellier pour achever ses études et y fut distingué par Chicoisneau père, chancelier de l'Université, qui lui confia l'éducation de ses fils, et qui, ayant reconnu son aptitude pour les sciences, le dirigea vers l'étude de la médecine. Chirac se livra avec ardeur à l'anatomie. Devenu chirurgien de l'armée de Roussillon, il assista, en 1693, au siége de Rosas, puis il alla en Italie avec le duc d'Orléans, qu'il guérit d'une blessure au poignet. Ce prince, depuis régent, le ramena avec lui à Paris, et, après la mort de Homberg, le nomma son premier médecin. Promu à l'intendance du Jardin du Roi, Chirac se montra peu soucieux du progrès des sciences naturelles. Il eut la fatale pensée de retirer le soin des cultures à Bernard de Jussieu, pour donner cet emploi à un chirurgien qui y était complétement impropre, et ne protégea guère que l'enseignement de l'anatomie, alors professée avec tant de distinction par Duverney, Hunauld et Winslow; mais il laissa tomber l'enseignement de la botanique, que les Jussieu soutinrent néanmoins à force d'intelligence et de sacrifices. Disons, toutefois, pour relever Chirac de ses torts comme administrateur, que, plein de zèle pour les progrès de la chirurgie, il conçut, le premier, la pensée de la réunir à la médecine dans une Académie Royale, projet qu'il fut sur le point de réaliser, mais dont la mort du régent suspendit l'exécution. Chirac mourut à Marly, d'une pleurésie (1732), à l'âge de quatre-vingt-deux ans.

Un grief plus fondé contre Chirac et son administration, c'est celui d'avoir préparé de longue main sa survivance et de l'avoir fait passer dans les mains de François Chicoisneau, son gendre. Non que Chicoisneau fût un homme sans mérite : il avait fait ses preuves comme médecin habile et même comme homme de cœur pendant la peste de Marseille, en 1720, où Chirac l'avait fait envoyer. Il était doué de savoir, de talents naturels et s'exprimait avec autant de précision que d'élégance. Chirac, devenu premier médecin du roi Louis XV, l'appela à la cour et le fit nommer médecin des enfants de France, ce qui était le désigner à l'avance comme son successeur. C'est, en effet, ce qui arriva, et, avec sa charge, il obtint en même temps la surintendance du Jardin.

Chicoisneau prit peu d'intérêt aux développements de l'institution et ne comprit pas la responsabilité morale et scientifique qui se rattachait à l'emploi dont il était revêtu. Heureusement, le choix d'un intendant tomba sur un homme d'un mérite incontestable et d'un zèle à toute épreuve pour les intérêts de la science. Charles-François de Cisternay Dufay avait été d'abord militaire, comme la plupart des membres de sa famille. Lieutenant à l'âge de quatorze ans dans le régiment de Picardie, il avait figuré en Espagne aux siéges de Saint-Sébastien et de Fontarabie. Plus tard, il avait accompagné le cardinal de Rohan dans son ambassade à Rome. Cependant, il n'avait jamais cessé de s'occuper des sciences, et particulièrement de la chimie. Il avait lu plusieurs fois à l'Académie des Mémoires pleins d'intérêt, qui, en 1733, le firent admettre dans cette compagnie. Il quitta dès lors le service pour se dévouer tout entier à l'étude. En quelques années, il produisit des travaux si divers, qu'ils auraient pu lui donner entrée dans chacune des six sections dont se composait alors l'Académie. Il avait trente-cinq ans lorsqu'il fut nommé intendant du Jardin du Roi.

Dès ce moment, l'établissement prit une direction nouvelle. Dufay rétablit Bernard de Jussieu, qu'il avait accompagné dans son voyage en Angleterre, dans les fonctions de démonstrateur de botanique et de directeur des cultures. Il releva les ruines, il étendit le cabinet, il fit renouveler les plantations. Il alla lui-même en Hollande et en Angleterre pour se procurer de nouvelles plantes, ainsi que des objets d'histoire naturelle. Il installa Duverney neveu comme démonstrateur d'anatomie. Malheureusement, son administration ne devait pas être de longue durée. En 1739, atteint de la petite vérole et prévoyant qu'il ne survivrait pas à cette cruelle maladie, il légua au Cabinet du Roi sa riche collection de pierres précieuses et désigna Buffon au ministre, comme son successeur. C'était assurer, plus qu'il ne l'espérait peut-être, les destinées de la science et la prospérité future de cette belle institution.

BUFFON

DEUXIÈME PÉRIODE

1739-1771

Buffon appartenait depuis 1733 à l'Académie des Sciences, où il avait été admis à l'âge de vingt-six ans. Il s'y était fait connaître par divers travaux sur les mathématiques, sur la physique, sur l'économie rurale. Dufay, son ami, en le signalant au ministre Maurepas, avait pressenti toute la portée et la puissance de son génie. Bien que Buffon ne parût pas encore bien arrêté sur la science à laquelle il se consacrerait d'une manière exclusive, sa nomination à la place d'intendant du Jardin du Roi le détermina à se livrer désormais aux sciences naturelles : heureuse décision, qui devait servir à la fois aux progrès de la science et à la gloire du savant, car celui-ci avait compris qu'en donnant à l'institution tous les développements qu'elle attendait de son zèle, il réunissait pour lui-même tous les matériaux du vaste monument qu'il se proposait d'élever à l'histoire de la nature.

Georges-Louis Leclerc de Buffon, fils d'un conseiller au parlement de Dijon, était né à Montbard, le 7 septembre 1707. A peine son éducation classique était-elle achevée qu'il fit la connaissance du jeune duc de Kingston, dont le gouverneur, homme éclairé et versé dans les sciences, en inspira le goût aux deux jeunes amis. Buffon alla passer avec eux quelques mois à Londres pour s'y perfectionner dans la langue anglaise. Afin de constater ses progrès dans cette étude et de s'exercer lui-même à l'art d'écrire, il traduisit en français la *Statique des végétaux*, de Halles, et le *Traité des fluxions*, de Newton (1). Il y ajouta deux préfaces remarquables, qui furent ses premiers écrits, et où l'on trouve déjà les caractères principaux de son talent : une gravité noble, soutenue, élégante, et de larges vues systématiques. De retour en France, il s'occupa de géométrie, de physique, il construisit des miroirs d'Archimède, qui avaient déjà fait l'objet des recherches de Dufay et de plusieurs autres savants. C'est à la même époque qu'il fit ses expériences sur la force des bois et quelques autres travaux qui lui ouvrirent les portes de l'Académie.

Lorsqu'il fut appelé à remplacer Dufay, ses idées prirent aussitôt une direction nouvelle. Il s'appliqua d'abord à développer l'établissement confié à son administration. Il porta ses regards sur toutes ses parties, conçut tout le système des améliorations dont il lui sembla susceptible, calcula tout ce qu'il avait à faire, tous les secours dont il avait besoin, et se mit à l'œuvre avec courage et résolution.

En 1739, le Jardin était borné à l'Est par les pépinières, au Nord par les serres, au couchant par les galeries. Il y avait encore beaucoup de terrains vagues et sans culture. Buffon fit enlever quelques allées de vieux arbres, qui ne répondaient pas à la symétrie des bâtiments et planta, en 1740, les deux belles allées de tilleuls qui encadrent aujourd'hui les galeries d'histoire naturelle. Ces allées se terminaient alors à la pépinière, bordée elle-même par la petite rivière de Bièvre. Lorsqu'on détourna plus tard le cours de cette rivière, on fit l'acquisition des terrains qui s'étendaient jusqu'à la Seine, et l'on prolongea les allées de Buffon, dans cette direction, jusqu'à la grande grille du quai.

(1) C'est ce même *Traité des fluxions* qu'un bibliographe, peu versé dans le calcul différentiel, avait rangé, dans son catalogue, parmi les ouvrages de médecine.

La première serre chaude avait été construite par Bouvard. Elle fit partie quelques années après de l'orangerie, derrière laquelle furent établies depuis les deux serres de Vaillant. Ces deux dernières, adossées contre la butte, furent construites, l'une en 1714, et l'autre en 1717. Le milieu de la seconde fut longtemps occupé par un cierge du Pérou, recouvert d'une lanterne vitrée.

L'amphithéâtre que Fagon avait fait construire pouvait contenir six cents élèves. Il était placé dans le bâtiment situé entre la porte d'entrée principale et la terrasse de la grande butte. Il a subsisté jusqu'au moment où l'on éleva l'amphithéâtre actuel.

Le cabinet ne consistait d'abord qu'en deux petites salles, qui ne pouvaient suffire longtemps aux objets dont il s'enrichissait journellement. Lorsque Bernard de Jussieu fut nommé garde des collections, il agrandit le local qui leur était réservé et les disposa dans deux grandes salles des galeries où logeait d'abord l'intendant; c'est à cette époque qu'elles commencèrent à être ouvertes au public à certains jours. La pièce qui renfermait les squelettes et des pièces d'anatomie faisait partie d'une maison longtemps habitée par Vaillant, et qui fut abattue pour être remplacée par le bâtiment destiné à la première bibliothèque. Les herbiers étaient placés dans l'appartement du démonstrateur de botanique. Vaillant, Antoine et Bernard de Jussieu y donnèrent successivement tous leurs soins. Lorsque ce dernier fut obligé d'aller résider à Versailles, la garde du cabinet fut confiée à Daubenton.

Buffon employa les premières années de son administration à recueillir, à disposer les matériaux qui devaient lui servir à l'accomplissement de la grande pensée qui le préoccupait. Jusqu'à lui, l'histoire naturelle n'avait été écrite que par des observateurs ou des compilateurs peu exercés dans l'art de peindre ses phénomènes. Surchargée de détails d'érudition, de nomenclatures bizarres, de systèmes inconciliables, cette science n'avait jamais été présentée avec cette simplicité noble et abondante dont la nature offre l'image. Les matériaux étaient nombreux, mais il fallait les choisir, les classer et les présenter sous une forme attrayante, propre à faire ressortir l'ensemble comme les détails. Buffon comprit quel intérêt et quel charme pourrait donner à un pareil tableau l'écrivain qui saurait réunir aux vues larges et profondes d'Aristote, l'éloquence de Théophraste, de Pline, et la sévérité, l'exactitude des observateurs modernes. Après avoir longtemps médité cette pensée, il se sentit l'énergie, la patience et même tout le talent nécessaire pour la mettre à exécution, et il n'hésita pas à se consacrer à cette grande œuvre.

Cependant, quelques obstacles personnels pouvaient la lui rendre très-difficile. Son imagination vive et impatiente lui permettait à peine de s'appliquer aux recherches de détail, sa vue un peu faible ne se prêtait pas à une application prolongée; il avait, pour nous servir de l'heureuse expression de M. Flourens, le génie de la pensée plutôt que celui de l'observation, la patience de l'esprit plus que celle des sens. Mais il avait en même temps une constitution vigoureuse, capable de résister à un travail soutenu, un caractère ardent, la conscience de ses forces et un vif désir de cette gloire dont il sentait que tous les éléments se trouvaient à sa portée. Ajoutons qu'au service d'un génie élevé et d'une imagination poétique, il possédait un style coloré et grandiose, propre à peindre les beautés de la nature, dont il avait d'ailleurs le profond sentiment.'

Après avoir consacré plusieurs années à parcourir ce champ si vaste d'un point de vue général, et à réunir les matériaux de ce grand travail, il en arrêta le plan, et son immensité ne l'effraya point. Toutefois, il fallait, avant tout, s'appuyer sur des recherches exactes, qu'il se sentait incapable de poursuivre seul dans leurs plus minutieux détails, et il comprit la nécessité de s'adjoindre, pour cela, un collaborateur. Dans l'un de ses voyages à Montbard, il avait retrouvé un ami d'enfance, le jeune Daubenton, dans lequel il reconnut aussitôt les qualités qui lui manquaient à lui-même. Il lui fallait, en effet, un homme d'un esprit juste et fin, un observateur habile et consciencieux, assez modeste pour se contenter du second rôle, assez dévoué pour entrer dans ses propres idées, disposé à suivre sa fortune, à devenir, en un

DAUBENTON.

1716 ✱ 1800

mot, son œil et sa main, tout en lui laissant dans l'œuvre commune la part la plus brillante et la plus glorieuse. Buffon trouva tout cela dans son jeune ami, et peut-être plus encore qu'il n'avait espéré.

Daubenton (L.-J.-Marie), né à Montbard, en 1716, était fils d'un notaire de cette ville. Il s'était distingué dans ses premières études, et, venu à Paris pour s'y livrer à la théologie, il avait suivi en secret les cours de médecine ; il était au Jardin du Roi l'auditeur le plus assidu des leçons de Winslow, de Hunauld et d'Antoine de Jussieu. La mort de son père l'ayant laissé libre de choisir sa profession, il alla se faire recevoir docteur à Reims, et revint à Montbard l'année suivante pour y exercer la médecine. Buffon ne devait pas l'y laisser longtemps. Il l'engagea à venir à Paris à la fin de 1742 ; dès l'année 1745, il le fit nommer garde et conservateur du cabinet du Roi, à la place de Noguez, qui s'était retiré en province. Dès ce moment, les collections prirent une nouvelle physionomie ; jusque-là, ce n'était proprement qu'un droguier, auquel on avait joint des pierres précieuses et des coquilles tirées de différentes sources ; Daubenton en eut bientôt fait une véritable collection d'histoire naturelle, et la plus riche qui existât encore. Il ne s'appliqua plus uniquement à recueillir des échantillons rares et singuliers, mais à réunir tous les objets analogues et à compléter les séries. L'étude et l'arrangement de ces matériaux devinrent pour lui comme une sorte de passion. A mesure que leur nombre s'accrut et qu'ils furent mieux disposés, le public lui-même y attacha plus de prix ; quelques particuliers s'empressèrent d'offrir au cabinet leurs collections privées. On découvrit, on perfectionna les moyens de conserver les corps organisés. Daubenton s'enfermait des journées entières dans les galeries pour étudier et classer toutes ces richesses, et les jours où elles étaient ouvertes au public, il se plaisait à les montrer et à les expliquer aux curieux.

Mais ce n'est pas là que se bornaient ses travaux et l'utile secours qu'attendait Buffon de son savant compatriote. Avant de commencer la publication de son immense ouvrage, il fallait tout revoir, tout observer ; il fallait reprendre en sous-œuvre tout le travail des siècles précédents. Dans cette grande entreprise il s'était réservé la distribution du plan, l'exposition des généralités, les vues systématiques, la peinture des grands effets de la nature ; à Daubenton furent attribués le travail des recherches, la partie anatomique et descriptive, les détails exacts et précis, les observations minutieuses. Ces deux hommes de génie, se complétant ainsi l'un par l'autre, avancèrent lentement, mais à pas certains, dans la vaste carrière qu'ils s'étaient ouverte, et, en 1749, dix ans après l'avénement de Buffon à l'administration du Jardin du Roi, ils publiaient ensemble les trois premiers volumes de l'*Histoire naturelle*, magnifique prodrôme de l'ouvrage qui devait tous deux les immortaliser.

Les chaires continuaient d'être occupées par les professeurs que Dufay y avait laissés, et dont quelques-uns de ceux-ci étaient déjà les titulaires sous ses prédécesseurs. Dans les premières années de son administration, Buffon eut le regret de perdre plusieurs de ces hommes dont les talents, comme le caractère, faisaient l'honneur du professorat : Boulduc fils et Hunauld s'éteignirent la même année, en 1742 ; Louis Lémery mourut l'année suivante, et Duverney neveu en 1749. Ces pertes importantes amenèrent de grandes modifications dans l'enseignement du Jardin du Roi. Lémery fut remplacé par Bourdelin, et Boulduc par Rouelle ; le premier comme professeur, et le second comme démonstrateur de chimie.

Le nom de Bourdelin est celui d'une de ces familles qui, au XVIIe et au XVIIIe siècle, occupèrent un rang si honorable dans les sciences médicales et perpétuèrent dans leur descendance les traditions ainsi que le goût des études scientifiques. Telles furent les familles des Lémery, des Jussieu, des Boulduc, des Bourdelin, des Geoffroy, des Brongniart, des Fourcroy, qui toutes se distinguèrent aussi dans le professorat, contribuèrent surtout aux progrès de la chimie, et dont l'origine, on nous permettra de le remarquer, se rattache à la pharmacie. L'aïeul de Claude Bourdelin, né à Villefranche en Beaujolais, était apothicaire à Paris, et fit partie des premiers savants choisis par Colbert pour former le premier noyau de l'Académie. Ses deux fils appartinrent, l'un à l'Académie des Inscriptions et Belles-Lettres, l'autre à l'Académie

D

des Sciences. Ce dernier fut le père de Claude Bourdelin, nommé professeur de chimie au Jardin du Roi, à la place de L. Lémery.

Bourdelin était partisan, comme son prédécesseur, de la chimie de Charas et de Nicolas Lefebvre. Déjà âgé de quarante-sept ans, quand il entra en fonctions, et d'ailleurs livré à une pratique médicale très-étendue, il fit peu d'efforts pour se tenir au courant des nouvelles théories de la science. Rouelle, au contraire, imbu des systèmes de Beccher et de Stahl, faisait assez peu de cas de la chimie de l'époque précédente. Il en résulta, comme nous le verrons bientôt, une singulière discordance entre les leçons de Bourdelin et les expériences du démonstrateur, lequel ne se faisait pas scrupule de renverser les arguments du professeur et de se complaire dans son triomphe, aux yeux de son auditoire. Bourdelin n'y mettait du reste aucun obstacle, seulement il cessa d'écrire sur la science et se fit plus souvent remplacer dans son cours par Malouin, d'abord, et ensuite par Macquer, qui devait lui succéder. Un motif honorable l'avait porté à se vouer principalement à la pratique médicale. Sa mère avait épousé en secondes noces un dissipateur qui, en mourant, n'avait laissé que des dettes, pour lesquelles elle s'était engagée. Bourdelin voulut acquitter ces dettes et rendre à sa mère une position indépendante. Il y réussit à force de travail. Son frère, alors mineur, réclama plus tard le droit de partager son sacrifice; Bourdelin ne mit aucun orgueil à le refuser. Malheureusement, ce frère, médecin comme lui, et son élève, mourut encore jeune, au moment où il commençait à se montrer digne du nom qu'il portait. Bourdelin mourut en 1777, à l'âge de quatre-vingt et un ans; sa place à l'Académie des Sciences fut remplie par L.-Cl. Cadet.

Paul-Jacques Malouin, aussi membre de l'Académie, n'appartint jamais au Jardin du Roi comme titulaire, mais il remplaça souvent avec distinction Lémery, Geoffroy et Bourdelin, son maître et son ami. C'était un homme grave, austère, mais d'un caractère plein de douceur. Il était né à Caen, en 1701, d'une famille distinguée dans laquelle on comptait autant de médecins que de magistrats. Son père, conseiller au présidial, l'envoya à Paris pour suivre ses cours de jurisprudence, mais, entraîné par un penchant irrésistible, le jeune homme se livra exclusivement aux études médicales; en sorte qu'à son retour au pays natal, au lieu d'apporter à son père un titre de licencié en droit, il lui présenta le diplôme de docteur en médecine. Fontenelle, qui était son parent, l'engagea à revenir à Paris, lui facilita l'entrée de la carrière, en lui ouvrant l'accès de quelques maisons opulentes, et le fit entrer à l'Académie.

Malouin était animé d'un respect sincère pour la dignité médicale. Un personnage éminent, qui avait suivi longtemps ses indications avec exactitude et qu'il avait guéri, étant venu le remercier : « *Vous êtes digne d'être malade,* » lui dit Malouin. Il ne pardonnait pas à ceux qui, après avoir profité des lumières et des secours de la médecine, tournaient cet art en plaisanterie. Il dit un jour à l'un de ces incrédules, ou plutôt de ces ingrats : « Je sais que « vous êtes malade et qu'on vous traite mal; je vous guérirai, mais je ne vous verrai plus. » Ce qu'il trouvait de plus digne d'éloges dans Fontenelle et dans Voltaire, c'est qu'ils avaient toujours respecté la médecine. C'est lui qui répondit à quelqu'un qui citait en sa présence les plaisanteries de Molière sur les médecins : « Aussi, voyez comme il est mort! »

Après avoir pratiqué quelque temps à Paris, où il avait succédé en quelque sorte à la célébrité de Dumoulin, peu ambitieux d'ailleurs et ami du repos, il acheta une charge de médecin du grand commun à Versailles. « Je veux me retirer *à la cour,* » avait-il dit à cette occasion; mot bizarre, mais plein de justesse selon ses idées. Malouin était laborieux, économe, désintéressé. Il avait écrit pour l'encyclopédie et pour les collections académiques l'art du boulanger et du vermicellier. Quelques années plus tard, Parmentier ayant critiqué ces écrits dans une lecture à l'Académie, Malouin vint à lui et le félicita, en ajoutant : « Vous « avez mieux vu que moi, Monsieur. » Malouin fonda un prix à la Faculté de Médecine pour l'éloge de l'un de ses membres; éloge qui devait être prononcé chaque année à la séance d'ouverture. Il mourut en 1778, à l'âge de soixante-dix-sept ans. Il fut remplacé à l'Académie des Sciences par Lavoisier.

Le démonstrateur en titre de Bourdelin était Rouelle (Guillaume-François), né à Mathieu, près de Caen, en 1703. Rouelle était doué d'une physionomie vive, d'une mémoire heureuse; il avait beaucoup d'intelligence et d'originalité dans l'esprit. Bien qu'il eût fait d'assez bonnes études, il attachait assez peu de prix aux connaissances littéraires. Aussi sa parole était-elle incorrecte, familière, bien qu'animée et pittoresque, et affectait-il un véritable dédain pour ce qu'il appelait *l'académie du beau parlage*. Entraîné par un sentiment instinctif vers les sciences physiques et naturelles, il se livra avec une sorte de passion à l'étude de la chimie. Pour en acquérir avec plus de fruit les premiers éléments, il entra comme élève en pharmacie chez l'allemand Spitzley, successeur du grand Lémery, et il y resta plusieurs années. C'est là qu'il connut et qu'il se lia d'amitié avec Antoine et Bernard de Jussieu. Il fonda ensuite cette pharmacie de la rue Jacob, longtemps possédée, après lui, par Bertrand et Joseph Pelletier, et il donna quelques leçons particulières de chimie qui commencèrent sa réputation. Cependant, il semblait peu capable de devenir un professeur éminent. Une pétulance extrême, une abondance d'idées qui ne lui permettait pas toujours de les présenter dans le meilleur ordre, un certain mépris pour les usages reçus qui allait parfois jusqu'à outre-passer la bienséance, sa brusquerie, son impatience, tout cela s'opposa quelque temps aux succès du jeune professeur. Toutefois, on s'accoutuma peu à peu à ces dehors singuliers; il acquit une certaine facilité d'élocution, il s'habitua à mettre plus de lucidité et de méthode dans l'exposition des faits scientifiques; puis, la hardiesse et la nouveauté de ses idées, son enthousiasme, son habileté dans les expériences, jusqu'à ses manières originales et à sa parole bizarre, tout devint un attrait pour ses auditeurs. Enfin, sa réputation s'étendit à ce point qu'à la mort de Boulduc la place de démonstrateur au Jardin du Roi lui fut accordée sans hésitation.

C'était en 1742, Rouelle était alors dans toute la force et la maturité de son talent; son nom était déjà européen. Lémery, Geoffroy, Boërhave et Stahl venaient de mourir; la science semblait attendre qu'un homme supérieur vînt remplir le vide que ces grands chimistes avaient laissé. « L'impulsion donnée par ces hommes illustres, dit Vicq d'Azyr, s'affaiblissait de jour en jour, lorsqu'un génie bouillant et hardi réchauffa toutes les têtes du feu de son enthousiasme, et devint le chef d'une école dont le souvenir honorera son siècle et sa patrie. On venait de toutes parts se ranger parmi ses disciples; son éloquence n'était point celle des paroles ; il présentait ses idées comme la nature offre ses productions, dans un désordre qui plaisait toujours et avec une abondance qui ne fatiguait jamais. Rien ne lui était indifférent; il parlait avec intérêt et chaleur des moindres procédés, et il était sûr de fixer l'attention de ses auditeurs, parce qu'il l'était de les émouvoir. Quand il s'écriait : « Ecoutez-moi! car je suis le seul « qui puisse vous démontrer ces vérités », on ne reconnaissait point dans ce discours les expressions de l'amour-propre, mais les transports d'une ame exaltée par un zèle sans bornes et sans mesure. Ennemi de la routine, il donnait des secousses utiles à ce peuple d'hommes froids et minutieux qui, travaillant sans cesse sur le même plan et suivant toujours la même ligne, ont besoin que l'on rompe quelquefois la trame de leur uniformité. »

Nous avons vu qu'à cette époque les leçons au Jardin du Roi étaient faites par un *professeur* qui, après avoir exposé les principes et développé les généralités de la science, cédait sa place au *démonstrateur*, lequel venait exécuter, sous les yeux du même auditoire, les expériences destinées à confirmer ses théories. Les choses s'étaient ainsi passées pendant longtemps et sans conteste entre Geoffroy, Lémery, Charas et les Boulduc; mais il n'en fut plus de même lorsque Bourdelin, attaché aux errements de l'ancienne école, fut secondé par Rouelle, jeune, ardent, pénétré des nouvelles théories et dont l'élocution véhémente contrastait de la manière la plus tranchée avec le langage réservé du placide Bourdelin. Celui-ci, froid et timide, aux formes peu animées, était écouté avec une impatience contenue; mais, lorsque paraissait Rouelle, l'attention s'éveillait aussitôt et l'intérêt qu'excitaient sa parole vive et originale, ses expériences claires et saisissantes, s'élevait parfois jusqu'à l'enthousiasme. La leçon du professeur finissait ordinairement par ces mots : « Tels sont, Messieurs, les principes et la théorie « de cette opération, ainsi que M. le démonstrateur va vous le montrer par ses expériences. » Mais le plus souvent, Rouelle se plaisait à démentir, au contraire, les doctrines du professeur par des démonstrations complétement opposées à ses principes, et, malheureusement pour Bourdelin, le démenti de Rouelle était ordinairement fondé et sans réplique.

C'est dans une de ces leçons qu'eut lieu un incident, raconté par Grimm d'une manière assez piquante. Il s'agissait d'une expérience alors nouvelle, et qui consistait à enflammer l'huile essentielle de térébenthine par l'esprit de nitre. Rouelle expliquait que, « pour le succès de « l'opération, il suffisait d'un tour de main fort simple et si peu apparent, qu'on pouvait « l'exécuter en présence de beaucoup de monde, sans que personne s'en aperçût. » Il avait alors pour préparateurs son frère, Hilaire Marin Rouelle, et l'un de ses neveux, dont le premier soin était de prévenir les accidents auxquels sa distraction habituelle pouvait donner lieu et dont il faillit plus d'une fois devenir la victime. Ce jour-là, Rouelle demeuré seul, expliquait la théorie et le procédé de son expérience. Tout en agitant avec un tube de verre le mélange inflammable, il disait comment il avait découvert ce tour de main, et ajoutait que, si l'on cessait un seul moment d'agiter la liqueur, le produit ferait une sorte d'explosion; puis, se tournant brusquement vers l'auditoire, il abandonne un moment l'expérience pour achever l'explication. Tout à coup l'inflammation éclate et brise le vase avec fracas, en remplissant l'amphithéâtre d'une fumée épaisse et suffocante. Aussitôt, les auditeurs épouvantés de fuir et de se répandre avec effroi dans le Jardin, tandis que l'opérateur étonné, mais impassible, en est quitte pour la perte de sa perruque et de ses manchettes.

On trouve dans les Mémoires du temps plusieurs traits qui peignent d'une manière assez piquante l'irritabilité, la pétulance et la distraction de cet homme de génie. Sa préoccupation habituelle le suivait jusque dans le monde, dans ses cours, à l'Académie. Il arrivait ordinairement dans son amphithéâtre en grande tenue, habit de velours, perruque bien poudrée et petit chapeau sous le bras. Assez calme au début de sa leçon, il s'échauffait peu à peu ; si sa pensée ne se développait pas nettement, il s'impatientait, il posait son chapeau sur un appareil, il ôtait sa perruque, dénouait sa cravate, puis, tout en discutant, il déboutonnait son habit et sa veste, qu'il quittait l'une après l'autre. Dès lors, ses idées devenaient lucides, il s'animait, se livrait sans réserve à son inspiration savante, et ses démonstrations lumineuses entraînaient bientôt son auditoire ravi,

Nous n'avons pas à rappeler ici en détail les nombreux travaux dont Rouelle a enrichi la science ; nous dirons seulement qu'il fit faire des pas réels à la théorie des sels, ainsi qu'à l'analyse végétale ; qu'il lut plusieurs Mémoires à l'Académie sur l'art des embaumements chez les anciens, sur le sel marin, sur la culture de la cannelle à Ceylan, etc. Mais ce n'était point par ses écrits qu'il devait influer plus puissamment sur la science, c'est par sa parole, par son zèle, par cet enthousiasme qu'il avait peine à contenir, mais qui n'en agissait que plus vivement sur l'esprit de ses nombreux élèves. C'est précisément parce qu'il écrivit peu, qu'il eut souvent à se plaindre de ceux qui, sortis de son école, ne se faisaient aucun scrupule de s'attribuer des découvertes dont il ne s'était pas réservé la priorité. Dans sa pétulance et sa distraction ordinaires, il exprimait souvent des vues neuves, hardies, profondes ; il décrivait des opérations, des procédés dont il eût bien voulu dérober le secret à ses auditeurs, mais qui lui échappaient à son insu dans la chaleur du discours ; puis, il ajoutait : « Mais ceci « est un de mes arcanes que je ne dis à personne ; » et c'était précisément ce qu'il venait de révéler à tout le monde. Lorsque, plus tard, on venait à parler devant lui de ce qu'il avait enseigné publiquement, mais qu'il pensait lui avoir été dérobé, il criait au plagiat et se répandait en invectives contre ceux qu'il accusait de ces larcins. Sa préoccupation à ce sujet était telle qu'il allait jusqu'à s'attribuer toutes les découvertes des chimistes étrangers, découvertes qu'il croyait fermement avoir faites avant eux. Ses récriminations et ses plaintes faisaient en quelque sorte partie de ses cours, en sorte qu'à telle leçon on était sûr d'avoir une attaque contre Macquer ou Malouin, contre Pott ou Lehmann; à telle autre, une diatribe contre Buffon ou Bordeu. Dans son emportement, il ne se faisait faute d'aucune injure; mais la plus générale, l'épithète qui revenait le plus souvent et servait le mieux sa fureur, était celle de *plagiaire.* « Oui, Messieurs! s'écriait-il tous les ans à certain endroit de son cours, « en parlant de Bordeu, c'est un de nos gens, un frater, un plagiaire, qui a tué mon frère « que voilà. » L'imputation de plagiat avait en effet à ses yeux tant de gravité, qu'il l'appliquait aux plus grands criminels, et que, pour montrer, par exemple, toute son horreur pour l'attentat de Damiens, il ne manquait pas de dire que c'était un plagiaire.

Dans le monde, Rouelle était le véritable type du savant, absorbé dans ses rêveries et dédaigneux des lois de la bienséance. Il avait tellement l'habitude, dit Grimm, de s'aliéner la tête, que les objets extérieurs n'existaient pas pour lui. Il se démenait comme un énergumène, il se renversait sur sa chaise, se cognait, donnait des coups de pied à son voisin, lui déchirait ses manchettes, sans en rien savoir. Un jour, se trouvant dans un cercle où il y avait plusieurs dames, et parlant avec sa vivacité ordinaire, il défait sa jarretière, tire son bas sur son soulier, se gratte la jambe avec les deux mains, remet ensuite son bas et sa jarretière, et continue sa conversation sans avoir le moindre soupçon de ce qu'il venait de faire. Dans ses cours, il avait ordinairement son frère et son neveu, pour l'aider à faire les expériences; mais, ces aides ne se trouvant pas toujours près de lui, Rouelle s'écriait : *Neveu, éternel neveu!* et l'éternel neveu ne venant point, il s'en allait lui-même dans les arrière-pièces de son laboratoire chercher les vases dont il avait besoin. Pendant cette opération, il continuait sa leçon, comme s'il était en présence de ses auditeurs. A son retour, il avait ordinairement achevé la démonstration commencée, et rentrait en disant : *Oui, Messieurs!...* Alors on le priait de recommencer, ce qu'il faisait volontiers, croyant seulement avoir été mal compris.

Bien qu'il sût manier les appareils avec une grande habileté, et les modifier selon le besoin des expériences et des démonstrations, sa pétulance et le tremblement habituel de ses mains l'exposaient à mille accidents auxquels il échappa souvent comme par miracle. Au commencement de son cours du Jardin du Roi, il avait coutume d'employer plusieurs leçons à décrire minutieusement le moyen de percer les ballons de verre pour y pratiquer des tubulures et à exécuter lui-même, en présence des auditeurs, cette opération qu'il regardait comme très-importante. Tout en déclamant contre la maladresse et l'étourderie de ceux qui cassaient les ballons, faute de connaître son procédé, il ne manquait pas d'en briser plusieurs des plus beaux; mais il ne se décourageait point et recommençait jusqu'à ce qu'il eût réussi.

On conçoit qu'ayant l'esprit toujours tendu sur l'objet de ses recherches, Rouelle restât complètement étranger à certaines idées tout à fait en dehors de sa sphère habituelle. Aussi apportait-il dans le monde et dans la conversation, avec ses formes étranges, une bonhomie naïve qui lui donnait quelques traits de ressemblance avec Jean Lafontaine. Hors de son laboratoire, et dès qu'il perdait de vue ses appareils, il semblait ne plus rien comprendre au monde et à la société. Un jour, chez M. de Buffon, on parlait des mouvements instinctifs dont on n'est pas maître. — « Par exemple, disait le cardinal de Bernis, il m'est impossible « d'entrer dans une église sans courber la tête. — Il y a en effet, reprit Rouelle, certains « mouvements naturels et machinaux dont il n'est pas facile de se rendre compte. Pourquoi, « par exemple, les ânes et les canards baissent-ils toujours la tête quand ils passent sous des « arcades ou des portes cochères? » — Et, comme on le regardait en souriant : — « Oui, « Messieurs, ajouta-t-il, j'ai fait cette expérience, moi; j'ai fait passer des ânes et des canards « sous la porte Saint-Antoine, et même sous la porte Saint-Denis, qui est bien autrement « haute. Eh bien! Messieurs, vous me croirez si vous voulez, mais je vous donne ma parole « d'honneur que je n'en sais pas plus que vous à ce sujet. » — « Monsieur Rouelle, répliqua « M. de Bernis, voilà une idée qu'on ne vous volera point; le public ne manquerait pas de

« lapider le plagiaire. » — Ne croirait-on pas entendre le fabuliste demander à un docteur de Sorbonne si saint Augustin avait autant d'esprit que Rabelais, et le docteur lui répondre : « Prenez garde, Monsieur de Lafontaine, vous avez mis un de vos bas à l'envers; » ce qui d'ailleurs était vrai.

Quoiqu'il n'eût jamais pu s'assujettir aux formes banales de la politesse et aux usages du monde, Rouelle n'en était pas moins défenseur ardent et religieux des lois, des institutions et de tout ce qu'il croyait digne de ses respects. Il portait l'amour de la patrie jusqu'au fanatisme. Les grands événements politiques et militaires le préoccupaient au point de balancer dans son esprit l'intérêt qu'il prenait aux progrès des sciences et qu'il trouvait parfois l'occasion d'en entretenir ses auditeurs au milieu même de ses leçons. C'est ainsi que, pendant la guerre qui, en 1756, venait d'éclater avec l'Angleterre, il voulait aller commander les bateaux plats, et assurait avec confiance « qu'il possédait un *arcane* à l'aide duquel il se flattait de « brûler Londres et d'incendier sous l'eau toute la flotte anglaise. » Grimm raconte que le lendemain du jour où parvint la nouvelle de la défaite de Rosbach (1757), il le rencontra tout éclopé et marchant avec peine. — « Eh ! mon Dieu, Monsieur Rouelle, lui dit-il, que vous « est-il donc arrivé ? » — « Je suis moulu, répondit le chimiste, toute la cavalerie prussienne « m'a marché cette nuit sur le corps. » Le même jour il se trouvait au Jardin du Roi, et la conversation ayant roulé sur le même sujet, il ne manqua pas de traiter le prince de Soubise d'ignare, d'esprit obtus, de criminel, et enfin de plagiaire. « Mais, lui dit M. de Buffon, ce « n'est point un plagiat que de s'être laissé battre par les Prussiens, c'est au contraire une « invention toute nouvelle de M. de Soubise. » — « Ne le défendez pas , s'écria Rouelle, « c'est un animal infime, un mulet cornu, un double cochon borgne! Je suis sûr qu'il a « quelque chose de vicié dans la conformation. »

Quelque grave et consciencieux que fût habituellement M. de Buffon, il s'avisa pourtant de faire un jour à Rouelle une assez piquante espièglerie. C'était d'ailleurs une mystification toute scientifique. Il écrivit une sorte de dissertation sur l'organisation présumable des jeunes centaures, et il l'adressa par la poste au savant chimiste. Rouelle ne manqua pas de se récrier, et, le jour même, il disait à tout le monde qu'il n'y avait pas, dans cet essai, une seule observation qui n'eût été pillée effrontément dans ses leçons et dans ses écrits.

Rouelle était d'une taille moyenne, ses traits étaient assez réguliers et sa physionomie remarquable par la vivacité et l'expression. Son caractère était naturellement doux , affectueux, serviable; mais, à la moindre contradiction, il s'irritait et sa brusquerie allait parfois jusqu'à la violence. La simplicité de ses mœurs, l'inflexibilité de sa vertu, son désintéressement surtout ne se démentirent dans aucune circonstance. Il n'accepta jamais des fonctions qu'il se croyait incapable de remplir. Plusieurs années avant sa mort, il avait résigné celles qu'il ne pouvait convenablement exercer. Étant sur le point de livrer à l'impression son cours de chimie, un libraire de Londres vint lui en offrir cinq cents louis de plus que les libraires de Paris; Rouelle refusa par patriotisme, et ce cours ne fut jamais imprimé.

Une telle austérité de principes n'expliquerait-elle pas jusqu'à certain point cette brusquerie de tempérament et cette haine contre les plagiaires; sorte de monomanie assez semblable à celle de Jean-Jacques, qui ne voyait dans tous les hommes que des traîtres et des ennemis personnels? Jean-Jacques Rousseau ne doutait pas que Louis XV et le duc de Choiseul n'eussent agi à l'instigation de Voltaire en s'emparant de l'île de Corse, précisément tandis qu'il était à rédiger pour cette île un projet de constitution, et qu'on en eût fait la conquête, uniquement pour lui ôter la gloire d'en être le législateur.

Rouelle était membre de l'Académie royale de Stockholm, de celle d'Erfurt et associé de l'Académie des sciences. En 1753, il fut chargé par le ministre de la guerre d'examiner un nouveau procédé pour la fabrication et le raffinage du salpêtre. L'année suivante, le ministre des finances lui confia un travail sur l'essai des monnaies d'or. Il se livra à ces recherches avec une ardeur qui altéra profondément sa santé. Dès l'année 1768, sentant ses forces s'affaiblir, il s'était démis, en faveur de son frère, de la chaire de chimie au Jardin du Roi. Depuis lors, il traîna une vie languissante et douloureuse, il perdit l'usage de ses jambes, et, transporté à Passy, il y mourut en 1770, à l'âge de soixante-sept ans.

Quel que fût l'éclat que l'ouvrage de Buffon et de Daubenton venait de répandre sur l'histoire naturelle, et en particulier sur la zoologie, la célébrité que le Jardin du Roi recevait des cours si suivis de Hunauld, de Winslow et de Rouelle n'en devait pas souffrir. La botanique y était toujours représentée par les deux hommes vénérables qui avaient tant fait pour elle, et qui préparaient avec patience à l'étude du règne végétal un avenir plus brillant encore. Antoine de Jussieu mourut en 1758, après avoir professé pendant quarante-neuf ans. Sa longue pratique médicale lui avait acquis une assez belle fortune, ce qui lui permettait de faire de grands sacrifices en faveur de la science. Nous avons vu que, sous l'administration regrettable de Chirac et de Chicoisneau, il s'était vu obligé plus d'une fois d'acheter de sa bourse des graines, des instruments de culture et même des engrais; plus tard, il envoya, à ses frais, des jeunes gens dans différentes parties de la France, pour recueillir des plantes qu'il voulait acclimater à Paris. Enfin, son herbier et sa bibliothèque offrirent souvent aux étudiants des ressources que l'établissement ne possédait pas encore. Il avait dirigé vers la médecine et vers la botanique les études du plus jeune de ses frères, Joseph de Jussieu, qu'il fit adjoindre aux académiciens chargés, en 1735, d'aller au Pérou pour mesurer un arc du méridien. Ce frère, passionné pour les voyages, et très-versé dans les mathématiques, parcourut plusieurs parties de l'Amérique du Sud; il observa le premier la culture des quinquinas, et adressa plusieurs fois au Jardin des végétaux jusqu'alors inconnus. C'est à lui entre autres que l'on doit l'héliotrope odorant, originaire du Pérou, si recherché pour l'arome de ses fleurs. Il visitait les Cordillières des Indes lorsqu'il fut nommé, en 1743, membre de l'Académie des Sciences.

La chaire d'Antoine de Jussieu fut donnée à Lemonnier, déjà associé de l'Académie, et plus tard médecin du roi. Lemonnier appartenait à une famille toute académique; son père, géomètre et physicien distingué, avait fait partie de l'Académie des Sciences, ainsi que son frère, Charles, célèbre astronome, qui figura dans cette compagnie pendant plus d'un demi-siècle. Ils y siégèrent même tous trois ensemble pendant quatorze ans. Lemonnier (Louis-Guillaume), le botaniste, s'était d'abord occupé de physique; il avait rédigé les articles *aimant* et *électricité* de la première encyclopédie; il fit le premier cette observation précieuse, que la commotion électrique peut se propager instantanément à plus d'une lieue sans s'affaiblir, phénomène dont la télégraphie a fait de nos jours une si merveilleuse application. Il étudia aussi la médecine, et enfin diverses parties de l'histoire naturelle. C'est comme naturaliste, qu'en 1739, il accompagna Cassini et Lacaille, envoyés dans le Midi de la France pour y prolonger la méridienne de l'Observatoire de Paris. Il recueillit dans ce voyage de nombreuses observations sur la botanique, sur les mines, les carrières et les eaux minérales. Au moment de la mort d'Antoine de Jussieu, il était absent, comme médecin des armées, et sa nomination lui parvint pendant le cours de la campagne de Hanovre. A son retour, il voulut céder cette place à Bernard de Jussieu, son maître vénéré, mais celui-ci refusa.

Lemonnier, encore jeune, avait été nommé médecin de l'infirmerie de Saint-Germain-en-Laye, et allait souvent visiter un jardinier-fleuriste, nommé Antoine Richard, qui le pria de disposer les plantes de son jardin suivant le système de Linné. Le duc d'Ayen, depuis maréchal de Noailles, grand amateur d'horticulture, l'y rencontra, le prit en amitié, et, sous les inspirations de Lemonnier, son vaste parc ne tarda pas à se couvrir des plus beaux arbres, qu'il parvint à se procurer de toutes parts. Louis XV ayant visité et admiré ce jardin, désira en établir un semblable à Trianon, et voulut connaître le botaniste qui en avait dirigé les plantations. Le duc d'Ayen, saisissant cette occasion de servir son jeune ami, courut le chercher, et, sans le prévenir, le conduisit devant le roi. Lemonnier montra une telle émotion, en se trouvant en présence du monarque, que le roi en fut touché, et lui donna des marques d'une affection qui se changea bientôt en une véritable faveur. Il le nomma son botaniste, puis médecin des armées, et enfin professeur de botanique au Jardin, à la place d'Antoine de Jussieu.

Lemonnier ne profita de son crédit qu'en faveur de la science. Son premier mouvement fut de désigner Bernard de Jussieu pour directeur des cultures au Jardin de Trianon, et de placer sous ses ordres, comme jardinier en chef, Antoine Richard. Il fournit ainsi à l'illustre botaniste l'occasion de faire une première application de la méthode naturelle, événement presque inaperçu d'abord, mais qui, plus tard, changea la marche de la science, et replaça la France au rang dont les travaux de Linné l'avaient fait déchoir. Lemonnier se fit suppléer dans ses cours par Antoine-Laurent de Jussieu, neveu de Bernard, encore bien jeune à cette époque, mais dont il sut pressentir les hautes destinées. Il décida le ministre à envoyer Simon et Michaux en Perse, pour y faire des recherches relatives à la botanique. Quelques années après, Antoine Richard fils parcourut les côtes, les îles de la Méditerranée, et alla, avec Aublet, visiter Cayenne. Pirault fut envoyé sur les bords de l'Euphrate, Poivre aux Indes et à la Chine, Desfontaines parcourut l'Atlas et Labillardière visita le Liban. Lemonnier lui-même, explora plusieurs parties de la France à diverses époques. En 1745, il avait herborisé avec Linné, Antoine et Bernard de Jussieu. Trente ans plus tard, il eut le bonheur de faire quelques herborisations avec Jean-Jacques Rousseau.

Lemonnier avait amené Louis XV à prendre un intérêt réel à l'étude des plantes. On créa à Auteuil et à Marly des jardins botaniques, qui furent comme des succursales de celui de Trianon. Le Roi les visitait souvent et, plus d'une fois, Linné et Haller reçurent des graines recueillies de la main du monarque. Linné en témoigna sa reconnaissance, en donnant le nom de *Ludwigia* à une plante de la famille des Onagracées, comme il dédia au duc d'Ayen une Malvacée (*Ayenia*). Aublet dédia à Lemonnier le genre *Monneria*, de la famille des Rutacées.

E.

Claude Richard fut placé à la tête du Jardin d'Auteuil. C'est là que naquit le célèbre botaniste Louis-Claude Richard, son fils, professeur à la Faculté de Médecine et membre de l'Académie des Sciences. Celui-ci donna le jour à Achille Richard, aussi professeur à la Faculté et membre de l'Académie, mort tout récemment : perte cruelle, dont la science ne s'est consolée qu'en appelant le docteur Montagne à siéger à la place laissée vacante si prématurément.

Lemonnier a puissamment contribué à l'acclimation, en France, des beaux arbres et des belles fleurs. Il les répandit non-seulement dans les jardins de Saint-Germain, de Trianon, de Bellevue, d'Auteuil et de Paris, mais il les distribuait aux amateurs, et chercha à en peupler nos champs et nos forêts. Il fit planter des cèdres du Liban dans le Roussillon, des pins de Weymouth à Fontainebleau, des pins maritimes et des pins du Nord dans les environs de Rouen et du Mans. Il proposa aussi de planter des pins de Riga, si précieux pour la marine et qui réussiraient très-bien dans certaines localités. Quant aux fleurs et aux arbres d'ornement, c'est à lui que l'on doit la belle de nuit à longues fleurs, l'acacia à fleurs roses, l'amandier à feuilles satinées ; il a multiplié les kalmias, les rhododendrons et les beaux arbustes de l'Amérique septentrionale. C'est lui qui a introduit l'usage du terreau de bruyère, si utile pour la culture des plantes du Cap et de l'Amérique.

Lemonnier poursuivit pendant de longues années sa carrière de savant, peu empressé de tirer parti de la faveur qu'il avait acquise et fort étranger aux intrigues qui l'environnaient. Médecin aussi charitable que désintéressé, dès qu'il habita la cour, il ne reçut plus d'honoraires pour sa pratique civile. A la mort de Lassone, en 1788, il fut nommé premier médecin de Louis XVI, et fit preuve de courage, comme de dévouement à son souverain, en continuant de le visiter dans sa prison jusqu'au moment fatal. La bonté affectueuse, la dignité modeste qui éclataient sur sa physionomie, commandaient le respect et lui sauvèrent la vie, au 10 août 1792. Il habitait alors le château, et, malgré son grand âge, il crut devoir, dans cette journée, concourir à la défense de ceux qu'il servait. Lorsque le peuple se fut rendu maître de la place, il se retira dans la chambre qu'il occupait au pavillon de Flore. La porte est forcée, la multitude l'entoure, le menace, et, il se préparait à la mort, lorsqu'un inconnu l'apostrophe rudement et lui ordonne de le suivre. On l'entraîne à travers les morts, les blessés et le feu des combattants ; son conducteur et lui traversent sains et saufs le pont Royal, et parviennent jusqu'au Luxembourg. Pendant la route, son guide lui avoue que, chargé d'une partie de l'attaque, il avait été frappé de son air vénérable, et que le respect qu'il lui avait inspiré l'avait décidé à sauver ses jours.

Les événements de l'époque enlevèrent à Lemonnier toute sa fortune, qui n'était pas considérable, car son désintéressement, comme son zèle pour la science, ne lui avaient pas permis de faire beaucoup d'économies. Sa bibliothèque seule avait quelque valeur, mais il ne put se résoudre à s'en séparer. Pour subvenir à son existence et pour continuer à être utile, le savant vieillard se décida à s'établir dans une petite boutique d'herboriste, où il vécut pendant plusieurs années, mêlant à son débit de plantes médicinales d'excellents conseils sur leur emploi dans les maladies, luttant sans découragement contre l'adversité et contre le chagrin de voir tomber sous la violence des factions ses protecteurs, ses amis, et ces beaux arbres qu'il avait plantés. Une de ses nièces, encore très-jeune, se décida à l'épouser déjà octogénaire, et lui prodigua les plus tendres soins jusqu'à la mort, qui l'atteignit en 1799, à l'âge de quatre-vingt-deux ans.

L'enseignement de l'anatomie au Jardin du Roi, avait fait également des pertes importantes pendant les dix premières années de l'administration de Buffon. Hunauld était mort en 1742, la même année que Boulduc. Sa place fut donnée aussitôt à Winslow, qui avait longtemps suppléé Duverney et vainement espéré sa survivance. Winslow était neveu du célèbre anatomiste Sténon, de Florence ; il avait publié plusieurs ouvrages et appartenait depuis longtemps à l'Académie. Bien qu'il fût alors âgé de soixante-treize ans, cette circonstance ranima son ardeur scientifique ; il reparut avec honneur dans la chaire professorale, qu'il occupa encore

B. DE JUSSIEU

1699 à 1777

Publié par L. Curmer à Paris

pendant huit années, et montra qu'il n'avait rien perdu de son zèle ni de ses talents. Winslow était un observateur ingénieux, précis, méthodique; on peut le regarder comme le vrai créateur de l'anatomie descriptive. Il ne mourut qu'en 1760, âgé de quatre-vingt-douze ans.

Lorsqu'il sentit qu'il ne pouvait plus remplir ses fonctions avec la même exactitude, il demanda un successeur. On désigna pour cet emploi Antoine Ferrein, qui en prit possession en 1758. Ferrein, né à Frespesch en Agénois, avait été suppléant d'Astruc, à la Faculté de Montpellier. Mécontent d'un passe-droit, dont il avait été victime, il était venu à Paris, où, en peu d'années, il devint médecin en chef des hôpitaux militaires, professeur au Collége de France et membre de l'Académie. Il avait soixante-cinq ans lorsqu'il fut appelé à remplacer Winslow au Jardin du Roi. Il ne professa pas moins avec distinction et forma d'illustres élèves, qui figurèrent parmi les meilleurs anatomistes du dernier siècle. Il mourut en 1769. Sur la fin de sa vie, il fut suppléé par Portal, alors fort jeune. Sa chaire fut donnée à Antoine Petit.

Duverney neveu (Jean-François-Marie), mourut en 1749, et fut remplacé par Mertrud, chirurgien distingué. Duverney avait été le premier démonstrateur titulaire d'anatomie, et avait publié une miographie complète. C'était un homme modeste, instruit, fort apprécié pour ses qualités personnelles. Daubenton s'honorait d'avoir été son élève et le citait toujours avec estime et vénération.

C'est alors que surgit une série de jeunes et brillants professeurs qui, forts des succès déjà acquis à l'enseignement du Jardin du Roi, excités surtout par l'exemple du chef de cette grande école, tentèrent d'heureux efforts pour se montrer dignes de leur mission et surent glorieusement l'accomplir. Leur célébrité, toutefois, ne prit son essor que dans la période consécutive à celle dont nous nous occupons. Les vingt années qui nous en séparent encore sont d'ailleurs suffisamment remplies par les travaux de Buffon, de Daubenton, et par ceux de quelques naturalistes chargés d'aller recueillir sur divers points du globe de nouvelles richesses, comme d'y propager, avec la renommée de nos savants, les récentes et rapides conquêtes de la science.

Aussitôt que l'apparition des trois premiers volumes de l'*Histoire naturelle* eut révélé au monde savant toute la portée de cette grande entreprise et le savoir comme le talent des deux auteurs, Buffon fit un appel à tous les naturalistes de l'Europe, pour en obtenir des objets destinés à enrichir le cabinet du roi. Cet appel fut entendu par tous ceux qui comprirent dès l'abord tout l'avenir que ce travail préparait à l'histoire naturelle, et qui désiraient y concourir de quelque manière. Le local devint bientôt trop étroit pour recevoir toutes ces richesses; Buffon se décida alors à quitter son logement de l'intendance pour le consacrer à de nouvelles galeries. Le cabinet s'augmenta en conséquence de quatre grandes salles contiguës et bien éclairées; les deux premières reçurent les animaux empaillés, la troisième les minéraux, et la quatrième l'herbier, les bois et autres objets du règne végétal. Ces salles furent ouvertes au public deux fois par semaine, et confiées à la garde de Daubenton, qui se fit adjoindre son cousin, connu sous le nom de Daubenton le Jeune; celui-ci prit le titre de sous-démonstrateur.

Le peintre Aubriet était mort en 1743. On sait qu'il avait accompagné Tournefort dans le Levant. Indépendamment des nombreux vélins dont il avait enrichi la collection du Jardin, il avait fait les dessins des *Élements de Botanique,* du corollaire des *Institutiones,* de Tournefort, et ceux du *Botanicon parisiensis*, de Vaillant. Aubriet, d'ailleurs fort bon botaniste, s'était attaché surtout à reproduire les détails des plantes nouvelles que, dans ses voyages, il avait dessinées sur les lieux. Dans les dernières années de sa vie, il se fit seconder par M¹¹ᵉ Basseporte, dont le talent, malgré tout son zèle, ne s'éleva jamais à la hauteur de celui du maître qu'elle était appelée à remplacer.

Les cultures étaient dirigées par Bertamboise, jardinier habile, formé par les soins de Bernard de Jussieu. Bertamboise étant mort en 1745, fut remplacé, comme jardinier en chef, par Jean-André Thouin, de Stord, près l'Ile-Adam, le chef de la savante famille dont le nom reviendra plus d'une fois dans ce récit, et à qui la science, l'agronomie et la prospérité du Muséum doivent de si reconnaissants souvenirs.

Buffon et Daubenton avaient travaillé dix ans avant de mettre au jour les trois premiers volumes de l'*Histoire naturelle*. Un nouvel intervalle de quatre ans s'écoula avant l'apparition du quatrième volume ; mais, à partir de 1753, ils publièrent à peu près chaque année un nouveau volume, en sorte qu'en 1767, il en avait paru quinze. Le plan, les théories générales, la peinture des mœurs des animaux, le tableau des grands effets de la nature, en un mot tous les morceaux d'éclat étaient de la main de Buffon ; à Daubenton appartenaient toutes les observations de détail et toutes les descriptions anatomiques. C'était le magnifique prodrome d'un ouvrage que ni l'un ni l'autre ne devait voir terminé, mais qui formait les premières assises du plus beau monument qui eût encore été élevé à l'histoire de la nature.

La renommée de Buffon était désormais établie sur une base inébranlable. Ce style coloré et grandiose, appliqué à des objets décrits jusque-là sans clarté et sans éloquence, ces grandes images, ces tableaux si éclatants et si neufs, éveillèrent et saisirent vivement tous les esprits. La langue française, avec sa pureté et sa précision scientifique, l'éloquence, la poésie même venaient de faire invasion dans une science, pour ainsi dire, toute nouvelle. L'ouvrage trouva de nombreux lecteurs, et fit naître de toutes parts le goût de l'histoire naturelle. Les gens sérieux y virent une source d'étude et d'applications utiles, le désœuvrement et la curiosité y trouvèrent une distraction ; les cabinets se multiplièrent ; les grands, les souverains s'intéressèrent à la science, et les naturalistes prirent une meilleure place dans un monde jusque-là tout à fait étranger à ces merveilles qu'il avait sous les yeux, mais qu'il ignorait.

La collaboration de Daubenton ne se borna point à ajouter certains détails scientifiques aux descriptions brillantes, aux séduisantes théories de Buffon ; celui-ci reçut plus d'une fois de son ami, et presque à son insu, des services d'une autre nature. Buffon, ardent, impérieux, d'une complexion vigoureuse, voulait plutôt deviner la vérité que l'observer ; son imagination lui faisant devancer l'explication réelle des faits, il plaçait souvent le raisonnement et l'hypothèse avant l'expérience. Daubenton, au contraire, d'un tempérament délicat, d'une nature modeste, plein de sagesse et de mesure, portait dans ses travaux une exactitude, une circonspection soutenue et consciencieuse ; sa patience était inépuisable et il luttait à la fois de toutes les forces de son esprit contre l'imagination de Buffon et contre la sienne propre. Buffon avait au plus haut point l'esprit de système : il voyait surtout les faits dans leur ensemble et croyait perdre quelque chose de la hauteur de ses vues en s'appliquant à l'observation des détails. On sait qu'ayant montré à Guyton de Morveau un minéral dont il ignorait la nature, et le chimiste lui ayant proposé de l'analyser par la calcination : « Le meilleur creuset, s'écria Buffon, c'est le génie ! »

Après la publication des quinze premiers volumes, Daubenton cessa de prendre part aux suivants, parce que Buffon avait permis au libraire Panckoucke de faire une édition de l'*Histoire des Quadrupèdes,* dont on avait retranché la partie descriptive et anatomique. Daubenton s'en était assez justement offensé. Ses descriptions ajoutaient un grand prix scientifique à l'ouvrage, mais elles n'avaient de mérite qu'aux yeux des savants et des observateurs. Buffon, qui aimait à s'entendre dire que l'ouvrage, réduit aux parties qu'il avait seul traitées, en aurait un succès plus général, se détermina à ces retranchements, qui le réduisaient presque à n'offrir qu'un intérêt purement littéraire. C'est ce dernier point de vue, poussé jusqu'à l'exagération dans des éditions ultérieures, qui a fini par faire disparaître le naturaliste devant l'académicien, et réduit les trente-six volumes in-4° de l'*Histoire naturelle,* aux proportions d'un mince volume in-18, placé parmi les modèles classiques de la langue française. Les regrets des hommes de science consolèrent le modeste Daubenton, qui n'en resta pas moins dévoué à son compatriote et à son ami, qu'il regardait aussi comme son bienfaiteur.

La partie de ces quinze volumes, qui est son ouvrage, comprend la description extérieure et intérieure de cent quatre-vingt-deux espèces de quadrupèdes, dont cinquante-huit n'avaient

A. THOUIN

1747 1823

Publie par L. Curmer a Paris

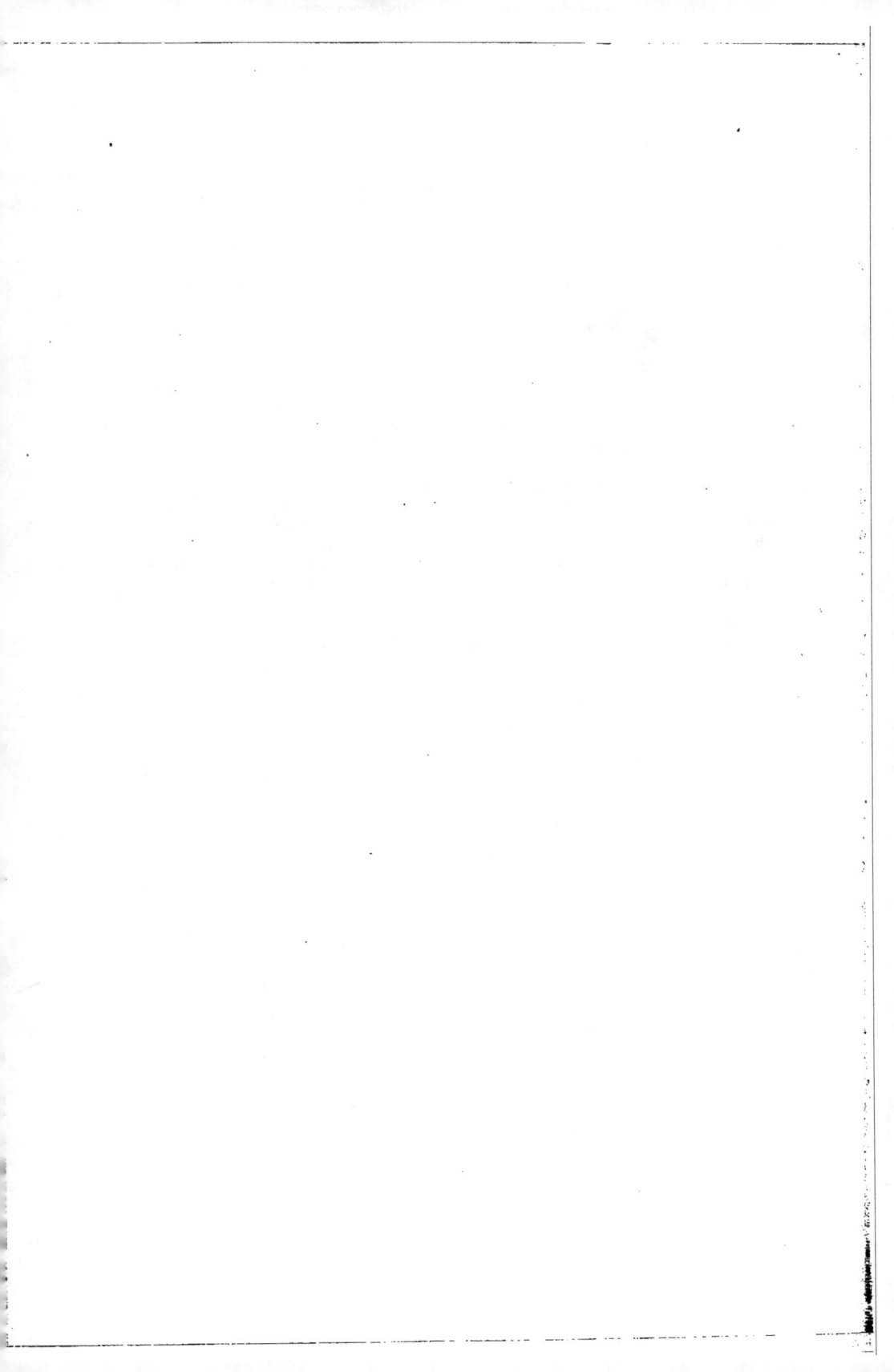

jamais été disséqués, et dont treize n'avaient pas même été décrits extérieurement. Elle renferme aussi la description extérieure seulement de vingt-six espèces, dont cinq n'étaient pas connues. On ne saurait donner trop d'éloges à ces descriptions, conçues sur un plan uniforme et présentées avec autant de clarté que de précision. On les regarde comme le véritable point de départ de l'anatomie comparée, et elles sont si fécondes, aux yeux des observateurs, en conséquences générales, que Camper avait dit : « Daubenton ne sait pas toutes les découvertes « dont il est l'auteur! »

L'intérêt que Buffon prenait à la zoologie, ne lui faisait point négliger l'enseignement de la botanique et les soins indispensables à la culture des plantes. Lemonnier professait toujours avec un succès remarquable. Bernard de Jussieu, trop retenu à Trianon, exerçait encore au Jardin une grande influence. « C'était, dit Cuvier, le plus modeste et peut-être le plus profond botaniste de l'Europe, » et pourtant ses rivaux se nommaient Linné, Adanson, Haller! Bienveillant, désintéressé, passionné pour la science, il aimait ses élèves et s'occupait de leur sort presque autant que de leur instruction. Nous avons dit qu'il avait appelé de Lyon son neveu, Antoine Laurent, fils de Christophe, l'aîné de ses frères. Il expliqua à ce neveu ses vues sur les rapports naturels des plantes et sur la coordination de tous les êtres qui composaient le règne végétal. Ce système, qu'il ne développa jamais par écrit, mais dont il avait fait une application silencieuse à Trianon, était le couronnement de sa vie scientifique, comme il allait servir d'introduction à son neveu dans la même carrière. En 1769, Bernard de Jussieu était le seul survivant des professeurs que Buffon avait trouvés au Jardin du Roi, quand il avait pris les rênes de son administration. Peu à peu ses forces l'abandonnèrent, il devint aveugle, et il s'éteignit doucement en 1777, chargé d'années, moins encore que de gloire et de vertus.

Antoine-Laurent de Jussieu, présenté par Lemonnier, à l'âge de vingt et un ans, comme son suppléant à la chaire de botanique, fut agréé par Buffon. Encore peu exercé au professorat, il lui fallait souvent apprendre la veille ce qu'il devait enseigner le lendemain; mais le moment n'était pas éloigné où il devait prendre son rang dans la science d'une manière éclatante. Il avait vingt-deux ans quand il se fit recevoir docteur en médecine; trois ans plus tard, il présentait à l'Académie des Sciences son Mémoire sur les Renonculacées, disposées en famille naturelle. Il y établissait d'une manière nette et positive le principe de la valeur relative et de la subordination des organes des plantes. Sa vocation était décidée; il allait continuer dignement et rehausser encore la célébrité scientifique du nom qu'il portait.

A.-L. de Jussieu songeait déjà à introduire dans l'école botanique du Jardin du Roi la distribution que son oncle avait établie avec tant de succès dans le Jardin de Trianon. Dès l'année 1774, il entreprit cette réforme, sur laquelle nous aurons occasion de revenir. Le jardinier en chef, Jean-André Thouin, était mort en 1764, laissant une veuve sans fortune et chargée de famille. L'aîné de ses six enfants, André, à peine âgé de dix-sept ans, était né au Jardin en 1747; la culture et l'étude des plantes avait été sa première et presque son unique occupation. Buffon, qui l'avait vu naître, s'intéressa à lui. Le jeune homme était intelligent, laborieux, et se sentit le courage de remplacer son père. Bernard de Jussieu et Richard, le jardinier de Trianon, obtinrent en sa faveur le consentement du Roi, et André Thouin ne tarda pas à justifier la bonne opinion qu'il avait inspirée à ses protecteurs. Nous le verrons plus tard, homme de théorie comme de pratique, devenir membre de l'Académie, professeur au Jardin du Roi, directeur des cultures, et rendre à l'établissement, comme à la science, les services les plus signalés.

Mais les soins de Buffon s'étendirent encore plus loin. Il voulait que le cabinet et le Jardin du Roi devinssent le répertoire le plus étendu, le plus complet des productions de la nature dans les trois règnes, et il obtint du Gouvernement qu'un certain nombre de naturalistes fussent envoyés sur les points les plus reculés du globe, pour y recueillir tous les objets d'histoire naturelle destinés à accroître et à compléter ses collections. Ces voyageurs devaient payer en même temp à la science des tributs de plus d'une nature : la géographie, l'histoire, la navi-

gation, l'ethnographie, l'archéologie et plusieurs autres branches des connaissances humaines,
leur durent en effet d'importants et rapides progrès, comme cette période même va nous en
fournir de brillants exemples.

Parmi ces naturalistes voyageurs, il en est qui ne furent pas revêtus d'un titre officiel,
mais le zèle dont ils firent preuve pour la prospérité de l'établissement, et les précieux objets
dont ils l'enrichirent, autorisent à mêler leurs noms à ceux dont l'histoire du Jardin du Roi
aime à s'enorgueillir. De ce nombre est sans contredit Pierre Poivre, né à Lyon en 1719,
d'une famille de négociants estimés. Elevé par les missionnaires de Saint-Joseph, Poivre
manifesta de bonne heure son goût pour les voyages et son aptitude pour les sciences. On
l'envoya à Paris aux Missions étrangères, qui désiraient se l'attacher, et, tout en terminant sa
théologie, il se livra avec ardeur à l'étude de l'histoire naturelle, du dessin et des procédés des
arts. Parti à vingt ans pour la Chine et la Cochinchine, il apprit la langue du pays et recueillit
un grand nombre d'observations précieuses. En revenant en France, son vaisseau fut pris par
les Anglais. Il eut un bras emporté dans le combat, fut fait prisonnier et conduit à Batavia.
On l'envoya ensuite à Pondichéry, où il se trouva lors de l'expédition de Madras, et passa
quelque temps à l'Ile-de-France. Il s'embarqua avec La Bourdonnais pour revenir en Europe,
mais il fut pris de nouveau par les Anglais sur les côtes de la Manche, conduit à Guernesey
et rendu à sa patrie à la paix de 1745. Malgré ses dangers et ses souffrances, Poivre continua
avec une admirable activité à observer tout ce qui, dans les contrées qu'il eut occasion de
parcourir, se rapportait à la géographie, à l'histoire naturelle, à l'administration et au commerce. A son retour, il présenta ces résultats à la Compagnie des Indes; il fit comprendre à
ses commissaires l'importance d'ouvrir un commerce direct avec la Cochinchine, ainsi que
l'opportunité de transporter aux Iles de France et de Bourbon les épiceries cultivées aux
Moluques. On le chargea de poursuivre l'exécution de ce projet; il repartit pour la Cochinchine, comme ministre du Roi de France, et obtint l'établissement d'un comptoir français à

Faï-Fo. Il ne réussit pas aussi bien dans le second projet ; il transporta pourtant quelques plants d'épiceries à l'Ile-de-France, et publia tous les renseignements qu'il avait recueillis relativement à leur culture. Il retourna ensuite à Madagascar, île encore fort mal connue, et y continua ses observations à travers mille dangers. En repassant en Europe, il fut pris une troisième fois par les Anglais et conduit en Irlande ; mais, traité avec égards, il ne tarda pas à être rendu à la liberté. La Compagnie des Indes était alors sur le point de se dissoudre, et l'on fit peu d'attention aux résultats qu'il annonçait. Poivre se retira alors à Lyon, où il resta plusieurs années, pendant lesquelles il s'occupa d'agriculture et d'économie politique. Le ministre Praslin l'arracha à sa retraite et le contraignit, en quelque sorte, à accepter les fonctions d'intendant des colonies. Avant de s'embarquer, il se maria, et partit en 1767, comblé des marques de faveur du Roi et revêtu de pouvoirs très-étendus. Poivre administra pendant six ans les Iles de France et de Bourbon, dont il réussit à réparer les désastres. Il s'y montra le modèle des administrateurs : travaux publics, établissements de charité, institutions d'agriculture, expéditions maritimes, finances, justice, tout fut organisé par ses soins. Il se trouva souvent dans les circonstances les plus difficiles ; mais, ferme, actif, désintéressé, juste surtout et d'une humeur inaltérable, il triompha de tous les obstacles. Il introduisit dans ces colonies plusieurs cultures précieuses : celles du giroflier, du muscadier et beaucoup d'autres qui y réussirent à souhait, et s'acclimatèrent merveilleusement. Il dédia la belle plante connue sous le nom de *Petunia*, au naturaliste Petun, qui l'avait accompagné dans l'une de ses expéditions. C'était dans l'intérêt de sa patrie, jamais dans le sien propre, que Poivre concevait ses plans, qu'il entreprenait des voyages et bravait les plus grands dangers. Il eut toujours l'art de faire tourner au profit de son instruction et du bien général les vicissitudes de sa carrière aventureuse : vie toute de dévouement, de piété sincère, de patriotisme, qu'on ne saurait trop offrir en exemple et louer assez dignement.

Le Jardin du Roi s'enrichit souvent d'objets curieux que Poivre lui fit parvenir, de concert avec son ami Commerson, dont nous aurons bientôt à parler. Il ordonna plusieurs expéditions dans un but scientifique. Le jardin de Mon-plaisir, qu'il avait formé à l'Ile-de-France, réunissait toutes les richesses végétales de l'Afrique et de l'Inde. Poivre revint en France en 1773, à peu près sans fortune. On l'oublia pendant quelques années, mais Buffon et Turgot firent valoir ses services, et le Roi lui accorda une pension de douze mille livres. Il se retira alors à Lyon, dans une campagne qu'il possédait sur les bords de la Saône, et où il mourut en 1786.

Un autre voyageur, à qui les sciences naturelles, le Jardin du Roi, et la botanique en particulier, furent redevables de nombreux et importants services, est Philibert Commerson, né en 1727, à Châtillon-les-Dombes. Son père était notaire et désirait lui voir suivre la même carrière, mais l'étude du droit étant peu d'accord avec ses goûts, il alla étudier la médecine à Montpellier, où il fut reçu docteur en 1747. Il se livra avec ardeur à l'étude de l'histoire naturelle, mais surtout à la botanique, et commença à recueillir un herbier, qui devint par la suite le plus riche peut-être qu'un seul homme ait jamais formé lui-même. Il se mit en correspondance avec Linné, qui l'engagea à décrire, pour la Reine de Suède, les poissons de la Méditerranée. Commerson y trouva l'occasion d'écrire un Traité presque complet d'Ichtyologie. La Reine l'en remercia elle-même, ce qui fut pour le jeune naturaliste un encouragement d'un grand prix. En 1755, il alla herboriser en Suisse, et y fit la connaissance du savant Haller ; il visita aussi l'Auvergne et le Dauphiné. Lalande, son compatriote, l'ayant engagé à venir à Paris, Commerson fut désigné, comme naturaliste, pour faire le voyage autour du monde, dans l'expédition commandée par Bougainville. Parti en 1767, il visita Montevideo, Rio-Janeiro, Buenos-Ayres, où il séjourna pendant quelque temps, et fit une riche collection de plantes ; puis, il alla aux îles Malouines et à la Terre de Feu, où il observa la race des Patagons. Il parcourut ensuite les côtes de la Nouvelle-Bretagne, les Moluques, l'île de Java, Batavia, et arriva à l'Ile-de-France en 1768. Il y trouva Poivre, alors intendant de la colonie,

qui l'y retint quelque temps. C'est de Madagascar qu'il écrivait à Lalande : « Quel admirable
« pays! Il mériterait seul, non pas un observateur ambulant, mais des académies entières.
« C'est à Madagascar que je puis annoncer aux naturalistes qu'est la véritable terre de pro-
« mission pour eux; c'est là que la nature semble s'être retirée comme dans un sanctuaire
« particulier, pour y travailler sur d'autres modèles que ceux auxquels elle s'est asservie
« ailleurs; les formes les plus insolites, les plus merveilleuses, s'y rencontrent à chaque pas.
« Le Dioscoride du Nord, M. Linné, y trouverait de quoi faire encore dix éditions de son
« *Système de la Nature*, et finirait peut-être par convenir de bonne foi que l'on n'a encore
« soulevé qu'un coin du voile qui la couvre. »

COMMERSON PRÉSENTÉ PAR LINNÉ A LA REINE DE SUÈDE.

A Bourbon, Commerson décrivit le volcan qui est situé au milieu de l'île et qui se trouvait
alors en éruption. Il s'occupa aussi de minéralogie et des autres branches de l'histoire naturelle. C'est lui qui a donné le nom d'*Hortensia* à cette belle plante originaire de la Chine, qui
fait aujourd'hui l'ornement de nos parterres. Une jeune bretonne, qui l'avait suivi en qualité
de domestique, habillée en homme, le secondait avec beaucoup d'intelligence dans ses herborisations. C'est la première femme qui ait fait le tour du monde. Commerson mourut à
l'Ile-de-France, en 1773. Le gouvernement fit venir ses papiers, ses dessins et ses collections,
pour les déposer au Jardin du Roi. Quoiqu'il n'eût jamais écrit d'ouvrage complet, sa correspondance avait révélé en lui un naturaliste si éminent, que l'Académie des Sciences l'avait
choisi pour l'un de ses membres, quoique absent. Malheureusement, cette nomination avait
lieu huit jours après sa mort. MM. de Jussieu et de Lamarck ont tiré de ses manuscrits et de
son herbier plusieurs genres nouveaux. Forster et Loureiro lui ont dédié chacun un genre,
sous le nom de *Commersonia*.

Mais, voici venir le plus intrépide, le plus brillant des voyageurs de cette époque, qui,
sans être un éminent naturaliste, ni un savant de premier ordre, n'en donna pas moins la
plus vive impulsion aux recherches lointaines, et accrut d'importantes conquêtes le domaine
des sciences naturelles. Louis-Antoine de Bougainville était né à Paris, en 1729. Après avoir

fait de bonnes études, il se fit recevoir avocat, mais il ne tarda pas à abandonner le barreau pour la carrière militaire. Doué d'une aptitude remarquable pour les sciences mathématiques, quinze jours après s'être fait inscrire aux mousquetaires noirs, il publia la première partie d'un *Traité du Calcul intégral* (1752). L'histoire de sa vie est remarquable par la variété des objets dont il s'occupa et par la multitude des événements qui la remplirent. En 1754, il était aide de camp de Chevert, au camp de Sarrelouis; la même année, il alla à Londres, comme secrétaire d'ambassade et il y fut reçu comme membre de la Société royale. Deux ans après, il fut nommé aide de camp du marquis de Montcalm, chargé de la défense du Canada. Parti de Brest en 1756, comme capitaine de dragons, et mis à la tête d'un détachement d'élite, il s'avança à travers mille dangers jusqu'au fond du lac du Saint-Sacrement, et brûla une flotille anglaise sous le fort même qui la protégeait. Il se couvrit de gloire dans cette campagne, et fut blessé d'un coup de feu à la tête. Le gouverneur du Canada l'ayant envoyé en France pour demander des renforts, Bougainville se présenta au ministre qui, préoccupé de la situation intérieure de la France, lui dit avec humeur : « Eh, Monsieur! quand le feu est à la « maison, on ne s'occupe pas des écuries. — On ne dira pas du moins, Monsieur, répondit « Bougainville, que vous parlez comme un cheval. »

Il retourna au Canada, en 1759, avec le grade de colonel; le marquis de Montcalm le nomma commandant des grenadiers, et le chargea de couvrir la retraite de l'armée française sur Québec. Bougainville s'acquitta de cette mission avec sa bravoure et son habileté ordinaires. Après la bataille où le gouverneur fut tué, il revint en France, et partit pour l'Allemagne comme aide de camp de M. de Choiseul Stainville; mais la paix étant survenue, et obligé de renoncer à la carrière des armes, il résolut de devenir marin.

Bougainville, dans ses voyages au Canada, avait établi des relations avec quelques négociants de Saint-Malo, connus par la hardiesse de leurs entreprises maritimes. Il leur fit comprendre les avantages qu'ils pourraient retirer d'un établissement commercial aux îles

Falkland, nommées depuis îles Malouines. Ces négociants consentirent à équiper quelques vaisseaux, et Bougainville se chargea d'aller fonder lui-même l'établissement dont il avait eu la première pensée. Le roi le nomma capitaine de vaisseau, et il partit en 1763, à la tête de sa petite flotte. Les Espagnols, inquiets de l'avenir de la colonie naissante, élevèrent des réclamations près du Gouvernement, qui ne voulut pas les mécontenter. Bougainville se vit donc obligé de leur faire la remise de ces îles, et revint en France. C'est alors qu'il conçut le projet d'un voyage de recherches autour du monde. Nous n'avons point à donner ici une énumération, même abrégée, des nombreuses découvertes auxquelles ce voyage donna lieu. La relation en parut en 1771, et plaça Bougainville au premier rang des navigateurs modernes. Cette expédition fit honneur à son courage, comme à son savoir et à son humanité. A son retour, il n'avait perdu que sept hommes de l'équipage de ses deux vaisseaux.

Bougainville, pendant la guerre d'Amérique, commanda avec distinction dans la marine royale, et fut nommé chef d'escadre, puis maréchal de camp. En 1790, il fut envoyé à Brest pour calmer l'irritation qui s'était manifestée dans l'armée navale, alors commandée par M. d'Albert de Rions. Son intervention n'ayant pas réussi, il se retira, après avoir servi sa patrie avec éclat pendant quarante ans. Il se livra alors exclusivement aux sciences, devint membre de l'Institut en 1796, et fut nommé sénateur à l'avénement de l'Empire. Sa taille était élevée, son maintien noble et élégant, sa santé robuste; il avait l'humeur enjouée, l'esprit vif, la répartie toute militaire. Il avait projeté un voyage au pôle, et tous ses préparatifs étaient terminés, lorsque le comte de Brienne arriva au ministère de la marine, et, l'ayant fait venir, lui parla de son projet dans des termes qui pouvaient donner à croire qu'il regardait ce voyage comme une faveur qu'on sollicitait. « Monsieur, lui dit le marin, croyez-vous donc que ceci « soit pour moi une abbaye?... » Toutefois, le voyage n'eut pas lieu. Bougainville mourut en 1811, à l'âge de quatre-vingt-neuf ans. Commerson, qui l'avait accompagné dans son voyage autour du monde, lui dédia un genre de la famille des Nyctaginées, sous le nom de *Buginvillea*.

D'autres navigateurs suivirent les traces de ceux que nous venons de nommer, ou s'ouvrirent de nouvelles voies à travers les continents éloignés, toujours dans le but d'agrandir le champ des sciences naturelles. La période qui suivra celle-ci nous offrira un grand nombre de ces vaillants champions, quelquefois de ces glorieux martyrs de la science. En 1771, Buffon, déjà parvenu à une immense renommée, voyait se réaliser chaque jour les plans qu'il avait conçus, et qu'il avait su mettre à exécution à force de génie et de persévérance. Il rêvait encore pour l'établissement qu'il dirigeait de plus brillantes destinées, lorsqu'une maladie grave vint l'atteindre et inspira quelque temps à tous les amis de la science les plus sérieuses appréhensions. Nous marquons ici la fin d'une seconde période pour l'*Histoire du Muséum*, parce que, d'une part, cet événement suspendit un moment la publication du grand ouvrage auquel sa prospérité semblait désormais attachée, et aussi parce que le rétablissement de Buffon et sa rentrée au Jardin du Roi devinrent l'occasion de modifications nombreuses, qui imprimèrent à l'enseignement, comme à la science elle-même, une impulsion plus rapide et une marche toute nouvelle.

TROISIÈME PÉRIODE

1771-1794

Buffon était arrivé au point culminant de sa renommée, comme naturaliste, comme administrateur et comme écrivain. En France ainsi qu'à l'étranger, sa considération était immense. Il avait donné la plus puissante impulsion à l'étude de l'histoire naturelle ; il avait élevé dans l'opinion les travaux scientifiques au niveau des plus hautes conceptions de l'intelligence. Tous les hommes qui s'occupaient de science avaient les yeux fixés sur lui, et cherchaient, par leur correspondance avec le grand naturaliste, à attirer sur eux-mêmes quelques rayons de sa gloire.

En 1771, il fut atteint de cette maladie qui l'éloigna, pendant près d'une année, de ses travaux habituels, et qui donna même pour sa vie les inquiétudes les plus vives. Dans une fatale prévision, M. d'Angivilliers, directeur général des bâtiments du Roi, sollicita et obtint sa survivance. Buffon l'apprit au moment où il entrait en convalescence, et en fut vivement blessé. M. d'Angivilliers comprit ses torts, et chercha à les affaiblir en lui témoignant une admiration respectueuse, qui finit par les lui faire pardonner. Chargé de désigner aux peintres et aux statuaires les sujets destinés à l'ornement des bâtiments royaux, il fit exécuter, en marbre, par Pajou, la statue de Buffon. Cette statue fut placée d'abord dans le grand escalier du cabinet du Roi, et figure encore aujourd'hui dans les galeries d'histoire naturelle. A la même date, le Roi érigea la terre de Buffon en comté.

Buffon, entièrement rétabli en 1772, redoubla de zèle et d'ardeur pour la prospérité de l'établissement. Il fit acheter deux maisons voisines, dans l'une desquelles il établit son domicile; c'est celle qui, après sa mort, fut longtemps consacrée à la bibliothèque. On renouvela l'école de botanique, jusque-là disposée suivant le système de Tournefort. On sait que cette méthode séparait tout l'ensemble du règne végétal en trois grandes divisions : les arbres, les arbrisseaux et les plantes herbacées. Antoine-Laurent de Jussieu fit comprendre à Buffon les inconvénients de cette distribution, et lui signala surtout l'exiguïté du local consacré à l'étude des végétaux ; celui-ci obtint du ministre La Vrillière les fonds nécessaires pour l'agrandissement du jardin botanique et pour le renouvellement des plantations. On conçoit que Jussieu s'empressa d'y faire une nouvelle application de la méthode naturelle, déjà si heureusement pratiquée par son oncle Bernard dans les jardins de Trianon. On substitua à la nomenclature de Tournefort celle de Linné, dès lors généralement adoptée par tous les botanistes; on entoura les serres ainsi que l'orangerie d'une vaste grille, et l'on éleva avec les déblais la rampe qui conduit aux buttes et aux labyrinthes.

A peu près à la même époque, Buffon conçut l'idée d'agrandir l'étendue du jardin, en y réunissant tous les terrains qui le séparaient encore de la Seine. Ces terrains, cultivés pour la plupart en jardins potagers, appartenaient en grande partie aux religieux de Saint-Victor; le reste se composait de quelques chantiers qui étaient une propriété de la ville, et que celle-ci céda facilement à la couronne. Il était plus difficile de se rendre possesseur des terrains qui appartenaient au couvent. Buffon acheta, sous son nom, un domaine voisin, d'une valeur à peu près équivalente, et proposa à l'abbé de Saint-Victor de l'échanger contre l'enclos contigu au jardin. L'échange fut accepté, et le Roi fit aussitôt l'acquisition de l'espace dont Buffon était ainsi devenu propriétaire. La Bièvre, qui séparait ce terrain du Jardin du Roi, ayant été détournée de son cours et conduite directement à la Seine, on en combla le lit, on rasa quelques bâtiments qui masquaient la vue des galeries; on construisit de nouvelles serres chaudes, on créa des pépinières, on prolongea les allées de tilleuls jusqu'à la grille du quai, enfin, on ouvrit la rue qui termine le jardin au sud, parallèlement aux grandes avenues, et les habitants du quartier lui donnèrent le nom de *rue de Buffon*, qu'elle a toujours conservé.

Toutes ces améliorations furent exécutées par André Thouin et dirigées par A.-L. de Jussieu. L'agrandissement, l'embellissement du jardin, ainsi que les dispositions nouvelles relatives à l'étude des plantes, marchèrent d'un pas égal. C'est alors aussi que l'on creusa, jusqu'au-dessous du niveau moyen de la Seine, le bassin carré qui devait recevoir, par infiltration, les eaux du fleuve, et dans lequel on cultiva quelque temps des plantes aquatiques. Plus près de la Seine, on disposa un nouveau parterre pour les plantes étrangères dont le jardin s'enrichissait chaque jour. Enfin, d'autres carrés furent consacrés à des plantations d'arbres exotiques, d'arbres fruitiers, aux semis, et à une école d'arbres forestiers. Au nord, quelques bâtiments et des terrains assez étendus, appartenant à des particuliers, séparaient encore le jardin de la rue de Seine; on acheta successivement quelques-unes de ces propriétés. On fit d'abord l'acquisition de celles qui se rapprochaient le plus de la grande entrée. Leur position, abritée du nord et de l'ouest, permit d'y transporter les couches et les semis, et l'on construisit sur la terrasse la serre qui porte encore le nom de Buffon. Plusieurs de ces dispositions importantes ne furent achevées qu'en **1784**.

Le cabinet, dont les richesses s'augmentaient de jour en jour, réclamait des développements analogues à ceux du jardin. Ce ne fut toutefois qu'en **1787** que l'on put faire l'acquisition de l'hôtel de Magny, placé entre la petite butte et la rue de Seine. Buffon y fit transporter le logement de Daubenton et celui de Lacépède, qui occupaient jusque-là le second étage du cabinet, ce qui lui permit de consacrer aux collections les appartements de ces deux professeurs. Il fit aussi construire un bâtiment neuf, en prolongement des salles d'histoire naturelle, ainsi que le grand amphithéâtre, qui existe encore aujourd'hui.

Les collections continuaient de s'accroître, soit par les acquisitions du gouvernement, soit par les dons des particuliers, des sociétés savantes, et même des souverains étrangers. Les missionnaires de la Chine, le roi de Pologne, l'impératrice de Russie adressèrent à Buffon de nombreux et importants objets d'histoire naturelle : coquillages, minéraux, pierres précieuses, plantes, et même animaux vivants ou disséqués, provenant de toutes les parties du globe, et réunis au Jardin du Roi, comme au centre commun des plus curieuses productions de la nature.

Mais la source la plus active, la plus féconde des richesses qui venaient ainsi s'y accumuler, c'étaient les voyages de découvertes. Les présents les plus précieux, les plus magnifiques, lui venaient de ces savants intrépides, à qui le Jardin du Roi ouvrait l'accès des contrées les plus éloignées et les plus inconnues jusqu'alors. Aux collections rapportées par Poivre, Bougainville et Commerson, vinrent s'ajouter celle qu'Adanson avait faite au Sénégal, celles que Sonnerat avait recueillies dans l'Inde, Dombey, au Pérou et au Chili, les nombreux tributs que rapportèrent successivement Desfontaines, Michaux, Labillardière, Simon, Richard, Dolomieu et plusieurs autres naturalistes, dont nous allons suivre des yeux les lointaines excursions et les recherches savantes autant que hardies.

Le premier voyageur qui ouvre cette brillante liste est Joseph Dombey, né à Mâcon, en **1742**. Issu de parents pauvres, il fit d'assez bonnes études, et, décidé à suivre la carrière de la médecine, il alla à Montpellier, où Commerson, son parent, et Gouan, alors professeur de botanique, lui inspirèrent le goût de l'histoire naturelle. Il revint au pays natal en **1768**, avec le titre de docteur. Entraîné par son penchant pour la botanique et la minéralogie, il parcourut plusieurs provinces et vint à Paris, en **1772**, pour suivre les cours de Jussieu et de Lemonnier. Il herborisait sur le mont Jorat, lorsque, sur l'avis de Jussieu et de Condorcet, qui appréciaient ses talents, il fut désigné par Turgot pour faire un voyage scientifique dans l'Amérique espagnole, et notamment au Pérou. Il fallait obtenir l'agrément de la cour d'Espagne; il partit donc pour Madrid, où il séjourna pendant près d'une année avant de recevoir son autorisation.

Au moment du départ, on lui adjoignit deux autres naturalistes devenus célèbres, Ruiz et Pavon, élèves d'Ortéga. Dombey s'embarqua à Cadix en 1777, arriva à Callao au mois d'avril suivant, et fit aussitôt dessiner un grand nombre de plantes, en même temps qu'il recueillait beaucoup de graines; mais les dessinateurs, qui étaient Espagnols, gardèrent les originaux de leurs dessins et refusèrent de lui en donner des copies. Au bout de quelque temps, il n'envoya pas moins en France un riche herbier, de nombreux objets d'archéologie, trente livres de platine, alors récemment découvert, et un Mémoire sur le prétendu Cannelier de Quito. A travers beaucoup de périls, il alla faire la reconnaissance des différents districts où se trouvent les quinquinas, et, dans le cours de cette excursion, il donna les plus grandes preuves de savoir, de courage et de générosité.

Malheureusement, à côté de la passion de la science, Dombey avait le goût du jeu; c'est dire que sa fortune était très-inégale; mais il était laborieux, hardi, libéral, et savait supporter les privations. Il se trouvait à Huanuco quand éclata l'insurrection de 1780, qui coûta la vie à plus de cent mille hommes. Il était alors dans une veine de prospérité; il offrit au gouvernement mille piastres, vingt charges de grains et deux régiments levés et équipés à ses frais, se proposant de se mettre à leur tête pour marcher contre les rebelles. Ces offres généreuses, que l'on ne crut pas devoir accepter, ranimèrent le zèle des officiers et rétablirent les affaires de cette province. Dombey, ne voulant pas profiter du refus que l'on avait fait de ses dons, les fit remettre à l'hôpital de Saint-Jean-de-Dieu, pour être distribués aux pauvres. Lorsque les troubles furent calmés, il revint à Lima, où il apprit que le vaisseau qui portait ses collections avait été pris par les Anglais, et que les objets de science et d'art avaient été achetés par le vice-roi pour le compte du roi d'Espagne. Il s'en plaignit vivement au vice-roi lui-même, et déclara que dès ce moment il n'enverrait plus rien.

Avant de revenir en Europe, Dombey voulut aussi visiter le Chili. L'argent lui manquait pour le voyage, mais ses amis lui prêtèrent 50,000 livres, et il arriva à la Conception en 1782. Une épidémie ravageait alors cette ville; Dombey porta partout des secours. Grâce à son courage et à ses talents comme à ses largesses, l'épidémie s'arrêta. On lui offrit la place de premier médecin de la ville, avec dix mille francs d'appointements; il refusa et alla à Saint-Iago pour y continuer ses explorations scientifiques. Il y rechercha des mines de mercure, découvrit une nouvelle mine d'or, analysa diverses eaux minérales, et dépensa à toutes ces études une somme considérable, qu'on essaya vainement de lui rembourser. « Je n'ai de « comptes à fournir, répondit-il avec dignité, qu'au gouvernement qui m'a envoyé près de « vous. »

De retour à Lima, Dombey se préparait à partir pour l'Europe, lorsque le visiteur général osa l'accuser d'intelligence avec les Anglais. « Si j'étais un simple voyageur, dit Dombey avec « calme, je ne souffrirais pas vos injures. — Et que feriez-vous? — Je vous percerais le « cœur; mais comme c'est au Roi de France, que je vais instruire de vos procédés, à « m'obtenir justice, je dois rester tranquille. » A ces mots, il sortit, et le visiteur général le rappela pour lui faire des excuses. Dombey s'embarqua avec une collection immense, renfermée dans soixante-douze caisses, et arriva à Cadix en 1785. La douane, en visitant sa cargaison, endommagea plusieurs objets précieux. L'Espagne voulait en retenir la moitié au profit du roi. On lui fit promettre de ne rien publier avant le retour des botanistes espagnols qui l'avaient accompagné. On essaya même d'attenter à sa vie, car un homme que l'on prit pour lui fut trouvé assassiné à sa porte. Il réussit à s'échapper secrètement, partit pour le Havre et se rendit aussitôt à Paris. Malgré les instances de Buffon, Dombey, retenu par sa promesse, ne voulut d'abord rien publier; mais un naturaliste plein de zèle et de talent s'en chargea, et, bien que le nom de L'Héritier n'appartienne point précisément à l'histoire du Muséum, les services qu'il rendit à ce sujet à la science méritent de trouver une place dans ce récit.

L'Héritier (Charles-Louis), né à Paris, en 1746, était fils d'un négociant, et fut destiné à la magistrature. Nommé, en 1772, procureur du Roi à la maîtrise des eaux et forêts de la généralité de Paris, il s'appliqua à connaître les arbres et devint bientôt un botaniste éminent. En 1784, il commença à publier, sous le titre de *Stirpes novæ*, un ouvrage qui avait pour objet la description de plusieurs plantes nouvelles. Il continua pendant quelques années d'en faire paraître les livraisons, accompagnées de belles planches; mais, impatient d'augmenter ses richesses botaniques, il écrivait dans sa préface : « Puisse au moins quelque voyageur confier « à nos soins la publication de ses découvertes! Ce serait un dépôt commis à notre foi; sa « gloire et ses trésors seraient en sûreté, et, oubliant nos propres travaux, nous nous hono- « rerions d'être les simples éditeurs des siens. » Ce vœu ne tarda pas à se réaliser. Ayant appris que Dombey sollicitait en vain de M. de Calonne les moyens de publier une partie de ses recherches, L'Héritier lui offrit de se charger à ses frais de la partie botanique et de lui payer une pension annuelle contre la remise de ses herbiers. Un obstacle imprévu vint traverser cet arrangement. Les Espagnols firent valoir l'engagement qu'avait pris Dombey à leur égard, et la cour de France accueillit avec condescendance cette réclamation. L'Héritier apprend un jour, par hasard, à Versailles, que l'ordre vient d'être donné à M. de Buffon de se faire remettre l'herbier de Dombey, dès le lendemain. Il vient en hâte à Paris, se confie à Broussonnet, son ami; il passe la nuit à faire préparer des caisses. L'Héritier, sa femme, Broussonnet et Redouté emballent l'herbier en toute hâte, et, dès le matin, il part en poste, avec son trésor, pour Calais et l'Angleterre.

Cet ardent botaniste passa quinze mois à Londres, dans la retraite la plus absolue, constamment occupé de la belle collection qu'il avait à publier. Il s'entoura de dessinateurs, de graveurs; il fit venir Redouté à Londres, pour l'aider de ses talents, et il réussit, sinon à terminer et à mettre au jour la *Flore du Pérou*, du moins à en achever le manuscrit et les planches principales. Lorsqu'il revint en France, la révolution avait éclaté; il avait perdu son emploi et une partie de sa fortune, mais il avait conservé toute sa passion pour la science. Occupé quelque temps au ministère de la justice, il ne pouvait, dit Cuvier, s'empêcher de recueillir, en entrant ou en sortant de son bureau, les mousses, les lichens, les byssus et les petites herbes qui se présentaient sur les murs et entre les pavés; et c'est un fait assez remarquable d'histoire naturelle, qu'en une année, il en observa, seulement dans les environs de la maison du ministre, plusieurs centaines d'espèces, dont il se proposait de publier le catalogue, sous le titre, qui aurait paru un peu singulier en botanique, de *Flore de la place Vendôme*. L'Héritier, en 1800, tomba sous les coups d'un assassin, et fut égorgé à coups de sabre, par un meurtrier resté inconnu, à quelques pas de sa maison.

Dombey mourut avant la publication de la *Flore du Pérou*. Dégoûté de la science, en raison des difficultés qu'il avait éprouvées, il vendit ses livres et brûla un grand nombre de notes précieuses. Buffon, pour l'indemniser de ses pertes, lui fit accorder une somme de 60,000 liv. et une pension de 6,000 livres, que Dombey partagea entre sa famille et les indigents. Il quitta Paris et alla se fixer dans le Dauphiné, puis à Lyon, où il se trouvait pendant le siége de cette ville, en 1793. A la fin de la même année, il demanda une mission pour les États-Unis. Il partit; mais un orage l'ayant forcé de s'arrêter à la Guadeloupe, il faillit être massacré dans une émeute. A peine rembarqué, son vaisseau fut pris par des corsaires, et il fut conduit dans les prisons de Montserrat, où le chagrin, la misère et les mauvais traitements terminèrent sa vie, en 1794.

Dombey, par son courage, son zèle et ses connaissances variées, doit être placé au premier rang parmi les savants voyageurs du dix-huitième siècle. Son herbier, déposé au Muséum, renferme quinze cents plantes, dont soixante genres nouveaux. Il est accompagné de la description des végétaux du Chili et du Pérou. En minéralogie, on lui doit la découverte du cuivre muriaté, de l'euclase; il a indiqué le premier le salpêtre natif du Pérou; il a observé la phosphorescence de la mer. En zoologie, il a décrit plusieurs espèces nouvelles de quadrupèdes, d'oiseaux, de poissons et d'insectes. Ruiz et Pavon, dans leur *Flore péruvienne*, ont rendu justice à ses talents et cité honorablement ses découvertes. Cavanilles lui a dédié le genre *Dombeya*.

L'existence de Sonnerat fut consacrée, comme celle de Dombey, à des voyages de découvertes, mais elle fut traversée par moins de contrariétés et de dangers. Pierre Sonnerat, né à Lyon, en 1745, entra de bonne heure dans l'administration de la marine. Il était déjà versé dans l'histoire naturelle et bon dessinateur. Parti de Paris en 1768, il alla d'abord à l'Ile-de-France, dont Poivre, son parent, était intendant. Il y trouva Commerson, qui était son compatriote, et il fit avec lui plusieurs excursions à Bourbon et à Madagascar. Poivre l'envoya, en 1771, aux Moluques. En passant aux Séchelles, il eut l'occasion d'y observer et de décrire le coco de cet archipel, dont la forme est singulière et que l'on croyait originaire des Maldives. Il alla ensuite à Manille et aux Philippines, d'où il rapporta beaucoup de plantes, ainsi que des graines de giroflier et de muscadier. Il revint en France, en 1774, avec une riche collection d'histoire naturelle qu'il déposa au cabinet du Roi. Il repartit la même année pour l'Inde, avec le titre de commissaire de la marine et avec la mission de continuer ses recherches. Sonnerat parcourut Ceylan, la côte de Malabar, Surate, le golfe de Cambaye; puis Coromandel, la presqu'île au delà du Gange, la péninsule de Malacca et la Chine. La guerre interrompit ses voyages. Après le siége de Pondichéry, en 1778, il revint en Europe avec une magnifique collection d'histoire naturelle, et publia la relation de son voyage. Il retourna plus tard dans l'Inde, et y séjourna plusieurs années. Il était encore à Pondichéry en 1801. Enfin, il revint en France, et mourut à Paris en 1814, à un âge assez avancé.

Son *Voyage à la Nouvelle-Guinée* est dédié à madame Poivre. On a aussi de lui un *Voyage aux Indes et à la Chine*, accompagné de belles figures. Les relations de Sonnerat ont beaucoup contribué à bien faire connaître l'Inde, sous ses rapports les plus importants et les plus variés ; il s'est fort attaché à la description des usages et des métiers des Indous. Les détails de ces ouvrages sont aussi intéressants qu'exacts, bien qu'on y remarque un certain désordre, et que l'auteur s'y montre un peu enclin à la crédulité. Son zèle était infatigable ; il réussit à naturaliser, soit en France, soit dans les colonies, un grand nombre de végétaux précieux. Les îles de France et de Bourbon lui doivent le Rima ou arbre à pain, le Cacao, le Mangoustan et une foule d'autres. Il a, le premier, décrit l'Aye-Aye, grand quadrupède de l'ordre des Rongeurs, et plusieurs oiseaux nouveaux. Tout cela est très-habilement dessiné par lui-même. Sonnerat était correspondant du cabinet du roi et de l'Académie des sciences. Linné lui a dédié le genre *Sonneratia*, arbre du Malabar (Myrtoïdes), qu'il avait décrit lui-même sous le nom de *Pagapaté*.

Un troisième voyageur, l'un de ceux qui ont le plus enrichi le sol de la France des fruits de leurs découvertes, est André Michaux, né, en 1746, à Satory, dans le parc de Versailles. Son père était fermier ; il s'adonna de bonne heure aux travaux de la campagne, et montra une véritable vocation pour les recherches d'agriculture. Il fit quelques études et se maria ; mais, ayant perdu sa femme la première année de son mariage, Lemonnier, qui le connaissait depuis son enfance, essaya de le consoler en lui inspirant le goût de la botanique, et en l'engageant à faire des essais de naturalisation. Michaux suivit les leçons de Bernard de Jussieu et prit l'envie de voyager. Il alla d'abord en Angleterre, puis en Auvergne et aux Pyrénées avec de Lamarck et André Thouin ; il obtint enfin l'autorisation de partir, en 1782, avec le consul de Perse, Rousseau. Il parcourut cette partie de l'Asie pendant deux ans, au milieu de beaucoup de difficultés et de dangers. Revenu à Paris en 1784, avec une belle collection de plantes et de graines, il se hâta de les mettre en ordre, avec l'espoir de retourner en Asie et l'intention de pénétrer jusqu'au Thibet. On l'envoya au contraire dans l'Amérique septentrionale, avec la mission d'établir, près de New-York, une pépinière pour des arbres que l'on espérait acclimater à Rambouillet. Dès l'année 1785, il fit un premier envoi en France ; deux ans après, il fonda un établissement semblable près de Charlestown, et fit plusieurs excursions, entre autres dans la Caroline. En 1792, il partit pour Québec, remonta le fleuve Saint-Laurent, accompagné seulement de trois sauvages et d'un métis, et pénétra très-près de la baie d'Hudson. L'approche de l'hiver l'ayant forcé de revenir sur ses pas, il arriva à Philadelphie, à la fin de la même année. Le ministère français l'ayant chargé d'une mission relative à un projet d'occupation de la Louisiane, il partit en juillet 1793, franchit les monts Alléghany, descendit l'Ohio jusqu'à Louisville, revint à Philadelphie, et, après avoir habité onze ans les États-Unis, il s'embarqua pour la France en 1796. Son navire échoua sur les côtes de Hollande : Michaux fut heureusement recueilli, mais il resta plusieurs heures sans connaissance. Revenu à lui-même, il s'informa avec anxiété de ses collections ; elles étaient sauvées, mais tous ses propres effets étaient perdus. Il ne se préoccupa que de ses plantes, qu'il s'empressa de mettre en ordre, de faire sécher, et il arriva à Paris. Les pépinières de Rambouillet, auxquelles il avait envoyé plus de 60,000 pieds d'arbres, avaient été ravagées. On lui accorda à peine quelque indemnité pour tant de services et de si pénibles voyages. Il avait trouvé Lemonnier mourant ; il s'empressa de lui rendre les derniers devoirs, et fut aussitôt désigné pour faire partie de l'expédition du capitaine Baudin. Il partit en 1800, visita Ténériffe, resta six mois à l'île de France, pour y recueillir des plantes et des graines, y créa une pépinière semblable à celles de New-York et de Charlestown, mais il y fut dévalisé de tout ce qu'il possédait, entre autres d'un rubis magnifique et d'un très-grand prix. Il se rendit alors à Madagascar, où il fonda une nouvelle pépinière ; mais, atteint par une fièvre endémique, il y mourut, en 1802, à l'âge de 59 ans, au moment où il projetait un nouveau voyage dans l'Amérique du Nord. Courage, abnégation, persévérance dans ses entreprises, exactitude dans ses observations, franchise, simplicité dans ses habitudes, sûreté absolue dans les rapports intimes, tels sont les caractères qui signalent cet intrépide naturaliste, et lui assurent une place si distinguée parmi les voyageurs éminents. Il vécut uniquement pour la science et se sacrifia pour elle.

On lui doit une *Histoire des Chênes* de l'Amérique septentrionale et une *Flore* du même pays. Aiton a consacré à sa mémoire une Campanulacée, sous le nom de *Michauxia*. Son fils, François André, a publié une *Histoire des arbres forestiers de l'Amérique septentrionale.*

Nous trouvons, dans la même période, un voyageur naturaliste, non moins digne des souvenirs de la science, mais dont les recherches s'appliquent à une autre branche de l'Histoire naturelle. Déodat-Guy-Sylvain-Tancrède Gratet de Dolomieu naquit, en 1750, à Dolomieu, près de la Tour-du-Pin, en Dauphiné, et appartenait à une ancienne famille de cette province. Destiné dès l'enfance à l'ordre de Malte, il était, à quinze ans, officier de carabiniers, et, à dix-huit ans, il commençait son noviciat dans l'ordre. Dans sa première caravane, il eut une querelle avec un officier de son bord, descendit à terre pour se battre avec lui, et le tua. Il fut conduit à Malte, mis en jugement et condamné à quitter l'habit de l'ordre ; cependant, en raison de son extrême jeunesse, le grand-maître lui fit grâce ; mais le pape s'y opposa. Dolomieu, mis en prison, écrivit directement au cardinal Torrigiani, alors ministre du pape, et obtint sa liberté. Pendant sa captivité qui avait duré neuf mois, il s'était livré avec ardeur à l'étude des sciences physiques. Envoyé en garnison à Metz, il y travailla de nouveau avec le physicien Thirion et avec le duc de la Rochefoucault, qui devint son ami. Ce dernier, à son retour à Paris, le présenta à l'Académie des sciences, qui le nomma son correspondant. Il quitta les carabiniers et retourna à Malte, d'où il suivit, en Portugal, le bailli de Rohan, ambassadeur extraordinaire, comme chevalier d'ambassade, et étudia en même temps le pays sous le rapport de la géologie et de la minéralogie.

En 1781, Dolomieu fit en Sicile un nouveau voyage scientifique, dans lequel il développa tout le zèle et tout le courage d'un vrai naturaliste. C'est là qu'il conçut ses premières idées sur les volcans. Il alla aussi à Naples pour examiner le Vésuve ; l'année suivante, il visita les Pyrénées. A cette époque, il eut à Malte quelques discussions avec le grand maître, au sujet de certaines prérogatives qu'il réclamait, discussions qui devinrent la source des malheurs qu'il éprouva plus tard. Au retour d'un nouveau voyage qu'il avait fait eu Calabre, pour observer les résultats du tremblement de terre de 1783, il avertit le grand maître de certains projets que la Cour de Naples méditait contre lui. Le ministère napolitain, prévenu de ces révélations, prit en haine le jeune savant, et lui interdit l'entrée du royaume. C'est alors qu'il parcourut les Alpes, le Tyrol, le pays des Grisons, toujours occupé de ses recherches géologiques, et partout accueilli avec distinction, car, à un extérieur noble et séduisant, il joignait des manières affables et un esprit aussi enjoué que piquant. Il retourna à Malte, après avoir obtenu gain de cause sur ses contestations avec le grand-maître, et, en 1791, il revint en France, apportant avec lui ses riches collections géologiques.

Dolomieu s'était d'abord attaché, comme beaucoup d'esprits généreux, aux principes de la Révolution de 89, mais il s'en éloigna après avoir vu assassiner sous ses yeux, à Forges, le vertueux duc de la Rochefoucauld. Il se dévoua alors à la protection de la mère et de la sœur de son ami, également témoins de ce crime ; il reprit en même temps ses études et ses voyages géologiques. En 1796, il revint à Paris, et fut nommé aussitôt professeur à l'école des Mines et membre de l'Institut. L'année suivante, lorsqu'on projeta l'expédition d'Egypte, il témoigna le désir d'en faire partie, et il s'embarqua sur le vaisseau le *Tonnant*. La flotte s'étant arrêtée en vue de Malte, il craignit qu'on l'accusât d'avoir concouru à une expédition contre son ordre, et c'est, en effet, ce qui arriva. Le chagrin qu'il en ressentit l'empêcha de prendre beaucoup de part aux recherches dont l'Egypte devait être l'objet, et il désira rentrer en France. Le navire qui le ramenait fit naufrage près de Tarente, et, comme on était alors en guerre avec Naples, il fut mis en prison. Son nom, découvert par une surprise, réveilla l'ancienne animosité de la cour contre lui ; on le plongea dans un cachot infect, où il subit mille tortures pendant vingt et un mois. C'est pourtant dans cette horrible situation qu'il parvint à écrire son *Traité de philosophie minéralogique* ; enfin, rendu à la France par suite de la paix, il revint à Paris, et fut nommé professeur au Muséum d'Histoire naturelle, à la place de Daubenton qui venait de mourir. Son cours fut suivi avec un empressement fondé à la fois sur son mérite et sur l'intérêt qu'inspirait sa personne. Malheureusement, sa santé était profondément altérée ; après un voyage en Suisse et dans le Dauphiné, pendant une visite qu'il fit à son beau-frère, le comte de Drée, à Châteauneuf, en Charolais, il fut atteint d'une fièvre aiguë, à laquelle il succomba, en 1801, à l'âge de 51 ans.

Ici se présentent, presque aux mêmes dates, deux naturalistes dont les carrières eurent beaucoup d'analogie ; dont l'âge, les études, les goûts, mais non le caractère, eurent la plus grande conformité, et qu'une amitié sincère unit pendant plus de cinquante ans : Desfontaines, dont l'humeur aimable et douce, la vie simple et laborieuse rappelle les plus touchants souvenirs, et Labillardière qu'une misanthropie native, un esprit caustique et une humeur atrabilaire éloignèrent trop d'un monde qui l'eût aimé, s'il eût pu le connaître, et qui lui eût voué autant de respect que son savoir lui méritait d'estime.

Réné Louiche-Desfontaines naquit en 1750, au Tremblay, bourg d'Ille-et-Vilaine, qui avait déjà donné le jour à l'anatomiste Bertin. Ses parents, qui étaient pauvres, voulaient d'abord en faire un mousse. Il réussit mal dans ses premières études, et son pédagogue, qui le traitait assez durement, ne cessait de lui dire « qu'il ne serait jamais bon à rien. » On l'envoya pourtant au collége de Rennes, où il se prit à travailler et devint bientôt le premier de toutes ses classes. A chaque succès, il priait son père d'en informer son ancien maître, en lui rappelant son fatal pronostic ; petite vengeance dont il se donna la satisfaction jusqu'au moment où il entra à l'Académie des sciences. Décidé à étudier la médecine, il vint à Paris en 1773, et suivit d'abord les leçons de Vicq d'Azyr ; mais une répugnance, qu'il ne put vaincre, pour les recherches anatomiques, le détermina à s'adonner à l'Histoire naturelle. Auditeur assidu des cours du Jardin du Roi, Lemonnier le prit en amitié, et il fut distingué par Laurent de Jussieu. Après s'être fait recevoir docteur, il lut plusieurs Mémoires de botanique à l'Académie, qui s'empressa de l'admettre dans son sein, à l'âge de 33 ans. L'un de ses Mémoires avait pour sujet l'*Irritabilité des Plantes*. Duhamel, Bonnet et Linné s'étaient déjà occupés de ce sujet intéressant; ils avaient observé les mouvements de contraction des feuilles et des corolles; Desfontaines poussa plus loin ce genre de recherches, et, en l'appliquant à tous les organes contractiles de la fructification, il mit en lumière un phénomène jusque-là ignoré, l'un des plus importants de la vie végétale.

C'est sous les auspices de l'Académie que Desfontaines entreprit, en 1783, son voyage en Barbarie. Ce pays était alors peu connu, et une pareille tentative ne laissait pas d'offrir de graves dangers. Il pénétra jusqu'au mont Atlas, au pays des Lotophages et au désert de Sahara. Muni de recommandations diplomatiques, il suivait les pachas dans leurs tournées, en se mêlant à leur escorte, et ce devait être un spectacle assez curieux que de voir un modeste botaniste, herborisant dans ces solitudes, escorté de soldats arabes, qui le protégeaient à la fois contre la rapacité des Bédouins et contre les attaques des lions ou des tigres du désert.

Après deux ans d'absence, Desfontaines revenait avec une ample moisson de plantes, d'oiseaux d'Afrique et d'autres objets d'Histoire naturelle. Il s'occupa de mettre en ordre toutes ces richesses, et publia son beau voyage sous le titre de *Flore atlantique*. C'était le résultat de plusieurs années de recherches et d'études. L'ouvrage contenait la description de deux mille plantes, parmi lesquelles on comptait trois cents espèces nouvelles. Lemonnier, qui désirait vivement transmettre à Desfontaines sa chaire du Jardin du Roi, proposa à Buffon de s'en démettre en faveur de son jeune ami. Buffon fit un peu désirer son consentement, mais enfin il l'accorda. Desfontaines devait bientôt justifier hautement cette faveur, ainsi que la généreuse protection de Lemonnier. Nous venons de voir en lui le naturaliste voyageur; nous ne tarderons pas à le retrouver au Muséum, donnant à l'enseignement de la Botanique l'impulsion la plus heureuse et la plus féconde.

Jacques-Julien Houton de Labillardière était né à Alençon en 1755. Après avoir fait dans sa ville natale d'assez bonnes études, il alla à Montpellier pour étudier la médecine, et prit des leçons de Botanique de Gouan, l'ami de Commerson, dont il devait un jour suivre les traces dans les terres australes. Il vint se faire recevoir docteur à Paris; puis, il alla en Angleterre, où il fit la connaissance du célèbre Joseph Banks. Il parcourut ensuite les Alpes et le Dauphiné avec le botaniste Villard. Il obtint, par la protection de Lemonnier, de s'embarquer pour un voyage à Chypre et en Syrie. Il visita Damas, le mont Carmel, et passa près d'une année à parcourir le Liban, ce mont fameux qui réunit sur ses pentes tous les climats, toutes les températures, et qui, suivant les poëtes arabes, « porte l'hiver sur sa tête, le prin-« temps sur ses épaules et l'automne dans son sein, tandis que l'été dort à ses pieds. » Il en mesura la hauteur; il y étudia les cèdres, dont les plus gros ont 3 mètres de diamètre. Il y trouva ces arbres antiques, réduits à une centaine d'individus. Le nombre de ces arbres diminue chaque siècle; des voyageurs en comptèrent depuis trente ou quarante; plus tard encore, une douzaine. Suivant M. de Lamartine, aujourd'hui il n'y en aurait plus que sept, que leur masse peut faire présumer contemporains des temps bibliques. Autour de ces vieux témoins des âges écoulés, il reste encore une petite forêt de cèdres plus jeunes, qui forment un groupe de quatre ou cinq cents arbres ou arbustes.

Labillardière observa les mœurs des habitants de ces contrées, et en rapporta beaucoup de plantes. Revenu en France, il se préparait à publier la relation de ce voyage, et l'Académie venait de le nommer son correspondant, lorsqu'il fut désigné pour faire partie de l'expédition envoyée à la recherche de La Pérouse, cet infortuné voyageur qui, parti depuis trois ans, n'avait plus donné de ses nouvelles et ne devait pas revoir son pays. Labillardière s'embarqua sous les ordres de d'Entrecasteaux, avec MM. de Rossel et Beautemps-Beaupré; il visita Ténériffe, le Cap, la Nouvelle-Hollande et les îles de la Sonde. Il fit partout d'amples récoltes de plantes et d'objets divers d'Histoire naturelle. Lorsque l'escadre, après avoir perdu son chef, aborda l'île de Java, elle fut déclarée prisonnière et mise en dépôt entre les mains des Hollandais. Il fut conduit à Batavia, et on lui enleva ses collections qui furent transportées en Angleterre; mais hâtons-nous de dire, à l'honneur de la science, que Banks les lui fit rendre sans y toucher, en ajoutant avec délicatesse « qu'il eût craint d'enlever une seule idée botanique à un homme qui était allé les conquérir au péril de sa vie. »

En 1795, Labillardière fut rendu à la liberté et revint en France. Il s'occupa aussitôt de la publication de son *Voyage à la recherche de La Pérouse*, qui a enrichi presque toutes les branches de l'Histoire naturelle d'observations du plus haut intérêt. En 1804, parut sa *Flore de la Nouvelle-Hollande*, le premier ouvrage qui ait présenté le tableau de cette végétation singulière, si différente de tout ce que l'on connaissait jusqu'alors, et qui donna une idée générale de ce troisième monde, peuplé d'êtres naturels presque sans analogues dans les deux autres. Ce n'est que vingt ans après qu'il publia sa *Flore de la Nouvelle-Calédonie*, complément de la précédente, et qui acheva de faire connaître les ressources végétales de ces vastes contrées. Sans être un botaniste de premier ordre, Labillardière a rendu à cette science d'éminents services. Il s'est attaché surtout à enrichir l'agriculture de végétaux utiles et capables d'être naturalisés en Europe. C'est à lui que l'on doit, par exemple, le lin de la Nouvelle-Zélande (*Phormium tenax*), plante textile pourvue de qualités bien supérieures à celles de notre lin et de notre chanvre, et qui, parfaitement acclimatée dans nos provinces méridionales, promet dans l'avenir d'admirables produits à notre industrie. La narration de Labillardière est simple, naturelle, remplie de faits nouveaux; elle a le ton qui convient à un observateur consciencieux. Nous avons dit que son humeur était peu sociable; cependant il était spirituel, mais caustique, quelquefois gai, mais enclin à la satire. « Le trait dominant de son caractère, a dit M. Flourens, était le goût ou plutôt la passion de l'indépendance. Pour être plus libre, il vivait seul; il s'était arrangé pour que tout, dans sa vie, ne dépendît que de lui : son temps, sa fortune, ses occupations : ami sincère, mais d'une amitié circonspecte et toujours prompte à s'effaroucher à la moindre apparence de sujétion. » Il avait succédé à L'Héritier dans le sein de l'Académie des sciences. On a appelé cap Labillardière l'extrémité des terres les plus élevées de la Louisiane. Le docteur Smith a dédié à ce voyageur le genre *Billardiera*, plante de la Nouvelle-Hollande, qui appartient à la famille des pittosporées. Il mourut octogénaire, à Paris, en 1834.

Après ces noms illustres, chers à tant de titres à nos souvenirs, ce serait être ingrat que d'omettre ceux de quelques voyageurs étrangers, à qui la science comme l'humanité doivent des services analogues et une égale reconnaissance. Nous venons de prononcer le nom de J. Banks qui, pendant les guerres de la fin du dernier siècle et du commencement de celui-ci, fut le palladium des naturalistes français : il les sauvait de la captivité, il leur faisait rendre leurs collections, il protégeait les expéditions savantes; sans lui, la plupart de nos collections publiques seraient encore incomplètes. Joseph Banks, d'origine suédoise, né à Londres, en 1743, devait son goût pour les sciences naturelles à Buffon et à Linné. Jeune, ardent et possesseur d'une fortune indépendante, il prit la passion de la Botanique et celle des voyages, que son intimité avec le comte de Sandwich, devenu chef de l'Amirauté, lui rendit facile à satisfaire. En 1766, il fit partie d'une expédition à Terre-Neuve. A cette époque, on en destina plusieurs autres à des recherches de géographie; l'une d'elles (de 1768 à 1771) fut celle de Cook, qui avait en même temps pour objet d'observer, à Otaïti, le passage de Vénus sur le disque du soleil. Banks s'y associa, ainsi que Solander, naturaliste suédois, élève de Linné, et comme lui fils d'un pasteur de village. C'était la première fois que l'Histoire naturelle et l'Astronomie s'unissaient pour leurs recherches à la grande navigation. A la même époque, Catherine II envoyait Pallas, dans le même but, en Sibérie, et Louis XV ordonnait le premier voyage autour du monde de Bougainville et Commerson.

Bien que J. Banks, aidé de Solander ait rapporté d'immenses collections, il n'en publia lui-même qu'une faible partie. Peu soucieux de la gloire du savant, mais ne songeant qu'à se rendre utile, Banks mettait ses manuscrits comme ses collections à la disposition de tous ceux qui voulaient y puiser. Fabricius en a tiré son *Histoire des insectes*, Broussonnet celle des poissons, tous les botanistes, Gœrtner, Vahl, Robert, en ont publié les végétaux. Il envoyait des échantillons et des graines à tous les jardins de l'Europe. On lui doit, outre les plantes et les arbres qu'il rapporta en très-grand nombre, plusieurs animaux précieux : le Cygne noir, le Kanguroo, le Phascolome, qui se sont répandus dans nos bassins ou dans nos parcs ; il donna la connaissance générale de ces îles dont est semée la mer Pacifique et de la nature toute spéciale dont elles sont couvertes. Il en fut de même pour la Nouvelle-Hollande, ce troisième monde d'un si grand avenir, si différent des deux autres par sa topographie, comme par les êtres naturels dont il est peuplé, et dont l'importance et l'intérêt se développent chaque jour.

COOK.   J. BANKS.

En 1772, le capitaine Cook repartit pour un nouveau voyage. Banks et Solander devaient encore faire partie de cette expédition. Quelques difficultés s'étant élevées entre eux et le capitaine, Banks et son compagnon partirent pour les contrées du Nord. Ils visitèrent d'abord l'île de Staffa et sa fameuse grotte aux colonnes de basalte ; ils allèrent ensuite en Islande. Banks devint le bienfaiteur des pauvres habitants de cette contrée ; il attira sur eux l'attention du roi de Danemark ; pendant une disette, il leur envoya à ses frais une cargaison de grains. De retour à Londres, il fut accueilli avec empressement par tous les hommes éclairés ; il devint président de la Société royale, et conserva ce titre pendant quarante et un ans. Il fut fait baronnet, conseiller d'État, et le roi le décora de l'ordre du Bain.

J. Banks n'usa jamais pour lui-même du crédit et de la haute faveur dont il jouissait. Il dirigea l'attention du souverain sur l'utilité des voyages et de l'Histoire naturelle pour les progrès de l'agriculture. Il protégeait partout les savants et les encourageait par ses conseils comme par ses largesses. Son zèle et sa libéralité adoucissaient les maux de la guerre envers tous ceux qui se livraient aux travaux scientifiques. Louis XVI avait fait respecter Cook en

Amérique, et si ce bel exemple est devenu la loi des nations, on peut dire que J. Banks y a puissamment contribué; il obtint des ordres semblables en faveur de l'infortuné La Pérouse; nous avons vu avec quelle noble délicatesse il fit rendre à Labillardière ses collections; il agit de la même manière avec plusieurs naturalistes. Il fit racheter au cap de Bonne-Espérance des caisses prises par des corsaires, et qui appartenaient à M. de Humboldt; il fit parvenir des secours à Broussonnet, réfugié, pendant la révolution, en Espagne et au Maroc; ses bienfaits pénétrèrent jusque dans la prison de Dolomieu, à Messine. Ses collections, sa bibliothèque, son crédit et sa fortune étaient à la disposition de tous les amis de la science; sa maison, ouverte avec une hospitalité sans égale à tous les savants, était comme une seconde Académie. En emmenant Solander avec lui dans ses voyages, il lui avait assuré 400 livres de rentes (10,000 fr.), et au retour il le fit nommer sous-bibliothécaire du Musée britannique.

Joseph Banks était d'une activité infatigable et d'une curiosité à laquelle il fallait que tout cédât. On cite de lui vingt traits de hardiesse, fondés sur sa passion de voir et d'apprendre. Au Brésil, il se glissa comme un contrebandier sur le rivage, pour s'emparer de quelques productions naturelles que le gouverneur avait eu la sottise de lui refuser. A Otaïti, il s'était fait teindre en noir, de la tête aux pieds, pour figurer dans une cérémonie funèbre à laquelle, sans cela, il n'eût pu assister. Son esprit bienveillant et ferme, sa belle physionomie, sa taille imposante commandaient le respect et inspiraient la confiance. Les sauvages, qu'il comblait de bienfaits, le prenaient pour arbitre dans leurs différends et lui portaient une vive affection. La noblesse du caractère impose à tous les hommes civilisés ou non; c'est une suprématie à laquelle partout on est contraint de céder.

Qu'on nous pardonne cette digression : la science est cosmopolite et les distinctions de nationalité n'existent point pour elle. Tandis que Banks protégeait ses hardis représentants en son nom comme au nom de l'Angleterre, l'Institut, sous le même prétexte, couvrait de sa sauvegarde les savants étrangers retenus en France par la guerre européenne. Nos voisins, nous aimons à le croire, n'hésiteraient donc point à admettre, dans leur panthéon scientifique, les noms de Dombey, de Commerson, de Bougainville, comme notre Muséum peut s'honorer de ceux de Banks, de Cook et de Solander.

Tels sont les principaux résultats auxquels étaient parvenus, en moins d'un quart de siècle, ce petit groupe de naturalistes intrépides. On ne se rendait point compte encore de l'importance de tant d'acquisitions précieuses, dues à leur dévouement comme à leur sagacité. L'espace manquait pour mettre en lumière toutes ces richesses, les méthodes ne suffisaient point pour les classer; la zoologie et la minéralogie n'étaient pas même représentées par des professeurs spéciaux. Jusque-là, dans les cabinets, on songeait plutôt à rassembler des échantillons curieux, à donner un certain éclat aux collections, qu'à les compléter en faveur de l'étude. Buffon avait peu de goût pour les méthodes; il aimait à peindre la nature dans ce désordre harmonieux qui la caractérise; il eût voulu que le cabinet rappelât cet ensemble plein d'abondance et de variété qu'il avait cherché à reproduire dans ses écrits, et où les oppositions, les contrastes, en excitant la curiosité, en éveillant vivement l'attention, font naître quelquefois des vues et des idées nouvelles. Mais ce système avait l'inconvénient de laisser dans l'ombre une foule d'objets qui servent à lier les espèces, à caractériser les séries et à compléter l'ensemble. C'est la même pensée qui faisait entasser dans des magasins fermés au public la belle collection de pièces anatomiques préparées par Daubenton; et pourtant, ces richesses ainsi accumulées, et dont on ne connut le prix que longtemps après, avaient fourni à Buffon lui-même les éléments de son histoire des Oiseaux, à Lacépède, ceux de l'histoire des Poissons; ils allaient bientôt offrir à M. Haüy les matériaux d'un système complet de minéralogie, et permettre un peu plus tard à Cuvier de poser les premières assises du monument qu'il devait élever à l'anatomie comparée.

Dans les premières années de cette période, la Botanique perdit presque à la fois les trois hommes auxquels elle avait dû jusque-là ses plus grands progrès pendant le cours du même siècle. Bernard de Jussieu s'éteignit en 1777 ; Haller et Linné succombèrent dans les deux mois qui suivirent sa mort. L'éloge de Bernard fut prononcé à l'Académie des sciences par Condorcet, en 1778, dans une séance publique à laquelle assistait Voltaire, qui devait mourir la même année. Enfin, la Botanique devait encore perdre, au même moment, Jean-Jacques Rousseau, qui avait cherché dans l'étude du Règne végétal quelque compensation aux mécomptes qu'il avait cru trouver dans le commerce des hommes. Dans les cinq dernières années de sa vie, il avait suivi avec assiduité les herborisations de Laurent de Jussieu. On sait toutes les lumières et tout le charme qu'il avait répandus sur les éléments de cette étude, dans ses lettres célèbres adressées à madame Delessert, et son nom vient naturellement s'ajouter à celui des hommes éminents que cette science venait de perdre dans l'espace de quelques mois.

Tandis que Buffon donnait en France un si vif élan à l'étude des sciences naturelles, un autre naturaliste, son émule, son contemporain, car il naquit la même année que lui, méditait un projet de révolution complète dans l'histoire de la nature. Nous avons dit ailleurs que Linné avait visité la France et le Jardin du Roi ; la haute influence qu'il exerça si longtemps sur la Botanique, ses liaisons avec les naturalistes français, mais surtout la gloire de son nom, ne nous permettraient pas de le passer sous silence dans le rapide coup d'œil que nous jetons ici sur la marche de cette science.

Charles Linné était fils d'un pauvre pasteur de village, qui, le croyant doué d'une intelligence médiocre, voulait d'abord en faire un cordonnier ; mais un ami de sa famille, le docteur Rothman, en porta un meilleur jugement, et décida ses parents à lui faire étudier la médecine, ce point de départ presque général des naturalistes célèbres. Dès ses premières années, il avait manifesté pour les plantes un goût aussi vif que précoce. Sa mère aimait beaucoup les fleurs ; pendant sa grossesse, elle suivait des yeux avec amour son mari cultivant son modeste jardin, et, quand elle allaitait son fils, elle ne parvenait à apaiser les cris de l'enfant qu'en mettant des fleurs dans ses mains. Ce penchant naturel se développa encore avec l'âge. Cependant, son père avait bien de la peine à subvenir aux frais de ses études. Linné gagna d'abord quelque argent à faire des copies, puis il donna des leçons de latin à d'autres écoliers ; on ajoute que, se souvenant de son premier métier, il raccommodait à son usage les chaussures de ses condisciples. Enfin, on lui confia la direction du jardin botanique d'Upsal, et c'est en s'efforçant d'y mettre de l'ordre qu'il reconnut les vices des méthodes, et qu'il songea à les réformer. Ce fut de même en lisant le discours d'ouverture du cours de Vaillant qu'il conçut l'idée d'un système fondé sur les organes de la fructification. Quelques années après, une autre idée lumineuse devint pour lui comme une seconde révélation : il imagina d'exprimer le nom de chaque plante au moyen de deux mots seulement, au lieu de la phrase caractéristique, mais souvent assez longue, de Bauhin ou de Tournefort. Linné était âgé de 27 ans quand il publia son premier ouvrage : *Species Plantarum*; il avait déjà fait un voyage en Laponie, aux frais de la Société royale des sciences d'Upsal. A cette époque, il vint en Hollande pour étudier sous l'illustre Boërhaave, qui le prit aussitôt en amitié. Celui-ci le présenta à un riche amateur, George Cliffort, chez qui Linné séjourna pendant trois ans, et pour lequel il écrivit son *Hortus Cliffortianus*. Quand il quitta l'Université de Leyde pour venir en France, le jeune savant alla faire ses adieux à Boërhaave qui, déjà vieux et presque mourant, l'embrassa et lui dit ces touchantes paroles : « J'ai rempli ma carrière; que Dieu « te conserve, toi qui commences la tienne. Le monde savant a obtenu de moi ce qu'il en « attendait; mais il attend plus encore de toi. Adieu, mon Linné, adieu, mon fils!... »

Linné arriva à Paris en 1738. Le botaniste Adrien Van Royen, qui avait succédé à Boërhaave, lui avait donné une lettre de recommandation pour Bernard de Jussieu. Lorsqu'il se présenta au Jardin du roi, Bernard faisait une démonstration de Botanique, et présentait aux élèves une plante originaire d'Amérique, en leur demandant s'ils pourraient, à ses caractères extérieurs, reconnaître sa patrie. On se taisait, quand Linné, élevant la voix, s'écria en

LINNÉ

1707 & 1778

Publié par J. Carnier a Paris

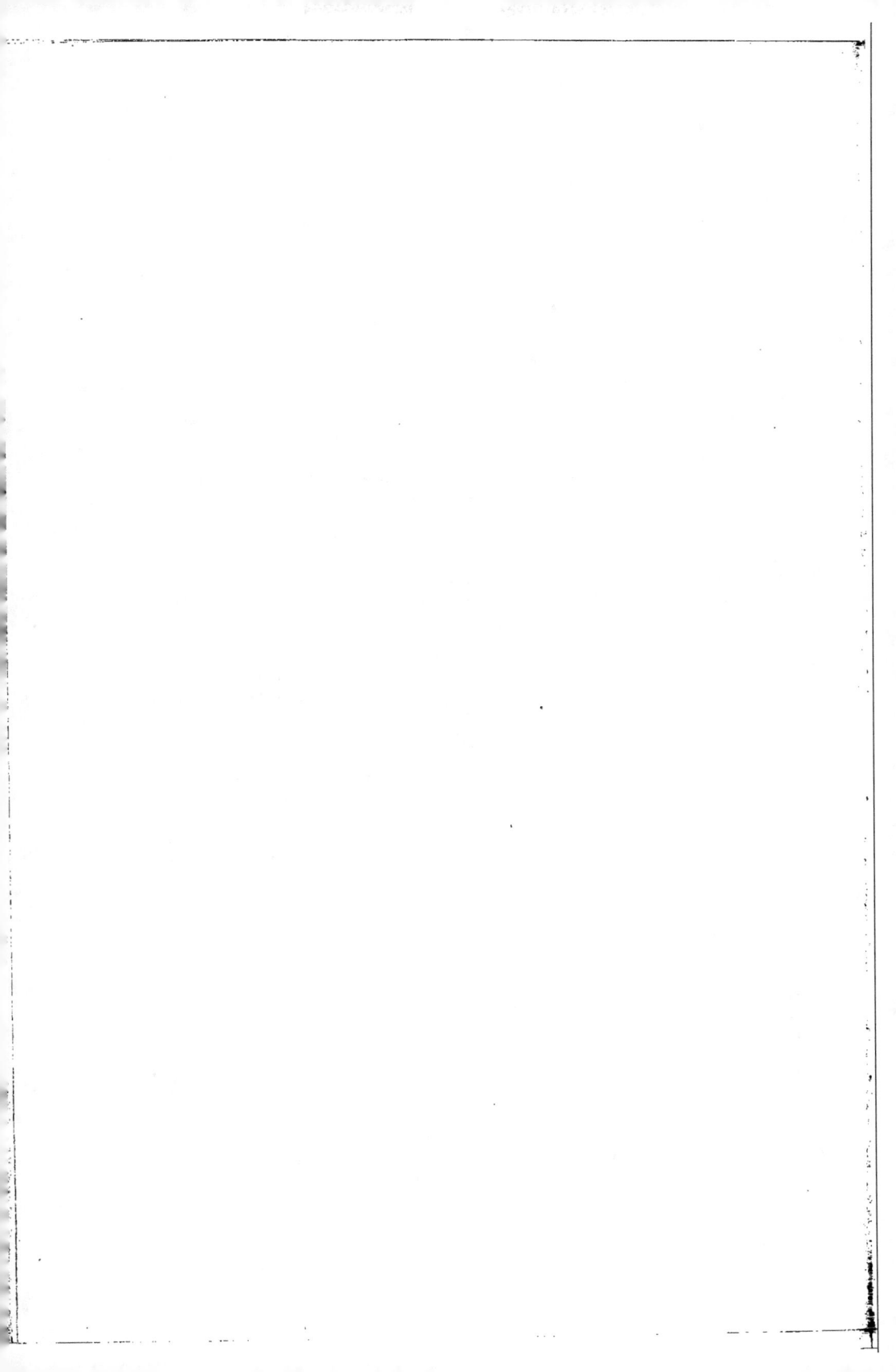

latin : « *Facies Americana!* » Physionomie américaine! Bernard jetant les yeux sur lui, répondit aussitôt : « *Tu es Linneus!* » Vous êtes Linné!

A son retour en Suède, Linné ne tarda pas à être nommé premier médecin du roi, membre de l'Académie de Stockholm et professeur de Botanique à Upsal. Il devait occuper cette chaire pendant trente-sept ans. C'est devant cette longue période de professorat qu'il profita, de même que Buffon, de sa haute influence et de tous les moyens dont il disposait pour étendre et perfectionner la science, pour recueillir les éléments de ses ouvrages et pour les publier. Il fit donner des commissions à des élèves qui, de tous les points du globe, lui rapportèrent des matériaux immenses ; les naturalistes du monde entier s'empressaient de lui offrir tout ce qu'ils croyaient digne de lui. De toutes parts, à l'exemple de la Suède comme de la France, les nations s'efforçaient de seconder ce prodigieux essor d'une science encore nouvelle. Linné recevait de tous les corps savants et de tous les souverains les marques les plus éclatantes de considération ; mais, inaccessible à l'orgueil, ces honneurs ne changeaient rien à la simplicité de ses goûts et de ses habitudes ; la critique, à laquelle d'ailleurs il ne répondit jamais, ne réussissait pas davantage à l'émouvoir.

Le plus célèbre des écrits de Linné, sa *Philosophie botanique*, publiée en 1751, est le résumé de plusieurs opuscules qu'il avait déjà produits sous différents titres, comme pour y servir de prélude. C'est un ouvrage rempli d'érudition et de vues nouvelles, présentées dans un style concis, élevé et souvent poétique. Il est devenu le code, la loi fondamentale des botanistes ; les principes en ont été heureusement appliqués à d'autres branches de l'Histoire naturelle. Son *Systema naturæ*, qui d'abord ne se composait que de trois feuilles, fut réimprimé un grand nombre de fois, et, augmenté de toutes les découvertes récentes, il a fini par prendre des dimensions prodigieuses, au point que la quatorzième édition, donnée par Gmelin, comprenait déjà dix gros volumes in-8°.

Si le système artificiel de Linné a dû perdre de son crédit en présence de la méthode naturelle de Jussieu, il n'en est pas de même de sa nomenclature, qui est restée dans la science et à laquelle tous les naturalistes se sont généralement rattachés. On en peut dire autant de sa *Philosophie botanique* qui a conservé jusqu'à nos jours sa haute autorité. Linné réunissait toutes les qualités nécessaires au succès de ses grandes vues ; il rangea toutes les productions de la nature sous une loi nouvelle ; il créa pour la science une langue spéciale ; son enseignement se répandit et domina dans toutes les écoles pendant plus d'un demi-siècle. Sa société était douce, sûre, remplie de charme ; sa bienveillance et sa piété étaient sincères, son zèle et son activité infatigables. Le principal caractère de Linné fut d'être un grand professeur, comme Buffon un grand philosophe. Malheureusement une dissidence regrettable sépara toujours ces deux hommes de génie, qui eussent encore augmenté l'élan de la science, s'ils se fussent entendus et réunis pour la servir.

Linné mourut en 1778, d'une attaque d'apoplexie, à l'âge de 71 ans. Il avait refusé les offres de plusieurs monarques qui désiraient l'attirer dans leurs États. « Les talents que je tiens de Dieu, avait-il toujours répondu, je les dois à ma patrie. » Aussi le roi, Gustave III, l'honora-t-il dignement et s'honora lui-même en écrivant l'éloge funèbre de ce grand naturaliste, qui répandit sur la Suède une gloire non moins éclatante et sans doute plus durable que celle de son infortuné souverain.

L'enseignement de la Botanique au Jardin du Roi était heureusement tombé dans des mains qui, loin de se borner à le soutenir dignement, ne tardèrent pas à l'enrichir des plus éclatantes découvertes. Desfontaines occupait la chaire de Lemonnier, Antoine-Laurent de Jussieu avait succédé à son oncle Bernard, André Thouin était chargé du soin des cultures. La science des végétaux allait devoir à ces trois savants des progrès qui, dans son histoire, signalent, comme une date glorieuse, la fin du siècle dernier.

Lorsqu'en 1774, on eut résolu d'agrandir le Jardin et d'en renouveler les plantations, Laurent de Jussieu et André Thouin tombèrent facilement d'accord sur la méthode suivant laquelle serait disposée la nouvelle école. C'était, pour le premier, une heureuse occasion d'appliquer en grand les idées de son oncle et les vues propres qu'il venait de développer dans ses deux Mémoires à l'Académie ; mais cette grande opération exigeait des essais, des tâtonnements ; une réforme aussi capitale ne pouvait s'opérer qu'avec lenteur et circonspection ; aussi les travaux se continuèrent-ils pendant plusieurs années, et ce n'est guère qu'en 1787 qu'ils furent terminés. Ce ne fut pas un médiocre succès pour Jussieu que de faire consentir Buffon à laisser introduire au Jardin la nomenclature de Linné ; mais déjà sa parole était une autorité en Botanique, et les réformes qu'il proposait formaient comme l'avenir de la science.

Antoine-Laurent de Jussieu était né à Lyon, en 1748. Il avait 17 ans et demi quand son oncle l'appela à Paris. C'est sous les yeux de l'illustre vieillard qu'il commença ses études médicales, et c'est de lui qu'il reçut les premières notions d'Histoire naturelle. Bernard menait une vie fort retirée et ses habitudes étaient d'une régularité extrême. « Tout, dans sa maison, était soumis à l'ordre le plus exact et, si l'on peut s'exprimer ainsi, à l'esprit de méthode le plus sévère. Chaque chose s'y faisait, chaque jour, à la même heure et de la même manière. Chaque repas avait son heure fixe et invariable. On soupait à neuf ; et, lorsque le jeune Laurent allait jusqu'à se permettre la distraction du théâtre, il n'oubliait jamais de calculer le nombre précis de minutes qu'il lui fallait pour rentrer dans la salle à manger par une porte, juste dans le moment même où son oncle y entrait par l'autre... L'oncle et le neveu travaillaient tout le jour dans la même chambre, sans se parler. Le soir, le neveu faisait la lecture à son oncle, qui lui communiquait, à son tour, ses vues et ses réflexions. On sent que les impressions reçues auprès d'un homme de cette trempe ne devaient guère moins influer sur le caractère du jeune Jussieu que sur son génie. Aussi, même simplicité dans les habitudes, même constance dans le travail, même persévérance dans le développement d'une grande idée et de la même idée : jamais deux hommes ne semblèrent plus faits pour se continuer l'un l'autre, et n'être, si l'on peut ainsi dire, que les deux âges, les deux phases successives d'une même vie (1). »

M. de Jussieu n'avait que 25 ans lorsqu'il présenta à l'Académie des sciences son premier Mémoire, intitulé : *Examen de la famille des Renoncules.* Ce Mémoire renfermait déjà tous les éléments de la grande pensée qu'il consacra sa vie à approfondir et à développer, à savoir : les principes de la méthode naturelle. Il y établissait qu'à côté de la nomenclature qui, jusque-là, semblait avoir occupé exclusivement les botanistes, doit se placer la recherche des caractères des plantes ; que tous ces caractères n'ont pas la même importance et qu'il ne suffit pas de les énumérer, mais qu'il faut surtout les évaluer. Cette valeur relative des organes, il la fondait d'abord sur la nature de leurs fonctions, sur leurs rapports avec le développement du végétal et aussi sur leur constance plus ou moins grande, qui se rattache toujours à leur plus ou moins grande importance dans l'organisation. Enfin, il appliquait ces principes à un groupe de plantes, dont il rapprochait les éléments épars, à une *famille* qui formait d'ailleurs le premier anneau de cette grande chaîne des plantes dicotylédonées.

L'année suivante, 1774, Jussieu présenta à l'Académie un nouveau Mémoire, ayant pour titre : *Exposition d'un nouvel ordre de plantes adopté dans les démonstrations du Jardin royal.* Il y développait, y précisait encore les mêmes vues, et déterminait les grandes divisions de la méthode naturelle, qu'il nommait des classes. Il les fondait d'abord sur les lobes de l'embryon, puis sur l'insertion des étamines. Il établissait ensuite, sur des caractères de moins en moins élevés, les divisions secondaires : celles des familles, des genres, des espèces, et y joignait l'exemple de certains groupes qui justifiaient d'une manière éclatante et ces principes et leurs applications.

C'est à ces deux Mémoires que semblèrent s'arrêter, pendant quelques années, les communications de M. de Jussieu avec l'Académie; mais il n'en poursuivait pas moins, soit dans ses

(1) M. Flourens, *Éloge historique d'Antoine-Laurent de Jussieu* 1858.

A. L. DE JUSSIEU

1748 † 1836

Taille par A. Carnier à Paris.

études privées, soit dans son enseignement, les grandes vues de réforme qu'annonçaient ses premiers travaux. Enfin, quinze ans après leur apparition, il exposa définitivement l'ensemble de ses idées dans un ouvrage capital : *Genera plantarum*, etc., publié en 1789, qui constitue une date remarquable dans l'histoire de la Botanique, comme dans celle du Jardin du Roi. Le livre s'ouvrait par une *Introduction* dans laquelle Jussieu exposait l'ordonnance générale de sa méthode. Il y établissait en même temps les principes généraux de toute classification des êtres naturels, principes qu'il fondait sur une science entièrement neuve et dont la découverte lui était propre, celle de la subordination des caractères. Le reste de l'ouvrage avait pour objet la répartition de toutes les plantes connues en cent familles, déterminées par l'ensemble et les rapports de situation des principaux caractères.

Mais ce n'est pas ici que l'on doit s'attendre à trouver les développements de cette grande et féconde pensée. La méthode naturelle d'Antoine-Laurent de Jussieu a été exposée avec tant de précision et de lucidité dans une autre partie de cet ouvrage, que nous croyons parfaitement inutile, en la reproduisant, d'interrompre un récit particulièrement consacré aux événements généraux de l'histoire de la science.

La question des affinités naturelles dans le règne végétal n'était pas nouvelle. Magnol l'avait examinée le premier en 1689, et s'était même servi à ce sujet de l'expression heureuse de *famille*. Rivinus, Morison, Jean Ray s'en étaient préoccupés et l'avaient étendue. Adanson surtout, après avoir démontré le vice de toute classification artificielle, avait dit que toute méthode devait se fonder sur l'ensemble des caractères; mais il n'avait pas songé à leur valeur relative et à leur subordination. On admettait, on observait partout des affinités naturelles, mais on n'en connaissait pas les lois. Voilà le trait de lumière qui appartient sans nul doute à Bernard de Jussieu, le principe qu'il a découvert, sans le soumettre à une analyse rigoureuse, mais que Laurent a saisi, dégagé, appliqué surtout, avec la sagacité et la persévérance qui caractérisent le vrai génie.

L'apparition du *Genera plantarum* eut lieu au même moment que cette grande explosion politique qui devait changer les destinées de la France. Les hauts intérêts qui préoccupaient alors tous les esprits devaient les rendre peu attentifs à la révolution botanique que préparait le livre de M. de Jussieu. Sa publication coïncidait aussi avec l'un des plus grands événements de l'histoire scientifique : les découvertes de la chimie moderne et les théories de Lavoisier, qui fixaient dès lors à un si haut degré l'attention de l'Europe savante. La méthode naturelle d'ailleurs n'était pas inattendue; ce n'était pas une réforme brusque et radicale, elle ne touchait pas à la nomenclature linéenne, elle résumait seulement des idées déjà admises, et qu'elle fixait invariablement. Son influence s'établit donc d'une manière paisible et d'abord presque inaperçue; mais elle grandit peu à peu, se répandit généralement dans la science et s'étendit même à d'autres branches de l'histoire naturelle, à la zoologie surtout, à laquelle, peu d'années après, Georges Cuvier devait en faire une si brillante application.

M. de Jussieu traversa sans dangers les troubles de la révolution, et ses travaux scientifiques en furent à peine interrompus. En 1790, il fut chargé par la mairie de Paris du département des hôpitaux. Ce poste ne le laissa point dans l'oubli, mais il s'y rendit si utile, qu'on ne songea point à l'inquiéter. Trois ans plus tard, lorsque le Jardin des Plantes fut réorganisé et prit le nom de *Muséum d'histoire naturelle*, M. de Jussieu fut compris parmi les douze *officiers* pourvus des nouvelles chaires. L'année suivante, il fut nommé directeur. Ce fut en cette qualité qu'il inaugura la bibliothèque, que l'on avait composée en choisissant, parmi les livres des corps religieux supprimés, tout ce qui avait trait à l'histoire naturelle, travail auquel il avait beaucoup contribué lui-même. Nommé membre de l'Institut, dès la création de ce corps, il en était vice-président lorsque Bonaparte, après la campagne d'Italie, fut appelé à la présidence; et quand la première classe de l'Institut devint l'Académie des sciences, il en fut l'un des premiers présidents. En 1804, M. de Jussieu fut nommé professeur de matière médicale à la Faculté de médecine, puis conseiller de l'Université. Cependant, il avançait en âge,

H

et, ses forces commençant à diminuer, il se démit de sa chaire au Muséum en faveur de son fils Adrien, de ce fils en qui vient de finir tout récemment cette illustre lignée de savants botanistes. Sa vue s'affaiblit par degrés; sa taille, autrefois droite et élevée, se courba. Dans les dernières années, il ne s'éloignait guère de sa famille, qui avait pour lui l'attachement le plus vif et le plus respectueux, que pour faire quelques promenades dans ce jardin, qu'il avait pour ainsi dire créé une seconde fois, et pour assister aux séances de l'Académie, à laquelle il appartint pendant soixante-trois ans. Enfin, sans autre maladie qu'un affaissement progressif de tous les organes, il s'éteignit doucement en 1836, à l'âge de quatre-vingt-huit ans et demi.

Desfontaines l'avait précédé depuis quelques années dans la tombe. Nous avons vu celui-ci, jeune encore et revenu tout récemment de son voyage en Barbarie, entrer à l'Académie des sciences et succéder à Lemonnier dans la chaire de botanique du Jardin royal. Déjà, à cette époque, l'enseignement de cette science avait pris une allure plus relevée et plus philosophique. Depuis longtemps elle ne se bornait plus à la description des plantes médicinales ou économiques : une partie des cours était consacrée à l'exposition des systèmes de classification et de la nomenclature; l'autre partie avait pour objet les rapports généraux qui existent entre les plantes, leurs modifications suivant les climats, la nature du sol, enfin, leurs applications à l'agriculture, à l'industrie ou aux arts. Desfontaines allait donner à cet enseignement une étendue et une distribution encore plus favorables à l'étude comme aux progrès ultérieurs de la science.

Depuis que l'école du Jardin du Roi avait été disposée suivant l'ordre des affinités naturelles, on avait apporté plus d'attention à l'anatomie végétale. La méthode de Jussieu, fondée sur les détails les plus délicats de l'organisation des plantes, avait obligé les botanistes à approfondir davantage la structure de certaines parties, mais elle n'avait pas rendu plus faciles les abords de cette étude. Une découverte remarquable de Desfontaines, tout en confirmant les grands principes de la méthode naturelle, vint heureusement les rendre d'une application aussi simple que facile. Jussieu avait établi sa grande division entre les phanérogames sur la structure de l'embryon, qui, dans les monocotylédonées, n'offre qu'un seul lobe, mais qui en présente deux dans les plantes dicotylédonées. Or, jusque-là, pour s'assurer de ce caractère, il fallait observer minutieusement la graine, ce qui n'était pas toujours possible aux différents âges de la plante, et ce qui n'était pas d'ailleurs à la portée de tous les botanistes. Desfontaines, dans un Mémoire qu'il lut à l'Académie en 1786, et qui fit une vive sensation parmi les naturalistes, montra que cette grande division se fonde également sur la structure, toujours très-apparente, de la tige et des feuilles. Ainsi, au lieu de recourir aux cotylédons, qui ne sont pas toujours visibles, alors que la plante est encore en fleur et l'ovaire à peine formé, il suffit d'observer si la tige est creuse ou bien munie d'une moëlle centrale, si les nervures des feuilles sont simples, parallèles entre elles, ou bien si elles sont ramifiées et à veines entrecroisées. Dans le premier cas, la plante est invariablement monocotylédonée, comme on le voit dans les Graminées, le Maïs, le Palmier; dans le second, la plante est dicotylédonée, comme dans le plus grand nombre des plantes ligneuses ou herbacées, et dans tous les arbres ou arbustes de nos climats. Desfontaines établit ainsi que les rapports fondés sur les organes de la végétation, comme les feuilles et les tiges, répondent constamment aux rapports tirés des organes de la fructification; que les uns se confirment par les autres, et, en même temps que cette observation diminuait les difficultés de l'étude, elle rendait les principes de la méthode d'une plus grande évidence et d'une application plus générale.

Cette découverte, qui éclairait la structure interne des plantes à l'aide de leurs caractères extérieurs, était comme un nouveau lien qui unissait l'anatomie végétale au perfectionnement de la méthode. Desfontaines, ainsi heureusement engagé dans une voie nouvelle, s'attacha spécialement aux observations de physiologie végétale, et en fit, dès ce moment, le sujet de la première partie de son cours. Les leçons, jusqu'alors, avaient eu lieu dans le jardin même;

les élèves étaient placés sur un seul rang, le long d'une plate-bande dont le professeur suivait avec eux les étroites allées. Mais le nombre de ses auditeurs s'étant considérablement accru, Desfontaines se vit forcé de faire son cours dans l'amphithéâtre ; il y fit apporter les plantes nécessaires à la démonstration, et après la leçon, chacun pouvait les aller revoir dans les parterres. Son cours était suivi avec un empressement sans égal. Plus de quinze cents personnes s'y pressaient assidûment, attirées par la renommée du professeur comme par le charme et l'intérêt qu'il savait répandre sur les sujets de son enseignement. A son exemple, tous les professeurs de botanique divisèrent désormais leur cours en deux parties : l'une consacrée à l'organographie et à la physiologie végétale ; l'autre, à la description des familles, des genres et des espèces. La philosophie de la science venait de faire un pas considérable. La France, dans la botanique, avait repris le premier rang.

DESFONTAINES.

Desfontaines, comme Jussieu, n'eut pas trop à souffrir des orages de la révolution. Laborieux et paisible, il s'aperçut à peine des secousses et des dangers auxquels la société était en proie pendant cette triste époque. Il ne sortit de sa studieuse retraite que pour aller voir et consoler le malheureux Ramond, et pour faire, avec André Thouin, de courageuses tentatives en faveur de L'Héritier, menacé d'une mort imminente. Nommé secrétaire de l'assemblée des professeurs, c'est lui qui rédigea le règlement relatif à la réorganisation de l'établissement. Au retour de l'ordre, il reprit sa place à l'Institut, sa chaire au Muséum, et reçut la croix de la Légion d'honneur. Parvenu à un âge assez avancé, il n'avait encore rien perdu de son activité ni de ses forces. Cependant, sa vue s'affaiblit peu à peu, et il finit par devenir tout à fait aveugle. Il s'appliqua alors à reconnaître les plantes au toucher, et y réussit d'une manière étonnante. Sa mémoire était si fidèle, qu'il passait en revue, de souvenir, tous les carrés du Jardin, et qu'il en nommait les espèces sans en omettre une seule. Mais ce qu'il conserva surtout jusqu'au dernier jour, c'est le goût le plus vif pour la science, une bonté inaltérable et une chaleur d'amitié qui formaient les bases de son caractère. On a dit qu'il aimait les plantes comme Lafontaine aimait les animaux. Il est certain qu'il rappelait le fabuliste par plus d'un trait, par sa candeur et sa bonhomie, par sa modestie et sa timidité. Le goût des êtres naturels, surtout de la botanique, s'allie fréquemment avec ces qualités aimables ; peut-être aussi ce goût ne se développe-t-il avec force que dans les âmes peu accessibles aux vaines passions qu'exalte le commerce du monde. Il est positif du moins que l'on trouve les plus nombreux exemples de cette heureuse alliance parmi les hommes voués spécialement à l'étude de la nature.

A l'histoire de cette partie de l'enseignement se rattache encore le nom d'un naturaliste qui a laissé au Muséum de bien nombreux et honorables souvenirs, André Thouin, qui seconda, avec autant d'habileté que de dévouement, les vues de Buffon et celles de Jussieu dans l'agrandissement et la replantation du Jardin ; qui, du rang de simple jardinier, s'éleva, à force d'études et de courage, aux plus hautes sommités de la science et du professorat. Devenu l'agent principal et presque le seul mobile de ces nombreuses opérations, « jamais, dit Cuvier, on n'avait vu une plus heureuse activité. Il se fit à la fois homme d'affaires pour les échanges et les achats, architecte pour les plans et les constructions, jardinier pour tout ce qui avait rapport aux végétaux vivants, botaniste pour ce qui regardait leur disposition et leur nomenclature, et il mit dans des soins si divers une telle intelligence, que tout lui réussit également, et les plantations, et les opérations financières, et les édifices. C'est du Jardin du Roi, pendant le temps de la grande activité de M. Thouin, que sont sorties ces fleurs si belles ou si suaves qui ont donné au printemps des charmes nouveaux : les *Hortensia*, les *Datura*, les *Verbena triphylla* (rapportée par Dombey), les *Banisteria* et ces fleurs tardives, les *Chrysantemum*, les *Dahlia*, qui ont prêté à l'automne les charmes du printemps, et ces beaux arbres qui ombragent et varient nos promenades, les Robinias glutineux, les Marronniers à fleurs rouges, les Tilleuls argentés et vingt autres espèces. Il en est sorti une multitude de variétés de beaux fruits, une quantité d'arbres forestiers ; le *Chêne à glands doux*, le *Pin laricio* ont surtout excité le zèle de M. Thouin, qui en a fait l'objet de mémoires particuliers. On sait qu'autrefois le Jardin du Roi avait donné le Caféier à nos colonies. Sous M. Thouin, il leur a procuré la Canne d'Otaïti, qui a augmenté d'un tiers le produit des sucreries, et surtout l'arbre à pain, qui sera probablement, pour le Nouveau-Monde, un présent équivalent à celui de la Pomme de terre, le plus beau de ceux qu'il a faits à l'Ancien. M. de La Billardière avait apporté cet arbre à Paris ; mais ce sont les instances et les directions de M. Thouin qui l'ont fait réussir à Cayenne, où il donne maintenant des fruits plus beaux que dans son pays natal. C'est aussi à M. Thouin, après M. de La Billardière, que la France continentale devra de posséder le *Phormium Tenax*, ou *Lin de la Nouvelle-Zélande*, dont les filaments sont si supérieurs au chanvre en force et en élasticité.

Je n'ai pas besoin de dire quel immense travail exigeaient les correspondances qui procuraient tant de richesses, et les instructions nécessaires pour en assurer la conservation. Chaque fois qu'un envoi de Végétaux partait pour les provinces ou pour les colonies, M. Thouin l'accompagnait de renseignements sur la manière de soigner chaque espèce pendant la route, de l'établir au lieu de sa destination, d'en favoriser la reprise et le développement, de faire d'une manière avantageuse la récolte que l'on devait en attendre, de la multiplier enfin, soit de graines, soit de boutures ou de marcottes. C'est d'après ces instructions que se dirigeaient les cultivateurs et les colons français ou étrangers. Les hommes même qui accompagnaient ces envois, ou que l'on faisait venir pour diriger les plantations, étaient ses élèves, et avaient travaillé sous ses yeux dans le Jardin du roi. Cayenne, le Sénégal, Pondichéry, la Corse, ne recevaient des jardiniers que de sa main. Son nom retentissait partout où existait une culture nouvelle. Cette influence s'étendit encore, lorsqu'en 1795, dans la nouvelle organisation de l'établissement, il fut nommé professeur, et chargé d'enseigner publiquement l'art qu'il pratiquait avec tant de bonheur. Vingt années de suite cette école a distribué l'instruction à des hommes de tous les rangs, qui l'ont disséminée à leur tour sur tous les points de la France et de l'Europe. »

André Thouin avait été admis à l'Académie des sciences, en 1786. Quatre ans après, il fut élu membre du conseil général de la Seine. A la réorganisation du Muséum, on créa pour lui la chaire de *Culture*. C'est alors qu'il appropria à cet enseignement une partie du Jardin dont il fit une école spéciale. Il donna une impulsion immense à cette application de la science, et rendit en cela à l'agriculture des services éminents. A. Thouin travailla soixante ans à justifier la bonne opinion que ses protecteurs avaient conçue de son zèle comme de ses talents. Il resta célibataire par dévouement pour sa famille et pour la science, et mourut, dans le jardin, où il était né, à l'âge de 77 ans (1824). Sa modestie et sa réserve étaient sans égales; il ne demanda jamais aucune récompense. Il reçut la croix de la Légion d'honneur à la fondation de l'ordre, mais il n'en porta jamais les insignes. « Un ruban, disait-il, irait mal à mon habit de jardi« nier, et l'orgueil, inséparable de toute distinction, pourrait me faire oublier la serpe et la « bêche qui ont fait ma consolation, ma fortune, et doivent suffire à mon ambition. »

La belle collection des vélins avait continué de s'accroître, depuis Aubriet, par les soins de Mlle Basseporte, son élève, qui mourut en 1780, et qui, presque octogénaire, y travaillait encore. Cependant, en 1774, Buffon avait donné sa survivance à un jeune peintre hollandais, Van Spaëndonck dont le talent donnait les plus belles espérances. Devenu titulaire, son talent prit tout son essor et les succès qu'il obtint décidèrent plus tard l'administration à créer pour lui une chaire spéciale d'*Iconographie*. Van Spaëndonck n'était pas seulement un peintre; il était assez versé dans les sciences pour en suivre les détails par l'intelligence aussi bien que par les yeux. Il peignait les Plantes, a dit Cuvier sur sa tombe, dans le lieu même où Jussieu en parlait; il peignait à côté de Buffon, cet autre peintre si brillant aussi et si sublime. Il a ennobli le genre qu'il avait embrassé, et, dans ses tableaux étonnants, l'imagination se croit toujours prête à trouver autre chose que des fleurs.

Van Spaëndonck.

Le cours de Van Spaëndonck était très-suivi et a produit des élèves du plus grand mérite. Son école a beaucoup contribué à faire rechercher à l'étranger nos ouvrages d'Histoire naturelle; il en est sorti une multitude d'hommes de talent qui ont répandu dans les ateliers et les fabriques cette élégance de forme, cette variété et cette richesse de couleurs admirées dans les produits de notre industrie. Van Spaëndonck devint membre de l'Institut, et mourut en 1821.

Tels étaient les pas importants que venait de faire la Botanique dans les mains des professeurs du Jardin du Roi. Cette science, sur laquelle s'était principalement appuyée l'institution naissante, répondait ainsi à la haute protection dont elle était l'objet, bien que les travaux et les goûts de Buffon l'eussent presque toujours éloigné de son étude. Mais il avait compris que le Règne végétal est le vrai point de départ de toutes les sciences naturelles, qu'il est la première source à laquelle s'adressent les besoins de l'homme, celle qui fournit à l'agriculture, à la médecine, à l'industrie, aux arts, les matériaux les plus précieux et les plus abondants. C'était comme un hommage qu'il rendait d'ailleurs à une science qui venait de porter si haut et si loin l'honneur du nom français, grâce au génie de ses professeurs comme à l'intrépidité de ses jeunes naturalistes. La même pensée allait bientôt, dans la nouvelle organisation, affecter à la Botanique quatre des professeurs du Muséum : Jussieu, Desfontaines, André Thouin et Lamarck.

Au même moment, des destinées non moins brillantes s'ouvraient à une autre science, la chimie, que nous avons laissée, en 1770, entre les mains de Bourdelin, déjà vieux, et de Rouelle qui allait mourir. Celui-ci fut remplacé, comme démonstrateur, par son frère Hilaire-Marie Rouelle, aussi membre de l'Académie des sciences et chimiste distingué, bien qu'il soit loin de tenir le même rang dans l'histoire de la science. Rouelle le jeune était aussi méthodique et réservé que son frère était véhément et bizarre. Il possédait toutefois une grande habileté dans la pratique des opérations et des expériences. Son élocution était encore moins pure que celle de son frère, lequel ne se piquait pas, comme on sait, d'une grande correction de langage. Cependant sa parole était précise, énergique, et son cours était très-suivi. Rouelle le jeune mourut en 1779, et fut remplacé par Auguste-Louis Brongniart, déjà professeur à l'école de pharmacie et premier apothicaire du roi. Brongniart suivit d'abord les principes de la chimie de Stahl et les idées de Macquer; mais, lorsqu'il devint démonstrateur du cours de Fourcroy, il entra franchement dans les vues de ce professeur, et se montra comme lui l'un des propagateurs les plus ardents des théories et de la nomenclature nouvelles. Brongniart avait publié un tableau analytique des combinaisons chimiques, et travaillait avec Hassenfratz au *Journal des Sciences, Arts et Métiers*. Pendant la révolution, il devint pharmacien des armées. Il était frère de l'architecte éminent à qui l'on doit la Bourse de Paris, et oncle d'Alexandre Brongniart, longtemps professeur de minéralogie au Jardin des Plantes et directeur de la manufacture de Sèvres : famille illustre où se perpétuent les traditions du savoir et du mérite, dans la personne de M. Adolphe Brongniart, membre, comme ses ascendants, de l'Académie des sciences, et aujourd'hui professeur de Botanique au Muséum.

Brongniart fut le dernier des démonstrateurs de chimie du Jardin du Roi. Cette singulière distribution dans les attributions des professeurs était un reste des traditions scolastiques du moyen âge. L'enseignement des sciences physiques, dont l'ensemble composait ce qu'on nommait alors la philosophie naturelle, ne fut longtemps qu'une réunion de doctrines, d'hypothèses que l'on exposait dans la chaire avec toute la pompe magistrale. Lorsque ces sciences commencèrent à s'appuyer sur l'observation directe et positive, les professeurs continuèrent à se montrer revêtus de la robe doctorale, qui n'était pas commode pour les manipulations et les travaux de laboratoire. Il fallut donc leur adjoindre un aide qui fît les expériences dont le professeur en titre expliquait en même temps la théorie. L'exemple de Rouelle avait montré tous les inconvénients d'une pareille méthode; Fourcroy allait bientôt prouver que la pratique des opérations peut s'allier parfaitement avec le talent de la parole et l'exposition lumineuse des théories les plus élevées.

Bourdelin était remplacé depuis longtemps par Macquer, membre de l'Académie des sciences, professeur doué d'une élocution facile et précise, écrivain méthodique et élégant, qui eut le malheur de surgir dans une époque de transition, et dont les travaux furent étouffés, pour ainsi dire, entre les doctrines longtemps célèbres de Boërhaave et de Stahl et les théories naissantes de Cavendish et de Lavoisier. Pierre-Joseph Macquer, né à Paris en 1718, appartenait nécessairement à la première école. Il avait près de 60 ans lorsqu'il remplaça Bourdelin comme titulaire, et, jusque-là, ses écrits comme son enseignement avaient été fondés sur les idées alors régnantes. Cependant, il ne restait pas étranger aux questions qui s'agitaient si vivement entre les jeunes chimistes; il avait même essayé de modifier la théorie du phlogistique, en y substituant la lumière, espérant concilier ainsi des opinions presque antagonistes. La justesse de son esprit l'attirant comme malgré lui vers les idées nouvelles, il essayait du moins d'en retarder le mouvement, et n'admettait qu'à regret des doctrines qui renversaient toutes celles qu'il avait jusque-là professées. Toutefois, les découvertes de Priestley, de Lavoisier, de Schéèle ébranlaient vivement ses convictions, et il eut sans doute fini par s'y soumettre, si la mort n'y eût mis obstacle. Macquer succomba à une maladie du cœur, en 1784.

Si tous ces motifs ne permirent pas à Macquer de suivre hardiment la marche de la chimie philosophique, il se distingua du moins comme praticien, et on lui doit de nombreuses et utiles recherches de détail. C'est lui qui opéra pour la première fois, en 1771, la combustion du diamant; il reconnut que l'arsenic était un métal; il étudia l'un des premiers le platine, nouvellement apporté en Europe, mais il n'aperçut pas les autres métaux qui s'y trouvent ordinairement réunis. Il s'occupa du zinc, du plomb, de l'étain, de l'antimoine; il reconnut la solubilité du caoutchouc dans l'éther et dans les huiles essentielles; il fit d'heureuses applications de la chimie à l'art de la teinture. Appelé à diriger les travaux chimiques à la manufacture royale de Sèvres, il s'occupa de la chaux, de l'alumine, il se livra à d'immenses recherches sur les terres réfractaires et perfectionna les fourneaux destinés à la fabrication des poteries.

Macquer était un professeur habile, mais froid; il lisait ses leçons, écrites, à la vérité, dans un style précis et substantiel; mais son cours était loin d'exciter le même intérêt que les improvisations piquantes et animées de Guillaume Rouelle. Macquer publia un *Dictionnaire de Chimie* qui fut traduit en plusieurs langues, et qui est resté comme un monument précieux de l'état de la science à son époque. Il est fâcheux pour sa gloire que ce bel ouvrage ait vu le jour au moment où de nouvelles idées allaient opérer une révolution complète dans la marche de la chimie. Macquer était un savant distingué et estimable; son caractère était doux et bienveillant, son esprit net et méthodique, son style d'une clarté et d'une élégance remarquables. Il travaillait à plusieurs publications; on trouve plusieurs de ses écrits dans les Mémoires de l'Académie, dans la collection des arts et métiers, surtout dans le *Journal des Savants*, « le plus ancien, dit Vicq-d'Azyr, le mieux fait, et peut-être le moins lu de tous ceux qu'on publie. » La chaire que Macquer occupait au Jardin allait bientôt passer dans les mains de Fourcroy.

La chimie préludait, depuis plus d'un siècle, à cette réforme qui devait l'élever à un rang si distingué parmi les connaissances humaines. Cette science, dans l'âge précédent, avait rempli un rôle assez secondaire et parfois peu digne d'elle-même, livrée qu'elle était aux mystères de la magie, de la cabale, aux rêveries et aux spéculations des alchimistes. Tantôt confondue avec les sciences occultes, tantôt avec la métallurgie ou la médecine; sans principes fondamentaux, sans enseignement authentique, sans langue régulière, elle n'avait commencé à fixer l'attention des hommes sérieux que depuis la fondation des sociétés savantes. Dès lors, la masse de faits qu'elle recueillait en silence et leurs déductions généralisées lui donnaient déjà une physionomie imposante, lorsqu'un phénomène, habilement observé par des hommes de génie, vint tout à coup lui ouvrir de nouveaux horizons. On chercherait vainement dans l'Histoire des sciences un autre exemple d'un essor aussi prodigieux fondé sur une seule découverte, celle des gaz, et sur les nombreuses conséquences qui s'y rattachent. A partir de cette époque, la chimie se trouva rapidement changée dans ses principes, dans ses procédés, dans son langage ; son importance grandit à tous les yeux ; elle ouvrit de nouvelles routes à tous les arts, tout en se préparant à elle-même des développements illimités : cette révolution devait s'accomplir tout entière dans l'espace de quarante ans.

MACQUER.

Nous n'avons pas à retracer ici, et nous le regrettons, les phases principales de cette grande réforme, sorte de drame scientifique, qui pourtant servirait à expliquer l'impulsion extraordinaire qu'ont reçue depuis, de la chimie, presque toutes les connaissances actuelles. Les découvertes successives qui s'y rapportent, les circonstances qui les entourèrent, les hommes qui ont posé les principes, trouvé les procédés, imaginé les théories, créé la nouvelle langue de la science, depuis Black et Cavendish jusqu'à Priestley et Bergmann ; depuis le modeste Schéèle jusqu'à l'infortuné Lavoisier, les événements de l'Histoire générale, mêlés à ce mouvement solennel, tout cet ensemble composerait une véritable épopée dont la science fournirait les données principales, et l'histoire le plan, le tissu, les personnages..... Mais il faut nous borner à exposer les progrès de la chimie dans l'enseignement du Muséum, et la part que Fourcroy allait prendre à la marche d'une science, en tête de laquelle figurent si dignement les chimistes français.

Antoine-François Fourcroy, fils d'un pharmacien du duc d'Orléans, naquit à Paris en 1755. Il perdit sa mère à l'âge de 7 ans, et il en éprouva une telle douleur qu'il voulut se jeter avec elle dans la fosse mortuaire. Quoique rempli d'intelligence, il reçut au collége de mauvais traitements et en sortit de bonne heure sans y avoir fait de grands progrès. Il se fit copiste et apprit à écrire aux enfants ; il eut même la pensée de devenir comédien ; mais les conseils de Vicq-d'Azyr, qui était l'ami de son père, le détournèrent de ce projet et le déterminèrent à étudier la médecine. Il donnait des leçons particulières, faisait des traductions et voyait quelques malades; mais tout cela ne rendait pas sa situation fort aisée. Il aimait à rappeler lui-même qu'il était logé dans une mansarde dont la croisée était si étroite, que sa tête, coiffée à la mode de cette époque, ne pouvait y passer qu'en diagonale. Il y avait sur le même carré un porteur d'eau, père de douze enfants. Fourcroy traitait les maladies de sa nombreuse famille; aussi le voisin lui rendait-il service pour service, et le jeune étudiant ne manquait-il jamais d'eau.

Après les années d'étude nécessaires, il fallut prendre ses grades. Une sorte d'animosité régnait alors entre la Faculté et la Société royale de Médecine, dont Vicq-d'Azyr était le secrétaire. Le docteur Diest avait légué une somme à la Faculté, pour qu'elle accordât tous les deux ans des licences gratuites à l'étudiant pauvre qui les mériterait le mieux. Fourcroy concourut, et se plaça au premier rang; mais, lorsqu'on apprit qu'il était le protégé de Vicq-d'Azyr, il fut repoussé. Heureusement, la Société royale, blessée de ce procédé, fit une collecte pour couvrir les frais de sa réception; il fallut donc le recevoir. Quant au grade de docteur régent, comme il dépendait uniquement des suffrages de la Faculté, on le lui refusa d'une voix unanime, « ce qui l'empêcha dans la suite d'enseigner aux écoles de médecine, et donna à cette compagnie le triste agrément de ne point avoir dans ses registres le nom de l'un des plus grands professeurs de l'Europe. » On peut expliquer jusqu'à certain point, par ces motifs, les préventions de Fourcroy contre des institutions qui permettaient de tels abus, et contre des hommes qui avaient montré si peu de bienveillance pour sa jeunesse et pour ses talents.

Ses premiers écrits eurent pour objet des matières assez diverses, mais les conseils de Bucquet le décidèrent à se livrer plus spécialement à la chimie. Bucquet était alors professeur de chimie à la Faculté de Médecine; la méthode, la clarté et la noblesse de son langage attiraient à son cours l'auditoire le plus distingué. Un jour que le savant professeur était en proie à ces douleurs d'entrailles qui lui survenaient subitement, et auxquelles il finit par succomber, il pria Fourcroy d'achever sa leçon. Celui-ci, après s'en être vainement défendu, monte en chaire, s'efforce de vaincre son émotion, s'enhardit, s'anime, et finit par obtenir un succès éclatant. Bucquet, dès ce jour, le regarda comme son héritier; il lui prêta son amphithéâtre, son laboratoire, lui fit faire un mariage avantageux, et le présenta à Buffon, pour succéder à Macquer dans la chaire de chimie au Jardin du Roi. Buffon s'empressa de l'accueillir sur la renommée de son talent. Son compétiteur était Berthollet.

Lorsque Fourcroy fut mis en possession de l'enseignement, les bases principales de la nouvelle chimie étaient déjà posées. Pendant les dix dernières années, des découvertes importantes, des théories primordiales avaient pris place dans la science. Déjà Black et Wilke avaient changé la théorie de la chaleur; Bayen avait montré que les chaux métalliques se réduisent par la simple action du feu, et qu'elles dégagent une substance gazeuse que Priestley avait recueillie et qu'il avait nommé air vital. Bergmann avait donné à l'analyse une précision mathématique; Schéele avait découvert le manganèse, le chlore, l'acide prussique, les acides végétaux et plusieurs acides métalliques. Priestley avait répandu un nouveau jour sur les gaz; Fontana et Laborie avaient fait faire de nouveaux pas à l'histoire de l'acide crayeux (carbonique); Cavendish et Monge avaient pressenti la décomposition de l'eau. Les dissertations, les journaux, les Mémoires académiques étaient remplis de faits et de recherches de la même valeur. Cependant, la Théorie avançait lentement, parce que chaque chimiste avait la sienne. Une réforme complète devenait imminente : il était réservé à Lavoisier d'en diriger le mouvement, et de la résumer dans les principes de la Doctrine pneumatique.

Les premiers travaux de Lavoisier remontaient à peu près à la même date. En 1772, il avait montré l'analogie du gaz produit par la combustion du diamant, avec celui qu'on obtenait par l'incinération du charbon. Deux ans après, dans un de ses premiers écrits, il confirmait les idées de Black sur l'air fixe et présentait l'exposition sommaire des travaux auxquels il se préparait. Dans le cours de quelques années, il décomposait l'air en le faisant agir sur les métaux au moyen de la calcination, il retirait l'air respirable du précipité de mercure par l'action de la simple chaleur, et l'air fixe (acide carbonique) de la combinaison de l'air respirable avec le charbon. Il décomposait l'acide du nitre, et montrait que les acides minéraux ne diffèrent entre eux que par leur base, unie à l'air respirable. En 1777, après avoir posé les fondements de sa Théorie générale, il opérait l'analyse de l'air par la combustion du phosphore, il montrait l'analogie de la respiration et de la combustion ; il expliquait théoriquement la flamme, la chaleur, l'acidification, et nommait *Oxygène* la base de l'air respirable. En 1780, il publiait ses Mémoires sur les fluides aériformes, sur l'acide phosphorique, et ses travaux avec Laplace sur le calorimètre. Plus tard, il établissait définitivement les principes de son système, il les généralisait, en étudiait les applications ; il annonçait la décomposition et la recomposition de l'eau, découvertes qui donnaient le dernier coup à la théorie défaillante du phlogistique ; enfin, à l'aide d'un travail de quinze années, il avait régénéré toutes les parties de la science et fondé sur une suite de découvertes capitales l'admirable doctrine qui porte encore son nom.

On comprend toutes les résistances que dut soulever une réforme aussi générale, aussi complète. Cependant peu à peu les physiciens et les chimistes abandonnèrent ou modifièrent les idées de Stahl, pour se rapprocher de la doctrine de Lavoisier. Un chimiste dont les recherches avaient aussi fort enrichi la science, qui avait étudié le chlore, décomposé l'ammoniaque, reconnu la nature de l'or et de l'argent fulminant, montré l'action de l'oxygène sur la décoloration des substances végétales, Berthollet, renonça l'un des premiers aux théories surannées de la chimie allemande. Guyton de Morveau ne tarda pas à donner le même exemple ; Fourcroy s'empressa de s'y joindre, et ces trois chimistes, réunis à Lavoisier, appliquèrent, de commun accord, à la nouvelle théorie, une nomenclature ingénieuse récemment imaginée par Guyton de Morveau. Leur travail, qui parut en 1787, un an avant la mort de Buffon, donna un vif élan à la propagation de la doctrine, en généralisant les données, en simplifiant les formules, et dès lors sans hésitation et sans conteste, presque tous les savants de l'Europe adoptèrent les principes et la nomenclature des chimistes français.

Fourcroy se montra le champion le plus habile, le plus ardent de la science ainsi renouvelée. Il la développa dans ses leçons comme dans ses écrits. Il ne parla plus dans ses cours que la nouvelle langue chimique ; la lucidité de ses démonstrations, la netteté de sa logique et le charme de son éloquence contribuèrent puissamment à la propagation des idées nouvelles ; il dirigea vers l'étude de la chimie un grand nombre de bons esprits. Sa réputation s'accrut avec tant de rapidité que le grand amphithéâtre du Jardin étant devenu trop étroit pour l'affluence de ses auditeurs, il fallut deux fois l'agrandir. Le zèle du professeur était tel, qu'il fit parfois jusqu'à trois et quatre leçons dans le même jour ; ce qui ne l'empêchait pas de se livrer aux expériences, d'écrire de nombreux Mémoires et de publier son cours, dont il parut six éditions dans l'espace de quelques années.

L'énumération des travaux chimiques de Fourcroy serait trop étendue pour figurer dans cette esquisse de sa vie ; la plus grande partie de ces recherches, d'ailleurs, lui étant commune avec Vauquelin, nous aurons sans doute l'occasion d'y revenir. Fourcroy était entré à l'Académie des sciences la même année où il fut admis à remplacer Macquer dans la chaire du Jardin du Roi (1784). Sa renommée comme orateur, son activité prodigieuse, et peut-être aussi son ressentiment bien connu contre des institutions que la révolution allait détruire le firent nommer suppléant à la Convention nationale. Il n'y entra pourtant, comme député, qu'au mois d'octobre 1793, par conséquent à une époque postérieure à la mort de Louis XVI. Malgré les reproches publics qu'on lui en fit, dit Cuvier, il ne monta point à la tribune tant qu'on ne put y paraître sans déshonneur, et il se renferma dans quelques détails obscurs d'administration, se contentant, pour récompense, d'obtenir la grâce de quelques victimes. Darcet lui dut la vie, et ne l'apprit d'un autre que longtemps après. Il fit appeler près de la Convention des savants respectables, que la faux révolutionnaire aurait atteints partout ailleurs. Enfin, menacé lui-même, il lui devint impossible de servir personne, et des hommes affreux n'ont pas eu honte de travestir son impuissance en crime... « Quand un homme célèbre, ajoute son illustre biographe, a eu le malheur d'être accusé comme M. de Fourcroy; lorsque cette accusation a fait le tourment de sa vie, ce serait en vain que son historien essaierait de la faire oublier en gardant le silence. Nous devons même le dire : si, dans les sévères recherches que nous avons faites, nous avions trouvé la moindre preuve d'une si horrible atrocité, aucune puissance humaine ne nous aurait contraints de souiller notre bouche de son éloge, d'en faire retentir les voûtes de ce temple, qui ne doit pas être moins celui de l'honneur que du génie (1). »

Fourcroy ne prit quelque influence dans l'Assemblée que plusieurs mois après le 9 thermidor. Dès les premiers moments, il s'occupa d'instruction publique et prit part à toutes les mesures qui se rattachent à cette branche de l'administration. Il concourut à la restauration des Écoles, à la réorganisation du Muséum d'histoire naturelle, à la création de l'Institut sous le Directoire. Il avait fait partie du Conseil des Anciens ; sous les consuls il fut nommé conseiller d'État. Il devint successivement membre de l'Institut, professeur à l'École de Médecine, à l'École Polytechnique, au Muséum, commandant de la Légion d'honneur et directeur général de l'Instruction publique.

C'est au milieu de ces fonctions si diverses qu'une incroyable facilité de travail lui permettait encore de publier de nombreux et importants ouvrages : ses *Éléments de Chimie*, son *Système des Connaissances chimiques*, dont la troisième édition se composait de dix volumes ; sa *Philosophie chimique*, dont on fit dix traductions à l'étranger ; des Mémoires, des articles répandus dans l'*Encyclopédie méthodique*, dans les *Annales de Chimie*, le *Journal des Pharmaciens*, le *Dictionnaire des Sciences naturelles*, le *Journal des Mines*, les *Annales du Muséum*, publication dont il avait conçu la première idée. Cependant la haute considération dont Fourcroy jouissait, et à laquelle il attachait tant de prix, lui imposait sans cesse de nouveaux

(1) Cuvier, *Éloge historique d'A.-F. de Fourcroy*, lu à l'Institut, le 7 janvier 1811.

efforts. Sa santé s'en ressentit ; il éprouvait depuis quelque temps des palpitations, des ver-
tiges. Pendant près de deux ans, il s'attendait, pour ainsi dire, chaque jour au coup fatal.
Saisi enfin d'une atteinte subite, au moment où il signait quelques dépêches, il s'écria : « Je
suis mort! » et il l'était en effet. La perte de Fourcroy laissait un grand vide dans la science ;
heureusement, de dignes successeurs allaient se partager ce glorieux héritage : Laugier devait
le remplacer au Muséum, Gay-Lussac à l'École Polytechnique, Vauquelin à la Faculté de
Médecine, et M. Thénard à l'Institut.

L'importance des minéraux comme sujets chimiques et l'appui que se prêtent mutuellement
deux sciences rapprochées par tant de points, rendaient indispensable d'établir au Jardin
royal, à côté de la chaire consacrée à la chimie, l'enseignement spécial de la minéralogie. A
la vérité, Daubenton, en sa qualité de garde et démonstrateur du Cabinet, recueillait, classait
les échantillons minéralogiques, et en faisait la démonstration à quelques auditeurs, les jours
où les galeries étaient ouvertes au public ; mais ce n'était point là un cours régulier, et ce
naturaliste n'avait pas encore le titre de professeur de minéralogie. Toutefois, il avait lu à
l'Académie des sciences plusieurs Mémoires sur cette branche de l'histoire naturelle et il avait
émis, à diverses reprises, sur des questions de géologie, des vues neuves et d'un véritable
intérêt.

Les rapports avec les sociétés savantes, avec les académies étrangères et les voyageurs
s'étaient beaucoup multipliés, et ces relations exigeaient une correspondance fort active.
Buffon obtint la création d'une place d'adjoint au garde du Cabinet, qui serait chargé spécialement de la correspondance. Son choix tomba sur un jeune naturaliste, déjà connu par de
bons écrits, particulièrement par des travaux estimés de minéralogie, et très-capable, par son
zèle comme par la variété de ses connaissances, de remplir de pareilles fonctions. Barthélemy
Faujas de Saint-Fond, né à Montélimard, en 1750, avait été destiné par ses parents à la
magistrature. Après avoir fait dans sa ville natale d'assez bonnes études et s'être même distingué par quelque aptitude à la poésie, il avait suivi à Grenoble les cours de jurisprudence.
Un goût très-vif pour les voyages et l'aspect de ces belles montagnes que l'on nomme les
Alpes dauphinoises, l'entraînèrent presque à son insu à une observation approfondie de ces
masses imposantes. Il ne les admirait pas seulement au point de vue pittoresque, poétique :
il voulait connaître leur contexture, leur composition intime ; il cherchait surtout à deviner
l'histoire de leur formation et celle des révolutions auxquelles les siècles les avaient soumises.
Au milieu de ces préoccupations, Faujas devint pourtant avocat et même président de la séné-
chaussée ; mais dès qu'il fut maître de se livrer à ses goûts, il reprit ses excursions dans les
montagnes et s'occupa avec ardeur de physique, de chimie et de minéralogie. Quand il eut
recueilli une certaine masse d'observations de cette nature, il entra en correspondance avec
Buffon. Il lui apportait, comme résultat de ses premières recherches, quelques faits importants
à l'appui des vues du grand naturaliste sur la théorie de la terre. Buffon l'attira à Paris et
s'efforça de l'y fixer en lui donnant une modeste place au Jardin du Roi. Quelques années
après, il le fit nommer commissaire royal des mines. Ce nouveau titre permit à Faujas de
parcourir la plupart des provinces de France et lui fournit l'occasion d'y faire plusieurs découvertes d'une importance réelle. Plus tard, il visita l'Angleterre, l'Écosse, les Hébrides, puis
la Hollande, l'Allemagne et l'Italie, cherchant partout à reconnaître les éléments du monde
primitif, et à retrouver, dans la configuration des masses minérales, la trace des révolutions
successives du globe. Il établissait ainsi les premiers fondements d'une science, la géologie,
dont le nom n'était pas encore écrit dans nos dictionnaires, bien qu'elle eût été déjà le sujet
des plus ingénieuses hypothèses. Les observations de Faujas venaient y joindre une masse
considérable de faits nouveaux, dont lui-même n'eût pu tirer que des conséquences prématu-
rées, mais qui servirent à consolider les bases de la géologie, en attendant qu'un savant du
premier ordre élevât sur elles l'un des plus beaux monuments du génie scientifique moderne.

Faujas était doué d'une activité rare et possédait toutes les qualités du naturaliste investigateur. Il fouilla avec sagacité, souvent avec bonheur, dans les archives de la nature, et saisit parfois le secret de ces grands événements qui ont remué le sol que nous habitons. Son ouvrage sur les volcans éteints du Vivarais et de l'Auvergne répandit une vive lumière sur ce sujet aussi neuf qu'intéressant. On lui doit un grand nombre d'écrits sur la plupart des questions de ce genre, sur les roches, les mines, les eaux minérales, sur la paléontologie et divers autres sujets d'histoire naturelle. Parmi ses découvertes minéralogiques on place au premier rang celle des mines de la Voulte, département de l'Ardèche. Par ses recherches sur les pouzzolanes de Chenavary-en-Velay, il attira l'un des premiers l'attention des savants et des ingénieurs sur le parti que l'on pouvait retirer de leur emploi dans l'art des constructions hydrauliques.

Pendant les orages de la révolution, la fortune de Faujas se trouva fort compromise; heureusement, il avait reçu quelques missions scientifiques qui mirent sa personne en sûreté. A son retour, il avait perdu ses emplois, mais il obtint une indemnité en considération de ses découvertes. Il ne tarda pas à devenir professeur de minéralogie au Muséum, et l'un des administrateurs de l'établissement. En 1818, bien que septuagénaire, il professait encore avec un remarquable succès; il mourut l'année suivante à sa terre de Saint-Fond, en Dauphiné.

La minéralogie, en 1780, avait donc déjà deux représentants au Jardin du Roi, et toutefois cette science n'y tenait pas encore un rang égal à son importance. Faujas était souvent éloigné de Paris, par ses fonctions de commissaire des mines, et Daubenton ne pouvait donner à cette branche des sciences naturelles qu'une partie de son temps, réclamé d'ailleurs par tant d'occupations diverses. C'est pourtant à lui que cette science doit l'un des hommes qui ont fait faire à la minéralogie ses plus grands progrès à la fin du dix-huitième siècle : Daubenton eut la gloire d'être le maître de Haüy.

En 1743, le bourg de Saint-Just, département de l'Oise, donnait le jour à René-Just Haüy, fils d'un pauvre tisserand. Une intelligence précoce et son assiduité aux cérémonies de l'église avaient fait remarquer le jeune René par le prieur d'une abbaye située dans le même village. Le goût de la musique, que Haüy conserva toute sa vie, était bien pour quelque chose dans son empressement à suivre les exercices religieux, mais il n'enlevait rien à sa piété réelle et sincère. Le prieur lui fit donner quelques leçons au couvent, et fit entendre à sa mère qu'à l'aide des recommandations qu'il lui donnerait, l'enfant pourrait aller à Paris achever ses études. Haüy partit donc, mais il n'obtint d'abord qu'une place d'enfant de chœur dans une église du quartier Saint-Antoine. Il s'en contenta, parce que du moins il y trouvait l'occasion d'exercer ses dispositions musicales; enfin, par le crédit de ses protecteurs, il finit par obtenir une bourse au collège de Navarre, où sa conduite et son application lui valurent l'emploi de maître de quartier, puis, avant l'âge de vingt et un ans, celui de régent de quatrième. Peu d'années après, il était régent de seconde au collège du Cardinal-Lemoine, et c'est à ce poste modeste que son ambition semblait vouloir se borner.

Cependant, il avait suivi au collège de Navarre les cours de physique de Brisson, et il s'était souvent exercé à en répéter les expériences, mais il n'avait encore aucune notion d'histoire naturelle. Dans sa nouvelle résidence, il se lia d'amitié avec le respectable Lhomond, homme pieux et savant, auteur d'ouvrages bien connus, destinés à l'instruction de l'enfance, et qui, par modestie, s'était contenté de l'emploi de régent de sixième. Lhomond aimait beaucoup la botanique, et son jeune collègue avait le regret, dans leurs promenades, de ne pouvoir s'en occuper comme lui. Pendant une de ses vacances, Haüy apprit qu'un moine de Saint-Just avait quelques notions de cette science. Il conçut aussitôt la pensée de faire une surprise à Lhomond, et après quelques herborisations dans lesquelles il accompagna le bon religieux, il avait fait des progrès si rapides, qu'à son retour il était presque à la hauteur de son ami, et que la botanique devint pour quelque temps leur étude commune et leur science favorite.

Cette étude le conduisait souvent au Jardin du Roi, qui était voisin de son collège. Un jour il entra presque par hasard à une leçon de minéralogie de Daubenton, et remarqua avec plaisir que cette science avait des rapports assez nombreux avec la physique, dont il s'était déjà occupé. Cette leçon, qui l'avait frappé, l'amena à réfléchir sur les différences que présentent, au point de vue de la classification, les minéraux et les plantes. Il s'étonna de la constance des formes, souvent si compliquées, dans toutes les parties d'une même espèce végétale, et de la variété des caractères extérieurs dans certains minéraux d'une composition d'ailleurs identique. Dès ce moment, ses méditations se tournèrent vers la recherche des lois primordiales qui président à la cristallisation. Une circonstance toute fortuite devint pour lui un trait de lumière qui dissipa tous ses doutes, et qui allait répandre un jour nouveau sur tous les phénomènes de cette nature.

Haüy, examinant quelques minéraux chez un de ses amis, laissa tomber un groupe de spath calcaire cristallisé en prismes. Un de ces prismes se brisa de manière à mettre à nu, sur sa cassure, des faces parfaitement lisses, qui représentaient un cristal d'une forme toute différente de la première. Il examina ce cristal, l'inclinaison de ses faces, de ses angles, et il remarqua que ses caractères étaient les mêmes que ceux du spath d'Islande, en cristaux rhomboïdes. Surpris de sa découverte, il rentre dans son cabinet, prend un spath cristallisé en hexaèdre, le casse avec adresse et trouve dans ses fragments un nouveau rhomboïde; il agit de même sur un spath lenticulaire et il obtient le même résultat. Haüy en conclut que ces divers spaths n'ont qu'une seule et même forme moléculaire, et que ces molécules primitives, en se groupant de différentes manières, donnent naissance à des cristaux d'un aspect différent, Il répète cette expérience sur une multitude de cristaux et partout il retrouve le même principe; partout les faces extérieures résultent du décroissement des lames superposées, qui s'est opéré, tantôt par les angles, tantôt par les bords, et d'un arrangement particulier des molécules élémentaires, subordonné aux mêmes lois de structure.

Quand il se fut bien assuré de ces faits extraordinaires, qu'il les eut confirmés en appliquant sa théorie à la prévision de faits nouveaux qui se réalisèrent, enfin quand il les eut vérifiés, en soumettant les faces et les angles de tous ses cristaux aux calculs rigoureux de la géométrie, Haüy se hasarda à confier sa découverte à son maître, à Daubenton, qui lui-même s'empressa de la communiquer à Laplace. Celui-ci, après avoir apprécié sa nouveauté et compris la portée de ses conséquences, engagea Haüy à la présenter à l'Académie. Ce n'est pas à quoi il fut le plus facile de le déterminer (1). « L'Académie, le Louvre, étaient pour le bon régent du Cardinal-Lemoine une sorte de pays étranger qui effrayait sa timidité. Les usages lui étaient si peu connus, qu'à ses premières leçons, il y venait en habit long, que les anciens canons de l'Église proscrivent, dit-on, mais que depuis longtemps les ecclésiastiques qui n'étaient point en fonctions curiales ne portaient plus dans la société. A cette époque de légèreté, quelques amis craignirent que ce vêtement ne lui ôtât des voix; mais pour le lui faire quitter (et c'est encore ici un trait de caractère), il fallut qu'ils appuyassent leur conseil de l'avis d'un docteur de Sorbonne. — Les anciens canons sont très-respectables, lui dit cet homme sage, mais en ce moment, ce qui importe, c'est que vous soyez de l'Académie. — Il est au reste fort à présumer que c'était là une précaution superflue, et à l'empressement que l'Académie montra à l'acquérir, on vit bien qu'elle aurait voulu l'avoir, quelque habit qu'il eût porté. On n'attendit pas même qu'une place de physique ou de minéralogie fût vacante, et quelques arrangements en ayant rendu une de botanique disponible, elle lui fut donnée presque d'une voix et de préférence à de savants botanistes. Ses concurrents étaient Desfontaines, Tessier, Dombey et Palisot de Beauvois.

« Il reçut un témoignage encore plus flatteur de l'estime de ses nouveaux confrères. Plusieurs

(1) En reproduisant quelques traits de l'éloge de Haüy, par M. Cuvier, que nous risquerions d'affaiblir en les abrégeant, ce n'est pas un emprunt que nous avons la hardiesse de lui faire, c'est plutôt un hommage que nous aimons à rendre à ce savant illustre, dont tous les écrits nous ont été si souvent utiles dans le cours de ce travail.

HAÜY

1743 ✦ 1822

Publié par J. Laurens à Paris

d'entre eux, et des plus distingués, le prièrent de leur donner des explications orales et des démonstrations de sa théorie. Il leur en fit un cours particulier. MM. de Lagrange, Lavoisier, de Laplace, Fourcroy, Berthollet et de Morveau vinrent au Cardinal-Lemoine suivre les leçons du modeste régent de seconde, tout confus de se voir devenu le maître d'hommes dont il aurait à peine osé se dire le disciple. C'est qu'en effet, dans une doctrine aussi nouvelle, et cependant déjà presque complète, les hommes les plus habiles étaient des écoliers... Il avait inventé jusqu'aux méthodes de calcul qui lui étaient nécessaires, et avait représenté d'avance, par des formules qui lui étaient propres, toutes les combinaisons possibles de la cristallographie.

« Lorsqu'il eut atteint dans l'Université les vingt ans de service qui suffisaient alors pour obtenir la pension d'émérite, Haüy se hâta de la demander. Il y joignit les produits d'un petit bénéfice et continua de loger au Cardinal-Lemoine. Tout cela ne lui donnait au plus que le strict nécessaire, mais encore fallait-il que ce nécessaire fût assuré. Malheureusement, les événements politiques allaient en disposer d'une autre manière. L'Assemblée constituante avait exigé des ecclésiastiques un serment d'adhésion à la nouvelle forme de gouvernement, sous peine d'être privés de leurs pensions et de leurs places. Haüy, retenu par sa piété scrupuleuse, se trouva dans cette dernière catégorie; mais ce n'est pas là que s'arrêta pour lui la persécution. Quelques jours après le 10 août, on emprisonna tous les prêtres qui n'avaient pas prêté le serment, et le bon Haüy se trouva nécessairement atteint par cette terrible mesure. » Fort peu au courant, dans sa vie solitaire, de ce qui se passait autour de lui, il voit un jour avec surprise des hommes grossiers entrer violemment dans son modeste réduit. On commence par lui demander s'il n'a point d'armes à feu : « Je n'en ai d'autre que celle-ci, » dit-il, en tirant une étincelle de sa machine électrique. Ce trait désarme un instant ces horribles personnages, mais ne les désarme que pour un instant. On se saisit de ses papiers, où il n'y avait que des formules d'algèbre; on culbute cette collection, qui était sa seule propriété; enfin, on le confine avec tous les prêtres et les régents de cette partie de Paris dans le séminaire de Saint-Firmin, qui était contigu au Cardinal-Lemoine, et dont on venait de faire une prison. Cellule pour cellule, il n'y trouvait pas trop de différence : tranquillisé surtout en se voyant au milieu de beaucoup de ses amis, il ne prend d'autres soins que de se faire apporter ses tiroirs et de tâcher de remettre ses cristaux en ordre. Heureusement, il lui restait au dehors des amis mieux informés de ce que l'on préparait.

L'un de ses élèves, depuis devenu son collègue, Geoffroy-Saint-Hilaire, logeait au Cardinal-Lemoine. A peine instruit de ce qui vient d'arriver à son maître, il court implorer pour lui tous ceux qu'il croit pouvoir le servir. Des membres de l'Académie, des fonctionnaires du Jardin du Roi n'hésitent point à aller se jeter aux pieds des hommes féroces qui conduisaient cette affreuse tragédie. On obtient un ordre de délivrance, et Geoffroy-Saint-Hilaire court le porter à Saint-Firmin; mais il arriva un peu tard, et Haüy était si tranquille, il se trouvait si bien, que rien ne put le déterminer à sortir le soir même. Le lendemain, il fallut presque l'entraîner de force. A quelques jours de là, allaient avoir lieu les massacres du 2 septembre!

Depuis lors, on ne l'inquiéta plus. La simplicité, la douceur de ses manières suffirent seules pour le protéger. Un jour pourtant on le fit comparaître à la revue de son bataillon, mais on le réforma sur sa mauvaise mine. Ce fut là à peu près tout ce qu'il sut, ou du moins ce qu'il vit de la révolution. Cependant, au milieu de la plus grande effervescence, la Convention le nomma membre de la commission des poids et mesures et conservateur du Cabinet des mines. C'est dans ce dernier établissement qu'il écrivit son *Traité de Minéralogie*, publié d'abord par fragments dans le *Journal des Mines*, et qui forma plus tard 4 vol. in-8°. Cet ouvrage replaça la France au premier rang dans cette branche d'histoire naturelle. Son succès fut aussi rapide que général, parce qu'il était fondé sur une découverte complétement originale, suivie, développée et appliquée avec persévérance à toutes les variétés des minéraux. Haüy y plaçait la cristallisation en première ligne pour la détermination des espèces minéralogiques, et, selon lui, la composition chimique, malgré sa haute importance, n'arrivait qu'au second rang, attendu que le même composé peut se présenter sous diverses formes. Il donnait enfin à la minéralogie une précision absolue, mathématique, en soumettant à l'observation géométrique les angles et les faces que présentent tous les minéraux cristallisés.

A la mort de Daubenton, ce fut Dolomieu, et non pas Haüy, qui fut nommé professeur de minéralogie au Muséum d'histoire naturelle. On a vu que Dolomieu avait été, contre toutes les règles du droit des gens, jeté dans les prisons de la Sicile. Plongé dans un horrible cachot, on lui refusa les plumes, le papier, les livres, tout moyen de distraire sa pensée. « — Vous « voulez donc me faire mourir? dit-il un jour à son geôlier. — Que m'importe que tu meures, « répondit cet homme cruel, je ne dois compte au roi que de tes os! » La fermeté ingénieuse de Dolomieu finit par triompher de sa situation. Il écrivit sa *Philosophie minéralogique* avec un éclat de bois et la fumée de sa lampe, sur les marges d'un volume qu'il était parvenu à soustraire à l'inquisition de son gardien. Les fragments de cet ouvrage furent achetés au poids de l'or par le généreux Joseph Banks, et cet argent, qui devait servir au soulagement du proscrit, resta tout entier dans les mains de son affreux geôlier. Mais ces feuillets furent connus, et Dolomieu, rendu à la liberté, eut un titre de plus à l'intérêt des savants. L'un de ceux qui sollicitèrent le plus vivement en sa faveur fut Haüy, celui dont la rivalité devait être pour lui la plus redoutable. Lorsque Lavoisier fut arrêté, lorsque Borda et Delambre furent destitués, ce fut encore Haüy qui écrivit pour eux et qui le fit sans hésiter, ni sans qu'il lui en arrivât rien. A une pareille époque, son impunité était peut-être plus étonnante encore que son courage.

La mort prématurée de Dolomieu, fruit évident des souffrances qu'il avait éprouvées, rendit bientôt à Haüy la place qui lui était si dignement acquise. Dès qu'il fut nommé professeur au Muséum, en 1802, l'enseignement de cette branche des sciences naturelles, ainsi que les collections qui s'y rapportent, semblèrent prendre une nouvelle vie. De tous les points de l'Europe les élèves accouraient aux leçons d'un professeur aussi célèbre que modeste, aussi lucide et méthodique que complaisant et affable. Quelques années après, Haüy publia un *Traité de Physique*, remarquable par la clarté des démonstrations et par l'élégance du style. C'est un de ces livres trop rares, propres à inspirer aux jeunes gens le goût des sciences et qui se fait lire avec intérêt et avec fruit par les hommes de tout âge. Son *Traité de Cristallographie* ne parut qu'en 1822, l'année même de sa mort. C'est dans cet ouvrage, et dans le *Traité de Minéralogie*, que Haüy dévoila tous les secrets de l'organisation des minéraux. Il reconnut les lois suivant lesquelles la matière, inanimée en apparence, prend des formes analogues à celles des êtres organisés. Il mesura les éléments primitifs des cristaux, il étudia leur structure et soumit au calcul les combinaisons suivant lesquelles ils se réunissent, pour donner naissance à ces produits merveilleux du règne minéral, depuis la molécule saline microscopique jusqu'aux gemmes et aux pierres précieuses, jusqu'à ces groupes d'un immense volume qui tapissent l'intérieur des grottes et des cavernes souterraines. La pureté du style ajoutait encore à l'intérêt de ces découvertes si originales, et le mérite de l'écrivain ne s'y montrait pas au-dessous du savoir du physicien, du minéralogiste et du cristallographe.

La vieillesse de Haüy ne fut pas exempte de sollicitude. Il ne désirait pourtant qu'une aisance suffisante pour pouvoir rapprocher de lui sa famille et en recevoir quelques soins dans son âge avancé. Il n'y réussit pas complétement. Son frère Valentin, bien connu comme fondateur de l'institution des Jeunes-Aveugles, de retour de la Russie et de l'Allemagne, où il avait fondé des établissements analogues, revint, infirme et sans fortune, accroître les charges du bon professeur et aggraver encore sa situation précaire. A la vérité, les soins pieux de ses jeunes parents dissimulaient avec adresse la gêne du pauvre ménage et épargnaient au savant vieillard de plus graves inquiétudes. Comme lui-même n'avait rien changé à ses habitudes de simplicité, il ressentait peu les privations matérielles et trouvait encore le moyen d'exercer sa charité sur de plus pauvres que lui. On ne peut douter que cet homme si éminent par son savoir, si plein de candeur et de bonté, si étranger aux choses du monde, n'ait servi de modèle au personnage principal de la charmante comédie de *Michel Perrin*. Son vêtement antique, son air naïf, son langage modeste et familier ne pouvaient faire deviner en lui un des savants les plus considérés de l'Europe. Un jour, dans une de ses promenades, il rencontra deux soldats qui allaient se battre : il s'informe du sujet de leur querelle, les apaise, les raccommode, et pour s'assurer que la dispute ne renaîtra point, il va sceller avec eux la paix, à la manière des soldats, au cabaret.

Malgré la délicatesse de sa complexion, l'existence de Haüy se prolongea jusqu'à un âge assez avancé. Un accident cruel en accéléra la fin. Il fit une chute dans sa chambre et se cassa le fémur ; un abcès se forma dans l'articulation et une fièvre aiguë emporta le malade au bout de quelques jours. Il mourut en 1822, à l'âge de soixante-dix-neuf ans. M. Brongniart, qui le secondait depuis quelques années dans son enseignement, fut appelé à le remplacer au Muséum.

Nous avons un peu anticipé, relativement à l'ordre de succession parmi les démonstrateurs du cabinet. Daubenton, en possession de ce titre depuis 1745, devait le conserver jusqu'à la nouvelle organisation de l'établissement. Depuis longtemps il s'était fait adjoindre, comme sous-démonstrateur, un de ses parents, connu sous le nom de Daubenton le Jeune (Edme-Louis), né à Montbard en 1732. Vers 1784, celui-ci se vit forcé, par motifs de santé, de se démettre de ses fonctions. Il était à la fois cousin et beau-frère de Daubenton, et avait épousé la belle-sœur de Vicq-d'Azyr. Il fut remplacé au Jardin du Roi par Lacépède, dont nous aurons bientôt à parler.

Daubenton (Louis-Jean-Marie), le collaborateur de Buffon, avait été nommé, en 1778, professeur d'histoire naturelle au Collège de France, et quelques années après il fut chargé de faire un cours d'économie rurale à l'École vétérinaire d'Alfort, nouvellement fondée. En 1785, on créa pour lui une chaire semblable à l'École Normale. Ces soins multipliés n'ôtaient rien à ceux qu'il consacrait, avec un zèle qui ne se ralentit jamais, aux collections confiées à sa surveillance. On a vu tout ce que le Cabinet avait dû, dès les premières années de son admission au Jardin du Roi, à son activité comme à son goût tout spécial pour l'arrangement des collections d'histoire naturelle. L'ordre et la méthode qu'il introduisit dans le classement de toutes ces richesses doivent le faire regarder comme le véritable fondateur de ce Cabinet, aujourd'hui le plus complet et le plus splendide qui existe. Rien n'égale la patience, le soin, le dévouement dont il fit preuve dans ces fonctions, qu'il plaça toute sa vie au nombre de ses devoirs les plus chers. « L'étude et l'arrangement de ces trésors, dit Cuvier, étaient devenus pour lui une véritable passion, la seule peut-être qu'on ait jamais remarquée en lui. Il s'enfermait pendant des journées entières dans le Cabinet, il y retournait de mille manières les objets qu'il y avait rassemblés; il en examinait scrupuleusement toutes les parties ; il essayait tous les ordres possibles, jusqu'à ce qu'il eût rencontré celui qui ne choquait ni l'œil, ni les rapports naturels.

Ce goût pour l'arrangement d'un Cabinet se réveilla avec force dans ses dernières années, lorsque des victoires apportèrent au Muséum d'histoire naturelle une nouvelle masse de richesses, et que les circonstances permirent de donner à l'ensemble un plus grand développement. A quatre-vingts ans, la tête courbée sur la poitrine, les pieds et les mains déformés par la goutte, ne pouvant marcher que soutenu par deux personnes, il se faisait conduire chaque matin au Cabinet pour y présider à la disposition des minéraux, la seule partie qui lui fût restée dans la nouvelle organisation de l'établissement.

Ainsi, c'est principalement à Daubenton que la France est redevable de ce temple si digne de la déesse à laquelle il est consacré, et où l'on ne sait ce que l'on doit admirer le plus, de l'étonnante fécondité de la nature qui a produit tant d'êtres divers, ou de l'opiniâtre patience de l'homme qui a su recueillir tous ces êtres, les nommer, les classer, en assigner les rapports, en décrire les parties et en expliquer les propriétés. »

Les travaux de Daubenton s'étendirent à presque toutes les branches des sciences naturelles. On sait les nombreuses découvertes dont il enrichit la zoologie, et la rapide impulsion que ses recherches imprimèrent à l'anatomie comparée. En physiologie végétale, il appela le premier l'attention sur le mode d'accroissement de la tige des palmiers, et cette observation prépara, pour ainsi dire, l'admirable découverte de Desfontaines, sur laquelle se fondent aujourd'hui les grandes divisions de la botanique. Il reconnut aussi dans l'écorce des arbres l'existence des trachées, que l'on n'avait encore observées que dans le bois. En minéralogie, il publia des idées ingénieuses sur la formation des albâtres, des stalactites, des marbres figurés, etc. Ses travaux en agriculture et en économie rurale eurent un mérite de plus, celui d'une application et d'une utilité immédiates. Daubenton s'occupa avec un succès remarquable de l'éducation des moutons et de l'amélioration des laines. Ses expériences à ce sujet remontaient à 1766, et il les continua jusqu'à sa mort. Il démontra l'importance du parcage continuel des bêtes à laine et le danger de les renfermer dans les étables; il étudia le mécanisme de la rumination et en déduisit des conséquences sur la manière de les nourrir. Il forma des bergers pour propager la pratique de ses méthodes, il distribua ses béliers aux agriculteurs, rédigea des instructions à leur usage, et fit fabriquer des draps avec la laine qu'il avait obtenue, pour démontrer la supériorité de ses produits. C'est de ce point que partent les perfectionnements dont cette branche de l'économie rurale a commencé à s'enrichir dès la fin du dernier siècle.

Daubenton avait acquis par ces derniers travaux une sorte de réputation populaire, qui lui fut très-utile dans une circonstance dangereuse. En 1793, ce naturaliste, presque octogénaire, eut besoin, pour conserver la place qu'il honorait depuis cinquante-deux ans par ses talents et ses vertus, de demander à une assemblée, qui se nommait la section des *Sans-Culottes*, un certificat de civisme (1). Il ne l'eût pas obtenu comme professeur ou académicien; quelques gens sensés le présentèrent sous le titre de *berger*, et ce fut le berger Daubenton qui obtint le certificat nécessaire pour le directeur du Muséum national d'histoire naturelle.

Cependant, cette pièce ne le mettait pas complètement à l'abri des persécutions qui menaçaient alors tous les hommes paisibles et éminents. Il avait proposé plusieurs fois de faire des cours d'économie rurale au Jardin des Plantes. Lorsqu'il fut question de réorganiser l'établissement, il se réunit aux autres professeurs pour demander sa conversion en une école spéciale d'histoire naturelle. En 1794, il fut nommé professeur de minéralogie, et, bien qu'octogénaire, il n'en fut pas moins exact à remplir ses nouvelles fonctions. C'était un spectacle touchant, dit encore son panégyriste, de voir ce vieillard entouré de ses disciples, qui recueillaient avec une attention religieuse ses paroles, dont leur vénération semblait faire autant d'oracles; d'entendre sa voix faible et tremblante se ranimer, reprendre de la force et de l'énergie, lorsqu'il s'agissait de leur inculquer quelques-uns de ces grands principes qui sont le résultat des méditations du génie, ou seulement de leur développer quelques vérités utiles.

Ce zèle pour la science et pour l'instruction de la jeunesse ne l'abandonna pas même dans

---

(1) Voici la copie figurée de cette pièce singulière, qui existe encore :

« SECTION DES SANS CULOTTE.

« *Copie de l'extrait des délibérations de l'Assemblée générale de la séance du cinq de la première décade du troisième mois de la seconde année de la République françoise une et indivisible.*

« Appert que d'après le Rapport faite de la société fraternelle de la section des Sans-Culotte sur le bon « Civisme et faits d'humanité qu'a toujour témognés le Berger Daubenton l'Assemblée Générale arrete una- « nimement qu'il lui sera accordé, un certificat de Civisme, et le Président suivie de plusieurs membre de « ladite assemblée lui donne l'acolade avec toutes les acclamations dues à un vraie modèle d'humanité ce qui « a été temoigné par plusieures reprise.

« Signé R.-G. DARDEL, *président.*

Pour extrait conforme,

« Signé DÉMONT S.^tair »

les dernières années de sa vie; il faisait des efforts continuels pour se tenir au courant de la science et ne pas rester au-dessous de son enseignement. Un de ses collègues lui ayant offert de le suppléer dans ses leçons, « Mon ami, lui répondit-il, je ne puis être mieux remplacé que « par vous; lorsque l'âge me forcera à renoncer à mes fonctions, soyez sûr que je vous en « chargerai. » Il avait alors quatre-vingt-trois ans.

Daubenton, d'une complexion naturellement faible et malgré un travail presque incessant, parvint néanmoins à une vieillesse avancée, à l'aide d'une étude assidue de lui-même, et en évitant tous les excès du corps, de l'âme et de l'esprit. Il se délassait de ses travaux scientifiques par des lectures de littérature légère, de romans, de contes, de pièces de théâtre. Il appelait cela : « mettre son esprit à la diète. » Mme Daubenton, qui partageait ce dernier goût, publia un roman qui a joui dans le temps de quelque célébrité : *Zélie dans le désert*.

Un des traits les plus saillants du caractère de Daubenton était la bonne opinion qu'il avait des hommes; sans doute parce qu'il s'était peu mêlé à leur commerce et qu'il n'avait pris aucune part au mouvement qui entraînait alors la société. Cette disposition bienveillante, comme sa candeur habituelle, donnait le plus grand charme à sa conversation. Dans sa confiance naïve, il se laissait prendre aux démonstrations et aux paroles des hommes saillants de cette funeste époque et croyait à leur bonne foi; ce qui lui valut quelques reproches de pusillanimité. Ceux qui eurent le bonheur de le connaître n'y virent jamais qu'une condescendance naturelle, qui d'ailleurs fut toujours sincère et désintéressée.

Daubenton apportait jusque dans ses expériences la candeur et la bonhomie qui formaient le fond de son caractère. Douze cochons d'Inde, auxquels il n'avait fait donner pour tout aliment que des champignons, afin de constater l'action de ces plantes, périrent au bout de huit jours. On vint aussitôt lui annoncer cette nouvelle. « — De quoi sont-ils morts? « demande-t-il avec vivacité. — De faim, sans doute, répond tranquillement la personne « qu'il interroge. — Cela ne m'étonne point, reprend alors Daubenton avec encore plus de « tranquillité; ces pauvres animaux n'avaient pas dû manger depuis huit jours... »

Les nuages qui s'élevèrent un moment entre Buffon et lui ne laissèrent aucune trace dans son âme paisible et bienveillante. Il saisissait même toutes les occasions d'exprimer sa gratitude envers celui qu'il regardait toujours comme son protecteur. « Sans lui, disait-il à « Lacépède, je n'aurais pas eu, dans ce Jardin, cinquante ans de bonheur. »

Dans la dernière année de sa vie, Daubenton fut nommé sénateur. Il voulut, comme toujours, se mettre en mesure d'accomplir ses nouveaux devoirs; mais la première fois qu'il assista à la séance, il fut frappé d'apoplexie, et tomba sans connaissance entre les bras de ses collègues, pour ne plus se ranimer. C'était le 31 décembre 1799. Il finissait avec le siècle, dont il avait été l'une des gloires; il était âgé de quatre-vingt-quatre ans. Ses funérailles furent splendides et touchantes par le nombre des savants, des élèves et des hommes de tous les rangs qu'elles rassemblèrent. On lui éleva un tombeau rustique, surmonté d'une simple colonne, sur l'une des buttes du Jardin des Plantes, auprès du Cèdre planté par les mains de Bernard de Jussieu.

Daubenton ne prit jamais rang parmi les professeurs d'anatomie du Jardin du Roi, et pourtant c'est à lui peut-être que se rapportent les progrès les plus marqués que fit cette science pendant la période que nous parcourons. Indépendamment de ces descriptions anatomiques, qui ajoutèrent un si grand prix à l'*Histoire des Quadrupèdes* de Buffon, c'est aussi à ses mains habiles que l'on doit cette magnifique collection de pièces ostéologiques, qui a fourni de si précieux matériaux aux développements ultérieurs de l'anatomie comparée. Il fut aidé dans ces derniers travaux par les deux Mertrud; le premier, élève de Duverney, démonstrateur sous Ferrein et Winslow, mort en 1769, et le second, son neveu (Jean-Claude), pour qui Buffon avait la plus grande estime, et qui laissa au Jardin une véritable renommée de savoir et d'habileté.

Le professeur en titre était Antoine Petit, qui avait succédé à Ferrein, et qui conservait à la chaire d'anatomie la célébrité qu'elle avait acquise sous Duverney, Hunauld et Winslow. Antoine Petit, fils d'un tailleur d'Orléans, était né dans cette ville, en 1722. Il avait obtenu de tels succès dans ses premières études, qu'on l'engagea à suivre la carrière de la médecine, et que la Faculté, en considération de ses talents comme de son peu de fortune, l'admit gratuitement au grade de docteur. Il se livra presque aussitôt à l'enseignement et y obtint de rapides succès. Il fit partie de l'Académie des sciences en 1760, et fut nommé, en 1769, professeur d'anatomie au Jardin du Roi; mais il ne tarda pas à s'y faire suppléer par Vicq-d'Azyr, dont il avait apprécié tout le mérite et pour qui il avait conçu une vive amitié. Vers 1776, Antoine Petit renonça tout à fait au professorat; il se retira d'abord à Fontenay-aux-Roses. Quelques années après, ayant perdu sa mère, il alla se fixer à Olivet, près d'Orléans, où il mourut en 1794. Il eût désiré se voir remplacer au Jardin du Roi par Vicq-d'Azyr, son élève et son ami, mais Buffon lui préféra Portal, alors très-répandu à la cour, et c'est à ce dernier que fut accordée la survivance du professeur.

ANTOINE PETIT.

Antoine Petit, parvenu à une grande célébrité comme savant et comme praticien, et après avoir acquis une fortune honorable, en fit un généreux emploi en faveur de la science et pour le soulagement des pauvres. Il fonda, à la Faculté de Médecine de Paris, deux chaires, l'une d'anatomie et l'autre de chirurgie. A Orléans, il fit également des fonds pour établir des consultations gratuites destinées aux indigents. La première institution fut emportée par les orages politiques de la fin du siècle, la seconde subsiste encore et porte toujours le nom de son digne fondateur.

Vicq-d'Azyr n'a donc jamais appartenu à l'enseignement du Jardin du Roi que comme suppléant d'Antoine Petit; mais c'est là que commença la célébrité de cet éminent professeur, et il est juste qu'une partie de sa gloire rejaillisse sur un établissement qui en fut la première source.

Félix Vicq-d'Azyr, né à Valognes en 1748, était fils d'un médecin et naturellement appelé à suivre la même carrière. Il fit ses premières études dans sa ville natale, et les poursuivit à Caen, où il obtint de tels succès, qu'ils lui inspirèrent d'abord un goût exclusif pour la littérature et la poésie. Cependant, son père l'ayant envoyé à Paris, ses rapports avec des hommes distingués dans les sciences finirent par changer ses premières dispositions, et il reconnut que l'art médical réunissait les moyens de mettre à profit presque tout ce qui peut intéresser une haute intelligence. A peine en possession du titre de docteur, il se fit remarquer par quelques écrits qui le firent admettre comme associé à l'Académie. Il ouvrit alors des cours d'anatomie comparée qui attirèrent un grand nombre d'élèves : la chaleur, la clarté, l'élégance qu'il apporta dans son enseignement élevèrent sa réputation au point que la Faculté s'en émut, et qu'en se fondant sur d'anciens règlements tombés en désuétude, elle fit interrompre ses leçons. C'est alors qu'Antoine Petit, qui avait apprécié la portée du jeune Vicq-d'Azyr, le choisit pour son suppléant au Jardin du Roi, espérant laisser dans ses dignes mains une chaire qu'il songeait dès lors à abandonner. On sait que Buffon devait en disposer autrement.

Vicq-d'Azyr se maria de bonne heure, et par suite d'un événement de nature tout à fait romanesque. Il était avec quelques élèves dans son laboratoire, lorsque des cris de douleur et d'effroi se firent entendre au dehors, et l'on apporta dans la salle une jeune personne évanouie. C'était Mlle Lenoir, nièce de Daubenton. Vicq-d'Azyr s'empresse de lui prodiguer ses soins ; il la rappelle à la vie, et cette circonstance devient l'origine d'une liaison qui se termina par un mariage. Malheureusement, cette union n'eut pas une longue durée ; il perdit sa femme au bout de dix-huit mois, à la suite d'une longue maladie ; mais il conserva l'affection de Daubenton, qui devint son protecteur, ainsi que Lassonne, alors premier médecin du roi. A la suite de cet événement, Vicq-d'Azyr tomba malade, et alla se rétablir dans son pays natal, sur les bords de la mer. Il profita de ce séjour pour étudier l'organisation des poissons. La même année, Turgot l'envoya dans le Midi, à l'occasion d'une épizootie, et c'est à son retour qu'il proposa au ministre la formation d'un bureau composé de six membres, chargés de recueillir tous les documents relatifs aux maladies épidémiques. Telle est la première origine de la création de la Société royale de Médecine, dont Vicq-d'Azyr prépara les règlements, qui fut proposée au roi en 1776 par Lassonne et Turgot, confirmée deux ans après par lettres patentes du roi Louis XVI, et dont le jeune professeur fut nommé secrétaire perpétuel. Telle est aussi la première source de l'animosité que montra la Faculté à l'égard de cette fondation, et surtout du mauvais vouloir qu'elle témoigna toujours à Vicq-d'Azyr.

La création de la Société royale de Médecine réalisait la pensée conçue un siècle auparavant par Chirac, et qui a servi de base à la fondation de l'Académie de Médecine, rétablie en 1820 par le roi Louis XVIII. Cette compagnie était appelée à rendre, et rendit, en effet, de tels services, qu'ils finirent par triompher des préventions de la Faculté; elle fournit surtout à Vicq-d'Azyr l'occasion de développer sur un vaste théâtre les talents qui le distinguaient; il entreprit d'écrire l'éloge de ses membres décédés, et il le fit avec le plus grand succès. Un savoir extrêmement varié, un jugement sain, un style élégant et pur, remarquable surtout par la distinction, l'élévation des sentiments et des pensées, lui acquirent dès lors une place éminente parmi les savants comme parmi les gens de lettres, à ce point qu'en 1788 il fut jugé digne d'occuper, dans le sein de l'Académie française, le fauteuil que Buffon venait d'y laisser vacant.

L'étendue et la variété des connaissances de Vicq-d'Azyr en faisaient souvent une sorte d'arbitre pour ses collègues, même les plus instruits; c'était à lui que l'on s'adressait de préférence pour constater l'exactitude des citations et la réalité des découvertes. Un docteur, qui avait puisé toute son érudition dans Haller, citait souvent, comme une autorité, un certain *Parisini*, au nom duquel il ajoutait parfois l'épithète de savant et d'illustre. On consulta Vicq-d'Azyr sur ce personnage, et il avoua d'abord qu'il lui était inconnu; mais, en y réfléchissant, il se souvint que ce nom de *Parisini* n'était autre chose que le titre par lequel Haller désignait ordinairement les membres de l'Académie des sciences de Paris.

L'amitié de Lassonne lui avait fait obtenir la place de premier médecin de la reine Marie-Antoinette. C'était précisément l'époque où cette malheureuse princesse allait soulever contre elle les attaques les plus odieuses et les plus violentes. Vicq-d'Azyr devint l'objet des suspicions qui atteignaient alors tous les hommes pourvus d'un emploi à la cour. Surchargé de travaux et accablé d'inquiétudes, il se vit obligé, pour conjurer de plus grands malheurs, de prendre part aux travaux des sociétés populaires et aux actes de l'administration centrale. Après avoir assisté à une fête patriotique, celle où le dictateur proclama l'immortalité de l'âme, la chaleur et la fatigue lui occasionnèrent une maladie aiguë à laquelle il succomba au bout de quelques jours, en 1794, à l'âge de quarante-six ans.

La destinée de Portal devait être bien différente de celle de Vicq-d'Azyr. Antoine Portal était comme lui, fils d'un médecin distingué, et naquit à Gaillac, département du Tarn, en 1742. Destiné par sa famille à la carrière médicale, et après de bonnes études faites chez les jésuites de Toulouse, il se rendit à Montpellier. Ses progrès furent si rapides qu'après deux ans de noviciat, il adressait à l'Académie de cette ville, sur des questions médicales, un écrit assez remarquable pour lui mériter le titre de correspondant de cette compagnie. C'était l'époque où Sauvage, Lamure, Barthez et Bordeu répandaient tant de gloire sur cette école célèbre. Portal se plaça sous le patronage de Lamure; mais, pour se livrer aux études anatomiques, il eut à lutter, comme Hunauld, contre une antipathie involontaire que lui inspirait la vue des cadavres. On raconte que, pour faire ses premières dissections, il était obligé de ruser avec lui-même et de n'approcher qu'à reculons du corps sur lequel il devait opérer. Il triompha de cette répugnance machinale à force de volonté, au point que, tout en prenant ses premiers grades, il faisait des leçons particulières d'anatomie et publiait des Mémoires sur divers points de médecine et de chirurgie. Dans sa thèse inaugurale, écrite en latin, il présenta la description d'une machine qu'il avait inventée dans le but de réduire les luxations par des moyens à la fois moins douloureux et plus énergiques.

« A peine reçu docteur, dit Pariset, Portal tourna les yeux vers Paris : Paris, séjour d'opulence, de lumière et de gloire, où les jeunes talents mûrissent et s'élèvent, où florissaient alors, avec les sciences, les lettres et les arts, cette aimable facilité de mœurs, cette urbanité, cette élégance, cette politesse que nous a fait perdre la sévérité de nos manières. C'est là que Portal se sentait appelé, et sous quels auspices il y allait paraître! Le cardinal de Bernis, promu tout récemment à l'archevêché d'Alby, avait été guéri d'une légère douleur par le père de Portal, et cette facile guérison valut au fils les recommandations les plus instantes auprès de deux hommes qui, avec peu de foi dans leur art, en avaient sondé toutes les profondeurs, et tenaient alors le sceptre de la médecine, Sénac et Lieutaud. Muni des lettres de l'archevêque, Portal part pour Paris. Sur sa route, il rencontre et s'associe deux autres voyageurs, d'abord Treilhard, puis l'abbé Maury, que le hasard joignit à eux, lorsqu'il sortait d'Avallon. Les trois compagnons cheminaient gaiement ensemble, s'entretenant d'abord avec réserve, et bientôt avec tout l'abandon du jeune âge. Ils se confiaient leurs espérances. « — Moi, disait Treilhard, je veux être avocat général. — Moi, disait Maury, je serai de l'Académie française. — Et moi, continuait Portal, de l'Académie des sciences. » En marchant, ils s'échauffaient l'un pour l'autre dans leur ambition. Arrivés sur les hauteurs qui dominent Paris, ils s'arrêtent pour contempler cette grande capitale. Au même instant une cloche résonne : c'était un bourdon de la cathédrale. « — Entendez-vous cette cloche? dit Treilhard à Maury; elle dit que vous « serez archevêque de Paris. — Probablement lorsque vous serez ministre, répliqua Maury. « — Et que serai-je, moi? s'écria Portal. — Ce que vous serez! répondirent les deux autres, « le bel embarras, vous serez premier médecin du roi! » Ils se jouaient de l'avenir; mais la fortune les entendit et se ressouvint de leurs paroles pour les accomplir, et au delà. Cependant les trois favoris de la déesse entrèrent dans Paris et allèrent se nicher, à leur arrivée, dans la plus humble maison de la plus humble rue du quartier Latin. Ils y vécurent quelque temps ensemble avec leur frugalité accoutumée. Leur amitié, du reste, a survécu à toutes les vicissitudes. »

Sénac et Lieutaud accueillirent leur jeune compatriote avec d'autant plus d'empressement qu'ils reconnurent en lui des connaissances anatomiques aussi solides qu'étendues, ce qui se rencontrait alors assez rarement parmi les praticiens. Ils se dévouèrent aux succès de leur jeune ami et leur appui confraternel ne lui fit jamais défaut. Comme il fallait être docteur de la Faculté de Paris pour y exercer et surtout pour enseigner, ils réussirent à le faire nommer professeur d'anatomie du Dauphin, ce qui équivalait en ce sens au diplôme de la Faculté. Sans entrer ici dans le détail des travaux à l'aide desquels Portal établit sa célébrité, qu'il nous suffise de rappeler qu'un *Précis de Chirurgie*, qu'il écrivit à l'usage de ses élèves, une *Histoire de l'Anatomie et de la Chirurgie*, en six volumes, un grand ouvrage intitulé : *Anatomie médicale*, et un nombre prodigieux de Mémoires sur des questions de la même nature, sont des titres qui témoignent de sa rare et savante activité. Il était membre de l'Académie des sciences et professeur au Collège de France, en remplacement de Ferrein, avant de succéder à Antoine Petit, au Jardin du Roi. Une certaine animosité exista longtemps entre Petit et Portal, non-seulement parce que celui-ci avait obtenu, par une sorte de passe-droit, la chaire que Petit eût désiré faire passer dans les mains de Vicq-d'Azyr, mais aussi en raison de quelques attaques assez vives que Portal avait lancées, dans ses ouvrages, contre son prédécesseur. Petit, offensé, se défendit avec aigreur et violence; Portal répliqua avec politesse et modération, mais il ne fit jamais revenir son antagoniste de ses amères préventions à son égard.

Portal avait soixante-cinq ans lorsqu'il publia son *Anatomie médicale*. Il continua d'écrire encore pendant vingt ans, sans que ses facultés accusassent ni faiblesse ni altération. Il avait professé pendant soixante ans, et il exerça la médecine presque jusqu'aux derniers jours de sa vie. « Homme doux et paisible, dit Pariset, quoique irritable, et dont le seul tort peut-être a été dans ses premières années de prendre l'avenir en défiance, de ne pas croire à l'effet naturel de ses talents, et d'avoir voulu attacher des ailes à la fortune pour en précipiter le vol. »

Portal avait été sous Louis XVI médecin de Monsieur, frère du roi, qui, devenu Louis XVIII,
se ressouvint de sa personne et le nomma son premier médecin. Après la mort de ce prince,
Portal fut premier médecin de Charles X. C'est ainsi qu'après que Treilhard et Maury furent
devenus, le premier un des chefs de la France, le second un des princes de l'Église, Portal
reçut doublement l'insigne honneur qu'ils lui avaient présagé.

La longue expérience du monde, et d'un monde choisi, avait meublé la tête de Portal d'une
infinité d'anecdotes pleines d'intérêt, et ces anecdotes, assaisonnées du sel de son esprit, faisaient le charme de ces assemblées de savants, de gens de lettres, de voyageurs, de ministres,
d'ambassadeurs étrangers qu'il réunissait chaque semaine autour de lui, et dont il se composait comme une académie brillante et variée. Avec quelle ironie aimable et douce il racontait
qu'ayant guéri le fameux Vestris d'une maladie grave, il reçut quelque temps après la visite
du danseur, qui lui dit : « Monsieur Portal, je sais tout ce que je vous dois, et je porte un
« cœur reconnaissant. Je ménage trop votre délicatesse pour vous parler d'honoraires : entre
« artistes, cela ne se fait pas; mais j'ai quelque chose de mieux à vous offrir. Je vous ai
« observé quand vous entrez dans un salon; permettez-moi de vous le dire, vous n'avez point
« de grâce, de cette grâce élégante qui assouplirait tous vos mouvements et ferait de vous
« un homme accompli. Or, cette grâce, je prétends vous la donner, » ajouta-t-il en se redres-
sant. Et le voilà qui prend les mains du docteur et veut le mettre à la première position.
Portal s'excusa et n'apprit point à se donner des grâces.

PORTAL.

En 1820, Portal mit à profit son crédit auprès du roi Louis XVIII pour en obtenir la réorganisation de l'Académie royale de Médecine, dont il devint le président honoraire et perpétuel.
Il mourut en 1832, à l'âge de quatre-vingt-dix ans, après avoir légué à l'Académie les fonds
nécessaires pour la fondation d'un prix annuel sur des questions de médecine dont il laissa le
choix à ses collègues.

Tandis qu'Antoine Petit, Vicq-d'Azyr et Portal représentaient ainsi dignement l'anatomie au Jardin du Roi, le modeste poste de sous-démonstrateur, que Daubenton le jeune venait de résigner, allait ouvrir les portes de cette institution à un jeune naturaliste, destiné à poursuivre la grande tâche que Buffon avait entreprise, à répandre de nouvelles lumières sur l'anatomie comparée, et à revêtir à son tour des prestiges de l'éloquence les grandes scènes de la nature. Bernard-Germain-Etienne de Laville, comte de Lacépède, était né à Agen, en 1756, d'une famille noble et considérée du Languedoc. Ses premières années avaient été l'objet des plus tendres soins de la part de ses parents, et d'un ami de son père, M. de Chabannes, alors évêque d'Agen. L'enfant d'ailleurs était d'un naturel doux et affectueux : il croyait tous les hommes aussi bons que ceux dont il était entouré. A douze et à treize ans, comme il le dit lui-même, il se figurait que tous les poètes ressemblaient à Racine et à Corneille, tous les historiens à Bossuet, tous les moralistes à Fénelon. La longue pratique des hommes et les tristes expériences de sa vie le firent à peine revenir de ces bienveillantes préventions.

La lecture assidue des écrits de Buffon lui avait inspiré de bonne heure un goût passionné pour l'étude des sciences. Il avait pris ce grand écrivain pour maître et pour modèle. Il portait ses ouvrages avec lui dans ses promenades, et il les apprit en quelque sorte par cœur ; il admirait ses tableaux, mais il n'était pas moins sensible aux beautés réelles de la nature, et ces deux sentiments devinrent la source des talents qui ne tardèrent pas à se développer en lui.

Un autre goût s'était en même temps emparé de l'imagination du jeune Lacépède ; c'était celui de la musique, cet allié ordinaire des sentiments tendres, cette poésie naturelle des âmes douces et expansives. Il en avait reçu les premières leçons dans sa famille, et il y avait fait de si rapides progrès que la musique devint pour lui comme une seconde langue, qu'il parlait et écrivait avec une égale facilité. Dès cette époque, il avait conçu le dessin de remettre en musique l'opéra d'*Armide*. Ayant appris que Gluck s'occupait du même travail, il ne renonça pas tout à fait au sien ; il en adressa même quelques fragments au célèbre compositeur, et celui-ci lui prodigua à cette occasion les éloges et les encouragements.

A la même époque, Lacépède s'adonnait avec la même ardeur à l'étude de la physique. Il avait formé dans sa ville natale, avec quelques jeunes gens de son âge, une sorte d'académie où l'on faisait en commun des expériences de diverses natures. Ayant tiré de ces recherches des conséquences qui lui parurent nouvelles, il s'enhardit à les communiquer à Buffon par correspondance. La réponse du savant ne se fit pas attendre ; elle était conçue dans des termes si flatteurs qu'elle excita encore le zèle du jeune physicien. « C'était, dit Cuvier, plus d'encouragement qu'il n'en fallait pour exalter un homme de vingt ans. Plein d'espérance et de feu, il arriva à Paris avec ses partitions et ses registres d'expériences ; il y arrive dans la nuit, et le matin, de bonne heure, il est au Jardin du Roi. Buffon, le voyant si jeune, fait semblant de croire qu'il est le fils de celui qui lui avait écrit ; il le comble d'éloges. Une heure après, chez Gluck, il en est embrassé avec tendresse ; il s'entend dire qu'il avait mieux réussi que Gluck lui-même dans le récitatif : *Il est enfin dans ma puissance*, que Jean-Jacques Rousseau a rendu si célèbre. Le même jour, M. de Montazet, archevêque de Lyon, son parent, membre de l'Académie française, le garde à un dîner où devait se trouver l'élite des académiciens. On y lit des morceaux de poésie et d'éloquence ; il y prend part à une de ces conversations vives et nourries, si rares ailleurs que dans une grande capitale. Enfin, il passe le soir dans la loge de Gluck à entendre une représentation d'*Alceste*. Cette journée ressembla à un enchantement continuel ; il était transporté, et ce fut au milieu de ce bonheur qu'il fit le vœu de se consacrer désormais à la double carrière de la science et de l'art musical. »

De pareils projets étaient bien dignes d'un jeune homme plein d'ardeur et d'enthousiasme, mais ils ne pouvaient se présenter sous le même aspect à de graves magistrats ou à de vieux officiers tels que ses parents. Lacépède, d'après sa naissance et ses relations, pouvait prétendre à un rang distingué dans la robe, dans l'armée ou dans la diplomatie. Un prince étranger, dont il avait fait la connaissance à Paris, se fit fort de lui procurer un brevet de colonel au service d'une principauté d'Allemagne. Il obtint en effet ce brevet et alla prendre possession de son emploi; cependant, après deux voyages, il revint à Paris, sans même avoir vu son régiment. Mais il avait un titre, un uniforme, des épaulettes; c'était tout ce qu'il en fallait pour satisfaire sa famille et pour lui donner à lui-même les loisirs de se livrer à ses goûts.

Il se mit donc à cultiver en même temps les sciences et l'art musical. Sur l'invitation de Gluck, il composa même deux opéras, mais il eut tant de peine à obtenir des répétitions et fut si contrarié des caprices et de l'humeur d'une actrice, qu'il se promit de ne plus composer que pour lui-même et pour ses amis. Il publia néanmoins, en 1785, deux volumes sur la *Poétique de la Musique*, ouvrage écrit avec feu, plein d'éloquence naturelle, et dont le roi de Prusse, ainsi que le compositeur Sacchini, le félicitèrent vivement.

Ses progrès dans la carrière des sciences furent plus heureux. Buffon, après lui avoir fait obtenir la place de sous-démonstrateur au Jardin du Roi, l'appela à travailler avec lui à la continuation de son *Histoire naturelle*. Malheureusement, il ne devait pas recevoir longtemps les conseils et l'appui de son illustre protecteur. Quelques mois seulement avant la mort de Buffon, il publia le premier volume de son *Histoire des Reptiles*. L'année suivante, il donna le second, qui traitait des *Serpents*. Cet ouvrage, par l'intérêt des faits comme par l'élégance du style, fut jugé très-digne du livre immortel auquel il faisait suite. Il marquait surtout les progrès qu'avaient faits les idées scientifiques depuis la publication des premiers volumes de l'*Histoire naturelle*. Lacépède y revenait ouvertement aux méthodes et à la nomenclature que Buffon avait tant dédaignées, et dont les sciences d'observation ne sauraient aujourd'hui négliger le secours.

Buffon venait de mourir, et on était en 1789. Lacépède, que sa réputation de savant, d'homme de lettres, et une certaine popularité mettaient naturellement en évidence, fut nommé président de sa section, commandant de la garde nationale, membre du conseil général de Paris, député d'Agen à la première législature, et président de cette assemblée. Il apporta dans toutes ces fonctions la bienveillance et les formes agréables, conciliantes, qui étaient dans son caractère, mais il fut bientôt remplacé par des hommes d'une autre trempe, plus ardents surtout et plus résolus. Lacépède donna sa démission de professeur au Jardin des Plantes, se retira à la campagne et s'efforça de se faire oublier. Cependant, ses goûts d'étude lui faisaient quelquefois désirer de revenir à Paris et il fit pressentir Robespierre à ce sujet par quelques amis. « Il est à la campagne? répondit le dictateur, eh bien! dites-lui d'y « rester. » Une telle réponse ne permettait pas de renouveler la demande. Il ne revint en effet qu'après le 9 thermidor. La Convention, peu de temps après, afin de ranimer l'instruction publique, que le régime précédent avait anéantie, créa l'École Normale, destinée à former des professeurs. Quinze cents personnes furent appelées des départements à Paris pour prendre part aux leçons de cette école improvisée : des hommes déjà célèbres par leur savoir reçurent l'enseignement de quelques pédagogues, la plupart incapables et choisis à la hâte. Lacépède, à l'âge de quarante ans, devint élève de l'École Normale, avec Bougainville, déjà septuagénaire, général et grand navigateur, avec le grammairien Wailly, avec Laplace et Fourrier, et sur les mêmes bancs se trouvaient des hommes qui à peine savaient lire. La création de l'École Normale opéra toutefois un bien réel; ce fut un centre où les hommes d'intelligence se rencontrèrent, échangèrent leurs idées, et conservèrent par des efforts communs le dépôt des lumières, menacées un moment de s'éteindre tout à fait.

Lacépède n'avait pas été compris au nombre des professeurs dans la nouvelle organisation du Muséum; mais dès qu'on put prononcer son nom sans danger pour lui, ses collègues s'empressèrent de l'y appeler. On créa, à cet effet, une chaire spéciale affectée à l'histoire des Reptiles et des Poissons. Ses leçons furent suivies avec un vif empressement, et le jeune professeur, dans la chaire comme dans ses écrits, se montra digne d'être le continuateur de Buffon. Appelé à l'Institut dès sa formation, il concourut à reconstituer cette savante académie et en devint l'un des premiers secrétaires. Malgré tant de titres à l'illustration, il paraît que le nom de Lacépède n'était pas encore arrivé à l'oreille de tous les hommes haut placés de cette époque. On sait qu'un ministre du Directoire, à qui l'on demandait, après une visite officielle qu'il venait de faire au Muséum, s'il y avait vu Lacépède, répondit qu'il n'avait vu que la Girafe, et se plaignit vivement qu'on ne lui eût pas tout fait voir.

LACÉPÈDE.

Lacépède publia, en 1798, le premier volume de l'*Histoire des Poissons*, et pendant chacune des années suivantes, jusqu'en 1803, il fit paraître l'un des volumes qui complètent ce grand ouvrage. Bien que la guerre eût alors interrompu les relations avec les académies et avec les naturalistes étrangers, et que les collections du Jardin n'offrissent à cette époque que de faibles ressources, il avança considérablement cette branche de l'Histoire naturelle, et, de l'aveu de Cuvier, il n'exista longtemps dans la science aucun ouvrage supérieur au sien. « Tout ce qu'il a pu recueillir sur l'organisation de ces animaux, sur leurs habitudes, sur les guerres que les hommes leur livrent, sur le parti qu'ils en tirent, il l'a exposé dans un style élégant et pur; il a su même répandre du charme dans leurs descriptions, toutes les fois que les beautés qui leur ont aussi été départies dans un si haut degré permettaient de les offrir à l'admiration des naturalistes. La science, par sa nature, fait des progrès chaque jour; il n'est point d'observateur qui ne puisse renchérir sur ses prédécesseurs pour les faits, ni de naturaliste qui ne puisse perfectionner leurs méthodes; mais les grands écrivains n'en demeurent pas moins immortels. »

L'*Histoire des Poissons* fut suivie, en 1804, de celle des *Cétacées*, qui termine le grand ensemble des animaux vertébrés. Lacépède la regardait comme le plus achevé de ses ouvrages. Il augmenta à peu près d'un tiers le nombre des espèces enregistrées dans le catalogue des êtres de cette classe. Plus tard, il dirigea ses travaux sur des sujets plus philosophiques. L'article *Homme*, qu'il donna dans le *Dictionnaire des Sciences naturelles*, est une sorte de programme de ce qu'il avait en vue pour l'*Histoire physique du genre humain*, destinée à faire partie d'une histoire des âges de la Nature. Ce beau travail était presque achevé à sa mort, mais il n'en a encore été publié que quelques fragments.

Après le 18 brumaire, Lacépède fut de nouveau lancé dans la carrière politique et appelé aux emplois les plus éminents. Il devint successivement sénateur, président du Sénat, grand chancelier de la Légion d'honneur, titulaire de la sénatorerie de Paris et ministre d'État. A cette occasion, on lui a reproché parfois sa condescendance pour le pouvoir et la versatilité de ses opinions, qui peuvent s'expliquer à la rigueur par sa bienveillance naturelle, par son exquise politesse, par sa modestie pleine de réserve pour lui-même et de déférence envers les autres. Ses démonstrations d'ailleurs étaient sincères et n'ôtaient rien à la droiture de ses sentiments. Il fit preuve d'une haute habileté dans l'administration de la Légion d'honneur, et il prouva qu'il savait aussi faire usage dans l'occasion d'une noble fermeté. Le major général de l'armée ayant accordé par faveur des décorations à quelques officiers qui se trouvaient en dehors des conditions voulues, Napoléon ordonna au grand chancelier de les faire reprendre. Lacépède lui représenta la douleur qu'un tel acte ferait éprouver à ces braves; mais, comme il craignait de ne pas réussir : « Eh bien, ajouta-t-il, je demanderai pour eux ce que je vou- « drais obtenir à leur place : l'ordre de les faire fusiller... » Les décorations ne furent pas retirées (1).

Lacépède ne pouvait jamais croire à de mauvais sentiments, ni à de mauvaises intentions. Ces dispositions bienveillantes, expansives, il les manifesta spontanément à toutes les époques de sa vie, en consacrant sa plume éloquente à la louange de quelques hommes qui lui inspi- rèrent une haute estime : le prince de Brunswick, Buffon, Dolomieu, Daubenton, Vandermonde et d'autres. On a beaucoup parlé de sa politesse excessive; mais il était encore plus obligeant que poli. Son désintéressement égalait sa bienfaisance. Tous les émoluments qu'il retirait de ses places s'appliquaient à des actes de libéralité. Un fonctionnaire de ses amis ayant été ruiné par de fausses spéculations, Lacépède fit remettre chaque mois à sa femme une pension qu'elle croyait recevoir de son mari. Un de ses employés à qui, dans un embarras pressant, il avait donné une assez forte somme, l'ayant prié de fixer l'époque du remboursement : « Mon ami, lui dit Lacépède, je ne prête jamais. » Ce savant, aussi recommandable par ses vertus que par ses talents, aussi étonnant par son activité incessante que par la simplicité de ses goûts et de ses habitudes, mourut en 1825, de la petite vérole, à l'âge de soixante et dix ans. Il fut remplacé par M. de Blainville à l'Académie des sciences, et par M. Duméril dans sa chaire du Muséum.

Telle était la situation générale de l'établissement, des collections et de l'enseignement des

---

(1) Nous possédons l'ampliation de cet ordre, dicté par l'Empereur, écrit et signé par le général Fririon, secré- taire général du ministère de la guerre. Les termes dans lesquels il est conçu en font un véritable document historique, dont voici la copie textuelle :

ORDRE DE L'EMPEREUR.

Madrid, le 9 décembre 1808.

M. le général Clarke, vous témoignerez mon mécontentement au Roi de Naples, de ce qu'il donne des distinc- tions à mes soldats, sans ma participation ; qu'il n'a point ce droit, et qu'en conséquence aucun de ceux auxquels il en a donné ne les auront : que tout Français qui porte une décoration ne doit la tenir que de moi ; que je maintiendrai rigoureusement ce principe ; et que cela ne se renouvelle plus désormais.

Sur ce, etc.

Signé NAPOLÉON.

Pour copie :

Le Secrétaire général,
FRIRION.

C'est en conséquence de cet ordre que le grand chancelier fut chargé de retirer les décorations qui avaient été accordées, circonstance qui fut l'occasion de l'acte de fermeté de M. de Lacépède.

sciences au Jardin du Roi, au moment où Buffon, chargé d'années et entouré de la considération la plus éclatante, allait quitter pour toujours ce brillant théâtre de sa gloire, cette institution à laquelle lui-même devait sa renommée et qui lui devait en retour sa splendeur et sa richesse. Depuis l'apparition des trois premiers volumes de l'*Histoire naturelle*, chaque année, jusqu'en 1770, avait vu paraître un volume nouveau. Pendant sa maladie de 1771, cette publication, en quelque sorte périodique, avait subi une lacune, mais elle avait bientôt repris son cours, et, dans l'intervalle qui sépare cette époque de l'année 1783, on vit paraître les neuf volumes suivants. Ceux-ci n'étaient pas entièrement de la main de Buffon. Une partie en avait été rédigée par Gueneau de Montbéliard, qui, dans l'*Histoire des Oiseaux*, parvint à imiter de la manière la plus heureuse certaines qualités de son style; l'abbé Bexon avait aussi donné quelques soins au même travail, mais Buffon en avait revu, retouché tout l'ensemble, et divers fragments restés célèbres portent, de manière à ne pas la méconnaître, l'empreinte magistrale de son talent.

Les cinq volumes des *Minéraux* parurent de 1783 à 1788. C'est évidemment la partie la plus faible de l'ouvrage, parce que Buffon y prodigua les hypothèses, et qu'il y tint peu de compte des nouvelles découvertes de la chimie, non plus que des vues de Romé de Lisle, de Bergmann, de Saussure et de Haüy sur la cristallisation. Les sept volumes de supplément, dont le dernier fut publié en 1789, l'année qui suivit sa mort, se composent d'articles détachés; mais le cinquième contient les *Époques de la Nature*, l'un des derniers ouvrages de Buffon, et celui qui devait mettre le sceau à sa renommée comme philosophe, comme naturaliste et comme écrivain.

Buffon s'occupa pendant cinquante ans de ce magnifique ouvrage, que la France a adopté et qu'elle regarde comme une de ses gloires. Cependant, à cette époque de 1788, les trente-six volumes dont il se composait ne formaient encore qu'une partie du plan que l'auteur avait conçu. Une fois qu'il eut entrepris ce grand travail, il ne l'abandonna plus et ne s'en laissa distraire par aucun autre. Daubenton et Gueneau de Montbéliard y avaient dignement concouru; Lacépède se préparait à le poursuivre et y joignit en effet, comme nous l'avons vu, les Reptiles, les Cétacées et les Poissons. Il restait encore à y réunir les Invertébrés et l'histoire des Végétaux.

Les services que Buffon rendit au Jardin du Roi sont de deux natures : il développa, il enrichit l'établissement et imprima à la marche des sciences naturelles la plus vive impulsion qu'elles eussent encore reçue. Son administration fut aussi active que ferme et intelligente. L'extension qu'il donna au local et aux collections provoqua de nouveaux accroissements, qui finirent par rendre indispensable une nouvelle organisation. Mais partout les cadres étaient préparés et prêts à recevoir les richesses de toute nature que l'avenir tenait en réserve. Le goût général pour l'histoire naturelle, conséquence de l'éclat qu'il sut donner au Jardin, en même temps qu'il publiait son grand ouvrage, attira sur la science les regards des gens du monde et la protection des grands. Buffon en profita habilement pour la réalisation de ses vues. Il soutint son crédit par sa bienveillance envers tous ceux qui s'adressaient à lui, en s'appliquant à ne blesser personne, en restant étranger à toute polémique. Il se vit parfois obligé de sacrifier aux puissances du jour, dans l'intérêt de l'établissement, mais il le fit toujours avec dignité; il consacra même souvent les faveurs personnelles qu'il avait obtenues aux améliorations qu'il projetait, ce qui lui permit d'en solliciter d'autres avec plus de hardiesse et de succès; en un mot, tous les moyens qui s'offrirent à lui, il les fit servir avec autant de zèle que de désintéressement aux progrès de la science, comme aux développements de la royale institution qu'il avait à diriger.

Presque toute la vie scientifique de Buffon se concentre dans la publication de son *Histoire naturelle*, qui commence par la *Théorie de la Terre*, et finit par les *Époques de la Nature*, deux ouvrages placés aux deux extrémités de sa carrière, ayant trait au même sujet, mais conçus dans des vues toutes différentes, et moins éloignés l'un de l'autre par les trente années qui les séparent que par les doctrines presque opposées qu'ils représentent. Lorsqu'il écrivit le premier, Buffon ne possédait encore que des données fort incomplètes sur cette matière, et il fut obligé d'y suppléer par des hypothèses plus hardies que solides. Dans le second, il put s'appuyer sur des faits mieux observés, et en tirer de plus heureuses conséquences. Aussi, de tous les ouvrages du dix-huitième siècle, c'est peut-être celui qui a donné le plus d'élan aux grandes conceptions scientifiques et ouvert la plus large carrière aux théories relatives à la constitution du Globe. Toutefois, et bien qu'il les ait traitées avec toute la précision que comporteraient des vérités reconnues, il déclare lui-même que ce ne sont encore là que des hypothèses. « A tout prendre, s'écrie à ce sujet M. Flourens, j'aime mieux une conjecture qui « élève mon esprit qu'un fait exact qui le laisse à terre, et j'appellerai toujours grande la « pensée qui me fait penser. — C'est là le génie de Buffon et le secret de sa puissance : c'est « qu'il a une force qui se communique ; c'est qu'il ose, et qu'il inspire à son lecteur quelque « chose de sa hardiesse ; c'est qu'il met partout sous mes yeux le courage des grands efforts, « et qu'il me le donne. »

Cependant, on a vivement reproché à Buffon quelques erreurs de détails, sans lui tenir compte de l'étonnante quantité de faits dont il a enrichi la science. Personne, sans doute, ne soutiendrait aujourd'hui la réalité de certains systèmes qui ne peuvent plus passer que pour des jeux d'esprit ; « mais Buffon, ajoute Cuvier, n'en a pas moins le mérite d'avoir fait sentir généralement que l'état du Globe résulte d'une succession de changements dont il est possible de saisir les traces, et c'est lui qui a rendu tous les observateurs attentifs aux phénomènes, d'où l'on a pu remonter à ces changements... Son éloquent tableau du développement physique et moral de l'homme n'en est pas moins un très-beau morceau de philosophie, digne d'être mis à côté de ce que l'on estime le plus dans le livre de Locke. Ses idées concernant l'influence qu'exercent la délicatesse et le degré de développement de chaque organe sur la nature des diverses espèces, sont des idées de génie qui feront désormais la base de toute histoire naturelle philosophique et qui ont rendu tant de services à l'art des méthodes, qu'elles doivent faire pardonner à leur auteur le mal qu'il a dit de cet art. Enfin ses idées sur la dégénération des animaux et sur les limites que les climats, les montagnes et les mers assignent à chaque espèce, peuvent être considérées comme de véritables découvertes, qui se confirment chaque jour et qui ont donné aux recherches des voyageurs une base fixe dont elles manquaient absolument auparavant. »

Buffon s'éleva, en effet, dans ses premiers écrits, contre les nomenclatures et les méthodes en histoire naturelle. On peut expliquer cette singularité en se souvenant qu'il était entré brusquement dans la science sans avoir assez étudié les vues des naturalistes qui l'avaient précédé sur cette matière. Il s'était surtout roidi contre le système artificiel de Linné, fondé sur la considération d'un caractère unique, et il l'avait confondu avec la méthode naturelle, ce puissant moyen de généralisation, qui repose sur l'ensemble et la valeur comparée des caractères, qui subordonne les rapports particuliers aux rapports généraux, et ceux-ci à de plus généraux encore, lesquels finissent par devenir de véritables lois naturelles. Il est difficile de concilier cette aversion pour les méthodes avec son esprit généralisateur, systématique, qui semble dédaigner les faits secondaires, dans la crainte de faire perdre de la grandeur et de l'unité à ses conceptions. Du reste, on peut croire qu'il évitait à dessein certains rapprochements, espérant intéresser davantage le lecteur par ce désordre apparent qui permet de choisir, de se reposer, de grouper les matériaux à volonté, selon les idées que les faits et leurs rapports inspirent à l'imagination. Ce désordre est en effet l'un des caractères de son ouvrage ; ce qu'il y a de certain, c'est que les éditeurs, qui ont voulu classer ses descriptions suivant des vues ou des systèmes particuliers, en ont détruit tout le charme. Les hardiesses que faisait accepter l'écrivain ou le poëte ne se pardonnent plus à la parole froide et positive du savant.

A mesure que Buffon avança dans son travail, il revint de ses préventions à ce sujet, à ce point que, parvenu à son *Histoire des Oiseaux,* et même avant, comme le remarque M. Flourens, il se soumit tacitement à la nécessité où nous sommes de classer nos idées pour nous en représenter clairement l'ensemble. Il en vint même à créer spontanément une sorte de classification, fondée sur l'observation comparée des êtres, notamment dans son travail sur la Gazelle et les Singes. Ses continuateurs, comme nous l'avons vu, se soumirent d'eux-mêmes à la règle commune et rachetèrent ce défaut, si c'en est un, sans rien ôter à l'œuvre du maître du caractère qui la distingue.

Les attaques dont Buffon fut l'objet ne s'arrêtèrent point à ces remarques générales; on alla jusqu'à critiquer sa manière, ce style si universellement jugé irréprochable. D'Alembert, qui n'aimait ni sa personne, ni son talent, ne l'appelait que le *grand phrasier,* le *roi des phrasiers.* « Ne me parlez pas, disait-il un jour à Rivarol, de votre Buffon, ce comte de Tuffières, qui, « au lieu de nommer simplement le Cheval, s'écrie : *La plus noble conquête que l'homme ait « jamais faite est celle de ce fier et fougueux animal,* etc. — Oui, reprit spirituellement « Rivarol, c'est comme ce sot de Jean-Baptiste Rousseau, qui s'avise de dire :

> Des bords sacrés où naît l'aurore,
> Aux bords enflammés du couchant,

« au lieu de dire tout simplement : de l'*Est* à l'*Ouest.* »

Voltaire reprochait également au style de Buffon une pompe et une magnificence affectées. C'est à lui que s'adressait ce vers :

> Dans un style empoulé parlez-nous de physique,...

Quelqu'un vantait un jour, en présence de Voltaire, le style de l'*Histoire naturelle.* « — Pas si naturelle! » s'écria-t-il. On sait que Voltaire et Buffon avaient eu quelque démêlé au sujet des coquilles fossiles et autres productions marines que l'on trouve sur de hautes montagnes. Cette petite querelle s'apaisa. Buffon, qui l'avait soutenue victorieusement, la termina avec franchise et dignité; de son côté, Voltaire y mit fin par une plaisanterie : « Je ne veux pas, « dit-il, rester brouillé avec M. de Buffon pour des coquilles. »

Ces attaques, plus ou moins sérieuses, mais qui caractérisent assez bien l'esprit du temps, ne changèrent rien à l'opinion générale au sujet de cet homme d'un vrai génie. La postérité s'est également prononcée à l'égard de ses talents, et il n'y a aujourd'hui qu'une seule voix sur le mérite de son style. Rousseau a écrit au sujet de Buffon : « Je lui crois des égaux « parmi ses contemporains, en qualité de penseur et de philosophe; mais, en qualité d'écri- « vain, je ne lui en connais aucun. C'est la plus belle plume de son siècle. »

« Pour l'élévation du point de vue où il se place, dit Cuvier, pour la marche forte et savante de ses idées, pour la pompe et la majesté de ses images, pour la noble gravité de ses expressions, pour l'harmonie soutenue de son style dans les grands sujets, il ne peut être égalé par personne. »

C'est là en effet la vraie puissance à l'aide de laquelle Buffon a exercé et exercera longtemps encore une influence réelle, non-seulement sur l'avenir des sciences, mais encore sur le caractère de la langue française. C'est qu'à côté de la faculté de concevoir d'ingénieuses hypothèses et de hautes théories, il possédait celle de les exprimer avec clarté, avec éloquence. A un sentiment élevé des beautés de la nature, il unissait l'art de les représenter, de les embellir par la magie du langage et l'éclat du coloris. On a reproché à son style une sorte de monotonie ou d'uniformité, qui tient évidemment au sérieux des sujets qu'il avait à traiter; bien que ce style soit en général d'une gravité soutenue, Buffon a su néanmoins le rendre flexible et l'approprier à la diversité de formes, d'aspects et de mouvements des nombreux objets qu'il avait à reproduire. Quelle variété de tons dans ses descriptions du Cheval, du Lion, du Cerf, de la Fauvette ou du Colibri! Quelle solennité dans la peinture des grands phénomènes, ou dans ces vues philosophiques où son génie «embrasse à la fois tout l'espace

« qu'il a rempli de sa pensée ! » et en même temps, quelle finesse de touche dans ces pensées morales où se révèle toute l'exquise délicatesse de ses sentiments. Jamais d'emphase, mais partout de la noblesse et de la distinction. La grandeur de son style, il est vrai, ne se prêtait pas aux choses communes et même aux choses de détail. « Quand il voulait, dit Mme Necker, « mettre sa grande robe sur de petits objets, elle faisait des plis partout. » Sa haute taille semblait, en effet, avoir quelque peine à se courber : il savait décrire l'Éléphant ou le Chêne superbe, mais il ne descendait point jusqu'à l'humble plante ou à l'insecte.

Buffon donna le premier exemple de l'application de la poésie aux matières scientifiques, en ce sens qu'il chercha le premier, dans les scènes de la nature et dans les pensées qu'elles peuvent inspirer, la source de toutes ces images, tantôt douces et gracieuses, tantôt fortes et sublimes qui caractérisent la poésie. « Buffon, dit Condorcet, est poëte dans toutes ses descriptions. Son harmonie n'est pas seulement de la correction, mais une sorte d'analogie entre les idées et la parole ; sa phrase est douce ou sonore, majestueuse ou légère, suivant les objets qu'elle doit peindre ou les sentiments qu'elle doit réveiller. » Il est, en effet, le premier de nos maîtres dans l'art de peindre la nature. Il a appris à la voir, à l'aimer, à la décrire. J.-J. Rousseau, et après lui Bernardin de Saint-Pierre et Châteaubriand, s'en sont évidemment inspirés ; en sorte que Buffon, le classique par excellence, se trouverait ainsi, — étrange paradoxe, — à la tête de tous ceux qui s'efforcent aujourd'hui de revendiquer en leur faveur la découverte des trésors de poésie et de style que renferment les tableaux et les phénomènes de la nature.

Et toutefois Buffon n'aimait pas la poésie, ou du moins la versification. Il prétendait qu'il est impossible, dans notre langue, d'écrire quatre vers de suite sans blesser ou la propriété des termes ou la justesse des idées. C'est ainsi qu'à-propos de ce vers de Racine :

> Le jour n'est pas plus pur que le fond de mon cœur,

il disait que l'on ne pouvait pas comparer le jour à un fond. « J'aurais fait des vers comme « un autre, ajoutait-il, mais j'ai bien vite abandonné un genre où la raison ne porte que des « fers. Elle en a bien assez d'autres, sans lui en imposer encore de nouveaux. » Il faisait pourtant une exception en faveur des vers que l'on composait à sa louange.

Buffon aimait la magnificence, et ce goût se reflétait dans ses habitudes, dans son allure et même dans ses écrits. Comment se serait-il défendu d'un certain orgueil, lorsque, toujours préoccupé du grand objet qu'il avait à poursuivre, il avait constamment sous les yeux les heureux fruits de ses efforts, lorsqu'il recevait de toutes parts les témoignages de la considération la plus éclatante. Les philosophes et les savants lui prodiguaient l'admiration ; J.-J. Rousseau baisait religieusement le seuil de son cabinet ; la statue qu'on lui avait élevée au Jardin du Roi portait cette légende :

> *Majestati naturæ par ingenium.*

Son fils avait fait placer, au pied de la tour de Montbard, une petite colonne de marbre, sur laquelle on avait gravé ces mots :

> *Excelsæ turri humilis columna.*

Pendant la guerre d'Amérique, des corsaires renvoyaient à Buffon des caisses qu'ils avaient capturées et qui étaient à son adresse. Le roi Louis XV avait érigé sa terre en comté. L'impératrice de Russie lui adressait les lettres les plus flatteuses et lui envoyait tous les objets précieux qui pouvaient se rapporter à ses travaux ; enfin, le prince Henri de Prusse écrivait : « Si j'avais besoin d'un ami, ce serait lui ; d'un père, encore lui ; d'une intelligence pour « m'éclairer, eh ! quel autre que lui ! »

Buffon exerça pendant un demi-siècle, au Jardin du Roi, son utile et glorieuse dictature. Il changea la nature primitive de l'institution et la dirigea d'une manière plus spéciale vers les sciences naturelles. Sous son influence, la chimie et la botanique devinrent plus étendues et leurs applications plus générales. L'anatomie se développa en comparant l'organisation de l'espèce humaine avec celle des animaux. C'est à ses théories plus ou moins fondées que la géologie doit évidemment sa première origine. Il en est de même de la zoologie, dont les éléments existaient, mais obscurs et confus, avant l'époque où il attira sur ce point l'attention des savants et du public. Il faut même regarder comme une circonstance heureuse que les commencements de cette science soient dus à un homme d'imagination, dont les hypothèses forcèrent à étudier les objets d'un regard plus scrupuleux. C'est grâce à lui que Daubenton, dont l'esprit était aussi exact que celui de Buffon avait de hardiesse, donna à la zoologie une direction plus assurée, plus scientifique, et que Lacépède marcha résolûment dans cette voie, jusqu'au moment où Cuvier changea complétement la philosophie de la science, en subordonnant toutes les considérations théoriques à l'empire absolu des faits et de l'observation. Qui peut dire si une marche opposée eût fait faire à la science des progrès plus rapides et amené de meilleurs résultats?

Buffon avait une figure noble, une taille imposante, des manières distinguées; ajoutons une constitution robuste, la passion du travail, avant celle de la gloire, et une force de volonté toujours assujettie à l'empire de la raison. Il réunissait, dit Voltaire, le corps d'un athlète et l'âme d'un sage. Bien qu'il aimât la représentation et l'appareil de la grandeur, il était simple dans sa vie privée et d'un naturel bienveillant. Sa conversation ne donnait aucune idée de son mérite, parce qu'elle réfléchissait rarement les qualités éminentes de son esprit. Il était poli, mais sa politesse, peu expansive, semblait plutôt une barrière qu'il cherchait à opposer à la familiarité. Marié à l'âge de quarante-cinq ans, il n'eut qu'un fils, officier distingué de cavalerie, à qui la faux révolutionnaire fit expier la gloire de son père et le tort de sa naissance. Buffon mourut à quatre-vingt et un ans, des suites douloureuses d'une maladie de la vessie. Sa mort, arrivée au moment où les événements politiques commençaient à prendre de la gravité, clôt en quelque sorte le dix-huitième siècle au point de vue littéraire, et termine l'une des périodes les plus brillantes des temps modernes, relativement aux sciences et à leur enseignement.

Buffon, dans l'espace de cinquante ans, avait réalisé, autant qu'il est donné à la volonté humaine de dominer le cours des événements, presque toutes les vues qu'il avait imaginées pour les développements du Jardin du Roi et pour les progrès des sciences naturelles. Il avait levé tous les obstacles et fait concourir à l'accomplissement de ses projets tous les moyens dont les talents et les circonstances lui avaient permis de disposer. Au moment de quitter la vie, il avait eu le bonheur si rare de voir ses longs efforts couronnés des succès les plus éclatants. Et toutefois, dans ce moment même, de nouvelles destinées se préparaient pour l'institution qui devait tout à son zèle; elle allait prendre part aux malheurs du pays et déchoir quelque temps de sa prospérité; mais la grandeur et l'utilité de son objet devaient aussi la relever plus riche, plus puissante, et lui réserver dans un avenir prochain une fortune et une gloire encore plus brillantes.

Ce ne fut pas M. d'Angivilliers qui succéda à Buffon comme intendant du Jardin, mais son frère, le marquis Flahaut de la Billarderie, maréchal de camp. Celui-ci fit continuer les travaux commencés et suivit les errements de l'administration précédente. Il ordonna la construction d'une nouvelle serre, destinée aux ficoïdes; il fit d'ailleurs tous ses efforts pour se concilier l'affection des professeurs et se montrer digne de son emploi. Mais les événements extérieurs marchaient avec rapidité; la détresse des finances exigeait la réduction des dépenses dans tous les services. Le 20 août 1790, Lebrun fit à l'Assemblée constituante un rapport sur le Jardin du Roi, dans lequel il proposait des modifications importantes dans son administration et dans son budget. Pendant la discussion de ce rapport, les *officiers* du Jardin, c'est le nom que l'on donnait alors aux professeurs et aux principaux employés, firent parvenir au président une adresse dans laquelle ils plaçaient cet établissement sous la sauvegarde des représentants de la nation et faisaient valoir toute son importance pour le bien public. L'Assemblée renvoya cette adresse au comité des finances, ajourna le rapport et demanda aux officiers du Jardin un projet pour la réorganisation de l'établissement.

Ce projet fut en effet délibéré et arrêté en assemblée générale des professeurs, réunie sous la présidence de Daubenton. Il fut signé par tous les membres en exercice et même par Antoine Petit et Lemonnier, professeurs honoraires. On l'imprima et on l'adressa à l'Assemblée constituante ; mais les circonstances devenaient tellement graves que l'on ne put y donner aucune suite. M. de la Billarderie ayant quitté la France, Bernardin de Saint-Pierre fut nommé intendant à sa place. Ce choix était justifié par plus d'une considération : Bernardin de Saint-Pierre était un écrivain éminent, animé comme Buffon d'un goût passionné pour les beautés de la nature et doué d'un talent incontestable pour les peindre. A la vérité, il manquait de connaissances scientifiques positives, mais son zèle pouvait suffire pour donner à l'enseignement une impulsion favorable. Il paraissait propre à l'administration, et son caractère doux, conciliant, sa popularité même pouvaient rendre à l'établissement de grands services et le garantir des graves dangers qui le menaçaient.

BERNARDIN DE SAINT-PIERRE.

Bernardin de Saint-Pierre mit en effet autant de prudence que de sagesse dans tous ses actes. Il gagna facilement la confiance et l'attachement des officiers du *Jardin des Plantes*, car c'est le nom qui fut d'abord substitué à celui de Jardin du Roi. Il administra avec économie et trouva pourtant le moyen de faire construire une nouvelle serre, adossée à la grande butte, dans la direction de la grande terrasse et des galeries, serre qui a conservé le nom de son fondateur. Enfin, il se concerta avec les professeurs pour diverses améliorations indispensables et rédigea dans ce but plusieurs Mémoires conçus dans les vues les plus saines et empreints d'un talent d'exposition des plus distingués.

PLAN DU JARDIN DU ROI. EN 1788.

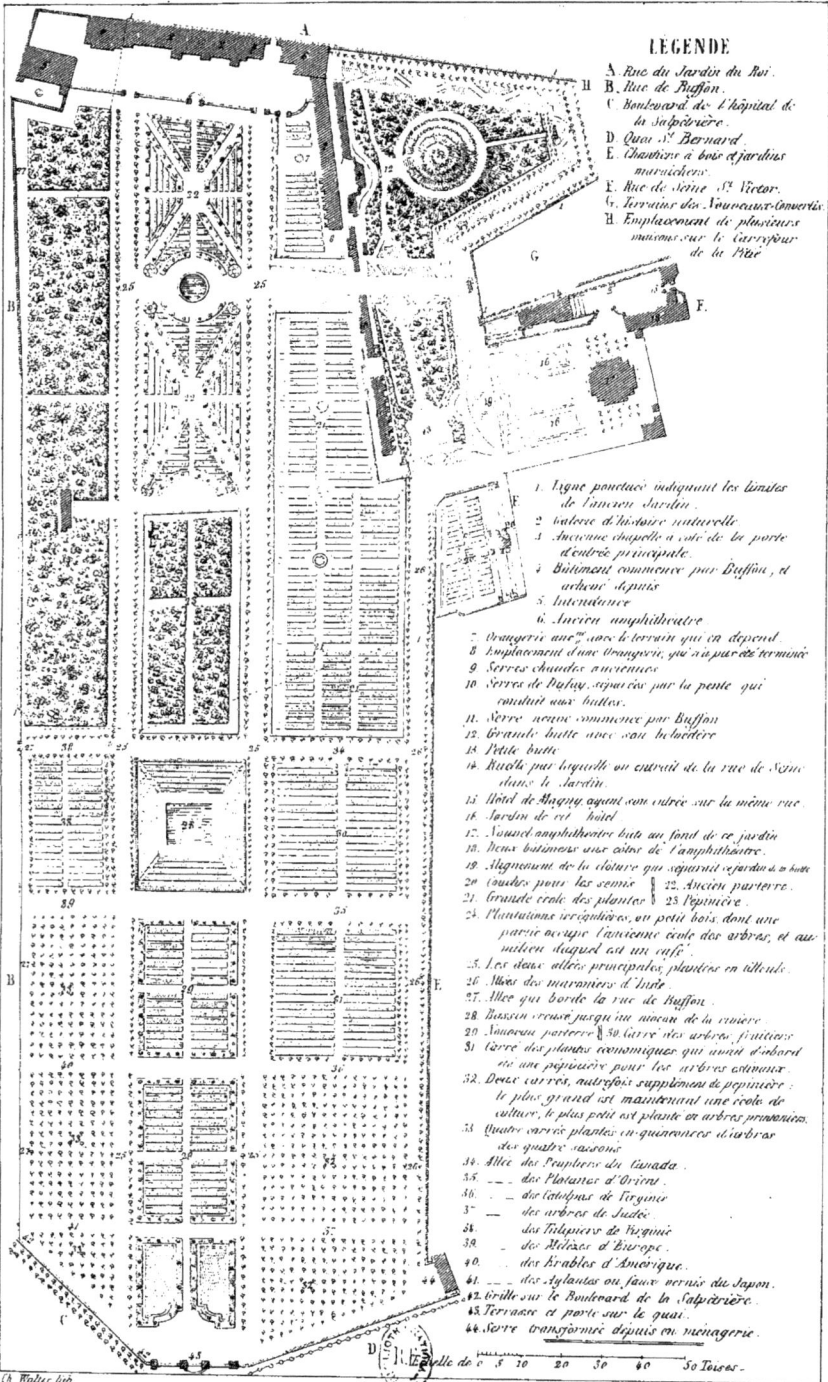

LEGENDE

A. *Rue du Jardin du Roi.*
B. *Rue de Buffon.*
C. *Boulevard de l'hôpital de la Salpétrière.*
D. *Quai St Bernard.*
E. *Chantiers à bois et jardins maraîchers.*
F. *Rue de Seine St Victor.*
G. *Terrain des Nouveaux-Convertis.*
H. *Emplacement de plusieurs maisons sur le Carrefour de la Pitié.*

1. *Ligne ponctuée indiquant les limites de l'ancien Jardin.*
2. *Galerie d'histoire naturelle.*
3. *Ancienne chapelle à côté de la porte d'entrée principale.*
4. *Bâtiment commencé par Buffon, et achevé depuis.*
5. *Intendance.*
6. *Ancien amphithéâtre.*
7. *Orangerie ancienne avec le terrain qui en dépend.*
8. *Emplacement d'une Orangerie qui n'a pas été terminée.*
9. *Serres chaudes anciennes.*
10. *Serres de Buffon, séparées par la pente qui conduit aux buttes.*
11. *Serre neuve commencée par Buffon.*
12. *Grande butte avec son belvédère.*
13. *Petite butte.*
14. *Ruelle par laquelle on entrait de la rue de Seine dans le Jardin.*
15. *Hôtel de Magny ayant son entrée sur la même rue.*
16. *Jardin de cet hôtel.*
17. *Nouvel amphithéâtre bâti au fond de ce jardin.*
18. *Deux bâtiments sur côtés de l'amphithéâtre.*
19. *Alignement de la clôture qui séparait ce jardin de la butte*
20. *Couches pour les semis.* § 22. *Ancien parterre.*
21. *Grande école des plantes.* § 23. *Pépinière.*
24. *Plantations irrégulières, ou petit bois, dont une partie occupe l'ancienne école des arbres, et au milieu duquel est un café.*
25. *Les deux allées principales, plantées en tilleuls.*
26. *Allée des marroniers d'Inde.*
27. *Allée qui borde la rue de Buffon.*
28. *Bassin creusé jusqu'au niveau de la rivière.*
29. *Nouveau parterre.* § 30. *Carré des arbres fruitiers.*
31. *Carré des plantes économiques qui avait d'abord été une pépinière pour les arbres résineux.*
32. *Deux carrés, autrefois suppléments de pépinière : le plus grand est maintenant une école de culture, le plus petit est planté en arbres printaniers.*
33. *Quatre carrés plantés en quinconces d'arbres des quatre saisons.*
34. *Allée des Peupliers du Canada.*
35. ___ *des Platanes d'Orient.*
36. ___ *des Catalpas de Virginie.*
37. ___ *des arbres de Judée.*
38. ___ *des Tulipiers de Virginie.*
39. ___ *des Mélèzes d'Europe.*
40. ___ *des Érables d'Amérique.*
41. ___ *des Aylantes ou faux vernis du Japon.*
42. *Grille sur le Boulevard de la Salpétrière.*
43. *Terrasse et porte sur le quai.*
44. *Serre transformée depuis en ménagerie.*

Échelle de 0 5 10 20 30 40 50 Toises.

Ch. Walter lith.   Lith. Lemercier.

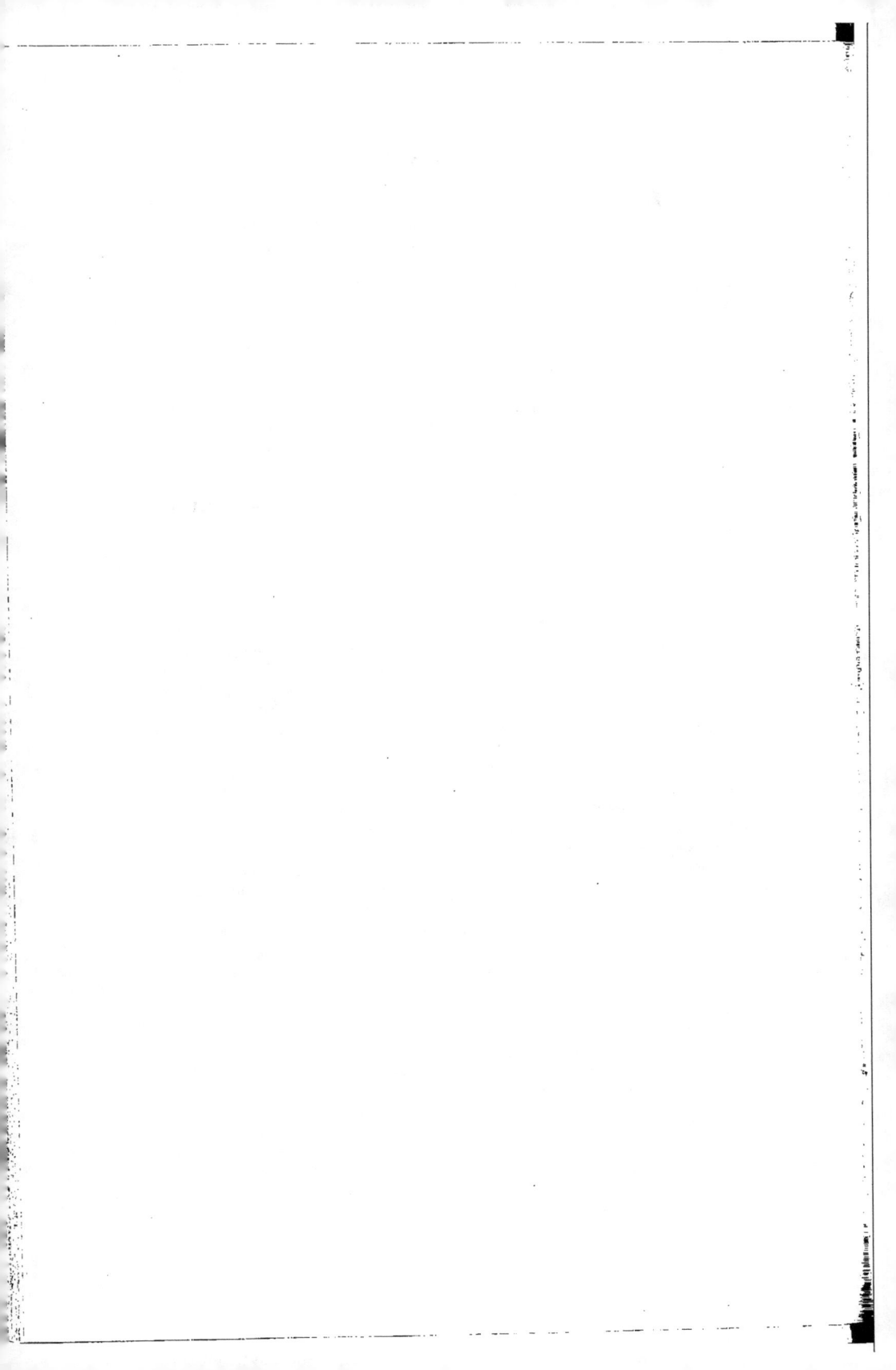

La Ménagerie de Versailles était comprise au nombre des établissements dont on avait décrété la suppression. M. Couturier, régisseur des domaines du roi, écrivit à Bernardin de Saint-Pierre, de la part du ministre, pour offrir au Jardin des Plantes les animaux qui la composaient; mais l'établissement n'avait à sa disposition ni le local pour les recevoir, ni les fonds nécessaires pour subvenir à leur entretien. Cependant Bernardin de Saint-Pierre comprit l'importance de cette proposition et rédigea aussitôt un *Mémoire sur la nécessité de joindre une Ménagerie au Jardin national des Plantes*. Ce Mémoire, qui porte la date de **1792**, et qui est adressé à la Convention nationale, fit une sensation telle qu'il détermina l'Assemblée à prendre des mesures immédiates pour la conservation des animaux existants et à adopter en principe le projet qui lui était soumis. Ainsi, bien que ces mesures n'aient reçu leur exécution que l'année suivante, c'est évidemment à Bernardin de Saint-Pierre qu'il faut rapporter l'honneur de cette fondation. L'écrit, d'ailleurs peu connu, qui se rattache à cette circonstance, trouvera sa place dans la seconde partie de cet ouvrage. C'est un morceau littéraire où la vigueur du raisonnement s'allie à la plus mâle éloquence, et dont le ton général rappelle la manière de Jean-Jacques, avec qui, pour le talent comme pour le caractère, Bernardin avait tant d'autres rapports.

Après avoir montré les immenses ressources que possède le Jardin des Plantes, pour l'étude de la nature, il remarquait qu'un seul des règnes organisés y présentait les objets morts et vivants; qu'à côté des plantes qui végètent et qui vivent, on n'y voyait point les animaux qui sentent, qui aiment, qui connaissent. Le Cabinet montre les dépouilles de la mort, le Jardin doit montrer les premiers éléments de la vie. « Quelques lumières, disait-il, que l'anatomie comparée ait répandues sur celle de l'homme même, l'étude des goûts des animaux, de leurs instincts, de leurs passions en jette de bien plus importantes pour nos besoins et pour notre propre existence; elle est le complément de l'Histoire naturelle. C'est cette étude qui a rendu Buffon si intéressant, non-seulement aux savants, mais à tous les hommes. Mais cet écrivain illustre ayant manqué de beaucoup d'objets d'observations, n'a travaillé souvent que sur des Mémoires incertains : ses remarques les plus utiles et ses tableaux les mieux coloriés sont ceux qui ont eu pour modèles les animaux qu'il avait lui-même étudiés; car les pensées de la nature portent avec elles leur expression. Quelles riches études il nous eût laissées, s'il eût pu les étendre à une Ménagerie!... »

A peine ce plaidoyer éloquent eut-il obtenu le succès qu'il méritait si bien, qu'un nouveau danger menaça le Jardin des Plantes. Un décret du 18 août **1792** ayant supprimé les Universités, les Facultés et autres institutions de la même nature, on eut lieu de craindre que le Jardin fût enveloppé dans la même proscription. A la vérité, le local et ses dépendances étaient une propriété nationale; on y distribuait gratuitement des plantes médicinales aux pauvres malades, et, à la rigueur, le laboratoire de chimie pouvait servir à la fabrication du salpêtre. Tous ces motifs auraient eu peine à faire respecter l'établissement, si quelques hommes de courage ne se fussent élevés contre la fureur aveugle qui voulait anéantir toutes les sources d'instruction et jusqu'aux dépôts publics des sciences et des arts. Parmi eux se distingue Lakanal, l'un des hommes convaincus, mais probes et éclairés, dont la fermeté devait mettre un terme à ces dévastations. Joseph Lakanal était né à Serres, village du département de l'Ariége, en 1762. Un de ses oncles, engagé dans les ordres, et avec qui on l'a quelquefois confondu, devint, au commencement de la révolution, évêque constitutionnel de Pamiers. Lakanal fut élevé aux Oratoriens. Ses études terminées à dix-huit ans, la congrégation désira se l'attacher; on l'envoya à Lectoure, comme professeur de grammaire, puis à Moissac et à Castelnaudary pour occuper des chaires plus élevées. Comme il se préparait à recevoir les ordres, il entra au séminaire Saint-Magloire, mais il ajourna son ordination. Rentré dans les colléges de l'Oratoire, il devint régent de rhétorique à Périgueux et à Bourges. Il prit ses grades à la Faculté des Arts, et fut reçu docteur à Angers. En 1785, il était à Moulins professeur de philosophie; en 1792, il fut nommé député de l'Ariége; il avait alors trente ans.

« De la France entière, dit M. Isidore Geoffroy-Saint-Hilaire, qui a écrit sur Lakanal une remarquable notice, de laquelle nous tirons la plupart de ces détails, il ne connaissait que le séminaire Saint-Magloire et les collèges des Oratoriens. Nulle expérience des choses du monde, mais aussi nul de ses préjugés : c'est un homme nouveau pour une situation nouvelle. Heureusement aussi, c'est un grand cœur pour une grande œuvre, et l'on verra que Lakanal n'est pas né seulement pour faire admirer à ses élèves les vertus antiques, il saura les faire revivre en lui,... »

LAKANAL.

« La Convention s'ouvre. Quand Lakanal se voit, lui, obscur et inexpérimenté, en présence de tels hommes et à la veille de tels événements, il se demande ce qu'il pourra faire pour son pays. A d'autres les succès de la tribune, les hautes influences politiques, l'éclat du pouvoir; pour lui, il ne sait, il ne croit savoir qu'une chose : enseigner; il s'occupera des écoles. Il devient au comité d'instruction publique le collègue de Siéyès, de Daunou, de Chénier, de Fourcroy, de Boissy-d'Anglas. Peu de semaines s'étaient écoulées, que Lakanal passait pour la cheville ouvrière du comité et que ses collègues lui en déféraient la présidence par un vote presque unanime. »

« Jamais mission ne fut plus complétement, plus heureusement accomplie. Tout ce qu'il s'était promis à lui-même, Lakanal l'accomplit. Placé entre le comité des finances, qui ne connaît qu'un besoin, l'économie, et la foule de ceux qui ne voient dans les sciences, les lettres et les arts, qu'une inutile aristocratie de l'esprit, Lakanal semble toujours devoir échouer. C'est une lutte où, durant trois années, la victoire, souvent emportée de vive force, parfois adroitement obtenue, resta à la bonne cause. »

Le peuple, vainqueur de Louis XVI au 10 août, poursuivait encore sa victime dans tous les souvenirs de la monarchie, qu'il voulait extirper du sol de la France, et, à ce titre, les monuments, les objets d'art, ornements des demeures royales, tombaient de toutes parts sous des mains égarées. Lakanal, indigné surtout des dévastations commises, sous les yeux même de la Convention, aux Tuileries, les dénonce énergiquement et les fait réprimer par un premier décret. Quelques semaines après, le 4 juin 1793, il demande de nouveau la parole : « Les monuments nationaux, s'écrie-t-il, reçoivent tous les jours les outrages du vandalisme. Des chefs-d'œuvre sans prix sont brisés ou mutilés. Les arts déplorent ces pertes irréparables. Il est temps que la Convention arrête ces farouches excès. »

Le Jardin des Plantes, de création royale comme les Académies, mais à un plus haut degré, puisque depuis plus d'un siècle et demi il n'était qu'un annexe de la maison du roi; le Jardin des Plantes eût, sans nul doute, partagé le sort qui anéantissait tout ce qui avait tenu par un lien quelconque à la couronne. Lakanal détourne le coup fatal. « Il apprend un matin que des *vandales*, selon son expression, vont attaquer devant la Convention l'établissement ex-royal. Le même jour, à trois heures, il se rend chez Daubenton, appelle au conseil Thouin et Desfontaines, et reçoit d'eux, avec de précieuses notes, le Mémoire rédigé en 1790 pour l'Assemblée constituante; le lendemain, 10 juin 1793, il est à la tribune, et les *vandales*, muets de surprise, l'entendent lire un Rapport écrit durant la nuit, et présenter un vaste projet aussitôt converti en loi : le Jardin des Plantes était érigé en *Muséum national d'Histoire naturelle*. Ainsi fut sauvé en vingt-quatre heures et sauvé par une mesure qui, en le transformant, l'agrandissait, un établissement qui, sous sa forme actuelle, admiré et partiellement imité par toutes les nations civilisées, ne reste pas moins, dans son harmonique ensemble, unique encore en Europe. »

Trente ans après, Lakanal put se convaincre qu'on n'avait point oublié au Muséum celui qui, en 1793, avait été le sauveur et le second fondateur, et, en 1794 et 1795, le constant et zélé protecteur de l'établissement. Quand Deleuze, en 1823, rédigea son *Histoire du Muséum*, les professeurs y firent insérer une relation détaillée des faits que nous venons de rappeler, et un exemplaire fut envoyé à Lakanal, alors réfugié en Amérique, avec cette dédicace, datée du 10 juin 1823 et signée de tous les professeurs : *A M. Lakanal, pour le remercier du décret du 10 juin* 1793. Lakanal fut vivement touché de cet hommage, presque le seul qui soit venu consoler son exil.

C'est principalement à Lakanal que l'on doit l'adoption du télégraphe. L'ingénieuse machine de Chappe, présentée en 1792 à l'Assemblée législative, avait à peine attiré son attention. Elle fut représentée l'année suivante à la Convention, et cette fois Lakanal, l'un des commissaires chargés de l'examiner, fait accorder une récompense nationale à l'inventeur, obtient des fonds pour l'établissement d'une première ligne, et imprime aux travaux une telle activité que, un mois après, on pouvait communiquer de Paris à la frontière. Son Rapport est du 25 juillet, et, le 1er septembre, Carnot lisait à la tribune une dépêche qui annonçait la reddition de Condé, le même jour, à six heures du matin.

Après le 9 thermidor, Lakanal présenta et fit voter cinq décrets, qui sont pour sa mémoire de nouveaux titres d'honneur. Les trois premiers fondaient trois grandes institutions, qui subsistent et sont encore aujourd'hui en pleine prospérité : l'École Normale, l'École des Langues orientales et le Bureau des Longitudes. Les deux autres décrets organisaient les Écoles primaires et les Écoles centrales. C'était tout l'édifice de l'instruction publique qui venait d'être reconstruit.

Plus tard, Lakanal prit part à l'organisation de l'Institut et fut nommé, l'un des premiers, membre de la classe des sciences morales et politiques. En 1797, le Directoire le chargea d'une mission dans les départements; il s'y montra ferme, conciliant et désintéressé. Après le 18 brumaire, l'homme qui avait réorganisé en France l'instruction publique accepta une modeste place de professeur à l'École centrale de la rue Saint-Antoine (Lycée Charlemagne). En 1814, il s'exila volontairement aux États-Unis et devint président de l'université de la Louisiane. Quelques années après, il se fit colon et entreprit des plantations dans l'Alabama, sur les bords de la Mobile. Lorsque l'Académie des sciences morales et politiques fut rétablie, le nom de Lakanal fut d'abord oublié; mais l'Académie, par un vote unanime, répara cet oubli, et un décret de 1834 déclara qu'il reprendrait sa place. Il revint en effet en France en 1837, se maria à l'âge de soixante-quinze ans et eut un fils. Lakanal s'éteignit en 1844, en disant à quelques amis qui l'entouraient : « Je vais me présenter devant Dieu, le cœur pur et « les mains nettes. » Il avait dit quelques jours auparavant à l'un d'eux : « Je n'ai jamais eu sur les mains une goutte de sang, ni dedans une obole mal acquise. »

Le décret qui organisait le Jardin des Plantes sous le nom de *Muséum d'Histoire naturelle*, fut rendu le 10 juin 1793 et publié le 14. Il reproduisait presque intégralement le projet délibéré, en 1790, par l'Assemblée des officiers du Jardin, sur la demande de la Convention. Voici quelles en étaient les dispositions principales : l'égalité des droits, des fonctions, des émoluments entre tous les professeurs ; une administration simple, confiée à l'assemblée générale des officiers ; une surveillance fraternelle et réciproque ; l'équilibre maintenu par des efforts communs, le poids du travail également supporté par tous ; le droit de vote sur tout ce qui est relatif à l'enseignement ; un président annuel, un trésorier et un secrétaire. Le nombre des chaires était porté à douze ; celui des leçons était augmenté : aux chaires existantes on ajoutait des cours de chimie appliquée, de culture, de géologie, d'instructions pour les voyageurs et d'iconographie. La zoologie divisée comprenait deux chaires, indépendamment de celle d'anatomie des animaux.

Les officiers proposaient les sujets pour les places vacantes, et nommaient les aides-naturalistes. Chaque année, dans une séance publique, on rendait compte des progrès de la science et de ceux de l'établissement ; on créait une bibliothèque, formée de tous les ouvrages de physique et d'histoire naturelle recueillis dans les bibliothèques des ordres religieux supprimés ou dans les dépôts publics, et à laquelle on réunissait la collection des vélins jusque-là déposée à la Bibliothèque royale.

Tous les professeurs en exercice conservaient leurs chaires. Lacépède ayant envoyé sa démission quelques mois auparavant, M. Geoffroy-Saint-Hilaire, présenté par Haüy et par Daubenton, fut chargé du cours de zoologie : quadrupèdes, oiseaux, poissons et reptiles ; et Lamarck qui, depuis quelques années déjà, avait le titre de botaniste du cabinet et de garde des herbiers, eut la chaire de zoologie qui comprenait les insectes et les vers. Comme ce dernier appartenait à l'administration précédente, nous placerons ici les détails biographiques qui le concernent ; ceux qui se rapportent à Geoffroy-Saint-Hilaire trouveront naturellement leur place dans l'histoire de la période suivante.

Voici la liste des cours arrêtés à cette époque et les noms des professeurs qui y furent attachés :

Minéralogie,	MM. Daubenton ;
Chimie générale,	Fourcroy ;
Arts chimiques,	Brongniart ;
Botanique,	Desfontaines ;
Botanique rurale,	De Jussieu ;
Culture,	A. Thouin ;
Zoologie : quadrupèdes, etc.,	Geoffroy-Saint-Hilaire ;
Zoologie : insectes et vers,	Lamarck ;
Anatomie humaine,	Portal ;
Anatomie des animaux,	Mertrud ;
Géologie et instructions aux voyageurs,	Faujas-Saint-Fond ;
Iconographie,	Van Spaendonck.

Dès l'année 1787, Buffon avait adjoint au cabinet deux aides pour la préparation des animaux, ainsi que M. François Lucas, avec le titre d'huissier. À la réorganisation, Jean Thouin, frère d'André, fut nommé jardinier en chef. On désigna également quatre aides-

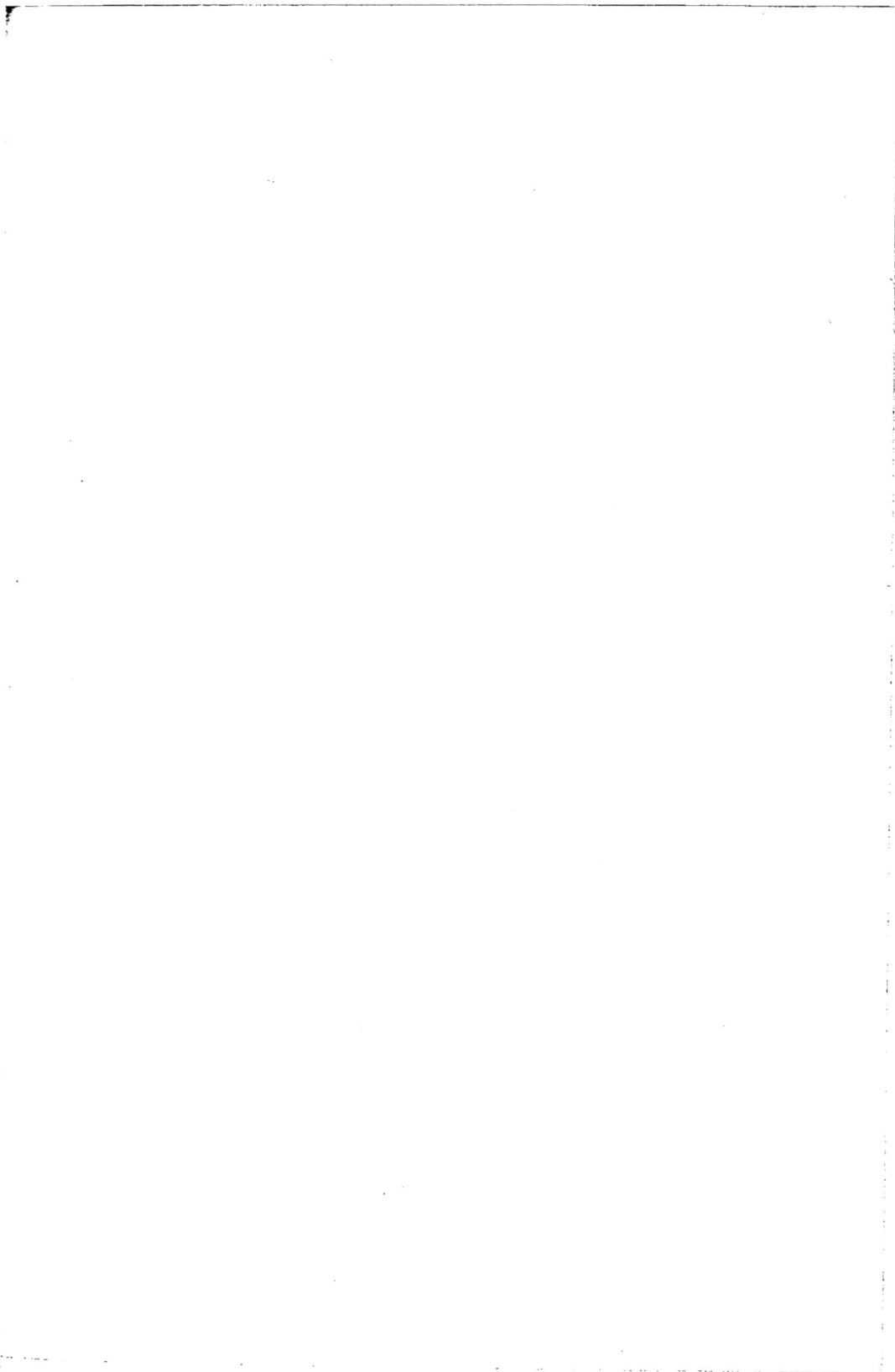

DE LAMARCK

1744   1829

Publié par J. Ausmer à Paris

naturalistes : MM. Desmoulins, Dufresne, Valenciennes et Deleuze; enfin, trois peintres d'Histoire naturelle : Maréchal et les deux frères Redouté.

Jean-Baptiste-Pierre-Antoine de Monet, chevalier de Lamarck, né à Barentin, près de Bapaume, en 1744, était le onzième enfant du seigneur du lieu. On le destina de bonne heure au sacerdoce, et on l'envoya chez les Jésuites d'Amiens ; mais sa vocation n'était pas là. La France, à cette époque, était engagée dans une lutte violente et désastreuse contre la Prusse et l'Angleterre. L'un des frères de Lamarck avait trouvé une mort honorable, sur la brèche, au siége de Berg-op-Zoom. Deux autres de ses frères servaient encore avec distinction ; presque toute sa famille avait suivi la carrière des armes, et le jeune homme avait à cœur d'imiter de tels exemples. Son père étant mort en 1760; Lamarck quitta aussitôt le petit collet ; il partit, à peine âgé de 17 ans, pour l'armée d'Allemagne, monté sur un mauvais cheval et muni d'une simple recommandation, que madame de Lameth, amie de sa famille, lui remit pour le colonel du régiment de Beaujolais. L'officier, frappé de la mine chétive du jeune homme, l'admit pourtant comme volontaire. C'était en juillet 1761. Le maréchal de Broglie, qui venait de réunir son corps d'armée avec celui du prince de Soubise, devait attaquer le lendemain les alliés, commandés par le prince Ferdinand de Brunswick. Cette bataille de Willinghausen, village situé entre Ham et Lippstadt, fut perdue par les Français. Une compagnie de grenadiers, au premier rang de laquelle Lamarck s'était placé de son propre mouvement, se trouva exposée au feu de l'artillerie ennemie, et, dans le mouvement de la retraite, on l'oublia. Il ne restait plus que quatorze hommes, dont le plus ancien proposa à la petite troupe de se retirer. Lamark s'y opposa avec énergie, et il fallut que le colonel envoyât, par mille détours, une ordonnance pour l'y décider. Ce trait de courage ayant été rapporté au maréchal, le jeune volontaire fut nommé officier. A quelque temps de là, il reçut le brevet de lieutenant. Un accident l'arrêta dans sa carrière militaire, à laquelle il se vit par la suite forcé de renoncer. Son régiment ayant été envoyé à Monaco, un de ses camarades, en jouant avec lui, le souleva par la tête, ce qui détermina une affection grave des glandes du cou, pour laquelle Lamarck fut obligé de venir se faire traiter à Paris. Ce traitement exigea une année entière ; pendant sa longue maladie, il fut contraint de rester dans la solitude, n'ayant d'autre ressource que de se livrer à la méditation.

Lamarck avait reçu au collége des notions de physique qu'il n'avait point oubliées. Pendant son séjour à Monaco, il s'était occupé de Botanique, sans autre guide que le *Traité des Plantes usuelles* de Chomel. A Paris, logé dans une mansarde, il n'avait guère d'autre spectacle devant les yeux que les nuages et le firmament, ce qui lui inspira également la pensée d'étudier la météorologie. Il prit dès lors le parti d'apprendre la médecine. Réduit, à cette époque, à une modique pension de 400 livres, il était forcé, dans les intervalles de ses études, de travailler dans les bureaux d'un banquier. Cependant, de toutes les parties de l'art médical, celle qui l'intéressait le plus était la Botanique, et c'est à cette science qu'il s'attacha définitivement. Il s'y livra avec une persévérance telle qu'après dix ans d'un travail assidu, il se présenta tout à coup dans le monde savant, avec un ouvrage aussi remarquable par la nouveauté du plan que par celle de l'exécution.

Frappé de l'insuffisance des systèmes imaginés pour la détermination des plantes, Lamarck avait eu l'idée d'en créer un nouveau qui devait conduire plus facilement et plus sûrement à ce résultat. Il se mit aussitôt à l'œuvre, et c'est dans ce but qu'il écrivit la *Flore française*, ouvrage qui ne tarda pas à avoir un grand retentissement. Sans chercher à augmenter d'une manière notable le nombre des plantes de la France alors connues, il s'était seulement attaché à les faire reconnaître à l'aide d'une méthode aussi commode qu'ingénieuse. Il prenait pour point de départ les conformations les plus générales, et, en procédant toujours par voie dichotomique, il ne laissait chaque fois à choisir qu'entre deux caractères opposés, divisant et subdivisant toujours par deux, jusqu'à ce que, n'ayant plus à se décider entre deux caractères bien tranchés, on arrivât infailliblement à la détermination de l'espèce que l'on étudiait. Cette méthode eut un succès rapide; Buffon en fut si émerveillé qu'il obtint de faire imprimer la *Flore française* par l'imprimerie royale. Daubenton travailla au discours préliminaire, et, dans le cours de l'ouvrage, le bon Haüy vint souvent en aide à la plume encore peu exercée de l'auteur. Presque au même moment, une place de Botanique étant devenue vacante à l'Académie des sciences, Lamarck y fut admis, bien que présenté en seconde ligne, à l'exclusion du botaniste Descemet, qui mourut sans obtenir justice de ce passe-droit jusque-là sans exemple.

Buffon lui donna un autre témoignage de l'intérêt qu'il lui portait, en le faisant voyager avec son fils, mais pourvu d'une commission de botaniste du roi, qui le chargeait en cette qualité de visiter les jardins, les cabinets étrangers, et d'établir avec eux des correspondances. Il parcourut ainsi, pendant deux ans (1781-1782), la Hollande, l'Allemagne et la Hongrie. Cependant, à son retour, il n'obtint aucun emploi, et ce ne fut qu'après la mort de Buffon que M. d'Angivilliers créa pour lui la place de botaniste du Cabinet, avec le soin et la garde des herbiers du roi. C'est pendant les années qui séparèrent son voyage de son entrée au Jardin que Lamarck publia la partie botanique de l'*Encyclopédie méthodique*; travail bien plus important que sa *Flore française*, bien qu'il ait joui dans le monde d'une moindre célébrité.

Au moment où le Jardin et le Cabinet du Roi furent reconstitués sous le nom de *Muséum d'Histoire naturelle*, Lamarck, alors le dernier venu des *officiers* qui avaient à se partager les chaires nouvellement instituées, fut sur le point de se trouver exclus. Cependant, Lacépède venait de se démettre de ses fonctions et avait laissé vacante la chaire de zoologie relative aux insectes et aux vers. Lamarck se vit obligé d'en prendre possession. Il avait alors 50 ans et ne connaissait cette matière que pour s'être occupé de conchyliologie. Mais son courage ne lui fit pas défaut, et il se trouva bientôt en état, non-seulement de professer avec succès cette branche de la science, mais encore d'y acquérir une réputation supérieure à celle qu'il avait obtenue en Botanique. Malheureusement, à peine eut-il obtenu la chaire de zoologie, que sa vue commença à s'affaiblir, et qu'il fut obligé de recourir à l'assistance de Latreille, pour observer et étudier les insectes. Cette infirmité ne fit que s'accroître par un travail forcé, et, dans les derniers temps, il finit par devenir tout à fait aveugle.

Lamarck avait beaucoup médité sur les lois générales de la physique et de la chimie, sur les révolutions du globe, sur les phénomènes météorologiques, sur les lois qui président à l'organisme et à la vie. Il crut devoir émettre, sur ces différents sujets, des opinions fondées uniquement sur des raisonnements et des hypothèses. Ses théories, souvent en désaccord avec les faits, furent jugées avec rigueur; on chercha même à le tourner en ridicule, et ses amis lui firent comprendre que quelques-unes de ses publications ne répondaient pas à la considération que ses autres travaux lui avaient méritée; il se soumit en silence, mais il continua ses observations. Lorsque l'état de sa vue ne lui permit plus de les poursuivre, et que ses infirmités eurent accru ses besoins, ses moyens d'existence se trouvèrent à peu près réduits aux modiques émoluments de sa chaire d'Histoire naturelle. « Les amis des sciences, dit Cuvier, attirés par la haute réputation que lui avaient valu ses ouvrages de botanique et de zoologie, voyaient ce délaissement avec surprise; il leur semblait qu'un gouvernement protecteur des sciences aurait dû mettre un peu plus de soin à s'informer de la position d'un homme célèbre. Mais leur estime redoublait à la vue du courage avec lequel ce vieillard illustre supportait les atteintes de la fortune et celles de la nature. Ils admiraient surtout le dévouement qu'il avait su inspirer à ceux de ses enfants qui étaient demeurés près de lui. Sa fille aînée, entièrement consacrée aux devoirs de l'amour filial pendant des années entières, ne l'a pas quitté un instant, n'a pas cessé de se prêter à toutes les études qui pouvaient suppléer au défaut de sa vue, d'écrire sous sa dictée une partie de ses derniers ouvrages, de l'accompagner, de le soutenir tant qu'il a pu faire encore quelque exercice, et ces sacrifices sont allés au delà de tout ce qu'on pourrait exprimer. Depuis que le père ne quittait plus la chambre, la fille ne quittait plus la maison. A sa première sortie, elle fut incommodée par l'air libre dont elle avait perdu l'usage. S'il est rare de porter à ce point la vertu, il ne l'est pas moins de l'inspirer à ce degré, et c'est ajouter à l'éloge de Lamarck que de raconter ce qu'ont fait pour lui ses enfants. »

Le meilleur ouvrage de Lamarck est sans contredit son *Système des animaux sans vertèbres*, en sept volumes in-8°. C'est là qu'il établit ce grand principe de classification qui partage tout le Règne animal en deux grandes classes, fondées sur la présence ou l'absence des vertèbres. C'est en effet la seule circonstance d'organisation qui soit commune à tous les animaux. Ce trait de lumière était d'autant plus remarquable que Lamarck était assez peu exercé aux recherches d'anatomie pratique ; mais il profita habilement des travaux de ses devanciers et même de ses contemporains, pour en déduire des généralités heureuses. On lui doit également une *Philosophie zoologique*, dans laquelle il établit une physiologie toute nouvelle, appuyée toutefois sur des hypothèses dont il ne put déduire que des conséquences forcées. C'est là qu'il développe cette singulière thèse qu'un besoin peut donner naissance à un organe, et que cette génération spontanée est modifiable indéfiniment : proposition qui tombe évidemment devant ce fait que, depuis les temps les plus reculés jusqu'à nos jours, les formes animales n'ont pas changé.

Lamarck répandit ses vues sur divers sujets de physique et d'histoire naturelle dans un grand nombre d'écrits. Les plus importants ont pour titre : *Recherches sur les causes des principaux faits physiques*, etc. ; *Mémoires de Physique et d'Histoire naturelle ; Hydrogéologie*, ou *Recherches sur l'influence générale des eaux*, etc. ; enfin un *Annuaire météorologique* dont il parut successivement onze volumes. Ses idées avaient en général de l'originalité, de la hardiesse, quelquefois même elles portèrent l'empreinte du génie ; mais son intelligence, appliquée à la fois à un trop grand nombre d'objets, ses théories fondées trop rarement sur des observations exactes l'ont conduit à des excentricités souvent regrettables. Lamarck était certainement un esprit hors ligne ; il avait le goût du travail, une activité rare, et toutefois, après une longue vie toute consacrée à l'étude, il lui restera peu de chose peut-être de son énorme bagage scientifique. Cependant, sa *Flore française*, sa *Philosophie zoologique*, mais surtout son *Système des animaux sans vertèbres*, sont de justes titres à une célébrité qui s'attachera longtemps encore à son nom. Lamarck avait été marié quatre fois ; il mourut en 1829, à l'âge de 85 ans.

Le décret qui organisait le Muséum une fois rendu, les professeurs, dans leur première assemblée générale, nommèrent Daubenton président, Desfontaines secrétaire, et André Thouin trésorier. On prépara le local destiné à la bibliothèque, M. de Jussieu s'occupa de recueillir les livres qui devaient la composer, M. Toscan en fut nommé bibliothécaire, Mordant de Launay bibliothécaire adjoint, et, au mois de septembre 1794, elle fut ouverte solennellement au public.

On s'occupa en même temps de disposer pour la Ménagerie un local provisoire, où l'on réunit les animaux de la Ménagerie de Versailles et quelques autres que l'on se procura par des acquisitions ou des échanges. L'intendance fut destinée à fournir des logements aux professeurs ; on décida de construire un second étage au-dessus des galeries pour doubler leur étendue. Le règlement intérieur une fois arrêté, le représentant Thibaudeau en fit, au comité des sciences, le sujet d'un rapport qui fut adopté et qui fixa d'une manière définitive l'organisation du Muséum.

Cependant, on avait bien compris, dès le principe, la nécessité de créer une troisième chaire de zoologie ; mais, en l'absence de Lacépède, démissionnaire, on crut ne devoir pas en parler dans le projet d'organisation, se réservant de faire valoir ultérieurement les droits de l'éminent professeur. C'est en effet ce qui eut lieu : la loi du 11 décembre 1794 créa cette troisième chaire de zoologie, et on s'empressa de désigner Lacépède pour l'occuper.

La même loi ordonna l'acquisition des terrains compris entre la rue Poliveau, la rue de Seine, la rivière, le boulevard de l'Hôpital et la rue Saint-Victor, afin de compléter le péri-

M

mètre occupé par le Muséum. La commission d'instruction publique avait formé un plan encore plus vaste, mais impraticable, et, en mai 1794, le Comité de salut public l'avait converti en loi ; mais cette loi fut rapportée, à la sollicitation même des professeurs, et on décida que l'étendue du Jardin serait bornée définitivement par les rues de Buffon et de Seine, par la rivière et la rue Saint-Victor. Le projet ainsi limité devenait d'une exécution plus facile, et, toutefois, il ne put se réaliser complétement que longtemps après.

A la fin de 1794, l'amphithéâtre fut agrandi et terminé par l'addition de trois pavillons et du laboratoire de chimie. C'est dans ce local que se fit, en janvier 1795, l'ouverture de l'École normale, sous la présidence de Lakanal et de Siéyès, délégués par la Convention, en présence de quatorze cents élèves venus de tous les points de la France, des douze professeurs, et par une magnifique leçon de l'illustre Laplace.

QUATRIÈME PÉRIODE

1794-1815

Le Muséum d'histoire naturelle était fondé, mais son inauguration avait eu lieu sous de tristes auspices. L'activité, le zèle et le savoir de ses professeurs ne pouvaient suffire à tout ce que la science et l'enseignement attendaient de cette grande institution. Les troubles de la société, la pénurie des finances, l'interruption de tout commerce avec les académies étrangères, la difficulté des rapports avec l'autorité qui changeait de mains chaque jour, toutes ces causes entravaient l'exécution des projets les mieux conçus et des mesures les plus utiles. On fit pourtant l'acquisition de quelques terrains, on entreprit des constructions indispensables, on préparait l'organisation de la Ménagerie et les développements du Cabinet; mais, d'une autre part, on ne pouvait pourvoir aux nécessités les plus urgentes; on manquait d'argent pour payer les ouvriers, pour nourrir les animaux, pour acheter des engrais. On cultivait des pommes de terre dans les carrés destinés aux plantes rares ; les collections s'entassaient dans les magasins; on n'avait ni local, ni armoires pour conserver les objets les plus précieux. Heureusement, le dévouement et le courage des professeurs ne se ralentissaient point, et leur désintéressement, bien digne des vrais amis de la science, prévint plus d'une fois la ruine imminente de l'établissement.

Cet état de choses devait se prolonger jusqu'aux dernières années de ce siècle, qui marchait si difficilement vers sa fin. Cependant, grâce à une administration bien entendue, on parvint à exécuter des améliorations d'une réelle importance. Dès l'année 1795, on acheta, pour les réunir au Muséum, toutes les propriétés particulières qui entouraient l'hôtel de Magny. On y établit les bureaux et on y réserva un local pour le Cabinet d'anatomie. On disposa des logements pour les professeurs dans d'autres bâtiments, autrefois possédés par la communauté des *Nouveaux-Convertis*, et situés le long de la rue de Seine. Les jardins qui dépendaient de ces habitations furent réunis au Labyrinthe. On commença la construction d'une serre tempérée; on acheta quelques pièces des terrains que l'on destinait à la Ménagerie et dans lesquels on dessina les premiers parcs pour les animaux ruminants; on entreprit la construction du second étage au-dessus des galeries, et un peu plus tard celle d'une nouvelle serre, destinée aux végétaux rapportés par le capitaine Baudin. Ces constructions furent dirigées par l'architecte Molinos, qui avait succédé à Verniquet, à qui l'on doit l'érection du grand Amphithéâtre actuel.

Cependant, le Muséum recevait de différents points des objets de la plus grande valeur pour ses collections. En 1795, la conquête de la Hollande lui avait procuré les deux Éléphants et le cabinet d'histoire naturelle du Stathouder, riche surtout en objets de zoologie. Une autre collection précieuse lui était parvenue de la Belgique; l'année suivante, M. Desfontaines avait offert au Muséum sa collection d'Insectes de Barbarie. L'Académie des sciences lui avait donné une pépite d'or d'un poids considérable; le gouvernement avait remis au Muséum la collection de pierres précieuses de l'hôtel des Monnaies. En 1797, on acheta la collection d'oiseaux d'Afrique, de Levaillant, puis celle des oiseaux de la Guyane, de Brocheton; enfin, en 1798, on reçut les nombreuses collections de botanique et de zoologie rapportées d'Amérique par le capitaine Baudin et ses savants collaborateurs.

Au commencement de 1796, le capitaine Baudin, récemment de retour d'un voyage de recherches dans l'Inde, avait annoncé au gouvernement qu'il avait laissé dans l'île de la Trinité une riche collection d'histoire naturelle, et qu'il l'offrirait au Muséum, si on voulait lui confier un vaisseau pour l'aller chercher. Cette demande, vivement appuyée par les professeurs, fut accordée, à la condition que Baudin emmènerait avec lui quatre naturalistes. On désigna pour l'accompagner Maugé et Levillain, pour la zoologie; Dru, pour la botanique, ainsi que Riedley, jardinier du Muséum.

BAUDIN

Baudin partit du Havre en septembre 1796. Son vaisseau ayant fait naufrage aux îles Canaries, le gouvernement espagnol lui donna un autre bâtiment pour continuer son voyage. L'île de la Trinité étant alors au pouvoir des Anglais, il se dirigea sur Saint-Thomas, et de là sur Porto-Rico. Après deux ans, il appareilla pour revenir en France, et entra à Fécamp avec ses collections au mois de juin 1798. « Jamais, dit Deleuze, on n'avait reçu à la fois un aussi grand nombre de végétaux et surtout d'arbres des Antilles : il y avait une centaine de caisses dont plusieurs renfermaient des individus de six et jusqu'à dix pieds de hauteur; les plantes avaient été si bien soignées pendant la traversée, qu'elles étaient en pleine végétation et qu'elles réussirent très-bien dans nos serres. »

« Le résultat du voyage ne se borna point à procurer au Jardin des plantes vivantes, il enrichit également les cabinets : les herbiers furent accrus d'un grand nombre de plantes des Antilles, recueillies et desséchées avec soin par Dru et Riedley, qui n'avaient pas négligé d'indiquer le lieu où elles avaient été ramassées. Riedley avait fait de plus une collection de tous les bois de Saint-Thomas et de Porto-Rico, et il avait attaché à chaque échantillon un numéro qui renvoyait au rameau fleuri du même arbre conservé dans l'herbier, ce qui donna au professeur de botanique la facilité de les déterminer. Les deux zoologistes rapportaient aussi des peaux de quadrupèdes, des Oiseaux et des Insectes. La nombreuse collection d'Oiseaux faite par Maugé était surtout très-intéressante, parce que la plupart des espèces manquaient au Muséum et que tous les individus étaient parfaitement conservés. »

Toutes ces richesses auraient fini par être perdues pour la science, si l'on n'eût pourvu à leur conservation par des mesures immédiates. En 1798, les professeurs se décidèrent à présenter au gouvernement un Mémoire pour lui faire connaître les besoins du Muséum. On y énumérait les objets précieux que l'on avait reçus, mais dont on ne pouvait tirer aucun parti : les collections restaient enfouies dans les caisses, où elles étaient exposées à être détruites par les insectes ou par d'autres causes ; les animaux vivants étaient logés provisoirement dans des écuries, où le défaut d'air, le froid et une mauvaise alimentation allaient les laisser périr : un moment, la détresse fut telle que l'on dut autoriser le surveillant de la Ménagerie à faire tuer les animaux les moins précieux pour servir à la nourriture des autres.

Il était presque impossible au gouvernement de satisfaire à ces demandes, dans l'état où la guerre et les dissensions intérieures avaient réduit la France. On pourvut toutefois aux besoins les plus urgents ; mais les événements qui furent la conséquence du 18 brumaire (9 novembre 1799) changèrent la face des choses, et dès lors un nouvel avenir s'ouvrit à la prospérité du Muséum. Le gouvernement consulaire comprit toute l'importance de l'institution et résolut aussitôt de lui donner tous les développements qu'elle méritait. On reprit les travaux interrompus, on continua les acquisitions de terrain, on mit en ordre les collections. On fit acheter à Londres plusieurs animaux importants pour la Ménagerie : deux Tigres, deux Lynx, un Mandrill, un Léopard, une Panthère, une Hyène, divers Oiseaux étrangers. Sir Joseph Banks, avec sa générosité accoutumée, saisit cette occasion pour offrir au Muséum quelques plantes intéressantes qui manquaient aux serres. A la même époque, la collection anatomique s'enrichit des dépouilles de plusieurs animaux rares ; M. Latreille, aide naturaliste d'un mérite éprouvé, disposa la collection d'Insectes avec un soin et une intelligence qui annonçaient un entomologiste des plus distingués ; sous les mains de M. Alexandre Brongniart, les cadres du Cabinet de Minéralogie s'étendirent, se complétèrent ; enfin, on commença à former, avec les échantillons accumulés dans les magasins, des collections classiques destinées à enrichir les Écoles centrales des départements.

Cependant, une circonstance grave menaça tout à coup d'interrompre le cours de cette prospérité naissante. On eut un moment la pensée de confier l'administration du Muséum à un intendant, directeur général, nommé par le ministre, et de réduire les fonctions des professeurs à leur enseignement, ainsi qu'à la conservation des collections qui s'y rapportent. Les professeurs s'émurent de ce projet, non dans leur intérêt personnel, mais dans celui des sciences et de l'institution. Ils s'empressèrent de faire de vives représentations à ce sujet ; ils firent valoir les rapides développements du Jardin sous l'administration des premiers intendants, qui tous avaient été professeurs, les notables succès que l'établissement avait déjà obtenus, grâce au nouveau régime administratif, le danger de voir quelque jour cette administration passer dans les mains d'un homme étranger aux sciences, et qui pourrait, à leurs progrès réels, préférer l'éclat d'une institution brillante sous d'autres rapports ; ils ajoutaient que l'état de subordination où se trouveraient les professeurs risquerait de paralyser leur zèle.

rendrait leur responsabilité illusoire, enfin que ceux d'entre eux qui étaient pourvus de places éminentes dans l'État ne pourraient recevoir des ordres d'un chef moins élevé hiérarchiquement, et se verraient contraints de se démettre de leurs fonctions. Ces motifs ne furent pas accueillis; le ministre persista et nomma M. de Jussieu directeur. Celui-ci, loin d'accepter, protesta avec plus d'énergie, et Chaptal, devenu ministre de l'intérieur, se hâta de faire droit à des réclamations qui lui parurent parfaitement fondées.

J. ANTOINE CHAPTAL

Sous l'impulsion de ce ministre, à qui le Muséum doit des souvenirs pleins de reconnaissance, l'institution ne tarda pas en effet à reprendre une vie nouvelle. Chaptal était médecin, chimiste très-distingué, professeur éminent. Il avait été dans l'École de Montpellier, comme Fourcroy dans la chaire du Jardin des Plantes, l'éloquent propagateur d'une science encore toute nouvelle. Il comprenait mieux que personne la portée des sciences naturelles et toutes les ressources que leurs applications promettaient à l'industrie. Élevé au premier emploi de l'administration publique, sa première pensée avait été de ramener les esprits dans les voies de l'ordre, à l'aide de l'étude, et de fonder la prospérité de la nation sur les développements de l'intelligence : il ne pouvait donc manquer de couvrir le Muséum de sa haute protection.

L'enceinte totale du Jardin qui, dans les premières années de l'administration de Buffon n'était que de vingt et un arpents, avait été plus que doublée en 1783. L'École botanique, déjà fort étendue par les soins de Jussieu, fut augmentée d'un tiers par ceux de Desfontaines, et replantée intégralement. La galerie supérieure du Cabinet et son ameublement furent terminés. On arrêta le plan de la Ménagerie et des parcs; on construisit de nouvelles salles pour un laboratoire de zoologie et pour les préparations anatomiques. Dès l'année 1802, le Muséum se trouva complétement organisé; toutes les parties de l'établissement recevaient la même impulsion; l'ordre, l'activité régnaient sur tous les points, et l'enseignement, confié aux mains des plus habiles professeurs, attirait de nombreux élèves autour de ce large foyer de lumières et de savoir.

La seule partie des collections qui laissât encore à désirer était celle de la minéralogie, qui, créée par Daubenton avec des soins tout particuliers et une assiduité de cinquante ans, présentait néanmoins beaucoup de lacunes. Une collection très-riche et très-étendue, ayant été apportée en France par un Allemand, M. Weiss, les professeurs s'empressèrent d'appeler sur ce sujet l'attention de Chaptal, qui, après avoir pris l'avis du Conseil des mines, trouva le moyen, à l'aide d'échanges et de quelques sacrifices, de l'acquérir pour le Muséum. En 1802, M. Geoffroy-Saint-Hilaire fit don à l'établissement des objets de toute nature qu'il avait recueillis en Égypte pendant un séjour de quatre années. Cette collection, du plus haut intérêt au point de vue de l'histoire naturelle, comme sous les rapports historique et archéologique, contenait entre autres plusieurs des animaux sacrés conservés dans les tombeaux de Thèbes et de Memphis, ainsi qu'une foule d'autres pièces qui devaient jeter une vive lumière sur diverses questions importantes de philosophie naturelle.

Vers la même époque, l'empereur Napoléon donna au Muséum la collection des Poissons fossiles, achetée au comte de Gazola, une autre collection du même genre, offerte par la ville de Vérone, et celle des roches de Corse, recueillie par M. de Barral.

Les travaux du laboratoire de zoologie avaient pris une immense activité. On s'en étonnera peu quand on saura que ces travaux étaient dirigés par des zoologistes de premier ordre, remplis de zèle et de talents, qui s'étaient imposé la mission de créer de leurs propres mains la galerie d'anatomie comparée, et qui donnaient l'exemple du travail aux élèves et aux dessinateurs qui les secondaient : entreprise qui devait faire autant d'honneur à leur courage, qu'elle rendait de services à la science, car alors ces travaux difficiles n'étaient pas exempts de danger. En 1803 et 1804, Cuvier acheva avec le plus grand succès, sur trois individus morts successivement au Muséum, l'anatomie de l'Éléphant, jusque-là fort peu connue et aujourd'hui aussi complète que celle du Cheval.

En 1804, le Muséum s'enrichit à la fois d'une collection considérable de zoologie et de botanique, la plus importante qui lui fût jamais parvenue. Au commencement de l'année 1800, l'Institut avait proposé au premier consul d'envoyer deux vaisseaux aux terres australes pour y faire des découvertes relatives à la géographie et aux sciences physiques et naturelles. Le premier consul adopta cette idée, et, sur la présentation de l'Institut et du Muséum d'Histoire naturelle, il nomma, pour faire partie de l'expédition, vingt-trois hommes instruits, qui furent chargés de s'occuper uniquement de ce qui est relatif au progrès des sciences. Les deux vaisseaux le *Géographe* et le *Naturaliste*, commandés, le premier par le capitaine Baudin, le second par le capitaine Hamelin, partirent du Havre le 19 octobre 1800; ils relâchèrent à l'île de France, où restèrent la plupart de ceux qui s'étaient embarqués pour des recherches scientifiques.

Après avoir quitté l'île de France, les deux vaisseaux allèrent reconnaître la côte occidentale de la Nouvelle-Hollande, et ils se rendirent à Timor, où ils passèrent six semaines. De là, ils retournèrent visiter la même côte, ils firent le tour de la terre de Diemen, et, remontant au Nord, ils allèrent au port Jackson, où ils firent un séjour de cinq mois. Ils reprirent ensuite la route de Timor, en passant par le détroit de Bass. De Timor, ils revinrent en France, et ils entrèrent dans le port de Lorient le 25 mars 1804.

Des cinq zoologistes qui avaient été nommés pour cette expédition, deux s'étaient arrêtés à l'île de France. Les deux autres, Maugé et Levillain, étaient morts pendant le voyage. Péron, resté seul, se lia de la plus intime amitié avec M. Lesueur, peintre d'histoire naturelle et très-bon observateur ; ces deux hommes infatigables vinrent à bout de recueillir, de conserver et de décrire une infinité d'objets. On passa quinze jours à débarquer la collection au port de Lorient, et elle fut aussitôt envoyée au Muséum. Pour en donner une idée, nous ne saurions mieux faire que de transcrire ici quelques phrases du rapport fait à l'Institut par M. Cuvier.

« Chaque jour dévoile mieux, dit-il, l'importance et l'étendue de cette collection de zoologie. Plus de cent mille échantillons d'animaux grands et petits, et appartenant à toutes les classes, la composent. Elle a déjà fourni plusieurs genres importants; et le nombre des espèces nouvelles, d'après le rapport des professeurs du Muséum, s'élève à plus de deux mille cinq cents. »

« Tout ce qu'il était possible de conserver, ils l'ont rapporté, soit dans l'alcool, soit empaillé avec soin, soit desséché. Lorsqu'ils ont pu préparer des squelettes, ils ne l'ont pas négligé, et celui du crocodile des Moluques prouve jusqu'où leur zèle s'est étendu à cet égard. »

« Le même voyage, ajoute Deleuze, procura au Muséum plusieurs animaux vivants, du nombre desquels étaient le Zèbre et le Gnou, que M. Jansen, gouverneur du Cap, envoyait à l'impératrice Joséphine, et qu'elle donna au Muséum. La collection de Botanique n'était pas moins importante que celle de zoologie. La végétation de la Nouvelle-Hollande ne ressemble point à celle des autres parties du globe. Quelques plantes étaient déjà connues par les Anglais et par le voyage de M. de Labillardière, mais elles étaient en petit nombre auprès de celles qui furent apportées en 1804. Il y avait plusieurs caisses d'arbrisseaux vivants qui se multiplièrent facilement, un très-grand nombre de graines qui germèrent, des herbiers très-bien conservés, dans lesquels les trois quarts au moins des plantes étaient nouvelles, et dont plusieurs même ne sont pas encore connues, malgré les savantes recherches de M. Robert Brown. Quelques-unes ont été publiées dans les *Annales du Muséum*. Ce qu'il faut surtout remarquer, c'est que les plantes de la Nouvelle-Hollande, depuis le port Jackson jusqu'au détroit d'Entrecasteaux, ne sont point de terre chaude comme celles des Tropiques; toutes peuvent passer l'hiver en pleine terre dans les départements méridionaux de la France, et un grand nombre ne craindraient pas les hivers à Paris. Aussi depuis que le Muséum a reçu cet envoi, a-t-on vu s'introduire dans les jardins les Métrosidéros, les Mélaleuca, les Leptospermum, qui, par la beauté de leurs fleurs, ont d'abord excité l'admiration. Les magnifiques Eucalyptus qui, dans leur pays natal, s'élèvent à 150 pieds, et dont le tronc acquiert 7 à 8 pieds de diamètre, commencèrent à se multiplier. On les conserve encore dans l'Orangerie à cause de l'époque à laquelle ils fleurissent. Mais en les élevant de graine, on parviendra à changer leurs habitudes, et ils seront cultivés dans nos parcs. C'est du Muséum que de beaux individus de tous ces arbres de la famille des Myrtes se sont répandus chez les pépiniéristes, et de là dans toute la France. »

Les herbiers, autrefois réunis assez confusément dans des pièces dépendantes du logement du professeur de Botanique, avaient été transportés dans une salle des maisons nouvellement acquises, et d'abord confiés aux soins de Lamarck; mais celui-ci, faute de local, n'était point parvenu à les mettre en ordre, et, devenu professeur de zoologie, le temps lui avait manqué pour y donner ses soins. Desfontaines s'y consacra avec zèle, et réussit à classer toutes ces richesses. Cette partie des collections devait bientôt s'enrichir du magnifique herbier des plantes équinoxiales de l'Amérique, recueillies par MM. de Humboldt, Bonpland et Kunth. Cet herbier contenait 4,600 espèces, dont plus de 3,000 étaient inconnues jusque-là, et renfermait tous les échantillons d'après lesquels avaient été gravées les figures qui accompagnent leur grand ouvrage sur l'histoire des plantes équinoxiales. En 1809, le ministre acheta la collection des bois de l'Amérique septentrionale, recueillie par Michaux le fils, ainsi que l'herbier du même pays, et qui est le type de l'ouvrage d'André Michaux père, mort à Madagascar, en 1802. On y joignit les beaux herbiers de M. Martin, directeur des pépinières de Cayenne.

La collection de minéralogie s'était accrue de la série des roches de Corse de M. Rampasse, qui complétait celle de M. de Barral. On y avait réuni les nombreux échantillons de ce Règne qu'en 1808, M. Geoffroy-Saint-Hilaire avait rapportés de Lisbonne, ainsi que les minéraux envoyés d'Italie et d'Allemagne par M. Marcel de Serres. Ces dernières acquisitions avaient trouvé place dans les salles récemment ouvertes, dans le prolongement des galeries du cabinet, et dans les constructions dont on les avait surmontées au second étage.

Mais la partie des collections qui avait acquis le plus de développements était celle qui se rapporte à la zoologie. Peu de temps après la réorganisation du Muséum, on avait présenté le plan d'une vaste Ménagerie, dans laquelle les animaux de toutes les classes et de tous les climats auraient été placés dans des conditions en rapport avec leurs besoins et leurs habitudes ; mais ce projet, dans lequel on avait eu peu d'égard aux moyens d'exécution, fut abandonné. En 1802, l'architecte Molinos ayant présenté le plan d'une vaste rotonde destinée à renfermer les animaux féroces, on commença à mettre ce projet à exécution ; mais on ne tarda pas à reconnaître ses inconvénients et les travaux furent suspendus. On les reprit en 1811, toutefois après avoir modifié la distribution intérieure, de manière à pouvoir y loger les grands herbivores, comme les Éléphants, les Chameaux et les Girafes. Cette habitation, destinée à être chauffée pendant l'hiver, bien qu'elle ne remplisse pas complétement toutes les conditions désirables, ne laisse pas d'être très-utile et de faire un effet assez pittoresque au milieu des parcs dont elle est entourée.

La Ménagerie s'était augmentée de vingt-quatre animaux envoyés par le roi de Hollande, et de plusieurs autres offerts par des voyageurs ou des négocians étrangers. On étendait chaque année l'espace destiné aux animaux vivants. Les Cerfs, les Daims, les Axis, les Bouquetins, le Zèbre, les Kanguroos, respiraient en liberté, erraient dans des parcs charmants et logeaient dans des abris construits avec goût et élégance. Les Oiseaux aquatiques avaient des bassins ou des mares appropriés à leurs instincts ; les Paons, les Autruches, les Casoars avaient leurs enclos réservés ; les Faisans et les Oiseaux de basse cour des cages commodes et de larges espaces : il ne manquait plus qu'un logement convenable pour les Singes et une volière : l'avenir devait y pourvoir.

Les galeries d'anatomie comparée furent ouvertes au public en 1806. La plus grande partie des pièces qui la composaient étaient l'ouvrage de Cuvier. Ces galeries n'offraient plus seulement une aride collection de squelettes, mais une série complète de parties et d'organes, appartenant à toutes les classes du Règne animal, et préparés avec le plus grand soin, de manière à servir à l'étude et à la comparaison. Ce travail, auquel le jeune professeur s'était livré avec une ardeur et une persévérance extraordinaires, avait été pour lui l'occasion d'une découverte qui, fondée sur des études anatomiques, devait fournir des éléments de la plus haute importance aux progrès de la géologie, et ouvrir à l'étude des révolutions du globe une carrière aussi immense qu'imprévue.

On avait beaucoup fait pour la zoologie, en créant une Ménagerie déjà très-nombreuse, en consacrant un vaste laboratoire aux préparations anatomiques, en rassemblant les matériaux d'une galerie d'anatomie comparée. Mais ce qui devait surtout imprimer une marche nouvelle à cette branche de la science ; c'était l'organisation de son enseignement. Cet enseignement était alors réparti entre plusieurs cours : celui de Geoffroy-Saint-Hilaire, qui s'appliquait à tout l'ensemble de la science, celui d'anatomie comparée, dans lequel Cuvier avait remplacé Mertrud, mais en lui donnant une physionomie toute nouvelle ; le cours de Lacépède, relatif aux Reptiles et aux Poissons ; et celui de Lamarck, qui comprenait les Vers et les Insectes. Un peu plus tard, Geoffroy-Saint-Hilaire, chargé à la fois de son cours, de la correspondance et du soin des collections, demanda qu'on lui adjoignît un naturaliste pour la surveillance et le mouvement de la Ménagerie. On désigna pour cet emploi M. Frédéric Cuvier, frère du professeur, déjà connu dans la science par de bons travaux de zoologie. Nous verrons bientôt tout ce qu'un pareil concours d'hommes de talents et de génie devait répandre de nouvelles lumières sur cette branche importante des sciences naturelles ; mais il faut reprendre à sa source l'histoire des événements scientifiques de cette période et celle des savants qui la remplissent d'une manière si brillante par leurs actes et par leurs découvertes.

Étienne Geoffroy-Saint-Hilaire, le créateur de l'anatomie philosophique en France, naquit à Étampes en 1772. Sa famille, originaire de Troyes, avait déjà, dans le siècle précédent, fourni trois membres à l'Académie des sciences, et l'un d'eux avait été professeur au Jardin

UTILITATI

F. GEOFFROY SAINT-HILAIRE

1772 — 1844

du Roi (1). Son père appartenait au barreau, et le jeune Étienne semblait naturellement destiné à la même carrière. Son éducation de famille fut non-seulement dirigée par son père, mais surtout par son aïeule maternelle, femme d'un vrai mérite, qui déposa dans son cœur le germe des vertus et le goût du travail. Sa constitution était délicate; il avait montré de l'aptitude et de l'intelligence dans ses classes, et on eut d'abord la pensée de le destiner à l'Église. Son père, chargé de famille, avait dans le clergé quelques amis puissants, dont la protection pouvait lui faciliter les abords de la carrière ecclésiastique. Il obtint en effet une bourse au collége de Navarre, puis un mince canonicat à Étampes, mais avec la perspective d'un bénéfice assez avantageux dans le même diocèse. Cependant le jeune homme, avant même de quitter le collége, se sentait entraîné par une autre vocation. A Navarre, il avait suivi avec le plus vif intérêt les cours de physique de Brisson, et, en 1790, au moment de terminer ses études, il supplia son père de lui permettre de suivre les cours du collège de France et du Jardin des Plantes. Son père y consentit, à la condition qu'il entrerait comme pensionnaire en chambre au collége du Cardinal-Lemoine, et qu'il suivrait en même temps les cours de l'École de droit. Geoffroy-Saint-Hilaire se résigna; avant la fin de l'année, il était déjà bachelier, mais l'étude de la jurisprudence ne répondant point à ses goûts, il obtint la permission de quitter la carrière du droit pour celle de la médecine. C'était lui ouvrir la seule voie qui convînt réellement à ses dispositions, celle des sciences naturelles, à laquelle il ne tarda pas à se livrer exclusivement.

Geoffroy-Saint-Hilaire trouva au Cardinal-Lemoine l'abbé Haüy, régent émérite de seconde, physicien et minéralogiste célèbre, déjà membre de l'Académie depuis sept ans. Bien qu'au réfectoire ils ne dussent pas s'asseoir à la même table, il y avait entre eux plusieurs motifs de rapprochement et le jeune homme s'enhardit à l'aborder. Haüy avait fait ses études à Navarre et était élève de Brisson; leurs goûts et leurs souvenirs les portaient naturellement l'un vers l'autre. Geoffroy-Saint-Hilaire, quoique bien jeune encore, fut admis en tiers dans l'intimité qui existait entre Haüy et le vénérable Lhomond. On juge combien le jeune homme profitait à leurs conversations savantes, car Lhomond était botaniste et Haüy s'était occupé aussi de zoologie; mais la minéralogie, la physique et la chimie étaient les sujets les plus habituels de leurs entretiens. Geoffroy s'affermissait de plus en plus dans la résolution de se livrer à l'étude de ces sciences; il était un des auditeurs les plus assidus des cours de Fourcroy et de Daubenton. Présenté à ce dernier par Haüy, Daubenton le prit en amitié, le fit travailler près de lui et lui confia la détermination de quelques échantillons de la collection de minéralogie.

A ce moment, l'horizon politique se rembrunissait de jour en jour. On était en 1792, et le clergé était alors particulièrement en butte à l'animosité de la faction démagogique. Haüy, qui se trouvait au nombre des prêtres qui avaient refusé le serment, venait d'être arrêté avec d'autres ecclésiastiques du Cardinal-Lemoine et de Navarre, et incarcéré avec eux dans l'église de Saint-Firmin, convertie en prison (2).

Geoffroy-Saint-Hilaire, effrayé du danger auquel est exposé son maître et son ami, court chez Daubenton, chez les membres de l'Académie, chez les hommes influents, et grâce à ses démarches, il obtient l'ordre d'élargissement du bon professeur. Il le lui apporte le 14 août, à dix heures du soir, mais l'illustre physicien ne peut se décider à quitter encore ses amis; il veut passer la nuit auprès d'eux, et le lendemain, jour de fête, il veut, dans la prison même, remercier Dieu de sa délivrance. Enfin, le 15, ce n'est qu'à force de sollicitations que Geoffroy-Saint-Hilaire parvient à l'entraîner et à le sauver, car on était à la veille des événements de septembre. Mais Geoffroy n'avait pas terminé sa tâche; d'autres professeurs de

---

(1) Voyez pages 19 et 20.

(2) Les habitations ont aussi leurs destinées : Saint-Firmin fut d'abord un collége; en 1624, il devint le couvent de la Mission; plus tard, on le convertit en séminaire; il servit de prison pendant la terreur, puis on y établit l'Institution des Jeunes Aveugles; aujourd'hui c'est une caserne.

Navarre et du Cardinal-Lemoine étaient restés sous les verroux. Il entreprend de nouvelles démarches, mais en vain ; cependant les circonstances deviennent de plus en plus graves : des menaces sinistres lancées contre les prisonniers le décident ; il ne prend plus conseil que de son courage et de son dévouement (1).

« Un plan d'évasion s'était présenté à son esprit ; il fait aussitôt ses préparatifs. A la faveur des relations qui naissent du voisinage, il avait déjà réussi à gagner l'un des employés de Saint-Firmin. Le 1ᵉʳ septembre, par l'entremise de son barbier, il parvient à se procurer la carte et les insignes d'un commissaire des prisons. Retiré dans sa chambre, dont la fenêtre avait jour sur Saint-Firmin, il attend, plein d'anxiété, le moment favorable. Le 2 septembre, à deux heures, au moment où le tocsin sonne, où le désordre est partout, il revêt ses faux insignes, il se présente à la prison, il y pénètre, et bientôt ses maîtres connaissent les moyens d'évasion qu'il a préparés. « Tout est prévu, leur dit-il, et vous n'avez qu'à me suivre. » Tout avait été prévu en effet, tout, sinon le dévouement sublime de ces vénérables prêtres. « Non, répond l'un d'eux, l'abbé de Kérauran, proviseur de Navarre, non, nous ne quitterons pas nos frères ; notre délivrance rendrait leur perte plus certaine ! »

« Les supplications de Geoffroy-Saint-Hilaire ne purent vaincre leur résolution. Il sortit, plein de regrets, suivi d'un seul ecclésiastique, qu'il ne connaissait pas. »

« Dans la même journée, le massacre, qui, vers trois heures, avait commencé aux Carmes et à l'Abbaye, devint général. De sa fenêtre, Geoffroy-Saint-Hilaire vit frapper plusieurs victimes ; il vit, et cet horrible spectacle lui est toujours resté présent, il vit précipiter d'un second étage un vieillard qui n'avait pas répondu à l'appel, soit qu'il eût voulu se cacher, soit peut-être qu'il fût sourd.

« Et pourtant, il restait à sa fenêtre, ne pouvant détacher son esprit de la pensée d'être utile aux ecclésiastiques de Navarre et du Cardinal-Lemoine, et toujours prêt à saisir les chances favorables qui pourraient naître des circonstances. Il attendit en vain toute la soirée ; mais, dès que la nuit fut venue, il se rendit avec une échelle à Saint-Firmin, à un angle de mur qu'il avait le matin même, afin de tout prévoir, indiqué à l'abbé de Kérauran et à ses compagnons. Il passa plus de huit heures sur le mur, sans que personne se montrât. Enfin, un prêtre parut, et fut bientôt hors de la fatale enceinte ; plusieurs autres lui succédèrent ; l'un d'eux, en franchissant le mur avec trop de précipitation, fit une chute et se blessa le pied. Geoffroy-Saint-Hilaire le prit dans ses bras, et le porta dans un chantier voisin. Puis, il courut de nouveau au poste que son dévouement lui avait assigné, et d'autres ecclésiastiques s'échappèrent encore. Douze victimes avaient été ainsi arrachées à la mort, lorsqu'un coup de fusil fut tiré du jardin sur Geoffroy-Saint-Hilaire et atteignit ses vêtements. Il était alors sur le haut du mur, et, tout entier à ses généreuses préoccupations, il ne s'apercevait pas que le soleil était levé.

« Il lui fallut donc descendre et rentrer chez lui, à la fois heureux et désespéré. Il venait de sauver douze vénérables prêtres ; mais il ne devait plus revoir ses chers maîtres de Navarre : au pieux rendez-vous convenu entre le libérateur et les victimes, le libérateur seul s'était rendu ! »

Épuisé par de telles émotions, Geoffroy-Saint-Hilaire se retira dans sa famille et y tomba malade. Une fièvre nerveuse mit quelque temps ses jours en danger, mais sa jeunesse triompha, et, au commencement de l'hiver de 1792, il vint à Paris pour reprendre ses travaux. On comprend avec quelle effusion il fut reçu par Haüy, par Lhomond, et même par Daubenton à qui Haüy l'avait signalé et recommandé comme son sauveur. Jamais recommandation ne fut mieux accueillie : Daubenton, qui déjà l'avait apprécié, sembla l'adopter

(1) Nous devons ces détails, ainsi que les principaux traits de cette biographie, au bel ouvrage publié par M. Isidore Geoffroy-Saint-Hilaire, sur la vie, les travaux et la doctrine scientifique de son illustre père. Nous ne pouvions les puiser à une source plus exacte et surtout plus respectable.

comme un fils, et il saisit avec empressement la première occasion qui s'offrit de lui ouvrir les portes du Jardin des Plantes.

Nous ne résistons point au désir de reproduire ici un fragment d'une lettre écrite à Geoffroy-Saint-Hilaire, à l'occasion de sa maladie, par l'excellent Haüy : « Le rétablissement de votre santé, lui disait-il, exige que vous écartiez toute occupation sérieuse. Laissez-là les problèmes sur les cristaux et tous ces rhomboïdes et dodécaèdres, hérissés d'angles et de formules algébriques ; attachez-vous aux plantes qui se présentent sous un air bien plus gracieux, et parlent un langage plus intelligible. Un cours de Botanique est de l'hygiène toute pure ; on n'a pas besoin de prendre les plantes en décoction ; il suffit d'aller les cueillir pour les trouver salutaires. Nous reprendrons l'étude des Minéraux, lorsqu'elle sera plus de saison. Je suis toujours fort tranquille ici ; j'ai assisté ces jours derniers à la revue de notre bataillon, mais sans pique ni fusil ; j'ai seulement répondu à l'appel, après quoi l'on m'a permis de me retirer ; cette démarche m'a procuré beaucoup d'accueil de la part des principaux membres de la section ; tous les absents ont été notés ; j'ai cru devoir éviter cette petite disgrâce, et je me conformerai toujours au principe, que tout ce qu'on peut faire, on le doit. »

Lacépède s'était vu obligé, par divers motifs, de se retirer à la campagne et de résigner ses fonctions de démonstrateur au Cabinet d'histoire naturelle. Daubenton proposa à Bernardin de Saint-Pierre de nommer Geoffroy-Saint-Hilaire à la place devenue vacante. La proposition fut agréée ; mais, au même instant, l'établissement lui-même était menacé dans son existence. On a vu ailleurs comment le coup fut détourné par le dévouement de Lakanal. La nouvelle organisation éleva tout à coup le sous-démonstrateur du Cabinet au rang de professeur titulaire au Muséum. Ce ne fut pas néanmoins sans quelque opposition : Fourcroy, alors membre influent du comité d'instruction publique, blâma avec violence la nomination d'un professeur encore inconnu et à peine âgé de 21 ans. La fermeté de Daubenton, secondée par les instances de Haüy et par l'autorité de Lakanal, maintint Geoffroy-Saint-Hilaire dans la possession de l'emploi. Une autre difficulté vint de Geoffroy lui-même qui, en effet, se trouvait bien jeune, et peut-être un peu déplacé pour une chaire de zoologie, science que jusque-là il avait peu étudiée ; mais Daubenton s'opposa énergiquement au refus que lui dictait sa modestie : « J'ai sur vous l'autorité d'un père, lui dit-il, et je prends sur moi la responsabilité de l'événement. » Geoffroy-Saint-Hilaire céda ; toutefois, un autre scrupule s'éleva dans son esprit : la chaire appartenait de droit à Lacépède, que des causes indépendantes de sa volonté avaient éloigné de Paris. Il écrivit donc à Lacépède pour lui offrir cette chaire ; Lacépède refusa avec délicatesse, et dans des termes tels que le jeune professeur dut se résigner à prendre place au milieu de ses maîtres.

Tout était à créer dans l'enseignement qui lui était destiné. La collection zoologique, commencée sous Buffon, ne s'était développée qu'avec lenteur. Les squelettes de Daubenton avaient été longtemps relégués dans les combles du Cabinet, « où, selon une expression de Cuvier, ils gisaient entassés comme des fagots. » Les salles d'anatomie comparée étaient surtout fort incomplètes. Geoffroy-Saint-Hilaire n'avait aucun antécédent pour le cours qu'il allait entreprendre : ni leçons, ni méthode, ni matériaux, ni auditoire ; il n'avait pas à suivre, mais à donner l'exemple. Lamarck se trouvait dans la même situation. Des deux cours de zoologie, l'un était confié à un botaniste, et l'autre à un minéralogiste de 21 ans.

Geoffroy-Saint-Hilaire commença néanmoins, dès son entrée en fonctions, à former les collections qui devaient servir de base à son enseignement ; il enrichit surtout de ses propres travaux la collection des Mammifères et des Oiseaux. Son cours fut ouvert au mois de mai 1794, et, dès la fin de la même année, il publiait son premier travail zoologique, sur l'*Aye-Aye*. Mais déjà il avait rendu à la science un éminent service, en créant presque inopinément la Ménagerie. On a vu que la première pensée de cet établissement, que Buffon avait appelé de ses vœux, sans oser en faire la proposition formelle, avait été énoncée, avec l'autorité de la raison et de l'éloquence, par Bernardin de Saint-Pierre. Après le 10 août, la Ménagerie de

Versailles ayant été dévastée, il avait réclamé le petit nombre d'animaux qui avaient échappé au massacre, au nom du Jardin des Plantes, mais on n'avait pu donner suite à cette demande pour divers motifs. Les professeurs, dans leur projet de réglement, insistèrent à leur tour sur le même sujet, du moins comme une vue d'avenir; une circonstance fortuite, et dont il sera parlé plus au long lors de la description du Muséum dans la seconde partie de cet ouvrage, saisie avec habileté par Geoffroy-Saint-Hilaire, amena subitement la réalisation de l'Institution de la Ménagerie.

Le décret qui fut rendu à ce sujet, sur la proposition de Lakanal, protecteur ardent et dévoué de l'établissement, porte la même date que celui qui rétablissait au Muséum la chaire d'histoire des Reptiles et des Poissons en faveur de Lacépède : 11 décembre 1794.

Cette même année est aussi celle des premières relations de Geoffroy-Saint-Hilaire avec Cuvier « qui devait être, tour à tour, le plus cher de ses amis, le plus illustre de ses collègues au Muséum, et le plus puissant de ses adversaires scientifiques. L'agronome Tessier, ancien membre de l'Académie des sciences et ami de la famille Geoffroy, s'était retiré en Normandie pour fuir la persécution, et exerçait à l'hôpital de Fécamp les fonctions de médecin en chef. Il y fit la connaissance d'un jeune homme, habitant d'un château voisin, où il faisait l'éducation du fils d'un gentilhomme protestant, M. d'Héricy. Tessier, avant la révolution, avait eu le bonheur de révéler au monde savant un homme devenu depuis justement célèbre, l'astronome Delambre. Dès ses premiers rapports avec le jeune précepteur, qui lui communiqua quelques travaux d'histoire naturelle, Tessier comprit, suivant ses expressions, « qu'il venait encore d'avoir la main heureuse. » Il annonçait à ses amis qu'il venait de faire « la meilleure de ses découvertes, » et leur demandait d'ouvrir la carrière des sciences à un autre Delambre. Geoffroy, après avoir aussi parcouru les Mémoires du jeune protégé de Tessier, se prit pour l'auteur d'une estime mêlée d'enthousiasme, et dans son admiration déjà affectueuse, il lui écrivait : » Venez, Monsieur, venez jouer parmi nous le rôle de Linné, d'un autre législateur de l'Histoire naturelle. » Cuvier vint en effet, au commencement de 1795, passer quelques mois à Paris avec son élève.

Geoffroy-Saint-Hilaire l'accueillit avec empressement, et une vive amitié ne tarda pas à s'établir entre eux. « Même amour de l'étude, même élan de la jeunesse vers tout ce qui est noble et beau, même désir de servir la science et leur pays. » Aussi, dès le premier moment, ils vécurent en frères : les amis, l'habitation, les moyens d'étude, tout devint commun, et ils s'associèrent pour composer ensemble un premier ouvrage. Peu de temps après, Cuvier, nommé suppléant du cours d'anatomie comparée, se décidait à rester à Paris.

Nous dirons ailleurs quels succès attendaient ce jeune et brillant naturaliste, quelles idées le rapprochèrent et l'éloignèrent tour à tour de la ligne suivie par son savant émule. Hâtons-nous de constater ici que, quelle qu'ait été la dissidence de leurs opinions scientifiques, le souvenir de leur première amitié prévalut toujours et ne s'effaça jamais de leur cœur. « Je crois, a dit Geoffroy-Saint-Hilaire, dans l'un de ses derniers écrits, que l'on devra dire un jour de moi que j'ai rendu à la société deux services éminents. » L'un de ces services, il le place dans ses travaux de philosophie naturelle; l'autre, qu'il semble mettre sur la même ligne, « c'est, dit-il, d'avoir appelé à Paris et d'avoir introduit chez les naturalistes le célèbre Georges Cuvier. »

Pendant la même année, les deux amis publièrent en commun cinq Mémoires, presque tous relatifs à la classe des Mammifères. C'est là qu'à l'occasion de certains phénomènes physiologiques, de la détermination de quelques espèces, et de l'établissement de divers genres nouveaux, se trouvent déposés les germes des vues générales qui dominent aujourd'hui tout l'édifice des sciences zoologiques. L'année suivante, Geoffroy-Saint-Hilaire publia seul un Mémoire sur les Makis, où s'établit, pour la première fois, ce principe au développement duquel il devait consacrer toute sa vie : « l'unité de composition organique. » On y trouve également l'idée-mère de l'anatomie philosophique, formulée dans les termes suivants : « La Nature a formé tous les êtres vivants sur un plan unique, essentiellement le même dans son principe, mais varié de mille manières dans toutes ses parties accessoires. »

Au commencement de 1798, Berthollet vint proposer à Geoffroy-Saint-Hilaire de prendre part à une expédition lointaine et encore secrète, dans laquelle la science devait jouer un certain rôle. « Venez, lui avait-il dit, Monge et moi serons vos compagnons, et Bonaparte sera notre général. » Geoffroy-Saint-Hilaire n'hésita point; il accepta sans savoir dans quels climats allait l'entraîner sa destinée aventureuse. Le choix des matériaux scientifiques que l'on emportait semblait indiquer pour but l'exploration de l'Égypte ou de la Syrie.

Le 19 mai 1798, sortit de la rade de Toulon la grande escadre commandée par l'amiral Brueys. Elle portait trente-six mille soldats, dix mille marins et un nombre considérable de gens de lettres, d'artistes et de savants, parmi lesquels on comptait Monge, Fourier, Malus, Berthollet, Dolomieu, Cordier, Geoffroy-Saint-Hilaire, Jomard, Larrey, et une foule d'autres déjà illustres ou prêts à le devenir. Geoffroy monta avec son frère, officier du génie, sur la frégate l'*Alceste*; peu de jours après, on se présentait devant Malte, et la ville imprenable tombait au pouvoir des Français. A la fin de juin, on débarquait sur la plage d'Égypte, et le lendemain on s'emparait d'Alexandrie.

Geoffroy-Saint-Hilaire commença aussitôt ses recherches de zoologie et d'anatomie comparée. Il fut l'un des sept chargés par Bonaparte de former l'Institut d'Égypte, établi au Caire. Pendant un an, il se livra avec ardeur à ses explorations et à ses travaux : année d'enchantement pour un jeune homme enthousiaste de la science et de la nature. « Après une excursion dans le désert, un voyage sur le Nil, une visite aux Pyramides, il se retrouvait tout à coup au milieu de la civilisation de son pays, parmi des collègues dont la plupart étaient devenus ses amis; il pouvait communiquer à un Institut français les fruits d'une exploration terminée la veille sur les ruines d'Héliopolis ou de Memphis; et si, le soir, il voulait prendre du repos, il retrouvait l'élite des officiers, des savants, des littérateurs, des artistes, réunie chez le général en chef, dans un cercle que Paris lui-même eût envié au Caire. »

Geoffroy-Saint-Hilaire fit successivement avec Savigny, Mechain et plusieurs autres membres de la commission, trois voyages dans le Delta, dans la Haute-Égypte, jusque par-delà les cataractes et à la mer Rouge; il en rapporta d'immenses et curieuses collections de toute nature, car il se montrait partout géologue, zoologiste, archéologue, ethnographe. On connaît le triste dénoûment de cette célèbre expédition, les désastres qui l'accompagnèrent et les nombreuses péripéties qui retinrent si longtemps la flotte et la commission scientifique, tantôt au Caire, tantôt à Alexandrie, livrées tour à tour à la peste, à la famine, à la trahison, à toutes les horreurs d'un siége prolongé. C'est pendant le blocus d'Alexandrie que Geoffroy-Saint-Hilaire étudia les Poissons de la Méditerranée, qu'il fit ses belles expériences sur la Torpille, sur le Malaptérure, et qu'il écrivit son Mémoire sur l'anatomie comparée des organes électriques.

Enfin, une capitulation est consentie; nos savants vont être libres, mais on leur annonce que leurs richesses scientifiques resteront au pouvoir des Anglais. Les protestations sont unanimes et énergiques. Entraîné par elles, honteux de l'acte qu'il avait signé, Menou fit entendre quelques représentations, mais Hutchinson insista. Geoffroy-Saint-Hilaire et ses collègues Savigny et Delille se rendirent aussitôt au camp anglais; ils établirent que nul n'avait le droit de leur ravir des collections, fruits de leurs travaux particuliers. Ils ajoutèrent qu'eux seuls possédaient la clef de leurs dessins, de leurs plans, de leurs notes, et que ce serait en priver non pas la France seulement, mais la science et le monde entier. Le général fut inflexible. Ce fut alors, dit l'historien de l'expédition d'Égypte, que, par un élan courageux, par une inspiration énergique, Geoffroy-Saint-Hilaire sauva une partie que tout le monde considérait comme perdue. « Non, s'écria-t-il, nous n'obéirons pas! Votre armée n'entre que dans deux jours dans la place. Eh bien! d'ici-là, le sacrifice sera consommé. Nous brûlerons nous-mêmes nos richesses. Vous disposerez ensuite de nos personnes comme bon vous semblera. — C'est à de la célébrité que vous visez. Eh bien! comptez sur les souvenirs de l'histoire : vous aurez aussi brûlé une bibliothèque à Alexandrie! » L'effet produit par ces paroles fut magique, le général ne vit plus devant lui que la réprobation qui pèse encore, après douze siècles, sur la mémoire d'Omar, et l'article 16 de la capitulation fut annulé.

Jusque-là l'existence de Geoffroy-Saint-Hilaire, bien que vouée aux travaux scientifiques, avait été également remplie d'événements, d'agitations et de périls, au milieu desquels l'homme et le citoyen se montrent sans cesse à côté du savant. Ce ne fut qu'en janvier 1802 qu'il revit le Muséum, sa famille et ses amis. Ses collections avaient beaucoup souffert, mais elles contenaient encore d'immenses richesses. Dans le rapport qui fut fait à ce sujet par Lacépède, Cuvier et Lamarck, les commissaires déclaraient que leur collègue avait dépassé toutes les espérances que l'on pouvait fonder sur son zèle. Arrivés à la partie archéologique des collections, ils ajoutèrent : « On ne peut maîtriser les élans de son imagination, lorsqu'on voit encore, conservé avec ses moindres os, ses moindres poils, et parfaitement reconnaissable, tel animal qui avait, il y a deux ou trois mille ans, dans Thèbes ou dans Memphis, des prêtres et des autels! »

Geoffroy s'empressa aussitôt de mettre en ordre toutes ses richesses, et commença à les décrire. De 1803 à 1806, datent ses plus nombreux travaux de zoologie et d'anatomie comparée. Il tira de tous ces matériaux les éléments de plusieurs Mémoires sur la Faune d'Égypte, sur le polyptère, sur les Poissons électriques, le Crocodile, l'appareil respiratoire surnuméraire de l'Hétérobranche, et diverses monographies remarquables par leur exactitude, dans lesquelles il exposa et développa les nouvelles théories qui le préoccupaient. A la même époque, il travaillait au *Catalogue des Mammifères* du Muséum, où il commençait à modifier la classification du Mémoire de 1795, qui lui était commun avec Cuvier. Déjà il avait été frappé de cette idée qu'il entre inévitablement de l'arbitraire dans une méthode; qu'une classification est toujours imparfaite et que la vraie science doit être cherchée plus loin et plus haut; que les faits ne sont pas les seuls éléments de notre savoir, et que l'observation n'est pas la source unique de nos connaissances en histoire naturelle.

À partir de 1806, Geoffroy-Saint-Hilaire s'attacha à approfondir cette pensée, ainsi que les grands principes sur lesquels il voulait fonder une nouvelle école zoologique : l'unité de composition, le balancement des organes, la théorie des analogues, le principe des connexions, etc. Quelques-unes de ces idées n'étaient pas entièrement nouvelles : Buffon, Camper, Vicq-d'Azyr et d'autres les avaient vaguement énoncées, Geoffroy lui-même en avait posé les germes dans ses premiers Mémoires. Le moment était venu de leur donner plus de consistance et de les établir d'une manière nette et précise, de les élever, en un mot, à la hauteur d'une science. Tel est le point de départ de la scission qui allait surgir entre lui et Cuvier, l'origine de la lutte mémorable qui devait diviser si longtemps les deux plus grands naturalistes dont s'honorait alors la France. Un nouvel incident devait encore la suspendre et mettre un temps d'arrêt dans les travaux sur lesquels Geoffroy-Saint-Hilaire voulait s'appuyer lui-même pour la soutenir.

En 1808, Napoléon, maître du Portugal, résolut d'y envoyer un naturaliste pour reconnaître les matériaux scientifiques que l'on pourrait tirer de cette source. Cette mission fut donnée à Geoffroy-Saint-Hilaire, à qui l'on adjoignit Delalande, jeune préparateur du Muséum, plein de savoir et de dévouement, qui depuis fut l'intrépide explorateur de l'Afrique, et mourut martyr de son zèle pour la science. Geoffroy devait visiter toutes les collections, les Musées, les bibliothèques, et choisir tous les objets qui pourraient être utilement transportés à Paris. Il avait reçu à cet égard des pouvoirs illimités ; mais, dès le principe, il se posa à lui-même pour règle de conduite cette maxime : que les sciences ne sont jamais en guerre. Il voulut que sa mission, pour être utile à la France, le fût aussi au Portugal, et, avant de partir, il fit préparer plusieurs caisses remplies d'objets destinés à remplacer, dans les collections portugaises, les productions du Brésil, alors si rares en France et très-abondantes dans le pays qu'il allait visiter.

Parti de Bayonne au mois de mars, il entra en Espagne sous de funestes auspices : une crise violente allait y éclater. Les deux naturalistes se rendaient paisiblement de Madrid à la frontière portugaise, quand ils se virent enveloppés par l'insurrection. Arrêtés aux portes de Mérida, leur escorte eut peine à les protéger contre la fureur du peuple, qui voulait assouvir sur deux hommes inoffensifs leur haine contre les Français. On les mit en prison ; la populace voulut en enfoncer les portes et y mettre le feu. Plusieurs jours se passèrent dans cette horrible angoisse. Tout à coup, au milieu de cette crise terrible, un rayon d'espoir arrive jusqu'à eux : un léger service allait être payé par un bienfait.

Quelques jours auparavant, une voiture dans laquelle se trouvait une dame espagnole versait sur la route que parcouraient les deux voyageurs ; la dame était légèrement blessée ; ils s'empressent de lui offrir leurs soins, lui font accepter leur propre voiture, l'accompagnent jusqu'à la ville voisine et ne la quittent qu'après s'être assurés que leur secours lui devient inutile. C'était une dame de Mérida, femme d'un officier supérieur, et nièce du comte de Torrefresno, gouverneur de l'Estramadure. L'arrestation des deux Français, les tentatives violentes du peuple contre eux, le danger qu'ils courent sont les premières nouvelles qu'elle apprend à son arrivée à Mérida. Dans la nuit du 11 au 12, par l'autorité du gouverneur, les portes de la prison s'ouvrent pour eux ; leur voiture leur est rendue, une escorte les accompagne, et, le 13, ils sont à Elvas, première ville de Portugal, alors occupée par les Français.

Geoffroy-Saint-Hilaire, accueilli à bras ouverts par Junot, son ancien compagnon d'Égypte, se mit en devoir d'accomplir sa mission. Les musées et les bibliothèques s'ouvrirent devant lui, mais il déclara qu'il ne s'y présentait que comme visiteur et pour ses propres études ; qu'il recevrait des dons, qu'il ferait des échanges, et qu'il ne voulait rien obtenir que par la conciliation, jamais par la violence. Une telle conduite lui conquit aussitôt l'estime et la confiance des dépositaires de ces trésors. Ce qu'on lui eût caché, on le lui montra, on le lui offrit. Il fit une ample moisson d'objets précieux, n'emportant que des doubles inutiles, après avoir mis en ordre, déterminé les échantillons qu'il laissait, et remplacé ceux qu'il avait choisis par d'autres qu'il avait apportés et qui manquaient aux mêmes collections.

Geoffroy-Saint-Hilaire n'avait fait qu'obéir aux sentiments généreux de toute sa vie; mais, dans cette circonstance, la conduite la plus noble avait été aussi la plus habile. La guerre se rallumait en Portugal. Au mois de juillet, les Anglais débarquèrent en force supérieure. Un armistice, puis une capitulation entraînèrent l'évacuation du pays. Le Portugal voulut garder les collections scientifiques que Geoffroy-Saint-Hilaire avait faites avec tant de soin et de désintéressement. L'Académie de Lisbonne intervint en faveur du savant français, et l'on décida qu'il y aurait partage. Un tiers des caisses lui fut accordé, mais à titre personnel. Une nouvelle négociation lui valut un autre tiers; enfin, pour concilier la stricte équité avec l'amour-propre des commissaires, on convint que Geoffroy-Saint-Hilaire abandonnerait seulement quatre caisses, qu'il désignerait lui-même. Il indiqua celles qui contenaient ses propres effets, son linge, ses livres. Il partit enfin et arriva à La Rochelle, en octobre 1810. Les savants portugais, rendant justice à la noblesse, à la loyauté avec laquelle il avait rempli sa mission, déclarèrent qu'il avait emporté leur respect et leur estime; et lorsqu'en 1814, les nations que la France avait autrefois vaincues réclamèrent les richesses que la guerre leur avait enlevées, le Portugal seul ne réclama rien.

En 1809, Geoffroy-Saint-Hilaire fut nommé professeur de zoologie à la Faculté des sciences. Il refusa d'abord cette chaire pour la laisser à Lamarck, qu'il croyait y avoir plus de droits que lui; mais Lamarck, déjà vieux et infirme, ne crut pas pouvoir la remplir dignement et refusa. Geoffroy se trouva donc placé à la tête de l'enseignement de la zoologie, et comme son programme n'avait aucune limite, il put y donner la carrière la plus étendue aux tendances de son esprit généralisateur. C'est dans cette chaire que, soutenu par l'intérêt respectueux d'un auditoire déjà versé dans les études philosophiques, il put s'élancer plus libre dans le champ des abstractions et présenter avec autorité ces grandes lois de l'organisation animale, à la conception desquelles son nom demeurera attaché. Il entreprit en même temps la description et la détermination des productions nouvelles des deux Indes qu'avait procurées à la science sa mission en Portugal, et rédigea, pour le grand ouvrage d'Égypte, l'ichthyologie, la mammologie et l'erpétologie. Après une maladie grave, qu'il éprouva en 1812, il alla se rétablir et prendre quelque repos à Coulommiers. Nommé représentant, en 1815, par les électeurs de sa ville natale, ces nouvelles fonctions l'éloignèrent un moment de ses travaux accoutumés, mais bientôt rendu à ses chères études, il en reprit le cours avec une ardeur nouvelle, et renonça désormais à toute autre carrière que celle de la science.

En 1818, Geoffroy-Saint-Hilaire publia son ouvrage célèbre intitulé : *Anatomie philosophique*. Nous avons vu plus haut quelles étaient, depuis l'origine de ses travaux en zoologie, les tendances de l'auteur au sujet des grandes lois sur lesquelles se fonde l'organisation du Règne animal. L'anatomie philosophique est le résumé de ces lois, telles que Geoffroy-Saint-Hilaire les a conçues, en les appuyant sur les faits qui résultent de ses longues observations zoologiques. Son objet spécial est d'ajouter la recherche des *analogies* à la recherche des *différences*, laquelle est le résultat unique de la méthode et de la classification. Observer, décrire, classer, n'est pour lui que le commencement de la science; il y ajoute l'emploi du raisonnement; après l'exposition des faits, celle de leurs conséquences, qui sont les lois générales de l'organisation.

« Pour lui, la méthode ne doit pas être seulement une suite de divisions, de coupes, de ruptures, mais au contraire un enchaînement de rapports qui s'appellent, s'adaptent, s'identifient. Toutes ces distinctions opérées, à mesure que le nombre des espèces s'accroît, les différences s'effacent, se fondent par des nuances intermédiaires, les grands intervalles se comblent et l'*unité du Règne se montre.* »

Cette recherche des analogies conduit l'auteur à ce qu'il appelle la *Théorie des analogues*, laquelle n'est autre chose que l'ensemble de ces lois et de ces principes. Celui qui se présente le premier est le principe de la *connexion des parties*, c'est-à-dire de la position relative et de la dépendance des organes entre eux; cette connexion est fixe, tandis que la plupart des autres caractères : la fonction, la forme, la grandeur sont variables. De ce principe découle la *considération des organes rudimentaires*; cette considération elle-même est la base d'un troisième principe qui consiste dans le *balancement des organes*, lequel complète la théorie des analogues. « Un organe normal ou pathologique, dit Geoffroy-Saint-Hilaire, n'acquiert jamais une prospérité extraordinaire, qu'un autre de son système ou de ses relations n'en souffre dans une même raison. » Une augmentation, un excès sur un point suppose une diminution sur un autre, et, comme le dit Goëthe, *le budget de la nature étant fixe*, une somme trop considérable affectée à une dépense exige ailleurs une économie. Ainsi, dans la philosophie anatomique, tout se tient et s'enchaîne par des liens multiples, liens de correspondance et d'harmonie, résultant du concours de toutes les vues de l'auteur vers un but commun.

Geoffroy-Saint-Hilaire posait donc l'unité de composition comme la loi de premier ordre dans l'organisation du Règne animal. Buffon avait dit qu'il existe dans les êtres une conformité constante, un dessein suivi, une ressemblance cachée plus merveilleuse que les différences apparentes. « Il semble, avait-il ajouté, que l'Être suprême n'a voulu employer qu'une idée, et la varier en même temps de toutes les manières possibles, afin que l'homme pût admirer également et la magnificence de l'exécution et la simplicité du dessin. » C'est de cette pensée que Geoffroy-Saint-Hilaire venait de faire sortir toute sa doctrine d'anatomie philosophique.

En appliquant ce principe au développement anormal et incomplet que l'on désignait sous le nom de *Monstruosités*, il porta le système des causes accidentelles, si longtemps soutenu par Lémery fils, jusqu'au dernier degré d'évidence. Geoffroy-Saint-Hilaire donna l'explication la plus rationnelle de ces phénomènes, à l'aide de deux principes : celui de l'*arrêt de développement* et celui de l'*attraction des parties similaires*. A ses yeux, les *monstres* ne sont plus que des anomalies secondaires et accidentelles, et les phénomènes de cet ordre sont devenus pour lui l'objet d'une science nouvelle, à laquelle il a donné le nom de *Tératologie*.

Jusque-là, Geoffroy-Saint-Hilaire n'avait appliqué le principe de l'unité de composition qu'aux animaux vertébrés, et aucune contestation sérieuse ne s'était élevée à cet égard. En 1820, il voulut l'étendre aux animaux inarticulés, et Cuvier commença à manifester son improbation. Geoffroy, loin de s'en inquiéter, reprit ses études zoologiques, mais cette fois sous l'influence de sa théorie généralisée; et, en 1830, il se crut en position d'en appliquer les principes même à la classe des Mollusques. C'est à cette occasion que l'impatience de Cuvier éclata. La belle ordonnance que celui-ci avait établie dans sa classification des invertébrés, et qui était l'heureuse application de sa méthode, se trouvait menacée par le principe d'un plan unique dans l'organisation des animaux de toutes les classes; il était naturel qu'il s'efforçât de la défendre, et l'on sait avec quelle supériorité il savait faire prévaloir ses opinions.

« Le débat, dit M. Flourens (1), fut porté devant l'Académie. Jamais controverse plus vive ne divisa deux adversaires plus résolus, plus fermes, munis de plus de ressources pour un combat depuis longtemps prévu, et, si je puis ainsi dire, plus savamment préparés à ne pas s'entendre. — Entre ces deux hommes, tout, d'ailleurs, était opposé : dans l'un, la capacité la plus vaste, guidée par une raison lumineuse et froide; dans l'autre, l'enthousiasme le plus bouillant, avec des éclairs de génie.

« De l'Académie, de la France, l'émotion s'étendit dans tous les pays où l'on pense sur de tels sujets. Nous eussions pu nous croire revenus à ces temps antiques, où les sectes philosophiques en s'agitant remuaient le monde. Le monde se partagea. Les penseurs austères et

(1) Éloge historique d'Etienne Geoffroy-Saint-Hilaire, lu à l'Académie des sciences, dans la séance publique annuelle du 22 mars 1852.

réguliers, ceux qui sont plus touchés de la marche sévère et précise des sciences que de leurs élans rapides, prirent parti pour M. Cuvier. Les esprits hardis se rangèrent du côté de M. Geoffroy. Du fond de l'Allemagne, le vieux Goëthe applaudissait à ses arguments.

« Goëthe en vint à se passionner si fortement sur ces questions, qu'au mois de juillet 1830, abordant un ami, il s'écrie : « Vous connaissez les dernières nouvelles de France : que pensez- « vous de ce grand événement? Le volcan a fait éruption; il est tout en flammes. — C'est « une terrible histoire, lui répond celui-ci ; et, au point où en sont les choses, on doit s'at- « tendre à l'expulsion de la famille royale. — Il s'agit bien de trône et de dynastie, il s'agit « bien de révolution politique! reprend Goëthe; je vous parle de la séance de l'Académie des « sciences de Paris : c'est là qu'est le fait important, et la véritable révolution, celle de l'es- « prit humain! »

« Dans ce débat, en effet, où la discussion directe semblait ne porter que sur le nombre ou la position relative de quelques organes, la discussion réelle était celle des deux philosophies qui se disputeront éternellement l'empire : la philosophie des faits particuliers et la philosophie des idées générales... Quant aux deux adversaires, la discussion eut sur eux l'effet ordinaire de toutes les discussions : chacun d'eux en sortit un peu plus arrêté dans ses convictions.

« Lorsque, dans la dernière année du dernier siècle, M. Cuvier publia ses *Leçons d'ana-tomie comparée*, l'admiration fut universelle. De grands résultats, de grandes lois, aussi certaines qu'inattendues, étonnèrent tous les esprits. La même main qui fondait l'anatomie comparée, en faisait sortir une science plus neuve encore, la sciences des êtres perdus. A la voix du génie, la terre se recouvrait de ses populations antiques. Cependant, après les vues générales et supérieures, était venue l'étude des détails. Les faits n'étaient plus que des faits. La moisson des grandes idées semblait épuisée.

« Alors, un génie nouveau s'élève : original, hardi, d'une pénétration infinie. Il remue toute la science et la ranime. Il rajeunit le fait par l'idée. A l'observation exacte, il mêle la conjecture ; il ose. Il franchit les bornes connues; et, par delà ces bornes, il pose une science nouvelle, à laquelle il donne quelque chose de ce qu'il avait en lui-même de plus essentielle-ment propre et de plus marqué : de son audace, de son goût pour les combinaisons abstraites et hasardées, de ses lumières vives et imprévues. — La gloire de Geoffroy-Saint-Hilaire sera d'avoir fondé la science profonde de la nature intime des êtres : l'*Anatomie philosophique*. »

Qu'on nous pardonne l'étendue de cette citation. Pour apprécier la portée d'un événement scientifique aussi grave, il fallait non-seulement l'autorité d'un tel juge, il fallait aussi sa plume éloquente et sa haute impartialité.

Cette discussion ne pouvait se continuer plus longtemps sur le terrain académique. Une sorte de trève la suspendit, en attendant qu'elle fût reprise par les deux adversaires, soit dans leur chaire professorale, soit dans leurs écrits. Geoffroy-Saint-Hilaire résuma en effet ses opinions dans un livre intitulé : *Principes de philosophie zoologique*. Cuvier annonça qu'il publierait les siennes sous ce titre : *De la variété de composition dans les animaux*. Cette controverse célèbre, à laquelle la mort de Cuvier devait mettre un terme fatal, servit du moins à fixer l'attention des savants sur les idées générales de philosophie naturelle. On examina, on étudia les théories de Geoffroy-Saint-Hilaire, circonstance heureuse qui avait manqué au succès de Goëthe, lorsqu'il avait émis ses premières vues sur la *Métamorphose des plantes*. L'important, le difficile pour les novateurs n'est pas d'exposer leurs théories, mais de les faire écouter, de les faire comprendre. Cette fois, le public écouta; il comprit la haute gravité de ces questions, et, sans prendre parti pour ou contre l'un ou l'autre des illustres athlètes, il vit que la science avait quelque chose à gagner des deux parts; car c'est le propre de la con-troverse scientifique de donner toujours naissance à d'utiles vérités.

Hâtons-nous de dire que Cuvier et Geoffroy-Saint-Hilaire ne furent jamais qu'adversaires scientifiques et ne cessèrent point d'être personnellement amis. Vers la fin de leur carrière, les deux savants furent, dans l'espace de deux années, frappés dans leurs affections les plus vives

GEORGES CUVIER

1769 — 1832

et atteints de la même douleur : ils perdirent l'un et l'autre une fille de 20 ans. Ce fut pour eux la triste occasion de revenir spontanément aux témoignages d'une estime, d'une amitié réciproque, fondée sur la justice qu'ils rendaient au mérite l'un de l'autre et sur des souvenirs que des dissidences scientifiques n'avaient pu effacer.

Geoffroy-Saint-Hilaire survécut douze ans à Cuvier. Ses dernières années furent encore consacrées à la science ; il revint aux travaux d'observation, et continua d'exposer, dans la chaire et dans quelques écrits, ses théories et ses principes ; il fit deux voyages, l'un en Belgique et l'autre en Allemagne, où l'accueillirent les sympathies les plus vives. En 1840, il s'aperçut tout à coup qu'il ne pouvait plus lire : il était frappé de cécité. Quelques années après, en 1844, il s'éteignit, à l'âge de 72 ans.

En terminant cette esquisse biographique, qu'il nous soit permis d'ajouter aux traits qui caractérisent le savant, de nouveaux faits qui témoignent de l'énergie et de l'ardente générosité de son âme. On sait ce que fit Geoffroy-Saint-Hilaire pour le bon Haüy ; on connaît moins son dévouement en faveur de quelques autres victimes de nos dissensions politiques. « L'enthousiasme, dit Pariset, j'ai presque dit le fanatisme de l'humanité, ce fanatisme qui n'est qu'une pitié souveraine, et ne serait peut-être qu'une exacte justice, était sa religion ; et cette sainte religion, d'autres proscrits la retrouvèrent dans son cœur. » Il parvint pendant quelques jours à soustraire le poëte Roucher à la mort qui finit par l'atteindre, en le cachant chez lui au Jardin des Plantes. Il détourna avec adresse le coup qui menaça un moment Daubenton, son maître et son père adoptif. Ses avis et ses démarches protégèrent longtemps Lacépède dans sa retraite de Leuville. Pendant la campagne de Portugal, il avait eu le bonheur de soustraire aux plus grands dangers l'évêque d'Évora, l'un des hommes les plus distingués de sa nation, le Fénelon portugais; peu de semaines après, le prélat sauvait à son tour un de nos postes surpris par l'ennemi, et il adressait à son libérateur ces simples et touchantes paroles : « Je me suis souvenu de vous. » Ajoutons un dernier trait. Le 29 juillet 1830, l'archevêque de Paris avait trouvé une retraite chez M. Serres, à l'hôpital de la Pitié; mais ses traces ayant été suivies, Geoffroy vint lui offrir un asile chez lui, l'y conduisit et l'y retint, à l'abri de toute recherche, jusqu'au rétablissement de l'ordre. M. de Quélen quitta la maison de Geoffroy le 14 août : c'était le même jour que, trente-huit ans auparavant, Haüy lui avait dû sa délivrance.

Entre les deux naturalistes auxquels se rapportent tous les progrès de la zoologie pendant cette période, nous ne pensons pas avoir besoin de transition. Plus d'un point les rapprocha dans leur existence comme dans leurs travaux; leur carrière scientifique, commencée en même temps, fut à peu près de la même étendue, et la renommée, qui s'attacha à leurs savantes recherches, se répandit d'une manière à peu près égale sur leur personne, sur leur pays et sur le Muséum qui fut, pendant quarante années, le glorieux théâtre de leur enseignement. Georges Cuvier (Léopold-Frédéric-Chrétien-Dagobert) naquit à Montbéliard, le 23 août 1769, cette année si fertile en grands hommes, qui donna naissance à Humboldt, à Canning, à Soult, à Walter Scott, à Chateaubriand, à Napoléon. Sa famille, originaire du Jura, était protestante, et, lors des persécutions religieuses, avait cherché un refuge dans la principauté de Montbéliard, alors dépendante du Wurtemberg. Son père, officier dans un régiment suisse, attaché au service de France, n'avait pour toute fortune, après quarante ans de services, qu'une modique pension de retraite. Heureusement, le jeune Cuvier trouva près de sa mère, femme d'un esprit élevé, les moyens de s'instruire et de développer son cœur ainsi que son intelligence. Il fit, dans ses premières études, des progrès rapides : assis aux genoux de sa mère, il apprenait ses leçons, il lisait des ouvrages d'histoire, de littérature, de voyage; il dessinait avec une facilité étonnante, tout en prêtant l'oreille aux sages réflexions de son excellent guide. Comme Lacépède, il s'inspira de bonne heure par la lecture des ouvrages de Buffon. À treize ans, il avait copié les mille planches enluminées qui accompagnent son *Histoire naturelle*, en corrigeant le dessin et la couleur des figures par leur comparaison avec les contours et les nuances des objets eux-mêmes. Une mémoire prodigieuse et une aptitude remarquable à tous les travaux intellectuels venaient s'ajouter aux heureuses dispositions de son esprit sérieux et patient.

Ses études classiques terminées de bonne heure, on chercha à obtenir pour lui une bourse à l'Université de Tubingue, dirigée vers les études théologiques. Mais il fallait pour cela subir un concours; et, bien que Cuvier se fût jusqu'alors montré le premier dans toutes les classes, il échoua, soit qu'une circonstance fortuite eût détourné un moment sa pensée, soit que le professeur fût volontairement coupable d'un passe-droit. C'est à cette circonstance qu'il dut l'entrée de la carrière où l'appelait naturellement son génie. L'enfant s'en consola en reprenant ses études avec une nouvelle ardeur. Cependant, le duc Charles de Wurtemberg, qui avait entendu parler de ses talents précoces, ayant appris l'échec qu'il avait éprouvé, le fit appeler et lui accorda une place gratuite dans l'Académie Caroline de Stuttgardt, où s'enseignaient à la fois les arts, les sciences et l'administration. Ce magnifique établissement réunissait quatre cents élèves qui y recevaient des leçons de plus de quatre-vingts maîtres. Il comprenait cinq Facultés supérieures : le droit, la médecine, l'administration, l'art militaire et le commerce. Le cours de philosophie terminé, les élèves passaient dans une de ces cinq Facultés. Cuvier choisit l'administration, par ce singulier motif qu'on s'y occupait beaucoup d'histoire naturelle, et qu'il y avait de fréquentes occasions d'herboriser et de fréquenter les Cabinets. Il apprit en peu de mois la langue allemande, les mathématiques, les éléments du droit, et commença à se livrer à son goût de prédilection pour l'étude de l'Histoire naturelle, à l'aide d'un exemplaire de Linné, qui forma pendant dix ans toute sa bibliothèque scientifique.

En sortant de cette école, il pouvait espérer un emploi très-prochain dans l'administration, mais la position de ses parents ne lui permettait pas d'attendre, et il accepta avec empressement l'offre d'une place de précepteur dans une famille de Normandie, auprès de Fécamp. C'était en 1788, l'année même de la mort de Buffon; Cuvier avait près de 19 ans. Là, tout en se livrant à son nouvel emploi, il se prend à étudier, à observer les insectes, les mollusques, les poissons, et déjà se forment dans son esprit les premiers rudiments de ses grandes vues sur l'ensemble du Règne animal. C'est dans cette silencieuse retraite, au milieu d'une famille aimable et distinguée qu'il passa ces années orageuses qui devaient être aussi terribles pour la France qu'elles furent douces et fécondes pour le jeune savant.

Cependant, la révolution avait eu quelques retentissements dans la ville près de laquelle il habitait : on voulait y créer une société populaire, Cuvier fit comprendre aux hommes éclairés et paisibles que leur intérêt le plus puissant était de la constituer eux-mêmes, afin de la dominer. On suivit ce conseil; la société se forma; Cuvier en fut nommé le secrétaire, et dans les assemblées, au lieu de s'occuper de politique, on se borna à agiter des questions d'économie et d'agriculture. On a vu plus haut que Fécamp possédait alors l'abbé Tessier, un des agronomes les plus distingués de France, qui, pour se soustraire à des dangers plus graves, remplissait alors les fonctions de médecin de l'hôpital de cette ville. Tessier apprend qu'une société s'adonne à sa science favorite; il s'y fait présenter, il y parle, et à ses discours Cuvier reconnaît l'auteur des articles d'agriculture de l'*Encyclopédie méthodique*. A la fin de la séance, il s'approche de l'orateur, lui fait comprendre qu'il l'a reconnu, le rassure d'ailleurs, et lui demande la permission d'aller causer de science avec lui. A la première confidence des travaux du jeune savant, Tessier s'étonne, s'émerveille, et, ravi de sa découverte, il l'annonce à ses anciens amis du Muséum et de l'Académie. Lui-même, de retour à Paris, l'y appelle avec instance et lui offre son logement. « Ne rejetez, lui écrivait-il, ni l'hospitalité que je vous offre, ni les vœux des amis que je vous ai donnés, et qui vous appellent. Votre mérite et leurs soins feront le reste. » On sait l'accueil que firent à Cuvier, Jussieu, Laméthrie, Lacépède et Geoffroy-Saint-Hilaire. Il était à peine âgé de 26 ans, et, avant d'entrer dans la capitale, il y avait déjà une réputation de savoir et des liens de la plus vive amitié.

« Admirez, s'écrie un de ses biographes (1), par quel enchaînement de conjonctures, en apparence insignifiantes ou malheureuses, la Providence conduit le jeune Cuvier vers sa destinée ! Une santé délicate le rend studieux et de bonne heure appliqué ; une mauvaise composition de collège le dissuade du sacerdoce et lui concilie l'amitié d'un prince puissant ; le défaut de fortune le préserve du séjour énervant et corrupteur des villes, et lui fait trouver à propos, dans une campagne voisine de la mer, un stimulant pour ses souvenirs classiques, un air salubre pour sa faible santé, des matériaux pour ses études favorites, en même temps qu'une école de mœurs et un asile assuré contre les orages politiques et les sanglantes calamités d'alors. » C'est là, il est vrai, un concours de circonstances singulières qui ont pu servir au développement de sa destinée ; mais ce qu'il ne devra qu'à lui-même, c'est sa passion pour l'étude, cette application persévérante, cette *patience* que Buffon assimilait au génie, et cet ensemble si rare de facultés qui allaient en faire non-seulement le naturaliste le plus brillant, mais l'une des capacités les plus vastes et les plus variées de notre époque.

La carrière lui est ouverte, et il va la parcourir à pas de géant. Ses premiers travaux ont un tel caractère de profondeur et d'originalité, sa parole est si précise et si lumineuse qu'il devient aussitôt comme le centre et le chef d'une école nouvelle. Millin le fait nommer membre de la commission des arts, puis professeur d'Histoire naturelle à l'école centrale du Panthéon. Lacépède et Geoffroy-Saint-Hilaire le font admettre au Muséum comme adjoint, ou plutôt en remplacement du vieux Mertrud, dans la chaire d'anatomie comparée. Tous les obstacles s'aplanissent comme d'eux-mêmes, et aussitôt Cuvier appelle auprès de lui tout ce qui restait de sa famille : son vieux père et son frère Frédéric qui, lui aussi, prendra bientôt dans la science une place honorable et tout à fait digne de son nom.

La variété des talents qui distinguèrent Georges Cuvier et la multiplicité des matières auxquelles il les appliqua en font, pour ainsi dire, plusieurs hommes, qu'il faudrait examiner successivement pour apprécier d'une manière convenable l'ensemble de son génie. N'ayant à le considérer ici que comme naturaliste, c'est encore à M. Flourens — et quel autre pouvait mieux nous servir de guide ? — que nous emprunterons les principaux détails que nous allons reproduire sur les travaux scientifiques de son illustre prédécesseur.

Les premières recherches de Cuvier s'appliquèrent à la réforme de la classification et de la méthode en zoologie. Il avait compris dès l'abord que la classification comme l'explication des phénomènes de cet ordre ne pouvaient procéder que de la connaissance approfondie de la nature intime et de l'organisation des animaux. Cette connaissance, qui avait évidemment manqué à Linné et à Buffon, était à ses yeux la cause de l'imperfection de leurs systèmes. Il s'attacha donc à étudier ces grandes lois. C'est à leur aide qu'il renouvela la zoologie, l'anatomie comparée, et sur ces deux sciences il en fonda par la suite deux autres : celle des animaux fossiles et la géologie.

Quels que soient le mérite et l'exactitude des recherches anatomiques de Daubenton, il est certain que jusqu'alors les naturalistes s'étaient principalement attachés aux caractères extérieurs des animaux. Linné, dont l'influence avait été si puissante, avait divisé le Règne animal en six classes : les Quadrupèdes, les Oiseaux, les Reptiles, les Poissons, les Insectes et les Vers. Or, ces classes, notamment la dernière, tantôt séparaient les animaux les plus rapprochés par leur organisation, tantôt réunissaient les plus disparates, en sorte que la classification, au lieu de favoriser l'étude des rapports, rompait quelquefois ceux-ci de la manière la plus choquante. Le seul moyen de réformer cette classification était de la fonder sur l'organisation même, sur l'anatomie des animaux, car c'est l'organisation seule qui donne les vrais rapports et permet d'en tirer des généralités d'un ordre supérieur.

C'est ce que fit Cuvier dès le premier Mémoire qu'il publia en 1791, où il divisa tous les êtres confondus jusque-là sous le nom d'*Animaux à sang blanc,* en six classes : les *Mollus-*

(1) M. Isidore Bourdon.

ques, les *Crustacés,* les *Insectes,* les *Vers,* les *Echynodermes* et les *Zoophytes.* Tout était neuf dans cette distribution, mais aussi tout y était si évident qu'elle fut généralement adoptée. Dès lors, le Règne animal prit une nouvelle face : la précision des caractères sur lesquels s'appuyait cette distribution, la convenance parfaite des êtres que chaque classe rapprochait, tout dut frapper les naturalistes; une lumière subite venait de se répandre sur les parties les plus élevées de la science; les grandes lois de l'organisation animale étaient saisies. Nul homme n'avait encore porté un coup d'œil aussi étendu sur ces lois générales; on comprenait tout ce que la zoologie devait attendre d'un début aussi éclatant.

Dans un second Mémoire, reprenant en particulier l'une des classes qu'il venait d'établir, celle des Mollusques, Cuvier jeta les fondements de son grand travail sur ces animaux, travail qui a produit les résultats les plus neufs et les plus féconds de la zoologie et de l'anatomie comparée modernes. C'étaient l'exactitude et la précision dont Daubenton avait donné le modèle, appliquées aux parties les plus fines et les plus délicates et à l'organisation d'une classe des plus difficiles à étudier.

Le principe qui lui avait servi de guide dans ces recherches était celui de la *subordination des organes,* que Bernard et Laurent de Jussieu avaient imaginé et appliqué d'une manière si heureuse à la botanique, mais qui n'avait pas encore pris place dans la zoologie, sans doute à cause du nombre et de la complication des organes qui constituent les animaux. Cuvier s'appuyant sur l'anatomie n'hésita pas à étendre ce principe à la classification des êtres de ce Règne, et le résultat de ses efforts donna naissance à son grand ouvrage intitulé : *Le Règne animal distribué d'après son organisation,* où sa doctrine zoologique se montre reproduite dans tout son ensemble et coordonnée dans toutes ses parties.

Jusque-là, on n'avait guère vu dans la méthode qu'un moyen de distinguer les espèces; Cuvier en fit l'instrument même de la généralisation des faits. Appliquée au Règne animal, la méthode, en effet, n'est autre chose que la subordination des groupes entre eux, d'après l'importance relative des organes caractéristiques et distinctifs de ces groupes. Or, les organes les plus importants sont aussi ceux qui entraînent les ressemblances les plus générales; en sorte qu'en fondant les groupes inférieurs sur les organes *subordonnés* et les groupes supérieurs sur les organes *dominateurs,* ceux-ci comprennent nécessairement les inférieurs, et que l'on peut toujours passer des uns aux autres, par des propositions graduées, et de plus en plus générales, à mesure que l'on remonte des groupes inférieurs vers les supérieurs.

Jusqu'ici, Cuvier n'avait encore considéré, dans les grandes classes d'animaux sans vertèbres, que les organes de la circulation. En considérant le système nerveux, qui est un organe beaucoup plus important, il arriva à découvrir quatre formes générales de ce système, qui partagent tout l'ensemble du Règne animal. Il y a donc quatre plans, quatre types, ou quatre formes générales du système nerveux dans les animaux, qui donnent lieu à ce que Cuvier appela des *embranchements.* L'une comprend les *Vertébrés,* la seconde les *Mollusques,* la troisième les *Articulés,* et la dernière les *Zoophytes.* A l'aide de ce trait de lumière, l'esprit saisit nettement les divers ordres de rapports qui lient les animaux entre eux : les rapports d'ensemble constituent l'unité, le caractère du *Règne,* les rapports plus ou moins généraux, l'unité des *embranchements,* des *classes,* et les rapports plus particuliers constituent l'unité des *ordres,* des *genres.*

Ce premier ouvrage une fois produit, Cuvier voulut entrer plus avant dans les détails, afin de compléter le système qu'il n'avait encore présenté que d'une manière abrégée. C'est alors qu'il entreprit la seconde partie de son œuvre, et il la commença par l'*Histoire des Poissons,* qui composait, parmi les Vertébrés, la classe la plus nombreuse et la moins connue. Il voulait, par l'exposition détaillée et approfondie de toutes les espèces de cette classe, offrir un modèle pour la description ultérieure de toutes les autres. Le premier volume de ce beau travail parut en 1828 ; l'ouvrage devait en avoir vingt ; il en publia neuf en moins de six ans ; la mort de l'auteur en arrêta l'exécution définitive, mais les matériaux étaient recueillis, mis en ordre, et

M. Valenciennes, qui l'avait secondé si habilement, devait le continuer. Les deux collaborateurs avaient quadruplé le nombre des espèces décrites dans les ouvrages les plus récents, ceux de Bloch et de Lacépède : « Ouvrage étonnant par son étendue, dit M. Flourens, plus étonnant encore par cet art profond de la formation des genres et des familles, dont l'auteur semble s'être complu à dévoiler les secrets les plus cachés, et par cette science des caractères que nul homme ne posséda jamais à un tel degré : résultats de l'expérience la plus consommée et fruits du génie parvenu à toute sa maturité. »

Presque au même moment, Cuvier opérait dans l'*anatomie comparée* une réforme tout aussi importante. Cette science dont il ne parlait jamais lui-même qu'avec enthousiasme, il la regardait comme celle qui devait dominer tout ce qui se rapporte aux êtres organisés. Il n'a pas achevé non plus le grand ouvrage qu'il avait préparé et médité toute sa vie sur ce sujet, mais il en avait répandu les éléments dans plusieurs publications, notamment dans ses *Leçons d'anatomie comparée*, dont cinq volumes parurent par les soins de M. Duméril, et dans ses *Recherches sur les ossements fossiles*, dont M. Duvernoy a publié trois volumes. Ces travaux en peu d'années, ont porté rapidement cette science si longtemps négligée au niveau, et peut-être au-dessus de toutes les autres sciences cultivées à la même époque. Jusque-là, l'anatomie comparée n'était qu'un recueil de faits particuliers touchant la structure des animaux; Cuvier en fit la science des lois générales de l'organisation animale. Il en déduisit comme principes généraux : que chaque espèce d'organes a ses modifications fixes et déterminées; qu'un rapport constant lie entre elles toutes les modifications de l'organisme; il en tira la loi de *subordination* des organes dans l'ordre de leur importance, celle de *corrélation* ou de *coexistence*, et divers autres rapports généraux sur lesquels s'appuie aujourd'hui la philosophie de cette science.

Mais l'application la plus neuve et la plus brillante que Cuvier ait faite de l'anatomie comparée est celle qui se rapporte aux *ossements fossiles*. C'est grâce aux travaux de cette nature qu'il retrouva, dans les entrailles de la terre, les traces d'une création antérieure à la nôtre. L'étude de ces *fossiles* l'amena à recomposer la géologie, l'histoire des révolutions du globe terrestre, et à faire de tous ces débris, comme l'a dit M. Dupin, autant de médailles attestant l'âge relatif des terrains qui les recèlent, fournissant des dates aux diverses opérations de la nature pour la formation de notre sol, et une sorte de table chronologique des révolutions qui ont amené l'état dans lequel nous le voyons aujourd'hui.

Le globe que nous habitons présente presque partout des traces irrécusables des grandes révolutions qu'il a subies à diverses époques. Les produits de la création actuelle, de la nature encore vivante, recouvrent partout les débris d'une création antérieure, d'une nature détruite. Des masses considérables de productions marines se trouvent à une grande distance des mers, sur de hautes montagnes. De grands ossements, découverts dans le sein de la terre, ont fait croire à des races de géants qui avaient existé dans des siècles fort reculés; des savants eux-mêmes ont longtemps regardé les pierres figurées, les pétrifications et les coquillages fossiles comme des jeux de nature. Bernard Palissy émit le premier, au seizième siècle, à ce sujet, des opinions plus rationnelles, et vit dans tous ces phénomènes des preuves frappantes des grands cataclysmes auxquels notre globe avait été soumis. A partir de cette époque, l'attention des naturalistes commença à se tourner sur ce sujet. Dans le cours du dix-huitième siècle, cette partie de la science, qui ne portait pas encore de nom, fit des progrès assez rapides; mais l'étude des ossements fossiles devait bientôt, dans les mains de Cuvier, lui donner le plus grand essor, et constituer désormais les bases réelles de la *Géologie*.

Son premier travail à ce sujet date de la fondation même de l'Institut. Le 1er pluviôse an IV (4 avril 1796), jour de la première séance publique tenue par cette assemblée, le jeune naturaliste lut devant elle un Mémoire sur les espèces d'Éléphants fossiles, comparées aux espèces vivantes, dont la conclusion semblait annoncer toute la série de ses découvertes ultérieures à ce sujet.

« Qu'on se demande, disait-il, pourquoi l'on trouve tant de dépouilles d'animaux inconnus, tandis qu'on n'en trouve aucune dont on puisse dire qu'elle appartient aux espèces que nous connaissons, et l'on verra combien il est probable qu'elles ont toutes appartenu à des êtres d'un monde antérieur au nôtre, à des êtres détruits par quelque révolution du globe, à des êtres dont ceux qui existent aujourd'hui ont rempli la place. »

« L'idée, ajoute M. Flourens, l'idée d'une création entière d'animaux antérieurs à la création actuelle, d'une création entière détruite et perdue, venait donc enfin d'être conçue dans son ensemble. Le voile qui recouvrait tant d'étonnants phénomènes allait donc enfin être soulevé, ou plutôt il l'était déjà, et le mot de cette grande énigme qui, depuis un siècle, occupait si fortement les esprits, ce mot venait d'être dit. Mais pour transformer en un résultat positif, et démontrer cette vue si vaste et si élevée, il fallait rassembler de toutes parts les dépouilles des animaux perdus, il fallait les revoir, les étudier toutes sous ce nouvel aspect; il fallait les comparer toutes, et l'une après l'autre, aux dépouilles des animaux vivants; il fallait, avant tout, créer et déterminer l'art même de cette comparaison. Or, pour bien concevoir toutes les difficultés de cette méthode, de cet art nouveau, il suffit de remarquer que les ossements fossiles sont presque toujours isolés, épars; que souvent les os de plusieurs espèces, et des espèces les plus diverses, sont mêlés, confondus ensemble; que presque toujours ces os sont mutilés, brisés, réduits en fragments. Que l'on se représente ce mélange confus de débris mutilés et incomplets recueillis par Cuvier; que l'on se représente sous sa main habile chaque os, chaque portion d'os allant reprendre sa place, allant se réunir à l'os, à la portion d'os à laquelle elle avait dû tenir, et toutes ces espèces d'animaux, détruites depuis tant de siècles, renaissant ainsi, avec leurs formes, leurs caractères, leurs attributs, et l'on ne croira plus assister à une simple opération anatomique, on croira assister à une sorte de résurrection, et ce qui n'ôtera sans doute rien au prodige, à une résurrection qui s'opère à la voix de la science et du génie! »

Mais quel est le principe qui doit présider à cette reconstruction merveilleuse des espèces perdues? C'est celui de la *corrélation des formes*, principe au moyen duquel chaque partie d'un animal peut être donnée par chaque autre, et toutes par une seule. Mais laissons Cuvier lui-même expliquer par quel enchaînement logique d'idées il arrive à établir cette loi, et à en tirer d'admirables conséquences. « L'anatomie comparée possédait, dit-il, un principe qui, bien développé, était capable de faire évanouir tous les embarras : c'était celui de la corrélation des formes dans les êtres organisés, au moyen duquel chaque sorte d'être pourrait, à la rigueur, être reconnue par chaque fragment de chacune de ses parties.

« Tout être organisé forme un ensemble, un système unique et clos, dont les parties se correspondent mutuellement et concourent à la même action définitive par une réaction réciproque. Aucune de ces parties ne peut changer sans que les autres changent aussi, et, par conséquent, chacune d'elles, prise séparément, indique et donne toutes les autres.

« Ainsi, si les intestins d'un animal sont organisés de manière à ne digérer que de la chair, et de la chair récente, il faut aussi que ses mâchoires soient construites pour dévorer une proie, ses griffes pour la saisir et la déchirer; ses dents pour la couper et la diviser, le système entier de ses organes du mouvement pour la poursuivre et pour l'atteindre, ses organes des sens pour l'apercevoir de loin. Il faut même que la nature ait placé dans son cerveau l'instinct nécessaire pour savoir se cacher et tendre des pièges à ses victimes. Telles seront les conditions générales du régime carnivore ; tout animal destiné pour ce régime, les réunira infailliblement, car sa race n'aurait pu subsister sans elles; mais, sous ces conditions générales, il en existe de particulières, relatives à la grandeur, à l'espèce, au séjour de la proie pour laquelle l'animal est disposé, et de chacune de ces conditions particulières résultent des modifications de détail dans les formes qui dérivent des conditions générales. Ainsi, non-seulement la classe, mais l'ordre, mais le genre, et jusqu'à l'espèce, se trouvent exprimés dans la forme de chaque partie..... En un mot, chaque portion de l'animal détermine les

autres; la forme de la dent entraîne la forme du condyle, la forme du condyle celle de l'omo-plate, celle des ongles, tout comme l'équation d'une courbe, entraîne toutes ses propriétés.....
La moindre facette d'os, la moindre apophyse ont un caractère déterminé, relatif à la classe, à l'ordre, au genre, à l'espèce auxquels elles appartiennent, au point que, toutes les fois que l'on a seulement une extrémité d'os bien conservé, on peut, avec de l'application, et en s'aidant avec un peu d'adresse de l'analogie et de la comparaison effective, déterminer toutes ces choses aussi sûrement que si l'on possédait l'animal entier. J'ai fait bien des fois l'expérience de cette méthode sur des portions d'animaux connus, avant d'y mettre entièrement ma confiance pour les fossiles; mais elle a toujours eu des succès si infaillibles, que je n'ai plus aucun doute sur la certitude des résultats qu'elle m'a donnés. »

Telle est, en effet, la méthode à l'aide de laquelle Cuvier, en explorant avec persévérance les entrailles de la terre, parvint à déterminer et à classer les restes de plus de cent cinquante Mammifères ou quadrupèdes ovipares, dont plus de quatre-vingt-dix appartiennent à des espèces aujourd'hui inconnues. Ces recherches lui firent découvrir en même temps des animaux de toutes les classes : des Oiseaux, des Reptiles, des Poissons, des Crustacés, des Mollusques, des Zoophytes, et l'on vit ainsi reparaître, par groupes et par masses, toutes ces populations éteintes, qui attestent les révolutions successives du globe que nous habitons. Mais, toutes ses découvertes opérées, il s'agissait de les classer, et, suivant les couches de terrain où on les avait faites, de les rapporter aux différentes catastrophes que le globe avait dû éprouver à diverses époques.

En 1769, Pallas avait publié un Mémoire sur les *Ossements fossiles de Sibérie*, où l'on apprit avec étonnement que l'Éléphant, le Rhinocéros et l'Hippopotame, animaux qui ne vivent aujourd'hui que sous la zone torride, avaient habité autrefois les contrées les plus septentrionales. Dans un second Mémoire, il rapporta ce fait non moins extraordinaire d'un Rhinocéros trouvé tout entier dans la terre gelée, avec sa peau et sa chair; fait qui s'est renouvelé depuis dans cet Éléphant découvert en 1806 sur les bords de la mer Glaciale, et si bien conservé que les Chiens et les Ours ont pu en dévorer et s'en disputer les chairs. Buffon s'était hâté d'appuyer sur le premier fait son système du refroidissement graduel des régions polaires, mais le second ne pouvait pas s'y accommoder, car il montrait que ce refroidissement, loin d'avoir été graduel, avait dû être, au contraire, subit et instantané; il prouvait que le même instant qui avait fait périr les animaux dont il s'agit, avait rendu glacial le pays qu'ils habitaient; car, s'ils n'eussent été gelés aussitôt que tués, il est évident qu'ils n'auraient pu nous parvenir avec leur peau, leur chair et toutes leurs parties parfaitement conservées.

A ces faits déjà si difficiles à expliquer s'ajoutait cette observation si frappante que les ossements des animaux trouvés à l'état fossile sont très-différents des animaux analogues, aujourd'hui vivants. Cuvier vit dans toutes ces circonstances les preuves les plus évidentes des révolutions successives du globe; il ne s'agissait plus que de fixer l'ordre et, en quelque sorte, la chronologie de ces révolutions. « C'est aux fossiles seuls, dit-il, qu'est due la naissance de la théorie de la terre; sans eux, l'on n'aurait peut-être jamais songé qu'il y ait eu dans la formation du globe des époques successives et une série d'opérations différentes. Eux seuls donnent la certitude où l'on est qu'ils ont dû vivre à la surface, avant d'être ensevelis dans la profondeur. »

Ainsi, les dépouilles des êtres organisés, par leurs rapports avec les couches du globe dans lesquelles on les rencontre, montrent les différents âges de la terre qui les a nourris; elles montrent qu'après chacune des catastrophes que cette terre a subies, la vie animale a pris de nouvelles formes, jusqu'à celles qui caractérisent les espèces aujourd'hui existantes. En pénétrant, en effet, dans les profondeurs du sol, on ne trouve aucune trace de la vie animale ou végétale sur les granits et les schistes, premiers fondements de l'enveloppe actuelle du globe; dans les terrains de transition qui forment la seconde couche, on voit paraître des Zoophytes, des Mollusques, des Reptiles gigantesques et inconnus aujourd'hui : l'*Ichthyosaure*, le *Plésiosaure*, etc., espèces de Lézards grands comme des Baleines. Dans la troisième couche, commencent à se retrouver les grands Mammifères terrestres, les Pachydermes énormes découverts dans les carrières de Montmartre, les *Paléothérium*, les *Lophiodons*, les *Anoplothérium*, en même temps que des Carnassiers, des Rongeurs, des Crocodiles, des Tortues et des Poissons.

La quatrième couche de terrains renferme les dépouilles d'animaux marins; au-dessus, celles-ci disparaissent, et on retrouve une nouvelle population d'animaux terrestres. Ce sont des *Mammouths*, Éléphants gigantesques, des Rhinocéros, des Hippopotames, des Mastodontes, des Paresseux énormes dont les espèces actuelles ne dépassent pas la taille d'un Chien et dont les races perdues égalent en grandeur les Rhinocéros, et cette population se retrouve partout dans les couches sablonneuses et limoneuses de toutes les latitudes, sur les bords de la mer Glaciale aussi bien que dans les carrières de Montmartre. Ce n'est enfin que dans les dernières couches superficielles du globe, dans les concrétions récentes, que l'on trouve à l'état fossile des os appartenant à des animaux connus, aujourd'hui vivants.

Dans les couches précédentes, on ne trouve presque aucun Quadrumane, presque aucun Singe. Mais un fait bien plus remarquable, c'est qu'on n'y rencontre aucun ossement humain. Ainsi, l'espèce humaine n'a été contemporaine ni de toutes ces races perdues, ni de toutes ces catastrophes qui les ont détruites; ainsi, l'Homme est le dernier des êtres vivants que la nature semble avoir produits, et nous nous trouvons aujourd'hui au milieu d'une quatrième succession d'animaux et conséquemment de végétaux terrestres. Entre chacun de ces âges, de ces générations différentes, la mer est venue recouvrir la terre, engloutir les débris des êtres organisés qui vivaient à sa surface, et ce n'est qu'après sa troisième irruption que l'Homme, accompagné des animaux actuels, est venu en prendre possession. « La science, guidée par le génie, a donc pu remonter jusqu'aux époques les plus reculées de l'histoire de la terre; elle a pu compter et déterminer ces époques, marquer le premier moment où les êtres organisés ont paru sur le globe, et toutes les modifications, toutes les révolutions qu'ils ont éprouvées. Sans doute, toutes les preuves de cette grande histoire n'ont pas été recueillies par Cuvier; mais il n'est pas jusqu'aux découvertes que d'autres ont faites après lui qui n'ajoutent encore à sa gloire, à peu près comme on a vu grandir le nom de Colomb, à mesure que les navigateurs, venus après lui, ont fait mieux connaître toute l'étendue de sa conquête. »

En parcourant cette suite brillante des travaux de Cuvier, où l'historien de la science trouverait difficilement quelque temps de repos, nous avons passé sur les détails de sa vie privée, auxquels nous devons pourtant revenir. Ses premiers Mémoires, publiés en 1795, l'année même de la fondation de l'Institut, lui avaient ouvert les portes de cette Compagnie, où il forma, avec Daubenton et Lacépède, le premier noyau de la section de zoologie. Il en était secrétaire en 1799, lorsque Bonaparte, revenu de la campagne d'Égypte et nommé premier consul, fut élu président de cette assemblée. Les rapports qui s'établirent entre le président et le secrétaire donnèrent au grand capitaine l'occasion d'apprécier le savant. Daubenton étant mort à la fin de la même année, Cuvier lui succéda dans la chaire d'histoire naturelle au Collège de France, et fut chargé d'honorer sa mémoire en présence de l'Institut. L'éloge qu'il prononça à cette occasion est le premier de cette série de panégyriques qui forment l'un de ses meilleurs titres de gloire; car, à ses nombreux talents, Cuvier unissait encore ceux de l'orateur et de l'écrivain. En 1802, il succéda à Mertrud dans la chaire d'anatomie comparée au Muséum. Lorsqu'on réorganisa l'Instruction publique, il fut chargé, en qualité d'Inspecteur général, de présider à la fondation des Lycées. Devenu secrétaire perpétuel de l'Institut, c'est à lui que Napoléon demanda un rapport sur les progrès des sciences naturelles depuis 1789; travail immense dans lequel il dut passer en revue toutes les branches des connaissances de cet ordre, y compris la physique, la chimie, la médecine, comme leurs principales applications, et qui est resté comme un véritable monument de l'histoire scientifique pendant cette époque. Dans la même année, il fut nommé conseiller à vie de l'Université.

On a blâmé parfois Cuvier d'une certaine condescendance pour le pouvoir, et dans cette occasion surtout où les paroles qui terminaient ce célèbre rapport n'avaient pourtant que le caractère d'une louange aussi élevée que délicate. « Il m'a loué comme j'aime à l'être, » avait dit Napoléon. Cependant, Cuvier s'était borné à l'inviter à imiter Alexandre et à faire tourner sa puissance aux progrès de l'Histoire naturelle. « Il est permis de croire, ajoute judicieusement M. Flourens, que la louange qui n'a d'autre but que de porter un souverain à faire de grandes choses, n'est point indigne d'un philosophe. »

En 1813, Napoléon avait manifesté le dessein de charger l'Aristote moderne de l'éducation de son fils ; c'est probablement dans cette prévision qu'il le chargea, à plusieurs reprises, de diverses missions en Italie.

Cuvier conserva sous la Restauration sa haute position scientifique, à laquelle vinrent s'ajouter encore de nouvelles fonctions. Il fut nommé successivement conseiller d'État, président du Comité de l'intérieur, chancelier de l'Université, grand officier de la Légion d'honneur, directeur des cultes non catholiques, enfin baron et pair de France. Il avait refusé la place d'intendant du Jardin du Roi et le portefeuille de ministre de l'intérieur. Cuvier montra que l'esprit des affaires n'est pas incompatible avec le génie des sciences. Il introduisit, surtout dans l'Instruction publique, des améliorations importantes. C'est lui qui fit introduire, dans l'enseignement des colléges, des cours d'histoire, de géographie, de langues vivantes, de sciences physiques et naturelles ; et, en 1809, c'est à lui qu'on dut l'organisation de la Faculté des sciences.

Les nombreuses fonctions dont il était revêtu n'enlevaient rien à ses devoirs de professeurs. Dans les dernières années, il avait entrepris au Collége de France une série de leçons sur l'histoire des sciences naturelles. Le 8 mai 1832, il ouvrit ce cours pour la troisième fois, en présence d'un immense auditoire. À l'issue de cette séance, il fut atteint des premiers symptômes d'une paralysie, sans doute provoquée par des excès de travail et qui, en peu de jours, devait le conduire au tombeau. Tous les secours de l'art furent inutiles. Il vit arriver la mort avec une sérénité admirable : il s'était fait transporter dans son cabinet, comme sur son champ de bataille, pour y exhaler son dernier soupir, entouré de sa famille, de ses amis, des objets ordinaires de ses travaux. Sa figure était calme, reposée ; aucune altération sensible ne s'y faisait apercevoir. Il n'exprima qu'un regret, celui de laisser inachevés les ouvrages importants qu'il méditait encore et dont les matériaux étaient entièrement préparés. Cuvier mourut le 13 mai 1832, et, comme Aristote, à l'âge de 63 ans.

Le nombre et l'étendue des travaux de ce grand naturaliste ne peuvent s'expliquer que par les facultés supérieures dont son esprit était doué, par sa mémoire qui tenait du prodige, par sa facilité à passer sans effort d'un travail à un autre, mais aussi par l'ordre et la régularité qui présidèrent toujours à l'arrangement de sa vie. Aucun homme ne s'était jamais fait une étude aussi suivie, aussi méthodique de l'art de ne perdre aucun moment. Chaque heure avait son travail marqué ; chaque travail avait un cabinet qui lui était destiné, et dans lequel se trouvait tout ce qui se rapportait à ce travail : livres, dessins, objets. Tout était préparé, prévu, pour qu'aucune cause ne vînt arrêter, retarder l'esprit dans le cours de ses méditations et de ses recherches. Voici, du reste, d'après l'un de ses biographes, quel était habituellement le programme de sa journée :

« Levé à neuf heures, il déjeunait à dix ; il consacrait cet intervalle à dresser le plan de sa journée, à donner des ordres, à lire sa correspondance et aussi à ranger sur son bureau les matériaux de ses travaux. Ce bureau offrait quelquefois un curieux spectacle ; on y voyait rangés avec ordre des livres ouverts à un chapitre précis et tous au même, des planches gravées, des animaux empaillés, des squelettes, des mâchoires, des crânes, quelquefois une pièce à demi disséquée, et quelquefois à côté d'un ossement fossile, un discours ébauché ou un éloge, des esquisses et des épreuves, des crayons, des plumes, un compas et même un burin, car il gravait aussi. À cette description, il faut ajouter, d'après M. Pasquier, que chacun des différents cabinets où travaillait Cuvier était arrangé suivant l'espèce d'occupation à laquelle il était destiné, et de manière à lui permettre de trouver toujours sous sa main les ouvrages dont il pouvait avoir besoin pour ce genre de travail.

« Au déjeuner, où il arrivait presque toujours un livre à la main, Cuvier se faisait apporter les journaux. Après le déjeuner, repas pour lui toujours frugal, il donnait des audiences auxquelles était admis quiconque avait à lui parler, et pour lesquelles il n'exigeait pas, comme tant d'insignifiants personnages, qu'on lui écrivît d'avance ; jamais il ne faisait attendre. « Quand on demeure, disait-il, au Jardin des Plantes, si loin des solliciteurs, on n'a pas le « droit de leur fermer sa porte. » Il recevait les intimes à son bureau, devant sa table à la Tronchin ; car toujours, étant chez lui, il écrivait debout. Quant aux étrangers, il les recevait dans son salon ; il les écoutait et leur répondait en se promenant. Autant il était vif à éconduire les intrigants et les fats, autant il était affable et bon pour les hommes studieux, et surtout les jeunes gens timides et laborieux, dont il aimait à encourager le zèle en leur prodiguant des secours et des conseils. Vers midi, Cuvier avait coutume de monter dans sa voiture, où il lisait et écrivait même, en se rendant soit au conseil d'État, soit au ministère de l'intérieur, pour sa direction des cultes, soit au Conseil royal ou à l'une des trois Académies dont il était membre. Toutes ces fonctions, il les remplissait avec ponctualité, avec amour ; mais il était surtout admirable à son secrétariat de l'Académie des sciences. Aussi impartial qu'attentif, il lisait intrépidement les mémoires ou les lettres les plus illisibles, traduisait à la simple vue les textes étrangers, donnait l'équivalent de ce qu'un autre que lui aurait trouvé incompréhensible, écoutait chaque réclamation et prenait note de toutes choses pour les procès-verbaux comme pour les analyses annuelles. »

Cuvier fut, à la vérité, admirablement secondé par d'habiles collaborateurs, heureux de se placer sous son brillant patronage. Nous avons cité MM. Duméril, Duvernoy, de Blainville, Brongniart, Valenciennes, qui ont droit de réclamer une large part dans ses premières recherches. A ces noms devenus célèbres, nous devons joindre celui de M. Emmanuel Rousseau, « homme modeste et infatigable ; » ce sont les expressions de Cuvier, qui avait aussi partagé les travaux de Mertrud et de Geoffroy-Saint-Hilaire, et celui de Laurillard, qui, dans un éloge couronné par l'Académie de Besançon, paya un si noble tribut à la mémoire de son maître. « Ses collaborateurs ! s'écrie Pariset, des rois, des princes, des ministres, des négociants, des voyageurs, des savants, des navigateurs de toutes les nations l'ont été. Ils se disputaient l'honneur de procurer ou de transmettre à Cuvier, de toutes les parties du monde, les notes, les dessins, les échantillons qui pouvaient contribuer à la perfection de son travail. » La haute considération dont il jouissait et sa position élevée dans la science attiraient chez lui tous les savants étrangers qui visitaient la capitale. Il admettait à travailler dans sa vaste bibliothèque tous les naturalistes qui réclamaient cette faveur. Les voyageurs que, sur sa désignation, le Gouvernement dirigeait sur tous les points du globe pour recueillir des documents scientifiques, recevaient de lui des instructions particulières, en sorte que l'on pouvait dire de lui, comme de Linné, que, par toute la terre, on interrogeait la nature en son nom.

Comme écrivain, Cuvier, sans avoir la pompe, la majesté, l'éclat de Buffon, se distingue par un style naturel, grave, précis, élégant, parfaitement propre à l'exposition scientifique. Plus ferme, plus élevé, plus brillant dans ses discours, il prend encore de la noblesse et de la grandeur, lorsqu'il traite de hautes questions de philosophie.

En général, son style reflète les qualités dominantes de son esprit : l'ordre, la clarté, l'étendue des pensées, la force et la netteté de l'expression. On retrouve toutes ces qualités dans son célèbre rapport sur les progrès des sciences naturelles, dans ses discours à l'Académie, et surtout dans ses éloges historiques, où elles sont encore rehaussées par une forme plus vive, plus animée, plus saisissante. « Son débit, dit M. Flourens, était en général grave, et même un peu lent, surtout vers le début de ses leçons ; mais bientôt ce débit s'animait par le mouvement des pensées ; et, alors, ce mouvement qui se communiquait des pensées aux expressions, sa voix pénétrante, l'inspiration de son génie peinte dans ses yeux et sur son visage, tout cet ensemble opérait sur son auditoire l'impression la plus vive et la plus profonde. On se sentait élevé, moins encore par ces idées grandes, inattendues, qui brillaient partout, que par une certaine force de concevoir et de penser que cette parole semblait tour à tour éveiller, ou faire pénétrer dans les esprits. »

Cuvier s'était marié à trente-quatre ans. Il avait épousé madame Duvaucel, veuve de l'un des vingt-huit fermiers généraux, morts victimes de la Révolution. Il en avait eu quatre enfants. Les deux premiers moururent en bas âge; il perdit le troisième, qui était un fils, à l'âge de sept ans. Mais un plus grand malheur lui était réservé; ce fut la perte d'une fille charmante, personne d'un mérite accompli, qu'il adorait, et qui mourut à l'âge de vingt-deux ans, huit jours avant de contracter un mariage qui lui promettait le plus heureux avenir.

« Au moment où Cuvier avait été si soudainement enlevé à l'admiration publique, dit M. Isidore Geoffroy-Saint-Hilaire, un fait, encore sans exemple peut-être, s'était produit, et ce fait était le plus magnifique hommage que pût recevoir la mémoire de notre immortel zoologiste : le mouvement de la science s'était ralenti tout à coup; il avait presque paru, en France, du moins, s'arrêter un instant. C'est que les naturalistes de toutes les écoles s'étaient sentis également atteints, les uns perdant un chef sous lequel ils étaient depuis si longtemps habitués à marcher, les autres, un adversaire dont l'opposition même, si utile autrefois au développement des théories nouvelles, était nécessaire encore à leur libre défense. »

Les événements scientifiques qui composent cette période de l'histoire du Muséum d'histoire naturelle, semblent en effet se concentrer uniquement dans les progrès si considérables que fit la zoologie sous Cuvier et Geoffroy-Saint-Hilaire, et, cependant, d'autres sciences s'avançaient également d'un pas rapide et soutenaient avec honneur la renommée de cette grande école. Ainsi, la chaire de minéralogie, en passant des mains de Daubenton, de Dolomieu et de Haüy, dans celles d'Alexandre Brongniart, non-seulement conservait tout son éclat, mais semblait ouvrir à cette science des voies nouvelles et fécondes. L'enseignement de la chimie continué, après Fourcroy, par Laugier, Vauquelin et Gay-Lussac, attirait aux cours du Muséum un auditoire avide de recueillir la parole de ces illustres maîtres; et la Botanique, confiée aux soins d'A.-L. de Jussieu et de Desfontaines; l'Agronomie, à ceux d'André Thouin et de Bosc, poursuivaient leur marche progressive, en attendant que deux jeunes botanistes, aux noms chers à la science, vinssent augmenter ses richesses, en même temps que la célébrité de leurs savantes familles.

Le nom de Brongniart était déjà acquis au Muséum d'histoire naturelle. C'était celui du démonstrateur des cours de Fourcroy, devenu, à la réorganisation, professeur de chimie appliquée aux arts. Alexandre Brongniart né à Paris, en 1770, était neveu de ce chimiste et fils de l'éminent architecte à qui l'on doit le palais de la Bourse et plusieurs autres monuments de la capitale. Entouré, dès sa jeunesse, de savants, d'artistes et de tous les moyens d'instruction, son éducation se ressentit de cet heureux concours d'éléments, si propres à développer sa précoce intelligence. Cependant le goût des sciences prévalut dans son esprit; il était né curieux, ardent, appliqué; son élocution était facile, et l'on assure que Lavoisier prit plaisir à lui entendre faire, à quinze ans, une leçon de chimie.

Alexandre Brongniart fit ses premières études scientifiques à l'École des mines. A vingt ans, il était allé faire un voyage en Angleterre pour visiter les mines du Derbyshire; peu de temps après, il publia un premier Mémoire *sur l'art de l'émailleur*, qui fut son début dans la carrière céramique. Devenu préparateur des cours de son oncle, au Jardin des Plantes, il commença l'étude de la médecine; mais, atteint par la première réquisition, il se fit commissionner, comme pharmacien militaire, à l'armée des Pyrénées. Pendant quinze mois, il parcourut ces belles montagnes, en zoologiste, en botaniste et en géologue. Cependant, soupçonné d'avoir favorisé l'évasion du naturaliste Broussonnet, qui, en effet, n'échappa à la mort qu'en franchissant la frontière, à la brèche de Roland, il fut mis en prison. Rendu à la liberté après le 9 thermidor, il revint à Paris et obtint un emploi d'ingénieur, attaché à l'agence des mines. Bientôt après, il fut nommé professeur d'histoire naturelle à l'École centrale des Quatre-Nations; en même temps, il devint collaborateur des meilleurs recueils scientifiques de l'époque. En 1800, sur la recommandation de Berthollet, qui avait compris toute sa portée, il fut nommé directeur de la Manufacture de porcelaine de Sèvres.

A l'époque de la réorganisation de l'Université impériale, Alexandre Brongniart fut chargé de composer un *Traité élémentaire de minéralogie*. Cet ouvrage, qui parut en 1807, l'un des meilleurs et des plus pratiques qui eussent paru jusqu'alors sur cette science, était le complément indispensable du Traité d'Haüy sur le même sujet. La clarté et l'originalité d'exposition, qui en font le principal caractère, le rendirent aussitôt classique, et l'auteur en fit le texte de ses leçons à la Faculté des sciences, où il secondait M. Haüy, professeur titulaire. A la mort de son illustre maître, il fut appelé à le remplacer dans la chaire de minéralogie au Muséum.

ALEX. BRONGNIART.

M. Brongniart n'avait pas cessé de s'occuper de zoologie. C'est à lui qu'on doit la division des Reptiles en quatre ordres; classification adoptée aussitôt par Cuvier et par tous les naturalistes. Il créa pour les Animaux de cette classe, les noms de *Sauriens*, de *Batraciens*, de *Chéloniens* et d'*Ophidiens*, que l'on répète chaque jour sans se rappeler qu'il en fut l'auteur. Il posa également les bases de la classification des *Trilobites*, ces singuliers crustacés, étrangers à toutes les créations modernes, et son Mémoire à ce sujet est le point de départ de tous les travaux qui, depuis, se sont rapportés à cette immense famille. C'est à cette occasion que Brongniart entra en rapport avec Cuvier, dont il devint presque aussitôt le collaborateur et l'ami. Il venait de faire, en 1800, un voyage en Auvergne, où il avait signalé, comme formés dans l'eau douce, des terrains qui ne renfermaient, à l'état fossile, que des coquilles fluviatiles; c'était une application nouvelle de la zoologie à l'étude des couches minérales. Cuvier reconnut dès lors dans Alexandre Brongniart le collaborateur qu'il cherchait, et, dès l'année

1810, ils présentèrent ensemble à l'Institut leur *Essai sur la géographie minéralogique des environs de Paris*. Ils avaient été secondés dans ces recherches devenues célèbres par MM. Beudant, Constant Prévost et Desmarest fils. C'est principalement à ce beau travail, devenu le type de tous les travaux du même genre, que Brongniart dut, en 1815, son admission à l'Académie des sciences.

En 1827, Alexandre Brongniart fit avec son fils un voyage en Suisse. Il y fit de nombreuses recherches géologiques, dont il joignit les résultats à sa seconde édition de sa *Description géologique des environs de Paris*. En 1824, il visita, dans le même but, la Norwége et la Suède, où Berzélius voulut lui servir lui-même de guide et d'interprète. C'est là qu'il posa les premières bases de la classification des plus anciens terrains fossilifères, et qu'il recueillit les éléments de son beau travail sur les blocs erratiques. A la même époque, il donna de nombreux articles au *Dictionnaire des sciences naturelles*. Dans les années suivantes, il fit un voyage en Italie, dont les résultats enrichirent la science de plusieurs Mémoires importants, entre autres sur la théorie générale des volcans, et celle du Vésuve en particulier. En 1825, il obtint le titre d'inspecteur général des mines.

Alexandre Brongniart était doué d'une activité prodigieuse. A l'âge de dix-huit ans, il avait été l'un des fondateurs de la Société philomatique; il en resta le trésorier depuis cette date jusqu'à sa mort. Il exerça le professorat durant une période de trente années. Il ne cessa jamais de donner des soins à la collection minéralogique du Muséum, aujourd'hui la plus riche du monde. Pendant les quarante-sept ans qu'il fut placé à la tête de la Manufacture de Sèvres, il s'occupa constamment de perfectionner et d'enrichir ce célèbre établissement. Il visita dans ce but toutes les fabriques de porcelaine de l'Europe. Artiste, administrateur, géologue, chimiste, il réunissait toutes les conditions désirables pour un pareil emploi. C'est à lui que l'on doit la renaissance d'un art presque perdu, celui de la peinture sur verre. Enfin, il fonda, à Sèvres, le *Musée céramique*, riche collection des poteries de tous les âges et de tous les pays, qui lui fournit les matériaux du dernier ouvrage qu'il ait publié, sous le titre de *Traité des arts céramiques*, en deux volumes in-8°, avec atlas, 1844.

M. Brongniart était le patriarche d'une famille toute scientifique, digne d'un chef aussi illustre, et qui faisait à la fois sa gloire et son bonheur. Son fils, à qui l'on doit les belles recherches sur les végétaux pétrifiés, contemporains des animaux fossiles, enfouis dans les mêmes sépultures, et, comme eux, appartenant, pour la plupart, à des genres aujourd'hui perdus, M. Adolphe Brongniart, bien jeune encore, avait pris place à ses côtés à l'Académie des sciences, ainsi que ses deux gendres. L'un d'eux était M. Victor Audouin, né en 1797, naturaliste distingué, fondateur des *Annales des sciences naturelles* et de la Société entomologique. Après avoir été suppléant de Lamarck au Muséum, il fut nommé professeur d'entomologie, à la place de Latreille, mort en 1833. On lui doit d'importantes observations sur les crustacés, sur la muscardine du Ver à soie, sur la pyrale de la Vigne, une *Histoire naturelle du littoral de la France*, en collaboration avec M. Milne-Edwards. Audouin fut admis à l'Académie des sciences en 1838, et mourut prématurément en 1841. L'autre gendre d'Alexandre Brongniart est M. Dumas, dont tout le monde connaît les titres scientifiques, les talents élevés, et qui tient aujourd'hui un si haut rang parmi les premiers chimistes de notre époque.

M. Brongniart sut jouir pleinement, mais avec modestie, des biens dont le sort l'avait comblé. Sa maison était un véritable sanctuaire de la science; ses collections étaient ouvertes à tous les naturalistes; son salon, qui réunissait les savants, les artistes, les hommes éclairés de toutes les nations, rappelait ces écoles de l'antiquité où les philosophes discutaient avec leurs disciples. Son accueil bienveillant, les lumières variées que l'on puisait dans sa conversation, ses encouragements, son exemple surtout, exerçaient l'influence la plus heureuse sur tous ceux qui l'entouraient. Il aimait et protégeait les jeunes savants, qui, en retour, avaient pour lui autant d'attachement que de vénération. M. Brongniart mourut en 1847, à l'âge de soixante-dix-sept ans. Carrière honorable et bien remplie, qui montre combien le goût du travail, le zèle pour la science et le dévouement au devoir laissent encore de place aux plus heureux sentiments, au culte des arts, aux jouissances de la famille et aux douceurs de l'amitié.

La géologie, qui tient de si près à la minéralogie, avait non-seulement pris un rang définitif parmi les sciences naturelles, mais elle s'était élevée à une hauteur inespérée sous l'influence des découvertes et des théories de Cuvier et de Brongniart. Faujas de Saint-Fond continuait d'en faire la matière de son enseignement au Muséum; toutefois, l'âge commençait à affaiblir ses forces, et, retiré à la campagne, il ne venait guère à Paris que pour faire son cours. Les collections, qui s'augmentaient journellement, avaient besoin d'être disposées dans un nouvel ordre : ce soin était réservé à M. Cordier, inspecteur divisionnaire des mines, élève et ami de Dolomieu, son compagnon dans plusieurs voyages, son collègue dans l'expédition d'Égypte, et qui devait bientôt succéder à Faujas de Saint-Fond.

Nous n'avons rien à ajouter à ce que nous avons dit plus haut de l'enseignement de la botanique au Muséum, durant cette période. Quant à la chimie, on sait que la chaire de Fourcroy échut, en 1810, à Laugier, son suppléant depuis plusieurs années. Dès l'année 1804, la chaire de chimie appliquée, laissée vacante par Auguste Brongniart, avait passé dans les mains de Vauquelin, l'élève et le collaborateur assidu de Fourcroy.

Nicolas-Louis Vauquelin naquit en 1763, dans la petite commune de Saint-André-d'Hébertot, département du Calvados. Ses parents étaient pauvres. Ils cultivaient la terre pour les autres et pour eux-mêmes, car ils possédaient quelques champs et une cabane. Dans le voisinage était le château d'Hébertot, appartenant au descendant d'un homme illustre, du chancelier d'Aguesseau. Le père de Vauquelin avait la direction d'assez grands travaux d'agriculture, que le jeune homme partageait comme un simple ouvrier. Cependant, il faisait quelques études chez le magister du village, et il montrait autant d'intelligence que d'application. Sa mère, charmée de ses succès autant qu'éblouie par la belle livrée que portaient les domestiques du château, lui répétait souvent : « Courage, Colin ! applique-toi : tu auras quelque jour de beaux habits comme ces messieurs. »

Lassé des travaux rustiques et préférant ceux qui se rapportaient à l'étude, Vauquelin se présenta chez un pharmacien de Rouen, qui l'admit comme garçon de laboratoire. Ce pharmacien faisait chez lui quelques cours de physique et de chimie. Vauquelin, tout en surveillant les fourneaux et les appareils, saisissait à la volée quelques paroles du professeur, les recueillait avec soin dans sa mémoire, puis, à l'aide de quelques livres que lui prêtaient les élèves, rédigeait, pendant la nuit, les notions qu'il avait retenues. Surpris dans ce travail par le professeur, au lieu d'encouragements, il reçut des réprimandes et le maître, dans son emportement, mit en pièces le manuscrit. « On m'aurait ôté le seul habit que j'eusse au « monde, disait Vauquelin, j'aurais été moins affligé. » Ce trait de dureté le révolta, et il quitta Rouen pour venir à Paris.

Cependant, déjà formé par le travail et par ses études secrètes, il n'hésita pas à se présenter comme élève en pharmacie, dans quelques officines. Il eut le bonheur de trouver une place chez Chéradame, professeur à l'École de pharmacie. C'est là qu'il connut Laugier, et, plus tard, Fourcroy, déjà professeur brillant et très-répandu. Fourcroy avait une sœur malheureuse, que la famille Chéradame accueillie et qu'il venait voir souvent. Il avait besoin d'un aide, d'un préparateur ; frappé de l'intelligence et de l'exactitude de Vauquelin, il lui offre un logement, sa table et 300 francs de traitement, mais ce qui touche bien plus le jeune chimiste, la direction d'un laboratoire et le patronage d'un maître déjà célèbre.

C'était l'époque où, sous l'inspiration des découvertes de Lavoisier, Fourcroy, lui-même, l'un des fondateurs de la nomenclature chimique, répandait les nouvelles lumières de cette science au Lycée, au Jardin des Plantes, dans son propre amphithéâtre, où, par le charme de sa parole, comme par l'intérêt des phénomènes qu'il expliquait, il faisait naître partout l'admiration et l'enthousiasme. Placé à la source de ces vérités proclamées avec tant d'éclat, Vauquelin s'échauffait de la même ardeur. Il étudiait la physique, l'anatomie, l'histoire naturelle, il reprenait sous main ses études classiques, il s'exerçait surtout à l'analyse chimique, partie de la science dans laquelle il se posa bientôt en maître, et où personne depuis n'espéra l'égaler. Fourcroy, qui regardait Vauquelin comme son plus digne ouvrage, l'encourageait à se produire, à sortir de l'ombre qui convenait si bien à sa timidité, enfin, il l'associa à ses recherches, et, dès cette époque, commença à paraître cette suite de travaux célèbres, signés de leurs deux noms réunis. À partir de ce moment, ces deux noms se trouvèrent confondus en quelque sorte dans l'esprit, dans l'estime de tous les chimistes. Jamais, en effet, deux natures si diverses ne s'étaient plus heureusement associées. L'ardeur, la vivacité, l'esprit synthétique de Fourcroy étaient tempérés par la sagacité froide, patiente, ingénieuse de Vauquelin. Fourcroy sans lui eût anticipé sur l'avenir, Vauquelin sans Fourcroy n'eût peut-être rien fait pour sa propre renommée. Réunis, ils se complétaient l'un par l'autre, et leur association présentait l'idéal des conditions les mieux appropriées à la recherche scientifique : le génie qui imagine et celui qui exécute, l'habileté qui réalise et le talent qui expose et résume.

Vauquelin, de garçon de laboratoire devenu un grand chimiste, Fourcroy aurait voulu qu'il devînt un grand professeur ; mais est-ce là une faculté qui s'acquiert par l'étude, quand les dispositions natives ne s'y prêtent qu'à regret ? Néanmoins, à force de lutter contre les obstacles, Vauquelin parut avec succès dans la chaire professorale. Ce n'étaient point l'abondance, la facilité, la richesse d'élocution de Fourcroy ; mais la simplicité des démonstrations, l'exactitude des expériences, une profusion inépuisable de détails pratiques, voilà ce qui donnait tant de prix à ses cours, à l'Athénée des arts, au Lycée, et bientôt dans la chaire du Muséum d'histoire naturelle. « Aussi, dit Pariset, tandis que, par l'éclat de ses leçons, Fourcroy répandait le goût de la chimie et se formait des légions d'admirateurs, Vauquelin, par la solidité des siennes, inculquait la science, et lui formait une élite d'excellents élèves. Tout ce qui fait aujourd'hui l'ornement de la chimie française est sorti de son école. Enfin, une place fut vacante dans l'ancienne Académie des sciences; elle fut donnée à Vauquelin. Vauquelin fut le dernier membre que nomma cette illustre compagnie. »

« Déjà l'orage grondait au-dessus de ce grand abîme que creusait la révolution française, et où s'engloutirent et l'Académie des sciences, et tous les corps savants, et toutes les écoles, et toutes les institutions ; époque désastreuse où tout manquait à la France, excepté son invincible courage, où les sentiments les plus naturels, la paix, la modération et jusqu'à la pitié, semblaient bannis du cœur des hommes. Du moins, cette pitié ne fut-elle jamais éteinte dans le cœur de Vauquelin, et quelle preuve il en donna ce jour de fatale mémoire où l'antique trône de France s'écroula dans le sang, et où ses défenseurs furent si malheureusement aux prises avec la fureur populaire! MM. Chevallier et Robinet racontent que ce jour-là, pour éviter la mort qui le pressait, un garde suisse s'échappe, fuit, court, vole, tourne une rue, trouve une porte, s'y jette, traverse une cour comme un trait et tombe palpitant, où? dans le laboratoire de Vauquelin, à ses pieds et aux pieds de deux femmes qui étaient avec lui. Que faire! il n'est qu'un parti : c'est de rendre ce malheureux si différent de lui-même que l'œil des meurtriers ne puisse le reconnaître. A l'instant ses vêtements sont ôtés, jetés au feu, brûlés, ses moustaches coupées, son visage, ses mains noircis de charbon; on l'affuble d'un vieux habit et d'un tablier. Le voilà ce que fut Vauquelin, garçon de laboratoire. Quel magicien opéra une métamorphose si prompte et si complète? ce vif sentiment d'humanité, cette pitié pénétrante qui ne raisonne plus avec le péril, et fait renoncer à la vie pour sauver celle d'un infortuné. Heureusement ceux qui, le couteau à la main, poursuivaient le garde suisse, perdirent sa trace. Il s'était évanoui comme l'oiseau qui fuit, comme la flèche qui vole. Le laboratoire qui l'avait reçu faisait partie d'une officine que Vauquelin avait prise dans son changement de fortune, et qu'il tenait avec le titre de maître en pharmacie. Les deux dames qui partageaient sa nouvelle demeure étaient les sœurs de Fourcroy. Il avait été leur pensionnaire. Elles avaient été pauvres, elles l'avaient recueilli : il les recueillit à son tour, et ne s'en sépara jamais. Les rôles étaient changés, parce que les cœurs ne l'étaient pas.

« Cependant, les événements se précipitent. Seule et debout contre toutes les nations, la France, pour s'en défendre et pour les attaquer, la France, au milieu de ses divisions, cherche en elle-même toutes ses ressources. Ce qu'elle demandait autrefois à l'étranger, elle le demande à ses concitoyens, à Monge, à Berthollet; elle le demande à Vauquelin, mais dans quels termes! L'ordre qu'il reçoit est ainsi conçu : « Pars, fais-nous du salpêtre ou marche au supplice. «La postérité le croira-t-elle? Sous ces accents de fureur, on cachait un bienfait : on voulait sauver Vauquelin en le rendant nécessaire. Il part, il visite les départements, il en fait sortir des milliers de salpêtre qu'il expédie pour les ateliers de la capitale. On sait le reste : l'Europe fut vaincue, et l'histoire, en célébrant les triomphes de la France, fera ressouvenir qu'ils n'ont pas été moins dus au génie qu'à la valeur de ses habitants.

« Revenu au calme et à l'œuvre, on reconnut l'utilité des sciences et les services qu'elles avaient pu rendre. On avait détruit, on s'empressa de reconstruire les institutions savantes. A côté des Lycées et des Écoles centrales qu'organisait Fourcroy, s'élevèrent et l'École polytechnique, et l'École des mines, et l'Institut national. Une place fut marquée pour Vauquelin dans ces trois derniers établissements. Il fut un moment successeur de J. d'Arcet à la chaire de chimie du Collège de France; mais Fourcroy était fixé au Jardin du Roi; la mort de M. Aug.-L. Brongniart y laissait vacante la chaire de chimie appliquée aux arts. Ce fut celle que Vauquelin préféra, et, en se réunissant à l'illustre colonie du Jardin des Plantes, il semblait rentrer dans le sein de sa propre famille. La Légion d'honneur fut créée : Vauquelin fut un des premiers légionnaires. On forma des Écoles spéciales de pharmacie; il fut mis à la tête de celle de Paris.

« A peu près à la même époque, on avait fondé un bureau de garantie pour les matières d'or et d'argent; Vauquelin en sollicitait la direction, mais on le refusa : il n'était que grand chimiste. On voulait des connaissances spéciales, et il les avait; un praticien et un manipulateur, et il l'était. Il s'enferme, compose l'*Art de l'essayeur*, et le jette dans le public, en gardant l'anonyme. A l'instant, on se récrie sur l'excellence de l'ouvrage, dont l'auteur ne peut être qu'un essayeur consommé. Vauquelin se nomme et obtient la place.

« Un dernier hommage lui était réservé, ajoute Pariset, à qui j'emprunte ici les meilleurs traits de l'éloge qu'il a fait de Vauquelin, à l'Académie de médecine. Il eut, en 1809, le malheur de perdre Fourcroy. La chaire de chimie n'appartenait plus à personne. Il fallait, pour l'occuper, l'obtenir au concours, et avoir le titre de docteur en médecine. Ce titre, Vauquelin ne l'avait pas, mais il en était digne, et par des connaissances médicales très-étendues, et par d'autres connaissances que n'ont pas toujours les médecins de profession. Il écrivit sur l'analyse de la matière cérébrale, dans l'homme et les animaux, une Thèse qui lui valut à la fois le doctorat et la chaire. L'estime, le respect, la crainte, le sentiment que l'on avait de sa supériorité, tout concourut à écarter ses rivaux. Il triompha sans combattre, et la chaire vint à lui plutôt qu'il n'alla à elle... »

Que servirait de présenter ici la longue énumération des travaux chimiques de Vauquelin? Ces détails n'apprendraient rien aux chimistes de profession, auxquels les nombreux travaux de ce savant sont si familiers, travaux dont les ouvrages spéciaux sont en quelque sorte remplis? Qui ne sait que parmi les corps nouveaux qu'il a découverts se trouve en première ligne le chrome, métal qu'il retira le premier du plomb rouge de Sibérie, et qu'il retrouva dans le rubis spinelle, à l'état d'acide; découverte du plus grand intérêt pour la teinture, pour l'art de colorer le verre, les émaux et la porcelaine? Il trouva, dans l'aigue-marine et dans l'émeraude, une terre nouvelle, la glucine, que d'autres chimistes avaient longtemps confondue avec l'alumine. Il faudrait citer du moins ses recherches sur l'asparagine, sur les quinquinas, sur les acides pectique, citrique, tartareux, sur la conversion des acides les uns dans les autres, sur l'identité de l'acide pyroligneux avec l'acide acétique, sur celle du sucre avec la gomme et la fécule, et une multitude d'autres travaux qu'il exécuta tantôt seul, tantôt en collaboration avec Fourcroy ou d'autres chimistes, mais qui portent tous l'empreinte d'une étude sévère, profonde, attentive, comme ils se distinguent par les vues d'utilité et d'application qu'il s'efforçait toujours d'y rattacher.

Vauquelin était d'une taille élevée, d'une physionomie ouverte et calme, où se réfléchissait la sérénité de son esprit, qu'animait seulement deux grands yeux noirs, d'un regard plus ferme que pénétrant, et où se peignaient à la fois l'intelligence et la bonté. Dans les épanchements de son cœur, il aimait à parler du lieu de sa naissance, de la pauvreté de ses parents, de l'humilité de sa condition, des rudes épreuves de son premier âge. Il faisait presque chaque année le voyage d'Hébertot, non pour y promener l'orgueil de sa célébrité, mais pour consoler, honorer sa mère, pour assurer son bien-être et celui de ses frères, et retrouver au milieu des siens ces vives affections de famille dont les premières impressions sont ineffaçables, et qu'il étendait jusque sur ses élèves. Il eut, en 1827, l'honneur d'être élu député par le département du Calvados. Arrivé à la fin de sa carrière, entourée de la considération la mieux méritée, rien n'eût manqué à son existence, si sa santé depuis quelque temps chancelante ne se fût assez rapidement altérée. Il voulut encore aller respirer l'air natal. Après des alternatives de bien et de mal, une imprudence accéléra la funeste catastrophe. Malgré les soins les plus éclairés, il sentit sa fin s'approcher, et occupé dans ces moments suprêmes de quelques vers de Virgile qu'il essayait de traduire, il expira tranquillement en novembre 1829. Il était âgé de 66 ans.

Laugier était depuis un an préparateur du cours de Fourcroy, son parent, et le suppléait parfois dans ses leçons, lorsque Vauquelin vint occuper la chaire de chimie appliquée, au Muséum. André Laugier, né à Paris en 1770, était fils du trésorier des Quinze-Vingts. Un homme puissant de l'époque, d'une moralité fort suspecte, mais ayant la haute main sur l'établissement, eut la pensée de prélever une certaine somme sur la caisse de l'administration et proposa à Laugier père de surcharger ses comptes. L'intègre comptable s'y refusa avec indignation, et la vengeance ne se fit point attendre. Une lettre de cachet fut lancée contre lui, et il perdit non-seulement son emploi, mais une partie de sa fortune. L'aisance de sa famille se trouva fort restreinte, et l'éducation du jeune André s'en ressentit quelque peu. Cependant, on le plaça à Picpus, puis au collége de Lisieux, à Paris; il obtint quelques succès dans ses classes, bien qu'il fût peu encouragé par ses maîtres, et, à ce sujet, il racontait lui-même une aventure de collége, bien capable en effet d'éteindre plutôt que d'exciter son émulation.

Sa classe comptait près de cent élèves; il était le plus jeune de tous, et rarement dans les compositions il dépassait le quarantième. Le professeur ne s'étonnait nullement de ne pas le voir figurer en meilleur rang, l'âge de l'enfant lui en indiquait le vrai motif. Cependant, après quelques efforts, Laugier se fit jour et obtint une des premières places. Heureux de ce petit triomphe, il en attendait la récompense, lorsqu'on le manda chez le frère correcteur, et là le succès du fils fut traité avec autant de justice que la probité du père. Encore était-il que le professeur prétendait légitimer cet acte de brutale sévérité par un raisonnement spécieux, car il disait : « Je ne sévissais pas contre lui, parce que je ne le croyais pas capable de mieux faire; mais, puisqu'il vient d'obtenir une bonne place, il est évident que c'était sa faute, et que, par conséquent, il doit être puni pour le passé. »

Ses études étaient terminées en 1788. La chimie, à cette époque, préludait au brillant essor qu'elle allait prendre dans les dernières années du siècle; Fourcroy était l'un de ses éloquents interprètes, et c'est à son école que Laugier vint puiser les premières notions de cette science. Il se livra avec ardeur au travail sous ce précieux patronage, mais les événements politiques ne tardèrent pas à l'y arracher. La France venait d'être envahie; l'ennemi se dirigeait sur la capitale; Laugier se fit soldat et rejoignit l'armée; il avait alors vingt-deux ans. Son équipage était mince, les pluies étaient abondantes, les marches forcées, et sa santé eut fort à souffrir.

Le jeune chimiste n'avait aucune vocation pour le métier des armes, qu'il n'avait embrassé que par un généreux élan de patriotisme ; après six mois de campagne, et lorsque les Prussiens eurent repassé la frontière, il quitta ce qu'on appelait le camp de la Lune, sans avoir brûlé une amorce, et n'emportant pour tout trophée que des douleurs de rhumatisme, qui, pendant tout le reste de sa vie, devinrent pour lui d'importuns souvenirs de son premier fait d'armes.

De retour à Paris en 1794, il fut nommé, sur la recommandation de Fourcroy, à un emploi dans les poudres et salpêtres ; mais il ne le posséda que peu de temps. Il venait d'épouser la fille de Chéradame, chez qui Vauquelin avait fait ses premières études pharmaceutiques, et Laugier se décida à prendre le même parti. L'étude qu'il avait faite de la chimie lui devenait d'un grand secours, et il fut bientôt en état de gérer la pharmacie de son beau-père. Mais, au même moment, l'expédition d'Égypte ayant été résolue, il ne résista point au désir d'en faire partie, et il obtint en effet un emploi de pharmacien major. Arrivé à Toulon, il tomba malade, et l'escadre ayant fait voile, il resta attaché à l'hôpital militaire de cette ville ; peu de temps après, il fut chargé de la chaire de chimie à l'école centrale du département du Var.

En 1799, Laugier fut nommé professeur à l'hôpital militaire d'instruction à Lille, et il y professait avec distinction, lorsque Fourcroy, devenu directeur de l'instruction publique, le choisit pour son suppléant au Muséum d'histoire naturelle : la tâche était difficile à remplir ; Laugier, sans avoir la brillante élocution de Fourcroy, se faisait pourtant remarquer par la clarté, par la méthode, par une grande lucidité d'exposition ; ses leçons étaient très-suivies, et à la mort du professeur en titre, la chaire de chimie générale lui fut acquise comme un héritage justement mérité. La place qu'il laissait vacante allait être occupée par M. Chevreul.

Fourcroy ne borna point là son affectueuse protection envers Laugier. Il en fit son secrétaire intime ; au rétablissement de l'Université, celui-ci devint chef de bureau dans la division de l'instruction publique, au ministère de l'intérieur. Il était depuis longtemps professeur d'histoire naturelle à l'École de pharmacie de Paris, il en fut nommé sous-directeur en 1811, puis directeur en 1829, après la mort de Vauquelin.

Laugier, obligé de se partager entre ses devoirs d'administration et ses recherches scientifiques, ne put jamais donner à celles-ci tout le développement qu'il eût désiré, et pourtant la liste de ses travaux est encore considérable. Il les dirigea toujours de préférence sur l'analyse des minéraux, sur la composition des fossiles inorganiques. Ces analyses très-nombreuses sont d'une telle exactitude qu'elles ont servi de type à Berzélius pour établir son système de minéralogie. Il s'occupa également de l'analyse des aérolithes, et il a indiqué la meilleure méthode à suivre pour déterminer la nature et les proportions des éléments que ces pierres météoriques peuvent contenir. Enfin il a étudié les concrétions calculeuses, et remarqué le premier ce qui distingue les calculs vésicaux des herbivores de ceux des animaux carnivores.

Laugier mourut en 1832, victime du fléau qui enleva la même année aux sciences Sérullas, Henry, Plisson, Cuvier et tant d'autres savants. Deux de ses fils occupent aujourd'hui d'honorables postes scientifiques, l'un à l'Académie des sciences, l'autre à la Faculté de médecine de Paris. Son éloge fut prononcé, en présence de l'École et de la Société de pharmacie, par M. Robiquet, de l'Académie des sciences, et c'est de cette intéressante notice que nous avons tiré les principaux détails que nous venons de reproduire.

La science poursuivait ainsi sa marche progressive, et la prospérité du Muséum se développait avec calme et sécurité, tandis qu'au dehors la France était menacée par une formidable coalition. En 1813, les finances de l'État étant absorbées par les besoins de la guerre, on fut obligé de restreindre les allocations destinées aux sciences. L'administration du Muséum fit suspendre les travaux commencés, on se borna aux dépenses les plus indispensables ; un grand nombre d'élèves furent obligés de rejoindre les armées ; l'enseignement seul n'éprouva aucune interruption.

L'année suivante, lorsque les troupes étrangères entrèrent à Paris, un corps de Prussiens se présenta à la porte du Muséum, où il se proposait de bivouaquer. Dans le premier moment les professeurs surpris, isolés, n'avaient aucun moyen de communiquer avec l'autorité et étaient à la discrétion des vainqueurs. Le commandant prussien consentit néanmoins à attendre deux heures, avant d'occuper le poste qui lui était assigné. Ce délai suffit aux administrateurs pour recourir à la protection d'un savant illustre, M. de Humboldt, qui obtint aussitôt une sauvegarde, et le Muséum fut mis à l'abri de l'occupation. Quelques jours après, les souverains étrangers en personne venaient en admirer les richesses, la belle ordonnance, et rassurer eux-mêmes les professeurs sur le sort de ce précieux établissement.

Le Muséum d'histoire naturelle venait d'échapper à un grand danger, qui malheureusement devait se représenter dès l'année suivante. En 1815, les alliés manifestèrent des intentions moins généreuses ; chaque nation réclama les objets que les guerres précédentes leur avaient enlevés. On redemanda au Muséum les collections du Stathouder, et M. Brugmann fut désigné pour en prendre possession ; mais ce savant, ayant compris la difficulté d'une pareille restitution et le tort qu'elle pourrait faire même à l'étude de l'histoire naturelle, se prêta à tous les moyens de concilier les intérêts de sa patrie et ceux de la science. Il intercéda dans ce sens auprès de son souverain, qui lui donna de pleins pouvoirs à ce sujet. Il fut donc convenu que l'on ferait pour la Hollande une collection d'une valeur équivalente à celle que l'on avait reçue, mais qui serait choisie seulement parmi les doubles du Muséum. Cette collection, composée de dix-huit mille échantillons, était évidemment plus riche et plus précieuse que celle qui composait l'ancien cabinet du Stathouder. L'empereur d'Autriche, loin de rien réclamer, fit don à l'établissement de plusieurs plantes qu'il ne possédait pas encore, et de deux collections, l'une de vers intestinaux, faite par M. Bremser, l'autre de champignons modelés en cire. Il y joignit un catalogue des doubles de son cabinet, parmi lesquels les professeurs étaient invités à choisir les objets qui manquaient au Muséum, à la charge de les remplacer par des échanges. D'autres souverains exigèrent davantage. Des pierres précieuses, des livres et des objets de diverse nature retournèrent ainsi à leurs anciens propriétaires, et firent dans le cabinet quelques vides, qui, heureusement, ne tardèrent pas à être comblés.

CINQUIÈME PÉRIODE

1815-1853

Pendant les premières années qui suivirent la paix générale, le budget du Muséum fut d'abord réduit, puis ramené au taux précédent, puis il reçut quelques allocations extraordinaires. On augmenta beaucoup l'étendue du cabinet d'anatomie comparée. En 1818, on commença la construction d'une ménagerie pour les animaux féroces, qui fut terminée en 1821 ; on continua à acquérir les terrains qui bordaient encore la rue de Seine, et que l'on convertit aussitôt en parcs ; on se prépara également à élever de nouvelles serres destinées aux végétaux exotiques récemment parvenus de Cayenne et de l'Inde.

Les grands événements qui venaient de s'accomplir n'avaient pas interrompu les voyages scientifiques, et le Muséum en recueillait chaque jour les fruits aussi abondants que précieux. MM. Diard et Duvaucel avaient fait parvenir des envois considérables de Calcutta et de Sumatra, M. Leschenault en avait adressé d'autres de Pondichéry et de Chandernagor ; on en avait reçu du Brésil par M. Auguste Saint-Hilaire, de l'Amérique septentrionale par M. Milbert ; M. de Lalande qui était allé au Cap, et qui avait pénétré fort avant dans l'intérieur de l'Afrique, avait rapporté la collection zoologique la plus nombreuse que l'on eût reçue depuis celle de Péron et de Baudin.

JACQUEMONT

1801 ✳ 1832

Publié par V. Lemer à Paris

D'autres voyageurs, ajoute Deleuze, qui n'avaient pas une mission spéciale s'empressèrent de donner également des preuves de leur zèle pour la science. M. Dussumier Fonbrune, négociant de Bordeaux, envoya un grand nombre d'objets des Philippines; M. Stéven, savant naturaliste au service de la Russie, qui avait passé douze ans dans la Tauride et le Caucase, offrit au Muséum les principales plantes de cette contrée; Dumont d'Urville, alors lieutenant de vaisseau, celles qu'il avait recueillies dans les îles de l'Archipel et sur les bords du Pont-Euxin; Freycinet, récemment arrivé de son voyage aux Terres-Australes, rapporta une collection en tout genre faite par les naturalistes de l'expédition, MM. Gaudichaud, Quoy et Gaimard. Le capitaine Philibert, chargé de parcourir les mers de l'Asie et d'aller à la Guyane française, ayant pris à son bord M. Perrottet, ce jeune naturaliste rapporta cent cinquante-huit espèces d'arbres et arbustes vivants, dont la plupart n'existaient dans aucun jardin de l'Europe. A cette collection végétale, la plus précieuse qui fût encore parvenue au Muséum, étaient joints quelques oiseaux rares, ainsi que le Gymnote, poisson célèbre qui donne à volonté de violentes commotions électriques; enfin le baron Milius, commandant de l'île Bourbon, venait de rapporter quelques animaux vivants et divers objets d'histoire naturelle.

Un zèle si ardent, si louable, et les conquêtes scientifiques qui en étaient les résultats, déterminèrent le gouvernement à prendre une mesure propre à régulariser et à rendre encore plus profitables les expéditions scientifiques. Un fonds annuel de 20,000 francs fut destiné à attacher au Muséum des élèves voyageurs. Ces élèves, nommés sur la présentation des professeurs et examinés par eux, furent dès lors envoyés successivement dans toutes les contrées encore mal explorées, munis d'instructions spéciales sur les recherches qu'ils avaient à y faire. Ils furent chargés en outre d'entretenir une correspondance active avec le Muséum, et non-seulement de recueillir tout ce qui pourrait accroître nos richesses naturelles, mais de naturaliser au delà des mers les produits de notre agriculture.

Malheureusement, la première application que l'on fit de cette utile mesure n'eut qu'un funeste résultat. Des trois voyageurs partis en 1820, deux périrent victimes de leur zèle, en arrivant à leur destination. Godefroy, appelé par la variété de ses talents à rendre de grands services à la science, fut tué dans une émeute, par les naturels du pays, peu de jours après son débarquement à Manille. Havet, jeune homme à la fois distingué par son esprit, par son savoir et par son caractère, mourut à Madagascar, à la suite des fatigues qu'il avait éprouvées. Le troisième, M. Plée, arriva heureusement aux Antilles, d'où il fit parvenir au Muséum d'importantes collections.

De pareils exemples, loin de décourager les jeunes navigateurs, ne firent qu'enflammer leur zèle. Ces champions intrépides de la science ne comptent pas avec les sacrifices que cette noble mission leur impose. Quelques pas de plus faits par eux dans le vaste champ de la nature, quelque utile découverte à laquelle leur nom pourra se rattacher, voilà ce qui les dédommage des privations et des dangers auxquels ils s'exposent avec tant d'abnégation personnelle. Il nous en coûte de ne pouvoir reproduire ici la liste complète de cette phalange courageuse; mais, du moins, arrêtons un moment nos regards sur l'un de ses membres les plus dignes de nos souvenirs comme de nos regrets.

Dans le cours de l'automne 1826, un jeune homme, déjà connu dans la science par des travaux remarquables, s'embarquait au Havre pour les États-Unis. Il allait chercher, sous un climat étranger, des impressions d'une nature nouvelle et quelque soulagement à de vifs chagrins, à des peines de cœur. Victor Jacquemont était né à Paris en 1801. Ses études terminées, son père désira qu'il apprît la médecine, et le fit entrer, pour étudier la chimie, dans le laboratoire de M. Thénard. Le jeune adepte faisait quelques expériences, lorsqu'un vase rempli de cyanogène se brisa entre ses mains, et il respira une partie de ce gaz. Il en résulta de graves symptômes d'une phthisie laryngée, qui altéra sa santé assez profondément pour l'obliger à passer plusieurs mois à la campagne. Pendant sa convalescence, il s'occupa de botanique, d'agriculture, de géologie. Sa vocation était décidée : il allait être naturaliste. Il entreprit aussitôt quelques voyages en Auvergne, dans les Cévennes, dans les Alpes, préludes de courses plus lointaines, et des périls qu'il se disposait résolûment à affronter.

Après quelque séjour à New-York, qu'habitait un de ses frères, Victor Jacquemont partit pour Saint-Domingue, où il reçut de l'administration du Muséum la proposition d'entreprendre dans l'Inde un voyage conçu d'après des vues toutes nouvelles. Il s'agissait non-seulement d'y faire des recherches d'Histoire naturelle, mais de recueillir des documents étendus sur la statistique, sur les races, les mœurs et les habitudes des Indous. Le jeune savant hésita d'abord, craignant de rester au-dessous d'une pareille tâche; puis, après avoir réfléchi, il accepta cette mission. Il alla à Londres pour se familiariser avec la langue anglaise, et pour se ménager des protections dans les pays qu'il allait parcourir, puis il vint à Paris pour soumettre aux professeurs du Muséum le plan de son voyage et pour prendre congé de ses amis. Au mois d'août 1828, il s'embarqua à Brest sur la *Zélée*. Il n'arriva qu'en mai 1829 à Calcutta, mais le navire avait relâché successivement à Ténériffe, à Rio-de-Janeiro, au cap de Bonne-Espérance, à Bourbon et à Pondichéry. Il fut accueilli avec bienveillance par les principaux personnages de l'Inde anglaise, entre autres par William Bentinck, gouverneur général. Après six mois de séjour à Calcutta, ses préparatifs terminés, il se mit en route avec une escorte considérable et se dirigea vers Bernarès, la ville sainte des Indous. Dans les premiers mois de 1830, il visita Mirzapour, les mines de diamant de Panna, Dehli, où il fut présenté au grand mogol, Schah-Mohammed, descendant de Tamerlan. Il fut conduit en grande pompe à l'audience de l'Empereur, escorté d'un régiment d'infanterie, d'un détachement de cavalerie, d'une armée de domestiques et d'une troupe d'éléphants richement caparaçonnés. Schah-Mohammed lui offrit un vêtement d'honneur, et attacha lui-même à son turban de magnifiques pierreries. Au mois d'avril, le jeune voyageur, avec une suite de cinquante personnes, se dirigea vers le Nord; il remonta jusqu'aux sources du Gange, il gravit les flancs de l'Himalaïa, couverts de neiges perpétuelles, puis redescendit le long de ses gradins septentrionaux, en s'approchant des frontières de la Chine. Pendant cette partie du voyage, il éprouva une longue série de fatigues, de privations et de misères, qu'il supporta pendant plus de cinq mois avec un courage admirable. Il souffre de la faim, de la soif; il est assailli de tempêtes dont la violence nous est inconnue; les nuits sont glacées et sans sommeil; ses gens se révoltent; il les réduit à l'obéissance par son énergie, et, au milieu de tous ces périls, il ne perd pas une occasion de recueillir, chemin faisant, toutes les productions naturelles qu'offrent à ses regards ces étranges contrées.

Il arrive enfin sur les limites de la Chine, au pays de Kanawer, et ne peut résister au désir de pénétrer dans le céleste Empire. Il se décide à traverser, avec quelques montagnards bien armés, d'immenses déserts, des populations hostiles, et à gravir des montagnes qui paraissent inaccessibles. Il trouve sur son passage un fort bien défendu; il ordonne à son escorte de se former en colonne et marche hardiment à sa tête. Le commandant veut s'opposer à cette violation du territoire et s'approche de Jacquemont, qui, sans mettre pied à terre, le saisit par sa longue queue tressée et le jette à bas de son cheval. La garnison, frappée de cet acte d'énergie, le laisse passer avec sa troupe, et, après quelques courses sur le sol chinois et quelques combats analogues, il rentre dans l'Inde, en traversant une seconde fois l'Himalaïa.

Au mois de mars 1831, il passa le Setledje et entra dans le Pendjàb, qui comprend les deux royaumes de Lahore et de Cachemyr. Il avait reçu dans le Thibet une lettre du général Allard, officier français, qui lui offrait ses services auprès de Rendjit Singh, Maharadjah des Seiks, souverain de ce pays, et dont Allard commande les armées. Jacquemont passa presque tout l'été à Lahore et à Cachemyr. Il y vécut en grand seigneur, comblé des témoignages de l'amitié et de la munificence de Rendjit Singh, logé dans un pavillon royal, ayant une sorte de cour, un gentilhomme de la chambre, une compagnie des gardes. Il se livra, grâce à cette utile protection, à des recherches fort étendues dans ces contrées jusque-là si mal explorées, et quitta Rendjit Singh, ravi de son accueil et comblé de ses bienfaits. Il fait même entendre que le souverain lui avait offert sérieusement la vice-royauté de Cachemyr.

Au mois de novembre, Jacquemont repassa le Setledje; dès qu'il se retrouva sur le territoire britannique, il renvoya son escorte et revint à Delhi. Il y fit emballer et embarquer ses collections sur le Djemnah, et se prépara à entreprendre un nouveau voyage dans les contrées méridionales de l'Inde. Il partit, en effet, dès le mois de février 1832. Son intention était de visiter toute la presqu'île en deçà du Gange et de s'arrêter à Bombay, après avoir visité le pays des Marattes et les villes les plus importantes du pays, puis de gagner le cap Comorin, en logeant la côte de Malabar, enfin de remonter au Nord par le plateau de Misore et de visiter les montagnes Bleues. Il ne put exécuter qu'en partie ce projet de voyage, le plus complet que l'on eût encore entrepris dans les Grandes Indes.

Victor Jacquemont arriva au mois de juin à Pouna, près de Bombay. C'était la saison des pluies, et le choléra y exerçait de grands ravages. Un de ses domestiques fut atteint du fléau et en mourut; lui-même éprouva une violente dyssenterie dont sa santé, jusque-là si parfaite, finit par triompher. Il était d'ailleurs prudent, très-attentif à son régime et à toutes les mesures hygiéniques convenables dans des climats si différents du nôtre. Dans le cours de septembre, avant de revenir à Bombay, il voulut visiter l'île de Salsette, située au bas du versant occidental des Ghates, pays malsain, couvert de forêts. On était dans la saison la plus dangereuse de l'année; il y éprouva les plus rudes fatigues, tantôt sous un ciel brûlant, tantôt au milieu d'ombrages pestilentiels. A la fin d'octobre, il arriva à Bombay, mais épuisé et malade. Un négociant anglais, M. Nicol, qui le logeait chez lui, le confia aux soins d'un habile médecin. Jacquemont était atteint d'une inflammation du foie, et, médecin lui-même, il comprit aussitôt toute la gravité de sa situation. Après trente jours de douleurs, il ne put se faire aucune illusion sur l'issue de sa maladie et ne songea plus qu'à consoler ses amis, à écrire à sa famille, à recommander ses collections à ceux qui l'entouraient et qui lui procuraient les plus tendres soins. Il venait d'être nommé membre de la Légion d'honneur; il commanda lui-même ses funérailles, se composa une épitaphe aussi simple que modeste, et mourut le 7 décembre 1832, à l'âge de 31 ans. Sa correspondance, recueillie en deux volumes, est pleine d'intérêt; elle reste, avec ses riches collections, comme un haut témoignage de l'intrépidité, du savoir de ce jeune naturaliste, et justifie tous les regrets qu'une perte aussi cruelle a dû inspirer aux amis de la science. M. Adrien de Jussieu qui, lui-même, vient d'être enlevé si prématurément aux sciences naturelles, a publié une notice touchante sur Victor Jacquemont, dont il fut l'ami.

Les diverses branches de l'enseignement au Muséum, pendant la période que nous parcourons, et qui s'étend jusqu'à l'heure où nous écrivons ces lignes, conservèrent cette haute renommée conquise à l'aide de talents si variés, si éminents et au prix de tant de nobles efforts. Heureusement, la majeure partie des professeurs qui en occupaient les chaires à cette date, les occupent encore aujourd'hui; toutefois, depuis 1815, la mort n'a pas laissé d'en moissonner plusieurs et des plus éminents. Après la perte de Cuvier, de Geoffroy-Saint-Hilaire et de Victor Audouin, dont la zoologie eut successivement à déplorer la perte, cette science eut encore à regretter MM. Latreille et de Blainville. La chimie, d'abord représentée par Laugier et Vauquelin, vit passer les chaires occupées par ces deux savants aux mains de Gay-Lussac et de Sérullas, qui, eux-mêmes, les abandonnèrent à de dignes successeurs; enfin, dans la botanique, de nouvelles pertes appelèrent Bosc et Adrien de Jussieu à remplacer André Thouin ainsi que le vénérable Antoine-Laurent de Jussieu, et ces deux botanistes eux-mêmes ont aussi disparu de la liste des professeurs du Muséum. C'est à retracer quelques traits de leur biographie et à rappeler leurs principaux titres scientifiques que seront consacrées les dernières pages de cet écrit.

Louis-Joseph Gay-Lussac naquit, le 6 décembre 1778, à Saint-Léonard, petite ville du département de la Haute-Vienne, où son grand-père avait été médecin, et où son père exerçait la charge de procureur du Roi. Il était destiné au barreau, et fut élevé d'abord dans sa ville natale, puis dans un pensionnat près de Paris, où il se prépara à subir les examens d'admission à l'école polytechnique, alors l'école centrale des travaux publics. Admis, en effet, des premiers, dans cette célèbre école, il en sortit en 1800, pour entrer dans le service des ponts et chaussés. Berthollet, alors professeur de chimie à l'école polytechnique, avait remarqué en lui tant de douceur, de zèle et d'intelligence, qu'il voulut le fixer près de lui, et en fit son répétiteur; c'est chez ce savant que Gay-Lussac connut Laplace, qui, de son côté, le dirigea dans la carrière de la physique.

Le premier Mémoire du jeune savant, publié en 1801, eut pour objet le mode de dilatation des gaz et des vapeurs. C'est là qu'il établit que la différence des résultats obtenus jusqu'alors dans cette sorte de recherches n'était due qu'à la présence de l'eau dans les gaz et que, lorsqu'ils sont parfaitement desséchés, ils se dilatent tous d'une manière uniforme et constante. Ce travail fut suivi de plusieurs autres : sur le perfectionnement des thermomètres et des baromètres; sur la tension des vapeurs, leur mélange avec les gaz, leur densité, l'évaporation, l'hygrométrie et la mesure des effets capillaires. En 1804, une occasion s'offrit d'ajouter encore à cet ensemble de recherches physiques. Il fut chargé, avec M. Biot, d'exécuter une ascension aérostatique, dans le but de s'assurer si la force magnétique cesse d'agir hors du contact de la masse terrestre. Le 24 août de cette année, les deux jeunes physiciens entrèrent dans un aérostat disposé à cet effet, dans le jardin du Conservatoire des Arts et Métiers, et s'élevèrent à une hauteur de près de 4,000 mètres. Ils constatèrent qu'à cette hauteur l'intensité magnétique se conservait sans altération notable; que l'électricité atmosphérique, constamment négative, s'accroissait, et que la température s'abaissait graduellement en raison des hauteurs. Le ballon étant trop petit pour les porter plus haut ensemble, Gay-Lussac recommença seul l'ascension quelques jours après. Cette fois il parvint à une hauteur de près de 7,000 mètres, la plus grande qu'aucun homme ait jamais atteinte, et, pendant cinq heures d'observations, il s'assura que l'air perd environ un degré de chaleur par 174 mètres d'élévation ; il recueillit de l'air à différentes hauteurs, et reconnut, par l'analyse, que l'air des couches élevées de l'atmosphère avait la même composition que celui des couches inférieures ; enfin, il recueillit une foule d'observations importantes sur le décroissement des pressions des températures et de l'humidité, à diverses hauteurs. Ces habiles recherches le signalèrent dès lors comme un physicien très-distingué, et ne tardèrent pas à le faire admettre à l'Institut.

A cette époque, M. de Humboldt arrivait de son voyage scientifique dans l'Amérique méridionale : il se prit d'amitié pour Gay-Lussac, et l'associa à ses recherches de physique et de chimie. Au retour de quelques excursions qu'ils firent ensemble, en France, en Suisse, en Italie et en Allemagne, ils s'appliquèrent à des observations d'eudiométrie : ils reconnurent que, dans la formation de l'eau, un volume de gaz oxygène se combine par la combustion avec deux volumes de gaz hydrogène. Plus tard, Gay-Lussac généralisa cette observation, et il en tira cette *Loi des volumes*, si féconde en applications, bien qu'elle ait tardé à s'établir dans la science.

Ces travaux furent suivis de longues et savantes recherches sur l'action de la pile de Volta. En 1807, MM. Hisinger et Berzélius avaient annoncé le pouvoir du courant voltaïque pour désunir les éléments des corps composés, et la faculté qu'il possède de transporter ces éléments à des pôles contraires. L'année suivante, Humphry Davy multiplia les expériences de cet ordre ; il les varia, les reproduisit avec des appareils d'une grande puissance et finit par retirer de la potasse et de la soude, deux substances simples, pourvues de tous les caractères métalliques, qu'il nomma le *Potassium* et le *Sodium*. Ces deux métaux, combinés de nouveau avec l'oxygène qu'on en avait séparé, reproduisaient les alcalis primitifs. Une découverte aussi éclatante avait valu au chimiste anglais le prix de 50,000 francs, proposé par Napoléon, pour les résultats les plus importants qui seraient obtenus par l'emploi de la pile de Volta. MM. Gay-Lussac et Thénard s'empressèrent de suivre cette voie nouvelle, qui leur parut féconde en conséquences inattendues. L'Institut venait d'obtenir du Gouvernement les moyens de faire construire une pile d'une puissance considérable. Gay-Lussac et Thénard furent chargés de diriger les expériences auxquelles cet appareil était destiné. Dès le mois de mars 1808, ils annonçaient la découverte d'un moyen d'obtenir plus en grand les nouveaux métaux sans l'emploi de la pile, la décomposition de l'acide borique par leur action, etc. ; ils poursuivirent leurs recherches avec activité et en publièrent les résultats, en 1811, dans l'ouvrage intitulé : *Recherches physico-chimiques*, en deux volumes. Davy, de son côté, mit à profit les recherches des chimistes français pour compléter les siennes : noble et loyale émulation, sans rivalité, qui enrichit la science des faits les plus curieux dont elle eut fait la conquête depuis les découvertes de Lavoisier.

En 1813, un manufacturier de Paris, Courtois, avait découvert, dans les lessives de varechs, une substance qui lui parut nouvelle, et il avait communiqué sa découverte à Gay-Lussac. Peu de jours après, celui-ci présenta à l'Institut une première note dans laquelle il établissait les principaux caractères de la nouvelle substance, et lui donnait le nom d'*Iode*. Dans le courant du même mois, il en lut une seconde sur le même sujet ; ces deux notices n'étaient que le prélude d'un Mémoire très-étendu qui parut l'année suivante, et qui était une véritable monographie de l'iode. Ce dernier travail était si complet, que depuis lors on n'a pu qu'en étendre les résultats ou perfectionner les procédés employés par l'auteur, sans rien changer aux données qu'il avait établies. Le Mémoire de Gay-Lussac sur l'iode est resté un modèle d'exploration chimique ; l'étude de la nouvelle substance y est présentée avec une sûreté de jugement et une finesse de tact qui ne laissent rien d'incertain et d'inobservé ; de l'avis de tous les chimistes, il est aussi parfait qu'un travail de cette nature peut l'être à son temps donné.

L'année suivante, en 1815, Gay-Lussac mit le sceau à sa réputation de chimiste par la découverte du *Cyanogène*, ou azoture de carbone. Cette découverte fut d'une haute importance pour la science, en ce qu'elle offrait le premier exemple d'un corps composé qui, dans ses combinaisons, porte des caractères que l'on n'avait encore remarqué que dans les corps simples, puis en ce qu'elle modifia profondément la théorie de l'acidité. C'est en effet de ses deux Mémoires sur l'iode et sur le cyanogène, que Gay-Lussac déduisit sa théorie des *Hydracides*, l'un des pas les plus brillants que la science ait faits dans les premières années de notre siècle.

Mais ce n'est pas à ces recherches de science pure, à ces belles théories fondées sur l'exactitude et l'évidence des faits observés, que devaient se borner les travaux de Gay-Lussac. Devenu professeur de physique et de chimie à l'École polytechnique, puis au Muséum, il porta dans son enseignement la dignité simple et un peu froide de son caractère, la lucidité, la rectitude et la justesse habituelles de son esprit. Depuis 1805, il était membre du comité consultatif des arts et manufactures, près le ministère du commerce; en 1808, il fut attaché à l'administration des poudres et salpêtres; plus tard, il fut nommé vérificateur à la monnaie. Ces divers emplois l'amenèrent à faire plusieurs travaux d'application des sciences aux arts et à l'industrie; il inventa l'alcoolomètre, il construisit un baromètre portatif, perfectionna l'essai des matières d'or et d'argent, il publia des instructions pratiques d'une grande utilité sur plusieurs fabrications, sur les chlorures décolorants, sur l'essai des alcalis du commerce, etc. Il faisait partie de l'Institut depuis l'année 1804. Élu, en 1821, député de la Haute-Vienne, il ne remplit dans ce poste politique d'autre rôle que celui d'un savant actif, loyal et dévoué. En 1839, il fut nommé pair de France, et mourut en 1850, dans sa soixante-douzième année, d'une maladie du cœur. Gay-Lussac avait des goûts simples, modestes, des habitudes d'ordre et de ponctualité. Les succès qu'il obtint, toujours justifiés par son mérite reconnu, ne portèrent jamais ombrage à personne. Parvenu à une fortune honorable et à tous les honneurs que peut procurer la science, il laissa la mémoire d'un homme intègre, irréprochable, et de l'un des savants les plus recommandables dont sa patrie puisse s'honorer.

Georges-Simon Sérullas naquit le 2 novembre 1774, à Poncin, département de l'Ain; l'illustre Bichat fut son condisciple au collége de Nantua. Le père de Sérullas était notaire, et, pour obéir à la volonté paternelle, l'enfant fit d'abord quelques études dans cette direction; mais son esprit et son goût le portaient vers les sciences naturelles. Les événements de la révolution vinrent changer sa destinée. La guerre ayant éclaté, il s'enrôla comme simple soldat à l'âge de dix-sept ans. Il quitta bientôt la carrière militaire active, pour venir prendre à Bourg quelques notions de pharmacie, et il obtint, en 1793, un emploi de pharmacien militaire dans l'armée des Alpes. Le pharmacien en chef, Laubert, qui avait été professeur de physique à Naples, ayant remarqué son zèle et son intelligence, le prit en amitié, et lui enseigna la botanique, la physique, ainsi que les premiers éléments de la chimie. Sérullas, à peine âgé de dix-neuf ans, fut nommé pharmacien-major.

A l'époque du blocus continental, Parmentier ayant proposé au ministre de la guerre de remplacer le sucre par le sirop de raisin, Sérullas fut chargé d'en préparer des quantités énormes, qui suffirent pendant plusieurs années à la consommation des hôpitaux d'Italie. Le ministre lui donna à ce sujet de hauts témoignages de satisfaction, mais il allait bientôt en mériter de plus éclatants. Plusieurs sociétés savantes avaient proposé pour sujet de concours le moyen d'extraire la matière sucrée contenue dans les végétaux indigènes. Sérullas présenta deux Mémoires; l'un fut couronné, en 1810, par la Société d'agriculture du département de la Seine; l'autre, en 1813, par la Société de pharmacie de Paris. Encouragé par de tels succès, il en poursuivit avec plus d'ardeur sa double carrière. Il obtint le grade de pharmacien principal, et fit partie du corps d'armée de Ney, qu'il suivit en Allemagne, en Pologne, en Russie; en 1816, il fut nommé pharmacien en chef et premier professeur à l'hôpital d'instruction de Metz.

A cette époque commence pour Sérullas la seconde partie de son existence. Parvenu à l'âge de quarante-deux ans, il se remet à étudier les mathématiques et le grec, indispensables à ses nouvelles fonctions. Il entreprend un cours public de chimie auquel assistent les officiers du génie et de l'artillerie, la plupart sortant de l'École polytechnique. Ses jours et ses nuits s'écoulent dans l'étude. Il publie successivement un travail sur la conversion du sirop de raisin en alcool, et un Mémoire sur les fumigations chloriques. En 1820, sous le titre d'*Observations physico-chimiques sur les alliages du potassium et du sodium,* il donne des détails nouveaux et curieux sur ces deux métaux. Il étudie l'antimoine et fait connaître que toutes les préparations antimoniales, excepté l'émétique, renferment de l'arsenic. Il désigne, sous le nom de carbure d'antimoine, un corps obtenu en chauffant, en vase clos, avec du charbon, une certaine quantité d'émétique. Il indique les moyens de se servir de cette substance pour enflammer, sous l'eau, la poudre à canon. Il produit de beaux travaux sur la formation de l'éther sulfurique, sur les composés de brome, d'iode, de cyanogène. Son courage scientifique s'exerce dans son laboratoire, comme sur un champ de bataille; il s'expose journellement à perdre la vie, car ses recherches se portent sur des substances jusqu'alors inconnues, dont les émanations peuvent être mortelles. L'habile professeur, les mains et le visage couverts de cicatrices, n'en continue pas moins ses travaux avec passion, et son zèle comme son intrépidité sont couronnés par des découvertes d'une haute importance qui éveillent l'attention de tous les chimistes de l'Europe et attachent à son nom une rapide renommée.

Sérullas, nommé en 1827 membre de l'Académie royale de médecine, fut appelé l'année suivante au Val-de-Grâce, comme pharmacien en chef et premier professeur. Peu d'années après il devint le successeur de Vauquelin à l'Académie des sciences; cette haute position lui valut, en outre, le titre d'officier de la Légion d'honneur. C'est à cette époque qu'il annonça la réaction de l'acide iodique sur les sels de morphine, découverte si importante pour la médecine légale. En 1832, il venait d'être nommé professeur de chimie générale au Muséum, en remplacement de Laugier. Cette chaire, l'une des plus brillantes de l'Europe, réalisait le vœu le plus cher de son ambition. Mais déjà ses organes digestifs, altérés par le travail et par les gaz délétères auxquels il s'était exposé, recélait les germes d'une maladie chronique qui, sous l'influence de l'épidémie alors régnante, devait rapidement devenir mortelle. C'est aux funérailles de Cuvier qu'il en ressentit les premières atteintes; peu de jours après il avait succombé, à l'âge de cinquante-huit ans.

Quelques années avant cette fatale époque de 1832, qui enleva au Muséum, Laugier, Cuvier et Sérullas, en 1828, la botanique, ou plutôt l'agronomie eut à déplorer la perte de M. Bosc, professeur de culture depuis l'année 1825. Louis-Augustin-Guillaume Bosc, né à Paris en 1759, était fils de Bosc d'Antic, l'un des médecins de Louis XV, qui plus tard s'occupa des arts industriels et à qui l'on doit de bons travaux sur l'art de la verrerie. Le jeune Bosc avait annoncé, même avant de savoir lire, des dispositions singulières pour l'histoire naturelle. Négligé par une belle-mère qui lui portait peu d'affection, et presque abandonné à lui-même dans une campagne des environs de Langres, il recueillait des plantes, des minéraux, des insectes; « il ne se souvenait pas, disait-il, d'avoir eu d'autres jouets. » On le destina à l'art militaire et on l'envoya à Dijon pour étudier les mathématiques, mais il suivait de préférence un cours de botanique, alors professé par Durande avec un certain succès. Il se passionna aussitôt pour cette science, et surtout pour le système de Linné, qu'il préféra dès lors, et toute sa vie, à toute autre méthode.

Revenu à Paris avec sa famille, Bosc renonça à la carrière des armes et entra dans les bureaux du contrôle général, puis à l'administration des postes, où son intelligence lui valut, à dix-neuf ans, l'emploi de secrétaire de l'intendance. Cependant il continuait à se livrer à l'étude de l'histoire naturelle; il se lia avec Jussieu et Broussonnet, qui le mirent en rapport avec le fameux Roland, depuis ministre, et avec sa femme devenue non moins célèbre. Il ne s'occupait pas exclusivement de botanique, mais encore d'entomologie, et il fit à cette occasion la connaissance de Fabricius, dont jusque-là, en 1782, il n'avait pas même entendu parler. C'est à cette époque qu'avec Broussonnet et quelques autres naturalistes, il fonda à Paris la Société linnéenne, sur le modèle de celle de Londres, qui déjà avait rendu à la science de notables services. Mais les actes de la Société naissante ne tardèrent pas à être arrêtés par les troubles civils. Les adeptes se livraient à des recherches très-suivies ; les gens de la campagne prenaient leurs excursions rurales pour des rassemblements de malintentionnés ; à Paris même, le buste qu'ils avaient érigé, en 1790, sous le grand cèdre du Liban, fut brisé par la populace qui, au lieu de *Charles Linneus,* avait cru lire, au-dessous de ce buste : *Charles Neuf.*

Roland étant parvenu au ministère, M. d'Ogny, intendant des postes, fut destitué, l'administration fut réorganisée, et Bosc devint l'un des trois administrateurs ; en 1793, à la chute de Roland, il fut lui-même arrêté, puis rendu un moment à ses fonctions ; quelques jours plus tard, il était définitivement renvoyé et obligé de se soustraire par la fuite à une mort certaine. Il s'était retiré dans une petite maison, située dans la forêt de Montmorency, et dans laquelle il avait un moment donné asile à Roland. Le jour où madame Roland avait été arrêtée, elle lui avait confié sa fille, et c'est dans ses mains qu'elle déposa ses célèbres Mémoires. Bosc resta quelque temps caché dans cette solitude, revêtu du costume des gens du pays et se livrant aux mêmes travaux, ce qui ne l'empêcha pas d'y recueillir quelques malheureux suspects comme lui, entre autres La Revellière-Lepeaux, qui, bientôt, allait devenir l'un des chefs du nouveau Gouvernement. Il racontait qu'un jour, il cachait dans un petit grenier l'un des députés voués à l'échafaud, au moment où le hasard amenait autour de la maison, des agents occupés à la recherche des proscrits. Ce danger écarté, il ne put offrir à son hôte que des limaçons, des racines sauvages, et les œufs d'une seule poule, qui, le lendemain, lui fut enlevée par un oiseau de proie.

Bosc ne tira pas grand profit des services qu'il venait de rendre à ces proscrits de la veille, devenus des puissants du jour. Cependant, on lui avait promis de le nommer, à la première vacance, consul aux États-Unis. Il voulait y aller rejoindre son ami Michaux, qui dirigeait à la Caroline un jardin de naturalisation. Après avoir vainement attendu, il partit à pied pour Bordeaux, et s'embarqua, en 1798, sur un vaisseau américain ; arrivé à Charlestown, il apprit que Michaux était revenu en France. Il fut nommé pourtant consul à New-Yorck, mais il ne put obtenir son *exequatur* du président Adams. Il s'en consola en s'établissant dans le jardin de Michaux, et en se livrant avec une nouvelle ardeur à l'étude de l'histoire naturelle.

Bosc revint en France en 1800, apportant des matériaux nombreux, qu'il distribua aussitôt à tous les naturalistes, car, à l'exemple de J. Banks, c'était pour la science et non pour lui-même qu'il se livrait à ses laborieuses recherches. Il donna, en effet, ses Insectes à Fabricius et à Olivier, ses Poissons à Lacépède, ses Oiseaux à Daudin, ses Reptiles à Latreille, ne gardant pour lui-même que les vues générales et le savoir qu'il avait acquis. Cependant, après le 18 brumaire, il obtint successivement divers emplois dans les postes et dans les hôpitaux de Paris. Envoyé en Suisse et en Italie pour des recherches scientifiques, il rapporta de Vérone la belle collection de Poissons, dont le Muséum s'enrichit. Chaptal le chargea de l'inspection des jardins et des pépinières de Versailles, il fut appelé au Conseil d'agriculture, au jury de l'École d'Alfort, et, en 1806, il devint membre de l'Institut.

C'est à partir de cette époque, qu'il commença ces nombreuses publications, qui rendirent de si grands services à l'agriculture. Très-versé dans toutes les branches de l'histoire naturelle, il en fit de précieuses applications à l'agronomie. Il s'occupait surtout des pépinières et de la naturalisation des arbres exotiques. Les journaux scientifiques de l'époque, le *Dictionnaire d'histoire naturelle* de Déterville sont remplis de ses écrits sur ce sujet. Il publia une nouvelle édition de l'ouvrage d'Olivier de Serres, le Dictionnaire d'agriculture de l'*Encyclopédie méthodique*, un Supplément au cours de l'abbé Rozier, et une foule d'autres travaux d'une grande importance pour l'agronomie. Bosc ne succéda qu'en 1825, à André Thouin, comme professeur de culture au Muséum. L'année précédente, surpris dans le Var, par un violent orage, il avait été saisi d'une fièvre, qui se convertit en une affection chronique, et qui devint la source de la maladie dont il mourut en 1828.

DE BLAINVILLE

1777 † 1850

« Sans les chagrins, dit Cuvier, qui prononça son éloge à l'Académie des sciences, sans les accidents qui se combinèrent pour détruire sa santé, Bosc aurait pu longtemps encore se rendre utile aux sciences et à son pays. La nature l'avait créé vigoureux; une stature robuste, une figure noble et calme annonçaient à la fois la force du corps et la pureté de l'âme. Étranger aux intrigues du monde, on pourrait dire qu'il l'a été quelquefois aux ménagements que la société réclame; mais toujours aussi il a été plus sévère encore pour lui-même que pour les autres. Sa probité inflexible, son dévouement entier à ses amis, un désintéressement poussé jusqu'à l'exagération, et qui, après tant de travaux et tant d'occasions légitimes d'améliorer sa fortune, ne laissa à sa famille d'autre ressource que la justice du Gouvernement, ne marqueront pas moins sa place parmi les hommes que leur caractère désigne au respect de la postérité, que parmi ceux que leurs services désignent à sa reconnaissance. »

En 1833, la Zoologie eut à regretter la perte de Pierre-André Latreille, professeur d'ento-mologie, savant consciencieux et modeste, à qui cette partie de l'histoire naturelle rapporte de si éminents progrès. Latreille, né à Brives, en 1762, d'abord attaché au Jardin des Plantes comme aide naturaliste, puis comme répétiteur, devint membre de l'Académie des sciences, et enfin, professeur au Muséum, en 1820. On lui doit une *Histoire naturelle des Fourmis*, un *Cours d'entomologie*, une *Histoire des Crustacés et des Insectes*, et plusieurs autres ouvrages d'un haut intérêt sur la même branche de Zoologie. On sait qu'il composa toute la partie entomologique du *Règne animal* de G. Cuvier.

Après ce large sacrifice fait, en quelques années, aux nécessités du sort, et pendant une période assez étendue, aucun nouveau changement n'avait eu lieu dans le personnel de l'enseignement du Muséum, lorsqu'une perte aussi subite qu'imprévue vint lui enlever un de ses professeurs les plus éminents. Dans les premiers jours de mai 1850, M. de Blainville, après une brillante leçon faite à la Sorbonne, parti pour aller voir, auprès de Dieppe, une parente malade, fut trouvé sans vie dans un wagon du chemin de fer, où il venait de prendre place depuis quelques instants.

Henri-Marie Ducrotay de Blainville était né à Arques (Seine-Inférieure), le 12 septembre 1777, d'une famille noble et distinguée de Normandie. Ayant son père dans un âge encore fort tendre, après des études assez rapides, il fut placé à l'École militaire de Beaumont. En 1792, il quitta brusquement cette École et alla chercher un refuge sur un bâtiment qui était en croisière dans la Manche; il y passa plusieurs mois, et prit part à quelques combats sérieux. Rentré en France, en 1796, il eut le malheur de perdre sa mère, et, pendant quelques années, lancé au milieu des troubles et des écarts de la société de l'époque, il resta longtemps incertain sur la carrière qu'il aurait à suivre. Il avait été successivement élève de l'école de Mars, sous les tentes de la plaine des Sablons, musicien au Conservatoire de Paris et peintre dans l'atelier de David. A vingt-sept ans, il n'avait encore rien d'arrêté pour son avenir, lorsqu'un jour, entré par hasard au Collège de France, où il entendit une leçon de Cuvier, il en sortit avec la résolution de se vouer désormais à l'étude des sciences et de devenir professeur. Aussitôt il rompit avec sa vie précédente, se mit à étudier avec ardeur, se fit recevoir docteur en médecine, et s'exerça au professorat en faisant des cours d'anatomie. Deux ans après, il suppléait Cuvier dans ses leçons au Collège de France et au Muséum.

Lorsqu'en 1812, M. de Blainville monta pour la première fois dans sa chaire professorale, Cuvier jouissait déjà dans la science d'une autorité incontestée et d'une gloire éclatante. Il avait tendu à son jeune émule une main protectrice, l'avait admis aux travaux de son labora-toire, et le traitait avec une affection toute paternelle. On aurait donc pu s'attendre à voir M. de Blainville adopter avec confiance les doctrines de ce grand naturaliste, et subordonner ses propres idées à celles de son illustre patron. « Mais, comme le remarque M. Milne Edwards (1), doué d'une intelligence puissante et difficile à convaincre, il ne se contentait

_____

(1) Discours prononcé aux funérailles de M. de Blainville, le 7 mai 1850.

jamais de la parole du maître, et se plaisait à envisager les choses à des points de vue nouveaux; il apercevait rapidement le côté vulnérable d'un argument, se préoccupait des conquêtes qui restent à faire plus encore que des découvertes déjà faites, et, logicien inflexible, esprit militant, il aimait à peser la valeur des observations et à en déduire des principes nouveaux. Aussi, loin de vouloir marcher seulement dans les voies déjà aplanies par son illustre guide, s'engagea-t-il bientôt sur une route nouvelle, où ses progrès furent brillants et rapides. A raison de la multiplicité de ses travaux, il acquit, en peu de temps, une légitime renommée, et, jeune encore, il eut la gloire de former école à côté de l'école de son maître. »

On comprend que de telles dispositions devaient, tôt ou tard, séparer ces deux naturalistes, et c'est, en effet, ce qui arriva. Peu d'années après, chacun d'eux, tout en suivant dans ses travaux une ligne analogue, professait des doctrines différentes : « Quel bien, disait Blainville, « Cuvier m'a fait en me retirant sa faveur et sa protection! Je lui dois ce redoublement pour le « travail, ce feu dévorant, qui me permettront, je l'espère, de m'élever à sa hauteur, et me « donneront peut-être des droits à lui succéder. Sans cette rupture qui m'afflige, répétait-il les « larmes aux yeux, je me serais engourdi et je ne serais qu'un protégé. » Cette dissidence regrettable n'empêcha pas M. de Blainville de poursuivre une honorable carrière et d'atteindre à tous les honneurs scientifiques réservés à des talents supérieurs. En 1830, il était admis à l'Académie des sciences, et lorsqu'en 1832 Cuvier fut enlevé d'une manière si rapide, M. de Blainville fut unanimement désigné, par la voix publique et par le choix de ses confrères, à le remplacer dans sa chaire du Muséum.

Sans énumérer ici les nombreux travaux de M. de Blainville, qu'il nous soit permis d'en indiquer en peu de mots le caractère général et d'en signaler toute l'importance. « A l'exemple de Cuvier, dit le même savant que nous venons de citer, M. de Blainville était à la fois anatomiste, observateur et zoologiste habile. Dans ses travaux ardus sur les Mollusques, sur les Annélides, sur les Zoophytes, sur les Vertébrés, il ne sépara pas l'étude de l'organisation intérieure des animaux de celle des affinités naturelles dont nos classifications sont l'expression. Mais, tandis que Cuvier demandait directement à l'Anatomie comparée les éléments nécessaires à la construction de l'édifice zoologique, M. de Blainville, considérant les formes extérieures des animaux comme traduisant toujours d'une manière fidèle les caractères essentiels de l'organisme, chercha à fonder, sur la considération de ces formes, le système à l'aide duquel les zoologistes s'efforcent de représenter les différences et les ressemblances introduites par la nature dans la constitution de ces êtres. »

M. de Blainville présenta d'abord ces résultats généraux dans son *Prodrome d'une nouvelle distribution systématique du Règne animal*, publié en 1816, et, plus tard, dans divers articles du *Dictionnaire des sciences naturelles*. Ces vues ne furent pas toutes accueillies avec la même faveur; cependant, les progrès de la science sont venus donner à quelques-unes une tardive mais entière confirmation. Sans adopter toutes les innovations que propose M. de Blainville, les naturalistes sont unanimes à reconnaître que ce zoologiste rendit à la science des services signalés; qu'il y a introduit plus d'une idée heureuse et hardie; qu'il a ajouté aux faits déjà connus un grand nombre de faits nouveaux; que tous ses écrits portent l'empreinte d'une intelligence robuste, et que sa célébrité s'accroîtra encore dans l'avenir. Les erreurs que l'on peut commettre disparaissent et s'oublient avec le temps; mais les vérités que l'on découvre ont une durée éternelle. La science, après la mort de tels hommes ne songe plus aux imperfections de leurs œuvres, et n'enregistre dans ses annales que les bienfaits qu'elle en a reçus.

Lorsqu'en 1832, M. de Blainville vint occuper la chaire d'anatomie comparée au Muséum, il entreprit sur les animaux vertébrés un grand travail destiné à servir de complément et de pendant à l'immortel ouvrage de Cuvier sur les ossements fossiles. M. de Blainville avait déjà 62 ans lorsqu'il commença la publication de ce livre monumental, et la vingt-quatrième livraison était sous presse, quand une mort subite est venue mettre un terme à ses laborieuses recherches. Mais ce n'est pas là que devait se borner l'activité de cette forte intelligence. Dans les dernières années de sa vie, M. de Blainville publia une *Histoire des sciences naturelles*, dans laquelle il fit preuve d'une immense érudition. C'est une chose digne de remarque que Cuvier et Blainville, tout en appréciant les objets à des points de vue différents, et souvent en professant des doctrines opposées, se soient retrouvés partout sur le même terrain. Un homme d'une intelligence ordinaire, ajoute encore M. Milne Edwards, n'aurait osé s'engager dans une pareille lutte, ou bien y aurait promptement succombé. M. de Blainville, au contraire, n'a point fléchi sous le fardeau qu'il s'imposait; il se sentait la force nécessaire pour fournir la longue carrière, si glorieusement parcourue par son prédécesseur; et, bien qu'il n'ait laissé dans la science ni des traces aussi profondes, ni des monuments si beaux, ce n'est pas pour lui un faible honneur que d'avoir su briller à côté d'un pareille lumière.

M. de Blainville était doué d'une complexion vigoureuse qui promettait de résister à des méditations soutenues, à des travaux incessants. Ses cours attiraient de nombreux auditeurs. Son élocution, sans être très-brillante, frappait surtout par l'abondance et l'originalité des idées. Son imagination était ardente, son cœur excellent. « En le voyant, dit M. C. Prévost, soutenir et défendre avec une chaleur enthousiaste ce qu'il croyait vrai ou bon, attaquer et poursuivre avec une ardeur parfois opiniâtre ce qu'il regardait comme faux ou mauvais, ceux qui l'entendaient livrer à une critique serrée, spirituelle et souvent piquante, les idées qu'il ne croyait pas devoir admettre de confiance, pouvaient croire son caractère difficile et même insociable. Pour le connaître, il fallait avoir vécu avec lui dans le tête-à-tête, ou l'avoir vu dans le monde, en dehors des luttes et des rivalités scientifiques; gai alors, enjoué, aimable, faisant preuve des connaissances les plus variées, plein de bienveillance et d'aménité, il savait, dans les salons, faire oublier qu'il était homme de science. Pour avoir l'idée de ce que valait l'homme, il fallait avoir eu besoin de lui, lui avoir demandé un service, des conseils, lui avoir accordé et témoigné une entière confiance et avoir acquis la sienne; alors on ne pouvait plus se défendre de l'aimer et de l'estimer à jamais. »

Il nous reste à parler de la perte encore toute récente que le Muséum vient d'avoir à déplorer, dans la personne de M. Adrien de Jussieu, mort cette année même, 1853, à l'âge de 55 ans, dans toute la force de son talent et de son intelligence. Fils d'Antoine-Laurent de Jussieu, par conséquent petit neveu des trois illustres frères : Antoine, Bernard et Joseph de Jussieu, on sait que le dernier survivant de cette savante famille, marchait dignement sur ses traces glorieuses. Adrien de Jussieu, né à Paris, au Jardin des Plantes, le 23 décembre 1797, montra de bonne heure qu'il serait digne du beau nom qu'il portait. Après de brillants succès, obtenus dans ses études classiques; après avoir remporté le prix d'honneur au concours général des collèges de Paris, il hésita quelque temps entre la carrière des sciences et celle de la littérature; mais il ne pouvait faillir à de tels antécédents. Il dirigea toutes les forces de son intelligence vers l'étude de la nature, et, s'inspirant des idées qui étaient pour lui un bien de patrimoine, il devint bientôt un botaniste habile. Mais il comprit que l'héritier des Jussieu ne devait parler au public qu'avec autorité, et que, par conséquent, il lui fallait être à la fois sévère dans ses travaux et sobre dans ses écrits; que des succès éphémères seraient indignes de son nom, et qu'il devait préférer un petit nombre d'œuvres irréprochables à une longue liste de productions incomplètes ou fragiles. Ce respect pour lui-même l'a rendu moins fécond que beaucoup de ses contemporains, mais chacun de ses travaux porte le cachet de la maturité, et peut braver impunément toute critique.

Sa première publication fut un excellent Mémoire sur la famille des Euphorbiacées, qui lui servit de thèse inaugurale pour obtenir le titre de docteur en médecine. Peu de temps après, il présentait à l'Académie des sciences plusieurs Mémoires, sur les Rutacées, sur les Méliacées, sur les Malpighiacées, monographies complètes qui montraient toute la portée de son esprit ingénieux et profond, et qui sont regardées comme de véritables modèles. Dès l'année 1824, il fut appelé à suppléer son père au Muséum comme professeur de botanique rurale. Deux ans après, il lui succédait comme professeur titulaire. En 1831, il venait, cinquième du nom,

s

prendre place à l'Académie des sciences. « Digne héritier, dit M. Milne Edwards, d'un de ces beaux noms dont l'Université de France sera toujours fière, il était en quelque sorte la personnification des idées qui, depuis près d'un siècle, guident et fécondent les travaux des naturalistes. La gloire de ses ancêtres l'entourait comme une auréole et rehaussait l'éclat dont il brillait lui-même. Il nous était venu précédé de tout un cortége de grands maîtres, et, dans notre pensée, son image restera toujours associée au souvenir de la lignée d'hommes illustres dont il était le descendant. »

En 1840, attaché à la Faculté des sciences avec le titre d'agrégé, il vint y occuper, dix ans plus tard, la chaire de Botanique, restée vacante par la démission de M. de Mirbel. En 1839, M. de Jussieu publia ses Recherches sur la structure des Plantes monocotylédones. La même sûreté de méthode, la même prudence d'investigation, la même réserve d'hypothèses, lui permirent d'asseoir sur des bases plus certaines et plus étendues, ce groupe naturel, créé par son père. On reste émerveillé, dit M. Decaisne, en étudiant ce travail, de la multitude de faits rassemblés, de la clarté et de la précision de leur coordination, de la sagacité avec laquelle il a su éviter les écueils où des maîtres habiles étaient venus échouer. En abordant dans son grand travail les questions de symétrie florale, de fécondation, d'anatomie comparée, M. de Jussieu donna à cette œuvre un degré de perfection que personne encore n'a pu atteindre.

L'écrit le plus répandu, le plus populaire qu'ait produit Adrien de Jussieu, est un ouvrage élémentaire de Botanique, qui, sous un petit volume, renferme les données les plus essentielles, les plus positives de la science, considérée dans toutes ses parties; c'est un modèle d'exposition, de clarté, de mesure, un résumé remarquable par la netteté du plan, par la précision des détails, comme par l'élégance du style. Un seul mot peut en faire apprécier l'incontestable mérite : publié depuis moins de dix ans, il a bientôt passé dans toutes les langues de l'Europe, et vingt-quatre mille exemplaires en sont aujourd'hui répandus dans les mains de tous les étudiants du monde.

M. de Jussieu était un homme de mœurs simples, douces et pures, d'un jugement exquis, d'une forte intelligence, d'un esprit orné; sa parole était vive, élégante, variée; son caractère plein de bonté, de bienveillance et de douceur dans les relations habituelles, ne manquait ni de fermeté, ni d'énergie dans les occasions importantes. Personne ne posséda à un plus haut degré les vertus du foyer domestique. Ses habitudes de famille étaient simples et toutes patriarcales. A toutes ces qualités du cœur, se joignait un tour d'esprit éminemment français et une gaieté aimable, qui ont donné au cours de *botanique rurale* de M. de Jussieu, une renommée qui ne périra pas. « Rien de plus charmant que ses herborisations, dans lesquelles le maître s'élevait des notions élémentaires jusqu'aux sommités de la science; rien de plus touchant que de le voir entamer et résoudre, à la manière des sages de l'antiquité, les questions les plus controversées de la Botanique; il prodiguait, dans ces occasions, les trésors de son érudition variée, répondant à toutes les questions qu'on lui adressait avec cette précision, ce sens exquis, cette variété d'images qui trahissait autant la richesse de son esprit que son savoir profond. Ceux qui ont pu vivre avec lui dans cette intimité de l'école, savent l'heureuse influence de ces herborisations sur les jeunes esprits et quelle sage direction il a su leur imprimer. »

Lorsque la mort vint trancher prématurément cette existence si remplie, si noble, si pure, M. de Jussieu était président de l'Académie des sciences. Ses collègues, MM. Ad. Brongniart, Duméril, Decaisne, Milne Edwards s'empressèrent d'apporter sur sa tombe le tribut de leurs éloges et de leurs regrets. C'est à eux que nous avons eu recours pour tracer ces lignes; pouvions-nous trouver de plus éloquentes paroles que celles qu'inspirent la douleur, l'attachement et l'estime pour la mémoire d'un cher et illustre ami?

A cette dernière et cruelle perte s'arrête naturellement le tableau historique que nous avions à tracer. C'est à regret que nous n'avons pu donner à cette histoire du Muséum, comme à celle des hommes qui complètent sa renommée, tous les développements dont un pareil sujet était susceptible. La splendeur de l'établissement frappe tous les yeux, les richesses qu'il renferme excitent l'admiration; mais il fallait dire quels efforts ont coûtés toutes ces merveilles, quels hommes les ont recueillies, étudiées, en ont tiré de si beaux résultats; il fallait, sur chaque pierre du monument, écrire le nom de celui qui l'avait posée. Nous n'avons fait que signaler ces noms glorieux; la postérité seule, dans sa reconnaissance, peut leur offrir un hommage digne de leur dévouement, de leur génie, des lumières qu'ils ont répandues sur les œuvres de la nature, et des services qu'ils ont rendus à la civilisation.

P.-A. CAP.

ALDROVAND

Ulysse ALDROVAND naquit en 1527. Un contemporain, Isaac Bullart, qui a publié en 1582 de nombreuses biographies d'hommes illustres, s'exprime en ces termes sur son compte :

« Si la Grèce a vanté autrefois son Ulysse, l'Italie ne doit pas moins se glorifier de la naissance de celui-ci, qui, non content de l'honneur qu'il avait de sortir des comtes d'Aldrovand, délibéra de rendre son nom recommandable à la postérité en lui découvrant dans ses doctes écrits toutes les merveilles qui paraissent sur le théâtre de l'univers. Poussé de cette généreuse résolution, il fit de longs voyages pour remarquer la forme, les inclinations et les qualités des animaux et des plantes de chaque contrée : il perça jusqu'aux entrailles de la terre pour reconnaître la vertu des animaux, passa des yeux dans la région de l'air pour considérer tous les oiseaux qui y volent et y respirent, chercha dans l'océan et dans les rivières les poissons qui s'y nourrissent; puis, remontant de l'esprit dans les cieux, examina la constitution des astres et des météores avec leurs opérations différentes sur les corps inférieurs : sans rien laisser échapper à sa connaissance de tout ce qui pouvait servir à l'éclaircissement de la philosophie naturelle et de la

médecine qu'il avait entrepris d'enseigner à Bologne. »

On voit d'après ce panégyrique qu'Aldrovand dut être de son temps un homme universel. S'il n'apporta pas dans ses travaux une méthode irréprochable, il eut au moins un très-grand mérite d'observation et d'infatigable patience.

Retiré à Bologne, il s'occupa de mettre en ordre ses collections, les décrivit dans ses cours, et commença une immense publication à laquelle il associa comme graveurs Laurent Bennino de Florence, Cornille Suint de Francfort et Christophe Coriolan de Nuremberg qu'il paya de ses deniers jusqu'à la fin de sa vie. Pendant la belle saison, il allait souvent avec eux à une maison qu'il avait près de Bologne, et il leur faisait copier d'après nature tout ce qui s'offrait à leurs regards et leur paraissait digne d'être reproduit.

Le sénat de Bologne, le cardinal Montalte, François-Marie duc d'Urbin et d'autres seigneurs italiens s'empressèrent de contribuer aux dépenses qu'occasionnaient des travaux si étendus.

Entouré de si magnifiques encouragements, après avoir publié douze livres de l'histoire des oiseaux qu'il dédia au pape Clément VIII, il remit par son testament toutes ses collections au sénat de Bologne dans l'espoir qu'après sa mort son ouvrage serait continué et ses collections préservées de l'oubli. Son espérance fut réalisée; cette noble compagnie considérant le mérite de l'ouvrage et la dernière volonté du testateur, alloua une somme considérable à Jean-Corneille Uterverius, de Delft en Hollande, et professeur de l'université de cette ville, et à Thomas Dempster, gentilhomme écossais son collègue, pour assurer la publication et l'achèvement de l'ouvrage.

Cette encyclopédie d'histoire naturelle forma 13 volumes in-folio et fut réimprimée à Francfort en 1510.

Aldrovand n'eut pas la joie de voir son ouvrage terminé. Quatre volumes parurent seulement de son vivant.

Frappé de cécité, il mourut le 4 mai 1605, âgé de 80 ans.

Le recueil des peintures, qui ont servi d'originaux aux gravures de cet immense ouvrage, a été transporté pendant la révolution au Muséum d'histoire naturelle de Paris et fait partie des précieuses peintures conservées à la Bibliothèque. Nous ferons remarquer qu'à cette époque éloignée, alors que l'étude de l'histoire naturelle commençait à peine à naître en France, le sénat de Bologne ne balança pas à consacrer une somme immense à la publication de l'ouvrage

d'Aldrovand; de pareils encouragements sont honorables à la fois pour le gouvernement qui les accorde et les savants qui les reçoivent.

D'autres honneurs ne manquèrent pas à Aldrovand; le pape Urbain VIII célébra sa mémoire dans les vers suivants :

Multiplices rerum formas quas pontus et œther
  Exhibet, et quidquid promit et abdit humus,
Mens haurit, spectant oculi, dum cuncta sagaci,
  ALDROBANDE, *tuus digerit arte liber.*
Miratur proprios solers industria fœtus,
  Quamque tulit moli se negat esse parem.
Obstupet ipsa simul rerum fecunda creatrix,
  Et cupit esse suum quod videt artis opus.

« Les formes variées des choses, tout ce que nous offrent la mer et les plaines éthérées, tout ce que nous montre la terre et tout ce qu'elle nous cache dans ses profondeurs, tout cela, l'esprit le saisit, les yeux le voient, Aldrovand, dans ton livre, ingénieux assemblage de tant de merveilles. L'art admire son propre ouvrage, et se déclare inférieur à ce qu'il vient de produire. La féconde création de toutes les choses est elle-même frappée d'étonnement, et, contemplant cette production de l'art, elle en voudrait être appelée la mère. »

RÉAUMUR

RÉAUMUR (René-Antoine FERCHAULT DE), physicien et naturaliste, né à La Rochelle en 1683, mort en 1757, reçu à l'Académie des sciences dès 1708, à l'âge de 23 ans, et pendant cinquante ans porta ses recherches sur l'histoire naturelle, la physique générale et la technologie. Ses travaux sur la cémentation et l'adoucissement des fers fondus, sur la fabrication du fer-blanc, sur la porcelaine, sont au nombre des plus utiles et des plus beaux que puisse citer la science. On lui doit le thermomètre qui porte son nom et qui est divisé en quatre-vingts degrés; il le fit connaître en 1731. Il contribua par son influence plus encore que par ses travaux à l'essor que prirent les sciences d'observation et d'application au XVIIIe siècle. Outre nombre de mémoires insérés dans le recueil de l'Académie des sciences, on lui doit des *Mémoires pour servir à l'histoire des insectes*, 6 vol. in-4°, 1734-42.

G. Cuvier en parle en ces termes : « L'auteur déploie au plus haut degré, dans cet ouvrage, la sagacité dans l'observation et dans la découverte de tous ces instincts si compliqués et si constants dans chaque espèce, qui maintiennent ces faibles

créatures. Il pique sans cesse la curiosité par des détails nouveaux et singuliers. Son style est un peu diffus, mais d'une clarté qui rend tout sensible; et les faits qu'il rapporte sont partout de la vérité la plus rigoureuse. Cet ouvrage se fait lire avec l'intérêt du roman le plus attachant. Malheureusement il n'est pas terminé, et le manuscrit du septième volume, laissé après la mort de l'auteur à l'Académie des sciences, s'est trouvé si en désordre et si incomplet qu'il a été impossible de le publier. Il devait y parler des grillons et des sauterelles, et les coléoptères auraient rempli le huitième et les suivants. Les six volumes qui ont paru traitent des autres ordres des insectes ailés. Dans les deux premiers, il est question des chenilles, de leurs formes, de leur genre de vie, de leurs métamorphoses en papillons, des insectes qui les attaquent, ou qui vivent dans leur intérieur et à leurs dépens. Le troisième roule sur ces petites chenilles nommées teignes, ou fausses teignes, qui habitent dans l'intérieur des substances qu'elles dévorent, ou qui se font des étuis et des vêtements pour se mettre à l'abri : il contient aussi l'histoire si remarquable des pu-

cerons qui sucent les arbres et des insectes analogues. Les mouches qui produisent les noix de
galle des arbres; les vers dont naissent les mouches à deux ailes, et qui ont des germes de vie
si diversifiés, depuis le cousin, qui habite plusieurs années dans l'eau avant de prendre des
ailes, jusqu'à l'œstre qui se tient dans la chair
des animaux vivants, ou dans leur estomac, ou
dans les fosses les plus profondes de leur gorge
ou de leurs narines, et leur causent des douleurs
effroyables, occupe le quatrième. On trouve dans
le cinquième, après différents genres d'insectes
assez curieux, l'histoire de la merveilleuse république des abeilles et de son gouvernement.
Réaumur avait demandé aux géomètres d'expliquer quel avait été le motif de la figure déterminée des rhombes qui forment le fond de chaque cellule d'un rayon de miel; et Kœnig résolut ce problème en prouvant que c'était de toutes
les formes possibles, dans les conditions données, celle qui épargnait le plus la matière de la
cire.

Nous devons dire ici que les recherches de
Schirach et surtout celles de Huber ont infiniment
ajouté à tout ce que les découvertes de Réaumur
avaient déjà d'étonnant; mais l'histoire qu'il a
donnée n'en est pas moins très-riche en faits curieux et le produit d'observations faites avec

autant d'esprit que d'assiduité. Des républiques
moins populeuses et moins recherchées dans
leurs ouvrages, celles des bourdons, des frelons,
des guêpes, les industries remarquables des diverses guêpes et abeilles solitaires remplissent
le sixième volume, qui est un des plus curieux
de l'ouvrage.

« Réaumur y annonce la découverte surprenante
que Trembley venait de faire du polype et de sa
faculté de se reproduire de chacun de ses tronçons. Déjà dans un de ses volumes précédents, il
avait fait connaître celle de Bonnet sur la faculté
qu'a le puceron de se reproduire plusieurs générations de suite, sans accouplement. Ces naturalistes, jeunes encore, avaient été excités par son
exemple, et c'était en marchant sur ses traces
qu'ils avaient observé des faits si curieux. »

La vie de Réaumur se passa fort tranquillement,
tantôt dans ses terres en Saintonge, tantôt dans
sa maison de campagne de Bercy près Paris. Il
ne prit point d'emploi et consacra tous ses moments aux sciences. La considération publique
et une grande déférence de la part du gouvernement suffirent à ses désirs.

Une chute faite en 1757, au château de la Ber-
mondière dans le Maine, où il était allé passer
les vacances, accéléra sa fin. Il mourut le 18 octobre, âgé de 74 ans.

Ch. BONNET

Charles BONNET, né en 1720, d'une famille riche et distinguée par les places qu'elle avait remplies, fut destiné à la jurisprudence et reçut l'éducation convenable pour s'y préparer : une conception facile, une imagination heureuse lui donnèrent de prompts succès dans les lettres et dans la physique; mais elles ne lui permirent pas de se livrer d'abord avec plaisir aux méditations plus abstraites de la philosophie, et encore moins à l'étude de toutes ces formes, de toutes ces petites décisions particulières dont tant de codes sont remplis.

Ce goût pour des idées agréables, pour des recherches aisées, quoique ingénieuses, était déjà une disposition favorable pour l'histoire naturelle particulière; un hasard le jeta tout à fait dans cette vocation. Il lut un jour, dans le *Spectacle de la nature*, l'histoire de l'industrie singulière de l'espèce d'insecte appelée *Formica leo*. Vivement frappé de faits aussi curieux que nouveaux pour lui, il ne repose plus qu'il n'ait trouvé un formica leo; en le cherchant, il trouve bien d'autres insectes qui ne l'attachent pas moins. Il parle à tout le monde du nouvel univers qui se dévoile à lui. On lui apprend l'existence de l'ouvrage de Réaumur, il l'obtient à force d'importuner le bibliothécaire public, qui ne voulait pas d'abord le confier à un si jeune homme : il le dévore en quelques jours; et court partout pour

chercher les êtres dont Réaumur lui enseignait l'histoire. Il en découvre encore une foule dont Réaumur n'avait point parlé; et le voilà, à seize ans, devenu naturaliste. Il le serait probablement resté pour la vie, sans les infirmités qui le contraignirent de donner une autre direction à son esprit.

Il entra en quelque sorte à pas de géant dans la carrière de l'observation. A dix-huit ans, il communiquait déjà à Réaumur plusieurs faits intéressants, et à vingt il lui révéla sa belle découverte de la fécondité des pucerons; merveille inouïe! non moins admirable que la patience qu'un si jeune homme avait mise à la constater. L'Académie des sciences ne crut trop pouvoir se hâter d'inscrire ce jeune observateur parmi ses correspondants.

Bientôt après, un compatriote de Bonnet vint offrir un plus grand miracle aux savants étonnés : le polype et sa reproduction indéfinie par la section furent publiés par Abraham Trembley. Bonnet aussitôt appliqua le ciseau à tous les animaux communément appelés imparfaits; il vit les parties coupées renaître dans les vers de terre et d'eau douce; il en multiplia aussi les individus en les divisant, quoiqu'il n'y ait aucune comparaison à faire entre leur organisation déjà si compliquée, et l'homogénéité presque complète du polype. Ainsi commença à se montrer dans les

animaux une force que l'on avait jusque-là re-
gardée comme réservée aux plantes.

C'est en suivant les vues de Bonnet, que Spallanzani porta jusqu'à leur dernier terme les preuves
de cette force, quand il fit reproduire au limaçon
sa tête avec sa langue, ses mâchoires et ses yeux ;
et à la salamandre ses pattes avec tous leurs os,
leurs muscles, leurs nerfs et leurs vaisseaux.

Cette propriété mise en jeu dans les vers présenta à Bonnet plusieurs phénomènes de détails
faits pour étonner. L'extrémité antérieure fendue
donnait deux têtes qui, à peine formées, devenaient ennemies l'une de l'autre : lorsque l'on faisait trois tronçons, celui du milieu reproduisait
ordinairement une tête en avant et une queue en
arrière. Mais il y avait aussi quelquefois une sorte
d'erreur de la nature : le tronçon du milieu produisait deux queues, et, ne pouvant se nourrir,
était condamné à une prompte destruction.

Il semblait qu'il fut de la destinée de Bonnet
que les idées ou les essais incomplets des autres
lui fissent faire de grandes découvertes et de beaux
ouvrages, et en effet c'est moins en concevant des
idées ingénieuses qu'en poursuivant sans relâche
leur développement, que les grands génies ont
marqué leur place. Le germe du calcul différentiel est dans Barrow, celui des forces centrales dans
Huyghens ; et Newton n'en est pas moins l'honneur de l'esprit humain.

Quelques expériences pour faire végéter des
arbustes sans terreau, une conjecture de Calan-
drini sur l'objet de la différence entre les deux
surfaces des feuilles des arbres, firent entreprendre à Bonnet son *Traité de l'usage des feuilles*,
l'un des livres les plus importants de physique
végétale que le dix-huitième siècle ait produits.

Non-seulement il retrouva au plus haut degré
dans les végétaux cette force de reproduction, par
laquelle de chaque partie séparée d'un corps organisé, peut à chaque instant renaître le tout ; il
fit principalement remarquer cette action mutuelle
du végétal et des éléments environnants, si bien
calculée par la nature que, dans une multitude de
circonstances, il semble que la plante agisse pour
sa conservation avec sensibilité et discernement.

Ainsi il vit les racines se détourner, se prolonger pour chercher la meilleure nourriture ; les
feuilles se tordre quand on leur présente l'humidité dans un sens différent du sens ordinaire,
les branches se redresser ou se fléchir de diverses
façons pour trouver l'air plus abondant ou plus
pur ; toutes les parties de la plante se porter vers
la lumière, quelque étroites que fussent les ouvertures par où elle pénétrait. Il semblait que le
végétal luttât de sagacité et d'adresse avec l'observateur, et chaque fois que celui-ci présentait
un nouvel appât ou un nouvel obstacle, il voyait
la plante se recourber d'une autre manière et
toujours prendre la position la plus convenable à
son bien-être.

Ces recherches sur les feuilles occupèrent Bonnet pendant douze ans : elles forment son plus
beau titre de gloire, par la logique sévère, par la
sagacité délicate qui y brillent, et par la solidité
de leurs résultats.

Que de secrets aurait pu révéler encore, après
un tel début, un esprit de cette trempe, si la nature lui eût laissé les forces physiques nécessaires
pour l'observation. Mais ses yeux affaiblis par
l'usage du microscope lui refusèrent leur secours,
et son esprit trop actif pour supporter un repos
absolu se jeta dans le champ de la philosophie
spéculative. Dès lors ses ouvrages prirent un autre caractère, et il n'y traita plus que ces questions générales agitées par les hommes depuis
qu'ils ont le loisir de se livrer à la méditation, et
qui les occuperont encore aussi longtemps que
le monde subsistera.

Nous ne suivrons pas Ch. Bonnet sur ce nouveau terrain ; nous nous contenterons de signaler
ses *Considérations sur les corps organisés*, dans
lesquelles il s'étudia à soutenir la thèse de la
préexistence des germes pour laquelle il trouva
de puissants soutiens dans Spallanzani et Haller.

Dans un autre ouvrage général, sa *Contemplation de la nature*, Bonnet s'attacha à cette proposition de Leibnitz, que *tout est lié dans l'univers*,
et que la *nature ne fait point de saut ;* mais au lieu
de la restreindre comme le philosophe allemand
aux événements successifs et dans les rapports de
causes et d'effets, ou du moins à l'action et à la
réaction mutuelle des êtres simultanés, il l'appliqua aussi aux formes de ces êtres, et aux grada-
tions de leur nature physique et morale.

Cette échelle immense, commençant aux substances les plus simples et les plus brutes, s'élevant par des degrés infinis aux minéraux réguliers, aux plantes, aux zoophytes, aux insectes,
aux animaux supérieurs, à l'homme enfin, et par
lui aux intelligences célestes et se terminant dans
le sein de la divinité ; cette gradation régulière
dans le perfectionnement des êtres, présentée avec
le talent de Bonnet, formait un tableau enchan-
teur qui dut gagner beaucoup d'esprits et avoir
beaucoup de partisans.

Pendant longtemps les naturalistes s'appliquèrent à remplir les vides que le défaut d'observations laissait encore, selon eux, dans cette échelle,
et la découverte d'un chaînon de plus dans cette
immense série leur paraissait ce qu'ils pouvaient
trouver de plus intéressant.

Mais quelque agréable que cette idée puisse
paraître à l'imagination, il faut avouer que, prise
dans cette acception et dans cette étendue, elle
n'a rien de réel ; sans doute les êtres de certaines
familles se ressemblent plus ou moins entre eux ;
sans doute il en est, dans quelques-unes, qui partagent certaines propriétés des familles voisines :
la chauve-souris vole comme les oiseaux, le cygne nage comme les poissons ; mais ce n'est ni
au dernier quadrupède ni au premier oiseau que
la chauve-souris ressemble le plus. Le dauphin

lierait les quadrupèdes aux poissons encore mieux que le cygne n'y rattacherait les oiseaux. Ainsi il y a des rapports multipliés, mais point de ligne unique ; chaque être est une partie qui exerce sur le tout une influence déterminée, mais non pas un échelon qui y remplirait une place fixe.

Bonnet eut le malheur de partager, avec d'autres hommes de mérite de son siècle, leur injuste mépris pour cet art ingénieux de distinguer les êtres par des marques certaines, que l'on proscrivait sous le nom de nomenclature. Il ne songeait pas que c'est en histoire naturelle la base nécessaire de toute autre recherche, et il ne soupçonnait pas que c'est le chemin de cet autre art, bien plus profond, de déterminer la nature intime des êtres, en établissant entre eux des rapports rationnels et constants.

Bonnet appartenait à cette classe d'écrivains habitués dans leurs écrits à plaire à l'imagination pour pénétrer jusqu'à la raison de leurs lecteurs, et sa *Contemplation de la nature* en particulier est aussi remarquable par l'agrément du style que par le nombre des faits qui y sont rassemblés et présentés sous les rapports les plus intéressants ; c'est un des livres que l'on peut mettre avec le plus d'avantage dans les mains des jeunes gens pour leur inspirer à la fois le goût de l'étude et le respect pour la Providence.

Les autres ouvrages de Ch. Bonnet sont l'*Essai de psychologie* et l'*Essai analytique sur les facultés de l'âme*, enfin sa *Palingénésie philosophique*. Ses œuvres complètes ont été recueillies à Neufchâtel en 1779, et forment 18 vol. in-8°. Il conserva pendant un assez long temps ce calme de l'âme dont ses écrits portent l'empreinte. Il mourut heureux et honoré, à l'âge de soixante-treize ans, à la suite d'un affaiblissement graduel, le 20 mai 1793.

La ville de Genève, glorieuse d'avoir eu un tel citoyen, lui décerna des honneurs publics.

Après ses ouvrages, le monument qui lui fait le plus d'honneur, ce sont ces hommes mêmes que formèrent ses conseils et son exemple, et nous croyons ajouter un dernier trait au tableau de sa vie, en traçant immédiatement à sa suite celle d'un neveu qui ne fut pas moins illustre, et qui, sans avoir porté ses idées sur un champ aussi étendu, a fait des pas plus hardis et plus sûrs dans la carrière plus étroite qu'il s'était tracée.   G. CUVIER.

DE SAUSSURE

Cuvier, qui a écrit l'éloge de DE SAUSSURE, rend un éclatant hommage au génie de ce savant, qu'il appelle son maître et son guide. De Saussure a posé le premier les bases de la science géologique, et a rassemblé les matériaux qui devaient servir à construire le magnifique édifice que Cuvier a su si bien coordonner en immortalisant son nom.

Henri-Benedict de Saussure est né en 1740, et est mort en 1799. Il cultiva d'abord la botanique et fit d'ingénieuses observations sur l'écorce des feuilles. L'étude de la structure du globe l'emporta bientôt dans son esprit sur celle de la structure des plantes. « J'ai toujours eu, dit-il dans un de ses ouvrages, une passion décidée pour les montagnes : je me rappelle encore le saisissement que j'éprouvai la première fois que mes mains touchèrent les rochers du Salève et que mes yeux jouirent de ses points de vue. À l'âge de dix-huit ans, j'avais déjà parcouru plusieurs fois les montagnes les plus voisines de Genève. Mais ces montagnes peu élevées ne satisfaisaient qu'imparfaitement ma curiosité : je brûlais du désir de voir de près les Hautes-Alpes. Enfin, en 1760, j'allai seul et à pied visiter les glaciers de Chamouny peu fréquentés alors, et dont l'accès passait même pour difficile et dangereux. J'y retournai l'année suivante, et depuis lors je n'ai pas laissé passer une seule année sans faire de grandes courses et même des voyages pour l'étude des montagnes. Dans cet espace de temps, j'ai traversé quatorze fois la chaîne entière des Alpes par huit passages différents ; j'ai fait seize autres excursions jusqu'au centre de cette chaîne ; j'ai parcouru le Jura, les Vosges, les montagnes de la Suisse, de l'Auvergne, d'une partie de l'Allemagne, et celles de l'Angleterre, de l'Italie, de la Sicile et des îles adjacentes. J'ai fait tous ces voyages, le marteau du mineur à la main, sans autre but que celui d'étudier l'histoire naturelle, gravissant sur toutes les sommités accessibles qui me promettaient quelque observation intéressante, et emportant toujours des échantillons des mines et des roches, surtout de celles qui m'avaient présenté quelque fait important pour la théorie, afin de les revoir et de les étudier à loisir. »

Il n'avait pu encore gravir jusqu'à la cime du Mont-Blanc qu'il voyait chaque jour de sa fenêtre. Dix fois il l'avait en quelque sorte attaqué par les vallées qui y aboutissent ; il en avait fait le tour ; il l'avait examiné du sommet des montagnes voisines et l'avait toujours trouvé inaccessible, lorsqu'il apprit, le 18 août 1787, que deux habitants de Chamouny, en suivant le chemin le plus direct, venaient de s'élever la veille à cette cime qu'aucun mortel n'avait encore atteinte.

On peut juger de son empressement à suivre

T

leurs traces ; le 19 août, il était déjà à Chamouny, mais les pluies et les neiges l'arrêtèrent encore cette année. Ce ne fut que le 21 juillet 1788 qu'il obtint enfin cet objet principal de ses vœux.

Accompagné d'un domestique et de dix-huit guides qu'encouragèrent ses promesses et son exemple, après avoir monté pendant deux jours, et couché deux nuits au milieu des neiges ; après avoir vu sous ses pieds d'horribles crevasses, et entendu rouler à ses côtés deux énormes avalanches, il arriva à la cime vers le milieu de la troisième journée.

Ses premiers regards, dit-il, se tournèrent vers Chamouny, d'où sa famille le suivait avec un télescope, et où il eut le plaisir de voir flotter un pavillon, signal convenu pour lui faire connaître qu'on avait aperçu son arrivée, et que les inquiétudes sur son sort étaient au moins suspendues. Il se livra ensuite avec calme et pendant plusieurs heures aux expériences qu'il s'était proposées, quoique, à cette hauteur de 24,000 pieds, la rareté de l'air accélérât le pouls comme une fièvre ardente et épuisât de fatigue au moindre mouvement, qu'une soif cruelle se fît sentir dans ces régions glacées, comme dans les sables de l'Afrique, et que la neige, en répercutant là lumière, y éblouît et brûlât le visage ; on y retrouvait à la fois les inconvénients du pôle et du tropique, et de Saussure, dans un voyage de quelques lieues, bravait presque autant de souffrances que s'il eût fait le tour du monde.

Riche de tant de trésors d'observations si péniblement acquises, de Saussure eut le courage de résister à la tentation de bâtir un système à lui. Cuvier a fait de cette particularité le trait principal de son éloge : il s'arrête à contempler cet homme qui, après de si longues méditations et de si grands travaux, se demande ce qu'il a fait, ce qui lui reste à faire, et, qui trouvant la science encore bien pauvre en comparaison de ce qu'il lui faut acquérir encore, ne veut pas conclure et abandonne à ses successeurs le mérite de terminer son œuvre.

DE CANDOLLE

L'année 1778, qui vit mourir Voltaire et J.-J. Rousseau, vit naître Augustin PYRAMUS DE CANDOLLE, à Genève, le 4 février, un mois après la mort de Linné, deux mois après la mort de Haller, trois mois après celle de Bernard de Jussieu.

Rapprochement singulier, et qui l'est d'autant plus, que de Candolle semble s'être imposé la tâche de continuer, et si l'on peut ainsi dire, de rendre à la botanique ces trois grands hommes. Il disait lui-même, en souriant, qu'il avait publié la *Flore française* pour imiter Haller, la *Théorie élémentaire de la botanique* pour être digne de Bernard de Jussieu, et le *Système naturel des végétaux* pour remplacer l'ouvrage de Linné.

Il se livra d'abord à la littérature pour laquelle il avait un goût très-prononcé, et fit quelques vers qui obtinrent l'approbation de Florian, ami de son père ; mais, à l'âge de seize ans, il donna une autre direction à ses études, et se livra exclusivement à l'étude des sciences naturelles. A dix-huit ans, il vint à Paris, et après un séjour de cinq années, pendant lesquelles il étudia à fond la botanique, il publia, à la prière de Desfontaines, son *Histoire des plantes grasses*, qui commença sa réputation. Mais bientôt un travail d'un ordre plus élevé, et surtout d'un caractère plus original, vint marquer beaucoup mieux le rang qu'il devait prendre dans la science.

Il eut l'heureuse idée de s'occuper du sommeil des plantes. Il s'assura d'abord que l'air n'était pour rien dans ce phénomène, car des plantes dormantes plongées dans l'eau y passèrent du sommeil à la veille et de la veille au sommeil comme à l'ordinaire.

L'action de l'air étant exclue, restait celle de la lumière. Des plantes dormantes furent donc placées dans l'obscurité, et tour à tour soumises ou à l'action de cette obscurité même, où à l'action de la lumière. Or, en éclairant ces plantes pendant la nuit et en les laissant dans l'obscurité pendant le jour, M. de Candolle parvint à changer complétement les heures de leur veille et de leur sommeil ; il vit les plantes diurnes s'épanouir le soir.

Aidé de la seule lumière artificielle, il avait coloré en vert les plantes étiolées comme le fait le soleil, il avait changé les heures du sommeil et du réveil des plantes, il avait prouvé, et ceci est bien plus remarquable, que les plantes ont des habitudes ; car ce n'est pas tout de suite, ce n'est qu'au bout d'un certain temps qu'elles perdent leurs heures ordinaires pour en prendre d'autres.

La vie des plantes est donc un phénomène bien plus compliqué, bien plus rapproché de la vie des animaux qu'on ne l'avait soupçonné encore ; elles ont leur action, leur repos, leur sommeil, leur veille, leurs habitudes.

Par ce remarquable travail, de Candolle venait de passer du rang d'élève à celui de maître ; l'Académie, quoiqu'il n'eut encore que vingt-deux ans, l'inscrivait sur la liste de ses candidats : Adanson disait, en parlant de lui, *qu'il était dans les grands chemins de la science*. Lamarck lui confiait la seconde édition de la *Flore française*, et Georges Cuvier le choisissait pour son suppléant à la chaire d'histoire naturelle du Collége de France.

Cette noble mission fut pour de Candolle le but et l'occasion de voyages nombreux et pleins de fatigues.

« La botanique, dit Fontenelle, n'est pas une science sédentaire et paresseuse, qui se puisse acquérir dans le repos et dans l'ombre du cabinet... Elle veut que l'on coure les montagnes et les forêts, que l'on gravisse contre des rochers escarpés, que l'on s'expose au bord des précipices.»

Ce que Fontenelle écrivait pour Tournefort peut s'appliquer à de Candolle. La seule exploration des hautes régions des Alpes par ce botaniste prouve que l'enthousiasme de la science a une intrépidité qui ne le cède à aucune autre. Un jour, il veut gagner le Grand-Saint-Bernard par le col Saint-Remi, passage presque impraticable. Le col franchi, reste une pente très-inclinée, fortement gelée, et qui se termine par un précipice. Les guides marchaient en avant, marquant les pas dans la neige avec leurs bâtons ferrés. Notre voyageur suivait en silence; tout à coup le pied lui manque et, glissant avec une effroyable rapidité, il entend les cris de détresse de ses guides qui ne peuvent lui porter aucun secours. Enfin, il aperçoit une petite fente dans la glace; il y enfonce fortement son bâton, et ce bâton l'arrête. Aux cris de détresse succèdent des cris de joie; le plus intrépide de ses guides vient à lui par un long détour, et lui traçant un chemin dans la neige, le conduit dans un lieu sûr. « Ah ! lui dit alors ce brave homme en l'embrassant, personne ne m'avait jamais donné autant d'inquiétude. »

La mort d'Adanson laissant une place vacante à l'Institut, de Candolle se présenta, mais Palisot de Beauvois l'emporta. Cet échec fut très-sensible pour de Candolle, qui accepta la chaire de botanique que lui offrait avec empressement la Faculté de Montpellier.

La brusquerie de Cretet, alors ministre de l'intérieur, nous dévoile à quel point de Candolle était apprécié comme savant. De Candolle et Laplace se trouvaient chez le ministre, et Laplace, voulant exprimer par quelques paroles flatteuses la haute estime qu'il portait à de Candolle, dit au ministre : «Monseigneur, vous nous jouez un mauvais tour; nous comptions avoir bientôt M. de Candolle à l'Institut. — Votre Institut! votre Institut! s'écrie M. Cretet. — Eh quoi! répond Laplace tout étonné. — Savez-vous que j'ai envie quelquefois de faire tirer un coup de canon sur votre Institut? Oui, Monsieur, un coup de canon pour en disperser les membres dans toute la France. N'est-ce pas une chose déplorable de voir toutes les lumières concentrées dans Paris, et les provinces dans l'ignorance? J'envoie M. de Candolle à Montpellier pour y porter de l'activité. »

L'enseignement de de Candolle à Montpellier y ranima en effet toutes les études

Dans sa *Théorie élémentaire de botanique*, de Candolle a posé les premières bases de sa théorie générale sur l'organisation des êtres.

Selon lui, chaque classe d'êtres est soumise à un plan général, et ce plan général est toujours symétrique. Tous les êtres organisés pris dans leur nature intime sont symétriques.

Mais cette symétrie, comment la déterminer? Elle est rarement le fait qui subsiste, elle est souvent altérée, et il faut remonter à la symétrie primitive à travers toutes les irrégularités subséquentes. En un mot, la symétrie est le fait primitif, l'irrégularité n'est jamais que le fait secondaire. Par exemple, le fruit du chêne, le gland, n'a jamais qu'une graine, et c'est le type primitif *altéré*. Mais, dans la fleur du chêne, l'ovaire a toujours six graines, et c'est le type primitif *retrouvé*.

La théorie de de Candolle révèle à l'observateur un monde nouveau.

En 1815, la Restauration ayant fait un crime à de Candolle de la faveur dont il jouissait sous le gouvernement impérial, de Candolle quitta la France et retourna à Genève. Son retour dans sa patrie fut un jour de fête. On créa pour lui une chaire d'histoire naturelle et le jardin botanique. En 1827, de Candolle publia l'*Organographie végétale*, et en 1832, la *Physiologie végétale*, qui lui valut le grand prix que la Société royale de Londres venait d'instituer.

Il nous reste à parler de son plus important ouvrage, publié une première fois sous le titre de : *Systema naturale regni vegetabilis*. Recommencé en 1824 sous une forme plus abrégée, il prit le titre de : *Prodromus systematis naturalis regni vegetabilis*. Quatre-vingt mille plantes y sont rangées dans un ordre admirable, c'est-à-dire dans l'ordre même de la nature; chacune s'y trouve indiquée avec ses caractères, ses rapports, sa description entière; tout dans cette description est d'une précision de détail jusque-là sans exemple; l'auteur a laissé cet immense ouvrage inachevé, et pourtant il se compose déjà de sept énormes volumes de sept à huit cents pages chacun.

La puissance de tête que supposent d'aussi grands travaux n'honore pas seulement celui en qui on l'admire, elle honore l'espèce humaine entière; la force de l'homme en paraît plus grande.

Les travaux de de Candolle marquent dans la botanique une époque nouvelle.

Tournefort ayant constitué la science, Linné lui ayant donné une langue, les deux Jussieu ayant fondé la méthode, il ne restait qu'à ouvrir à la botanique l'étude des lois intimes des êtres; c'est ce qu'a fait de Candolle.

Il est le seul homme depuis Linné qui ait embrassé toutes les parties de cette science avec un égal génie.

Il mourut le 9 septembre 1841. Ses dernières paroles furent celles-ci : *Je meurs sans inquiétude, mon fils achèvera mon ouvrage.*

De Candolle appartenait à toutes les académies savantes du monde. Il fut inscrit, en 1814, sur la liste des huit associés étrangers de l'Académie des sciences de Paris, liste qui s'ouvre par les noms de Newton et du czar Pierre, et qui depuis bientôt deux siècles n'a en aucun temps dégénéré de cette première splendeur.

M. Flourens, secrétaire perpétuel de l'Acadé-mie des sciences, a prononcé, le 2 décembre 1842, l'éloge de de Candolle en séance publique; c'est ce remarquable travail qui nous a servi à donner sur de Candolle les détails qui précèdent, et nous ne pouvons qu'engager nos lecteurs à recourir à cet éloge historique qui est suivi d'une liste complète des ouvrages de de Candolle.

ADANSON

Michel ADANSON, membre de l'Institut et de la Légion d'honneur, membre étranger de la Société royale de Londres, ci-devant pensionnaire de l'Académie des sciences et censeur royal, naquit à Aix en Provence, le 7 avril 1727, d'une famille écossaise qui s'était attachée au sort du roi Jacques. Son père, écuyer de M. de Vintimille, archevêque d'Aix, suivit ce prélat lorsqu'il fut nommé archevêque de Paris, et amena avec lui dans la capitale le jeune Michel, alors âgé de trois ans. M. Adanson le père avait encore quatre autres enfants et n'était pas riche, mais la protection de l'archevêque l'aida dans leur éducation; chacun d'eux reçut un petit bénéfice, et Michel Adanson en particulier eut, à l'âge de sept ans,

un canonicat à Champeaux en Brie, qui servit à payer sa pension au collége du Plessis.

Beaucoup de vivacité dans l'esprit, une mémoire imperturbable et un ardent désir des premiers rangs, c'en était plus qu'il ne fallait pour avoir de grands succès au collége et pour être montré avec complaisance dans les occasions.

Le célèbre observateur anglais, Tuberville Needham, renommé alors par les faits nombreux et singuliers que ses microscopes lui avaient fait découvrir, assistait un jour aux exercices publics du Plessis; frappé de la manière brillante dont le jeune Adanson les soutenait, il demanda la permission d'ajouter un microscope aux livres que l'écolier allait recevoir en prix, et en le lui remettant, il lui dit avec une sorte de solennité : *Vous qui êtes si avancé dans l'étude des ouvrages des hommes, vous êtes digne aussi de connaître les œuvres de la nature.*

Ces paroles décidèrent la vocation de l'enfant. Dès cet instant, sa curiosité ne change plus d'objet ; l'œil attaché, pour ainsi dire, à cette étonnante machine, il y soumet tout ce que lui fournit l'enceinte étroite de son collége, tout ce qu'il peut recueillir dans les promenades en s'écartant furtivement des sentiers tracés à ses camarades, les plus petites parties des mousses, les insectes les plus imperceptibles. Il n'eut point de jeunesse ; le travail et la méditation le saisirent à son adolescence, et pendant près de soixante-dix années tous ses jours, tous ses instants furent remplis par les observations pénibles, par les recherches laborieuses d'un savant de profession.

Admis au sortir du collége dans les cabinets de Réaumur et de Bernard de Jussieu, une riche moisson s'offrit à son activité ; il la dévora avec une sorte de fureur ; il passait ses journées entières au Jardin des Plantes. Vers l'âge de dix-neuf ans, il avait déjà décrit méthodiquement plus de quatre mille espèces des trois règnes.

C'était beaucoup pour son instruction, mais ce n'était rien pour l'avancement de la science. A force d'instances et par le crédit de MM. de Jussieu, il obtint une petite place dans les comptoirs de la Compagnie d'Afrique et partit pour le Sénégal le 20 décembre 1748. Les motifs de son choix sont curieux : *C'est que c'était*, disait-il, *de tous les établissements européens, le plus difficile à pénétrer, le plus chaud, le plus malsain, le plus dangereux à tous les autres égards, et par conséquent le moins connu des naturalistes.*

Il paraît d'ailleurs avoir eu toujours un tempérament très-robuste ; on le voit, dans sa relation, tantôt parcourir des sables échauffés à soixante degrés qui lui racornissaient les souliers, et dont la réverbération lui faisait lever la peau du visage ; tantôt inondé par ces terribles ouragans de la zone torride, sans que son activité en fût ralentie un instant.

En cinq ans qu'il passa dans cette contrée, il décrivit un nombre prodigieux d'animaux et de plantes nouvelles, il leva la carte du fleuve aussi avant qu'il put le remonter, il dressa des grammaires et des dictionnaires des langues des peuples riverains ; il tint un registre d'observations météorologiques faites plusieurs fois chaque jour, et composa un traité détaillé de toutes les plantes utiles du pays ; il recueillit tous les objets de son commerce, les armes, les vêtements, les ustensiles de ses habitants.

De retour en Europe, le 18 février 1754, avec sa riche provision de faits et de vues générales, il chercha aussitôt à prendre parmi les naturalistes le rang qu'il croyait lui appartenir.

L'imagination la plus hardie reculerait à la lecture du plan qu'il soumet en 1774, au jugement de l'Académie des sciences. Il ne s'agissait pas en effet d'appliquer sa méthode universelle, fondée sur la comparaison effectuée des espèces, à une classe, à un règne, ni même à ce qu'on appelle communément les trois règnes, mais d'embrasser la nature entière dans l'acception la plus étendue de ce mot. Les eaux, les météores, les astres, les substances chimiques, et jusqu'aux facultés de l'âme, aux créations de l'homme, tout ce qui fait ordinairement l'objet de la métaphysique, de la morale et de la politique, tous les arts, depuis l'agriculture jusqu'à la danse, devaient y être traités.

Les nombres seuls étaient effrayants : vingt-sept gros volumes exposaient les rapports généraux de toutes ces choses et leur distribution ; l'histoire de quarante mille espèces était rangée par ordre alphabétique dans cent cinquante volumes ; un vocabulaire universel donnait l'explication de deux cent mille mots, le tout était appuyé d'un grand nombre de traités et de mémoires particuliers, de quarante mille figures et de trente mille morceaux des trois règnes.

Des commissaires nommés par l'Académie pour examiner ce travail donnèrent à Adanson le conseil très-sage de détacher de ce vaste ensemble les objets de ses propres découvertes, et de les publier séparément. Les sciences auront longtemps à regretter qu'il ait refusé de suivre ce conseil, car divers mémoires, indépendants de ses grands ouvrages, montrent qu'il était capable de beaucoup de sagacité dans l'examen des objets particuliers.

Adanson fut le premier qui fit connaître la vraie nature du *Taret*, ce coquillage qui ronge les vaisseaux et les pieux et qui a menacé l'existence même de la Hollande. On doit en dire autant du Baobab, arbre du Sénégal, le plus gros du monde, car son tronc a quelquefois vingt-quatre pieds de diamètre et sa cime cent vingt à cent cinquante.

L'histoire des grammaires et les nombreux articles d'Adanson insérés dans la première Encyclopédie réunissent, à quantité de faits nouveaux, beaucoup d'érudition et de netteté.

Il a fait beaucoup d'expériences sur les variétés des blés cultivés et en a vu naître deux dans l'espèce de l'orge.

Le premier, il a reconnu que la faculté engourdissante de certains poissons dépend de l'électricité.

Il découvrit le premier les moyens de tirer une bonne fécule bleue de l'indigo du Sénégal.

Buffon a fait connaître lui plusieurs quadrupèdes et plusieurs oiseaux, et le premier il a décrit le *Galago* et le *Sanglier d'Ethiopie*.

Livré tout entier à l'exécution du plan gigantesque qu'il avait conçu, Adanson, enfermé dans son cabinet et comme séquestré du monde, fut perdu pour la science et la société, il prit sur son sommeil, sur le temps de ses repas ; lorsque quelque hasard permettait de pénétrer jusqu'à lui, on le trouvait couché au milieu de papiers innombrables qui couvraient les parquets, les comparant, les rapprochant de mille manières.

C'est au milieu de cet isolement que la pauvreté et les infirmités vinrent l'accabler; il sut en supporter les rigueurs avec un courage et une patience sans exemple.

Il semblait ignorer lui-même que le dénûment le plus affreux l'entourait, pour peu qu'une idée nouvelle comme une fée douce et bienfaisante vint sourire à son imagination.

Il mourut le 5 août 1806, après avoir enduré pendant plusieurs mois, sans pousser un cri, les plus cruelles souffrances, soutenu dans ce triste état par les soins de deux vieux serviteurs restés fidèles à sa mauvaise fortune.

Il avait demandé par son testament qu'une guirlande de fleurs prise dans les cinquante-huit familles qu'il avait établies, fût la seule décoration de son cercueil : passagère et touchante image du monument qu'il s'est érigé lui-même.

G CUVIER.

Péron (François), naturaliste et voyageur, naquit, le 22 août 1775, à Cerilly, petite ville du Bourbonnais. Après avoir embrassé la carrière militaire, qu'il fut obligé de quitter après une assez longue captivité et la perte de l'œil droit, il se livra à l'étude de la médecine et des sciences naturelles. Il fut attaché à l'expédition de Baudin, et partit à bord du *Géographe*, où il commença des observations météorologiques et de belles expériences qui démontrent que les eaux sont plus froides dans le fond qu'à la surface et qu'elles le sont d'autant plus qu'on descend à une plus grande profondeur. Un séjour assez prolongé dans l'île de Timor lui permit d'étudier les mollusques et les zoophytes que la chaleur du soleil multiplie à l'infini dans les eaux peu profondes et les peint des plus vives couleurs. Après avoir reconnu la partie orientale de la terre de Diemen, on entra dans le détroit de Bass et l'on gagna port Jackson, on suivit les côtes de la nouvelle Hollande et l'on en fit le tour. Péron déploya un courage et une activité infatigables. Des cinq zoologistes nommés par le gouvernement, deux étant restés à l'île de France et les deux autres étant morts au commencement de la seconde campagne, il se trouvait seul chargé de cet immense travail et il suffisait à tout. Peu de temps après le départ de Timor. le capitaine lui ayant refusé des liqueurs spiritueuses absolument nécessaires pour conserver ses mollusques, il se priva pendant tout le voyage de sa portion d'arack, et ce qui est plus remarquable, il communiqua son enthousiasme à plusieurs de ses amis qui consentirent à faire le même sacrifice. Pendant les tempêtes, aidant aux manœuvres comme un simple matelot, il continuait les observations aussi paisiblement que s'il eût été sur le rivage. Pendant une descente qu'il fit à l'île King, avec quelques naturalistes, un coup de vent chassa le vaisseau en pleine mer, et pendant quinze jours, ils ne l'aperçurent plus. Péron ne perdit pas un moment l'occasion d'augmenter ses collections et ses observations; après la seconde relâche à Timor, on revint à l'île de France où l'on resta cinq mois. On fit encore une relâche au Cap, et Péron en profita pour examiner la bizarre conformation des Boschimans, tribu de Hottentots.

Il débarqua enfin à Lorient, le 7 avril 1804, d'où il se rendit à Paris et fut chargé de publier, avec Freycinet, la relation du voyage et la description des objets nouveaux en histoire naturelle, avec son ami Lesueur. La collection d'animaux avait été déposée au Muséum d'histoire naturelle, il résulte du rapport de la commission, qui l'avait examinée et dont M. Cuvier fut l'organe, qu'elle contenait plus de cent mille échantillons d'animaux, que le nombre des espèces nouvelles s'élevait à plus de deux mille cinq cents et que Péron et Lesueur avaient eux seuls fait connaître plus d'animaux que tous les naturalistes des derniers temps ; enfin que les descriptions de Péron rédigées sur un plan uniforme, embrassant tous les détails de l'organisation extérieure des animaux, établissant leurs caractères d'une manière absolue et indiquant leurs habitudes et l'usage qu'on en peut faire, survivront, à toutes les révolutions des systèmes et des méthodes.

Péron, que l'Institut s'empressa d'admettre au nombre de ses correspondants, ne mit au jour que la première partie de sa relation; sa santé était affaiblie par de longues fatigues, une maladie de poitrine dont il était attaqué, fit des progrès effrayants; après un voyage à Nice qui améliora sa santé, et lui permit de reprendre ses travaux, il retomba dans un état pire que celui ou il était avant son départ. Il voulut aller finir ses jours dans le lieu de sa naissance auprès de deux sœurs qui avaient été les premiers objets de sa tendresse; ce fut dans leurs bras qu'il expira le 14 décembre 1810.

Ses principaux ouvrages sont : 1° *Observations sur l'Anthropologie ;* 2° *Voyage de découvertes aux Terres Autrales pendant les années 1800-1804;* 3° *Histoire générale et particulière des Méduses.*

L. C.

DELALANDE. Geoffroy-Saint-Hilaire fut chargé, en 1821, de faire un rapport à l'Académie des sciences, au nom d'une commission dont il faisait partie et composée de G. Cuvier, de Desfontaines, de M. de Humboldt, de Lacépède, Latreille et M. Duméril, ayant pour mission d'étudier les résultats du voyage accompli par Delalande au cap de Bonne Espérance, par ordre du Gouvernement, dans les années 1818, 1819 et 1820.

L'illustre rapporteur signalait à cette époque une tendance remarquable, chez des hommes ardents, aussi savants qu'infatigables, à se vouer à l'exploration des diverses contrées de la terre. Les circonstances contribuaient à développer cette ardeur des naturalistes à aller s'enquérir en tous lieux et des choses et des hommes, à appeler tous les peuples à une participation commune et réciproque, à un échange paternel de toutes les productions du globe. La guerre avait eu de fâcheux résultats pour le Muséum d'histoire naturelle, Le Gouvernement conçut l'idée de procurer aux amis des sciences et des arts un dédommagement de ces pertes, pensée généreuse dont le développement fut poursuivi avec le zèle le plus louable.

C'est dans ces circonstances qu'un voyage d'histoire naturelle fut confié à Delalande; il était signalé comme propre à ce service scientifique : élevé au Muséum d'histoire naturelle, il y avait rempli avec distinction les fonctions d'aide-naturaliste pour la zoologie, et il avait déjà fait preuve d'habileté et de dévouement dans trois précédents voyages, l'un en Portugal, le second sur les côtes de la Méditerranée et le troisième au Brésil, sous les auspices de M. le duc de Luxembourg, ambassadeur en ce pays.

Il partit en avril 1818 et débarqua le 8 août à Falsbay, à dix lieues du cap de Bonne Espérance, accompagné de son neveu le jeune Verreaux (Jules), âgé de 12 ans.

Deux mois furent employés à recueillir une foule de plantes pendant la belle saison si courte en ce climat, mais si riche en magnifiques espèces : après la saison des pluies qui a lieu pendant les mois de juin, juillet et août, la terre rafraîchie se couvre de verdure, des collines entières semblent de vastes parterres de fleurs diversement coloriées et distribuées par grandes masses. Les liliacées, les bruyères, les protées, parmi lesquelles on remarque le *Protea argentea*, forment cette couronne de fleurs que la sécheresse vient bientôt flétrir pour rendre à la terre l'aspect triste et monotone qu'elle conserve le reste de l'année.

Delalande avait surtout pour mission de se procurer plusieurs espèces qui manquaient au Muséum : l'hippopotame et le rhinocéros bicorne.

Il partit pour une première expédition, accompagné de son neveu et de trois Hottentots; un chariot et vingt-deux bœufs formaient son équipage. Cette première course n'eut pour résultat que la trouvaille d'une Baleine échouée sur le sable; malgré la chaleur la plus ardente et une odeur infecte, le courageux voyageur dépeça cette Baleine qui avait soixante-quinze pieds de long et parvint à conserver tous les os et les fanons de la mâchoire supérieure; il en découvrit une autre à peine connue en Europe, la *Baleine à ventre plissé*.

Une seconde course fut plus heureuse : après six semaines de recherches dans les marais qui bordent le Berg-River, un de ses Hottentots, envoyé à la découverte, vint lui annoncer qu'il avait entendu crier un hippopotame dans le voisinage des joncs qui bordent le fleuve. Cette nouvelle le transporta de joie. « Mes gens, mon neveu et moi, raconte-t-il, nous nous armâmes; j'étais prévenu que le moindre bruit avertissait ces animaux vigilants de notre présence; nous en étions à un quart de lieue, il fallut nous courber, et ce fut presque en rampant que nous fîmes le chemin qui nous séparait d'eux; à quelque distance, nous nous divisâmes, après être convenus de tirer sur le plus gros de la troupe. Mon coup de fusil et ceux de mes Hottentots l'atteignirent, je le vis tomber et je poussai un cri de joie; les autres hippopotames se précipitèrent dans le fleuve avec un bruit épouvantable, le blessé se releva et vint fondre sur moi (ne sachant sans doute où il allait, et je dois m'estimer heureux qu'il n'ait pas été se jeter dans le fleuve qui l'eût porté à la mer). Un second coup de fusil l'étendit mort à mes pieds, j'en ai rapporté la peau et le squelette; l'un et l'autre serviront à prouver combien sont inexactes les descriptions qu'on a faites de cet animal. »

Une troisième course dans le pays des Cafres enrichit sa collection d'un grand nombre d'insectes rares, d'oiseaux, de quadrupèdes inconnus, entre autres d'ichneumons, d'hélamys et de plusieurs espèces d'antilopes, enfin du rhinocéros bicorne, qui faillit lui coûter la vie. « J'avais dit-il entièrement dépouillé le rhinocéros, et j'étais allé à mon camp chercher du monde et un chariot pour l'enlever, craignant avec juste raison qu'il ne fût dérobé par les Cafres ou dévoré par les bêtes féroces. Je revenais de cette course, lorsque mon cheval qui jusque-là avait été très-docile, irrité par l'odeur du rhinocéros, s'emporta avec une telle violence que je n'en fus plus maître; il me renversa, et dans ma chute je me meurtris la tête et me cassai la clavicule. »

Après huit mois de séjour dans le pays des Cafres, au milieu des combats qui se livraient chaque jour et menacé sans cesse d'être assassiné, Delalande reprit la route du Cap, rapportant de son voyage une collection immense composée de dix-huit mille quatre cent seize individus en échantillons appartenant à deux mille neuf cent quarante-six espèces, sans compter les graines.

Parmi les espèces importantes et curieuses introduites par Delalande, il faut citer le chien sauvage (*Lycaon pictus*), le protèle Delalande (*Proteles Lalandii*), le renard aux grandes oreilles (*Megalotis Lalandii*), la loutre sans ongles, (*Aonix Lalandii*), la gerboise du Cap (*Helamys Cafer*), les cynictis et une foule d'antilopes rares et nouvelles.

Mais ce qui ajoutait un prix immense à ces magnifiques collections, c'était une réunion de pièces anatomiques de diverses races humaines et surtout des types à peine connus en Europe.

A la variété, à la nature de ces objets, dit le rapporteur, on est disposé à penser que plusieurs talents divers ont été employés à les réunir; c'est sans doute une des choses les plus remarquables de ce voyage, que cette égalité d'attention donnée aux êtres les plus petits, à des insectes presque microscopiques et en même temps aux animaux des plus grandes dimensions.

Le Gouvernement, à la suite de ce rapport, nomma Delalande chevalier de la Légion d'honneur et se chargea de la publication de la relation de son voyage.

Pierre-Antoine Delalande, né en 1786, est mort en 1823.

L. C.

Constantin-François CHASSEBOEUF, comte de VOLNEY, né en 1757, à Craon, est mort en 1820. Il vint à Paris pour étudier la médecine, mais il se livra de préférence aux travaux scientifiques. En 1782, il entreprit un voyage en Orient, apprit l'arabe chez les Druses du Liban, et pendant quatre ans, parcourut la Syrie et l'Égypte. La publication de son voyage lui valut une grande réputation, et prépara les esprits à l'idée de la glorieuse expédition qui eut de si importants résultats pour les sciences et surtout pour les sciences naturelles. En 1794, il fut nommé professeur d'histoire aux écoles normales, et fut membre de l'Institut lors de sa création. Son amitié avec Franklin le fit accueillir avec enthousiasme aux États-Unis, dans un voyage qu'il fit en ce pays en 1795.

U

Le baron Jean-Baptiste-Joseph Fourier, né à Auxerre, le 21 mars 1768, fut à la fois un géomètre et un physicien de premier ordre, un écrivain d'un talent supérieur, un citoyen utile à sa patrie dans les diverses carrières où l'appela l'intérêt public, une gloire pour la France qu'il honora par ses travaux et ses découvertes.

Il entra de bonne heure à l'école militaire d'Auxerre; une grande intelligence se développa en lui dès le début de ses études, il en avait achevé le cours à treize ans et il commença à se livrer avec ardeur à l'étude des mathématiques; à dix-huit ans il avait fait plusieurs découvertes importantes, elles sont consignées dans un mémoire où se retrouve le génie précoce de Pascal. On le nomma professeur de mathématiques à l'école militaire où il avait été élevé. Envoyé à Paris par son département à l'École normale, il s'y montra comme l'un des professeurs les plus capables de cultiver la partie philosophique des sciences et fut choisi pour être l'un des directeurs des conférences. Plus tard, au moment de l'organisation de l'École polytechnique, Lagrange et Monge, désignèrent Fourier pour être l'un des professeurs de cette institution que l'Europe a tant et si justement enviée à la France.

L'expédition d'Égypte se préparait en silence et sous le voile du mystère. La guerre, sous l'inspiration du génie qui allait la diriger, donnait un moyen de civilisation pour les pays conquis, Fourier fit partie de la commission et en devint

le secrétaire perpétuel. Ses fonctions prirent bientôt un caractère plus important. Fourier fut choisi pour servir d'intermédiaire entre les conquérants et la population indigène dans leurs rapports journaliers; ces nouvelles fonctions furent un titre pour Fourier à l'estime des uns et des autres. Une expédition projetée dans la haute Égypte fit appeler Fourier à la direction de cette exploration; sous ses auspices, les ruines magnifiques de Thèbes apparurent aux regards éblouis de nos guerriers. Il remonta le cours du Nil et visita l'île d'Éléphantine.

Il fut bientôt chargé de négocier le traité entre Kléber et Mourad-Bey; une pacification désirée en fut la conséquence. Mais bientôt il lui fallut élever la voix pour célébrer dignement les vertus héroïques du général qui venait de succomber sous le fer d'un assassin. Du haut d'un bastion, en présence de toute l'armée, il en appela aux sentiments d'admiration qui faisaient battre tous les cœurs pour le vainqueur de Maestrich et d'Héliopolis. Quand il prononça ces paroles : « Je vous prends à témoin, intrépide cavalerie, qui accourûtes pour le sauver sur les hauteurs de Coraïm;» un frémissement électrique courut dans tous les rangs, les drapeaux s'agitèrent en s'inclinant, les rangs se pressèrent et l'orateur, partageant la douleur commune, s'arrêta, interrompu par le bruit des armes et des sanglots de tant de braves éplorés. L'accomplissement de ce triste devoir fut bientôt suivi de nouveaux regrets; Desaix, qui venait de quitter l'Égypte, avait succombé vainqueur à Marengo dont il avait décidé le sort. Fourier fut l'interprète des sentiments de l'armée d'Égypte et il trouva des paroles éloquentes et vraies pour célébrer le *Sultan juste* que l'armée venait de perdre.

Fourier ne quitta l'Égypte qu'avec les derniers débris de l'armée, à la suite de la capitulation signée par Menou. De retour en France, il s'occupa à rassembler les matériaux pour la publication du grand ouvrage d'Égypte dont la direction lui fut confiée et dont il rédigea l'introduction générale. Fontanes y trouvait réunies *les grâces d'Athènes et la sagesse de l'Égypte.*

A peine de retour en Europe, Fourier fut nommé préfet de l'Isère (2 janvier 1802); il remplit ses fonctions jusqu'en 1815, et elles furent signalées par deux bienfaits de la plus haute importance : le desséchement des marais de Bourgoin et la superbe route de Grenoble à Zurich par le mont Genèvre. Dans un autre ordre d'idées, Fourier rendit dans ce pays, agité par les événements politiques, les services les plus signalés; ses formes aimables et conciliantes amenèrent tous les partis sur un terrain neutre où germèrent bientôt les fruits de la concorde; à force de ménagements, de tact et de patience, « *en prenant l'épi dans son sens et non à rebours,* » trente-sept conseils municipaux furent amenés à souscrire une transaction commune sans laquelle le desséchement du marais de Bourgoin était inexécutable.

Il eut l'insigne bonheur d'arracher Champollion à la loi de la conscription qui l'appelait sous les drapeaux et de le conserver à la science dont il devait agrandir les limites.

Au milieu de ces importantes occupations, il trouva le temps de rédiger son immortel ouvrage, la *Théorie analytique de la chaleur*.

La chaleur se présente dans les phénomènes naturels et dans ceux qui sont le produit de l'art, sous deux formes entièrement différentes, que Fourier a envisagées séparément.

La première est la chaleur rayonnante. Personne ne peut douter qu'il n'y ait une différence physique bien digne d'être étudiée entre la boule de fer à la température ordinaire qu'on manie à son gré, et la boule de fer, de même dimension, que la flamme d'un fourneau a fortement échauffée, et dont on ne saurait approcher sans se brûler. Cette différence, suivant la plupart des physiciens, provient d'une certaine quantité de fluide électrique, impondérable, ou du moins impondéré, avec lequel la seconde boule s'était combinée dans l'acte de l'échauffement. Le fluide qui, en s'ajoutant aux corps froids, les rend chauds, est désigné par le nom de *Chaleur* ou de *Calorique*.

Les corps inégalement échauffés, placés en présence, agissent les uns sur les autres, même à de grandes distances, même à travers le vide, car les plus froids se réchauffent, et les plus chauds se refroidissent; car, après un certain temps, ils sont au même degré, quelle qu'ait été la différence de leurs températures primitives.

Dans l'hypothèse admise, il n'est qu'une manière de concevoir cette action à distance, c'est de supposer qu'elle s'opère à l'aide de certaines effluves qui traversent l'espace, en allant du corps chaud au corps froid; c'est d'admettre qu'un corps chaud lance autour de lui des rayons de chaleur, comme les corps lumineux lancent des rayons de lumière.

Les effluves et les émanations rayonnantes, à l'aide desquelles deux corps éloignés l'un de l'autre se mettent en communication calorifique, ont été convenablement désignés sous le nom de *Calorique rayonnant*.

Il s'agissait de connaître la loi d'émission du calorique, et ce problème devant lequel tous les procédés, tous les instruments de la physique moderne étaient restés impuissants, Fourier l'a complétement résolu; cette loi, il l'a trouvée, avec une perspicacité que l'on ne saurait trop admirer, dans les phénomènes qui, de prime abord, semblent devoir en être tout à fait indépendants.

Personne ne doute, et d'ailleurs l'expérience a prononcé, que, dans tous les points d'un espace terminé par une enveloppe quelconque entretenue à une température constante, on ne doive éprouver une température constante aussi, et précisément celle de l'enveloppe : or, Fourier a établi que si les rayons calorifiques émis avaient une égale intensité dans toutes les directions, que si même cette intensité ne variait proportionnellement au sinus de l'angle d'émission, la température d'un corps situé dans l'enceinte dépendrait de la place qu'il y occuperait ; *que la température de l'eau bouillante ou celle du fer fondant, par exemple, existerait en certain point d'une enveloppe creuse de glace!!*

Non content d'avoir démontré, avec tant de bonheur, la loi remarquable qui lie les intensités comparatives des rayons calorifiques émanés, sous toutes sortes d'angles, de la surface des corps échauffés, il a cherché, de plus, la cause physique de cette loi; il a trouvée dans une circonstance négligée jusqu'alors par ses prédécesseurs. Supposons, a-t-il dit, que les corps émettent de la chaleur, non-seulement par leurs molécules superficielles, mais encore par des points intérieurs. Admettons de plus que la chaleur de ces derniers points ne puisse arriver à la surface, en traversant une certaine épaisseur de matière, sans éprouver quelque absorption. Ces deux hypothèses, Fourier les traduit en calcul et il en fait surgir mathématiquement la loi expérimentale du sinus, par laquelle les intensités des rayons sortant sont proportionnelles aux sinus des angles que forment ces rayons avec la surface échauffée.

Dans la seconde question traitée par Fourier, la chaleur se présente sous une nouvelle forme.

La chaleur excitée, concentrée en un certain point d'un corps solide, se communique, par voie

de conductibilité, d'abord aux particules les plus
voisines du point échauffé, ensuite, de proche en
proche , à toutes les régions du corps. De là le
problème dont voici l'énoncé :

Par quelles routes et avec quelles vitesses s'effectue la propagation de la chaleur, dans des corps
de forme et de nature diverses, soumis à certaines
conditions initiales?

L'Académie des sciences fit de cette question
de la propagation de la chaleur, le sujet du grand
prix de mathématiques qu'elle devait décerner au
commencement de 1812. Fourier concourut et sa
pièce fut couronnée.

Nous engageons ceux de nos lecteurs qui vou-
draient approfondir ces questions et les mérites de
Fourier, à recourir à l'éloge historique prononcé
par M. Arago, secrétaire perpétuel de l'Académie,
dans la séance du 18 novembre 1833.

Les événements de 1815 arrachèrent Fourier à
sa préfecture de l'Isère; il passa ensuite à celle du
Rhône, puis, destitué sous la restauration, il trouva
dans l'amitié de M. de Chabrol, un asile contre la
pauvreté et une nouvelle occasion de rendre de
nouveaux services à son pays; il occupa la direction du bureau de statistique, ce qui lui donna le
moyen de publier les plus importants travaux sur
cette matière.

Une constitution robuste semblait promettre à
Fourier de longs jours, mais l'abus de la chaleur,
comme préservatif de douleurs rhumatismales
dont il était affecté, détermina de fréquentes suf-
focations auxquelles il succomba le 16 mai 1830.

Il fut accompagné à son dernier asile par l'Institut, l'École polytechnique en masse et tout ce
que Paris comptait de savants, jaloux de rendre
un dernier hommage au profond mathématicien,
à l'écrivain plein de goût, à l'administrateur inté-
gre, au bon citoyen, à l'ami dévoué.

M. H.

LATREILLE

Le 8 février 1833, les membres de la société
entomologique de France portaient silencieuse-
ment au dernier asile les restes inanimés de leur
président d'honneur; ils avaient revendiqué ce
triste privilége pour donner une dernière marque
de vénération pieuse à celui dont l'esprit, vraiment supérieur, avait éclairé pendant tant d'années de ses vives lumières l'enseignement des
sciences zoologiques; au naturaliste éminent, consulté et vénéré par les zoologistes de tous les pays
comme le législateur suprême de l'entomologie,
à l'illustre LATREILLE.

Le chevalier Geoffroy-Saint-Hilaire, président de l'Académie des sciences, dans une allocution touchante, résumait ainsi la vie et les travaux de l'homme modeste et laborieux qui s'était élevé par son seul mérite au rang de professeur d'entomologie du Muséum d'histoire naturelle, et auquel toutes les académies de l'Europe avaient ouvert leur porte, comme l'Académie des sciences de Paris l'avait fait elle-même dès 1810.

La Providence sembla, dès les premières années du jeune Latreille, le couvrir de sa protection tutélaire, en lui ménageant des amis dévoués et d'utiles protecteurs. Deux hommes vertueux, M. Laroche, habile médecin, et M. Malepeyre, négociant à Brives, prirent un soin religieux de Latreille, orphelin; ils l'entourèrent du plus tendre intérêt, et s'empressèrent d'encourager et de seconder le goût naissant que leur jeune ami montrait déjà pour la science qui devait l'illustrer un jour.

Honneur à ces hommes de bien! Sans leur douce et utile bienveillance, la France n'eût point eu à s'enorgueillir du premier de ses entomologistes.

Parvenu à la fin de ses études littéraires, Latreille fut destiné à l'état ecclésiastique; on espérait lui procurer les avantages d'une profession calme et paisible. On ne fit que le livrer aux persécutions de la Terreur. Arrêté à Brives, Latreille fut dirigé sur les prisons de Bordeaux et condamné, avec soixante-treize compagnons de son infortune, *à la déportation*. Chacun sait la valeur de ces terribles mots. La Gironde engloutissait les victimes. La science vint verser ses consolations sur le prisonnier, et prépara ses voies de salut.

Un jour, le médecin des prisons de Bordeaux visitait les cellules où gémissaient les condamnés auxquels on avait notifié leur destinée. Arrivé au cachot où Latreille, oubliant sa captivité, le tribunal révolutionnaire et son arrêt, demeurait absorbé dans la contemplation d'un très-petit coléoptère, le *Clairon à corselet roux*, espèce rare et nouvelle pour le prisonnier; il s'arrête, surpris d'une telle préoccupation, qui, dans un moment aussi solennel, sous le coup d'une condamnation qui laissait un bien triste champ à l'espérance, lui semblait dépasser les limites de la raison. Il s'approche de l'observateur, le questionne et obtient pour toute réponse : « *C'est un insecte très-rare.* Je regrette de ne pouvoir le confier à des mains dignes de l'apprécier. » Le médecin s'empressa de faire part de cette singulière rencontre à un jeune homme qui cultivait avec succès les sciences naturelles, et faisait entrevoir déjà la renommée qui devait entourer son nom, Bory Saint-Vincent. A cette nouvelle, ce dernier supplie le docteur d'obtenir du prisonnier le don de l'insecte, qui lui permettait d'enrichir sa collection d'une rareté à laquelle il attachait d'autant plus de prix, qu'il connaissait les honorables travaux de Latreille. L'insecte vint bientôt prendre son rang dans les cartons du jeune Bory Saint-Vincent, qui n'avait pas perdu un instant pour arracher Latreille au danger qui le menaçait; ses démarches et celle d'un ami commun, d'Argélas, furent couronnées du plus heureux succès. Latreille fut rendu à la liberté, à ses travaux, à la science. Un mois plus tard, ses compagnons d'infortune périssaient dans les flots de la Gironde.

L'insecte auquel Latreille a dû la vie est la *Nécrobie à collier roux*, *Necrobia ruficollis*, et, par un singulier hasard, il appartient à ce genre qui exprime par son nom que ces petits coléoptères *vivent de la mort;* on les trouve, en effet, d'ordinaire sur les cadavres. Ce petit privilégié avait démenti sa nature; il avait rendu la vie à celui qui devait devenir un jour le prince de l'entomologie française.

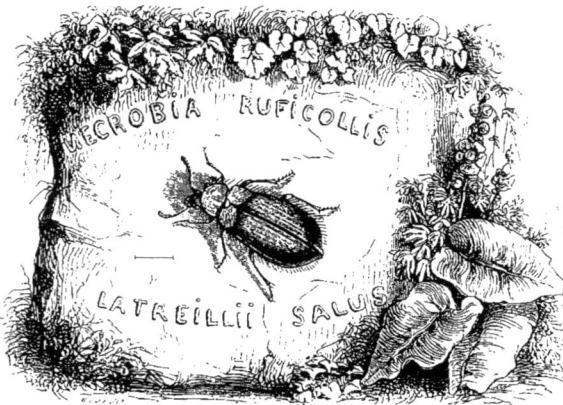

La plupart des entomologistes de France conservent dans une place honorée de leurs collections, en souvenir de son bienfait, l'insecte de la prison de Bordeaux, la NÉCROBIE LATREILLE, et comme si cela était insuffisant pour exprimer leur reconnaissance les heureux qui ont obtenu des mains de leur respectable maître l'individu consacré au souvenir d'un si miraculeux événement, ne manquent pas de signaler, par une inscription, combien ce don précieux leur est cher.

L'existence de Latreille, longtemps agitée, trouva une retraite paisible et heureuse dans ses travaux littéraires. En 1822, leur nombre surpassait déjà quatre-vingts, sans que depuis cette époque ils aient jamais été interrompus. La mort le trouva, au milieu de cruelles souffrances, cherchant à en apaiser la rigueur par le charme de l'étude. Quelques jours avant sa mort, il corrigeait encore les épreuves de son dernier ouvrage : *Description d'un nouveau genre de crustacés*, qu'il a nommé *Prosopistôme*. Le plus important de ses ouvrages est son *Genera crustaceorum et insectorum*.

Ses manières simples et toujours bienveillantes lui gagnaient les cœurs de tous ceux qui l'approchaient, et c'était sa plus douce jouissance que de recevoir des témoignages vrais d'affection et de pouvoir lui-même donner un libre cours aux émotions vives et tendres de son âme.

Ces heureuses qualités du cœur lui concilièrent de nombreuses et constantes amitiés, et lorsque la mort vint frapper Latreille, tous les amis de l'entomologie, qui étaient les siens, firent élever à leurs frais, au cimetière de l'Est, un monument à sa mémoire. Il est situé dans la pièce du Protestant, 39e division, n° 90, au bord du chemin : c'est un obélisque tronqué de neuf pieds de haut, composé d'un monolithe en pierre de Château-Landon, poli, reposant sur un dé pareil, et surmonté du buste en bronze de l'illustre entomologiste. La figure de la *Necrobia ruficollis*, gravée sur le monument, rappelle l'heureux événement que nous avons raconté plus haut.

C. G.

FRÉDÉRIC CUVIER

S'il se rencontre dans le monde savant et dans les arts des familles privilégiées pour lesquelles un monopole de gloire semble acquis, il faut néanmoins reconnaître que souvent des noms illustrés par plusieurs générations semblent injustement se résumer dans un seul individu qui éclipse tous les autres.

Il en est ainsi pour les CUVIER. La gloire de Georges a trop effacé les incontestables mérites de Frédéric. Observateur attentif, modeste et persévérant, il n'a manqué à la célébrité de ce dernier qu'une seule chose, c'est d'avoir été unique de son nom.

Frédéric Cuvier, membre de l'Académie des sciences et de la société royale de Londres, professeur au Muséum d'histoire naturelle et inspecteur des études, naquit à Montbéliard le 8 juin 1773.

Il fit ses premières études au collége de cette ville, mais il y renonça bientôt pour entrer en apprentissage chez un horloger.

Les succès de son frère l'appelèrent à Paris et il se livra alors complétement à l'étude des sciences naturelles. Il s'aperçut sans se décourager de tout le temps qu'il avait perdu; après quelques travaux entrepris pour son frère, il fut chargé avec M. Duvernoy de dresser le catalogue de la collection d'anatomie comparée, et spécialement de faire la description des squelettes. Telle a été la première origine de son grand ouvrage *sur les dents des mammifères*, ouvrage qui est devenu fondamental en zoologie.

En 1804, il fut nommé garde à la ménagerie du Muséum, il a passé trente quatre ans dans cette retraite paisible où il trouvait les deux choses qui engendrent seules les travaux profonds, le temps et la méditation.

Il put continuer l'histoire positive des espèces à l'exemple de G. Cuvier, de Lacépède et de Geoffroy-Saint-Hilaire, qui avaient publié, sous le titre de *Ménagerie du Muséum national*, le premier ouvrage où des naturalistes français se montrèrent jaloux de maintenir dans l'histoire naturelle, cette grande manière de Buffon qui jusque-là n'avait été imitée que par un naturaliste étranger, par le seul Pallas.

Pendant plus d'un siècle, depuis Descartes jusqu'à Buffon, la question de l'intelligence des animaux n'avait été qu'une question de pure métaphysique; c'est à Buffon, c'est à G. Leroy qu'elle commence à devenir une question positive et d'expérience, c'est ce qu'elle est surtout dans F. Cuvier. Averti, par ses premiers travaux, de son talent pour l'observation, F. Cuvier s'est dévoué à la recherche des faits, mais il a voulu des faits nets, distincts, des faits séparés par des limites précises.

Il a cherché les limites qui séparent l'intelligence des différentes espèces, les limites qui séparent l'instinct de l'intelligence, les limites qui séparent l'intelligence de l'homme de celle des animaux. Et ces trois limites posées, tout dans la question si longtemps débattue de l'intelligence des animaux a pris un nouvel aspect.

Descartes et Buffon refusent aux animaux toute intelligence. D'un autre côté, Condillac et G. Leroy, accordent aux animaux jusqu'aux opérations intellectuelles les plus élevées.

Le premier résultat des observations de F. Cuvier, marque les limites de l'intelligence dans les différentes espèces. Dans la classe des mammifères, il voit l'intelligence s'élever et croître d'un ordre à l'autre : des *rongeurs* aux *ruminants*, des *ruminants* aux *pachydermes*, des *pachydermes* aux *carnassiers* et aux *quadrumanes*.

De tous les animaux celui qui montre le plus d'intelligence est l'orang-outang. L'orang-outang, étudié par F. Cuvier, se plaisait à grimper sur les arbres. Faisait-on semblant de vouloir monter à l'arbre sur lequel il était perché pour aller l'y prendre, il secouait aussitôt cet arbre avec force pour y effrayer la personne qui s'approchait. L'enfermait-on dans un appartement, il en ouvrait la porte; et s'il ne pouvait aller jusqu'à la serrure, car il était fort jeune, il montait sur une chaise pour y atteindre; enfin, lorsqu'on lui refusait ce qu'il désirait vivement, il se frappait la tête sur la terre, il se faisait du mal pour inspirer plus d'intérêt et de compassion; c'est ce que fait l'homme lui-même, lorsqu'il est enfant, et ce qu'aucun animal ne fait, si l'on excepte *l'orang-outang*, et *l'orang-outang* seul entre tous les autres.

Mais voici quelque chose de plus remarquable encore, c'est que l'intelligence de *l'orang-outang*, cette intelligence si développée, et de si bonne heure, décroît avec l'âge. *L'orang-outang*, lorsqu'il est jeune, nous étonne par sa pénétration, par sa ruse, par son adresse; l'orang-outang, devenu adulte, n'est plus qu'un animal grossier, brutal, intraitable, et il en est de même de tous les singes comme de l'orang-outang. Dans tous, l'intelligence décroît à mesure que les forces s'accroissent. Ainsi l'animal qui a le plus d'intelligence n'a toute cette intelligence que dans le jeune âge.

Ces limites posées, F. Cuvier cherche la limite qui sépare l'instinct de l'intelligence.

Le castor est un *rongeur*, il appartient à l'ordre même qui a le moins d'intelligence, mais il a un instinct merveilleux, celui de se construire une cabane, de la bâtir dans l'eau, de faire des chaussées, d'établir des digues, en tout cela avec une industrie qui supposerait, en effet, une intelligence très-élevée dans cet animal, si cette industrie dépendait de l'intelligence.

Le point essentiel était donc de prouver qu'elle n'en dépend pas, et c'est ce qu'a fait F. Cuvier; il a pris des castors très-jeunes, et ces castors élevés loin de leurs parents et qui par conséquent n'en ont rien appris, ces castors, isolés, solitaires; ces castors qu'on avait placés dans une cage, tout exprès pour qu'ils n'eussent pas besoin de bâtir, ces castors ont bâti, poussés par leur machinale et aveugle, en un mot, par un pur instinct.

L'opposition la plus complète sépare *l'instinct* de *l'intelligence*.

Tout dans *l'instinct* est aveugle, nécessaire et invariable; tout dans *l'intelligence* est électif, conditionnel et modifiable : tout dans *l'instinct* est inné; tout dans *l'intelligence* résulte de l'expérience et de l'instruction : tout dans *l'instinct* est particulier; tout dans *l'intelligence* est général. Il y a donc dans les animaux deux forces distinctes et primitives, *l'instinct* et *l'intelligence*.

Tout dans l'instinct est aveugle, invariable. Le castor qui se bâtit une cabane, l'oiseau qui se construit un nid, n'agissent que par instinct.

Le chien, le cheval, qui apprennent jusqu'à la signification de plusieurs de nos mots, et qui nous obéissent, font cela par intelligence.

Tout dans l'instinct est inné; le castor bâtit sans l'avoir appris; tout y est fatal, le castor bâtit, maîtrisé par une force constante et irrésistible.

Tout dans l'intelligence résulte de l'expérience et de l'instruction; le chien n'obéit que parce qu'il a appris : tout y est libre; le chien n'obéit que parce qu'il veut.

Enfin tout dans l'instinct est particulier; cette industrie si admirable que le castor met à bâtir sa cabane, il ne peut l'employer qu'à bâtir sa cabane : et tout dans l'intelligence est général, car cette même flexibilité d'attention et de conception que le chien met à obéir, il pourrait s'en servir pour faire autre chose.

Il y a donc dans les animaux deux forces distinctes et primitives : l'instinct et l'intelligence; tant que ces deux forces restaient confondues, tout dans les actions des animaux était obscur et contradictoire. Parmi ces actions, les unes montraient l'homme partout supérieur à la brute, et les autres semblaient faire passer la supériorité du côté de la brute : contradiction aussi déplorable qu'absurde. Par la distinction qui sépare les actions aveugles et nécessaires des actions électives et conditionnelles, ou, en un seul mot, l'instinct de l'intelligence, toute contradiction cesse, la clarté naît de la confusion; tout ce qui, dans les animaux, est intelligence n'y approche sous aucun rapport de l'intelligence de l'homme, et tout ce qui, passant pour de l'intelligence, y paraissait supérieur à l'intelligence de l'homme, n'y est que l'effet d'une force machinale et aveugle.

Il ne reste plus à poser que la limite même qui sépare l'intelligence de l'homme de celle des animaux.

Les animaux reçoivent par leurs sens des impressions semblables à celles que nous recevons par les nôtres; ils conservent comme nous la trace de ces impressions; ces impressions conservées forment, dans leur intelligence comme dans la nôtre, des associations nombreuses et variées; en les combinant, ils en tirent des rapports, ils en déduisent des jugements; ils ont donc de l'intelligence.

Mais toute leur intelligence se réduit là; cette intelligence qu'ils ont ne se considère pas elle-même, ne se voit pas, ne se connaît pas. Ils n'ont pas la réflexion, cette faculté suprême de l'esprit de l'homme de se replier sur lui-même et d'étudier l'esprit.

La réflexion ainsi définie est donc la limite qui sépare l'intelligence de l'homme de celle des animaux.

Les animaux sentent, connaissent, pensent, mais l'homme est le seul de tous les êtres créés à qui ce pouvoir ait été donné de sentir qu'il sent, de connaître qu'il connaît, de penser qu'il pense.

On avait beaucoup exagéré l'influence des sens sur l'intelligence; Helvétius va jusqu'à dire que l'homme ne doit qu'à ses mains sa supériorité sur les bêtes. F. Cuvier montre, par l'exemple du phoque, que dans les animaux même ce n'est pas des sens extérieurs, mais d'un organe beaucoup plus profond, beaucoup plus interne, mais du cerveau que dépend le développement de l'intelligence. Le phoque n'a que des sens très-imparfaits, (la vue, le goût, l'odorat, l'ouïe), il n'a que des nageoires au lieu de mains, et cependant il a relativement aux autres mammifères, une intelligence très-étendue.

On sait tout ce que Buffon a dit de la magnanimité du lion et de la violence du tigre. F. Cuvier a toujours vu dans ces deux animaux le même caractère; tous deux également susceptibles d'affection et de reconnaissance, et tous deux également terribles dans leur fureur.

Jusqu'à lui, les naturalistes n'avaient vu dans la domesticité des animaux qu'un résultat très-général de la puissance de l'homme sur les bêtes, il a montré que la domesticité des animaux, ce fait si important dans l'histoire même de l'homme, tient à une circonstance très-spéciale, à leur *sociabilité*.

Il n'est pas, en effet, une seule espèce devenue domestique qui naturellement ne vive en société et par troupes; et de tant d'espèces solitaires que l'homme n'aurait pas eu moins d'intérêt sans doute à s'associer, il n'en est pas une seule qui soit devenue *domestique*.

L'homme, en forçant les animaux à lui obéir, ne change donc point leur *état naturel*, comme l'a dit Buffon; il profite au contraire de cet *état naturel*. Il avait trouvé les animaux *sociables* et les a rendus *domestiques*.

Il faut remarquer ici une différence profonde entre l'animal *domestique* et l'animal que l'on *apprivoise*.

L'homme peut apprivoiser jusqu'aux espèces les plus solitaires et les plus farouches, il apprivoise l'ours, le lion, le tigre, et cependant aucune de ces espèces solitaires, quelque facile qu'elle soit à apprivoiser, n'a jamais donné de race *domestique*.

La *domesticité de l'animal* n'est donc qu'une conséquence de sa nature même et de ce qu'il y a de plus intime dans sa nature, de son *instinct*.

On peut apprécier, par ces observations, avec quelle profondeur de vues F. Cuvier étudiait les phénomènes qui se passaient sous ses yeux, au sein de la ménagerie qui devenait pour lui un champ fécond d'investigations utiles.

F. Cuvier portait dans la société une humeur facile, le tact le plus juste de toutes les convenances, une bonté rare, une bienveillance qui semblait naître de la sympathie et qui l'inspirait.

Sa modestie surtout avait un charme particulier, il la conserva jusque dans les dernières paroles qu'il prononça en mourant, à Strasbourg, le 24 juillet 1838 : « *Que mon fils mette sur ma tombe, Frédéric Cuvier, frère de Georges Cuvier ;* » associant, par une dernière expression, les deux sentiments les plus forts de son âme, sa tendresse pour son fils et son admiration pour son frère.

M. Flourens prononça son éloge le 13 juillet 1840, en séance publique de l'Académie des sciences, et c'est à ce beau travail que nous avons emprunté les traits principaux de cette notice.

L. DE FREYCINET

Louis-Claude DESAULSES DE FREYCINET, navigateur français, né à Montélimart le 7 août 1779, était le second fils de Louis Desaulses de Freycinet, négociant recommandable, qui fit élever son fils sous ses yeux par d'habiles professeurs, ainsi que Henri, son fils aîné, plus âgé d'un an et demi environ. A la fin de 1793, les événements politiques déterminèrent M. de Freycinet à faire entrer ses deux fils dans la marine militaire, carrière pour laquelle ils témoignèrent avoir tous deux une égale et vraie sympathie. Il les conduisit lui-même à Toulon, et, le 27 janvier 1794, il les vit embarquer ensemble, sur le vaisseau l'*Heureux*, en qualité d'aspirants de troisième classe.

Devenus, dans les premiers jours de l'année suivante (31 janvier 1795), aspirants de deuxième classe, Louis et Henri de Freycinet passèrent avec ce grade sur le *Formidable*, le 18 novembre 1796. Déjà ils naviguaient depuis plus de quarante mois et avaient pris part à trois combats généraux contre les escadres anglaises, lorsque le contre-amiral Nelly, sous les ordres duquel ils se trouvaient, demanda pour eux au ministre de la marine le grade d'enseigne de vaisseau. C'était par une exception honorable que cet officier général sollicitait pour les deux frères cette distinction ; leurs services ne comptaient pas encore quarante-huit mois, temps fixé par les ordonnances pour l'avancement proposé. Le ministre approuva sa proposition néanmoins, mais la modestie des deux frères les décida à refuser. Le ministre maintint sa décision, et les deux frères s'embarquèrent, en qualité d'enseigne d'abord, sur le vaisseau l'*Océan*, et successivement sur d'autres navires de la marine de l'État. Ils firent partie plus tard de l'expédition du capitaine Baudin aux terres australes. Ce fut une nouvelle occasion pour les deux frères de déployer leur activité

V

leur zèle pour leurs fonctions et leur courage.

Une nomination collective récompensa leurs mérites, en les appelant au grade de lieutenant de vaisseau, le 5 mars 1803.

Louis de Freycinet, nommé capitaine de frégate, après avoir travaillé à la publication de l'ouvrage de Baudin et à la relation du voyage de Péron aux terres australes, fut chargé d'une importante mission, ayant pour but la détermination de la forme du globe terrestre dans l'hémisphère sud, l'observation des phénomènes magnétiques et météorologiques, l'étude des trois règnes de la nature, et des mœurs, des usages, des langues des peuples indigènes, enfin, la géographie proprement dite. On lui donna le commandement de l'*Uranie*, frégate de vingt canons. Il composa son équipage avec le plus grand soin, fit les préparatifs les plus scrupuleux; il partit le 17 septembre 1817 du port de Toulon, et se dirigea sur Ténériffe par Gibraltar, et, le 6 décembre, jeta l'ancre à Rio-Janeiro.

Par un touchant exemple de dévoûment conjugal, sa femme, malgré les sévères ordonnances de la marine, s'embarqua à bord de l'*Uranie* à la faveur d'un déguisement, et elle partagea les fatigues et surtout les dangers de l'expédition.

Le cap de Bonne-Espérance, l'île de France, Bourbon furent explorés, et, le 12 septembre 1818, on mouilla sur la côte de la Nouvelle-Hollande, dans la baie des Chiens-Marins.

Le 8 octobre, la corvette avait atteint l'île Timor, puis elle visita successivement les îles des Papous, les Mariannes, la Nouvelle-Galles du sud. L'expédition s'apprêtait à revenir en France, lorsque le navire frappa tout à coup sur une roche sous-marine : de larges voies d'eau se déclarèrent, et Freycinet n'eut que le temps de sauver l'équipage, les journaux du voyage et les collections. Recueilli par le *Pingouin*, qui heureusement se trouvait dans ces parages, le capitaine rencontra un bâtiment américain, le *Mercury*, qu'il put fréter jusqu'à Rio-Janeiro et acquérir au nom de son gouvernement. Ce navire, devenu la *Physicienne*, arriva à Cherbourg, le 13 septembre 1820.

Traduit devant un conseil de guerre maritime, Freycinet fut non-seulement acquitté, mais comblé des plus grands éloges. Louis XVIII le reçut en audience particulière et le congédia, en lui disant : « Vous êtes entré ici capitaine de frégate, vous en sortirez capitaine de vaisseau; mais ne me remerciez point; dites-moi ce que Jean-Bart répondit à Louis XIV, qui venait de le nommer chef d'escadre : *Sire, vous avez bien fait.* »

Freycinet consacra dès lors tous ses soins à la rédaction des travaux de l'expédition, et il cessa tout service actif dans la marine pour se livrer tout entier aux travaux qu'exigeait cette importante publication.

Il mourut le 18 août 1842, commandeur de la Légion d'honneur.

Son frère, nommé baron, contre-amiral et gouverneur de l'île Bourbon, préfet maritime à Rochefort, mourut le 21 mars 1840.

Le nom de Freycinet a été donné à une contrée de la Nouvelle-Hollande et à une île de l'archipel Dangereux, découverte en 1823 par M. le Vice-Amiral Duperrey.

C. D.

P.-J. REDOUTÉ

Cet heureux peintre des roses, qui a eu la fortune de passer sa vie au milieu des merveilles florales de la nature, de les étudier et de les reproduire avec un rare talent, a compté parmi ses admiratrices et ses élèves les augustes souveraines qui ont successivement occupé le trône de France, et l'élite des femmes de notre temps, souveraines aussi par l'esprit, par la grâce et par la beauté.

Il était né à Saint-Hubert, près de Liége, en 1759. Il appartenait à une famille d'artistes qui depuis plusieurs générations, cultivait la peinture. Van Huysum, Seghers, dont les tableaux excitaient vivement son admiration, élevèrent son esprit et le firent vraiment peintre. Il parcourut successivement la Flandre et la Hollande. Léger d'argent, l'artiste voyageur travaillait pour vivre. Après avoir passé plusieurs années à décorer les églises et les châteaux des productions de son facile et gracieux pinceau, il revint dans sa ville natale, précédé d'une réputation qui commençait à s'étendre. Son talent s'était fortifié par l'étude des chefs-d'œuvre de la peinture; recherché par les personnages les plus marquants, il eut un grand nombre de portraits à faire; mais cette réputation, resserrée dans un cercle assez étroit, ne pouvait suffire au jeune peintre. Une princesse, amie des arts, lui avait donné des lettres de recommandation. L'artiste insouciant s'avançait gaiement vers Paris, ne songeant qu'à la gloire et oublieux des lettres qu'il portait; il les perdit en route, et, en arrivant, il n'avait plus pour se recommander que son propre talent; il fallait trouver l'occasion de se produire. Heureusement elle lui fut offerte par son frère aîné, qui se distinguait à Paris dans la peinture de décors. Les scènes de la vie pastorale revenues à la mode se reproduisaient partout dans les ornements des appartements comme dans les décors de théâtre, on ne voyait que guirlandes de fleurs et corbeilles de roses. Le jeune Redouté travailla dans ce genre avec son frère. Il abandonna bientôt la peinture de décors qui lui gâtait la main, et se livra en-

tièrement à son étude de prédilection, et bientôt la richesse de sa touche, la vérité qui vivait dans les fleurs qui sortaient de sa brosse éveillèrent l'attention de Gérard Van Spaendouck, qui l'appela à l'aider dans l'exécution des vélins du Muséum.

Un concours ouvert pour la coopération aux travaux du Muséum le fit monter au rang qui lui appartenait. Enfin, en 1822, il succéda à Gérard Van Spaendonck comme professeur d'Iconographie au Muséum, et fut nommé chevalier de la Légion d'honneur.

Ses ouvrages sont connus de l'Europe entière; il suffit de citer : La Flore atlantique, de *Desfontaines*; la Flore de Navarre, de *Bompland*; les Plantes rares du jardin de Cels; les Plantes du jardin de la Malmaison; la Botanique de J.-J. Rousseau; la Famille des liliacées, et, enfin, la Monographie des roses.

Dans les premiers temps de son arrivée à Paris, Redouté avait été admis par Marie-Antoinette au Petit-Trianon. La jeune et infortunée princesse avait encouragé Redouté, qui faisait revivre dans ses dessins les belles fleurs que voyait éclore ce séjour enchanté préparé par les soins de Bernard de Jussieu. Il eut le privilége de faire sourire ces lèvres royales, pour lesquelles se préparaient déjà de si cruelles destinées.

Le goût prononcé de l'impératrice Joséphine pour les fleurs étrangères appela Redouté à la Malmaison. Une faveur constante accueillit ses travaux, et, la veille de sa mort, l'auguste princesse trouva encore, au milieu de ses chagrins, de douces et bienveillantes paroles pour le peintre de ses fleurs bien aimées.

La reine des Français honora Redouté d'une protection toute spéciale; elle avait reçu de lui, en compagnie de Mme Adélaïde, sa belle-sœur, des leçons d'aquarelle; elle lui confia l'enseignement, qui, pour les princesses ses filles, était un délassement et un plaisir. La princesse Marie aimait à se reposer des travaux de sa sculpture par la peinture de gracieuses aquarelles, où elle excellait à perpétuer ces belles fleurs, qui s'épanouissaient dans les serres du château de Neuilly.

La reine des Belges appelait Redouté son *bon maître*. Cette excellente princesse, qui brillait par des qualités si éminentes, ne perdait aucune occasion de laisser à son cœur un libre champ pour la bienveillance. Au moment de quitter la France pour monter sur un trône où elle a laissé de si profonds et de si touchants regrets, elle consacra ses meilleurs loisirs à peindre un bouquet de fleurs choisies par elle et disposées de manière à former un ingénieux emblème, où le professeur trouvait un reconnaissant souvenir de son auguste élève.

Redouté cherchait surtout dans ses peintures la reproduction vraie de la nature, et il y réussissait souvent : la finesse des tons, la transparence des demi-teintes, la fermeté et la vigueur de ses ombres, jointes à une parfaite harmonie de coloris, rappelaient si parfaitement la nature, qu'on aurait pu être souvent agréablement trompé, si l'élégance de la composition, qui ne lui faisait jamais défaut, n'avait trahi l'imitateur.

Le spirituel auteur des *Guêpes* raconte en ces termes la mort de l'illustre peintre des roses :

« Redouté, qui n'avait rien perdu de son magnifique talent, avait demandé qu'un dernier tableau lui fût commandé. M. de Rémusat le lui avait promis; mais, en même temps, dans les bureaux du ministère, on formulait un refus sec et brutal, que M. de Rémusat signa sans s'en apercevoir. A la lecture de cette réponse, Redouté fut si frappé de surprise et d'indignation, qu'il se trouva mal et mourut deux jours après, le 19 juin 1840. »

L. C.

DUMONT D'URVILLE

L'affreuse catastrophe qui vint jeter un deuil général sur la France et plonger dans la désolation plus de deux cents familles, le 8 mai 1842, enleva à la marine de l'État l'un de ses meilleurs officiers et son plus glorieux explorateur.

Celui qui avait pendant trente ans bravé les tempêtes des mers les plus dangereuses, conquis les mers polaires et bien mérité de la patrie par ses services, par son courage, fut rayé en un instant du nombre des vivants, et la mort, qui l'avait respecté tant de fois, laissa à peine à ses fidèles compagnons et à un immense cortége de députations savantes, de ministres, d'amiraux, d'officiers de tous grades, accourus à cette douloureuse cérémonie, la consolation d'accompagner ses restes au dernier asile.

Jules-Sébastien-César DUMONT D'URVILLE était né à Condé-sur-Noireau en 1790.

Nourri de la lecture des voyages d'Anson, de Cook et de Bougainville, sa vocation se révéla de bonne heure. En 1810, il se rendit à Toulon avec le grade d'aspirant de première classe, obtenu à la suite d'un brillant concours. En 1812, il fut nommé enseigne de vaisseau, et désigné pour accompagner le capitaine Gautier dans sa quatrième exploration de l'archipel du Levant. Durant ce voyage, la gabarre la *Chevrette*, sur laquelle avait lieu cette expédition, fit le tour entier des côtes du Pont-Euxin, promena le pavillon français du Bosphore de Thrace au Bosphore cimmérien, et des bouches du Phase à celle de l'Ister, traversa plusieurs fois la Propontide, et termina son exploration au fond du golfe d'Argos.

Pendant une relâche sur la rade de Milo, un heureux hasard le conduisit vers l'endroit où un pauvre pâtre venait de découvrir la belle statue antique qui décore une des salles du Louvre depuis une trentaine d'années. Il s'empressa de rédiger une notice qu'il adressa à M. le marquis de Rivière, notre ambassadeur à Constantinople; ce dernier donna l'ordre à M. De Marcellus, son secrétaire d'ambassade, de se transporter sur les lieux pour acquérir à tout prix la Vénus de Milo, et cet incomparable chef-d'œuvre, racheté à un marchand arménien qui s'en était emparé, fut cédé au représentant de la France.

Le lieutenant Dumont d'Urville prit une part très-active à l'expédition de la *Coquille*, commandée par le lieutenant Duperrey, plus ancien en grade.

Promu au grade de capitaine de frégate, il reçut le commandement de l'*Astrolabe*, qui avait quitté son nom de la *Coquille* pour prendre celui d'un des vaisseaux de l'infortuné La Peyrouse. La mission de rechercher les traces de ce dernier fut confiée à cette expédition.

L'*Astrolabe* appareilla de Toulon le 25 avril 1826. Le 14 juin, elle mouillait à Ténériffe. En quittant les Canaries, la corvette se dirigea sur l'Australie, et navigua pendant cinquante jours au milieu d'une mer où la tempête ne cessait que pour se reproduire avec plus de fureur. « *Il faut s'être trouvé dans de pareilles positions*, disait le commandant dans son rapport à l'Institut, *pour en sentir toute l'amertume. Je ne crains pas d'exagérer en affirmant que, durant cette seule traversée, nous avions déjà essuyé deux fois plus de fatigues et de mauvais temps que la Coquille dans tout le cours de sa navigation.* »

L'*Astrolabe* passa entre les îles d'Amsterdam et Saint-Paul au milieu de la tourmente, et parcourut plus de trois mille lieues marines sans toucher nulle part. Le port du roi Georges, sur le continent australien, fut sa première relâche. Après en avoir levé le plan, ainsi que celui de deux havres voisins, d'Urville remet sous voile, traverse le détroit de Bass, fixe la position des écueils redoutés du Crocodile, double le cap Horn, et prolonge la côte de l'Australie jusqu'au port Jackson, d'où il se dirige vers la Nouvelle-Zélande.

Deux mois sont employés au relèvement de cette grande terre; un tracé de quatre cents lieues de côtes, la position rigoureuse de baies, d'îles, de canaux, qu'aucun navigateur n'avait encore visités en détail, furent les résultats de stations géographiques répétées jusqu'à trois et quatre fois par jour.

En quittant la Nouvelle-Zélande, l'expédition fit voile pour Tonga-Tabou, et faillit périr sur les récifs qui bordent le canal oriental de cette île. Puis, traversant les îles Viti, le groupe des Loyalty, il se dirigea sur la Nouvelle-Bretagne, et parcourut ensuite la côte de la Nouvelle-Guinée sur une étendue de trois cent cinquante lieues.

Après une relâche à Amboine, il remet sous voile pour recommencer une autre série d'observations sur la côte de la Tasmanie. Mais les renseignements qu'il acquit à Hobart-Town sur le lieu du naufrage de La Peyrouse le déterminèrent à reprendre la mer, et une navigation de quarante-cinq jours à travers des archipels qu'il avait déjà parcourus, le conduisit à Vani-Koro. C'était sur des rochers de coraux, à trois ou quatre brasses de profondeur, que gisaient depuis quarante ans les restes du grand naufrage : des ancres, des

canons, des boulets et quelques ustensiles en cuivre et en fer, corrodés par la rouille et recouverts du ciment calcaire qui les pétrifie. Ces tristes débris, d'Urville les recueillit religieusement pour les rapporter en France; il éleva un modeste monument sur les récifs de Mangadée, et, après l'inauguration du pieux cénotaphe, l'*Astrolabe* de d'Urville, plus heureuse que sa devancière, franchit les dangereux écueils où elle s'était engagée, et gagna la haute mer.

Traversant l'archipel des îles Carolines, il arrive à Guam, puis sur la côte de la Nouvelle-Guinée, et, reprenant sa route par la mer des Indes, pour se rapprocher du cap de Bonne-Espérance, il opéra son retour en France le 25 mars 1828, après un voyage de vingt-trois mois.

M. Hyde de Neuville, ministre de la marine, ordonna la publication de l'ouvrage destiné à faire connaître les détails de ce beau voyage; et ce travail important fut accompli en moins de quatre mois.

D'Urville fut nommé capitaine de vaisseau.

Par une singulière coïncidence, ce fut lui, qui, en 1814, avait été chercher à Palerme les membres de la branche cadette des Bourbons, qui fut chargé, en 1830, de conduire en Angleterre Charles X et sa famille. Il sut, dans cette circonstance délicate, remplir sa mission de la manière la plus digne, en conciliant les devoirs avec les égards dus à une grande infortune.

Un nouveau voyage vint fournir à d'Urville l'occasion de rendre des services éminents à la science. Une expédition fut préparée pour explorer les mers antarctiques et se rapprocher du pôle.

Le 12 décembre 1837, l'*Astrolabe* et la *Zélée*, trois mois après avoir quitté la France, abordaient les terres magellaniques, puis s'avançaient vers la froide région du pôle. Des parties solides, vaguement indiquées dans ces latitudes australes, furent reconnues et déterminées, la carte en fixa la position, et le pavillon national salua, à plus de trois mille lieues de la France, les terres de Louis-Philippe et de Joinville.

Le 7 avril 1838, les deux bâtiments relâchent au Chili, et repartent bientôt de Valparaiso pour visiter l'Océanie, après avoir parcouru les divers archipels. Ils arrivent à Hobart-Town. D'Urville sait qu'entre le 120e et le 160e méridien aucun navigateur n'a encore pénétré au delà du 59e parallèle, et que deux expéditions étrangères sillonnent les mers australes. Déjà il a coupé la route que suivit Cook en 1773, et il s'est élancé dans des parages où son pavillon brille le premier. Bientôt il touche au cercle antarctique, et navigue en vue des banquises. D'étranges perturbations dans la boussole signalent les approches du pôle magnétique : l'observation solaire marque 66° 30′ de latitude sud; tout à coup des indices de terre frappent tous les regards, des rochers solides se décèlent sous l'enveloppe de glace qui les couvre;

quelques îlots bordent ces promontoires avancés, et les embarcations qu'on y envoie en rapportent des échantillons qui constatent la nature de cette terre granitique. Cette terre est nommée *Adélie*, pour perpétuer le souvenir de la compagne dévouée qui avait su par trois fois consentir à une longue et pénible séparation pour laisser accomcomplir par son mari ces glorieuses entreprises.

Le 6 novembre 1840, les deux corvettes rentrent à Toulon, après une absence de trente-huit mois.

Le brevet de contre-amiral fut expédié à Dumont d'Urville ; le ministre ordonna la publication du voyage au pôle sud, et les Chambres, en votant sans discussion les annuités demandées, donnèrent à cet acte un caractère national. Les savants se portèrent en foule à l'orangerie du Muséum d'histoire naturelle, envahie par deux chargements de collections ; ils y admiraient surtout la belle série des types moulés sur le vivant, et destinés pour le cabinet anthropologique.

Le dépôt de la marine reçut presque le complément de l'hydrographie du globe : soixante-treize cartes et quarante-deux plans levés pendant la campagne, et, parmi ces précieux matériaux figurait l'intéressante cartographie de l'Océanie, de cette région polynésienne, où flotte aujourd'hui le drapeau français.   L. C.

BOCOURT. DEL.   BRUNIER. SC.

BIBRON

Gabriel BIBRON, dont la science erpétologique déplore encore la perte, était fils d'un des plus anciens employés du Muséum d'histoire naturelle. Sa famille, à défaut de fortune, lui donna une éducation libérale, dont il profita dans les voyages successifs qu'il fit en Italie, en Angleterre et en Hollande. Il s'exprimait avec facilité en plusieurs langues, et puisait dans les ouvrages qu'il pouvait traduire une solide instruction.

Dès l'âge de dix-huit ans, étant attaché déjà comme élève aux laboratoires de la zoologie, les professeurs du Muséum, témoins de son ardeur et de sa capacité l'autorisèrent à faire un voyage en Italie, Il y resta près de quinze mois, pendant lesquels il se livra avec tant de zèle à la recherche et à l'observation, qu'il y recueillit un très-grand nombre d'oiseaux, de poissons et d'autres animaux, qui ont pris place dans les galeries du Muséum, dont ils font l'ornement par leur belle conservation, et surtout par des notes intéressantes sur les mœurs et les habitudes des espèces qu'il a pu observer. Le résultat de cette précieuse excursion fut si utile à l'établissement, qu'il détermina les professeurs à solliciter, quelques années après, une autorisation du gouvernement pour faire retourner Bibron, comme voyageur naturaliste, dans les mêmes contrées, au lieu de le faire adjoindre, comme on le demandait, à l'expédition de Morée, qui se projetait alors, et ce second voyage ne fut pas moins utile aux progrès de la zoologie. En 1832, Bibron fut adjoint à M. le professeur Duméril comme aide naturaliste pour la chaire de l'histoire naturelle des reptiles et des poissons. Dès l'année suivante, l'illustre et vénérable professeur se plaisait à déclarer, dans la préface de son grand ouvrage sur l'histoire naturelle des reptiles, qu'ayant besoin d'être aidé dans les recherches immenses et consciencieuses que ce travail exigeait pour la détermination et le classement de toutes les espèces, il avait choisi Bibron pour son collaborateur.

Le talent de Bibron pour l'observation, son zèle, sa patience et son érudition étaient tellement appréciés des naturalistes ses contemporains, que les membres de la section d'anatomie de zoologie de l'Institut de France placèrent son nom sur la liste des savants qu'ils proposaient à l'Académie des sciences pour remplir une place vacante dans son sein peu de temps avant sa mort. Les mêmes sentiments avaient appelé Bibron au sein de la société philomatique, et l'avaient affilié à plusieurs Académies nationales et étrangères.

Le gouvernement, s'associant à ces témoignages de confiance, l'avait nommé chevalier de la Légion d'honneur, et l'avait appelé à une chaire d'histoire naturelle, dans laquelle il professait, avec un grand succès, au collége municipal Turgot.

Indépendamment de sa collaboration à l'erpétologie générale, Bibron aida de ses savantes observations plusieurs recueils scientifiques ; et parmi les différentes relations de voyage auxquelles il a prêté son habile concours, nulle n'est plus digne d'éloges que l'histoire de Cuba, où il a si dignement achevé l'œuvre de son ami Cocteau, frappé par une mort prématurée.

Bibron est mort à l'âge de quarante-deux ans le 27 mars 1848, aux eaux de Saint-Alban (Loire), loin des amis nombreux que sa loyauté et son excellent caractère lui avaient acquis et conservés.

Ses dépouilles mortelles furent rapportées à Paris, et M. le professeur Duméril, dans une allocution simple et touchante, rappela tous les titres de Bibron à l'estime des savants, et tous les regrets qu'avait excités la mort si malheureuse de celui qu'il s'honorait d'appeler son collaborateur et son ami.　　　　　　　　　　　　P. D.

AUDUBON est le héros de l'ornithologie ; Audubon est le peintre et l'historien des Oiseaux ; jamais vocation de naturaliste ne fut plus manifeste et mieux remplie que la sienne ; pas même celle de François Levaillant. Parmi tous les savants, dont nous vous avons parlé avec adoration, en traitant de la botanique, Sébastien Vaillant seul pourrait, comme homme d'action, être comparé à Audubon : il était amoureux des plantes, explorateur infatigable et professeur éloquent ; mais il ignorait l'art du dessin, et cette lacune dans ses moyens d'expression, qui le rendit tributaire d'un crayon étranger, empoisonna les derniers instants de sa vie, en l'inquiétant sur l'avenir de son œuvre. Audubon, naturaliste complet, se suffit à lui-même : observateur, iconographe, écrivain, il étudia toute sa vie les formes et les mœurs des oiseaux. Son pinceau fidèle nous a transmis les unes, et sa plume a su décrire admirablement les autres. Ce n'est plus M. le comte de Buffon, rasé, coiffé, poudré, le jabot étalé sur la poitrine et l'épée au côté, s'asseyant à son bureau, s'indignant de sang-froid contre le tigre, et, de sa main couronnée d'une manchette de dentelle, adressant à la postérité les lignes harmonieuses que voici : « Le tigre n'a « pour instinct qu'une rage constante, une fureur « aveugle qui ne connaît, qui ne distingue rien, « et qui lui fait souvent dévorer ses propres en- « fants, et déchirer leur mère lorsqu'elle veut « les défendre. Que ne l'eût-il à l'excès cette « soif de son sang, et ne pût-il l'éteindre qu'en « détruisant, dès leur naissance, la race entière « des monstres qu'il produit!!! » — Tel n'est pas le sauvage Audubon. C'est l'homme des bois à la chevelure longue et flottante, aux traits fortement exprimés, à l'œil ardent et mobile, portant en sautoir un fusil et une gibecière, et dessinant debout, en plein vent, ses oiseaux chéris, dont il saisit au vol les évolutions rapides et les attitudes capricieuses. Commensal fidèle de ceux dont il s'est fait l'historien ; il les étudie le soir, et passe la nuit au pied de l'arbre qui les abrite, pour les étudier le matin, en attendant qu'il puisse, sous quelque vaste hutte hospitalière, tracer leur biographie dans un style qui causerait à Buffon des déplaisirs mortels. En voulez-vous un échantillon ? Écoutez-le raconter les premières impressions de son enfance, qui décidèrent sa vocation d'ornithologiste.

« J'ai reçu, dit-il, la vie et la lumière dans le nouveau monde, en 1780 ; mes aïeux étaient Français et protestants. Avant que j'eusse des amis, les objets de la nature matérielle frappèrent mon attention et émurent mon cœur. Avant de connaître et de sentir les rapports de l'homme avec ses semblables, je connus et je sentis les rapports de l'homme avec les êtres inanimés. On me montrait la fleur, l'arbre, le gazon, et non-seulement je m'en amusais, comme font les autres enfants, mais je m'attachais à eux. Ce n'étaient pas mes jouets ; c'étaient mes camarades. Dans mon ignorance, je leur prêtais une vie supérieure à la mienne, et mon respect, mon amour pour ces objets insensibles datent d'une époque si éloignée, que je ne puis me la rappeler. C'est une singularité trop curieuse pour être passée sous silence ; elle a influé sur toutes mes idées, sur tous mes sentiments. Je répétais à peine les premiers mots qu'un enfant bégaye, et qui font tressaillir le cœur de sa mère ; je pouvais à peine me soutenir sur mes pieds, et déjà, les teintes variées du feuillage, la nuance profonde du ciel azuré, me pénétraient d'une joie enfantine ; mon intimité commençait à se former avec cette nature, que j'ai tant aimée, et qui m'a payé mon culte par de si vives jouissances : intimité qui ne s'est jamais interrompue ni affaiblie, et qui ne cessera que devant mon tombeau. »

En passant de la première à la seconde enfance, Audubon sentit se développer dans son âme le besoin de converser avec la nature physique, qu'il avait éprouvé dès le berceau. Quand il ne pouvait s'enfoncer dans les forêts, ou grimper sur les rochers, ou parcourir les rivages de la mer, il lui semblait qu'il n'était pas chez lui ; et, pour transporter la campagne dans sa maison, il peuplait sa chambre d'oiseaux. Son père, homme à l'âme poétique et religieuse, se prêtait complaisamment aux goûts de son unique enfant, fournissait à toutes les dépenses qu'ils entraînaient, et dirigeait lui-même son fils dans l'étude des oiseaux, de leurs migrations, de leurs amours, de leurs gestes et de leur vie. A dix ans, Audubon, qui aurait voulu s'approprier la nature entière, et qui voyait avec désespoir que les oiseaux empaillés ne pouvaient conserver l'éclat de leurs couleurs et la beauté de leurs formes, entreprit de les dessiner ; mais ses premiers essais furent malheureux : son crayon donna naissance à des myriades de monstres, qui ressemblaient à des quadrupèdes et des poissons, tout aussi bien qu'à des oiseaux ; ce premier revers ne le découragea pas : plus les oiseaux étaient mal dessinés, plus les originaux lui semblaient admirables. Cependant, tout en traçant ces informes ébauches, il étudiait l'ornithologie comparée dans ses plus minutieux détails. Son père, loin de contrarier son penchant pour la peinture, l'envoya à Paris ; il y étudia les principes du dessin, sous la direction du célèbre David. Bientôt il se lassa des nez, des bouches et des têtes de chevaux, et retourna dans ses forêts, où il reprit ses études favorites avec plus d'ardeur qu'auparavant.

Peu après son arrivée en Amérique, il devint époux et père, mais il fut avant tout naturaliste, malgré les représentations de ses amis. Sa fortune subit de notables diminutions : son enthousiasme ornithologique s'accrut d'autant : il rêvait depuis longtemps la conquête des vieilles forêts du continent américain ; il entreprit seul de longs et périlleux voyages, visita, dans leurs plus secrets asiles, les plages de l'Atlantique, les rives des lacs et des fleuves, et, après plusieurs années, il vit peu à peu se compléter la collection de ses dessins : alors, pour la première fois, des idées de gloire et d'immortalité vinrent se glisser dans son âme, et il tressaillit de bonheur et de courage en pensant que le burin d'un graveur européen pouvait rendre impérissable le fruit de tant de fatigues et de labeurs. Mais une épreuve terrible l'attendait.

« Après avoir, dit-il, habité pendant plusieurs

années les rives de l'Ohio, dans le Kentuky, je partis pour Philadelphie. Mes dessins, mon trésor, mon espoir, étaient soigneusement emballés dans une malle, que je fermai et que je confiai à un de mes parents, non sans le prier de veiller avec le plus grand soin sur ce dépôt si précieux pour moi : mon absence dura six semaines. Aussitôt après mon retour, je demandai ce qu'était devenu ma malle, on me l'apporta, je l'ouvris : jugez de mon désespoir, il n'y avait plus dans la malle que des lambeaux de papiers, déchirés, morcelés, presque en poussière; lit commode et doux sur lequel reposait toute une couvée de rats du nord. Un couple de ces animaux avait rongé le bois, s'était introduit dans la boîte, et y avait installé sa famille; voilà tout ce qui me restait de mes travaux; près de deux mille habitants de l'air dessinés et coloriés de ma main, étaient anéantis. Une ardeur brûlante traversa mon cerveau comme une flèche de feu, tous mes nerfs ébranlés frémirent, j'eus la fièvre pendant plusieurs semaines. Enfin la force physique et la force morale se réveillèrent en moi, je repris mon fusil, mon album, ma gibecière, mes crayons, et je me replongeai dans mes forêts, comme si rien ne fût arrivé. Me voilà recommençant tous mes dessins, et charmé de voir qu'ils réussissaient mieux qu'auparavant. Il me fallut trois années pour réparer le dommage causé par les rats : ce furent trois années de bonheur. »

Mais à mesure que la collection d'Audubon grossissait, les lacunes qui s'y trouvaient encore étaient d'autant plus apparentes et plus pénibles pour lui, qu'elles devenaient plus rares : supplice inévitable d'une ambition qui a déjà fait beaucoup de chemin, et qui, près d'atteindre son but, ne peut plus marcher que lentement. Enfin, par un suprême et généreux effort, il réunit les restes de sa fortune; passa dix-huit mois dans les solitudes les plus reculées des forêts américaines, et son œuvre fût achevée. « Alors, dit-il, j'allai visiter ma famille qui habitait la Louisiane, et, emportant avec moi les oiseaux du nouveau continent, je fis voile pour le vieux monde. »

Il lui fallait un graveur et des souscripteurs pour exécuter et défrayer la publication la plus téméraire qu'ait jamais inspirée l'histoire naturelle. Il s'agissait de graver quatre cents planches gigantesques et deux mille figures d'oiseaux coloriées, tous représentés dans leurs dimensions naturelles, depuis l'Aigle jusqu'au plus menu Passereau, et dont chacun est placé sur l'arbre qu'il affectionne, avec sa femelle et ses petits, poursuivant sa proie favorite ou becquetant un fruit de prédilection, enfin, combattant ses ennemis ou ses rivaux. En approchant de l'Europe, Audubon ne pouvait se défendre d'une terreur profonde : s'il ne trouvait pas à son arrivée de hauts et puissants patrons pour le soutenir et le protéger, l'indigence et l'oubli allaient être la récompense de ses héroïques travaux. Ce ne fut pas en France qu'il vint les chercher : il savait bien qu'une entreprise purement scientifique, dont le succès avait pour première condition la persévérance, offrait peu de chances de réussite dans un pays tel que le nôtre, où l'on commence tant de choses, et où si peu sont achevées. Ce fut dans la Grande-Bretagne que se rendit notre naturaliste : là, Audubon, Français d'origine et Américain par adoption (double titre à la réserve britannique), se vit accueilli avec cordialité et magnificence par les notabilités scientifiques, commerciales et politiques de l'Écosse et de l'Angleterre. Les encouragements moraux et matériels ne lui firent pas défaut, et il put commencer et finir cet immortel ouvrage, qui nous donne l'aspect du nouveau monde avec sa végétation, son atmosphère, et jusqu'aux teintes du ciel et des eaux. Le texte est digne des figures, et vous pourrez admirer l'un et l'autre, en visitant la bibliothèque du muséum, où est placé ce magnifique ouvrage sous le titre : *Ornithological biography or an account of the habits of the birds of the United-States of America accompagnated by description of the objects represented in the work intitled The birds of America. Edinburg* 1834, 5 vol.

La physionomie de John James Audubon, dit le *Blackwood's magazine*, était franche et calme, la coupe de son visage hardie, son œil vif, pénétrant et fixe, son langage remarquable par cet accent étranger et par des expressions neuves, pittoresques, colorées et spirituelles; le costume européen ne pouvait déguiser cette dignité simple et presque sauvage dont le génie prend le caractère au sein de la solitude; le front haut, l'œil libre et fier, silencieux, modeste, il écoutait d'un air quelquefois dédaigneux mais jamais caustique et prenait rarement la parole, si ce n'est pour relever une erreur ou ramener la discussion à son but; un bon sens naïf animait son discours plein de justesse, de modération et quelquefois de feu; de longs cheveux noirs et ondulés se partageaient naturellement sur ses tempes lisses et blanches, sur un front large et développé; sa toilette était d'une propreté exquise mais singulière : à son col découvert, à l'indépendance de ses manières, à sa longue chevelure, on reconnaissait l'homme de la solitude. Notre civilisation ne l'avait point marqué de son empreinte vulgaire, l'alliage de la société ne s'y était point noté.

Audubon, mort le 27 janvier 1851, a poussé jusqu'à un assez grand âge sa digne et savante carrière.

DUPERREY

La corvette *la Coquille*, désignée pour accomplir un voyage de circumnavigation sous le commandement du lieutenant de vaisseau DUPERREY, partit de Toulon le 11 août 1822, et, le 24 mars 1825, elle effectua son retour après avoir traversé sept fois l'équateur et parcouru plus de deux mille quatre cents lieues dans ses différentes circonvolutions, sans avoir fait d'avaries majeures, sans avoir perdu un seul homme. Les îles Malouines, les côtes du Chili et du Pérou, l'archipel Dangereux et plusieurs autres groupes disséminés sur la vaste étendue de l'océan Pacifique, la nouvelle Irlande, la nouvelle Guinée, les Moluques et les terres de l'Australie avaient été tour à tour ses points de relâche ou le but de ses reconnaissances.

Les îles Clermont-Tonnerre, Lostange et Duperrey, ses découvertes géographiques, les grandes collections qu'elle rapportait pour le Muséum d'histoire naturelle, furent l'objet d'un rapport particulier des membres compétents de l'académie des sciences, et ces collections, pour tout ce qui concernait l'entomologie et la botanique excitèrent au plus haut point l'attention des professeurs du Muséum d'histoire naturelle. Les plages désertes de la baie de la Saledad et la pittoresque vallée d'Otaïti avaient été explorées par de laborieuses herborisations, l'archipel des Carolines avait aussi livré ses richesses, et dans cette nouvelle Hollande où la végétation se montre sous des formes si étranges, les excursions britanniques s'étaient étendues jusqu'au delà des montagnes bleues, dans les immenses plaines de Bathurst. Au milieu de ces savantes recherches, l'histoire de l'homme eut une large part, et les tribus sauvages de l'Océanie, l'étude de leurs mœurs et de leur langage, vinrent fournir un nouvel aliment aux hardis explorateurs qui faisaient partie de cette importante expédition.

Un certain nombre d'îles nouvelles furent signalées dans la mer du Sud et surtout dans les Carolines, et quelques reconnaissances partielles firent mieux connaître les îles Mulgrave, le groupe d'Hogoleu, et les îles Schouten sur la côte de la nouvelle Guinée.

M. le vice amiral Duperrey est membre de de l'Institut, où l'ont appelé ses beaux travaux sur le magnétisme terrestre.

E. L.

INDEX

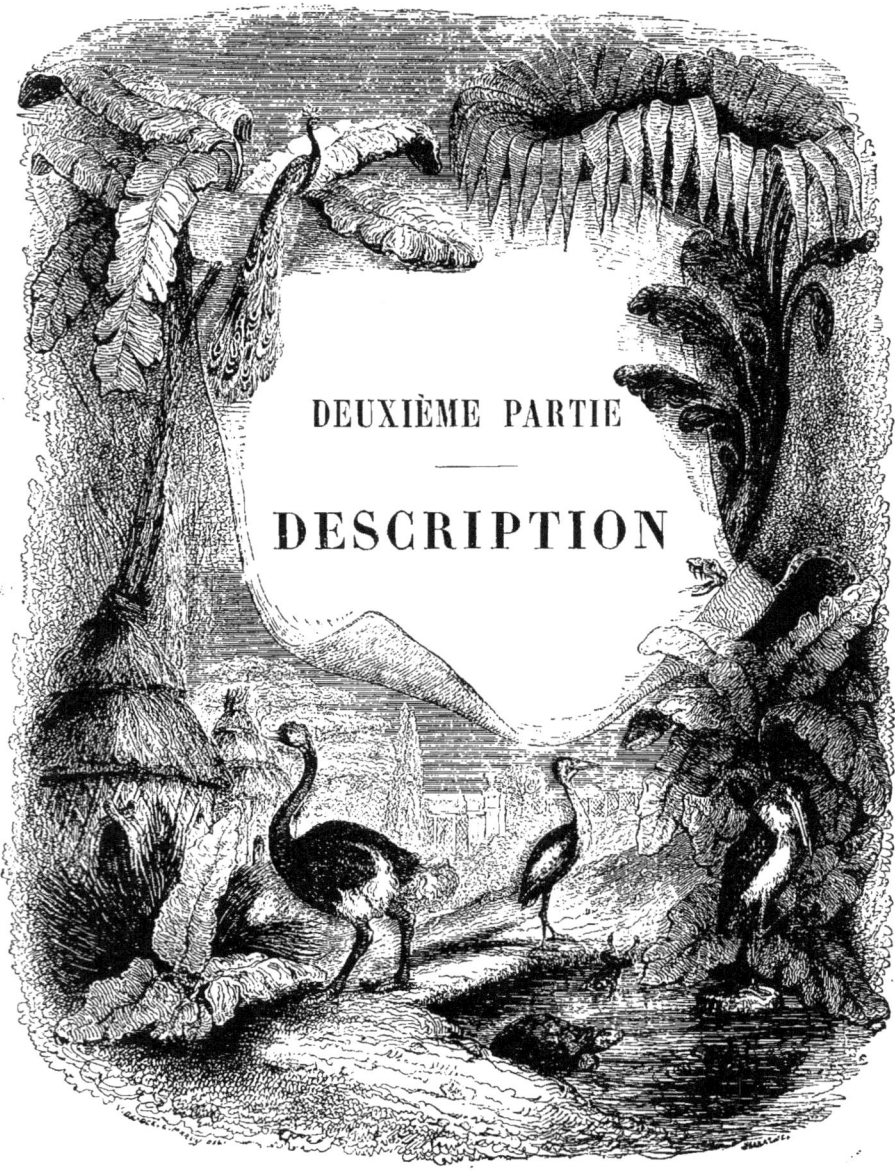

DEUXIÈME PARTIE

—

DESCRIPTION

ADMINISTRATION — ENSEIGNEMENT

BUDGET

Avant de parcourir avec vous le Muséum d'histoire naturelle dans toutes ses parties et dans tous ses détails, avant de vous décrire toutes les merveilles qu'il contient, il nous semble indispensable de vous instruire du mode d'administration qui pourvoit à son entretien, à sa conservation et à son développement et de vous indiquer l'enseignement que l'on y professe sous le patronage de l'État.

Nous compléterons ces préliminaires par le budget des dépenses allouées par le Gouvernement et la répartition qui en est faite.

L'administration est confiée à quinze professeurs.

Ils tiennent leurs séances au moins une fois par semaine et sont présidés par celui d'entre eux qu'ils ont élu pour directeur. Ces fonctions, ainsi que celles d'un secrétaire et d'un trésorier, sont exercées pendant deux ans.

Les professeurs administrateurs actuellement en exercice sont, par ordre d'ancienneté :

MM. CORDIER, C. ✻,   *Professeur de Géologie.*

DUMÉRIL, O. ✻,   *Directeur en exercice du Muséum, Professeur de Zoologie (Reptiles et Poissons).*

CHEVREUL, C. ✻,   *Professeur de Chimie appliquée aux corps organiques.*

FLOURENS, C. ✻,   —   *de Physiologie comparée.*

VALENCIENNES, ✻,   —   *de Zoologie (Mollusques et Zoophytes).*

MM. BRONGNIART, O. ✻,	Professeur de Botanique et de Physique végétale.
BECQUEREL, O. ✻,	— de Physique appliquée.
SERRES, C. ✻,	— d'Anatomie et d'Histoire naturelle de l'homme.
I. GEOFFROY-Sᵀ-HILAIRE, O. ✻,	— de Zoologie (Mammifères et Oiseaux).
MILNE-EDWARDS, O. ✻,	— de Zoologie (Insectes et Crustacés).
DUFRÉNOY, O. ✻,	— de Minéralogie.
DECAISNE, ✻,	— de Culture.
DUVERNOY, ✻,	— d'Anatomie comparée.
FREMY, ✻,	— de Chimie appliquée aux corps inorganiques.
D'ORBIGNY (ALCIDE), ✻,	— de Palæontologie.

L'enseignement est réglé chaque année et les cours sont indiqués officiellement au public. Ceux de l'année 1853 sont ainsi répartis :

Cours de Physique appliquée.

M. BECQUEREL, PROFESSEUR.

Le professeur traite, cette année, de la Physique terrestre, de la Météorologie et de ses rapports avec les Phénomènes de la Vie organique et l'Agriculture.

Ce cours commence à la fin d'octobre. Il a lieu les lundis et vendredis, à onze heures et demie.

Cours de Chimie appliquée aux Corps inorganiques.

M. FREMY, PROFESSEUR.

Ce cours commence en mars. Il a lieu les mardis, jeudis et samedis, à deux heures.

Cours de Chimie appliquée aux Corps organiques.

M. CHEVREUL, PROFESSEUR.

Le professeur, ayant traité dans le cours de 1852, des Principes immédiats qui constituent les Corps vivants, traitera, cette année, des Liquides et des Solides de l'économie organique; il envisagera donc les organes au point de vue de leur composition chimique.

Ce cours commence au mois de mai. Il a lieu les mardis, jeudis et samedis, à dix heures un quart.

Cours de Minéralogie.

M. DUFRÉNOY, PROFESSEUR.

Le professeur, après avoir exposé les propriétés générales des Minéraux et les Principes qui servent de base à leur classification, traitera plus spécialement, cette année, des espèces nommées Métaux et Combustibles.

Ce cours commence le 1ᵉʳ avril. Il a lieu les lundis, mercredis et vendredis, à dix heures du matin.

Cours de Géologie.

M. CORDIER, PROFESSEUR.

Cette année, le professeur traitera principalement de la classification et de la description des Roches, c'est-à-dire des matériaux divers (y compris les débris organiques fossiles) qui composent les parties solides du globe terrestre.

Ce cours commence en octobre. Il a lieu les mardis, jeudis et samedis, à dix heures et demie du matin.

Cours de Palæontologie.

M. ALCIDE D'ORBIGNY, PROFESSEUR.

M. Alcide d'Orbigny ayant été nommé au mois de juillet de cette année, son cours ne figure pas dans l'état officiel. C'était le cours de M. Adrien de Jussieu qui complétait le nombre de quinze, égal à celui des professeurs en activité.

Cours de Botanique et de Physique végétale.

M. Ad. BRONGNIART, Professeur.

Le professeur traitera, cette année, 1° des familles de Gymnospermes et de Cryptogames; 2° de la distribution géographique des Végétaux; 3° des Plantes fossiles.

Ce cours commence en avril. Il a lieu les lundis, mercredis et vendredis, à huit heures et demie du matin.

Cours de Culture.

M. DECAISNE, Professeur.

Ce cours comprend la reproduction et la multiplication des Végétaux dans leur rapport à la culture, ainsi que l'histoire des Arbres qui constituent nos essences forestières, la taille des Arbres fruitiers, etc.

Il commence en avril, et a lieu les mardis et samedis, à huit heures et demie du matin.

Cours d'Anatomie et d'Histoire naturelle de l'Homme, ou d'Anthropologie.

M. SERRES, Professeur.

Le professeur exposera la théorie de la Génération et les règles de l'Organogénie et de l'Embryogénie.

Les digressions sur l'Anatomie comparée auront pour objet d'éclairer la structure de l'homme par celle des animaux, afin d'arriver à la détermination méthodique des diverses races humaines.

Ce cours commence dans le courant d'octobre. Il a lieu les mardis, jeudis et samedis, à quatre heures et demie.

Cours d'Anatomie comparée.

M. DUVERNOY, Professeur.

Le professeur traitera des Organes de la Nutrition. Il décrira en détail, dans la première partie de ce cours, les dents des espèces de vertébrés vivantes et fossiles, et les caractères que l'on peut en tirer pour la détermination de ces dernières espèces.

Ce cours commence en mai. Il a lieu les mardis, jeudis et samedis, à trois heures et demie.

Cours de Physiologie comparée.

M. FLOURENS, Professeur.

Ce cours commence dans le mois de mars. Il a lieu les mardis, jeudis et samedis, à onze heures.

Cours de l'Histoire naturelle des Mammifères et des Oiseaux.

M. Isid. GEOFFROY-SAINT-HILAIRE, Professeur.

Le professeur traitera, cette année, des Mammifères.

Ce cours commence en octobre. Il a lieu les mardis et samedis, à une heure.

Cours de l'Histoire naturelle des Reptiles et des Poissons.

M. C. DUMÉRIL, Professeur.

L'histoire générale de ces deux classes fera le sujet du cours de cette année.

Le professeur fera connaître l'organisation des Animaux qui les composent, en la comparant à celle des autres êtres animés. Il aura ainsi occasion d'exposer les modifications les plus remarquables de leur structure, de leurs fonctions et de leurs habitudes.

La seconde partie du cours sera consacrée à l'étude de la classification des Reptiles et des Poissons vivants et fossiles et à leur distribution en familles naturelles.

Ce cours commence en avril. Il a lieu les lundis, mercredis et vendredis, à onze heures et demie du matin, dans la galerie de zoologie.

Cours de l'Histoire naturelle des Crustacés, des Arachnides et des Insectes.

M. MILNE-EDWARDS, Professeur.

Le professeur traitera, cette année, de l'histoire des Insectes.

Ce cours commence en avril. Il a lieu les lundis, mercredis et vendredis, à une heure.

Cours de l'Histoire naturelle des Annélides, des Mollusques et des Zoophytes.

M. VALENCIENNES, Professeur.

Le professeur traitera de l'Anatomie générale, de la Physiologie et de la Classification des Annélides, des Mollusques et des Zoophytes, et il exposera les caractères généraux des principales familles de ces trois embranchements, en comparant les espèces fossiles aux espèces vivantes.

Ce cours commence en octobre. Il a lieu les lundis, mercredis et vendredis, à une heure.

Pour compléter ce qui touche à l'enseignement, nous devons dire que deux cours de dessin, l'un pour les animaux, l'autre pour les plantes, sont professés vers le mois de mai, le premier par M. CHAZAL, le second par M. LE SOURD DE BEAUREGARD.

6   DEUXIÈME PARTIE.

MM. les professeurs sont secondés dans leurs fonctions par des aides-naturalistes et des préparateurs dont voici les noms.

AIDES-NATURALISTES ET AIDES-PRÉPARATEURS.

MM. ROUSSEAU (Emmanuel), *Aide-Naturaliste d'Anatomie comparée.*
PRÉVOST (Florent), — *de Zoologie.*
SPACH, — *de Culture.*
DUMÉRIL (Auguste), — *de Zoologie.*
ROUSSEAU (Louis), — *Id.*
D'ORBIGNY, — *de Géologie.*
BLANCHARD, — *de Zoologie.*
RIVIÈRE, — *de Minéralogie.*
HUGARD, — *supplémentaire de Minéralogie.*
TULASNE, — *de Botanique.*
WEDDELL, — *Id.*
BECQUEREL (Edmond), *Aide-Préparateur de Physique.*
JACQUART, — *d'Anatomie.*
PHILIPEAUX, — *de Physiologie.*
CLOES, — *de Chimie.*
TERREIL, — *Id.*

Le service des Jardins et des Serres est composé de la manière suivante.

JARDINIERS.

MM. PEPIN, *Jardinier en chef de l'École.*
NEUMANN, — *des Serres.*
CAPPE, *Jardinier des Arbres fruitiers.*
HOULLET, — *aux Serres.*
CHAMPY, — *du Fleuriste.*
RIHOELLE, — *de la Serre tempérée.*
FOUQUE, — *de la Ménagerie.*
HELYE, — *des Labyrinthes.*
BERGÉ,
GOUAULT, } *Jardiniers.*
CARRIÈRE,
HEZARD, *Chauffeur aux Serres.*

PRÉPARATEURS.

Sous le titre modeste de PRÉPARATEURS, vingt-trois jeunes savants, qui consultent plus souvent leur dévouement à la science que le médiocre profit qu'ils en retirent, rendent au Muséum d'éminents services, sans avoir à espérer que de plus importantes fonctions viennent couronner leur zèle. Ce sont :

MM. PUCHERAN,   MM. HUPÉ,   MM. DESMAREST,
GRATIOLET,   BOCOURT,   SÉNÉCHAL,
LUCAS,   GUICHENOT,   HÉRINCQ,

MM. Ponrtman,   MM. Stahl,   MM. Braconnier,
    Salomon,   Rouzet,   Boulard,
    Vulpian,   Perrot,   Young,
    Deramond,   Huet,   Potteau.
    Merlieux,   Lantz,

La garde des Galeries est confiée aux soins intelligents de :

> MM. Kiéner (Louis), *pour la Minéralogie et la Zoologie.*
> Gaudichaud, *pour la Botanique.*

Une troisième place est vacante par la mort de M. Laurillard : c'est celle de *garde des Galeries d'anatomie.*

On aurait tort de juger du mérite des titulaires par l'humilité de la dénomination de leurs fonctions. La science, au Muséum, a, dans tous les rangs, des célébrités légitimement acquises, et souvent un titre, si modeste qu'il soit, est avidement recherché à cause du droit qu'il confère de consulter de plus près et plus assidûment les objets qui facilitent les études ardues et ingrates auxquelles se livrent les Préparateurs.

Il en est parmi eux dont le nom est célèbre dans la science ; et il n'est pas sans exemple que l'Académie ait ouvert ses portes à plusieurs d'entre eux.

La bibliothèque est confiée aux soins éclairés de :

> MM. Desnoyers, *Bibliothécaire.*
> Lemercier, *Sous-Bibliothécaire.*

La science bibliographique de ces Messieurs, leurs soins prévenants, rendent faciles les études que l'on demande aux trésors bibliographiques du Muséum.

Pour entrer enfin dans les détails de cette vaste Administration, il est nécessaire d'ajouter qu'elle compte cent trente-six personnes attachées aux services de tous genres qu'exigent la Conservation, la Garde, l'Entretien des Jardins, des Serres, des Galeries et de la Ménagerie.

Le Muséum est compris au budget de l'État pour une somme de 469,780 francs, dont voici la répartition pour l'année 1853.

§ 1er. — PERSONNEL.

Traitement de 15 Professeurs à 5,000ᶠ		75,000	
—	2 Maîtres de dessin à 2,000ᶠ	4,000	
—	1 Bibliothécaire à 3,000ᶠ		
—	1 Sous-Bibliothécaire à 2,400ᶠ	5,400	
—	15 Aides-Naturalistes et Aides-Préparateurs, de 1,500 à 3,000ᶠ	31,600	229,780
—	20 Préparateurs, de 800 à 1,800ᶠ	26,050	
—	33 Employés, de 750 à 3,500ᶠ	49,200	
Gages des gens de service		38,530	
Indemnité aux voyageurs naturalistes			25,000

§ 2. — MATÉRIEL.

Galeries, laboratoires et cours	79,700	
Jardins et serres	48,100	
Ménagerie	42,700	215,000
Ateliers et entretien	23,500	
Chauffage, éclairage et frais divers	21,000	

469,780

Nous ne voulons vous attrister par aucune critique d'un établissement dont la France a droit d'être fière et qui rend à la science les plus signalés services. Nous appellerons seulement votre attention sur l'extrême modicité de la somme attribuée au Muséum par l'État.

L'administration, restreinte dans les étroites limites qui lui sont assignées, est trop souvent forcée de renoncer à rémunérer des travaux qui seraient payés au quintuple par l'industrie et auxquels le Muséum n'offre aucun avenir. De pareilles entraves se font sentir à chaque instant et pour chaque partie des différents services.

Les voyages de recherches seraient impossibles, si d'autres administrations ne venaient en aide aux courageux explorateurs que l'amour de la science entraîne vers des climats lointains et trop souvent meurtriers.

Les Galeries, devenues insuffisantes pour l'innombrable quantité d'échantillons précieux qui abondent sans cesse, n'attendent qu'une allocation indispensable pour étaler dignement leurs richesses aux yeux du public.

Les Ménageries exigent aussi des constructions plus vastes, des hôtes nombreux et plus variés, pour que le Muséum puisse conserver son incontestable supériorité.

Le désintéressement des personnes attachées au Muséum est l'une de ses gloires; mais en France, où les sentiments généreux font battre tant de nobles cœurs et où l'on sait supporter avec orgueil et en silence les positions les plus difficiles, l'État doit veiller à ce que ceux qui lui consacrent leurs travaux et leur avenir soient rémunérés honorablement et n'aient pas à redouter pour leurs vieux jours un abandon qui s'explique, mais qui ne se justifie pas par cet axiome barbare : *Ingratitude pour les vivants, oubli pour les morts.*

Il n'est pas douteux que la haute pensée qui s'étend avec tant de sollicitude sur tout ce qui touche aux établissements importants de la capitale, ne vienne un jour accroître la splendeur du Muséum, encourager les services présents et récompenser les services acquis.

L. C.

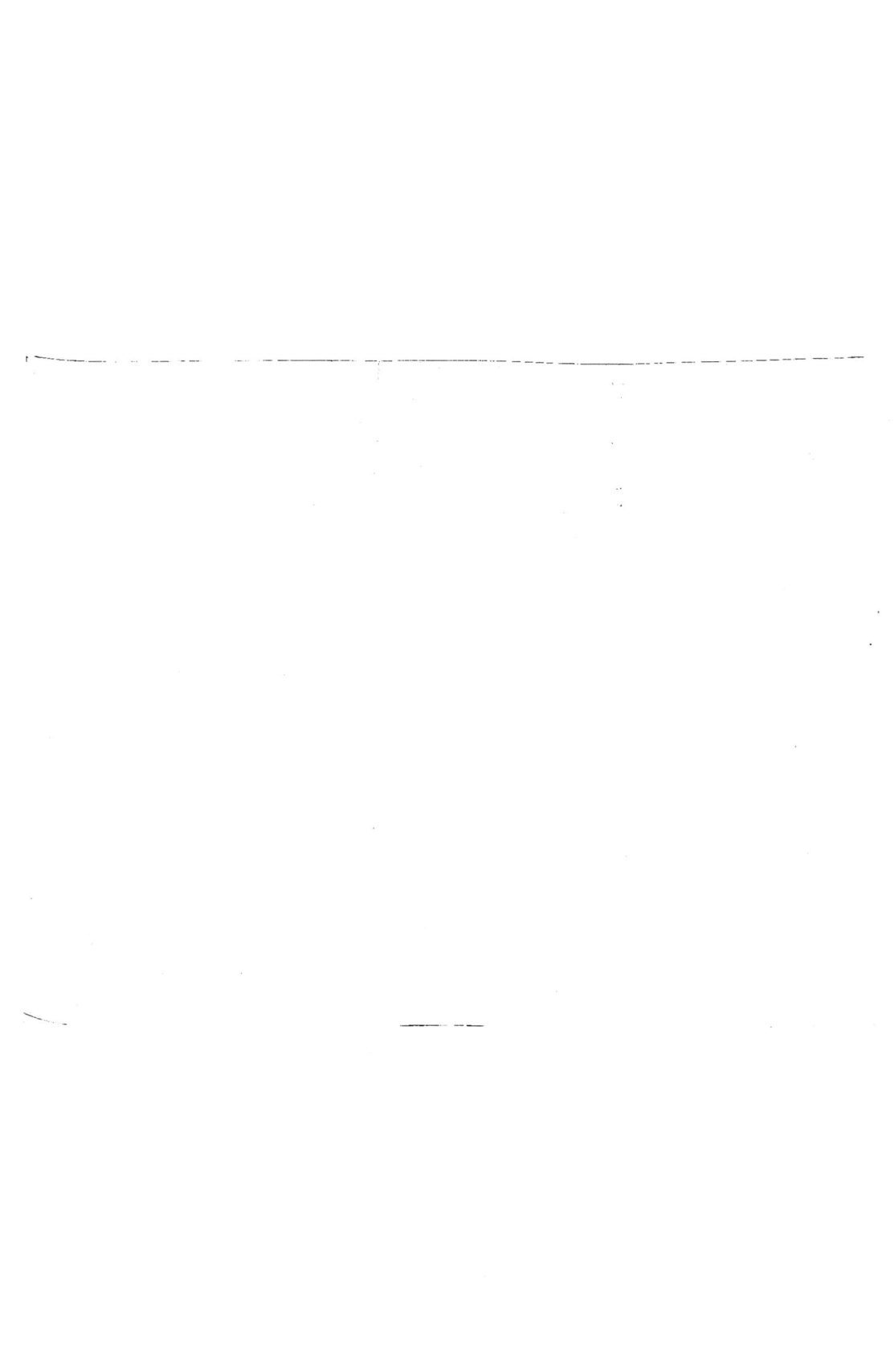

PLAN TOPOGRAPHIQUE DU JARDIN DES PLANTES EN 1853

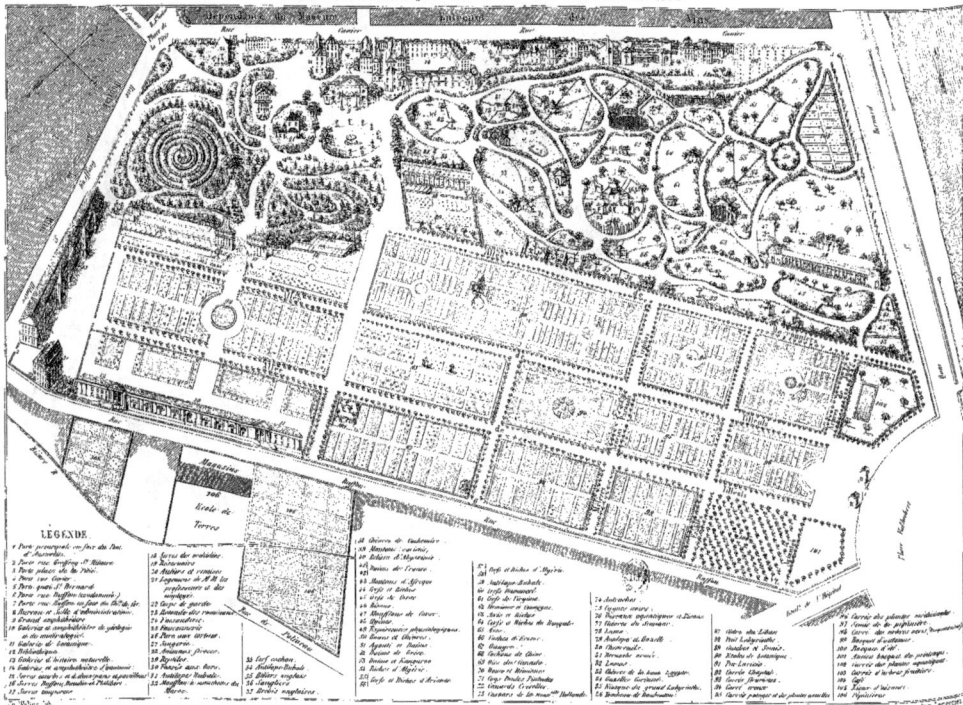

LÉGENDE

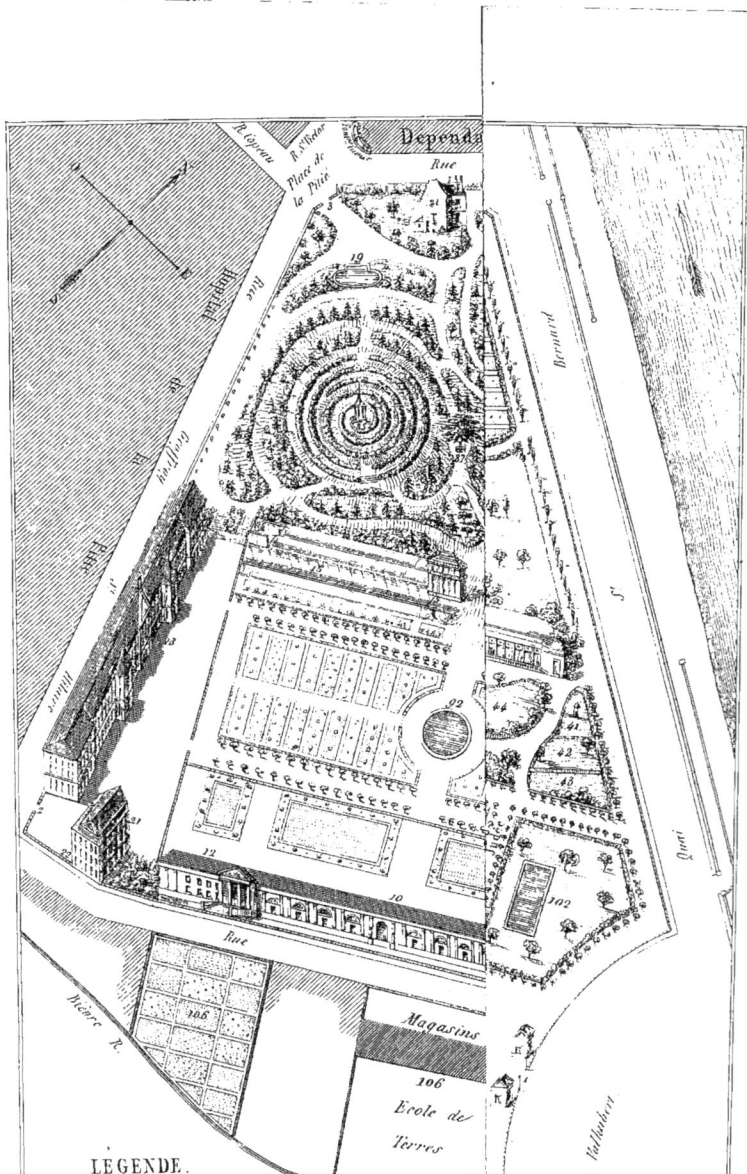

Dépenda...

LEGENDE.

1 Porte principale en face du Pont d'Austerlitz
2 Porte rue Geoffroy St Hilaire
3 Porte place de la Pitié
4 Porte rue Cuvier
5 Porte quai St Bernard
6 Porte rue Buffon (condamnée)
7 Porte rue Buffon en face du Ch.in de fer.
8 Bureau et Salle d'administration
9 Grand amphithéâtre
10 Galeries et amphithéâtre de géologie et de minéralogie
11 Galerie de botanique
12 Bibliothèque
13 Galeries d'histoire naturelle
14 Galeries et amphithéâtre d'anatomie
15 Serres courbes et à deux pans et pavillons.
16 Serres Buffon, Baudin et Philibert.
17 Serres temperées

18 Serres des orchidées
19 Réservoirs
20 Ateliers et remises
21 Logemens de M.M. les professeurs et des employés.
22 Corps de garde
23 Rotonde des ruminans
24 Faisanderie
25 Fauconnerie
26 Parc aux tortues
27 Singerie
28 Animaux féroces
29 Reptiles
30 Fossés aux Ours
31 Antilope Bubale.
32 Mouflon à manchettes du Maroc.

Carrés des plantes médicinales.
Semis de la pépinière.
Carré des arbres verts, (Bosquet d'hiver).
Bosquet d'automne.
Bosquet d'été.
Ancien bosquet du printemps.
Carrés des plantes aquatiques.
Carrés d'arbres fruitiers.
Café.
Lieux d'aisance.
Pépinières.

Ch. Walter lith.

Imp. Lemercier.

TOPOGRAPHIE

ASPECT GÉNÉRAL DU JARDIN

Le *Jardin des Plantes,* c'est le résumé de la création : animaux vivants et morts, minéraux, plantes de toute nature et de tout pays, tout est là. La capitale du monde civilisé n'a pas de spectacle plus merveilleux que cet admirable abrégé du monde matériel ; en vain chercheriez-vous à Paris rien de plus intéressant, rien de plus éternellement beau. Chose rare, et cent fois heureuse, le local qui renferme tant de trésors est, de tous points, digne de sa destination : ce serait encore la plus charmante promenade, si ce n'était le plus magnifique Musée. Venez-y avec confiance, et soyez assuré que vous y trouverez toujours, sans avoir jamais à craindre la satiété, de quoi fournir aux jouissances des yeux et satisfaire les curiosités de l'esprit. Ne redoutez point la confusion qui trouble et qui fatigue ; l'ordre règne ici dans la richesse ; tout est à sa place, et l'arrangement double le prix de l'abondance.

Avant d'examiner ce que contiennent ces Galeries, ces Serres, ces Jardins, ces Carrés, ces Cages, ces Parcs, ces Collines, jetons un coup d'œil rapide sur l'ensemble de ce vaste établissement ; faisons-en la reconnaissance : avant de prendre possession, dressons sommairement l'état des lieux.

Le Jardin des Plantes, successivement agrandi, débarrassé des entraves qui le gênaient, couvre aujourd'hui une étendue de quatre-vingt-dix arpents environ. Dégagé de tous les côtés, il a pour limites, à l'Est, le quai Saint-Bernard ; au Sud, la rue de Buffon ; à l'Ouest, la rue Geoffroy-Saint-Hilaire, qui le sépare de l'hôpital de la Pitié ; au Nord, la rue Cuvier.

2

Bien des portes donnent accès dans le Jardin; entrez de préférence par la porte d'Austerlitz : c'est la porte principale, l'entrée d'honneur; son nom est moderne, sa date ancienne. De la grille qui la ferme, vous jouissez d'un coup d'œil imposant; votre regard embrasse toute la profondeur du Jardin; les bâtiments du Cabinet d'Histoire naturelle apparaissent au loin, précédés d'une forêt d'arbustes et de plantes, que bordent et dominent, de chaque côté, de superbes allées de tilleuls; vers le milieu de leur développement, ces belles allées présentent plus de hauteur; c'est qu'à partir de là, elles sont l'œuvre de Buffon, et remontent à 1740; le reste a été planté plus tard.

Voyez, devant vous, l'immense espace compris entre les allées : il est occupé par une suite de Carrés de plantes (*n° 96 du plan*), tous limités par des treillages en bois ou des grilles en fer, entourés d'arbres ou d'arbustes, consacrés chacun à une destination spéciale, et ouverts généreusement à l'étude. Dès votre entrée dans le Jardin, vous trouvez la bienfaisance unie à la science; le premier Carré qui s'offre à vous est celui des plantes médicinales : c'est l'officine du pauvre, tout s'y délivre gratuitement.

Au delà, toujours en face, sont les Carrés du Potager et des Plantes usuelles (*n° 95 du plan*); puis les Carrés Creux (*n° 94 du plan*), qui présentent un bassin de verdure : autrefois, ils étaient remplis d'eau et servaient aux plantes aquatiques, que nous retrouverons ailleurs. Viennent ensuite le Carré du Fleuriste (*n° 93 du plan*), et les Carrés Chaptal (*n° 92 du plan*), séparés par un bassin circulaire; on y cultive les plantes étrangères herbacées vivaces.

En suivant, de la porte d'Austerlitz, où nous nous sommes tenus en entrant, cette longue série d'enceintes verdoyantes, votre œil atteint la grille qui sépare le jardin de la cour du Cabinet d'Histoire naturelle. Mettons-nous en marche maintenant; commençons un voyage qui sera trop varié pour devenir ennuyeux, et où l'intérêt nous soutiendra contre la fatigue, si elle se faisait sentir.

Dirigez-vous à gauche, et entrez sous l'une des deux allées de tilleuls : en la parcourant ans toute sa longueur, vous aurez, à droite, les Carrés du milieu, dont je vous parlais tout à l'heure; à gauche, et dans des enceintes semblables, le long de la grille de la rue de Buffon, les Carrés du Printemps (*n° 101 du plan*), d'Été (*n° 100 du plan*), et ceux de l'Automne (*n° 99 du plan*), les Carrés des Arbres verts (*bosquets d'hiver, n° 98 du plan*), puis le Carré des Semis de la pépinière (*n° 97 du plan*) : je vous les montre seulement et vous les nomme; en ce moment, nous nous promenons partout sans nous arrêter nulle part. Nous ne profiterons pas encore de ces siéges et de ces tables rangés au-devant de ce Chalet (*n° 104 du plan*) élevé au bout du Carré des Semis de la pépinière, quelque engageant qu'en soit l'aspect; c'est un Café où l'on relève ses forces éprouvées par une longue excursion; on y jouit d'une vue charmante, du calme et de la fraîcheur; on s'y abrite sous le premier Sophora du Japon qui ait fleuri en Europe, et sous le premier Acacia venu de l'Amérique septentrionale; planté par Vespasien Robin en 1635, cet arbre vénérable est le père de l'innombrable postérité qui fait l'ornement de nos parcs et de nos jardins.

Passons. Le long bâtiment à deux frontons (*n°s 10, 11, 12 du plan*), qui s'étend parallèlement aux Carrés Chaptal, précédé d'une grille et de quatre petits carrés de fleurs, de gazon et d'arbustes, contient, sur un développement de cent quatre-vingts mètres, les galeries de Botanique, puis celles de Minéralogie, enfin la Bibliothèque et les Salles pour les leçons de dessin et de peinture des plantes.

Traversons la grille qui nous sépare de la cour. A gauche, cette maison à deux étages (*n° 21 du plan*), d'élégante et modeste apparence, c'est celle qu'habitait Buffon; c'est là qu'il recevait les hommages de l'Europe savante, qu'il accomplissait ses immenses travaux, et traçait ses immortels écrits. Les appartements du grand naturaliste sont dignement occupés par l'un des professeurs-administrateurs, homme de science et de talent, M. Flourens.

Dans toute la longueur des galeries de la cour s'étend le bâtiment des Galeries d'Histoire naturelle (*n° 13 du plan*); vous visiterez à loisir ces trois étages de salles où s'étalent, dans

A GEORGE CUVIER

Fontaine de la rue Cuvier.

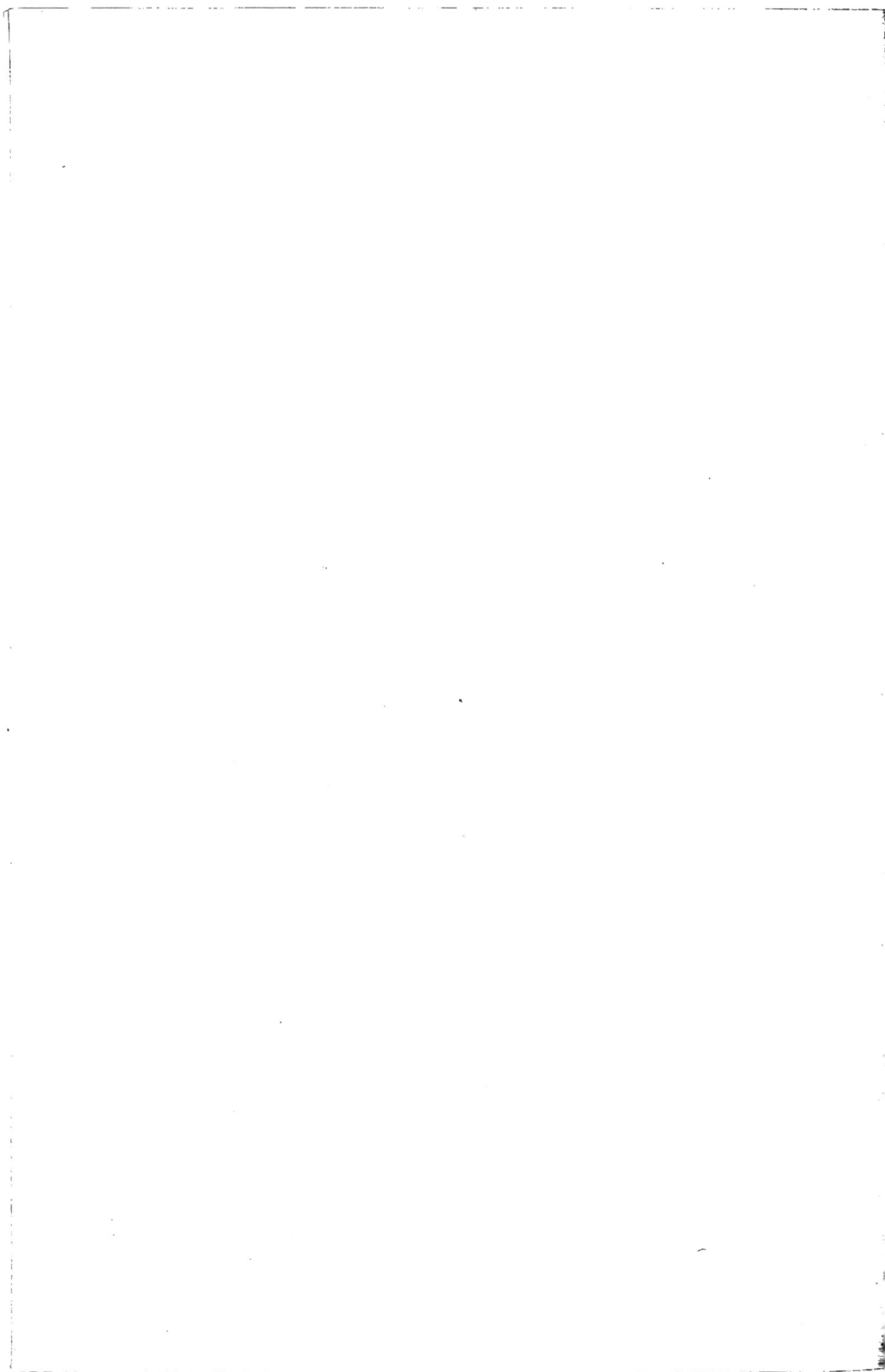

un ordre parfait et une admirable conservation, toutes les richesses de ce qui a vécu jadis sous le nom de règne animal.

Montez les quelques marches d'un escalier facile et orné de fleurs, et, sur votre gauche, vous suivrez une terrasse qui borde la rue, autrefois du Jardin du Roi, aujourd'hui rue Geoffroy-Saint-Hilaire : c'est mieux, car tout ici doit rappeler les gloires de la science.

A travers des massifs de verdure, vous descendez à un joli bassin couvert de lierre, qui reçoit les eaux d'un réservoir (*n° 19 du plan*). En face, à l'angle de deux rues, est une porte, et au delà vous voyez une fontaine monumentale, chargée des attributs de l'histoire naturelle ; elle porte le nom de Cuvier, légitime hommage rendu à l'homme qui, à quelques pas de là, s'est immortalisé par ses découvertes. Mais, ne sortons pas du Jardin, nous avons encore tant à y voir !

Pénétrez par le premier chemin que vous verrez s'ouvrir entre les massifs ; il vous introduit dans la partie haute du Jardin ; des allées sinueuses, pratiquées avec art, peuplées de toutes les variétés d'arbres verts, forment le grand Labyrinthe, délicieuse promenade où votre œil est charmé, votre intelligence instruite, votre cœur ému. Ici vous rencontrez les sveltes pins d'Italie, le majestueux Cèdre du Liban (*n° 87 du plan*), ce témoin séculaire du passé, qui a couvert de son ombre des générations de visiteurs. Tout près de cet arbre orgueilleux se cache le modeste monument élevé à Daubenton (*n° 86 du plan*) ; une simple colonne, des plantes, du soleil, de l'air et de l'ombre, le voisinage des collections, voilà bien la tombe de l'homme qui a voué une longue et paisible vie à l'étude de la nature.

Engagez-vous dans les spirales du Labyrinthe, elles vous mèneront au sommet de la colline : vous y jouirez du panorama de Paris (*n° 85 du plan*) ; vous le contemplerez à votre aise, assis sur les bancs du kiosque de bronze, belvédère admirablement placé, dont l'entrée porte, on ne sait trop pourquoi, cette inscription aussi ambitieuse qu'obscure : *Horas non numero, nisi serenas.* « Je ne compte pas les heures, si ce n'est les sereines. » Blâmons en passant ce prétentieux abus de sentences vides de sens, qui nous en rappelle une autre, gravée par une inspiration contraire, autour d'un cadran dans une ville d'Espagne : *Vulnerant omnes, ultima necat.* « Toutes blessent, la dernière tue. » Ce qui prouve qu'en fait d'inscriptions sentencieuses, tous les goûts peuvent être satisfaits.

En descendant, repassez sous le Cèdre, et un chemin qui vous donnera l'illusion d'un paysage des Alpes vous conduira entre deux superbes pavillons vitrés (*n° 15 du plan*). Ces palais transparents sont les serres chaudes, suivies, d'un côté, d'une longue ligne de serres courbes, au devant desquelles s'élève la nouvelle serre à deux pans, qui va contenir, à droite, les Orchidées ; à gauche, les Fougères ; au centre, un *Aquarium*, ou Serre aquatique ; enfin, au bas de ces trois serres, la serre à multiplication ; là vivent, réchauffées par une hospitalité ingénieuse et savante, des milliers de plantes auxquelles notre soleil serait glacial et mortel. Elles sont immenses ces serres nouvelles, elles écrasent de leurs larges proportions leurs devancières et leurs voisines, les serres Buffon, Baudin et Philibert ; et, pourtant, elles sont déjà insuffisantes, comme les carrés qu'elles protègent et qu'elles desservent ; les bras de l'homme sont si petits quand ils veulent tenir toute la nature !

Revenez un peu sur vos pas : derrière les serres, à droite, vous parcourrez, sur une colline peu élevée, les allées pittoresques du petit Labyrinthe (*n° 88 du plan*). A son extrémité septen-trionale se dessine, comme une vaste corbeille, rafraîchie par un jet d'eau, un gazon circu-laire où se déposent les caisses des orangers et d'autres arbustes délicats. D'élégants Palmiers s'élancent à la porte du grand Amphithéâtre (*n° 9 du plan*), dont cette pelouse semble être la gracieuse salle d'attente. L'Amphithéâtre a quelque chose d'imposant dans ses formes compli-quées et un peu lourdes ; il inspire le respect pour le souvenir des grands hommes qui y ont professé, et pour la présence des hommes éminents qui y perpétuent les traditions de la science et du dévouement.

A côté, une cour s'ouvre sur la rue Cuvier ; elle renferme le bâtiment de l'administration et des laboratoires (n° 8 *du plan*). Un établissement qui possède un matériel inappréciable, et qui correspond avec les savants, avec les voyageurs du monde entier, a de grandes nécessités administratives, et les préparations de toute espèce qui s'y font sans cesse ont besoin de tous les secours de la chimie et de la physique, avec leurs instruments les plus précis et les plus ingénieux. Dans cette cour, et de distance en distance, tout le long de la rue Cuvier, se dérobent, à travers les fleurs et les arbres, comme dans des oasis, de modestes habitations (n°s 21 *du plan*); c'est l'asile de l'observation solitaire, de l'étude silencieuse, du travail retiré, la demeure des professeurs et des employés. Vous pouvez avec confiance saluer de vos respects chacune de ces fenêtres : l'une éclaire l'appartement des Jussieu, ces souverains créateurs de la science botanique, et où vient de s'éteindre Adrien de Jussieu, qui portait avec gloire le poids de ce nom illustre, qu'il avait su honorer encore par les plus nobles travaux ; l'autre est celle de M. Chevreul, dont notre industrie bénit les précieuses découvertes, et qui a si dignement succédé à l'illustre Vauquelin. Plus loin, c'est à Geoffroy-Saint-Hilaire que vos hommages s'adresseront, et vous honorerez en même temps les deux générations où les vertus du cœur, le culte de la science, l'élévation des idées brillent d'un si pur éclat. Loin des bruits du monde, au centre des produits où ils cherchent sans cesse de nouvelles découvertes, ces hommes laborieux jouissent du bonheur que leur donnent la pensée satisfaite, les services rendus, l'estime acquise. Je ne sais si c'est la meilleure des républiques, mais, à coup sûr, c'est la plus heureuse des colonies.

Derrière le grand Amphithéâtre, vous apercevez une de ces maisons, célèbre entre toutes, celle où a vécu Georges Cuvier; puis, tout près, à la portée et comme sous la main de ce grand naturaliste, les instruments ou plutôt le témoignage et les preuves de la science créée par son génie, les innombrables pièces d'anatomie comparée qui remplissent tout un musée renfermé dans un vaste bâtiment (n° 14 *du plan*); plus tard, vous admirerez cette immense collection sans précédent et sans égale. Quant à présent, jetez seulement un coup d'œil sur la cour, ornée d'ossements trop grands pour trouver place dans les galeries, et du squelette monstrueux d'un Cachalot; saluez en passant le petit amphithéâtre annexé au Musée, et d'où se sont répandues les lumières de la science inaugurée par Cuvier.

Après quelques jolies habitations d'employés, se présente un petit édifice (n° 29 *du plan*), que l'on prendrait pour une serre; approchez de son vitrage : vous reconnaîtrez, non peut-être sans quelque frémissement, le Musée erpétologique, séjour des Reptiles vivants, où les soins les plus intelligents et les plus courageux entretiennent la vie et permettent d'observer les mœurs du terrible Crotale, du Trygonocéphale, du Kaïman, de la Vipère et d'une foule d'autres animaux, qui excitent tout l'intérêt de l'étude, tandis qu'ils n'inspirent au vulgaire que la frayeur ou le dégoût.

Passez devant les grands ateliers, les magasins et remises (n° 20 *du plan*), que nécessitent les besoins si variés de l'établissement; vous trouverez encore, à gauche, quelques habitations de modeste apparence noyées dans des massifs de luxuriante verdure : l'une d'elle abrite le respectable régénérateur de la science erpétologique, le créateur de la Ménagerie des Reptiles, dont nous parlerons plus tard, avec tout le soin qu'elle mérite, un nom connu par toute la terre, M. Duméril, Directeur en exercice du Muséum. Un beau carré d'arbres fruitiers (n° 103 *du plan*), aboutit à la porte du quai Saint-Bernard; la grille qui longe le quai vous mènerait jusqu'à la grande porte d'Austerlitz; n'allez pas si loin : suivez seulement le Carré d'arbres fruitiers qui borde le quai et qui est séparé de l'autre par un beau parc (n°s 51, 52, 53 *du plan*), où vous verrez courir à la fois nos Daims de France, le Daim de Grèce, le Kanguroo de la Nouvelle-Hollande et l'Agouti aux formes élégantes et au joli pelage. Maintenant, arrêtez-vous, et, tournant le dos à la rivière, regardez, dans la profondeur du Jardin, ces enceintes gazonnées, ces touffes d'arbres, ces treillages élevés, ces huttes, ces chalets, ces constructions de toutes grandeurs et de tous caractères, ces chemins sablés qui s'enfoncent dans toutes les directions; cet ensemble si pittoresque, si attrayant, s'appelle, sans doute à cause de sa fraî-

Vue des grandes Serres.

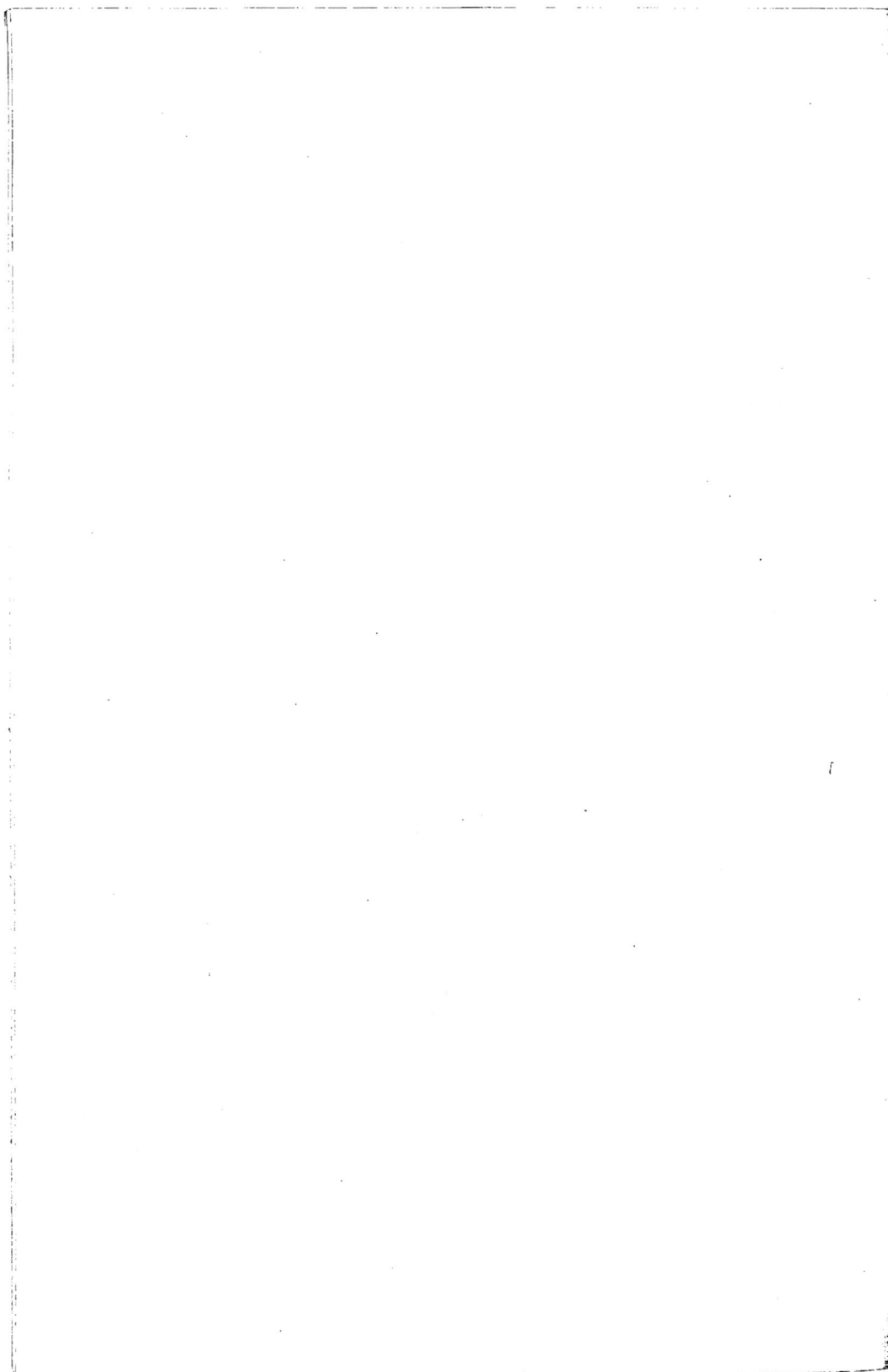

cheur et de sa variété, la Vallée Suisse ; il est bien entendu que vous n'y verrez ni vallons, ni montagnes, ni lacs, ni cascades, ni glaciers.

Voici d'abord la Ménagerie des animaux féroces (*n° 28 du plan*) ; l'odorat, avant la vue, vous avertit de la présence de ces redoutables hôtes. Leurs loges, fortement grillées du côté du public, s'ouvrent par derrière : toutes les précautions de sûreté sont prises. La Ménagerie n'est pas un objet de vaine curiosité ; un vaste terrain, qui en dépend, est consacré aux expériences physiologiques.

A gauche, et comme pour faire contraste aux farouches habitants des loges, de gracieux parcs, limités par des claire-voies, renferment des Moutons d'Astracan, des Cerfs de diverses espèces, des Zèbres, le Dauw et le Cerf cochon. Prenez ensuite à droite, après avoir traversé des parcs de Moutons d'Abyssinie, vous êtes devant l'immense Rotonde où les Singes (*n° 27 du plan*) gambadent, jouent, grimacent et mangent ; on a appelé cela un palais : vous verrez si ce n'est pas à la fois un gymnase, un réfectoire, un dortoir, un théâtre ; après tout, qu'importe le nom ? A côté de ces remuants quadrupèdes, un terrain et un bâtiment ont été réservés pour les expériences physiologiques. Plus à droite encore, vous avez devant vous la Fauconnerie (*n° 25 du plan*), où, derrière des grillages, à l'air et au soleil, perchent les Oiseaux de proie de nos climats et des pays étrangers. A droite de ce parc, se trouve (*n° 26 du plan*) le parc aux Tortues.

Retournez-vous quelque peu, un plus aimable spectacle vous attire : la Faisanderie (*n° 24 du plan*), cet hémicycle de fil de fer, cette réunion de cages spacieuses, retient prisonniers de beaux et pacifiques Oiseaux : le Faisan, la Perdrix, la Colombe, le Rossignol, et cent autres ; un bassin, qui se trouve placé derrière ce bâtiment et que vous pouvez apercevoir de l'extrémité septentrionale de la volière, donne l'hospitalité aux Oiseaux aquatiques précieux, tels que le Pélican, l'Ibis sacré. Le Phoque profite aussi de ce bassin pour y donner le spectacle de ses jeux, de son agilité et de son attachement à son gardien.

Les captifs emplumés ne sont séparés que par le parc aux Hémiones (*n° 62 du plan*), de la massive Rotonde (*n° 23 du plan*), flanquée de pavillons, qui reçoit les plus grands, ou les plus vigoureux, ou les plus délicats des Ruminants. De ce square à bêtes, où une bonne police, avec de larges poutres et de forts barreaux de fer, maintient l'ordre et la tranquillité, sortent, dans les parcs affectés à leur promenade, la Girafe élancée, le pesant Éléphant, le Rhinocéros farouche, le Chimpanzé aux mœurs si douces et d'une agilité si charmante, l'utile et obéissant Chameau ; d'autres y figurent encore quand l'âge ou le climat leur permet de vivre pour notre plaisir et notre instruction.

Tout autour de la Rotonde s'étendent de grands parcs ombragés, divisés en nombreux compartiments, disposés selon les mœurs de leurs habitants ; ici les Rennes, un peu plus loin les Cerfs de Virginie et le Bubale, les Couaggas ; là les Autruches et les Casoars, et leurs voisins les Axis, et l'armée de nos oiseaux aquatiques, partageant leur mare et vivant en bonne intelligence avec de gros Buffles pacifiques ; au delà les Mouflons et les Chamois, puis les Alpacas et les Cerfs du Malabar. Tous ces hôtes du Jardin, et d'autres que je ne puis seulement pas vous nommer, tant d'ailleurs cette population est mobile : les Lamas, les Gazelles, etc., ont de charmants logis, commodes pour eux, pittoresques pour nous : devant les cabanes, les murs, les ruines, les huttes, ils peuvent se croire dans leur pays, et nous pouvons nous figurer que nous y sommes avec eux ; au Jardin des plantes, on devient cosmopolite.

Vous devez, c'est une tradition constante des promeneurs, une station aux trois fosses à compartiments où l'on retient les Ours (*n° 30 du plan*). Leur pesante démarche amuse, on aime leur maladresse ; on excite leurs lourdes gentillesses par la gourmandise, mais on redoute la férocité de leur gloutonnerie ; ils mangeraient votre tête tout aussi bien que le morceau de pain qu'on leur jette. Regardons avec précaution, et poursuivons notre chemin.

Nous voici à l'Orangerie (*n° 17 du plan*). Elle est spacieuse, simple, bien disposée ; au devant, tournées vers le Midi, sont les serres tempérées et les serres des Orchidées ; deux

enclos bien abrités renferment des couches et semis (n° 89 *du plan*). Une avenue, parallèle à
l'allée des Tilleuls du côté droit, longe dans toute leur étendue les écoles de botanique. Deux
immenses rectangles, formés par des grilles de fer, ouverts à deux extrémités, entourés d'arbres rafraîchis par des bassins circulaires, contiennent de nombreux carrés où sont cultivées
les innombrables plantes nécessaires à la belle science des Linné, des Jussieu.

L'enseignement y puise comme dans un réservoir intarissable, et l'étude y trouve toujours un
libre accès (n°s 90 *du plan*). Dans une de ces enceintes s'élève le pin Laricio (n° 91 *du plan*).

A l'extrémité des écoles de botanique, on a logé des plantes aquatiques (n° 102 *du plan*),
complément des richesses végétales du Jardin.

Nous voici revenus près de la porte d'Austerlitz. Avant de sortir, permettez-moi de vous
demander si vos yeux ne se sont portés que sur les objets que je vous ai signalés? S'il en est
ainsi, tant pis : vous avez beaucoup perdu. Partout où la foule a quelque chose à regarder, le
spectateur lui-même n'est-il pas un curieux spectacle? Les galeries, les parcs, les serres du
Jardin des Plantes renferment toutes les variétés des végétaux, des minéraux et des animaux;
ses allées sont peuplées par toutes les variétés de la physionomie humaine. Habitués indigènes, touristes du dehors, Parisiens de tous les quartiers, voyageurs de tous les pays, c'est
une population moitié permanente, moitié renouvelée, tableau toujours semblable et toujours changé, amusement toujours nouveau pour l'observateur. Je vous ai dit que le Jardin
des Plantes est le résumé de la création; je puis vous dire aussi qu'il est l'abrégé de la société.

Choisissez un jour de beau soleil, un jour de fête surtout, une heure où tout est rangé dans
le ménage, où tout est ouvert au Muséum d'histoire naturelle : vous verrez passer par toutes
les portes la belle dame descendant de son carrosse, le bourgeois amené de loin par une voiture de place, l'artisan qui sort de l'omnibus, l'ouvrier en blouse, le soldat en grande tenue,
la cuisinière en bonnet à rubans roses, le paysan dans ses habits du dimanche, des jeunes,
des vieux, des tournures parisiennes, des démarches exotiques.

Dans cette invasion, tout le monde ne va pas partout : les nouveaux venus seuls explorent
tout ce qui attire leur curiosité; les habitués suivent leur chemin et vont à leur place de tous
les jours, les visiteurs d'occasion courent aux objets de leur préférence. Vous reconnaîtrez
sans peine les individus de ces différentes espèces.

Pour un certain nombre de Parisiens, et pour beaucoup de campagnards, le Jardin des

Entrée
Des deux Labyrinthes.

Plantes, c'est la Ménagerie. Aussi, quelle nombreuse société s'assemble toujours devant le Lion et la Panthère, l'Hyène, le Tigre et le Chacal! Là, surtout au moment où les gardiens distribuent la nourriture, vous rencontrerez une complète collection de casquettes et de shakos, de vestes et de bourgerons, de tartans et de cornettes. La même affluence des mêmes spectateurs se presse autour du *palais* des Singes, et les cris de joie, les compliments, les applaudissements ne manquent jamais aux tours d'adresse, aux espiégleries, aux gambades bizarres et au bon appétit de ces messieurs. Les habitans de la Rotonde n'ont pas moins de succès,

succès plus calme et plus sérieux : la Girafe, l'Éléphant et le Rhinocéros ont une cour de visiteurs ; mais, s'ils pouvaient être jaloux comme des hommes, ils le seraient de leurs voisins les Ours. Ces animaux-là sont fort laids et fort mal logés, et pourtant les abords de leurs tanières sont constamment encombrés de curieux. Pour combien de bonnes gens l'Ours Martin est le roi du Jardin des Plantes ! Le gamin de Paris a l'habitude et le besoin de causer avec

Martin : il l'appelle, il le flatte, lui commande ses exercices, lui promet sa récompense, le fait grimper sur son arbre, lui montrant un pain ou un gâteau, qu'il lui jette souvent, qu'il emporte quelquefois en se moquant. Avec quelle attention le vétéran, la grisette, la bourgeoise et ses enfants, la jeune fille et son père, contemplent, par dessus les grilles de fer, l'intéressant spectacle des évolutions de Martin et de ses compagnons !

Si vous voulez entendre des observations naïves, des paroles niaises, des réflexions amusantes, suivez les contours de la Vallée Suisse. Un enfant se récriera, en tendant ses petites mains vers le treillage, sur la gentillesse des Gazelles ou des Moutons, sur le plumage des Oiseaux. Un ouvrier, bon père et bon époux, hissant son fils sur son épaule, lui expliquera de son

mieux les animaux qu'il lui montre, et lui racontera ingénument ce qu'on lui en a dit et ce que son travail lui en a appris.

Un honnête Monsieur, heureux de contribuer à l'instruction de son jeune héritier, lui décline, après l'avoir lu sur l'étiquette appliquée au treillage, le nom de chaque animal, et ce qu'il en a lu, peut-être le matin, dans son *Jardin des Plantes*.

L'enfant ne manquera pas de profiter d'une science si bien acquise et si bien démontrée.

Cherchez-vous les poursuivants de la vraie science? Entrez dans les galeries, dans la bibliothèque, dans les laboratoires où l'on scrute les secrets de la nature, où le microscope découvre des mondes inconnus, dans les carrés où travaillent avec amour des jardiniers, qui sont à la fois des savants et des artistes, où stationnent, dans un costume qui annonce tantôt le laisser aller des mœurs de l'école, tantôt une certaine élégance étrange et sans façon, quelques étudiants enlevés à l'estaminet par la botanique. Ce n'est pas toujours l'étude qui amène l'étudiant au Jardin des Plantes; je vous laisse à penser quelles leçons donne ou reçoit celui qui gravit, en compagnie d'une femme élégante et fraîche, les sentiers du Labyrinthe; ils paraissent tous deux très-affairés de ce qui les occupe. Ne troublons pas leur promenade.

Si la solitude à deux est le bonheur, comme on l'a dit, l'autre, la vraie solitude, peut rendre indépendant, mais je

doute qu'elle rende longtemps heureux. Il n'est pas bon que l'homme soit seul : cette parole date du commencement du monde; elle n'a pas cessé d'être vraie : aussi quels stigmates de tristesse ou d'ennui sur la figure de la plupart de ces isolés, volontaires ou forcés! que d'efforts pour trouver un compagnon! quel besoin d'un secours, d'une affection, d'un bras

L'Amphithéâtre.

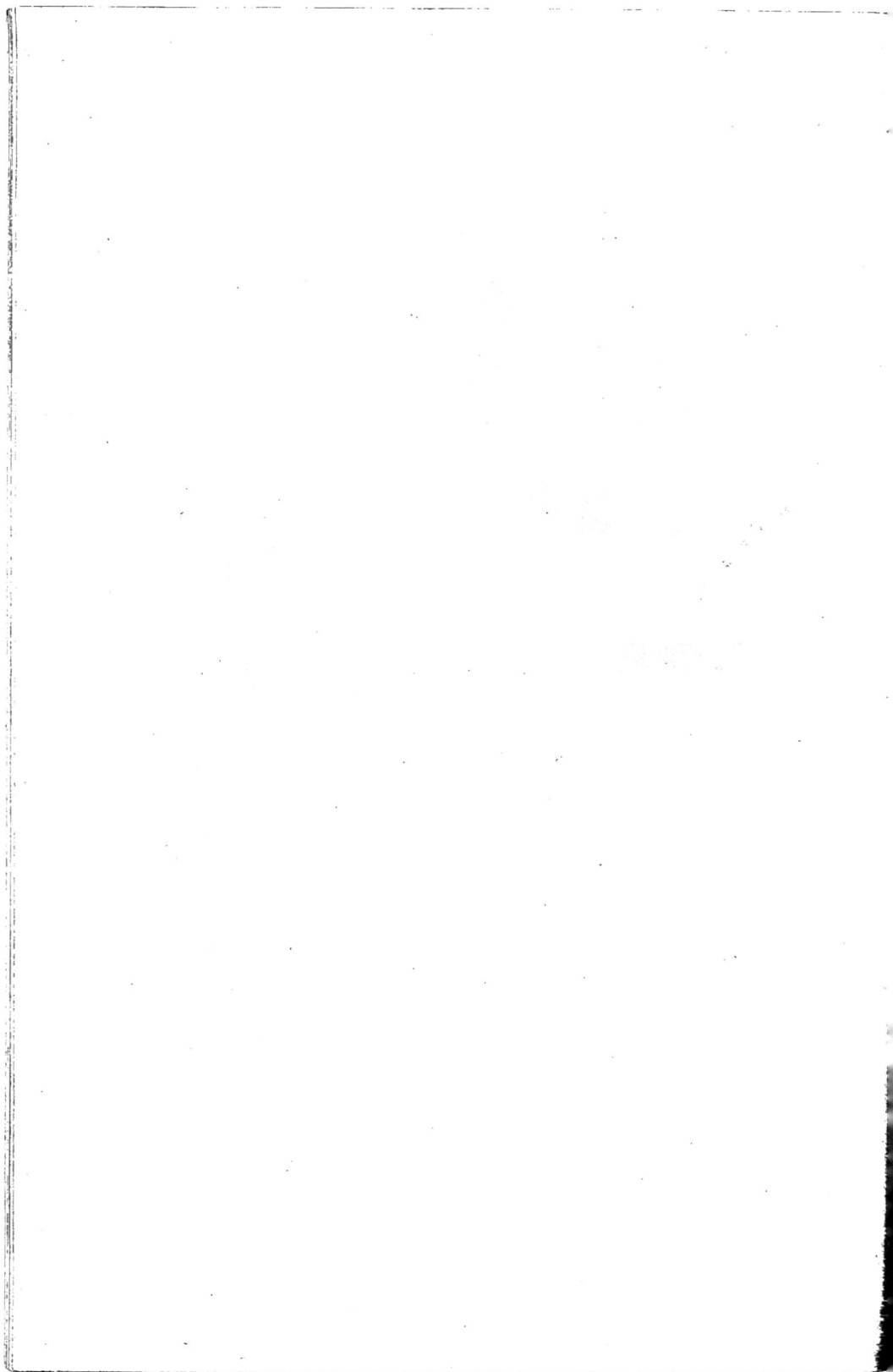

étranger, du cœur d'autrui! N'est-ce pas le souvenir d'une société perdue, ou l'espérance d'une nouvelle association, qui occupe mélancoliquement, sous les ombrages des Tilleuls, cette femme entre deux âges, couverte d'un reste d'élégance, la tête enveloppée d'un voile qui cache son visage en le laissant voir, la taille enveloppée d'un châle ou d'un mantelet qui la couvre en la faisant deviner!

A quoi rêve ce vieux promeneur, qui ne regarde rien, parce qu'il sait tout par cœur, et qui ne semble avoir d'autre ami que sa canne? Cet homme n'aime que lui, ne pense qu'à lui; cela ne le rend ni beau, ni aimable.

Et cet autre, pesamment appuyé sur son parapluie, l'œil fixé sur le sable, comme si les feuilles des allées et les fleurs des carrés n'existaient pas pour lui; sa mise accuse une certaine aisance, mais sa figure est tout calcul; s'il vient ici, c'est parce que cela ne lui coûte rien, et qu'il peut repasser gratis le compte de ses rentes et le chiffre de ses économies. Cette petite bonne, à la mise coquette, à l'œil

3

vif et quêteur, croyez-vous qu'elle soit satisfaite de la
compagnie du *mioche* que ses maîtres lui ont donné à
garder et à promener? Puisse son mauvais destin ne lui
faire pas rencontrer le galant troupier, ou l'étudiant
roué, qui charmerait trop bien son isolement, et l'entraînerait peut-être loin de l'innocent Jardin des Plantes!
Souhaitez-lui de se méfier des hommes, dont elle aime
tant à fixer les regards; espérons même qu'elle ne s'arrêtera pas devant ce provincial, qui braque sur elle son
binocle; un lovelace de chef-lieu d'arrondissement, en
congé à Paris, est un être souvent ridicule, mais dangereux pour la cuisine et pour l'antichambre.

Voyez passer cette marchande de gâteaux,
portant son magasin sous son bras; elle va
là où l'appelle l'enfance généreuse, d'humeur
donnante, et de grand appétit. Il faut des gâ-
teaux à ces petits garçons qui veulent voir manger l'Éléphant, à ces petites filles qui partagent
leurs friandises avec les Biches et les Chevreaux, et qui viennent ensuite danser en rond, à
l'ombre des vieux arbres, sous la surveillance maternelle.

Il faut une nourriture plus forte à ces familles anglaises, que vous rencontrez au Muséum
d'histoire naturelle, comme vous les trouvez dans tous les monuments de Paris, sur toutes les
lignes de chemins de fer, sur tous les bateaux à vapeur; ils sont reconnaissables à la propreté
et à l'originalité de leur mise, à la cadence de leur marche, et à la voracité de leur faim :
leurs enfants mangent toujours, et ils font toujours comme leurs enfants.

Ce qu'ils consomment en un jour suffirait pour nourrir, pendant un an, le caniche de la bonne vieille portière retirée, qui ne manque pas de conduire chaque après-midi son azor au kiosque du Labyrinthe, ou près des animaux apprivoisés.

Un Jardin si grand, où tant de monde marche, serait incomplet, presque inhumain, s'il n'offrait pas au public des moyens de repos. Les vieillards, et il y en a beaucoup parmi ses habitués, comptent sur ses bancs; ils s'y traînent quelquefois péniblement, appuyés sur un bras de neveu, de frère ou de domestique.

Un banc, sous un bel arbre, devient pour eux un excellent cabinet de lecture; celui qui a les meilleurs yeux, ou les meilleures lunettes, lit à haute voix, consciencieusement, et sans se permettre ni admettre aucune interruption, le journal de la veille; on fait cercle autour de lui, et il y a tant d'espace pour les promeneurs, que ces paisibles salons sont respectés, comme le sont aussi les conversations qui s'établissent partout où il y a deux chaises : si vous pouviez entendre ce qui s'y dit, cela vous amuserait; mais il faudrait écouter, et ce serait indiscret.

Vous avez aussi, et en bon nombre, les lecteurs solitaires; ce ne sont pas, soyez-en certains, des gens curieux d'histoire naturelle : ceux-là, si vous voulez les voir lire, allez à la bibliothèque, fréquentée comme le jardin et les galeries, ouverte avec générosité, servie avec une intelligente obligeance. Ces liseurs, assis ou en marche, ce sont les *lecturiers* qui ne sauraient faire un pas sans un livre; les petits bourgeois, qui cherchent sous les Tilleuls l'air absent de leurs chambres; les bas bleus descendus de leur mansarde; les rentiers, qui finissent en paix la lecture de leur journal, commencée dans le tracas du nettoyage matinal, ou au bruit des aigres paroles de la ménagère.

Ne vous mêlez pas aux entretiens de cet homme à figure ignoble et sinistre avec ce jeune ouvrier; n'approchez pas des groupes qui causent dans les coins obscurs et retirés; ceci regarde les agents de police : soyez sûr qu'ils ne sont pas loin.

Chaque jour la voix et les pas des visiteurs se mêlent aux cris des animaux, et l'empressement de la curiosité rivalise avec les travaux de la science. Chaque jour, les grilles du Jardin se ferment sur une foule composée des mêmes éléments, foule qui vous montre, ainsi que dans tous les lieux où se déroule le drame de la vie sociale, l'enfance naïve ou déjà prétentieuse, la jeunesse sérieuse ou folle, la fortune blasée, la médiocrité mécontente ou niaise, l'intrigue sous toutes les toilettes, le vice sous tous les habits, sans exclure les représentants des qualités sérieuses, les adeptes de la science, les amoureux du bien-être réfléchi. Demain sera comme aujourd'hui : on peut même le prédire, le pèlerinage du Jardin des Plantes sera de plus en plus fréquenté, car les années ajoutent à son étendue, à la variété de ses aspects, à la richesse de ses collections; il est, et sera plus que jamais l'histoire et le tableau du monde où nous vivons : c'est sa gloire, et le gage de sa prospérité,

A. G.

L'ÉCOLE DE BOTANIQUE,

LES CARRÉS,

LES SERRES, LES GALERIES.

Il s'agit maintenant d'observer le Jardin des Plantes sous le point de vue botanique; nous allons visiter les *Carrés*, les *Serres*, les *Galeries*, et vous connaîtrez les glorieux travaux de *Tournefort*, de *Linné*, des *Jussieu*, travaux impérissables comme le Règne végétal qu'ils ont illustré.

En m'acceptant pour votre guide, vous m'avez formellement déclaré que vous êtes exempt de toute ambition scientifique, qu'un fauteuil à l'Institut ne vous tente pas; que le bonnet de docteur en médecine n'a rien qui vous plaise; que vous n'aspirez même pas au diplôme d'herboriste : vous consentez à vivre obscur dans cette foule immense, que les savants appellent modestement *le vulgaire*; vous voulez posséder quelques notions simples et précises sur la vie des plantes, sur les harmonies nombreuses et providentielles qui les unissent aux animaux, sur les mœurs des plus curieuses d'entre elles; vous voulez enfin savoir quels moyens la patiente sagacité des législateurs du Règne végétal a employés pour les classer en tribus, en légions, en cohortes, moyens si ingénieusement combinés, qu'un observateur peut, en quelques minutes, trouver, au milieu de cent mille espèces de plantes, le *nom de famille*, le *nom de baptême* et le signalement détaillé de la Fleur qu'il vient de cueillir.

D'un autre côté, vous vous effrayez à juste titre de cette énorme quantité de termes techniques, grecs et latins, dont s'est hérissée une science qui pouvait rester française; enfin, pour vous mettre à l'abri du soupçon de frivolité, vous m'avez exprimé tout le mépris que vous inspire la *botanique galante* de certains écrivains, qui n'ont vu dans l'histoire des Fleurs qu'un sujet de *bouquets à Chloris*.

Rassurez-vous sur ce dernier point : vous n'aurez pas à craindre ces allusions fades et cette poésie musquée, dont l'arome factice masque le parfum naturel de la Fleur des champs; nous écarterons de la Botanique les futiles atours dont l'avaient ornée, croyant l'embellir, quelques faiseurs de madrigaux; nous la dépouillerons, en outre, autant qu'il nous sera possible, de sa robe scolastique et de son odeur de drogue. Quant à la nomenclature, je conviens que les auteurs ont étrangement abusé du privilége de créer des mots nouveaux (qui n'expriment pas toujours des idées nouvelles); mais l'abus ne doit point nuire à l'usage : toute science a le droit d'avoir sa langue spéciale; l'essentiel est de ne pas appauvrir cette langue par des synonymes : or, notre dictionnaire, à nous gens du monde, pouvant se borner à une vingtaine de termes techniques, je vous promets de ne pas dépasser ce nombre, et de faire en sorte qu'il vous suffise pour étudier l'organisation des végétaux.

§ 1er.

L'ÉCOLE DE BOTANIQUE.

Entrons donc dans l'un de ces deux *carrés,* que l'on nomme l'*École* (*n°* 90 *du plan*), où les Plantes sont rangées par familles, et dont je vous ferai bientôt l'histoire; cueillez une Rose à demi épanouie, et observez successivement les parties qui la constituent.

L'enveloppe la plus extérieure se compose de cinq feuilles vertes, disposées en cercle, et se réunissant inférieurement pour former un corps ovale ou sphérique; cette première enveloppe de la Fleur est le *calice.* A l'endroit où les feuilles du calice, nommées *folioles,* commencent à se réunir, naissent cinq autres feuilles colorées et odorantes : ce sont les *pétales;* leur ensemble se nomme la *corolle;* en dedans de ces pétales et sur le calice, sont implantés de nombreux filaments gracieusement recourbés, et portant chacun une petite tête jaune; ces baguettes sont appelées *étamines.*

ROSE.

PÉTALE.

COROLLE.

anthère
filet
ÉTAMINE.

Maintenant, ouvrez dans le sens de sa longueur cette espèce de boule formée par la soudure des cinq folioles du calice; cela fait, vous voyez une cavité assez considérable, s'ouvrant en haut par un goulot étroit, et contenant des corps qui s'attachent à ses parois; ces corps s'allongent vers le haut en autant de cols qui se dirigent vers l'embouchure

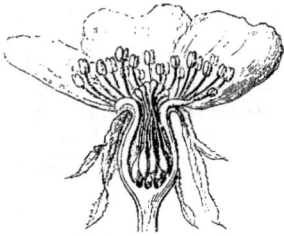

COUPE DE LA ROSE.

de la cavité, et là se réunissent en un faisceau qui occupe le centre de la Fleur; chacun de ces corps renferme une graine; leur ensemble constitue le *pistil*; vous voyez que la retraite où ils sont nichés est remplie d'une bourre soyeuse et courte, qui tapisse la cavité, et couvre même en partie les corps composant le pistil.

PISTIL.

Calice, corolle, étamines, pistil, voilà les quatre parties dont se compose une Fleur complète; mais, pour bien comprendre la physiologie de ces divers organes, il faut choisir une Plante où ils offrent des proportions plus considérables.

Prenez un Lis blanc (*Lilium candidum*); au premier aspect, vous le croiriez dépourvu de calice, et n'ayant qu'une corolle de six pétales; mais observez la Fleur quand elle est peu ouverte; vous voyez un premier groupe de trois feuilles blanches, évidemment situées en dehors des trois autres feuilles : les premières sont étroites, un peu vertes à leur sommet, et représentent le calice; les intérieures sont plus larges; leur surface diffère de celle des folioles du calice en ce qu'elle est creusée d'un sillon longitudinal bien marqué : ces trois feuilles intérieures forment la corolle. Quant aux étamines, il y en a moins que dans la Rose, mais elles sont plus grandes et plus faciles à observer : leur filet est blanc, un peu élargi à sa base, et porte un long bissac jaune; passez la pointe d'une épingle dans chacune des deux coutures qui bordent les côtés de ce long bissac, vous les ouvrirez, et vous en ferez sortir une poussière jaune très-abondante. Quand la Fleur est épanouie, ces bissacs font la culbute, et vous voyez qu'ils ne tiennent au sommet pointu du filament que par un point situé vers leur milieu : les deux feuillets dont ils se composent se décollent d'eux-mêmes, et la poussière jaune en sort : cette poussière a reçu le nom de *pollen*; le bissac qui la renferme se nomme *anthère*, et le pied qui porte le bissac est appelé *filet*. Ainsi, l'étamine est composée du *filet*, de l'*anthère* et du *pollen*.

LIS.

Enlevez maintenant les six étamines du Lis; vous voyez qu'elles naissent, non pas sur le calice, comme dans la Rose, mais sur le pied même de la Fleur. Il vous reste, sur ce pied, le *pistil*, qui diffère beaucoup de celui de la Rose : dans cette dernière, il se composait d'une douzaine de corps, attachés sur les parois de la boule creuse formée par le calice et séparés les uns des autres; le pistil du Lis, au contraire, est d'une seule pièce; il offre à son sommet trois crêtes molles, grenues, disposées en triangle; chaque crête est double, et peut facilement se décoller en deux lames; au-dessous est un long col, lequel pose sur un corps plus gros, deux fois plus court que le col, et qui présente six côtes arrondies, séparées par des sillons. Coupez ce corps en travers, taillez une petite tranche mince, et placez-la entre votre œil et la lumière : vous reconnaîtrez sans peine une cavité divisée en trois loges par trois petites cloisons; au point où les cloisons viennent se réunir, il y a des graines attachées. Remarquez la position des crêtes, vous verrez que chacune répond à l'une des trois loges.

La partie du pistil qui renferme les graines a reçu le nom d'*ovaire*; le long col posé sur lui s'appelle *style*, et les crêtes humides qui le terminent se nomment le *stigmate*.

Quant au pied de la Fleur, on le nomme le *pédoncule*; et son extrémité, toujours plus ou moins élargie pour servir de support au calice, à la corolle, aux étamines et au pistil, porte le nom de *réceptacle*.

Maintenant que la structure des parties de la Fleur vous est connue, que vous avez accepté patiemment les quatorze termes scientifiques servant à les désigner, vous méritez de connaître les merveilleuses fonctions qu'exécutent ces divers organes.

Le calice est évidemment un organe protecteur : voyez un bouton de Rose ou de Lis; le calice sert d'enveloppe à la corolle, aux étamines et au pistil. Quant à ce dernier, il n'est pas nécessaire de vous apprendre que les petits œufs contenus dans l'ovaire sont des graines, qui doivent reproduire des plantes semblables à celle qui leur a donné naissance. Quelle est maintenant la destination des baguettes nommées *étamines*, qui sont si belles dans le Lis, et portent une *anthère* si longue et si riche en *pollen*?

Pour résoudre cette question, examinez d'abord le stigmate qui couronne le pistil; si la Fleur est bien épanouie, vous devez voir quelques grains de pollen retenus sur les crêtes spongieuses dont il se compose; ces crêtes sont devenues humides et gluantes à l'époque même où le pollen pouvait sortir de son anthère; cette coïncidence vous permet déjà de supposer quelque relation d'utilité entre le pollen et le stigmate.

Si, comme le fit Linné, vous coupez sur un Lis à peine éclos toutes les anthères, la Fleur s'épanouit; mais bientôt l'ovaire, au lieu de grossir, se flétrit et tombe : les anthères étaient donc indispensables au pistil, puisque leur soustraction a empêché celui-ci de mûrir.

Si, après avoir privé votre Lis de ses anthères, vous allez enlever sur un second Lis des anthères bien ouvertes, si vous les secouez sur une feuille de papier pour en recueillir le pollen, si ensuite vous déposez, avec un petit pinceau, un peu de ce pollen sur le stigmate du premier, l'ovaire grossira, restera sur son pédoncule, et les graines se développeront. Que devez-vous en conclure? Que les graines contenues dans l'ovaire ne peuvent prospérer sans l'intervention des étamines, et que, dans les étamines, c'est le pollen qui exerce sur le pistil cette précieuse influence.

En voulez-vous une dernière preuve? Avec une dissolution de gomme, vernissez adroitement deux des crêtes du stigmate, puis saupoudrez la troisième de pollen; qu'arrivera-t-il? la loge de l'ovaire à laquelle répond cette crête se développera, et les graines grossiront; les deux autres loges resteront stationnaires.

Ces expériences, et beaucoup d'autres, non moins ingénieuses, ont révélé aux naturalistes la nature physiologique de l'étamine.

Il vous reste maintenant à savoir quelle est la destination de la corolle. Est-ce pour l'homme que Dieu a créé cette partie de la plante? Est-ce pour flatter vos yeux, votre odorat, votre toucher, que la nature a prodigué à ces pétales les couleurs brillantes, les formes variées, le parfum pénétrant et le tissu velouté que vous admirez dans les Fleurs? Tout en admettant cette croyance, fondée sur la vanité autant que sur un sentiment religieux, ne pourriez-vous pas soupçonner que cette parure du Lis et de la Rose leur a été donnée pour leur utilité individuelle? C'est une question dont l'examen n'est pas sans intérêt.

Vous savez que le pollen est l'agent nécessaire de la fécondation des graines; mais comment le pollen est-il transporté dans le stigmate? Venez voir cette touffe de *Rue* (*Ruta graveolens*). Vous voyez une corolle de quatre à cinq pétales jaunes, creusés en cuiller, et huit à dix étamines : remarquez-vous l'une des étamines, qui, au lieu d'être étendue horizontalement dans un pétale ou entre deux pétales, comme ses sœurs, est debout inclinée sur le pistil contre lequel son filet est appliqué? Si vous avez la patience d'observer cette étamine pendant une heure, vous verrez l'anthère s'ouvrir, vous en verrez tomber le pollen, et vous comprendrez sans peine que le pistil en recevra quelques granules; bientôt cette étamine, dont la mission est remplie, se couchera dans son pétale, une autre se redressera à son tour pour venir la remplacer, et ces évolutions se succéderont jusqu'à ce que toutes les anthères aient payé leur tribut au pistil. Ici vous prenez la

Nature sur le fait, ses intentions sont évidentes, vous avez observé l'organe dans l'exercice de ses fonctions; mais cette manœuvre est rare dans le Règne végétal.

Dans beaucoup de plantes, les étamines sont aussi hautes que le pistil; elles l'entourent de près, et le pollen, en sortant de l'anthère, est facilement mis en contact avec le stigmate; dans beaucoup d'autres, les étamines sont plus courtes que le pistil, ce qui ne nuit pas à la fécondation, parce qu'alors la Fleur est inclinée, de sorte que le stigmate se trouve au-dessous des anthères qu'il dépasse, et reçoit aisément leur pollen; mais il arrive souvent que la Fleur reste dressée, et alors le pollen ne peut guère atteindre de lui-même le stigmate. Quelquefois les étamines et le pistil n'habitent pas la même Fleur; c'est ce que vous pouvez voir dans le Melon, dans le Sapin : les étamines sont dans une Fleur, et les pistils dans une autre, sur le même pied, il est vrai, mais sur des rameaux différents; quelquefois enfin, comme dans le Palmier, le Dattier, le Pistachier, les Fleurs à étamines sont sur un arbre, les Fleurs à pistil sur un autre, et ces deux arbres sont souvent éloignés de plusieurs lieues. Comment, dans ces diverses circonstances, se fera le transport du pollen? Sera-ce le vent qui s'en chargera? et la poussière fécondante, dispersée par lui, ira-t-elle à travers l'espace, comme par une sorte d'attraction, trouver le stigmate qui a besoin d'elle?

Un jour (c'était en 1758), Bernard de Jussieu, passant en revue les arbres du Jardin des Plantes, s'aperçut que le Pistachier à pistil, qui jusqu'alors avait fleuri tous les ans sans produire de fruit, se disposait à donner des Pistaches; le fruit s'était *noué*; le stigmate avait reçu du pollen, mais d'où venait ce pollen? il n'y avait pas dans tout le Jardin des Plantes un seul Pistachier à étamines; on fit une battue dans les jardins environnants; on ne trouva rien. Un fruit formé des graines développées sans pollen, c'était un rude échec pour la théorie de la fécondation des Fleurs, qui alors n'était pas solidement établie comme aujourd'hui : le grand botaniste, tout en s'affligeant de l'inutilité des recherches, affirmait avec persévérance qu'il existait quelque part aux environs un Pistachier à étamines, et que c'était lui qui avait fait *nouer* celui du Jardin des Plantes; mais encore fallait-il le découvrir. Bernard de Jussieu prit alors le parti de s'adresser à l'autorité; la police aussitôt mit ses agents en campagne, avec le *signalement* exact de l'individu qui se cachait si bien : les agents tournèrent autour du Jardin des Plantes, en élargissant peu à peu

PISTACHIER.

la spirale de leurs perquisitions; enfin, ils découvrirent dans un coin de la *Pépinière des Chartreux* (aujourd'hui le Jardin botanique de l'École de Médecine) qui longe l'allée de l'Observatoire, ils découvrirent, dis-je, un petit Pistachier à étamines, qui avait, cette année, FLEURI POUR LA PREMIÈRE FOIS : le pollen avait donc dû franchir, à travers les airs, la lisière du faubourg Saint-Germain, le faubourg Saint-Jacques et le faubourg Saint-Marceau, pour arriver sur le stigmate du Pistachier à pistil, placé au milieu du Jardin des Plantes. Or, il est bien difficile d'admettre que le vent ait pu transporter si loin une petite quantité de poussière fécondante, sans la disperser partout ailleurs que sur l'étroite surface du pistil qui en avait besoin. Il faut donc chercher un autre auxiliaire à la fécondation.

Vous vous êtes sans doute bien souvent amusé à sucer le fond de la corolle du Chèvrefeuille, du Jasmin, du Lilas, de la Primevère, pour en extraire la liqueur sucrée qui s'y trouve en abondance; cette friandise de votre part est un larcin que vous avez fait à des animaux qui n'ont pas d'autre nourriture : ces animaux sont les Papillons, les Mouches, les Bourdons, et autres Insectes que vous pouvez voir blottis au fond des Fleurs : c'est précisément à ce *nectar* que nous devons le miel des Abeilles. Ce nectar est fourni, tantôt par le calice, tantôt par les pétales, tantôt par la base des étamines, tantôt par l'ovaire; quelquefois c'est une petite écaille spongieuse, quelquefois une petite fossette, ou un sac, ou une simple surface lisse, qui distille cette liqueur que viennent avidement pomper les insectes.

Voyez dans cette Rose ce Scarabée doré, que l'on nomme la *Cétoine*, et dont le dos, de

4

couleur émeraude, se détache si bien de l'incarnat des pétales ; il semble dormir en paix dans l'asile délicieux qu'il a choisi : croyez-vous que la Fleur lui fournisse *gratis* le vivre et le couvert ? Touchez-le légèrement, il va se réveiller, ouvrir ses ailes, et s'envoler en froissant les nombreuses étamines au milieu desquelles il était couché ; ce mouvement seul a secoué les anthères, et le pollen a pu se disperser sur le stigmate placé au centre de la Rose. — Voyez l'Abeille quand elle fait sa récolte : elle suce le nectar des Fleurs, mais son corps, hérissé de poils, se charge de pollen ; elle va picorer sur d'autres Plantes ; et, tout en pénétrant au fond des corolles, elle se frotte contre les pistils : or, c'est à l'époque où les étamines ouvrent leurs anthères, que le stigmate se charge d'une liqueur gluante ; c'est aussi à cette époque que les glandes de la Fleur distillent du nectar, et qu'il se trouve des insectes pour s'en repaître. Cette coïncidence ne vous dit-elle rien ? N'êtes-vous pas tenté de croire que les Insectes, contemporains des Fleurs, sont pour elles des messagers reconnaissants qui, pour payer l'hospitalité qu'ils ont reçue, distribuent, dans l'hôtellerie où ils arrivent, le pollen recueilli dans l'hôtellerie qu'ils viennent de quitter ?

Approchons-nous de cet arbrisseau, au port élégant, dont les feuilles, d'un vert gai, réunies en touffes, sont protégées par des aiguillons. Les fleurs sont jaunes et disposées en grappes : c'est le *Berbéris,* nommé vulgairement *Épine-Vinette.* Choisissez une Fleur bien ouverte, et, sans la détacher de sa tige, chatouillez légèrement avec la pointe d'une longue épingle l'un des filets des étamines ; vous voyez celle-ci se contracter avec vélocité, et frapper de son anthère le stigmate, qu'elle couvre de pollen. Eh bien ! cette sensibilité des étamines, il n'est pas besoin d'une épingle pour l'exciter : qu'un Insecte, cherchant le nectar que fournissent deux petites écailles d'un jaune orangé, situées au bas de chaque pétale ; qu'un Insecte, dis-je, effleure de ses ailes, comme vous l'avez fait avec votre épingle, les filets des étamines, à l'instant les étamines se redressent et viennent se heurter contre le pistil.

A quoi donc sert la corolle ? C'est maintenant que cette question est opportune. La corolle s'épanouit quand les anthères donnent leur pollen, quand le stigmate devient humide, quand le nectar est distillé, quand les Insectes viennent le boire : il ne faut pas une grande sagacité pour conclure, de cette réunion de circonstances, que la corolle, par ses formes, ses nuances, son odeur, est destinée à indiquer aux Insectes le réservoir où ils pourront puiser du sirop : c'est l'étiquette du vase contenant le précieux nectar ; c'est l'uniforme invariable de toutes les Fleurs d'une même espèce, et les Insectes voyageurs savent bien reconnaître, à son enseigne éclatante, le caravansérail où ils trouveront leur pâture.

Les Insectes sont donc de précieux auxiliaires pour la fécondation des Fleurs, soit en colportant le pollen d'une plante sur une autre, soit en favorisant la dispersion du pollen parmi les étamines d'une même Fleur ; et c'est pour cela que, dans les expériences dont nous parlions tout à l'heure, il faut entourer la plante d'une gaze fine qui ferme le passage aux Insectes : sans cette précaution, un de ces animaux pourrait, à l'insu de l'observateur, porter du pollen sur un stigmate qu'on voulait en priver, et rendrait par là l'expérience douteuse.

C'est un Allemand, Conrad Sprengel, qui a fait connaître, par un grand nombre d'observations, le rôle physiologique de la corolle et des glandes à nectar ; c'est lui qui a découvert cet anneau de plus dans la grande chaîne qui lie le Règne végétal au Règne animal. Il allait, avec une patience toute germanique, passer des jours entiers dans la campagne, couché au pied d'une plante ; il attendait, l'œil constamment fixé sur la Fleur dont les anthères n'étaient pas encore ouvertes ; enfin, après une surveillance immobile et silencieuse, qui se prolongeait souvent jusqu'au soir, il voyait arriver le messager aérien dont il avait entrepris d'explorer la manœuvre ; l'Insecte, après quelques évolutions préliminaires, pénétrait dans la corolle, et y faisait son repas ; puis, quand il en était sorti, Sprengel voyait des grains de

ROSE

Comtesse de Rambuteau

L. Constant del.   Gérard col.   André sc.

pollen attachés au stigmate, et il rentrait chez lui, content de sa journée. C'est surtout depuis la venue du grand Linné, que l'on rencontre *de ces âmes divines,* pour qui seize heures sous le soleil ne sont qu'une minute, quand il s'agit d'observer les merveilles de la création.

Il ne serait pas exact de dire que la corolle est uniquement destinée à signaler la plante aux Insectes; la nature sait trop bien allier l'économie des moyens avec la magnificence des résultats, pour que l'on ne doive pas présumer qu'un même organe sert à plusieurs fins; il est évident, par exemple, que la corolle est, comme le calice, une enveloppe de protection, qui abrite les parties centrales de la Fleur; mais si nous ne connaissons pas toutes les fonctions de la corolle, il nous est permis du moins d'en constater la plus importante et la plus digne de vos méditations.

La corolle, dont vous venez d'apprécier l'utilité, devient pour la Fleur une parure pernicieuse, lorsque, par la culture, les pétales se multiplient aux dépens des étamines. Cette métamorphose s'opère facilement dans les Fleurs dont les étamines sont nombreuses, telles que les Anémones, les Renoncules, les Pivoines, les Pavots, les Roses, etc.; rien de plus fréquent dans nos jardins que ce luxe ruineux de pétales, qui frappe de stérilité le pistil de la Fleur : voyez cette Rose *double;* les étamines se sont nourries outre mesure, leur anthère s'est élargie, ainsi que leur filet, et le pollen a disparu : si toutes les étamines ont subi cette transformation, la Fleur alors est *pleine,* les ovaires ne se développeront pas, et cet embonpoint monstrueux, qui rend la Rose si belle aux yeux du fleuriste, est une calamité pour la plante, destinée par la nature à se perpétuer par des graines.

Vous connaissez la structure et les fonctions du calice, de la corolle, des étamines et du pistil : nous pouvons maintenant voyager avec fruit dans les Carrés, dans les Serres et dans la Galerie de botanique : vous entendez la langue du pays.

Revenons à la *Rose,* qui a été notre point de départ; vous avez sous les yeux le *Rosier églantier,* dont les pétales sont tantôt d'un jaune vif, tantôt d'un rouge orangé à leur face supérieure; le *Rosier jaune,* dont les pétales ont la couleur du soufre; le *Rosier de Provins,* dont la fleur est d'un rouge pourpre très-foncé; le *Rosier rouillé,* dont la fleur est rouge, petite, et dont les feuilles, froissées entre les doigts, exhalent une odeur suave qui rappelle la pomme de reinette. Tous ces arbrisseaux, qui ne diffèrent entre eux que par la consistance et la courbure des aiguillons dont leur tige est armée, par la forme ovale ou sphérique du calice, par la couleur ou l'odeur des pétales, sont autant d'*espèces* appartenant au genre *Rosier :* leur port élégant, leurs feuilles composées chacune de trois ou cinq *folioles,* leur calice resserré en godet pour loger les ovaires, toutes ces ressemblances établissent entre les Rosiers une *parenté* manifeste.

ROSIER ÉGLANTIER.

Nous allons voir dans leur voisinage d'autres plantes dont le port, la tige, les feuilles, ne rappellent pas toujours les Rosiers, mais qui, par la structure de leur fleur, ont avec ces derniers un rapport facile à saisir. Jetez un coup d'œil sur ce *Framboisier,* qui est une espèce de *Ronce;* la tige est aiguillonnée, les feuilles sont aussi divisées en trois ou cinq folioles, et munies, à la base de leur pied (qu'on nomme *pétiole*), de deux petites feuilles (nommées *stipules*), beaucoup moins larges et plus caduques que dans les Rosiers, où elles forment deux ailes au-dessous de la vraie feuille; comme dans les Rosiers, les feuilles sont éparses sur la tige, et non placées vis-à-vis l'une de l'autre; comme dans les Rosiers, le calice est divisé en cinq petites folioles; seulement ces folioles ne se soudent pas inférieurement pour former un godet creux; comme dans les Rosiers, le calice porte un grand nombre d'étamines; au milieu se trouve le pistil, composé aussi de plusieurs ovaires; mais ces ovaires, au lieu d'être renfermés dans un godet creux formé par le calice, sont à découvert, et prennent à la maturité une consistance succulente. Cette dernière différence sépare le Framboisier des Rosiers, et forme le caractère du genre *Ronce,* dont deux espèces vous sont bien connues : la première est la Ronce des buissons, nommée en botanique *Ronce arbrisseau;* la seconde est le Framboisier, nommé *Ronce du mont Ida.*

Comparez maintenant, avec les plantes que vous venez d'étudier, le Fraisier, qui étend à vos pieds ses tiges rampantes : de même que dans les Rosiers et les Ronces, ses feuilles (composées de trois folioles) sont garnies, à la base du pétiole, de deux stipules bien visibles; la corolle est de cinq pétales disposés régulièrement, les étamines sont nombreuses et naissent sur le calice; le pistil offre seul une différence notable : observez une fleur jeune, vous voyez un grand nombre de petits ovaires réunis en boule, mais distincts les uns des autres; ils sont secs, au lieu d'être pulpeux comme ceux du Framboisier; mais bientôt le *réceptacle* qui les supporte se gorge de sucs, grossit, déborde les petits ovaires, et les enchâsse de sa chair, qui prend peu à peu une couleur pourprée : c'est ce que vous pouvez voir dans la Fraise, quand elle est mûre. Ce que vous mangez dans la Fraise est donc le réceptacle, tandis que, dans la Framboise, ce sont les ovaires. Les ovaires de la Fraise sont insipides et craquent sous la dent; et ces petits fils noirâtres, qui se déposent au fond du vin ou de l'eau dans laquelle vous avez plongé les Fraises, ces fils sont les *styles* desséchés, qui se sont détachés de chaque ovaire.

Le genre *Fraisier* se distingue du genre *Ronce* par son réceptacle, qui devient pulpeux; il en diffère aussi par le calice, qui, au lieu d'être à cinq découpures, en présente dix, dont cinq plus petites et extérieures; le genre *Potentille,* riche en espèces élégantes, ne s'éloigne du Fraisier que par son réceptacle qui reste toujours sec.

Passons rapidement en revue les plates-bandes voisines de celles que nous venons de visiter. Vous voyez les *Cerisiers,* les *Pruniers,* les *Abricotiers,* les *Pêchers,* les *Amandiers;* ces arbres ne diffèrent des plantes précédentes que par leur taille plus élevée, leurs feuilles simples, c'est-à-dire non divisées en folioles, et surtout par le pistil de leur Fleur; ce pistil ne se compose que d'un seul ovaire, dont la paroi interne s'épaissit, se durcit, et forme un noyau qui protége la graine, tandis que le tissu qui recouvre ce noyau se gonfle de sucs, et forme une pulpe savoureuse. Les arbres qui viennent ensuite sont les *Poiriers,* les *Pommiers,* les *Cognassiers,* les *Néfliers,* les *Sorbiers,* qui diffèrent des précédents en ce que les ovaires, au lieu d'être libres comme dans la Framboise, au lieu d'être renfermés dans la cavité du calice, mais sans se confondre avec elle comme dans la Rose, forment dans la Pomme, dans la Poire, etc., un seul et même corps, composé : 1° au centre, de cinq ovaires renfermant chacun ordinairement une ou deux graines, nommées *pepins;* 2° à la circonférence, d'un calice qui a pris un développement énorme et a comprimé les ovaires, au point de se souder et de se confondre avec eux. Ce que vous mangez dans la Pomme est donc principalement le calice : quant à ce débris noirâtre qui couronne la Pomme, et qu'on appelle communément la *mouche,* c'était autrefois la moitié supérieure du calice, qui portait les étamines, dont vous pourrez encore reconnaître les vestiges; cette moitié supérieure est restée stationnaire et a fini par se flétrir, tandis que la moitié inférieure prenait un accroissement considérable.

Dans l'examen comparatif que vous venez de faire, vous avez pu remarquer que les *Rosiers, Ronces, Fraisiers, Potentilles, Cerisiers, Pêchers, Pommiers, Poiriers,* etc., ne diffèrent essentiellement que par leurs fruits, bien que d'ailleurs la graine ait dans tous une structure semblable, comme vous le verrez bientôt. Le calice est à cinq découpures qui se soudent plus ou moins par leur base; la corolle se compose de cinq pétales symétriques, et posés sur le calice; les étamines sont nombreuses, et naissent comme les pétales sur le calice; en outre, les feuilles sont toujours munies de deux stipules (qui tombent de bonne heure dans les Cerisiers et les Poiriers), et au lieu d'être opposées l'une à l'autre, elles sont *alternes* sur la tige. Eh bien! tous ces caractères, joints à une certaine physionomie qu'il est plus facile de comprendre que d'exprimer, ont servi à former un groupe naturel que l'on a appelé *famille.* Ainsi le groupe que vous venez d'observer constitue la famille des *Rosacées,* l'une des plus élégantes du Règne végétal, famille qui se divise en groupes secondaires, nommés *genres,* et fondés sur des différences dans la forme, la proportion, la consistance des diverses parties de la Fleur. Chaque genre, à son tour, comme vous l'avez vu pour les Rosiers, se divise en *espèces,* dont les caractères distinctifs sont tirés des feuilles, de la tige, de la couleur et de l'odeur des Fleurs, etc.... Je n'ai pas besoin de vous dire qu'il faut entendre par *espèce* la réunion d'individus assez semblables entre eux pour être supposés issus d'une même graine. Plus tard, je vous parlerai des *races* et des *variétés*.

Cette analyse générale des Rosacées vous a paru peut-être un peu austère, mais je ne voulais pas vous épargner un travail d'esprit, que je regarde comme indispensable, et qui, une fois fait, va vous rendre facile l'étude comparative des diverses familles du Règne végétal.

Auprès des Rosacées se range la famille des *Myrtes,* qui s'en distingue par ses feuilles toujours opposées, et jamais pourvues de stipules; vous voyez d'abord le *Myrte commun,* dont les feuilles exhalent un parfum délicieux; puis le *Seringat,* dont les fleurs en grappe possèdent aussi une odeur très-pénétrante; enfin le *Grenadier,* arbrisseau originaire d'Afrique, dont la fleur est d'un rouge vif; le calice, qui est épais, imite assez bien une grenade faisant explosion, et les pétales chiffonnés qui en sortent achèvent la comparaison; les graines sont nombreuses et entourées d'une pulpe acidule très-agréable. C'est aussi à la famille des Myrtes qu'appartient le *Giroflier;* ce qu'on nomme *Clou de Girofle* est la fleur non développée de cet élégant arbuste.

De l'autre côté des Rosacées, nous allons voir se développer une famille nombreuse, dont le port et les caractères sont faciles à saisir : c'est la famille des *Légumineuses.* — Voici la *Gesse odorante,* nommée vulgairement *Pois de senteur.*

C'est une herbe grimpante, à tige anguleuse; les feuilles sont alternes; chaque feuille se compose de deux folioles ovales; au bas du pétiole sont deux stipules qui ressemblent chacune à un demi-fer de flèche; à l'extrémité de ce même pétiole sont des filaments disposés deux par deux, et terminés par un filament impair; ces filaments s'entortillent autour des corps voisins, et soutiennent la plante. Si vous réfléchissez un instant sur la nature de ces filaments, vous reconnaîtrez, par leur position, que ce sont des folioles réduites à leur côte moyenne; la Nature les a empêchées de s'élargir, et leur a confié des fonctions autres que les fonctions ordinaires des feuilles, dont je vais bientôt vous entretenir, et qui ne sont pas moins merveilleuses que celles de la corolle et des étamines.

GESSE ODORANTE.

Venons à la fleur de la *Gesse odorante.* Vous trouvez d'abord un calice de cinq folioles inégales, soudées par le bas; déchirez doucement ces folioles dans leur partie libre, vous verrez que c'est sur la partie soudée que naît la corolle: cette corolle est irrégulière, et formée de plusieurs pétales; le pétale que vous enlevez le premier, et qui recouvre tous les autres, se nomme *étendard;* au-dessous de lui sont deux pétales parallèles, et nommés les *ailes ;* en dedans, et au-dessous de celles-ci, sont les deux derniers pétales, légèrement soudés par le bas, et imitant une *nacelle.* Cette espèce de corolle est appelée *papilionacée.* Remarquez que toutes les pièces qui la composent sont solidement emmortaisées les unes dans les autres. Si vous abaissez enfin la nacelle, vous voyez qu'elle logeait dans son sein les étamines et le pistil; ces étamines forment elles-mêmes un fourreau qui protége le pistil; leurs *filets* sont soudés dans la moitié de leur longueur : il y en a neuf ainsi réunis, une dixième est libre, et c'est précisément celle qui répond à la série des graines, de sorte que, quand elles tendent à se développer, l'étamine isolée se soulève, et le fourreau s'ouvre sans résistance. Le pistil se compose d'un seul ovaire, surmonté d'un style recourbé, le long duquel vous voyez quelques poils mous, destinés à happer le pollen. Ouvrez délicatement cet ovaire, vous y verrez des graines attachées le long du bord qui regarde l'étendard. Ce fruit s'appelle *Gousse* ou *Légume :* de là le nom de *Légumineuses* qu'a reçu cette famille.

Les Légumineuses méritent, sous plusieurs rapports, de fixer votre attention : elles sont employées comme fourrages ou comme plantes potagères; tels sont les *Pois*, les *Fèves*, les *Haricots*, les *Lentilles*, les *Trèfles*, les *Luzernes*, etc. ; elles fournissent à la médecine un grand nombre de médicaments, tels que la *Gomme arabique*, la *Gomme adragante*, la *Casse*, le *Séné*, le *Tamarin*, le *Cachou*, la *Réglisse*, le *Baume de Tolu*, etc. ; c'est de cette famille que les teinturiers tirent le *bois de Campêche* et le *bois de Brésil*, si usités pour teindre en noir et en rouge; c'est à elle qu'appartient l'*Indigotier*, dont on extrait cette belle matière colorante bleue, nommée *indigo*; nous lui devons, en outre, beaucoup de plantes d'ornement, telles que les *Genêts*, les *Cytises*, les *Acacias*, le *Baguenaudier*, etc.; enfin, c'est surtout dans les Légumineuses que l'on observe des mouvements périodiques, exécutés par les feuilles, phénomène que Linné, dans son langage poétique, a nommé *veille et sommeil des Plantes*. Ainsi le *Robinier faux Acacia*, nommé vulgairement *Acacia*, a ses folioles étendues presque horizontalement au lever du soleil; les folioles se redressent à mesure que cet astre s'élève; elles baissent en même temps que lui, et tant qu'il est au-dessous de l'horizon, elles sont presque pendantes, elles *dorment*.

La lumière artificielle peut quelquefois produire cette veille et ce sommeil; et des observateurs ont, pendant la nuit, *éveillé* des Plantes en dirigeant sur elles une grande quantité de rayons lumineux.

La *Mimeuse pudique*, que tout le monde connaît sous le nom de *Sensitive*, et qui est une Légumineuse, dort la nuit et veille le jour comme l'Acacia.

Nous verrons dans les Serres une autre Légumineuse, bien plus remarquable encore : c'est un Sainfoin, originaire du Bengale, que l'on nomme *Hedysarum gyrans*.

Sainfoin.

Enfin, il y a une Plante, nommée *Attrape-Mouche*, qui nous est venue de l'Amérique septentrionale, et dont la sensibilité est funeste pour les Insectes qui s'en approchent : c'est le *Dionæa muscipula*, de la famille des Droseracées.

Ces divers mouvements opérés par les feuilles, sont des phénomènes exceptionnels qui ne s'observent que dans un petit nombre de familles; il s'agit maintenant de vous expliquer les fonctions ordinaires de la feuille dans tous les végétaux.

Les feuilles servent principalement à absorber dans l'atmosphère, et surtout dans l'atmosphère humide, les éléments nécessaires à la nutrition de la Plante qui les porte.

Dionée
Attrape-Mouche.

De même que les racines, elles pompent l'eau, par leur face inférieure surtout. Vous savez combien l'eau est utile aux Plantes, et combien il est facile de leur rendre leur fraîcheur en les arrosant : or, il y a, dans l'île de Madagascar, un végétal, le *Nepenthes distillatoria*, que la nature a singulièrement favorisé à cet égard. Outre la faculté d'absorber de l'eau par les feuilles et par les racines, elle lui a fourni les moyens d'en amasser des provisions considérables; c'est dans des réservoirs placés à l'extrémité des feuilles que vient s'accumuler, par infiltration, l'eau que la Plante a pompée dans le sol et dans l'atmosphère.

Nepenthes.

Chaque feuille porte à son sommet un long filament que termine une espèce d'urne; cette urne est close à son orifice par un couvercle mobile. Pendant la nuit, le couvercle est baissé, et l'urne se remplit d'une eau limpide, très-bonne à boire. Pendant le jour, le couvercle se soulève un peu, et l'eau diminue de moitié, tant par l'évaporation que par l'absorption.

Les feuilles ne se bornent pas à absorber de l'eau; elles hument l'air, en un mot, elles *respirent*. Or, pour que vous compreniez bien la respiration des Plantes, il faut que vous ayez une idée exacte de la respiration des animaux. Je serai court et je tâcherai d'être clair.

Le sang, que renouvellent sans cesse les aliments que nous prenons, va déposer dans tous nos organes les matériaux propres à les consolider, et, à son retour, il emporte avec lui les matériaux qui ont déjà vécu, et que le temps a détériorés ; ces molécules vieillies sont composées essentiellement de *carbone* (charbon) ; elles rendent noir et boueux le sang qui les charie, et il faut à tout prix qu'il s'en débarrasse : pour y parvenir, le sang se rend dans deux sacs celluleux comme une éponge, qui remplissent notre poitrine, et communiquent avec l'extérieur par le nez et la bouche. Ces deux sacs, nommés *poumons*, reçoivent à chaque respiration l'air atmosphérique qui s'y engouffre, et en remplit toutes les cavités. Or, l'air atmosphérique se compose en partie d'un gaz nommé oxygène, qui a une grande affinité pour le carbone : au moment où nous respirons, l'oxygène entre dans notre poitrine, attire, à travers les pellicules du poumon, le carbone qui altérait la pureté du sang ; la combinaison s'opère à l'instant, et de cette combinaison résulte un gaz nouveau, composé d'oxygène et de carbone, et nommé *gaz acide carbonique*. Ce gaz, une fois formé, est chassé de la poitrine, et se mêle à l'air extérieur ; le sang, débarrassé de ses matières charbonneuses, redevient rouge et propre à nourrir les organes.

De ce que je viens de vous dire, vous devez conclure que l'air sorti de notre poitrine diffère de celui qui y est entré ; en d'autres termes, que l'air *expiré* diffère de l'air *inspiré*. L'air inspiré contenait beaucoup d'oxygène, l'air expiré en possède beaucoup moins, et la quantité perdue est remplacée par du *gaz acide carbonique*. Ce gaz est impropre à la respiration ; et ce qui le prouve, c'est que si vous restez longtemps renfermé dans un lieu bien clos, tout l'*oxygène* de l'air que contient ce lieu devenant *acide carbonique* au moyen du carbone de votre sang, cet air n'est plus respirable, et vous mourrez asphyxié, comme si vous aviez allumé du charbon dans votre chambre (seulement l'asphyxie est moins rapide qu'avec un réchaud).

De là découle une règle d'hygiène bien importante : c'est qu'il faut aller souvent à la promenade, habiter des appartements bien aérés, et surtout ne pas s'emprisonner, pendant le sommeil, dans des rideaux où l'on respire plusieurs fois le même air.

« Mais, dites-vous, si l'oxygène est constamment changé en gaz acide carbonique par la « respiration des animaux, ce n'est pas seulement l'air des maisons qui est dénaturé ; l'air « extérieur doit aussi peu à peu s'altérer, et il viendra un moment, éloigné, mais inévitable, « où l'atmosphère tout entière sera viciée : dès lors l'air n'étant plus respirable, tous les ani- « maux périront par asphyxie. »

Cette conclusion est logique ; mais rassurez-vous : la Providence a rendu cette catastrophe impossible ; elle a placé dans le voisinage des animaux d'autres êtres, qui se font un aliment de ce qui est un poison pour nous : ces êtres sont les Végétaux. L'air chargé d'acide carbonique n'est plus propre à notre respiration ; il va l'être pour celle des Plantes : leurs feuilles absorbent le gaz acide carbonique par une infinité de petites bouches dont leur épiderme est criblé et qu'on peut voir avec une loupe. Elles décomposent rapidement ce gaz, gardent pour elles le carbone, qui se liquéfie, se solidifie et s'ajoute à leur substance, puis elles rejettent dans l'air l'oxygène, et rétablissent les proportions que les animaux avaient détruites en respirant. L'air se trouve de la sorte purifié par les Végétaux, à mesure qu'il est vicié par les animaux. Cette respiration des feuilles s'effectue à la lumière. De là le plaisir indéfinissable que nous fait éprouver une promenade matinale dans les bois et dans les prairies, où nous respirons un air riche en oxygène.

Ainsi les Plantes nourrissent les Animaux ; mais ceux-ci à leur tour alimentent les Végétaux, et il ne serait pas absurde de dire à un Pommier, dont vous avez autrefois mangé le fruit : En respirant sous ton feuillage, je te rends l'aliment que tu m'as donné.

Je viens de vous exposer rapidement la respiration *diurne* des feuilles ; elles en ont une autre qui s'opère pendant la nuit : cette respiration *nocturne* n'est pas utile aux animaux, comme la précédente. On s'est assuré, par des expériences multipliées, que, dans l'obscurité, les feuilles absorbent l'oxygène de l'air, et le changent en acide carbonique au moyen du carbone contenu dans la séve qu'elles ont reçue de la racine et de la tige ; mais ce larcin que nous font les feuilles, en appauvrissant notre atmosphère, n'est qu'un emprunt qui a pour but de rendre le carbone de la séve 'plus apte à la nutrition de la plante, en d'autres termes, plus facile à digérer. Au retour de la lumière, le gaz acide carbonique formé pendant la nuit est rapidement décomposé ; l'oxygène est restitué à l'atmosphère, et le carbone, que sa combinaison avait purifié, s'assimile et s'incorpore à la substance du végétal.

Les Fleurs ont aussi une respiration ; mais celle-là ne peut être que nuisible aux animaux, car elles absorbent l'oxygène de l'air, le changent en gaz acide carbonique aux dépens de leur propre carbone, et, au lieu de rendre l'oxygène à l'air, en conservant leur carbone, elles rejettent dans l'atmosphère le gaz acide carbonique qu'elles ont formé : c'est exactement ce que font les animaux. De là vous conclurez sans peine que la respiration des Fleurs, contribuant à vicier l'air, est dangereuse pour nous, et qu'il y a de l'imprudence à entasser des Fleurs dans son appartement, lors mêmes qu'elles sont inodores.

Les feuilles absorbent donc les liquides, et respirent les gaz ; mais elles possèdent une faculté qui n'est pas moins importante que les deux premières : c'est d'exhaler le superflu de l'eau qu'elles ont puisée dans l'air, ou que la séve leur a transmise. Cette fonction se nomme *transpiration*. C'est en général sous forme de vapeur que l'eau est rejetée par les feuilles ; mais lorsque la température est froide, comme à la fin de la nuit, cette eau se condense, et apparaît sous forme de gouttelettes, à la surface et sur les bords des feuilles ; et ce qui prouve que cette eau ne vient pas de la rosée atmosphérique, c'est que les feuilles s'en couvrent également lorsque la plante est couverte d'une cloche de verre, et séparée du contact de la terre humide par une plaque de plomb.

Si les feuilles absorbent, respirent, transpirent, ce n'est pas seulement pour elles et pour la tige ; c'est surtout au bénéfice des *bourgeons* que s'exécute cette triple fonction. Ces bourgeons, qui sont autant de *rameaux futurs*, naissent à l'*aisselle* des feuilles, c'est-à-dire entre leur pétiole et la tige. Si cette tige est *herbacée*, chaque bourgeon se hâte de former un rameau ; sur ce rameau naissent des feuilles, protégeant d'autres bourgeons qui ne tardent pas eux-mêmes à s'allonger, et cette végétation continue jusqu'à l'automne. Dans les végétaux *ligneux*, c'est-à-dire dans les arbres, les bourgeons ne se développent que lentement : ils commencent à poindre au milieu de l'été, et on les nomme alors *yeux* ou *œilletons* ; ils grossissent un peu, jusqu'à la fin de la belle saison, et reçoivent alors le nom de *boutons*. Pendant l'hiver, la végétation reste stationnaire, et ils ne prennent aucun accroissement ; au retour de la belle saison, dès que la végétation recommence, ils grossissent rapidement, et deviennent des *bourgeons*. Mais quelque faible que soit le développement du bouton pendant l'été, son volume acquis suffit pour comprimer le pétiole de la feuille ; cette compression continue finit par resserrer les fibres du pétiole, et s'oppose au passage de la séve, qui d'ailleurs, à cette époque, ne possède qu'une force d'ascension peu considérable. Ainsi, la nourriture de la feuille est interceptée par le bourgeon, que cette même feuille avait protégé et nourri ; bientôt sa couleur verte s'altère, elle prend des nuances variées, et ne tarde pas à se détacher de sa branche : alors a lieu la *chute des feuilles*. Ce phénomène inspire de la tristesse à beaucoup de personnes, et les poëtes l'ont appelé le *deuil de la nature* ; mais, en réalité, il doit être considéré par tout esprit observateur comme un événement heureux, puisqu'il est l'annonce certaine d'une végétation prospère pour l'année suivante.

Revenons à nos familles : vous avez vu que les *Légumineuses* ont, comme les *Rosacées*, les feuilles alternes et munies de stipules. Il est vrai que la fleur diffère dans les deux familles, si vous l'observez comparativement dans la *Rose* et dans le *Pois de senteur ;* ce dernier a, comme toutes les Légumineuses d'Europe, une corolle papilionacée et dix étamines, dont neuf sont soudées en tube par leurs filets, tandis que la Rose offre une corolle symétrique et des étamines indéfinies. Mais, dans les Légumineuses exotiques, telles que les *Casses* et les *Mimeuses*, la corolle devient presque régulière, et les étamines sont libres et nombreuses, de sorte que la limite entre ces deux familles serait difficile à déterminer, si l'on ne l'établissait sur l'organe principal de la fleur, qui est le fruit; or, le fruit des Légumineuses est constamment une *gousse*.

Remontons quelques plates-bandes; nous allons visiter une famille nombreuse, et dont la physionomie est très-facile à saisir : c'est la famille des *Crucifères* (ce mot signifie *Porte-Croix*). Cueillez une fleur de cette *Giroflée*, que l'on cultive dans tous les jardins : vous voyez d'abord un calice formé de quatre folioles bien distinctes les unes des autres, et non soudées par le bas, comme dans les *Rosacées* et les *Légumineuses*. Détachez-les du *réceptacle*, en les abaissant avec une épingle, vous avez sous les yeux la corolle tout entière : elle se compose de quatre pétales, dont la moitié inférieure est posée verticalement sur le réceptable, mais dont la moitié supérieure se déjette horizontalement en dehors, de manière à former avec les autres pétales une croix à quatre branches arrondies. Enlevez ces pétales, et observez les étamines : il y en a six, qui naissent, comme les pétales, sur le réceptacle (et non sur le calice, comme dans les Rosacées et les Légumineuses, remarquez bien cette différence);

GIROFLÉE.

de ces six étamines qui entourent le pistil deux sont plus courtes, placées vis-à-vis l'une de l'autre, et répondent chacune à l'une des deux faces de l'ovaire, qui est légèrement aplati; les quatre autres, plus grandes, sont rapprochées deux à deux, et chaque paire embrasse l'un des tranchants ou bords saillants de l'ovaire. Cet ovaire est terminé à son sommet par une petite fourche humide et spongieuse : c'est le stigmate; et le petit col d'un vert foncé qui sépare l'ovaire du stigmate, est le style.

Avant d'aller plus loin, je veux vous proposer un petit problème, dont l'examen n'est pas sans intérêt. Vous avez remarqué que les folioles du calice ne sont pas égales entre elles; il y en a deux qui sont larges, creusées en dedans et renflées en dehors, comme si chacune d'elles était chargée intérieurement d'un corps dont la pression permanente tendît à dilater son fond et à faire descendre son point d'attache. Or, c'est précisément ce qui arrive ici : ces deux folioles concaves, qui ne sont réellement pas situées sur le même plan que les deux autres, ont leur fond rempli par le *filet* d'une étamine; si vous examinez cette étamine, ainsi que celle du côté opposé, vous observerez qu'elles n'arrivent pas à la même hauteur que les quatre autres. Ce n'est pas qu'elles soient plus courtes, mais c'est que, le *filet* se courbant inférieurement pour se loger dans la cavité de la foliole, la *hauteur* de l'étamine, sinon sa *longueur* réelle, en est diminuée d'autant. Quelle est maintenant la cause de cette courbure? Voilà la question à résoudre.

Abaissez un peu les deux étamines courtes, et vous découvrirez à la base interne de chacune d'elles une petite protubérance arrondie, d'un vert foncé et luisant : c'est cette protubérance qui pèse constamment sur la partie inférieure du *filet*, le force à prendre un détour, et le raccourcit en apparence. Or, la courbure imprimée au filet se communique à la pièce correspondante du calice : d'où il résulte que les deux folioles qui reçoivent ces deux étamines contournées descendent plus bas, et arrivent aussi moins haut que les deux autres.

Arrachez délicatement l'une des étamines en question, vous verrez que le petit corps vert occupe, non-seulement la base interne du filet, mais l'embrasse complétement, et forme autour d'elle une sorte de piédestal, dans lequel ce filet était comme enchâssé.

Vous pourrez en même temps remarquer, au bas de deux étamines raccourcies, une ou plusieurs gouttelettes de liqueur limpide, d'une saveur sucrée. Cette liqueur a suinté des petits corps verts : c'est elle qui attire, dans l'intérieur des corolles, les Insectes que vous voyez s'y plonger avidement. Je vous ai fait connaître le but que la nature s'est proposé en plaçant ainsi des magasins de sucre au fond des Fleurs; ce n'est pas, vous le savez, au bénéfice exclusif des Insectes, mais bien dans l'intérêt réciproque de la plante et de l'animal que ce *nectar* est élaboré.

5

Le problème que vous venez d'examiner fut proposé, il y a bien des années, par Jean-Jacques Rousseau à Mme Delessert, qui voulait donner à sa fille quelques notions de botanique. Jean-Jacques, vieux et infirme, en proie à des chagrins de toute espèce, avait trouvé dans l'étude de l'histoire naturelle une puissante consolation. Il écrivit alors à Mme Delessert, qu'il appelait sa *bonne cousine*, quelques lettres sur la botanique, et, dans l'une de ces lettres, il lui soumit la question relative à l'inégalité des deux folioles renflées et des deux étamines raccourcies. Mme Delessert résolut la moitié du problème : elle comprit bien que les folioles du calice sont renflées parce que les étamines se logent dans leur cavité; elle comprit que les étamines paraissent plus courtes parce qu'elles sont recourbées, mais elle ne put découvrir la cause première de leur courbure, car elle ne remarqua pas les deux grosses *glandes* qui pèsent sur elles. Si vous avez pu les observer dans la *Giroflée*, vous les verrez encore mieux dans la fleur du *Chou* que voici, et, en outre, vous allez en trouver deux autres, moins volumineuses, situées au pied des deux paires d'étamines longues; mais comme elles sont plantées en dehors des filets, ceux-ci ne subissent aucune déviation, et, montant verticalement en droite ligne, s'élèvent plus haut que les deux autres.

Les huit lettres de Jean-Jacques Rousseau à Mme Delessert contribuèrent singulièrement à répandre en France le goût de l'histoire naturelle. Les gens du monde, qui n'avaient vu jusque-là dans la botanique qu'une nomenclature de drogues purgatives, diaphorétiques ou alexipharmaques, accueillirent avec empressement l'opuscule de Jean-Jacques, chef-d'œuvre d'élégance et de simplicité. Ces lettres ont donc, par le service qu'elles ont rendu, une valeur scientifique autant que littéraire; mais ce qui achève de les rendre précieuses, c'est que M. Benjamin Delessert, fils de *la bonne cousine*, qui est resté possesseur de l'original des *Lettres*, a groupé autour de ce manuscrit tous les ouvrages de botanique publiés chez les anciens et les modernes jusqu'à nos jours. Il s'est formé de la sorte la plus riche bibliothèque *botanique* qui soit au monde. Cette bibliothèque est libéralement ouverte (*sans vacances!*) à tous les amis de la science des Fleurs, qui peuvent y puiser aux meilleures sources les documents dont ils ont besoin, et y trouvent en outre, comme pièces justificatives, un immense *herbier* où les Plantes de toutes les régions du globe sont classés avec soin et nettement déterminées.

Il vous reste maintenant à étudier le pistil de votre *Giroflée*. Vous avez déjà observé la forme allongée, un peu aplatie, de l'ovaire, son *stigmate* fourchu et le *style* très-court qui sépare l'un de l'autre; remarquez le tissu mou, spongieux, légèrement gluant de ce stigmate : c'est sur ce tissu que va se déposer le *pollen* ou poussière fécondante, c'est entre ses mailles peu serrées que le pollen se fraye un passage pour descendre jusqu'aux graines. Prenez maintenant un pistil bien développé, coupez-le en travers, et par le milieu, vous verrez qu'il forme deux cavités entre lesquelles est posée une *cloison*. Maintenant cherchez à ouvrir une de ces cavités en soulevant, de bas en haut, un des côtés plats du pistil. Il y a, sur ce côté plat, une couture qui vous indiquera la place où vous devez appliquer la lame de votre canif : cette couture cédera sans résistance à l'instrument, et vous trouverez, dans l'intérieur, des graines aplaties, suspendues à de petits cordons. L'écartement que vous avez opéré par un mécanisme artificiel s'exécute naturellement, quand le pistil est parvenu à sa maturité. Les lames se voient alors décollées et suspendues par leur extrémité supérieure; puis, avec l'âge, elles se détachent tout à fait, et tombent, de manière qu'il ne reste debout que la cloison, couronnée par le stigmate que vous connaissez, et bordée le long de ses côtés par deux ourlets d'où partent des *cordons* tortueux, auxquels sont suspendues les graines.

Comparez avec la Giroflée les diverses espèces d'*Hesperis*, nommées vulgairement *Juliennes*, les *Choux*, les *Navets*, les *Radis*, le *Cresson de fontaine*, le *Cresson alénois*, le *Thlaspi des jardiniers* (*Iberis*), dont les corolles ont leurs deux pétales extérieurs plus développés que les deux intérieurs; enfin la *Bourse à pasteur* (*Thlaspi bursa pastoris*), petite plante qui abonde partout et fleurit toute l'année. Vous jugerez sans peine que tous ces Végétaux, malgré la diversité qui les distingue entre eux, appartiennent, comme la Giroflée, à la famille des Crucifères.

Vous voulez cueillir une petite branche de cette plante dont les feuilles, d'un vert glauque, sont divisées en découpures arrondies; prenez garde au suc jaune qui suinte de l'extrémité de la tige que vous venez de briser : ce suc est très-âcre et tache fortement la peau. — La plante que vous avez sous les yeux est la Chélidoine (*Chelidonium majus*), vulgairement nommée *grande Éclaire*. — Vous croyez reconnaître dans ce végétal un membre de la grande famille des Crucifères : vous voyez en effet une corolle de quatre pétales disposés en croix, et le pistil se sépare en deux pièces qui tombent et laissent en place un ourlet chargé de graines. Mais regardez le calice : il est de deux folioles très-caduques; comptez les étamines : il y en a une trentaine; malgré ces différences, la Chélidoine est, non pas une Crucifère, mais du moins une *alliée* de la famille.

C'est à la famille des *Pavots* ou *Papavéracées* qu'appartient la Chélidoine. — Voici le *Pavot Somnifère*, que vous pouvez comparer avec elle : calice de deux folioles, corolle de quatre pétales, chiffonnés dans la fleur non épanouie; étamines nombreuses naissant sur le réceptacle. Jusqu'ici, l'analogie est évidente; mais le pistil offre une différence notable : c'est une capsule, couronnée par des styles en forme de plaques rayonnantes, qui portent, sur leur milieu, des stigmates allongés en lignes brunes; cette capsule est ovale, et renferme un nombre infini de graines blanches qui tapissent des lames saillantes, attachées à ses parois. — Vous voyez un suc laiteux blanc suinter de la tige et de la capsule déchirées; ce suc laiteux est l'*opium*, qui, pris en petite quantité, est le plus précieux des *calmants*, et devient un poison lorsqu'on l'administre à haute dose. Cependant les Orientaux en font un usage immodéré; ils le boivent, le mâchent ou le fument;

PAVOT SOMNIFÈRE.

mais l'habitude émousse son action narcotique, et un Turc en avale impunément des doses, dont la deux centième partie suffirait pour endormir à jamais un Européen. Toutefois, l'abus de l'opium a cela de grave pour les Orientaux, qu'ils sont obligés d'user de doses successivement croissantes pour obtenir cette ivresse délicieuse qu'ils regardent comme la félicité suprême; aussi tombent-ils bientôt dans un état d'abrutissement physique et moral dont rien ne peut les tirer.

Ce Pavot, que vous voyez auprès du *Somnifère*, et qui ne s'en distingue que par sa capsule tout à fait sphérique et ses graines noires, est cultivé en grand dans le nord de la France, où l'on retire de ses graines une huile nommée *huile d'œillette*, que l'on vend communément à Paris pour de l'huile d'olive.

Ces diverses espèces de *Coquelicots* que vous voyez ici appartiennent au genre Pavot, comme vous pouvez vous en assurer en examinant leur fleur.

Parmi les Végétaux à semences nombreuses, le *Pavot Somnifère* est cité comme l'un des plus féconds : un seul pied produit assez de capsules pour fournir en un an 32,000 graines; notez que chaque graine contient dans son sein le germe d'une nouvelle plante; supposez que ces 32,000 graines soient toutes semées convenablement, et réussissent, vous en aurez, la seconde année, 1,024,000,000; en supposant toujours que ces graines soient toutes semées, et produisent chacune 32,000 autres graines, vous aurez au bout de quatre ans le chiffre 1,048,576,000,000,000,000; d'où vous pourrez conclure que, si aucune graine ne périssait, la postérité d'une seule graine de Pavot couvrirait, dès la quatrième année, plus que la surface entière du globe terrestre.

Non loin des Pavots, vous voyez la famille des *Renonculacées*. Cueillez cette Fleur d'Ancolie; son nom latin *Aquilegia*, signifie *réservoir d'eau* : ce nom n'est-il pas justifié par la forme des cinq pétales creux, et figurant assez bien une urne ou une corne d'abondance? En dehors sont les cinq folioles du calice, dont la couleur est bleue comme celle de la corolle, et qui se détachent nettement les unes des autres; en dedans sont les étamines, qui sont nombreuses, et naissent sur le réceptacle. Le pistil se compose de cinq ovaires bien distincts, qui s'ouvrent à peu près comme de petites gousses, et portent une série de graines le long de leur bord intérieur. Voilà l'*Ancolie*, telle que la nature l'a faite. Mais dans les jardins où on la cultive, la nourriture trop succulente qu'elle reçoit de la main de l'homme altère sa simplicité primitive, et lui fait subir des métamorphoses dont la plus fréquente est celle que vous voyez ici : les cinq pétales creux en renferment de semblables, emboîtés par séries les uns dans les autres comme des cornets, et diminuant de grandeur à mesure qu'ils s'éloignent du plus extérieur. Il vous est facile de voir que cette multiplication de pétales s'est faite aux dépens des étamines, puisque celles-ci deviennent d'autant plus rares que les cornets sont plus nombreux.

Cette tendance à la métamorphose, qui se fait remarquer surtout dans les Fleurs dont les étamines sont nombreuses, peut s'observer surtout dans les *Renoncules* modifiées par la culture, et que les fleuristes nomment *Boutons d'or*; c'est ce que vous voyez également dans la *Renoncule asiatique,* dont les ovaires eux-mêmes se sont changés en pétales. Quant aux *Renoncules simples,* leur structure est facile à étudier : cinq folioles distinctes forment le calice; la corolle se compose de cinq pétales d'un jaune vernissé; remarquez au bas de chaque pétale une petite écaille qui s'applique contre la base interne de celui-ci : elle forme un petit sac, au fond duquel est une glande à nectar. En dedans de ces pétales s'élève la phalange des étamines : elles sont nombreuses et posées sur le réceptacle; le pistil est formé de petits ovaires nombreux, qui, au lieu d'être groupés sur un plan horizontal, comme dans l'*Ancolie,* s'échelonnent en spirale autour du réceptacle, et peuvent facilement se détacher les uns des autres.

Dans les *Anémones,* vous ne trouverez pas de corolle, mais seulement un calice de cinq à quinze grandes folioles colorées comme des pétales; les ovaires offrent la même disposition spirale, et ne contiennent qu'une seule graine, comme dans les *Renoncules;* chez quelques espèces, et notamment chez l'*Anémone des prés,* nommée vulgairement la *Pulsatille,* les styles s'allongent à la maturité; ils forment une espèce de queue plumeuse qui donne prise au vent, et favorise la dispersion des ovaires. — Les *Clématites* offrent aussi cet accroissement singulier des styles, mais elles diffèrent de toutes les autres *Renonculacées*, en ce que leur tige est grimpante, et leurs feuilles opposées. Celle-ci (*Clematis Vitalba*) porte un surnom populaire fort peu élégant. Les mendiants s'en servent pour exciter la pitié publique : la veille des fêtes patronales, ils s'appliquent sur les bras, sur les jambes ou sur le dos, les feuilles pilées de cette plante; le suc caustique qu'elles contiennent enflamme la peau comme un vésicatoire, et soulève des ampoules énormes; les mendiants enlèvent alors l'épiderme et mettent ainsi à nu une plaie très-rouge et d'un aspect effrayant. Les passants s'empressent de faire l'aumône aux porteurs de ces ulcères hideux, et le lendemain, un peu de beurre frais suffit pour les guérir. Voilà pourquoi la Clématite est surnommée l'*Herbe aux gueux.*

CLÉMATITE.

Toutes les Renonculacées sont des plantes âcres, sans excepter les espèces du genre *Ranunculus,* dont les tiges fluettes dominent le gazon des prairies, et sont terminées par des Fleurs qui ressemblent à de petits bassins d'or. Ce sont surtout celles qui croissent dans les lieux humides que les animaux herbivores refusent de paître : telles sont la *Renoncule rampante* et la *Renoncule scélérate.* Mais ces plantes perdent leur âcreté par la dessiccation, et donnent de bon foin, que les bestiaux mangent volontiers.

De toutes les *Renonculacées,* la plus vénéneuse est le *Napel,* qui appartient au genre *Aconit,* et qu'on rencontre dans tous les jardins : le calice est très-irrégulier, et ressemble à une corolle; la foliole supérieure forme un casque; sous ce casque sont logés deux pétales, ayant la forme de capuchons et portés sur un long pied. — Le genre *Dauphinelle* (*Delphinium*) offre aussi un calice irrégulier, coloré comme une corolle; la foliole supérieure se relève en bonnet pointu, et renferme dans sa cavité deux pétales soudés, et se relevant en queue. Voici l'espèce la plus commune, nommée vulgairement *Pied d'Alouette*; c'est le *Delphinium Ajacis*.

Vous voyez que dans la famille des *Renonculacées*, les genres diffèrent beaucoup entre eux par leur calice et par leur corolle, laquelle manque même dans quelques-uns; mais dans tous, les folioles du calice et les pétales sont distincts les uns des autres; les étamines sont nombreuses, et posées sur le réceptacle; les graines ont la même structure; dans presque tous, enfin, les feuilles sont découpées en lanières profondes. C'est donc une famille très-naturelle, malgré la diversité que présentent les organes secondaires de la Fleur.

Descendons quelques plates-bandes; nous rencontrons sur notre chemin la *Vigne*, qui forme à elle seule une famille. Son origine se perd dans la nuit des temps. Le roi Géryon la recueillit dans l'Arabie Heureuse, et la transporta en Espagne; les Phéniciens, qui exploitaient tout le littoral de la Méditerranée, en dotèrent successivement la Sicile, la Grèce, l'Italie et Marseille. La Vigne s'étendit peu à peu dans la Gaule méridionale, et elle était déjà parvenue dans les provinces du centre, lorsque le farouche Domitien, en l'an de Jésus-Christ 92, la fit extirper complétement dans les Gaules, sous prétexte que sa culture nuisait à celle du blé. La Vigne fut exilée pendant deux cents ans, et ce fut l'empereur Probus qui la rendit aux Gaulois. Vous savez le parti qu'ils en ont tiré. Ils en ont fait non-seulement du vin, mais ils ont su séparer de ce vin l'élément spiritueux que la fermentation y avait développé: c'est *Arnaud de Villeneuve*, professeur de médecine en la Faculté de Montpellier, qui a le premier distillé l'*eau-de-vie*, que les chimistes nomment *alcool*.

Voici la famille des *Malvacées*, qui mérite à plus d'un titre de fixer notre attention. Prenez une de ces fleurs de *Mauve*, vous verrez un calice à folioles soudées, pourvu extérieurement d'un autre calice semblable à lui; la corolle est de cinq pétales; les étamines sont nombreuses, leurs filets sont soudés en tube dans leur moitié inférieure, et leurs sommets chargés d'anthères forment une gerbe élégante; les étamines sont posées, ainsi que les pétales, sur le réceptacle de la Fleur; le pistil se compose d'un grand nombre de petits ovaires qui forment, par leur ensemble, un petit tourteau et portent chacun un style; tous ces styles réunis montent dans le tube formé par les étamines. Vous trouverez ces caractères avec des différences de nombre, de grandeur et de forme, dans tous les genres de la famille des Malvacées, tels que les *Mauves*, les *Guimauves*, les *Sida*, les *Abutilon*, les *Alcées* ou *Roses Trémières*, etc.

Le *Cacaoyer*, petit arbre de l'Amérique méridionale, dont les graines, légèrement torréfiées et broyées ensuite, fournissent à l'homme l'aliment nommé *chocolat*, appartient aux *Malvacées*. C'est à la même famille que nous devons ce duvet précieux qui est l'objet d'un commerce si considérable entre l'ancien et le nouveau monde. Le *Coton* est une sorte de chevelure entourant les semences du *Cotonnier herbacé* et du *Cotonnier arborescent*; les filaments soyeux qui le constituent sont garnis, sur toute leur longueur, de petites dentelures visibles à la loupe: c'est ce qui explique comment ces filaments, quoique très-courts, peuvent s'ajuster bout à bout les uns aux autres, et former ainsi un fil d'une longueur indéfinie. Enfin, c'est dans la famille des Malvacées que vient se ranger cet immense *Baobab*, dont nous verrons dans les serres un jeune individu: le tronc de ce géant du Règne végétal peut acquérir quatre-vingt-dix pieds de circonférence.

Auprès des *Malvacées*, nous trouvons les *Géraniées*, dont les genres, quoique d'aspect bien différent, se rapprochent par des caractères communs. Voici d'abord les espèces du genre *Géranium*, ainsi nommé parce que le fruit a la forme d'un bec de grue. Il y en a plusieurs dont les fleuristes font grand cas. Voici la *Capucine*, originaire du Pérou, et

cultivée aujourd'hui dans toute l'Europe, comme plante potagère et comme plante d'ornement. Toutes ses parties ont une saveur âcre et piquante, assez agréable. La fille de Linné a observé la première, sur la Capucine, un phénomène très-curieux : dans les beaux jours d'été, vers le crépuscule du soir, il sort de la fleur une lumière vive comme l'éclair, qui ressemble à une étincelle électrique; quelques chimistes attribuent ces petits éclairs à une production de phosphore exhalé par la fleur et s'enflammant à l'air. Voici la *Balsamine*, originaire de l'Inde, qui est cultivée dans tous les jardins, où elle double facilement; près d'elle est la *Balsamine jaune*, nommée aussi *Noli Tangere* (Ne me touchez pas). Ces deux espèces forment le genre *Impatiente*; vous comprendrez la signification de ce nom, si vous touchez le pistil mûr de l'une de ces Plantes : les ovaires se roulent en dedans avec élasticité, et lancent au loin les graines qui y sont renfermées. Le genre le plus intéressant (pour l'homme) de la famille des Géraniées, est le *Lin,* dont une espèce, originaire du plateau de la haute Asie, est devenue indigène en Europe; les fibres de son écorce, préparées par le rouissage, se séparent facilement, et servent à faire les tissus de fil les plus fins, et même les dentelles. Les graines sont employées en médecine, et on en extrait une huile grasse, très-employée pour la peinture.

Géranium Robert.

Nous passons devant la *Rue,* sur laquelle nous avons observé les manœuvres des étamines; près d'elle est le *Dictame Fraxinelle*, qui est de la même famille que sa voisine. Sentez-vous l'odeur pénétrante que répand cette plante? Elle est loin d'être aussi désagréable que celle de la *Rue*. La vapeur qu'elle exhale est une huile volatile, réduite en gaz; si, à la fin d'une chaude journée d'été, vous vous approchez d'elle avec une bougie allumée, l'atmosphère qui l'enveloppe s'enflamme sans endommager la plante. Vous pourrez aussi observer sur la *Fraxinelle* le mouvement des étamines que vous a présenté la *Rue*.

Fraxinelle.

Nous voici devant la famille des *Cariophyllées,* l'une des plus naturelles du Règne végétal : une tige herbacée, noueuse, avec des feuilles opposées, naissant par paire de chaque nœud, un calice à cinq folioles ordinairement soudées en tube; une corolle de cinq pétales libres, dix étamines posées sur le réceptacle, un pistil formé d'un ovaire à graines nombreuses, et couronné par deux, trois ou cinq styles : voilà les caractères de cette famille. Ses genres principaux sont les *OEillets,* les *Saponaires,* les *Lychnis,* les *Cérastes,* les *Stellaires,* dont une espèce fournit la *Morgeline* ou *Mouron des petits oiseaux.* — Parmi les *Lychnis,* il y a une espèce très-commune dans les campagnes : c'est le *Lychnis blanc* (*Lychnis dioïca*), dont les Fleurs, inodores pendant le jour, répandent un parfum suave à l'entrée de la nuit. Ces Fleurs présentent une particularité dont je vous ai déjà parlé : les unes sont pourvues d'étamines seulement; les autres n'ont qu'un pistil; les Fleurs à pistil et les Fleurs à étamines se trouvent sur des pieds séparés.

La famille des *Crassulées* va vous offrir de nouveau les étamines posées sur le calice, comme vous l'avez vu déjà chez les Légumineuses, et surtout chez les Rosacées; ce caractère est très-important, et vous saurez bientôt pourquoi j'appelle sur lui votre attention. — La tige est ordinairement herbacée; les feuilles sont épaisses, charnues. Le calice est profondément divisé, c'est-à-dire que ses folioles ne sont soudées ensemble que par leur base; la corolle a ses pétales en nombre égal à celui des folioles du calice; ces pétales sont tantôt libres, tantôt légèrement soudés; les étamines sont tantôt en nombre égal à celui des pétales, tantôt en nombre double; et, dans ce dernier cas, elles sont alternativement attachées à la base du pétale et à la base du calice. C'est ce que vous voyez très-bien dans le *Sedum brûlant* (*Sedum acre*) : les ovaires sont en nombre égal à celui des pétales, disposés en

cercle, distincts les uns des autres, terminés par un style court et pointu ; à la base externe de chaque ovaire est une écaille ou *glande nectarée* ; à la maturité, les ovaires s'ouvrent par une fente longitudinale placée à l'angle intérieur, les graines sont nombreuses et attachées au bord interne des ovaires. Les *Sedum*, les *Crassules*, les *Joubarbes* sont les principaux genres de cette famille, qui fournit à nos parterres quelques jolies plantes d'ornement.

Les *Nopalées*, qui sont des *Plantes grasses*, comme les *Crassulées*, ont des tiges charnues, épineuses, des feuilles petites, caduques, peu apparentes, dont les fonctions sont évidemment remplies par la tige. Les Fleurs sont ordinairement solitaires et sessiles sur la tige. Le calice est adhérent à l'ovaire ; les pétales sont en nombre indéfini, insérés vers le haut du calice, soudés par la base, et disposés sur plusieurs rangs ; les étamines sont nom-

SEDUM BRÛLANT.

breuses, et naissent sur le haut du calice comme les pétales ; le pistil se compose d'un ovaire surmonté d'un seul style.

- Le *Cierge raquette* (*Cactus opuntia*) a sa tige composée d'articles aplatis, ovales ; ces articles sont traversés par un axe ligneux, et leur apparence foliacée provient du grand développement qu'a pris le parenchyme ; en vieillissant, ils deviennent ligneux et cylindriques. Cet arbrisseau, originaire de l'Amérique, est maintenant naturalisé dans le midi de la France. C'est sur lui et sur le Nopal (*Cactus coccinilifer*) que vit la Cochenille, petit insecte très-employé dans la teinture pour la fabrication du *carmin* et de la *laque carminée*. La femelle se fixe sur la tige du Nopal, fait sa ponte et meurt ; mais, utile encore à sa famille, son corps desséché et changé en coque lui sert de rempart contre toute cause extérieure de destruction. Bientôt, les œufs étant éclos, les petits se répandent par milliers sur la plante, s'y attachent, et y subissent toutes leurs métamorphoses. A la dernière, les femelles prennent l'état d'immobilité de leur mère ; c'est alors qu'on les recueille ; on les dessèche au soleil, et on les envoie en Europe.

Le *Cierge du Pérou* (*Cactus Peruvianus*) est une des plus belles espèces de la famille. On en apporta, en 1700, un individu au Jardin ; il y fut planté, n'ayant que quatre pouces de hauteur et deux pouces de diamètre ; il devint bientôt si grand, qu'en 1713, sa tige s'élevant au-dessus de la serre dans laquelle il était placé, on fut obligé d'en brûler le sommet avec un fer rouge, pour arrêter son accroissement. Cela ne l'empêcha pas de pousser des jets latéraux ; en 1717, il avait vingt-trois pieds de hauteur et sept pouces de diamètre. On prit ensuite le parti de construire autour de lui une cage vitrée qu'on exhaussa à mesure qu'il grandissait, et qui bientôt s'éleva à quarante pieds de

CIERGE DU PÉROU.

hauteur. Enfin, on fut forcé de le détruire, parce que les serres ne pouvaient le suivre dans son ascension, et vous verrez l'un de ses rejetons, qui occupe un coin de la serre carrée de l'Ouest. Ce Cierge, dont l'histoire fera époque dans les annales du Jardin, avait des racines peu étendues ; on n'arrosait jamais la terre qui le soutenait, il pompait sa nourriture dans l'air atmosphérique, par la seule succion de son écorce. Il se couvrait toutes les années de fleurs qui se fanaient en vingt-quatre heures, mais qui se succédaient pendant un mois.

Je ne veux pas repasser devant le *Pistachier*, dont nous avons déjà parlé, sans vous dire un mot de la famille à laquelle il appartient : la famille des *Térébinthes* est très-nombreuse en arbres et en arbustes ; nous y trouvons d'abord le Pistachier commun (*Pistacia vera*) ; puis le Pistachier à mastic (*Pistacia lenticus*) ; de son écorce exsude une résine balsamique que les Orientaux mâchent pour se parfumer l'haleine et fortifier les gencives. Le mastic fourni par les Térébinthes de l'île de Scio est exclusivement réservé pour les odalisques du Grand Seigneur. N'approchez pas de cet arbrisseau grimpant : c'est le *Sumac vénéneux* (*Rhus toxi-*

codendrum), dont la tige produit des racines aériennes, et dont le suc est si caustique, qu'une seule goutte, tombée sur la peau, suffit pour causer une inflammation qui s'étend bientôt à toute la surface du corps. L'attouchement des feuilles produit des démangeaisons cuisantes et des ampoules ; la vapeur même qui s'exhale de toute la plante peut occasionner, la nuit surtout, de graves accidents. C'est aussi à la famille des Térébinthes qu'appartient ce bel arbre de la Chine, l'*Aïlantus*, qui s'est naturalisé en France. Enfin l'*Encens* et la *Myrrhe*, dont l'origine est encore peu connue, sont probablement fournis par des arbres de la même famille.

Nous voici près de la cabane du jardinier, derrière laquelle s'étend la famille des *Ombellifères ;* c'est un des groupes les plus naturels du Règne végétal. Les feuilles sont ordinairement très-découpées ; leur pétiole est creux à sa base, et enveloppe la tige, qui est presque toujours herbacée. Les pédoncules des fleurs divergent comme les branches d'un parasol ; chaque pédoncule se subdivise en pédoncules secondaires, qui divergent à leur tour, et dont chacun porte une fleur. Examinez la fleur de cet *Heracleum :* vous verrez cinq pétales blancs posés sur le haut du calice, qui est tout à fait soudé avec le pistil ; entre ces cinq pétales vous comptez cinq étamines posées, comme les pétales, sur une espèce de petit disque qui couronne le pistil, et que traversent deux styles ; quand le fruit est mûr, il se divise en deux ovaires qui ne contiennent chacun qu'une seule graine.

L'espèce la plus *historique* de cette famille est la *Grande Ciguë* (*Conium maculatum*), dont vous voyez la tige marquée de taches vineuses, et qui exhale une odeur de souris très-prononcée : ce fut le poison de Socrate et de Phocion, les deux plus vertueux citoyens d'Athènes. La Ciguë de nos pays n'est pas aussi vénéneuse que celle de la Grèce, c'est néanmoins une plante narcotique que l'on emploie en médecine avec beaucoup de prudence. L'*Anis*, le *Fenouil*, l'*Angélique*, la *Coriandre*, la *Carotte*, le *Cerfeuil*, le *Panais*, le *Persil*, l'*OEnanthe*, le *Phellandrium*, la *Cicutaire*, l'*Ethuse*, appartiennent à cette famille : les premiers sont aromatiques, les autres ont une odeur suspecte et sont très-vénéneux. Il est surtout une espèce, nommée vulgairement *Petite Ciguë* (*Æthusa Cynapium*), qui est facile à confondre avec le *Persil ;* ce qui la rend encore plus dangereuse, c'est qu'elle croît dans tous les lieux cultivés, mêlée avec le *Persil*, et donne lieu fréquemment à des méprises funestes. Comment distinguerez-vous le poison de la plante utile ? Nous

GRANDE CIGUË.

avons sous les yeux le *Persil* et la *Petite Ciguë :* comparez d'abord leur fleur : le *Persil* a des fleurs jaunes ; la *Petite Ciguë* a des fleurs blanches. — Le *Persil* porte à la base de son parasol général une collerette formée de quelques petites folioles ; la *Petite Ciguë* n'en a pas du tout. — Le *Persil* porte à la base de chacun de ses petits parasols secondaires une collerette de plusieurs folioles arrondies et rangées circulairement ; la *Petite Ciguë* porte aussi une collerette à la base de ses petits parasols, mais cette collerette, au lieu d'être circulaire, se compose de trois folioles longues et effilées, qui sont situées à l'extérieur du petit parasol, et dirigent leur pointe en bas. Ces caractères distinctifs sont très-faciles à saisir et à comparer, quand la plante est en fleur ; mais ce n'est pas le *Persil monté* que l'on va cueillir pour la cuisine ; c'est l'herbe encore jeune, et n'ayant que sa tige et ses feuilles : comment donc la distinguerons-nous de la *Petite Ciguë*, quand toutes les deux sont peu développées ? Remarquez que dans le *Persil*, les feuilles sont d'un vert clair et gai ; dans la *Petite Ciguë*, d'un vert sombre et triste. — Dans le *Persil*, les découpures de la feuille sont assez larges ; dans la *Petite Ciguë*, la feuille est très-finement découpée. — Dans le *Persil*, les feuilles, froissées entre les doigts, ont une odeur franchement aromatique ; dans la *Petite Ciguë*, cette odeur est désagréable et suspecte. — Enfin, si vous examinez le bas de la tige dans la *Petite Ciguë*, vous le verrez marqué en long de lignes rougeâtres, qui n'existent jamais dans le *Persil*.

Ceci n'est pas une leçon de médecine, c'est au contraire un document qui vous dispensera d'y avoir recours; et si je suis entré dans quelques détails sur le signalement du *Persil* et de la *Petite Ciguë*, c'est qu'il ne faut pas, pour l'honneur de la botanique, que votre cuisinière en sache là-dessus plus que vous.

Ne confondez pas avec les *Ombellifères* ce *Viorne* et ce *Sureau* qui les avoisinent. La disposition des Fleurs est la même en apparence; mais le plus léger examen vous fera voir que les pédoncules, quoique partant d'un même point, et divergeant d'abord régulièrement comme les branches d'un parasol, se subdivisent ensuite plusieurs fois avec une grande irrégularité.

— D'ailleurs, la corolle a ses pétales soudés en une seule pièce; le fruit est une baie succulente, et les feuilles sont opposées; malgré ces différences, la famille des *Chèvrefeuilles* n'est pas éloignée de celle des Ombellifères.

Voici la famille des *Rubiacées*, famille à laquelle nous devons quelques espèces exotiques bien précieuses dont je vais vous entretenir. Cueillez une branche de *Caille-Lait* (*Gallium*), observez d'abord la disposition des feuilles qui forment autour de la tige des groupes circulaires; la corolle est petite, de quatre pétales soudés en un seul, et formant une petite croix étalée. — Entre chaque division de la croix est une étamine; les quatre étamines sont, ainsi que la corolle, posées sur le haut du calice, qui est ici complétement soudé avec le pistil, comme dans les *Ombellifères*; le fruit est aussi composé de deux ovaires soudés.

Vous observerez cette structure de la fleur dans la plupart des *Rubiacées* européennes, telles que les *Caille-Laits*, les *Aspérules* et les *Garances*; c'est une espèce de ce dernier genre, le *Rubia Tinctoria*, dont la racine fournit un principe colorant rouge, que l'on emploie pour la teinture des laines. — Parlons maintenant des Rubiacées étrangères.

Le *Quinquina*, que les médecins regardent comme le plus héroïque des Fébrifuges fournis par le Règne végétal, est l'écorce d'une *Rubiacée* américaine. — Les espèces de Quinquina sont nombreuses, ce sont de grands arbres dont les fleurs sont disposées en grappes comme celles du Lilas. Leur port est très-élégant; les feuilles sont opposées par paires, et à la base de leur pétiole est garnie de deux stipules caduques. Le Quinquina vient du Pérou, et la découverte de ses propriétés médicales est enveloppée d'une obscurité qui a donné lieu aux versions les plus contradictoires. On raconte qu'un naturel du pays, s'étant désaltéré, pendant un accès de fièvre, à une fontaine dans laquelle plongeaient des branches d'arbre à quinquina, fut guéri de sa fièvre, et découvrit

QUINQUINA.

ainsi la vertu de ce végétal. Mais comment cette découverte fut-elle communiquée aux Européens? Quelques-uns disent qu'un indigène guérit, avec la poudre de l'écorce du Quinquina, un Espagnol logé chez lui, et que l'homme rendu à la santé publia l'histoire de sa guérison. Si l'on en croit quelques autres, les sanguinaires dominateurs du Pérou, étant moissonnés par une fièvre intermittente d'un caractère pernicieux, les naturels, qui connaissaient les propriétés du Quinquina, voyaient mourir les Espagnols, sans leur indiquer le remède spécifique, et laissaient à la fièvre le soin de les délivrer de leurs oppresseurs; mais un jeune Péruvien, qui aimait la fille du gouverneur, et qui la voyait dépérir, sacrifia son patriotisme à son amour, et fit prendre secrètement plusieurs doses de Quinquina à sa maîtresse; ou épia ses démarches, et son secret fut découvert. Ceci est plus poétique encore que l'hospitalité généreuse dont je vous parlais tout à l'heure : mais ce qui décolore un peu toutes ces traditions, c'est le témoignage positif de l'illustre voyageur, M. de Humboldt, qui a long-temps résidé dans la patrie des Quinquinas, et qui assure que les naturels du pays en ignorent complétement les propriétés. Au reste, il est certain qu'en 1638, la femme du comte *del Cinchon*, vice-roi du Pérou, que tourmentait depuis longtemps une fièvre intermittente rebelle, fut guérie par un corrégidor de Loxa, qui lui fit prendre du Quinquina. A son retour en Espagne, en 1649, la comtesse y rapporta une provision de l'écorce salutaire, et en distribua de la poudre à plusieurs personnes; de là le nom de *Poudre de la Comtesse*, qui lui fut d'abord donné. Vers 1649, les jésuites de Rome, en ayant reçu d'Amérique une grande quantité, le

6

mirent en vogue, et il fut nommé *Poudre des Jésuites*, car ils la distribuaient toujours en poudre, afin d'en tenir l'origine cachée. Enfin, dans l'année 1776, Louis XIV en acheta le secret d'un Anglais, nommé Talbot, qui avait guéri avec cette poudre le Dauphin, fils du roi; c'est depuis cette époque seulement qu'on a reçu en France du Quinquina en écorces. Vous avez souvent entendu parler de la *Quinine* : c'est le principe fébrifuge du Quinquina. La préparation de cette substance est une des plus belles découvertes de la chimie moderne, et le service le plus important qu'elle ait rendu à la médecine depuis le commencement du dix-neuvième siècle, puisque sous un petit volume, et sans fatiguer le malade, on peut administrer des doses énormes de Quinquina, et opérer les guérisons les plus difficiles.

Si je ne craignais d'arrêter trop longtemps vos idées sur la médecine, je vous parlerais de l'*Ipécacuanha*, racine précieuse que nous donne la famille des Rubiacées. J'aime mieux vous conduire devant cet arbrisseau, à la taille svelte, aux rameaux élégants, ornés d'un feuillage lisse et toujours vert; ses fleurs sont blanches, groupées à l'aisselle des feuilles supérieures, et elles exhalent une odeur suave. Le fruit est une baie rouge, grosse comme une cerise, et contenant, au centre d'une pulpe douceâtre peu abondante, deux semences cartilagineuses; ces semences ne sont autre chose que le *Café*.

L'histoire de la découverte des vertus du Café n'est pas moins obscure que celle du Quinquina; selon les uns, des chèvres ayant brouté de jeunes pousses de Caféier, passèrent la nuit à cabrioler, et révélèrent ainsi le Café au berger qui les gardait. Selon quelques autres, le prieur d'un couvent de Maronites, ayant par hasard mangé un grain de Café, et n'ayant pu dormir la nuit suivante, eut l'idée d'en faire prendre à ses religieux, pour leur faciliter les moyens de lutter contre le sommeil pendant les matines. — Les sectateurs de Mahomet revendiquent, pour les *vrais croyants*, l'honneur de la priorité : ce fut, disent-ils, le mollah Chadelly qui usa le premier de cette boisson afin de prolonger ses prières nocturnes; les derviches arabes l'imitèrent; leur exemple entraîna les gens de la loi; bientôt ceux même qui n'avaient pas besoin de se tenir éveillés adoptèrent le nouveau breuvage. Il était déjà en crédit à Constantinople en 1550, et Prosper Albin, célèbre botaniste du seizième siècle, rapporte que les Arabes en vendaient au Caire sous le nom de *Caová*.

Raynal, dans son *Histoire philosophique*, nous apprend que le Caféier est originaire de la haute Éthiopie, d'où il a été transporté dans l'Arabie heureuse, vers la fin du quinzième siècle. Si l'Arabie n'est point la première patrie du Caféier, elle est du moins sa patrie adoptive, son séjour de prédilection; nulle part il ne prospère mieux, nulle part sa graine ne possède de qualités plus généreuses que dans la province d'Yemen, aux environs de Moka. C'est de là que le Hollandais Van Horn fit transporter, en 1690, à Batavia, des plants, qui réussirent à merveille; un de ces plants fut adressé, en 1710, à Witsen, consul d'Amsterdam, et déposé par ce magistrat dans le Jardin botanique de cette capitale. Le jeune arbrisseau fleurit, et donna des fruits féconds; un des individus qui en provinrent, fut offert à Louis XIV; ce prince le fit placer dans les serres du Jardin des Plantes. On en forma des boutures qui réussirent parfaitement, et ce fut alors que le Gouvernement français entreprit d'acclimater le Café dans nos possessions des Antilles.

La torréfaction développe, dans la graine de Caféier, un principe aromatique, qui excite les fonctions des organes digestifs, et surtout celles du cerveau; cette influence spéciale du Café sur les facultés intellectuelles est connue de tout le monde, mais on l'a beaucoup exagérée : le bon versificateur Jacques Delille, qui n'était pas un grand poète, a prodigué au Café des éloges emphatiques, dont il s'applique une bonne part avec un enthousiasme fort peu modeste :

> A peine j'ai senti ta vapeur odorante,
> Soudain de ton climat la chaleur pénétrante
> Réveille tous mes sens; sans trouble, sans chaos,
> Mes pensers plus nombreux arrivent à grands flots.

Mon idée était triste, aride dépouillée :
Elle rit, elle sort richement habillée,
Et je crois, du génie éprouvant le réveil,
Boire dans chaque goutte un rayon du soleil.

Au-dessus des Rubiacées s'étend l'immense famille des *Composées,* dont on connaît neuf mille espèces, et qui forme la dixième partie du Règne végétal. Cueillez cette fleur de Chicorée : au premier aspect, vous croyez voir une fleur à pétales nombreux, entourée d'un calice à plusieurs folioles disposées sur deux rangs; observez avec plus d'attention, cherchez au centre les étamines et le pistil, vous ne trouverez que des lames bleues, semblables à celles de la circonférence, mais moins épanouies que ces dernières. Si enfin vous enlevez une de ces lames bleues, en ayant soin de la détacher, par sa base, du réceptacle qui la supporte, vous vous convaincrez que c'est une fleur complète, qui a son calice, sa corolle, ses étamines et son pistil, et que ce qui vous avait semblé tout à l'heure une fleur unique, est réellement l'assemblage d'une centaine de fleurs distinctes.

Vous voyez en effet une corolle irrégulière, d'une seule pièce, ayant la forme d'une languette roulée à sa base en petit cornet; ce cornet est posé sur le haut du calice, qui est soudé avec l'ovaire, et n'a de libre qu'un petit rebord frangé; sur la corolle sont attachés les cinq filets des étamines; leurs anthères, qui sont longues et effilées, se soudent ensemble et forment un tube; ce tube est traversé par le style, qui se sépare en deux stigmates. Sur les fleurs les plus extérieures, vous pouvez voir très-bien les deux stigmates qui dominent le tube formé par les anthères; dans les fleurs voisines du centre, le style est encore trop court, et ne dépasse pas les étamines; mais quand son tour sera venu, il s'allongera rapidement, montera le long du tube formé par les anthères, et, chemin faisant, il se chargera de leur pollen; enfin il se dégagera du fourreau qu'il vient de traverser, et paraîtra à la lumière avec le pollen qu'il a enlevé dans son passage; bientôt les deux branches qu'il forme à son sommet s'écarteront pour recevoir sur leur surface intérieure le pollen qui doit féconder l'ovaire. Vous pouvez facilement distinguer, même à l'œil nu, et encore mieux avec une loupe, de petits poils qui hérissent le dehors des branches du style; ce sont ces poils qui ont brossé, en passant, le fourreau formé par les anthères; ce sont eux qui ont enlevé le pollen, et c'est pour cela que les botanistes leur ont donné le nom de *poils balayeurs*. Remarquez maintenant la surface intérieure des branches, vous y verrez de petites saillies humides; ce sont les papilles du stigmate, chargées de happer le pollen. Mais le pollen enlevé par les poils balayeurs du style, est-ce aux stigmates de ce même style qu'il est destiné? Il suffit, pour résoudre cette question, de jeter un coup d'œil sur les fleurs voisines : évidemment le pollen de l'une servira au pistil de l'autre, et il leur sera bien plus facile de se féconder mutuellement, qu'il ne le sera au pollen de se transporter des poils balayeurs aux papilles stigmatiques d'un même style. Cette disposition merveilleuse explique l'intention qu'avait la Nature en groupant ensemble un nombre aussi considérable de fleurs.

Toutes les graines de ces fleurs, une fois fécondées et mûries, que vont-elles devenir? Les unes tomberont à terre et germeront; les autres seront la pâture des Insectes et des Oiseaux. Les Oiseaux surtout en avaleront une grande quantité, dont une partie sera digérée par eux, et le reste rejeté avec leur fiente, qui deviendra pour les graines un fumier précieux : c'est ce qui arrive à beaucoup d'espèces de la famille des Composées. Mais si par leur petitesse, par leur nombre, par leur consistance, par leur saveur ou par toute autre cause, ces graines échappent aux animaux, tomberont-elles toutes sur le sol, où l'entassement et le manque d'espace les feraient bientôt périr? Voici une Fleur de *Pissenlit,* qui va répondre à cette ques-

tion : voyez-vous, sur le sommet du pédoncule, cette sphère transparente, dont la surface est formée par des fils de soie disposés en soleils avec une admirable symétrie? Chacun de ces petits soleils est soutenu par un long col, et ce col repose à son tour sur un ovaire renfermant une graine : le réceptacle qui porte tous ces ovaires, dans les petites fossettes dont il est creusé, est bombé pour leur permettre de s'espacer et de mûrir. Il faut maintenant qu'ils abandonnent la plante-mère, et qu'ils se dispersent pour aller au loin chercher une nouvelle patrie. Les voiles sont tendues, ils sont prêts à partir, et c'est l'atmosphère qui sera leur océan : le moindre vent va les lancer ; l'*aigrette* rayonnante qui leur sert de parachute les soustraira presque complétement aux lois de la pesanteur, et ils ne toucheront terre qu'après avoir vogué longtemps, et franchi des distances considérables. Il vous est arrivé bien des fois à vous-même d'être, à votre insu, l'instrument de la Providence, lorsque, cueillant par badinage une tige de Pissenlit, vous vous êtes évertuée à chasser d'un seul souffle tous les ovaires dont son réceptacle était chargé.

Cueillez maintenant ce *Bluet* : ce que vous aviez pris tout à l'heure pour un calice dans la *Chicorée* n'en est pas un non plus dans le *Bluet*. Qu'est-ce donc que ces petites feuilles qui sont imbriquées les unes sur les autres comme les tuiles d'un toit, et qui accompagnent les fleurs? On a donné à ces feuilles le nom de *bractées,* quels que soient d'ailleurs leur forme, leur nombre et leur couleur ; rappelez-vous les collerettes qui entourent la base des parasols dans les *Ombellifères ;* ce sont aussi des bractées ; vous en verrez encore dans nos autres familles, et vous les reconnaîtrez sans peine, malgré leur diversité, en ce qu'elles accompagnent les fleurs sans en faire partie, et sont différentes des euilles ordinaires.

BLUET

Écartez les bractées coriaces qui protégent les fleurs du Bluet ; vous verrez, comme dans la Chicorée, un grand nombre de fleurs posées sur le réceptacle, et séparées, les unes des autres, par des soies courtes qui tiennent solidement à ce réceptacle. Celui du Pissenlit ne portait pas cette bourre soyeuse, mais ce n'est là qu'une différence peu importante ; observez la forme régulière des fleurs, et rappelez-vous celle de la Chicorée. Dans cette dernière, la corolle, loin d'être symétrique, était déjetée en languette et ne formait qu'à sa base un cornet très-court ; dans le Bluet, la corolle est régulière, et se compose de cinq pétales soudés dans leurs deux tiers inférieurs. Sur cette corolle sont attachés les cinq filets des étamines, qui portent leurs anthères soudées en tube. Ici, vous pouvez voir le style qui vient de traverser ce tube, et dont les deux branches sont à peine écartées l'une de l'autre ; les poils balayeurs, au lieu d'être dispersés sur la face externe de ces branches, sont ramassés en petit bouquet, et forment un petit anneau au-dessous d'elles. Vous pouvez voir que chaque fleur est pourvue d'un ovaire, et que cet ovaire porte à son sommet une couronne de poils ; ici l'*aigrette* est beaucoup plus courte que dans le Pissenlit, mais dans tous les deux, ce n'est autre chose que la partie libre du calice, laquelle forme, dans la Chicorée, une espèce de rebord frangé.

Quant aux fleurs les plus extérieures du Bluet, dont la couleur azurée et la forme élégante charment vos yeux, ces fleurs sont stériles ; regardez à leur base, vous n'y verrez pas d'ovaire ; examinez leur cornet, vous y chercherez en vain des étamines et un style ; c'est le luxe qui les ruine : tout le suc qu'elles ont reçu de la tige a été dépensé pour leur parure ; elles sont brillantes au dehors, mais dans leur intérieur on ne trouve que misère et stérilité.

Si vous coupez verticalement le réceptacle du Bluet, vous verrez qu'il est épais et charnu, et que les bractées qui s'y attachent y sont fixées par une base également charnue ; rappelez-vous maintenant l'*Artichaut :* qu'est-ce que le légume qui porte ce nom? C'est tout simplement le *bouton* d'un énorme Bluet. Que mangez-vous dans l'Artichaut? D'abord les bractées, que vous détachez pièce à pièce du réceptacle, et ensuite ce réceptacle lui-même, sur lequel vous pouvez voir les fleurs à peine formées, et le *foin* qui les sépare.

Voici une troisième Composée, qui va nous offrir la combinaison des formes que nous

CINÉRAIRES

avons vues séparées dans le Bluet et dans la Chicorée : c'est une *Camo-mille* (*Anthemis*) ; à la circonférence rayonnent les fleurs analogues à celles de la Chicorée ; au centre, sont les fleurs qui vous rappellent en petit celles du Bluet. Les fleurs de la circonférence diffèrent un peu cependant de celles de la Chicorée : examinez le petit cornet que forment les languettes à leur base : il n'y a là qu'un système court, qui est posé sur un ovaire ; les étamines manquent, et ces fleurs en languette auront besoin, pour porter graine, de recevoir le pollen des fleurs régulières du centre. Ces dernières sont posées sur un ovaire sans aigrette.

La famille des Composées est divisée en trois *tribus*, d'après la forme des fleurs : la première renferme les Plantes dont toutes les fleurs sont irrégulières et en languette : on la nomme la tribu des *demi-Fleuron-nées*, la Chicorée en est le type ; la seconde renferme les Plantes dont

CAMOMILLE.

les fleurs sont régulières, et en tube à cinq divisions ; le Bluet appartient à cette tribu, que l'on nomme la tribu des *Fleuronnées* ; enfin la troisième tribu comprend les Plantes, qui, dans une même tête de fleurs, présentent des *fleurons* au centre et des demi-fleurons à la circonférence : c'est la tribu des *Radiées*. La plupart des *demi-Flosculeuses* ont des fleurs jaunes, vous en voyez peu qui portent des fleurs bleues ; beaucoup d'entre elles ont un suc laiteux amer : voici les *Laitues*, dont une espèce est narcotique (*Lactuca virosa*), les *Scorso-nères*, les *Salsifis*, les *Crépides*, les *Laitrons*, les *Épervières*, etc. Parmi les Flosculeuses, remarquez les *Chardons*, les *Carlines*, les *Bardanes*, les *Centaurées* (le Bluet est une espèce de Centaurée). Les Radiées se distinguent des deux autres tribus, non-seulement par leurs caractères botaniques, mais encore par leurs propriétés physiques, telles que la saveur, et surtout l'arome pénétrant que possèdent la plupart de leurs espèces : c'est ce que vous pouvez vérifier sur les *Absinthes* ou *Armoises*, les *Camomilles*, les *Matricaires*, les *Chrysanthèmes*, les *Tanaisies*, les *Soucis*, les *Aunées*, les *Hélianthes* ou *Soleils*, les *Asters*, etc.

Les fleurs d'un grand nombre d'espèces de cette famille (et surtout les demi-Flosculeuses) offrent les phénomènes de *veille* et *sommeil* que je vous ai signalés dans les feuilles de quelques Légumineuses : ainsi le Pissenlit s'éveille, c'est-à-dire ouvre ses fleurs à six heures du matin, et s'endort, c'est-à-dire ferme ses fleurs, à neuf heures du matin ; la *Crépide des toits* s'éveille à cinq heures du matin, et s'endort à midi ; la *Laitue cultivée* s'éveille à sept heures du matin, et s'endort à dix heures ; l'*Épervière piloselle* s'éveille à huit heures du matin, et s'endort à deux heures de l'après-midi ; le *Souci des champs* s'éveille à neuf heures du matin, et s'endort à trois heures de l'après-midi. C'est sur cette régularité des fleurs à s'épanouir et à se fermer que Linné a fondé son *horloge de Flore*.

Chez quelques autres Plantes de la famille des Composées, la veille et le sommeil, au lieu de se régler sur le soleil, dépendent des vicissitudes atmosphériques, et les annoncent même plusieurs heures d'avance, de sorte qu'on pourrait établir sur les habitudes de ces végétaux un *baromètre de Flore*. Ainsi le *Souci pluvial*, fermé le matin, annonce un jour pluvieux ; le *Laitron de Sibérie*, fermé la nuit, présage une journée sereine ; et si ses fleurs sont ouvertes, il pleuvra le lendemain.

Ne confondez pas avec la famille des Composées ce groupe peu nombreux qui l'avoisine, et qui se compose des *Scabieuses* et des *Cardères*, c'est la famille des *Dipsacées* ; les fleurs sont réunies en tête, et entourées par des bractées ; mais les étamines ont leurs anthères libres. Voici le *Chardon à foulon* (*Dipsacus fullonum*), qui n'est pas un vrai Chardon ; les bractées qui séparent ses fleurs sont longues et recourbées en crochet ; les bonnetiers et les fabricants d'étoffes de laine ont tiré parti de cette structure des têtes de fleurs pour peigner leurs tissus et en tirer les poils.

Les dernières familles que vous venez de passer en revue vous ont offert une corolle dont les pétales sont soudés ensemble ; quand la corolle semble ainsi formée d'un pétale unique,

on la dit *monopétale*. Vous avez vu que, dans toutes les Plantes à corolle monopétale, les étamines étaient insérées sur la corolle même, de sorte qu'en enlevant la corolle, on enlève aussi les étamines. Cette union des étamines et de la corolle monopétale est une règle générale presque sans exception en botanique. Voici pourtant une petite famille où nous verrons la corolle être d'une seule pièce, sans que les étamines soient soudées avec elle ; ce sont les *Campanules :* la corolle est en forme de cloche plus ou moins évasée, de là le nom de *Campanule,* qui en latin veut dire *Clochette.* Les étamines sont au nombre de cinq ; leurs filets sont élargis à la base, et naissent sur le calice qui est soudé, par sa moitié inférieure, avec l'ovaire ; si vous coupez celui-ci en travers, il vous présentera trois ou cinq loges qui renferment des graines nombreuses. Il y a autant de stigmates que de loges. Les Campanules sont, pour la plupart, des Plantes d'ornement ; leurs corolles bleues, disposées ordinairement en longs épis à l'extrémité des tiges, sont d'un très-bel effet dans les jardins.

CAMPANULE.

Il ne faut pas quitter ces plates-bandes sans jeter un coup d'œil sur celles où sont rangées les *Éricinées,* famille élégante, dont beaucoup d'espèces seraient avidement recherchées par les amateurs, si elles n'abondaient dans nos bois. La corolle est monopétale, insérée sur le fond du calice, et persiste ordinairement après la fleuraison ; les anthères sont fourchues à leur base ; l'ovaire présente plusieurs loges remplies de graines très-menues.

Voici l'*Arbousier* ou *Busserole,* les *Azaléas,* le *Rhododendrum* qui croît sur le sommet des Alpes, à la limite des neiges éternelles ; voici la série des espèces du genre *Bruyère* (*Erica*), qui a donné son nom à la famille.

Vous allez maintenant connaître un groupe de familles qui ont entre elles des liens de parenté, et se reconnaissent cependant à des caractères faciles à distinguer. On a donné à ces familles le nom de *Corolliflores :* leur corolle est toujours monopétale, et s'insère, non pas sur le calice, comme dans les familles que vous venez de quitter, mais bien sur le réceptacle. Quant aux étamines, comme elles sont soudées avec la corolle, leur *insertion* est nécessairement la même, c'est-à-dire que, comme la corolle, elles naissent sur le réceptacle.

La première famille que nous rencontrons est celle des *Jasminées,* qui se compose d'arbres ou d'arbrisseaux à feuilles opposées. La corolle est régulière, et ne renferme que deux étamines ; le pistil se compose d'un style, de deux stigmates et d'un ovaire à deux loges. Voici le *Jasmin commun* (*Jasminum officinale*), qui nous est venu de la côte de *Malabar,* et qui s'est facilement naturalisé en France ; le *Jasmin cytise* (*Jasminum fruticans*) ; le *Jasmin modeste* (*Jasminum humile*), etc. Voici le *Troëne* (*Ligustrum vulgare*), dont on fait des palissades ; le *Lilas* (*Syringa vulgaris*), originaire d'Orient, ainsi que son frère le *Lilas de Perse,* qui ne s'élève guère au delà d'un mètre de hauteur. Cet arbre, au feuillage blanchâtre et monotone, est l'*Olivier* (*Olea europœa*), l'un des végétaux les plus précieux que nous ait donnés l'Asie, et qui fut apporté en France par les Phocéens, fondateurs de Marseille. L'huile que fournit son fruit vous est connue ; ce n'est pas de la graine que provient cette huile, comme cela a lieu pour toutes les autres plantes : elle est exprimée du tissu même de l'ovaire ; exception unique dans tout le Règne végétal. Le *Frêne* appartient aussi aux Jasminées ; vous en avez devant vous deux espèces : l'une est le *Frêne élevé* (*Fraxinus excelsior*), qui se trouve abondamment répandu dans nos forêts, et sert pour les constructions ; l'autre est le *Frêne à fleurs* (*Fraxinus ornus*), de l'écorce duquel exsude une matière sucrée solide, connue en médecine sous le nom de *Manne.*

La famille des *Apocynées* a les feuilles opposées, comme la précédente ; la corolle est divisée en cinq lobes ; les étamines sont au nombre de cinq, et le pistil se compose de deux ovaires, ordinairement libres, et s'ouvrant par leur bord intérieur, comme ceux que vous avez observés dans l'*Ancolie* ; les graines sont ordinairement chargées d'un duvet cotonneux. Les *Pervenches* font seules exception à ce dernier caractère. Voici la *petite Pervenche* (*Vinca minor*), dont on

CONVOLVULACÉES.

couronnait jadis la tête des jeunes filles mortes avant l'hyménée; la *grande Pervenche* (*Vinca major*) n'a pas une tige rampante comme sa sœur, elle n'en diffère du reste que par ses proportions; la *Pervenche rose* (*Vinca rosea*), originaire de Madagascar, dont la corolle est quelquefois blanche, est une plante d'ornement, très-commune chez les fleuristes. Voici les *Asclepias*, dont la fleur présente une structure qui sera toute nouvelle pour vous : les divisions de la corolle sont repliées et légèrement obliques, les cinq étamines sont réunies par leur filet en un tube anguleux, qui se pose sur la base de la corolle; ce tube porte à son sommet une couronne de cinq écailles, au milieu desquelles sont les cinq anthères, qui sont elles-mêmes terminées par une membrane; les loges de ces anthères contiennent un pollen qui, au lieu d'être poudreux, comme vous l'avez vu dans toutes les autres familles, est aggloméré en masses compactes; ces masses pendent, par leur sommet aminci, aux loges de leur anthère; le stigmate forme un petit bouclier à cinq lobes arrondis. L'espèce la plus commune de ce genre si curieux est le *Dompte-venin* (*Asclepias vincetoxicum*), dont les tiges sont grêles et très-flexibles; son titre pompeux de Dompte-venin n'a pas été confirmé par l'expérience. L'*Asclépiade de Syrie* (*Asclepias syriaca*), qui vous montre ses fleurs penchées, a reçu le nom d'*Apocyn à la ouate*, à cause de la finesse, du moelleux et de l'éclat de ce coton qui recouvre ses graines. C'est aussi aux Apocynées qu'appartient le *Laurier rose* (*Nerium oleander*), arbrisseau toujours vert, dont les feuilles sont opposées trois par trois, et qui fait le plus bel ornement de nos jardins pendant l'automne. Enfin les Apocynées exotiques renferment le genre *Strychnos*, dont deux espèces fournissent les graines connues sous le nom de *Fève Saint-Ignace* et de *Noix vomique*. La chimie a extrait de ces graines la *Strychnine*, l'un des plus redoutables poisons du Règne végétal.

La famille des *Gentianées*, qui se compose presque exclusivement du genre qui lui a donné son nom, présente toujours une tige herbacée et lisse; les feuilles sont ordinairement opposées. La corolle est à cinq divisions, quelquefois à quatre, quelquefois à huit; mais, dans tous les cas, il y a autant d'étamines que de divisions à la corolle; l'ovaire offre une ou deux loges qui renferment des graines nombreuses. Les principales Gentianées sont d'abord la *Gentiane jaune* (*Gentiana lutea*), qui croît dans les Alpes, et dont un roi d'Illyrie, nommé Gentius, découvrit jadis les propriétés; la *Gentiane fleur-des-vents* (*Gentiana pneumonanthe*), dont les corolles ressemblent à de grandes cloches d'un beau bleu; la *petite Centaurée* (*Gentiana Centaurium*), dont le centaure Chiron, précepteur d'Esculape, se servait pour guérir les fièvres intermittentes (notez que ceci n'est pas de la médecine, c'est tout simplement une tradition mythologique); enfin le *Ményanthe*

GENTIANE.

ou *Trèfle d'eau* (*Menyanthes trifoliata*), plante de marécage, dont les fleurs forment un épi court au sommet de leur pédoncule, et dont les corolles blanches, un peu rosées, sont couvertes, à leur face externe, de longs poils glanduleux.

LISERON.

Dans la famille des *Convolvulus*, vous trouvez une tige qui, le plus fréquemment, est grimpante et s'enroule autour des corps voisins. Les feuilles sont alternes, la corolle est en cloche; il y a cinq étamines, et le fruit est un ovaire à deux loges. Voici le *Liseron des haies* (*Convolvulus sepium*), dont la corolle grande et blanche se détache du vert gai des feuilles. Le *Liseron des champs* est plus faible et plus petit; ses corolles, d'un blanc rosé, exhalent une odeur délicieuse d'amande amère. Le *Liseron tricolore* (*Convolvulus tricolor*), originaire de Barbarie, n'est pas grimpant; ses corolles sont bleues dans leur milieu, blanches sur le bord, et jaunes dans le fond.

Vous pouvez ranger dans cette famille la *Polémoine* ou *Valériane grecque* (*Polemonium cæruleum* et le *Cobœa scandens*, arbrisseau du Mexique, qui grimpe avec une si prodigieuse rapidité, et forme, dans beaucoup de quartiers de Paris, des guirlandes, des arcades, des ponts suspendus d'une admirable élégance.

Voici la famille des *Boraginées*, qui nous présente une tige herbacée, des feuilles alternes, hérissées de poils rudes au toucher, et des fleurs disposées en épis ou en grappes, qui, avant l'épanouissement, sont roulées en queue de scorpion ; la corolle, ainsi que le calice, est à cinq divisions, et porte souvent des écailles variées ; il y a cinq étamines, et le pistil se compose de quatre ovaires à une graine, du milieu desquels s'élève un style. Voici d'abord le genre *Héliotrope*, dont une espèce, l'*Héliotrope du Pérou* (*Heliotropium peruvianum*), est cultivée partout comme plante d'ornement. Les *Vipérines*, les *Grémils*, les *Pulmonaires*, les *Orcanettes*, les *Lycopsis*, les *Buglosses*, les *Bourraches*, les *Cynoglosses*, sont les

BOURRACHE.

principaux genres de cette famille ; ne passez pas outre, sans donner un regard au *Myosotis*, dont la plus jolie espèce vous est connue sous ce nom populaire : *Ne m'oubliez pas*.

La nombreuse famille des *Labiées* fait suite à la précédente ; le pistil offre la même structure dans les deux familles, et ce rapport établit entre elles une affinité qu'augmente encore la forme irrégulière de la corolle chez les *Lycopsis* et les *Vipérines*. Les Labiées ont en effet une corolle irrégulière, figurant deux lèvres : la lèvre supérieure porte le nom de *casque*, et présente ordinairement deux divisions ; la lèvre inférieure en présente trois. Il y a quatre étamines, dont deux plus courtes que les autres ; en outre, la tige est carrée, les feuilles sont opposées, et presque toutes les plantes de cette famille ont une odeur pénétrante. Cette réunion de caractères constitue l'un des groupes les mieux circonscrits que la Nature nous présente dans les végétaux. Les Labiées se ressemblent tellement que leurs genres sont peu tranchés, et, par conséquent,

ANALYSE
DE LA SAUGE.

difficiles à distinguer les uns des autres : ce sont les *Romarins*, les *Sauges*, les *Bugles*, les *Germandrées*, les *Hyssopes*, les *Marrubes*, les *Lavandes*, les *Thyms*, les *Sarriettes*, les *Menthes*, les *Mélisses*, les *Origans*, les *Basilics*, les *Brunelles*, etc.

Il y a deux genres qui, par exception à la règle générale, n'ont que deux étamines, au lieu d'en avoir quatre ; ce sont les genres Romarin et Sauge. Ouvrez la corolle de cette Sauge, vous verrez distinctement, à côté des grandes étamines, deux petits filets renflés à leur extrémité : ce sont les deux autres étamines qui ne se sont pas développées. Remarquez en même temps, sur la fleur comme sur les feuilles, ces petits globules d'un jaune doré transparent : ce sont de petites outres, pleines d'une huile volatile odorante, que vous brisez par la moindre pression, et qui imprègnent vos doigts du liquide qu'elles contenaient.

SAUGE.

Vous connaissez le Basilic (*Ocymum Basilicum*) : c'est une petite plante annuelle, native des Indes orientales de la Chine, qui réussit parfaitement dans nos jardins, et à laquelle les médecins d'autrefois attribuaient de merveilleuses propriétés : de là son nom de Basilic, qui signifie *royal*.

Voici une *Brunelle* (*Brunella vulgaris*) ; tâchez de découvrir dans sa fleur une espèce d'*anomalie*, dont l'observation causa jadis à Jean-Jacques Rousseau les émotions flatteuses d'une véritable découverte : chaque filet d'étamine est fourchu ; l'une des dents de la petite fourche est nue, l'autre porte une anthère. Jean-Jacques était si content d'avoir bien vu ce petit détail de structure, qu'il s'en allait, demandant à tous ses amis : « Avez-vous vu les cornes de la Brunelle ? » Ce fut par cette question bizarre qu'il aborda, pendant plusieurs jours, toutes les personnes de sa connaissance ; « à peu près, raconte-t-il lui-même dans ses

CALCÉOLAIRES VARIÉES.

Canceuns pinx.   Gérard Col.   Onder sculp

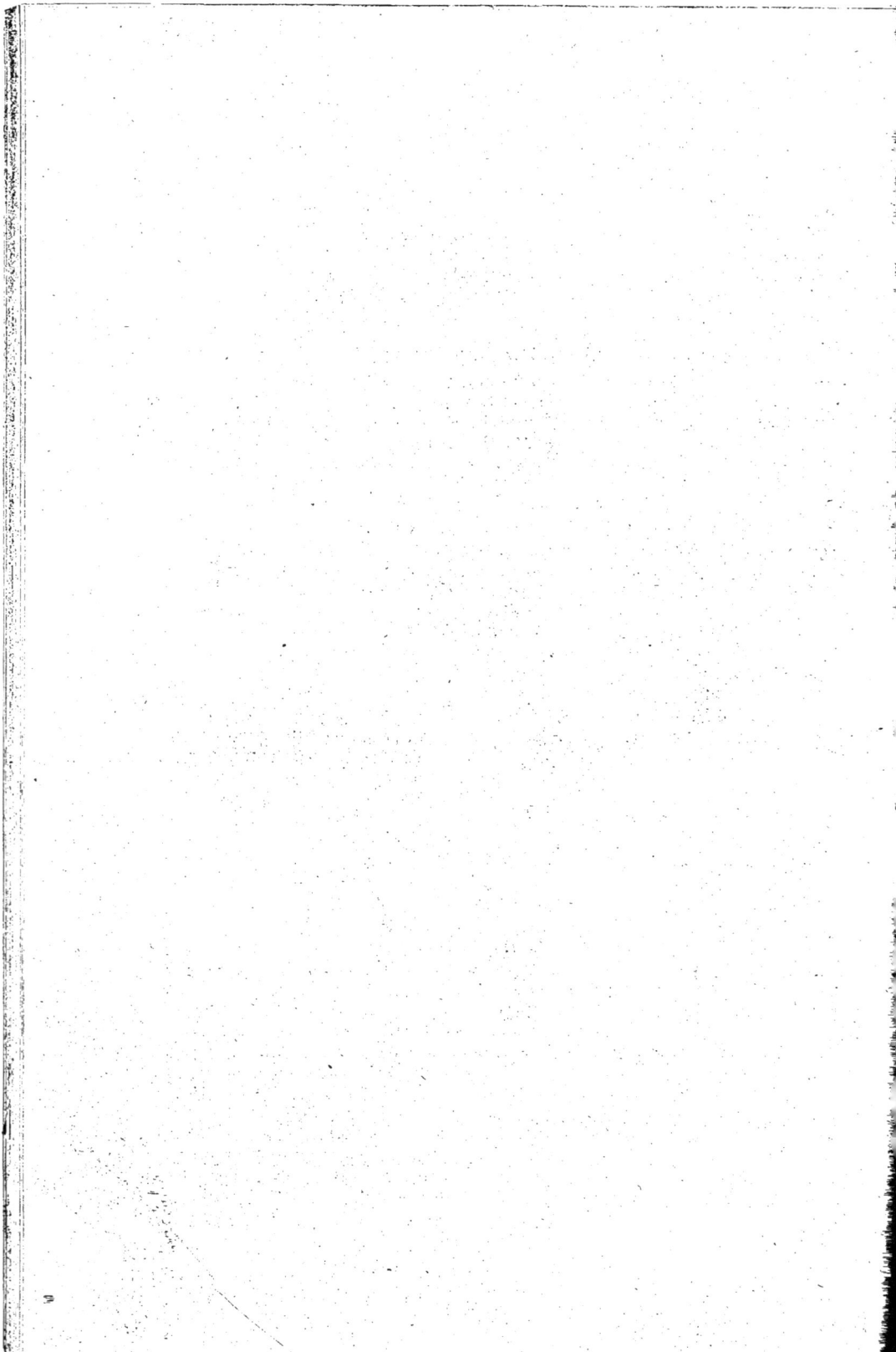

Lettres, comme La Fontaine, qui disait à tout venant : « Avez-vous lu Baruch ? c'était un beau génie que Baruch ! »

Vous avez vu que la nombreuse famille des Labiées tient à celle des Borraginées par la structure de son pistil ; vous allez voir maintenant sa parenté avec une autre famille, fondée sur une ressemblance frappante dans la corolle, et surtout dans les étamines : cette famille est celle des *Personées*. Vous pouvez prendre pour type le *Muflier* (*Anthirrhinum majus*), que l'on appelle vulgairement *Gueule de lion ;* la corolle est très-irrégulière et partagée en deux lèvres bien distinctes, qui figurent une gueule béante quand on presse ses côtés entre deux doigts ; cette gueule est même pourvue d'une langue hérissée de poils et un peu fourchue à son sommet. La forme de la corolle imite assez bien celle des masques de théâtre dont se servaient les anciens ; de là le nom de *Personées*, car le mot latin *persona* signifie *masque*, « nom très-convenable assurément à la plupart des gens qui portent parmi nous le nom de personnes, » disait avec amertume le pauvre Rousseau, dans ses *Lettres sur la Botanique*. Ouvrez maintenant la corolle : elle renferme quatre belles étamines, dont deux plus courtes que les autres ; les anthères forment un bissac volumineux, rempli de pollen ; le pistil se compose d'un long style, terminé par un stigmate, et posé sur un ovaire simple ; ouvrez-le transversalement, vous y verrez deux loges, séparées l'une de l'autre par une cloison, et, sur chaque côté de cette cloison, une espèce de bouclier ou d'écusson arrondi, qui porte des graines nombreuses. Cette différence notable dans le pistil est le caractère qui sépare les Personées des Labiées ; en outre, les Labiées ont toujours les feuilles opposées, tandis que les feuilles des Personées sont ordinairement alternes.

Auprès des Mufliers, vous voyez les *Linaires*, qui ne diffèrent de leurs voisins que par la base de leur corolle ; celle-ci, au lieu de s'arrondir en sac, comme dans les Mufliers, se prolonge en un long cornet, creux et pointu. Voici les *Digitales*, dont l'espèce la plus commune est la *Digitale pourprée* (*Digitalis purpurea*) ; la corolle ne figure pas mal un dé à coudre, de là son nom de *Digitalis*. Vous pouvez vérifier la justesse de cette comparaison ; toutefois, avant de loger votre doigt dans la corolle, faites-en sortir ce gros Bourdon qui y fait son repas, et punirait votre imprudence par une cruelle piqûre. La Digitale est une plante vénéneuse ; mais la poudre de ses feuilles, administrée à petites doses, est un précieux médicament, et, dussiez-vous me reprocher de manquer à ma parole en vous parlant de médecine, je ne puis me dispenser de vous apprendre que la Digitale est efficace pour calmer les palpitations de cœur.

DIGITALE.

Je n'ai rien à vous dire des *Rhinanthes*, des *Pédiculaires*, des *Scrofulaires*, des *Mélampyres*, des *Euphraises*, des *Grassettes*, des *Utriculaires*, qui constituent les principaux genres de cette famille. Voici une espèce intéressante, la *Gratiole* (*Gratiola officinalis*), qui, comme la Sauge dans les Labiées, se distingue du reste de la famille par le nombre de ses étamines ; il y en a deux qui sont réduites à l'état de filets stériles. La *Véronique*, dont les espèces sont nombreuses, offre la même exception, elle n'a jamais que deux étamines, et sa corolle est peu irrégulière ; mais ces variations de nombre et de forme sont compensées par la structure du pistil et de la graine, qui légitime pour les Véroniques le titre de Personées.

Les *Orobanches* pourraient aussi réclamer contre l'exclusion qui les a repoussées de cette famille. Ce sont des plantes d'un aspect triste, dont la tige semble flétrie et desséchée ; elles ont, au lieu de feuilles, des écailles jaunâtres ou violettes, et leurs fleurs sont de la même couleur. Les Orobanches croissent sur des végétaux vivants, et se nourrissent de leurs sucs. Le fruit, il est vrai, est à une seule loge, et la position de sa graine, ainsi que sa structure, diffère un peu de ce qu'on trouve dans les Personées ; mais il y a beaucoup de plantes, les Gentianées, par exemple, dont le fruit est tantôt à une, tantôt à deux loges, sans que l'unité

7

de la famille en soit détruite. Quant à l'absence des feuilles, vous concevrez sans peine que les Orobanches n'avaient pas besoin de ces organes. Quelles sont, en effet, les fonctions des feuilles ? Elles absorbent, respirent, transpirent, pour modifier la séve qui a monté dans leur tissu, et cette séve devient propre à nourrir la plante. Or, la parasite Orobanche a enfoncé ses racines dans celles d'un autre végétal : elle pompe, par ses suçoirs, la séve tout élaborée de ce même végétal; dès lors les feuilles vertes lui deviennent inutiles, et voilà pourquoi la Nature, qui ne fait rien en vain, ne lui en a pas donné.

Si les Personées tiennent aux Labiées par leur corolle et leurs étamines, la structure de leur fruit les rapproche de la famille des *Solanées*, dont l'histoire n'est pas sans intérêt. Dans les Solanées, en effet, l'ovaire est à deux loges, séparées par une cloison portant sur chacun de ses côtés un écusson arrondi chargé de graines; mais la corolle est régulière dans la plupart des genres, et il y a cinq étamines qui alternent avec les cinq divisions de la corolle.

La plupart des Solanées ont un aspect sombre et une odeur désagréable; leur fruit est presque toujours vénéneux et narcotique : ce fruit est tantôt succulent, et il forme alors une *baie*; tantôt sec, et il porte alors le nom de *capsule*.

La *Belladone* (*Atropa Belladona*), dont la physionomie est suspecte, malgré l'élégance de son port, produit des fruits nombreux qui, à leur maturité, ressemblent à des cerises noires; les enfants s'y trompent quelquefois; et les vieux employés du Jardin des Plantes vous raconteront que, pendant la révolution, de petits orphelins, qu'on élevait à l'hospice de la Pitié, et que l'administration employait à sarcler les mauvaises herbes, remarquèrent dans le carré des Plantes médicinales les fruits de la Belladone, leur trouvèrent une saveur douceâtre, et en mangèrent une assez grande quantité; quatorze de ces petits malheureux moururent quelques heures après. Le nom *générique* de la plante (*Atropa*) est donc justifié par cette lamentable catastrophe, car *Atropa* vient d'*Atropos*, la Parque au fatal ciseau. Le nom *spécifique* offre des images plus riantes : il signifie *belle dame*, et fait allusion à la grande renommée dont jouit cette plante en Italie, où l'on emploie l'eau distillée de Belladone comme un cosmétique précieux pour entretenir la fraîcheur de la peau.

La *Mandragore*, qui est une espèce du même genre, croît dans les lieux sombres, comme l'indique l'étymologie de son nom (*ornement des cavernes*). Cette plante, connue et célébrée depuis un temps immémorial, était employée par les magiciens et les sorciers pour donner des hallucinations bizarres et troubler la raison. Les feuilles sortent du collet de la racine, et forment un large faisceau; entre ces feuilles naissent plusieurs pédoncules, portant chacun une fleur, dont la corolle est velue en dehors, et d'une couleur blanchâtre teintée de violet.

Voici les nombreuses espèces du genre *Morelle* (*Solanum*) : il y en a quelques-unes qui n'ont pas l'extérieur repoussant des autres membres de leur famille; leurs feuilles sont d'un vert gai, et leurs fleurs exhalent un parfum très-agréable. Cet arbrisseau sarmenteux, dont la tige est grêle, ligneuse à sa base et herbacée dans le reste de son étendue, est la *Douce-Amère* (*Solanum dulcamara*); ses fleurs sont violettes et disposées en grappes pendantes; le fruit est une baie rouge. Cette Morelle, dont l'ovaire prend un développement énorme, est la *Mélongène*; son nom vulgaire d'*Aubergine* lui a été donné à cause de la ressemblance de son fruit avec un œuf; ce fruit est tantôt d'un blanc de lait, et alors on le prendrait pour un œuf cuit, dépouillé de sa coque; tantôt il est de couleur violette; lorsqu'il est parvenu à sa maturité, il sert de nourriture à l'homme dans les provinces méridionales de la France. La *Tomate* ou *Pomme d'amour* (*Solanum lycopersicon*) est originaire du Brésil; on la cultive partout à cause de ses baies rouges, aplaties, partagées en côtes arrondies et irrégulières, que l'on emploie dans les sauces et les ragoûts. La *Morelle noire* (*Solanum nigrum*) est une petite plante qui croît abondamment le long des murs des villages et dans les lieux cultivés; elle vaut mieux que sa réputation, car on l'emploie impunément, à la manière des épinards, dans les Antilles, aux îles de France et de Bourbon, et tous les consommateurs lui trouvent un goût délicieux.

VERVEINES.

1. *Duc Decazes*.   3. *Valentine de Sauveuse*.
2. *Souvenir de Dufay*.   4. *M.me Lacour*.

Canolans pins.   Girard col.   Mougeot sculp.

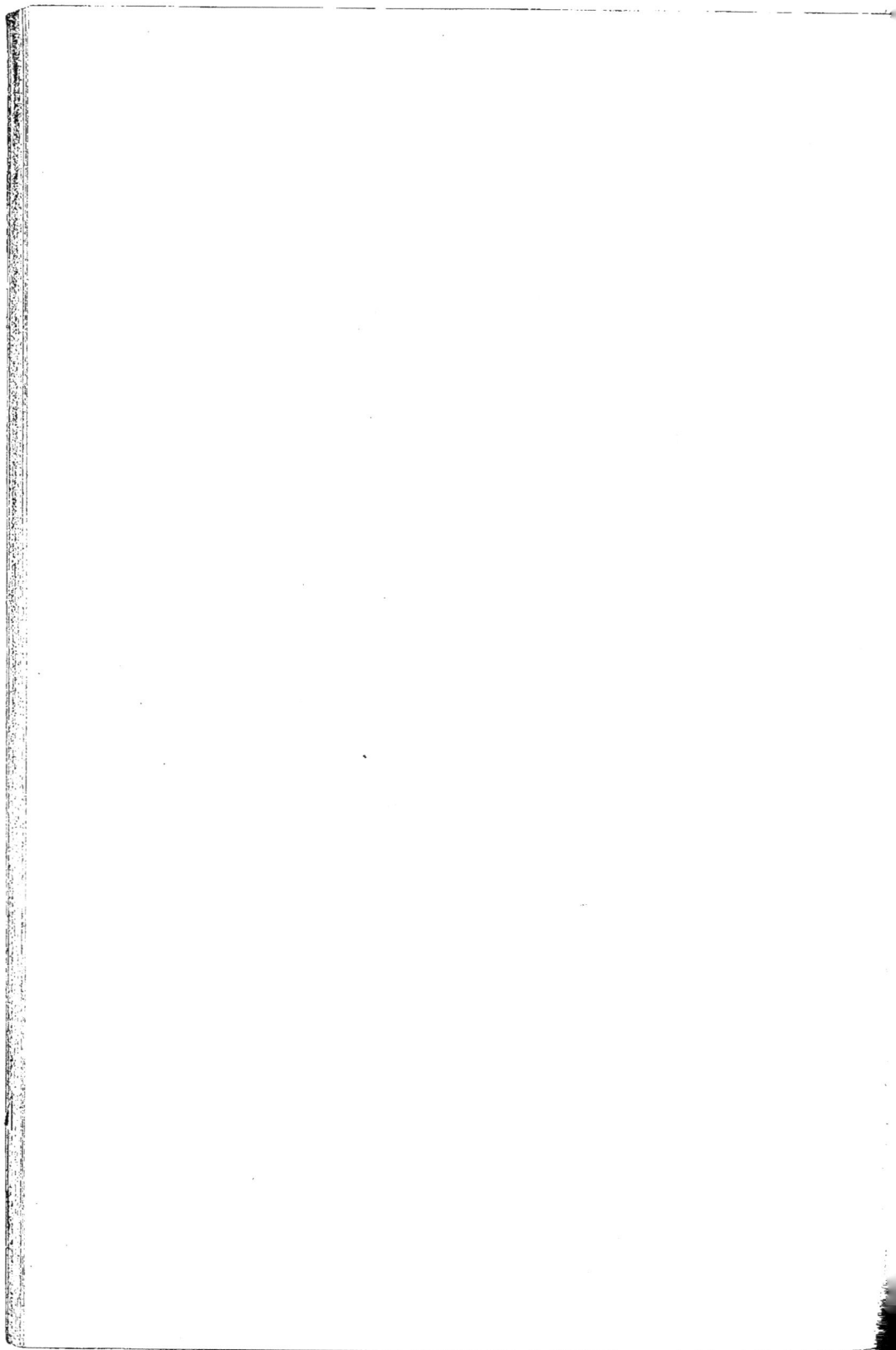

Mais de toutes les espèces du genre *Solanum*, la plus utile, sans comparaison, c'est la *Morelle tubéreuse* (*Solanum tuberosum*), connue du monde entier sous le nom de *Pomme de terre*.

Parmi les Solanées qui ont pour fruit une baie, nous ne devons pas oublier cette herbe annuelle, originaire de l'Amérique méridionale, dont l'ovaire, oblong et d'un rouge vif, possède une saveur poivrée, qui le fait rechercher comme assaisonnement : c'est le *Piment* (*Capsicum annuum*).

Passons maintenant en revue les Solanées dont l'ovaire est une capsule : voici la *Jusquiame* (*Hyoscyamus niger*), dont la tige est recouverte d'un coton visqueux, et exhale une odeur repoussante ; ses corolles sont d'un jaune pâle, veiné de pourpre ; sa capsule s'ouvre par le soulèvement d'une petite calotte qui forme son tiers supérieur : c'est ce que vous pouvez vérifier vous-même en enlevant ce couvercle, dont le bord est saillant. Voici la *Pomme épineuse* (*Datura Stramonium*), dont la capsule, hérissée de piquants, offre quatre loges au lieu de deux. Ses semences sont très-narcotiques ; et vous pourrez lire à ce sujet, dans les *Causes Célèbres*, le procès d'une compagnie de voleurs, connus sous le nom d'*endormeurs ;*

POMME DE TERRE.

POMME ÉPINEUSE.

ils mêlaient du tabac à de la poudre de *Datura* ; puis, dans les lieux publics, dans les diligences, ils se plaçaient à côté de gens auxquels ils offraient fréquemment du tabac, et, dès qu'ils les voyaient endormis ou délirants, ils les dépouillaient sans obstacle.

Au genre Datura appartiennent le *Datura ferox*, ainsi nommé, à cause des épines qui arment son fruit, et le *Datura fastuosa*, dont la corolle double et triple quelquefois ; la forme et la magnificence de cette corolle lui ont fait donner le surnom de *Trompette du jugement dernier*.

Cette plante, dont vous admirez les larges feuilles et les fleurs roses, disposées en épi rameux au sommet des branches, est le *Tabac* (*Nicotiana Tabacum*).

Nous ne quitterons pas la section des Corolliflores, sans jeter un coup d'œil sur une famille très-voisine des Personées : c'est celle qui a pour type le genre *Bignonia*, dédié à l'abbé Bignon, protecteur des savants dans le dix-septième siècle.

Voici d'abord le *Bignonia catalpa*, cultivé dans quelques jardins comme plante d'ornement ; et le *Bignonia radicans*, arbrisseau grimpant, aux fleurs grandes et éclatantes ; sa tige offre, d'espace en espace, des nœuds d'où partent des racines aériennes.

TABAC.

Dans les familles Corolliflores que vous venez de passer en revue, vous avez pu remarquer que toujours les étamines sont *alternes* avec les divisions de la corolle, c'est-à-dire placées entre ces divisions. La famille des *Primulacées* présente une exception à cette règle générale : examinez un instant cette fleur de *Lysimaquie*, vous verrez sans peine que les cinq étamines qu'elle porte sont exactement vis-à-vis des pétales soudés de la corolle. Il suffit, pour s'en assurer, d'enlever un de ces pétales, vous enlevez en même temps une étamine qui se pose précisément sur sa base, et lui est par conséquent *opposée*. C'est à la famille des Primulacées qu'appartient le joli genre *Anagallis*, dont une espèce à fleur tantôt bleue, tantôt d'un rouge vif (*Anagallis arvensis*), abonde dans les lieux cultivés, et présente un ovaire qui s'ouvre en deux moitiés hémisphériques, comme une boîte à savonnette; c'est ce que vous avez vu tout à l'heure dans la Jusquiame. Le *Cyclamen*, dont les corolles ont leurs divisions longues, tordues et déjetées en arrière, comme une chevelure qui flotte au vent, est aussi une Primulacée; enfin le type de la famille est le genre *Primevère (Primula)*, dont toutes les espèces fleurissent au commencement du printemps, et dont vous ne voyez ici que les calices et les ovaires desséchés.

La série des familles que nous allons visiter maintenant ne nous offrira pas l'éclat que vous avez admiré dans les Corolliflores. Ce sont des plantes dans lesquelles il n'y a qu'une enveloppe florale, c'est-à-dire un calice; quelquefois, il est vrai, les folioles de ce calice sont disposées sur deux rangs; mais leur couleur est presque toujours verte, si ce n'est dans deux ou trois familles. Voici, par exemple, les *Nyctages*, qui doivent leur nom à leur vie nocturne; c'est, en effet, vers le crépuscule du soir que s'éveille leur fleur, qui reste épanouie jusqu'au jour, et se ferme alors pour ne plus se rouvrir. L'espèce la plus répandue dans les jardins est le *Nyctage faux Jalap (Mirabilis Jalapa)*, connu sous le nom de *Belle-de-Nuit*, et dont le calice, ordinairement rouge, est quelquefois jaune, blanc ou panaché. Cette plante est annuelle dans nos climats froids; mais elle est vivace dans le Pérou, sa patrie primitive. Le *Nyctage à longue fleur (Mirabilis longiflora)* est originaire des hautes montagnes du Mexique; ses calices sont remarquables par la longueur de leur tube, et lorsqu'ils s'ouvrent, vers la nuit, ils répandent une odeur suave. Remarquez bien que le calice des Nyctages forme à sa partie inférieure un petit étranglement au-dessus de l'ovaire, et l'enveloppe sans y adhérer; si vous ouvrez adroitement cette partie du calice qui entoure l'ovaire, vous verrez qu'elle n'y est qu'appliquée et non pas soudée; vous verrez en même temps le point où naissent les étamines, c'est un disque écailleux posé sur le réceptacle.

Les *Amaranthes* ont aussi, pour la plupart, leur calice coloré; les *Plantains* ont deux enveloppes florales, dont la plus intérieure peut être considérée comme une véritable corolle. Il en est de même des *Dentelaires* ou *Plombaginées*, dont une espèce, le *Gazon d'Olympe (Statice armeria)*, est cultivée pour bordure dans les jardins.

Les *Arroches* formeraient peut-être la moins brillante des familles du règne végétal, si elles n'avaient à leur tête le *Phytolacca*, herbe de trois à quatre mètres de hauteur, dont la tige rougeâtre et rameuse porte de belles feuilles et d'élégantes grappes de fleurs. Les autres membres de la famille compensent leur peu d'éclat par des qualités utiles : ce sont l'*Épinard commun (Spinacia oleracea)*, dont vous connaissez l'usage; les diverses espèces du genre *Salsola*, plantes qui croissent sur les bords de la mer, et dont la cendre fournit la *Soude*, qui sert de base aux savons et aux lessives; enfin la *Bette (Beta vulgaris)*, cultivée dans tous les jardins. Cette espèce présente deux variétés principales : l'une, nommée *Poirée*, a sa racine dure et cylindrique; ses feuilles sont larges, et leur côte longitudinale est employée comme aliment sous le nom de *carde*; l'autre a sa racine grosse, charnue et pleine de suc : c'est la *Betterave* ou *Racine de disette*, dont la culture rivalise maintenant avec celle de la *Canne à sucre*.

La famille des *Polygonées* ou *Renouées* renferme, comme vous le voyez, des Plantes herbacées, dont l'ovaire, dans quelques espèces, contient une fécule nutritive très-abondante : voici le *Sarrasin (Polygonum fagopyrum)*, végétal précieux, originaire d'Asie, qui prospère dans les terres les plus maigres, et alimente les habitants de la Bretagne et de la Normandie; voici les *Rumex*, dont deux surtout contiennent un sel acide qui les fait employer comme plante potagère : ce sont la *grande* et la *petite Oseille*; voici enfin les *Rheum*, dont la racine est connue sous le nom de *Rhubarbe*. La Rhubarbe par excellence nous vient de la Chine, mais nous ne savons pas encore quelle espèce de *Rheum* la produit; on en a cultivé en France plusieurs espèces, et aucune n'a donné une racine semblable à celle dont les Chinois nous cachent soigneusement l'origine.

Les *Lauriers* sont des arbres élégants, ornés en tout temps de feuilles lisses et luisantes;

de même que les Polygonées et les Arroches, ils n'ont qu'un calice sur lequel sont posées les étamines. Le *Laurier franc* (*Laurus nobilis*) est originaire des contrées méridionales de l'Europe et de l'Asie Mineure. Je n'ai pas besoin de vous rappeler que cet arbre fut jadis la belle Daphné : depuis le jour où, poursuivie par Apollon, elle fut changée en Laurier, le Laurier est consacré au dieu du génie, et son feuillage, orné de ses fruits, sert à couronner les héros, les poëtes et les bacheliers (*baccalaureati*). Toutes ces fictions avaient leur mérite au temps où les guerriers ne cherchaient que la gloire, où les poëtes faisaient difficilement des vers faciles, où les bacheliers savaient le latin ; mais, hélas ! de nos jours, il y a des esprits positifs

> Qui ne trouvent le laurier bon
> Que pour la sauce et le jambon.

A quoi les apothicaires ajoutent que l'*onguent de Laurier* est souverain pour les douleurs rhumatismales.

Au reste, l'origine mythologique du Laurier lui faisait attribuer, chez les anciens, des propriétés merveilleuses : Pline rapporte que le Laurier avait le privilége d'écarter la foudre, et de servir d'ornement et de sentinelle au palais des Césars. L'empereur Tibère, dans les temps d'orage, y cherchait un abri. Cette superstition des Romains devient sublime dans la bouche du vieil Horace, défendant son fils vainqueur :

> Lauriers sacrés, rameaux qu'on veut réduire en poudre,
> Vous qui mettez sa tête à couvert de la foudre....

Les autres espèces de la famille que vous avez à connaître nous rejettent dans l'épicerie et dans la droguerie : c'est un *Laurier* (*Laurus cinnamomum*), qui nous donne la *Cannelle;* c'est un *Laurier* (*Laurus camphora*), qui fournit le *Camphre;* c'est un *Laurier* (*Myristica moschata*), qui produit la *Muscade* et le *Macis;* je vous fais grâce du *Malabathrum*, du *Cassia lignea*, du *Sassafras*, du *Pichurim* et du *Culilawan*.

Descendons maintenant vers l'autre extrémité du carré que nous venons de parcourir; nous allons y trouver des familles dans lesquelles les fleurs sont *diclines*, c'est-à-dire que les étamines et les pistils occupent des fleurs différentes.

La première famille qui s'offre à nos regards est celle des *Euphorbiacées*, qui varient beaucoup par leur port. Voici les espèces du genre *Euphorbia*, type de la famille : à leur tête est l'*Euphorbe officinale*, qui ressemble singulièrement, pour le port, à un cierge; les *Euphorbes* ou *Tithymales*, renferment un suc laiteux très-âcre. Les *Buis* et les *Mercuriales* appartiennent aussi à cette famille. Voici les *Ricins*, dont l'espèce la plus commune est le *Palma-Christi*, plante herbacée dans nos climats rigoureux, mais formant un arbre de quarante pieds dans l'Afrique, sa patrie. Son nom de Palma-Christi (*Main du Christ*) lui vient de la forme de ses feuilles. Nous verrons dans les Serres quelques Euphorbiacées exotiques, qui pourront vous intéresser.

Les *Urticées*, voisine des Euphorbes, sont plus utiles à l'homme que ces dernières; ce n'est pas aux espèces du genre *Ortie* (*Urtica*) que s'applique cette observation. Leurs feuilles et leur tige sont hérissées de poils, dont la piqûre est suivie d'une cuisson douloureuse; cette douleur n'est pas causée par le poil lui-même; elle provient d'une liqueur irritante qui est entrée en même temps que lui dans la plaie. Pour bien comprendre la piqûre de l'ortie, il faut, non pas se faire piquer par elle, mais observer avec une loupe les poils qui couvrent sa tige : vous verrez que ces poils sont creusés en gouttière sur toute leur longueur, et se posent, par leur base, sur une glande en forme de sac, pleine d'un suc caustique; quand on touche la plante, les poils, qui sont roides et acérés, se glissent sous la peau, mais en même temps, la glande qui est au bas du poil est pressée, et laisse suinter sa liqueur âcre; cette liqueur coule le long de la rainure du poil, pénètre avec lui dans la peau, et, par son contact, détermine la douleur que vous connaissez. Ce mécanisme est tout à fait analogue à celui de la morsure des Serpents venimeux. La dent du Serpent est creusée d'un canal; à ce canal aboutit le conduit excréteur de la glande qui fournit le poison; figurez-vous une bouteille de gomme élastique à long goulot, et pleine de liquide, vous aurez l'idée du réservoir à venin. Au moment où l'animal mord, les muscles de ses mâchoires, en se contractant, compriment la glande, et le venin qui coule le long du canal de la dent entre avec elle dans la plaie de la victime.

Quand les Orties sont sèches, elles ne produisent aucune douleur : c'est qu'alors les glandes du suc âcre sont desséchées; les poils existent toujours, ils peuvent même pénétrer sous la peau, mais cette blessure est sans cuisson.

Laissons là ces vipères végétales, qu'il est dangereux d'aborder : le jeu de leurs étamines vous aurait intéressé, si vous aviez pu l'étudier sans accident, mais vous pourrez observer un phénomène semblable sur la *Pariétaire*, petite plante inoffensive, que l'on rencontre dans les fentes des vieux murs et quelquefois le long des haies. Les fleurs sont ramassées par petits pelotons; vous en trouverez qui renferment un pistil seulement au milieu d'un calice à quatre folioles; d'autres n'ont que des étamines, qui sont au nombre de quatre, et opposées aux folioles du calice; d'autres enfin sont complètes et possèdent étamines et pistil dans le même calice. Prenez une fleur à étamines, qui ne soit pas encore épanouie, ouvrez-la doucement avec une épingle, vous verrez tout à coup une ou deux des étamines, dont les filets étaient enroulés comme des ressorts de montre, vous les verrez, dis-je, se dérouler avec une élasticité singulière, et rester ensuite dressées; vous verrez en même temps s'élever un petit nuage de poussière : c'est le pollen, que cette secousse a chassé de l'anthère, et qui se disperse sur les fleurs à pistil environnantes. Vous pourrez provoquer successivement cette explosion sur chacune des quatre étamines, en ayant soin de ne les visiter que l'une après l'autre, avec la pointe de votre épingle.

Le *Chanvre* (*Cannabis sativa*) est originaire de la Perse, mais il s'est parfaitement naturalisé dans toutes les contrées de l'Europe. Les fibres de cette plante ont beaucoup de ténacité : c'est avec elles que l'on prépare cette filasse si précieuse pour la fabrication des toiles et des cordages. Le *Houblon* (*Humulus lupulus*) ressemble au Chanvre, mais sa tige est grimpante; ce sont ses fleurs à pistil, réunies en petites têtes, que les brasseurs emploient dans la préparation de la bière, pour lui donner de l'amertume.

Ne vous récriez pas en voyant le *Mûrier* et le *Figuier* dans la famille des *Orties*. La consistance ligneuse et la hauteur des tiges distinguent, il est vrai, ces arbres de l'humble *Pariétaire;* mais la structure de la fleur et de la graine est identique dans toutes ces plantes; d'ailleurs, les feuilles du Figuier et du Mûrier ne sont pas sans analogie avec celles du *Houblon*. Et si vous aviez sous les yeux tous les membres de la famille répandus sur la surface du globe, vous verriez qu'entre la Pariétaire et le Mûrier, il y a des espèces intermédiaires qui établissent le passage de l'une à l'autre par des nuances presque insensibles.

Le *Mûrier* a ses fleurs à pistil réunies en têtes ovales comme le Houblon; chaque fleur a un calice de quatre folioles qui entourent un petit ovaire renfermant une seule graine : ces folioles, en mûrissant, se gonflent de sucs, et leur ensemble forme le fruit qu'on nomme la *Mûre*. Ainsi, dans la Mûre, ce sont les calices de plusieurs fleurs réunies que vous mangez.

— Le *Mûrier noir* (*Morus nigra*), qui s'est naturalisé en Europe, est originaire de la Perse; le *Mûrier blanc* (*Morus alba*) est plus petit que le précédent; il est originaire de la Chine, où on le cultive pour l'éducation des Vers à soie : le Mûrier blanc est en effet le seul arbre dont les feuilles puissent nourrir la Chenille de ce précieux *Bombix*. Deux missionnaires grecs l'introduisirent en Europe dans le sixième siècle; ils apportèrent à Constantinople des graines de Mûrier et des œufs de Vers à soie : la culture du Mûrier se répandit bientôt dans le Péloponèse, et fit donner à cette partie de la Grèce son nom moderne de *Morée* (*Morus*). De là, les Mûriers et les Vers à soie passèrent en Sicile et en Italie, et prirent dans la Calabre une extension rapide. Quelques gentilshommes français, qui avaient fait la guerre en 1494, sous Charles VIII, ayant compris tous les avantages que l'Italie retirait de cette branche d'agriculture, voulurent en doter leur patrie, et firent apporter de Naples des Mûriers qu'on planta dans la Provence et dans le Dauphiné. Charles VIII encouragea les soieries qui s'étaient établies à Lyon et à Tours; Henri IV, malgré la résistance de Sully, établit de nombreuses plantations de Mûriers, et convertit en pépinière son jardin des Tuileries; le grand ministre Colbert alla plus loin : il fit planter des Mûriers, aux frais de l'État, dans des propriétés particulières, mais les particuliers acceptèrent avec répugnance une richesse que leur imposait l'arbitraire; les plantations furent négligées; alors Colbert fit annoncer qu'il paierait une prime de vingt-quatre sols pour tout arbre qui aurait atteint l'âge de trois ans; la prime fut exactement payée, et dès lors la culture du Mûrier se répandit rapidement dans les provinces du midi et du centre de la France.

Le *Mûrier à papier* (*Broussonetia papyrifera*) croît en Chine et dans les îles de la mer du Sud; son écorce sert à fabriquer du papier de Chine, qui est très-recherché pour l'impression en taille-douce; c'est aussi avec cette écorce que les insulaires préparent une toile non tissue, dont ils se font des vêtements. Le Mûrier à papier me rappelle l'histoire de *Potaveri*, ce jeune Otahitien que Bougainville avait amené en France. Le pauvre insulaire, étranger à nos mœurs, à notre langage, à nos plaisirs, languissait loin de sa chère Otahiti : toutes les caresses qu'on lui prodiguait glissaient sur son âme, et il restait silencieux et solitaire au milieu des fêtes brillantes dont il était l'objet. Un jour, on l'avait conduit dans les jardins de Versailles, dont on lui montrait avec empressement les richesses et les beautés : tandis qu'il promène ses regards distraits sur cette foule de Végétaux rassemblés à grands frais de toutes les parties du monde, il aperçoit tout à coup un Mûrier à papier. A cette vue, son œil éteint se ranime; il s'élance d'un bond vers l'arbre de son pays, il l'entoure de ses étreintes convulsives, et s'écrie en sanglottant : *Otahiti! Otahiti!* Ce mot fut le seul qu'il fit entendre : il le répéta bien des fois, et chaque fois ce mot prenait dans sa bouche un accent nouveau, qui révélait aux spectateurs les émotions variées et rapides dont son cœur était agité. Connaissez-vous un discours *sur l'amour de la patrie*, plus éloquent, plus complet, plus sublime que celui-là? Tous les assistants fondaient en larmes : il fallut l'arracher de ce lieu qu'il ne voulait pas quitter, et quand l'infortuné se vit entraîner loin de l'arbre d'Otahiti, on eût dit, à son désespoir, qu'il venait de quitter sa patrie une seconde fois.

Le *Figuier* est originaire de l'Orient; il fut apporté à Marseille par les Phéniciens, six cents ans avant l'ère chrétienne. Les fleurs sont renfermées dans un réceptacle creux, dont la forme est celle d'une poire; son extrémité élargie est percée d'un trou bouché par des écailles; les fleurs à étamines occupent la partie supérieure, les fleurs à pistil, plus nombreuses, sont placées au-dessous d'elles et tapissent la paroi du réceptacle, à laquelle elles tiennent par un petit pied. — Que mangez-vous donc dans le fruit du Figuier? en un mot, qu'est-ce que la Figue? C'est un réceptacle charnu, dans l'intérieur duquel sont logés les ovaires, qui vous craquent sous la dent. Il y a dans les serres une *Urticée* voisine du Figuier, chez laquelle ce réceptacle, au lieu de se redresser et de former un corps creux, reste étalé presque horizontalement et porte à sa surface les fleurs à étamines et à pistil, mélangées : c'est le *Dorstenia contrayerva*, dont la racine est employée au Brésil contre la morsure des serpents venimeux. (*Contrayerva* signifie contre-poison.)

Dans nos Figuiers cultivés, le parenchyme du réceptacle se développe outre mesure, et les étamines avortent, mais dans le Figuier sauvage, ou *Caprifiguier* de la Grèce et de l'Asie Mineure, l'organisation des fleurs est complète : or, il y a un insecte, appartenant au genre *Cynips,* qui dépose ses œufs dans le réceptacle des Caprifiguiers les plus précoces; les Orientaux, qui connaissent cette manœuvre, enfilent ces jeunes Figues en chapelets, qu'ils suspendent aux branches des Figuiers cultivés. Bientôt les jeunes Cynips, que la Figue sauvage recélait, sortent de leur prison, chargés de poussière fécondante : ils s'introduisent par l'œil de la Figue cultivée dans le réceptacle où sont nichés les pistils, portent ce pollen sur les stigmates, et provoquent ainsi la maturité du fruit. Cette fécondation artificielle se nomme *caprification*.

A la famille des *Urticées* appartient encore le *Jaquier*, que l'on cultive dans les régions tropicales, et dont le fruit, du volume de la tête d'un homme, renferme une pulpe blanche et farineuse, qui a la saveur de la mie de pain frais, et fournit à l'homme un aliment sain et agréable : c'est ce qui a valu au Jaquier (*Artocarpus*) son nom populaire d'*Arbre à Pain*.

Les *Cucurbitacées* sont des herbes dont la tige flexueuse est souvent grimpante, soit par sa propre torsion, soit par le moyen des vrilles que vous pouvez observer à l'aisselle des feuilles de beaucoup d'entre elles. — La corolle est posée sur un calice à cinq divisions, qui se soude par toute sa partie inférieure avec le pistil. Dans les fleurs à étamines, les anthères sont flexueuses et soudées ensemble de manière à former trois groupes. Le fruit, qui se compose du calice soudé avec l'ovaire, devient très-gros et contient des graines nombreuses : voici la plus commune des Cucurbitacées, la Bryone (*Bryonia dioïca*), dont la tige grimpante et les feuilles découpées comme celles de la Vigne, lui ont valu les noms populaires de *Couleuvrée* et de *Vigne blanche*; la racine de cette faible plante est d'un volume énorme. — Voici la *Coloquinte*, les *Melons*, avec toutes leurs variétés, le *Concombre*, dont les fruits jeunes, confits au vinaigre, portent le nom de *Cornichons*; la *Calebasse*, le *Pastèque* ou *Melon d'eau*, le *Potiron* ou *Citrouille*; tous ces Végétaux sont originaires d'Asie, et se sont facilement naturalisés dans nos climats. Le Melon a passé d'Afrique en Espagne, puis en Italie, d'où le Roi Charles VIII l'a transporté en France.

BRYONE.

Les deux familles qu'il vous reste à connaître, avant de quitter ce *Carré*, se composent d'arbres dont les espèces constituent presque à elles seules nos forêts d'Europe : ce sont les *Amentacées* et les *Conifères*.

Les *Amentacées*, que l'on nomme aussi *Arbres à chatons*, ont des feuilles qui tombent tous les ans et sont garnies à leur naissance de deux stipules : les fleurs à étamines sont disposées en épis, où le calice manque ordinairement et est remplacé par des bractées ; les fleurs à pistil varient beaucoup : tantôt elles forment des épis nommés *Chatons*, tantôt elles sont solitaires et entourées de bractées dont la forme est diverse. — A la tête de la famille est le *Chêne*, dont le fruit est un *Gland*, c'est-à-dire un ovaire entouré de bractées serrées qui forment à sa base un godet. Le *Chêne rouvre*, ou *Chêne commun*, fournit son bois pour les constructions qui demandent surtout de la solidité; son écorce, nommée *tan*, sert aux *tanneurs* pour durcir le cuir. Le *Chêne liège* croît dans les provinces méridionales de la France; c'est la partie extérieure de son écorce qui fournit cette substance spongieuse et élastique que l'on nomme le *liège*. Le *Chêne à galles* est un arbrisseau qui croît dans l'Asie Mineure ; un Cynips, peu différent de celui du Figuier,

CHÊNE LIÈGE.

pique le pétiole de sa feuille pour y déposer ses œufs; les sucs végétaux s'épanchent à l'endroit qui a été piqué, et y forment une excroissance ou tumeur qu'on nomme *Noix de galle.* Les œufs renfermés dans ces excroissances acquièrent du volume et de la consistance; il en naît de petits vers sans pattes, qui rongent l'intérieur de la tumeur sans nuire à son développement, et y restent cinq ou six mois dans cet état. Quand l'époque de leur métamorphose est arrivée, ils percent la coque qui leur a fourni à la fois le vivre et le couvert, et l'on peut voir à la surface des galles des trous ronds qui annoncent que l'animal en est sorti. — Les Noix de galle, infusées dans de l'eau qui tient du fer en dissolution, forment la liqueur nommée *encre.* Vous pouvez remarquer des excroissances semblables sur les feuilles du *Chêne commun;* elles sont molles et de couleur rose; il s'en forme aussi sur le *Rosier églantier,* que l'on nomme *Mousse chevelue.* Coupez ces productions en deux moitiés, vous verrez les petites cellules où sont logés les vers.

Le *Noisetier* ou *Coudrier* (*Corylus avellana*) a un fruit que vous connaissez et qui diffère du gland de Chêne, en ce que les bractées qui environnent l'ovaire sont grandes et foliacées. Dans le *Châtaignier* (*Castanea*), le fruit est aussi protégé par des bractées, mais celles-ci sont épineuses, et enveloppent en entier les ovaires, qui sont ordinairement au nombre de trois à quatre; chaque ovaire, dans sa jeunesse, est à six loges et porte six styles; chacune des loges renferme deux graines; mais bientôt ces loges avortent, et se réduisent à une seule, qui renferme trois graines; quand la nourriture destinée à ces trois graines se jette sur l'une d'elles, celle-là prospère aux dépens des autres et forme le *Marron.* Ainsi, sur douze graines que contenait le jeune ovaire, il arrive souvent qu'une seule réussisse. — Cette enveloppe épineuse, qui protége les ovaires, est le seul point de ressemblance du Châtaignier avec le *Marronnier d'Inde,* bel arbre, qui fait l'ornement de nos jardins publics : encore cette ressemblance n'est-elle qu'apparente, car, dans le Châtaignier, l'enveloppe épineuse est formée par des bractées, et ne tient en rien aux ovaires, tandis que dans le Marronnier d'Inde, au contraire, c'est l'ovaire lui-même qui la constitue.

Le *Hêtre* (*Fagus*) se rapproche beaucoup du Châtaignier pour la structure des fleurs; son fruit est aussi enveloppé par une coque, mais les bractées qui la forment sont des épines moins dures et moins piquantes que celles du Châtaignier; il y a deux fleurs dans chaque enveloppe; chaque ovaire est triangulaire, et présente trois loges renfermant deux graines; bientôt deux de ces loges avortent, et le fruit ne contient plus qu'une ou deux graines anguleuses qui portent le nom de *Faînes,* et qui donnent, par expression, une huile douce propre à entrer dans nos aliments. Quand vous cueillez de ces faînes, en vous promenant dans les bois, vous pouvez vous assurer qu'elles ont un goût très-agréable, mais n'en mangez pas une grande quantité, car elles produisent l'ivresse et tous les phénomènes qui l'accompagnent.

Les *Saules* sont nombreux en espèces, qui toutes se plaisent dans les lieux humides, sur le bord des ruisseaux et des rivières; la plus belle espèce est le *Saule pleureur,* originaire du Levant, que Linné a nommé *Saule babylonien* (*Salix babylonica*), parce qu'il a supposé que c'était l'arbre aux branches duquel les Israélites, dispersés et captifs, avaient suspendu leurs harpes. Vous rappelez-vous les strophes touchantes de l'Écriture?

> *Au bord du fleuve de Babylone,*
> *Nous nous assîmes et nous pleurâmes,*
> *Car nous nous souvenions de Jérusalem,* etc.

L'espèce la plus élégante du genre *Peuplier* est sans contredit le *Peuplier d'Italie* (*Populus fastigiata*), dont les rameaux effilés, droits et serrés contre la tige, donnent à l'arbre l'aspect d'une longue pyramide. Il est originaire de l'Asie Mineure, d'où il passa en Italie; il n'est cultivé en France que depuis quatre-vingts ans, et déjà il forme des rideaux autour de la plupart de nos prairies.

8

PEUPLIER SUISSE.

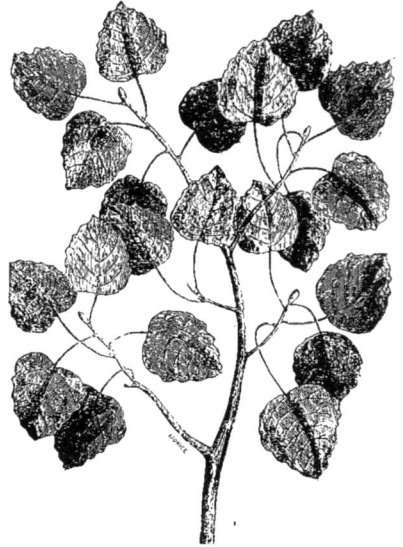

TREMBLE.

Les autres Amentacées sont les *Bouleaux*, les *Aunes*, le *Charme*, dont on fait des haies nommées *charmilles*; les *Platanes*, grands et beaux arbres, remarquables par leur écorce qui tombe chaque année en lambeaux ligneux, et par leurs feuilles grandes, coriaces et découpées : le *Platane d'Orient*, originaire de l'archipel grec, orne nos jardins et nos bosquets; le *Platane d'Occident* nous vient de l'Amérique septentrionale, et ne diffère de son frère que par les découpures moins nombreuses de ses feuilles. Les *Ormes*, qui se rapprochent des *Urticées*, et le *Micocoulier* (*Celtis*), arbre du midi de la France, dont le bois, presque incorruptible, est très-recherché par les ébénistes, appartiennent également à la famille des Amentacées.

Les *Conifères* sont des arbres ou des arbrisseaux, dont la plupart conservent leurs feuilles pendant l'hiver; de là le nom d'*Arbres verts* qu'ils ont reçu. Leur tige renferme souvent une résine liquide qui suinte naturellement de l'écorce, et porte le nom de *térébenthine*.

Le premier genre de la famille est celui des *Pins*. Dans toutes les espèces, les feuilles sont

AUNE COMMUN.

longues et acérées, et naissent deux ou plusieurs ensemble, d'un petit fourreau arrondi et membraneux; les fleurs à étamines sont disposées en grappes; chaque fleur est une bractée qui porte à sa base deux anthères à une loge. Les fleurs femelles sont réunies en chaton. Ce chaton se compose de bractées coriaces : chaque bractée ou écaille porte à sa base deux fruits, recouverts chacun d'une membrane qui se prolonge en lame sur la bractée. Le fruit, dans les Pins, est réduit à la structure la plus simple : non-seulement le calice et la corolle lui manquent, mais il n'a même pas d'ovaire; une bractée seule lui tient lieu de ces trois enveloppes; la graine est nue, et la peau membraneuse dont je vous parlais tout à l'heure lui appartient en propre. De ce qu'il n'a pas d'ovaire, vous devez conclure qu'il n'y a pas non plus de style ni de stigmate, puisque ces deux organes sont une continuation de l'ovaire. Comment donc, allez-vous dire, s'opère la fécondation de la graine? Par un orifice existant sur la graine même; et cela est d'autant plus facile, que, dans la jeunesse des fleurs, les bractées qui les protégent sont écartées les unes des autres, et que, d'une autre part, il pleut des branches supérieures, où sont les fleurs à éta-

PIN.

mines, une énorme quantité de pollen; quand la fécondation est assurée, les bractées s'épaississent et s'allongent de manière à former une massue anguleuse à son extrémité; elles se refoulent ainsi les unes les autres, et ferment exactement les intervalles qui les séparaient dans leur jeunesse; c'est alors que leur ensemble forme une espèce de cône; de là le nom de *Conifères,* donné à la famille qui a pour type le *Pin.*

Les *Sapins* présentent la même organisation dans leur fleur, mais les écailles de leur cône sont minces, arrondies au sommet, nullement épaissies ni anguleuses. En outre, leurs feuilles sont solitaires et ne sortent pas d'une gaîne commune.

Les *Mélèzes* diffèrent des deux genres précédents, en ce que leurs feuilles sont réunies en touffe à leur naissance, puis solitaires après l'allongement des jeunes pousses; c'est à ce genre qu'appartient le *Cèdre,* originaire du mont Liban, dont le bois, célébré dans les livres saints, est supérieur aux autres par sa légèreté et son incorruptibilité.

Les *Cyprès* ont leurs fleurs à étamines disposées sur quatre rangs; chaque rang se compose de quatre à cinq écailles; chaque écaille ou bractée porte quatre anthères. Les fleurs à pistil sont de petits chatons arrondis, composés de bractées peu nombreuses qui sont portées sur un pied et ont la forme d'un bouclier; à leur base est posée la graine, qui, au lieu d'être *suspendue* comme dans les genres précédents, est *dressée,* c'est-à-dire que son extrémité libre est dirigée en haut. Ces écailles, après la floraison, se soudent et forment par leur réunion un cône presque sphérique, qu'on nomme improprement *Noix de cyprès :* à la maturité, les écailles se dessèchent, se séparent par des fentes d'une élégante symétrie, et laissent sortir les graines. Les deux espèces de ce genre, le *Cyprès pyramidal* et le *Cyprès horizontal,* ne diffèrent l'une de l'autre que par la direction de leurs rameaux; ces rameaux sont carrés, entièrement couverts de petites feuilles imbriquées, disposées sur quatre rangs. — Les Cyprès sont originaires d'Orient; les anciens les avaient consacrés aux dieux infernaux, et en ornaient le champ des morts.

Dans les *Genévriers,* le cône ne se compose que de trois bractées concaves et rapprochées les unes des autres : à la base de chacune d'elles est une graine *dressée ;* ces bractées deviennent succulentes à leur maturité, et se soudent ensemble, de manière à imiter une baie. Les espèces de ce genre sont des arbrisseaux; tel est le *Genévrier commun* (**Juniperus communis**), dont les feuilles sont opposées trois par trois, aiguës et piquantes; ses fruits, improprement nommés *Baies de Genièvre,* donnent, par la fermentation, une espèce d'eau-de-vie que recherchent les habitants du Nord.

Enfin, le genre *If* vous présente un fruit encore plus simple que dans toutes les autres Conifères, puisqu'il se compose d'une graine unique, dont l'orifice est béant pour recevoir le pollen des fleurs à étamines, et qui n'est protégée que par les écailles mêmes du bourgeon dont elle est sortie; bientôt, entre elle et ces écailles, se développe un petit godet, qui croît peu à peu, devient rouge et succulent, et finit par enchâsser la graine presque en entier. Ce godet n'est autre chose que le pied même par lequel la graine tenait à la tige, et qui s'est énormément dilaté pour fournir au fruit une espèce de manteau protecteur ; c'est ce que les botanistes nomment une *arille*. L'*If commun* (*Taxus baccata*) croît dans les pays montueux ; son feuillage est d'un vert presque noir, excepté à l'extrémité des jeunes pousses ; les feuilles sont rangées comme les dents d'un peigne sur les deux côtés opposés de la tige. Cet arbre a toujours été regardé comme très-vénéneux : les Grecs prétendaient qu'il donnait la mort à ceux qui s'endormaient sous ses rameaux. Quelle que soit l'exagération de cette croyance, il est certain que l'ombre de l'If est funeste aux Plantes, et que son voisinage peut causer de violents maux de tête, soit à ceux qui se reposent sous son ombrage, soit aux jardiniers qui taillent ses branches.

Remontons maintenant le Carré pour en sortir, et donnez, en passant près des bassins, un coup d'œil aux plantes aquatiques qui les décorent : les plus éclatantes de toutes sont les *Nénufars,* plantes voisines des Pavots et des Renoncules. Le *Nénufar blanc* (*Nymphæa alba*) et le *Nénufar jaune* (*Nymphæa lutea*), sont les deux espèces qui croissent en France. Nulle Plante ne montre aussi clairement que les Nénufars l'analogie qui existe entre les étamines et les pièces de la corolle : vous voyez en dedans du calice du *Nénufar blanc* les premiers pétales larges et uniformes dans leur couleur ; ceux qui les avoisinent sont un peu plus allongés ; puis, à mesure qu'ils se rapprochent des étamines, ils se rétrécissent, et prennent une couleur jaune vers leur extrémité ; bientôt les loges de l'anthère se dessinent au sommet du pétale aminci, et, par des transitions insensibles, vous arrivez à des étamines parfaitement conformées.

Le Carré que nous allons visiter fait partie de l'*École de Botanique,* comme celui que nous venons de quitter ; mais il renferme beaucoup moins de familles, et ne nous arrêtera pas longtemps. Toutefois, avant de commencer la revue de ces familles, je dois vous dire quelques mots sur l'organisation des *Graines :* ceci complétera les notions dont vous avez besoin sur la structure des diverses parties de la fleur, et vous facilitera l'intelligence des principes qui ont guidé dans la classification du Règne végétal les botanistes philosophes dont je vous parlerai bientôt.

Si vous enlevez la pellicule qui recouvre une graine, lorsque cette graine est fraîche ou lorsqu'elle va germer, il vous sera facile de vous convaincre que cette pellicule cache une véritable plante en miniature. Prenez un *Haricot ;* si vous n'en trouvez pas de frais, faites tremper un Haricot sec dans de l'eau tiède pendant quelques heures. Cela fait, enlevez la peau ramollie qui recouvre la graine, vous avez sous les yeux deux plaques ovales, échancrées sur un bord, convexes sur l'autre, et juxtaposées par leur surface plane. Avant de les séparer, remarquez que du milieu de leur échancrure il part un petit corps ayant à peu près la forme d'un fuseau, c'est-à-dire renflé à son milieu et aminci à son extrémité libre. Ouvrez maintenant la graine, en passant une épingle dans la fente que forment les deux plaques le long de leur bord convexe ; elles vont s'écarter sans résistance, et vous laisser voir les organes délicats qu'elles protégeaient. Ce sont d'abord deux petites lames blanches, presque transparentes, ayant la forme d'un demi-*as de pique,* et s'emboîtant l'une dans l'autre ; elles tiennent, par leur base, à ce petit corps arrondi en fuseau, que vous avez vu tout à l'heure en dehors des plaques ; il est facile de voir que chacune de ces petites lames est pliée en deux, de sorte que si vous les déployez doucement avec votre épingle, au lieu d'une moitié d'as de pique, vous aurez un as entier ; vous pouvez distinguer, même sans loupe, dans l'épaisseur de cette lame, de grosses fibres, presque transparentes comme elle ; vous pouvez voir aussi, dans chacune des plaques, un petit enfoncement qui formait une *niche* pour les lames en forme d'as de pique. Si vous poussez votre examen plus loin, vous apercevrez entre ces deux lames, et à leur base, deux petites saillies qui, feuilletées par votre épingle, vous montreront plusieurs autres petites lames emboîtées les unes dans les autres. Arrêtez-vous là : vous connaissez maintenant la structure des graines de toutes les familles que vous avez vues dans le premier *Carré* de l'*École*. Vous dirai-je les noms qu'on a donnés à l'enveloppe de la graine et aux divers organes que vous venez de voir? Je m'en garderai bien : il suffit que vous sachiez ce que deviendront ces organes, quand la graine germera pour devenir semblable à la plante-mère. D'abord, l'extrémité amincie du petit fuseau poussera des fibres qui s'enfonceront dans le sol : cette extrémité est donc la *racine ;* ensuite, l'extrémité opposée, qui s'attache aux deux *plaques* ovales, s'allongera en montant vers la surface du sol, soulèvera les plaques, et sortira de terre avec elles; bientôt les petites lames en as de pique s'écarteront l'une de l'autre, étaleront leurs moitiés pliées, prendront une couleur verte, et grandiront rapidement ; les petites lames étroites qui étaient placées à leur base s'allongeront à leur tour, verdiront, et formeront de véritables rameaux; ce sont donc des *bourgeons ;* les lames à l'aisselle desquelles sont nés ces bourgeons sont donc des *feuilles ;* et l'extrémité du petit fuseau qui porte ces feuilles et l'attache aux deux plaques ovales est donc une *tige.* Racine, tige, feuilles, bourgeons, n'est-ce pas un Végétal complet? Allez voir maintenant, dans le premier Carré potager, des Haricots en germination, et il vous sera facile de vérifier en grand l'analyse que vous venez de faire en petit.

HARICOT.

Vous pouvez aussi donner le titre de feuilles à ces deux plaques ovales qui constituent presque le volume total de la graine : en effet, elles sortiront de terre avec la jeune tige, s'écarteront et verdiront comme les feuilles ordinaires; mais, leurs fonctions étant accomplies, elles ne tarderont pas à se flétrir et à tomber. Quelles étaient ces fonctions? Les mêmes que celles des feuilles à l'égard du bourgeon. Ces plaques ont protégé la jeune plante, tant que cette jeune plante est restée sans germer; quand les circonstances favorables à la germination ont été réunies, le suc, qui formait la substance de ces deux plaques, s'est modifié dans ses éléments; l'humidité du sol l'a délayé, il est devenu liquide et facile à absorber; il a passé dans la jeune tige, il l'a nourrie, fortifiée, augmentée, ainsi que la jeune racine; toutes deux alors, pouvant se suffire à elles-mêmes, et puiser dans le sol et dans l'air les matériaux nécessaires à leur développement, s'allongent en sens inverse l'une de l'autre, la tige vers le ciel, la racine vers le centre de la terre, et la germination est achevée.

Malgré ma répugnance à charger votre mémoire de termes techniques, il faut absolument que je vous fasse connaître le nom que la science a donné à ces plaques, protectrices et nourrices de la jeune Plante. On les appelle *cotylédons ;* voilà encore un mot grec que vous êtes condamné à retenir; mais, Dieu merci, ce sera le dernier.

Dans toutes les familles que renferme le Carré dont vous venez de sortir, la graine est conformée comme dans le *Haricot,* c'est-à-dire que la *jeune tige, la jeune racine, le jeune bourgeon* (en un mot la *jeune Plante*), sont pourvus de *deux cotylédons.* Quand ces cotylédons sont peu volumineux, la Nature place auprès d'eux une matière ordinairement farineuse; c'est un dépôt de nourriture qui suppléera à leur insuffisance et sera absorbé par la jeune plante à l'époque de la germination.

Les familles que nous allons voir dans le second Carré de l'École ont toutes des graines où la jeune plante, au lieu d'être pourvue de deux cotylédons, n'est protégée que par un seul; mais, comme compensation, dans la plupart de ces familles, la graine renferme, à côté du cotylédon unique, un dépôt considérable de cet *aliment supplémentaire* que je signalais tout à l'heure à votre attention.

La première famille que vous avez à observer dans le Carré où nous entrons, est celle des *Liliacées,* à laquelle nous comparerons ensuite toutes les autres.

GRAMINÉE. Vous connaissez déjà la fleur du Lis : un calice de trois folioles, une corolle de

trois pétales, six étamines, un style, un ovaire à trois loges et à graines nombreuses, voilà le caractère que nous trouverons dans toute la famille. Dans la plupart des genres, le bas de la tige forme un *oignon*, c'est-à-dire un plateau entouré de feuilles nombreuses dont la base, plongée dans le sol humide et à l'abri de la lumière, reste décolorée, et se gorge de sucs; c'est la réunion de ces bases de feuilles qui forme les tuniques de l'oignon; au-dessous du plateau, naissent des fibres blanches, qui sont les racines.

Linné qui, dans son imagination poétique, considérait les Végétaux comme une grande nation répandue sur la surface de la terre, les avait classés en plusieurs ordres, à l'instar du peuple romain. Les Liliacées occupaient un rang élevé dans l'*État*. « Les Lis, disait-il, sont les patriciens de l'empire; ils portent les étendards, et sont fiers de leur toge éclatante; ils éblouissent les yeux, et décorent le royaume par la splendeur de leurs draperies. » Le *Lis* (*Lilium candidum*), dont la *robe* est d'un blanc si pur, mérite d'être placé à la tête de cette aristocratie. Le *Martagon*, dont les fleurs pendantes sont parsemées de taches purpurines, vient après lui.

Le genre *Tulipe* présente quelques espèces qui ne sont pas moins élégantes : d'abord la *Tulipe des jardins* (*Tulipa Gessneriana*), dont la culture a ruiné des millionnaires en Hollande; elle est originaire d'Orient, et nous est venue de Constantinople en 1557; les Orientaux en font l'emblème des parfaits amants : « J'offris en tremblant, dit le Paria de la Chaumière indienne, une Tulipe dont les feuilles rouges et le cœur noir exprimaient les feux dont j'étais brûlé. » La *Tulipe œil de soleil* (*Tulipa oculus solis*), qui croît dans les champs de la Provence, est plus belle encore que celle *des jardins :* sa fleur est rouge, et à la base des pétales est une longue tache d'un bleu noir, bordé du jaune. La *Fritillaire impériale* est originaire d'Orient; sa tige, nue dans le milieu, porte à son sommet une houppe de feuilles, au-dessous de laquelle naît une rangée de grandes fleurs orangées pendantes. Au fond de ces fleurs sont six gouttelettes d'une liqueur limpide, produite par les glandes à nectar. La *Fritillaire pintade* (*Fritillaria meleagris*) a sa fleur marquetée comme un damier; viennent ensuite les *Jacinthes* (*Hyacinthus*), dont la principale espèce, cultivée dans nos jardins (*Hyacinthus orientalis*), a été apportée d'Asie par les Croisés; les *Hémérocalles*, dont le nom signifie *beauté d'un jour*; les *Scilles*, dont l'espèce la plus commune (*Scilla nutans*) orne les bois de ses fleurs bleues au commencement du printemps. Les *Aloès*, que nous verrons dans les serres, et l'*Ornithogale en ombelle*, vulgairement nommée *Dame d'onze heures,* parce qu'elle ne s'épanouit qu'une heure avant midi.

Les autres Liliacées ont l'ovaire adhérent au calice, c'est-à-dire que la base du calice se soude et se confond avec l'ovaire, de sorte que l'ovaire paraît situé au-dessous du calice, bien qu'en réalité il ne soit inférieur qu'à la partie libre et colorée de celui-ci. Ce sont les *Amaryllis,* dont une espèce, le *Lis Saint-Jacques* (*Amaryllis formosissima*), nous a été envoyée du Mexique en 1593. Sa fleur est grande, d'un rouge velouté et sablé d'or au soleil; les *Narcisses,* qui ont leur corolle couronnée par un godet accessoire, dont la couleur tranche souvent sur celle de la fleur; les *Perce-neige* (*Leucoïum* et *Galanthus*), qui fleurissent en février; la *Tubéreuse* (*Polyanthes Tuberosa*), originaire de l'île de Ceylan, et dont les fleurs exhalent une odeur suave, surtout à l'entrée de la nuit; enfin l'*Agavé,* originaire de l'Amérique méridionale, naturalisée maintenant dans le midi de la France; ses feuilles longues, épaisses et pointues, forment des haies impénétrables, et son pédoncule floral croît d'un pied en un jour.

Le *Muguet*, le *Sceau de Salomon*, l'*Asperge* aux fleurs petites et peu brillantes, font aussi partie de cette famille, et leur ovaire est libre. Il en est de même des nombreuses espèces du genre *Ail*, telles que l'*Oignon de cuisine*, le *Poireau*, l'*Ail*, l'*Échalotte*, la *Civette*, la *Rocambole*, etc. Toutes ces Plantes exhalent, lorsqu'on les froisse, une odeur désagréable; mais de tous les *Aulx*, le plus fétide est sans contredit l'*Ail cultivé*.

Alphonse, roi de Castille, fonda dans le quatorzième siècle un ordre de chevalerie, dont les

AMARYLLIS HYBRIDÆ.

1. *Coccinea patula.*   2. *Pulverulenta nova.*

Zuabert pinx.   Gérard col.   Oudet sculp.

statuts interdisaient l'Ail à ceux qui en faisaient partie; les délinquants étaient exilés de la cour pour un mois. Notez que ceci se passait en Espagne, sur la terre classique de l'Ail. Il fallait que l'abus en fût devenu intolérable parmi les seigneurs castillans, pour que la pauvre Liliacée se vît ainsi frappée d'anathème; et je ne suis pas éloigné de croire que ce fut l'infante de Castille qui fit insérer cet article dans les règlements de l'ordre institué par son père.

Je ne dois pas quitter les Liliacées sans vous faire connaître le *Lin de la Nouvelle-Zélande* (*Phormium tenax*), dont les fibres constituent un fil, le plus tenace de tous, après la soie. Ainsi, on s'est assuré, par l'expérience, que si un fil de *Lin* supporte un poids comme onze, un fil de *Chanvre* soutiendra un poids comme seize, le *Phormium tenax* comme vingt-trois, et la *Soie* comme trente-six.

La section des Liliacées *à ovaire soudé avec le calice* nous conduit à la famille des *Iridées* : ici vous trouverez aussi un ovaire qui paraît inférieur à la partie colorée de la fleur; le calice et la corolle forment ensemble six pièces, comme dans les Liliacées; mais il n'y a que trois étamines; l'ovaire est également à trois loges, mais il y a trois styles distincts. Prenez cette fleur d'Iris : enlevez successivement les deux enveloppes et les trois étamines, dont les anthères magnifiques s'ouvrent du côté extérieur de la fleur; il vous reste au centre un assemblage de trois lames, non moins brillantes que celles que vous venez d'enlever : ces lames se recourbaient sur les étamines et les cachaient sous leur face extérieure; elles sont légèrement échancrées à leur sommet. Remarquez au-dessous de cette échancrure, du côté extérieur, une petite ouverture pratiquée, comme une incision en travers, dans le tissu de chaque lame ; c'est par cette bouche béante que s'opère la fécondation ; elle est l'orifice d'un petit tuyau qui passe dans le centre de la lame, et conduit jusqu'à l'ovaire où sont renfermées les graines : c'est ce que vous pourrez vérifier en y introduisant avec précaution une soie de sanglier. Le genre *Iris* est peut-être le plus naturel, c'est-à-dire le mieux caractérisé du Règne végétal, et ses nombreuses espèces, quelle que soit leur diversité de grandeur et de couleur, peuvent être toutes ramenées à un même type, dont le trait principal est la structure singulière des styles et des stigmates.

Le genre *Safran*, qui avoisine celui des Iris, présente aussi trois styles larges et colorés ; mais leur stigmate, au lieu d'être une petite fente, figure une crête oblique et dentelée. Ce sont ces stigmates que l'on recueille pour le commerce, et qu'emploient les confiseurs et les teinturiers. Comme la corolle ne dure qu'un jour ou deux après son épanouissement, il faut que dans ce court intervalle le Safran soit cueilli et épluché ; aussi voit-on, en septembre, dans les campagnes du Gâtinais, un grand nombre de femmes et d'enfants occupés sans relâche à cette récolte de trente-six heures. Les pharmaciens ont aussi du Safran dans leurs officines, et je crois que ce produit végétal, riche en couleur, en odeur, en saveur, est trop souvent négligé par les médecins modernes. Les médecins d'autrefois vénéraient le Safran, et je me souviens d'avoir entendu un vieux docteur me dire gravement que le Safran avait pour

PISTIL D'IRIS.

LIN DE LA NOUVELLE-ZÉLANDE.

vertu spéciale celle d'exciter à la gaieté, en termes techniques, d'être un *exhilarant* (ceci ne vous apprend rien en médecine, je ne manque donc pas à mes engagements). C'est aussi aux Iridées qu'appartiennent le *Glaïeul des jardins* (*Gladiolus communis*) et cette superbe *Tigridie*, dont l'épanouissement ne dure que quelques heures.

Les plantes de la famille des *Orchidées* constituent, par les formes bizarres de leur fleur, un des groupes les plus tranchés du Règne végétal ; leur tige est herbacée et peu élevée dans nos climats ; mais elle grimpe souvent à des hauteurs considérables dans les régions tropicales. Vous verrez dans les serres plusieurs Orchidées grimpantes, dont la plus connue est celle qui nous donne la *Vanille*. Les fleurs sont disposées en épis ou en grappes ; le calice a trois folioles colorées, soudées inférieurement avec l'ovaire ; la corolle est aussi composée de trois pétales ; l'un d'eux, qui a reçu le nom de *tablier*, est plus grand que les autres, et il offre quelquefois les ressemblances les plus singulières. Il y a des Orchidées dont la fleur imite un sabot, une mouche, une araignée, un bourdon, un singe à longue queue, un homme pendu par la tête. Les étamines sont le plus souvent réduites à une seule, par l'avortement des deux autres ; leur pollen est *solide*, comme dans les Asclépiades, et non pulvérulent comme dans tous les autres végétaux. Prenez cet Orchis, passez une épingle dans les deux petites fentes de son anthère qui est adossée au style, vous en ferez sortir un petit corps vert, en forme de massue, tenant, par son extrémité amincie, à un petit écusson : c'est le pollen ; quand les loges de l'anthère s'ouvrent, cette petite massue de pollen tombe d'elle-même sur une cavité luisante et visqueuse que vous voyez au-dessous de l'anthère ; cette cavité est le stigmate : dès lors, la fécondation est assurée. Ouvrez maintenant l'ovaire, il est à une seule loge, et renferme des graines menues comme de la sciure de bois.

En continuant notre revue, nous allons voir dans les familles la structure de la fleur se simplifier de plus en plus, et en quelque sorte s'appauvrir. Ainsi les *Joncs* nous offrent encore deux enveloppes de trois pièces, qui protègent la fleur ; mais ces enveloppes sont sèches et écailleuses ; et vous les prendriez pour des bractées si elles n'étaient pas groupées circulairement comme un calice double.

Les Joncs nous conduisent à la nombreuse famille des *Graminées*, où l'on ne trouve ni corolle ni calice ; les fleurs sont disposées en épis, serrés comme dans le froment, ou lâches comme dans l'avoine. Chaque fleur se compose d'un ovaire à une graine, surmonté de deux stigmates plumeux ; sur le réceptacle qui porte cet ovaire sont trois étamines, à filets déliés et à longues anthères qui ont la forme d'un fer de flèche. Rien de plus élégant que ces fleurs sveltes de nos prairies, d'où pendent ces étamines et ces stigmates que le moindre contact peut briser. Chaque fleur, ainsi conformée, est protégée à sa base par deux bractées, situées un peu au-dessous l'une de l'autre, et dont la plus grande emboîte la plus petite ; en dehors de ces bractées, il y en a deux autres qui forment une seconde enveloppe, soit pour une fleur unique, soit pour plusieurs fleurs groupées en épillet : ce sont ces bractées qu'on nomme la *bâle*, et c'est la bâle fournie par l'*Avoine* que les gens de la campagne emploient pour la garniture de leur lit.

La tige qui porte le nom de *chaume*, est fortifiée d'espace en espace par des nœuds d'où partent des feuilles qui s'enroulent d'abord autour de la tige, de manière à former un fourreau fendu dans sa longueur, puis se déroulent en lame allongée et pointue. Il y a souvent, à la limite du fourreau et de la feuille proprement dite, de petites écailles, ou des poils, ou des taches, qui forment de bons caractères distinctifs pour la description des espèces.

Je ne vous décrirai pas les genres nombreux qui composent cette famille, et dont vous avez sous les yeux les principales espèces : je me contenterai de vous citer celles qui sont le plus utiles à l'homme : à leur tête, il faut placer, sur une même ligne, le *Froment* et le *Riz* ; la patrie du premier est inconnue, l'autre est originaire de l'Inde. Le *Maïs*, le *Seigle*, l'*Orge* et la *Canne à sucre* viennent ensuite ; le Maïs nous est venu de l'Amérique méridionale, l'Orge de la Sicile, la Canne à sucre a pour berceau les Indes orientales ; les anciens n'en em-

Cypripedium.

ployaient que le suc qu'ils appelaient *Miel de roseau*. Les Chinois connaissaient cependant depuis deux mille ans l'art de le faire cristalliser, lorsqu'à la fin du treizième siècle, la Canne à sucre fut portée, par des marchands, de l'Inde en Arabie ; puis en Égypte, où elle réussit ; puis dans l'Asie Mineure et les États Barbaresques ; ce fut en 1506 qu'elle fut introduite à Saint-Domingue, d'où elle s'est répandue dans l'Amérique. C'est la tige qui fournit le Sucre : la séve abondante qu'elle renferme est exprimée au moyen de presses, épaissie ensuite sur le feu jusqu'à consistance de sirop épais ; ce sirop, abandonné à lui-même, cristallise confusément et forme ce qu'on nomme la *Cassonade*. C'est dans cet état qu'on le transporte en Europe. Là, on redissout cette Cassonade dans de l'eau, on y mêle du sang de bœuf et des os de cheval réduits en charbon ; on fait bouillir cet *horrible mélange*, et voici ce qui arrive : le sang se coagule par la chaleur, et enveloppe, dans l'écume *insoluble* qu'il forme, toutes les matières terreuses de la Cassonade ; le charbon d'os, qui possède la faculté inexplicable de détruire la couleur des liquides sans

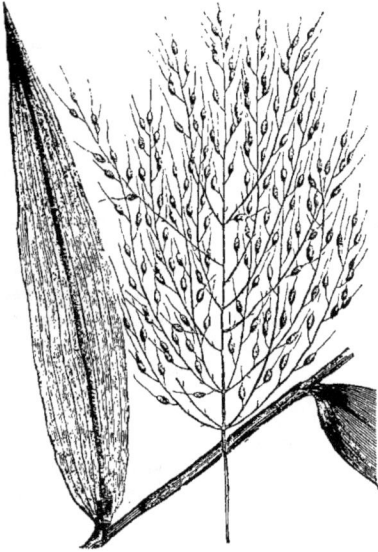

RIZ A LARGES FEUILLES.

altérer leur goût, décolore le sirop en même temps que le sang de bœuf le purifie ; on sépare enfin le liquide, purifié et incolore, de toutes ses écumes ; on le fait évaporer, on le verse dans des vases coniques, où il se refroidit, puis se cristallise, et l'on a le *Sucre en pain*.

Je ne dois pas quitter la famille des Graminées sans vous faire comprendre comment les *Céréales* sont utiles à l'homme : si vous pressez entre les doigts une graine de Froment presque mûre, ou si vous l'ouvrez en long, par le petit sillon qu'elle présente, vous en ferez sortir un très-petit corps vert qui en occupe la base ; ce petit corps est la *jeune plante : cotylédon, jeune racine, jeune tige, jeune bourgeon*, tout est là. Quelle est donc cette matière blanche qui constitue la presque totalité de la graine ? C'est ce dépôt de nourriture, cet *aliment supplémentaire*, dont je vous ai déjà parlé. Or, cette matière blanche, qui abonde dans les Graminées, est de nature farineuse ; c'est elle qui doit suppléer à l'insuffisance du cotylédon pour alimenter la jeune plante, quand il faudra qu'elle germe ; et c'est elle précisément que l'homme confisque à son profit pour en faire sa nourriture.

Il y a, près des *Graminées*, une famille qui leur ressemble beaucoup par son port et par sa fleur : c'est la famille des *Souchets* ou *Cypéracées* ; mais cette ressemblance n'est pas complète : passez la main sur ce *Carex*, ne sentez-vous pas sa tige triangulaire ? trouvez-vous les nœuds que vous avez vus dans le chaume des Graminées ? Tâchez d'ouvrir la gaîne que forme la feuille autour de la tige : vous ne le pourrez sans la déchirer, car elle n'est pas fendue sur toute sa longueur. En outre, les fleurs, au lieu d'être pourvues chacune de deux bractées, n'en ont qu'une, et la *bâle* extérieure manque toujours. Quant à la séparation des fleurs en fleurs à étamines et fleurs à pistil sur des épis différents, ce caractère existe dans quelques Graminées, telles que le Maïs. La famille des Souchets présente peu d'intérêt sous le rapport des services qu'elle rend à l'homme, mais nous lui devons le *Papyrus*, que nous verrons dans les Serres.

Enfin nous arrivons à des plantes dont les fleurs non-seulement sont dépourvues de corolle

9

et de calice, mais encore manquent de bractées. Ce sont les *Arums*. Descendons au bas du Carré où nous en trouverons plusieurs espèces : remarquez d'abord ces feuilles larges, taillées en flèche, vertes, luisantes en dessus, et dont plusieurs sont tachetées de noir : observez maintenant cette autre feuille, d'un vert jaunâtre roulée en cornet. A l'orifice de ce cornet, vous apercevrez une espèce de *pompon* d'un rouge vineux ; si maintenant vous ouvrez ce cornet, vers sa base, il va laisser à découvert un appareil très-compliqué. Tout à fait en bas sont les pistils, formant plusieurs rangées autour de la tige ; au-dessus d'eux sont les étamines, dont les anthères manquent de filets et sont posées immédiatement sur la tige, comme les pistils, mais offrent des séries beaucoup plus nombreuses. Au-dessus d'elles, vous voyez deux ou trois rangées de corps pointus dont les pointes se roulent sur elles-mêmes : ce sont des étamines non développées ; enfin, tout à fait en haut, le *pompon* que vous avez remarqué d'abord. En résumé, dans les *Arums*, le calice et la corolle manquent, les bractées particulières à chaque fleur manquent aussi, et les fleurs seraient complétement *nues*, si elles n'étaient protégées par une grande bractée, qui forme autour d'elles une enveloppe commune.

Les Arums offrent une particularité bien curieuse, que vous allez peut-être vérifier : à une certaine époque de la floraison, le pompon acquiert une chaleur considérable, sensible à la main ; cette chaleur commence d'ordinaire entre trois et quatre heures de l'après-midi ; son plus haut degré se fait sentir entre six et huit heures du soir, et elle cesse vers dix heures. Le pompon noircit pendant ce phénomène qui ne dure que quelques jours.

Outre les familles que nous venons de passer en revue dans ce Carré, et dont la graine est à *un seul cotylédon*, vous avez encore à connaître les *Palmiers* et les *Bananiers*. Nous en parlerons bientôt quand nous visiterons les serres.

Passons maintenant à une classe de plantes d'une organisation inférieure : ce sont les *Fougères*, les *Mousses*, les *Lichens*, les *Champignons* et les *Algues*. Ici ce ne sont plus seulement le calice, la corolle et les bractées protectrices qui manquent : on ne trouve plus d'étamines (si ce n'est peut-être dans les Fougères et dans les Mousses) ; on ne trouve plus ni stigmates ni ovaire ; les graines mêmes sont dépourvues de cotylédons et de tuniques propres, et vous ne pourrez y distinguer ni une *jeune racine*, ni une *jeune tige*, ni un *jeune bourgeon*, comme dans les familles précédentes. Les *corps reproducteurs* (car on ne peut leur donner le nom de *graines*) sont des espèces de sacs qui se gonflent par l'humidité ; ce sac, qui ne formait d'abord qu'une seule cavité ou *cellule*, s'allonge et se *cloisonne*, c'est-à-dire que, dans la cellule allongée, il s'établit des cloisons qui la subdivisent en plusieurs cellules, dont le nombre augmente à mesure que la plante se développe et se ramifie.

Vous concevrez sans peine que ces plantes, vu la petitesse ou l'invisibilité de leurs organes reproducteurs, doivent échapper à la culture : aussi ne trouverons-nous dans ce Carré que les Fougères. Les autres familles ne se laissent pas expatrier par l'homme, et nous ne pouvons les étudier que dans la localité qui leur a été assignée par la Nature.

Un mot seulement sur les Fougères : ces plantes, que vous voyez ici herbacées, deviennent *arborescentes* sous les tropiques ; leur souche est ordinairement souterraine ; elle produit des feuilles roulées en crosse dans leur jeunesse ; les organes de la fructification occupent la face inférieure de ces feuilles (que l'on peut considérer comme des rameaux foliacés) ; et ils y forment de petits *groupes* circulaires ou allongés. Ces groupes sont ordinairement recouverts d'une *pellicule* provenant de l'épiderme soulevé par eux, et se déchirant après leur développement. Chaque groupe est composé d'une multitude de petites *coques* ; chacune de ces coques s'ouvre à la maturité, par le déroulement élastique d'un *anneau* qui l'entoure comme un bourrelet, et il en sort de petits *corps reproducteurs*. Un botaniste de Prague vient tout récemment de découvrir dans les *groupes,* de petits filaments surmontés d'un globule : sont-ce des étamines ? on ne peut l'affirmer, car on n'a rien vu sortir du globule.

A l'extrémité du Carré, vous voyez des plantes que l'on regardait autrefois comme des *Fougères,* et qui forment aujourd'hui la famille des *Prêles*. Leur tige est dépourvue de feuilles, et porte des rameaux groupés circulairement, sillonnés et composés, ainsi que la tige, d'*articles* s'emboîtant l'un dans l'autre ; ces articles sont munis, à leur point de jonction, d'une gaîne dentée : ces dentelures représentent peut-être des feuilles ; la fructification est un épi conique terminant la plante ; cet épi se compose d'écailles en forme de têtes de clous, qui protégent les organes reproducteurs. Cette famille, dont le rang est si modeste aujourd'hui dans le Règne végétal, y a rempli jadis un rôle important, comme vous le saurez quand nous visiterons les *Galeries de Botanique.*

La famille des Mousses, quoique moins favorisée que les Fougères, sous le rapport de la végétation, semble l'être davantage en ce qui concerne les organes de la fructification. Vous trouverez au pied de tous les grands arbres une belle espèce qu'on nomme le *Polytric* ou *Mousse dorée (Polytrichum commune)* ; elle peut servir de type pour toute la famille ; elle présente de petites tiges herbacées, vertes, chargées de feuilles nombreuses et menues ; parmi ces tiges, il y en a qui sont terminées par des *rosettes* composées de bractées, entre lesquelles sont de petits sacs d'où sortent des cellules hexaédriques, que l'on regarde comme des grains de pollen. Les autres tiges sont terminées par un pédoncule long et mince, au sommet duquel est une capsule nommée *urne,* dans laquelle sont contenus les organes reproducteurs ; cette urne était d'abord au niveau des rosettes contenant les anthères, mais, avec l'âge, elle a été soulevée par l'allongement du pédoncule ; elle a emporté avec elle une enveloppe nommée *coiffe,* qui tenait à une pellicule entourant l'urne, et qui a été déchirée par le soulèvement de celle-ci : cette coiffe recouvre un *couvercle* conique, qui est posé immédiatement sur l'urne ; si, après avoir enlevé la coiffe, vous détachez aussi ce couvercle, vous voyez la cavité de l'urne, au centre de laquelle est un *axe,* qui sert de support aux semences remplissant l'urne. Ces caractères s'appliquent à toutes les Mousses, et ne sont pas difficiles à vérifier.

Dans les *Lichens,* l'organisation se simplifie encore davantage. Ces végétaux vivent sur la terre, sur les rochers, sur l'écorce des arbres, dont ils absorbent l'humidité superficielle sans être véritablement parasites. Leur consistance est coriace ; ils se présentent sous l'apparence de feuilles, ou de tiges, ou d'écailles, ou d'une simple croûte pulvérulente. Les organes de la reproduction sont des réceptacles ayant la forme de petites *soucoupes* plus ou moins concaves qui portent les organes reproducteurs ; ces organes sont des sacs posés debout les uns contre les autres, à peu près comme du velours ; ils contiennent ordinairement quatre petites cellules cloisonnées, qui sont considérées par les uns comme des graines, par les autres comme des ovaires.

Cette famille fournit le *Lichen d'Islande,* qui sert de nourriture aux habitants des régions polaires ; ils le dépouillent de son amertume en le faisant macérer dans l'eau, puis ils le réduisent en farine. Un autre Lichen, nommé *Orseille (Roccella tinctoria),* donne une couleur violette ou purpurine, employée par les teinturiers.

La famille des Champignons va nous conduire près de la limite du Règne végétal. Ces végétaux vivent sur le bois pourri, les feuilles mortes, le fumier ; leur tige est souterraine, et se compose de filaments entre-croisés, que l'on nomme vulgairement *blanc de Champignon :* sur divers points de ces filaments naissent de petits tubercules qui, en se développant, sortent de terre et forment des *réceptacles* figurant, soit une boule, soit un godet, soit une massue, soit un chapeau : prenez pour type de la famille le *Champignon de couche (Agaricus campestris).* Le réceptacle est ordinairement porté sur une espèce de pédoncule, qu'on nomme le *pied* du Champignon ; souvent le pédoncule et le *chapeau* sont enveloppés dans leur jeunesse d'un *voile complet ;* souvent aussi, du pourtour du chapeau au milieu du pédoncule, il y a un *voile partiel* qui sert à protéger les organes de la fructification ; ces organes sont ordinairement situés sous le chapeau. — Ce dernier présente en dessous des *lames* attachées à la voûte qu'il forme ; ces lames ne sont que des cloisons qui appartiennent au chapeau. Elles sont tapissées par une *pellicule* qui porte les organes de la reproduction ; ces organes sont des sacs chargés chacun de quatre cellules, qu'on regarde comme les corps reproducteurs. Ces cellules sont si serrées sur les lames du chapeau qu'elles constituent la couleur des lames. C'est ce qu'on voit en laissant pendant quelques heures des Champignons sur du papier blanc : bientôt les cellules se détachent de leur support, et leur couleur les rend très-visibles.

Du genre *Agaric*, qui renferme plus de mille espèces, il y a encore loin au genre MOISISSURE. Quand une substance végétale ou animale s'altère, elle devient propre à recevoir les germes des moisissures qui flottent imperceptibles dans l'atmosphère. Le germe, déposé sur le *terrain* qui lui convient, forme bientôt un filament qui ne tarde pas à se ramifier ; ces ramifications s'entre-croisent et forment une espèce de réseau, ordinairement blanc ; sur ce réseau naissent les filaments reproducteurs, cloisonnés, terminés par une petite boule pleine d'un liquide où nagent des granules qui, plus tard, rompent leur prison et se répandent au dehors pour reproduire la plante. Tous ces détails ne peuvent s'observer qu'au microscope ; on croyait autrefois que les *Moisissures* se formaient spontanément ; mais depuis que les moyens d'observation se sont perfectionnés, l'origine de ces végétaux n'est plus douteuse.

Il y a des Moisissures qui végètent dans des corps vivants qu'elles finissent par faire périr. Les *Vers à soie*, par exemple, sont souvent victimes d'une espèce particulière, qui pénètre par les stigmates respiratoires de l'animal ; se développe dans ses trachées, et refoule ses viscères ; puis, quand le moment de la reproduction est arrivé, les filets reproducteurs percent la peau de la chenille, et présentent bientôt la petite boule qui renferme les *granules*. Cette maladie, nommée *muscardine*, est redoutée des fabricants de soie, parce qu'elle est éminemment contagieuse.

C'est à la famille des Champignons que nous devons plusieurs substances alimentaires très-recherchées, telles que les *Truffes*, les *Morilles*, certains *Bolets*, certains *Agarics* ; mais, dans les Agarics, on rencontre des espèces vénéneuses qui ressemblent beaucoup aux espèces comestibles. Il y a peu de moyens de les distinguer au premier coup d'œil ; il faut avoir recours à des caractères botaniques, souvent fort difficiles à observer. Cependant on a remarqué en général qu'il faut rejeter les Champignons dont l'odeur et le goût sont désagréables, ceux dont la chair est mollasse et aqueuse, ceux qui croissent dans les lieux ombragés et humides, ceux qui se gâtent avec facilité, ceux qui changent subitement de couleur quand on déchire leur tissu. Autre précaution importante à prendre quand il y a incertitude : le vinaigre ayant la propriété de s'emparer du principe vénéneux des Champignons, il faut les faire macérer dans de l'eau vinaigrée, après les avoir coupés par tranches minces, et rejeter ensuite cette eau.

Vous avez souvent remarqué après la pluie, sur la terre ou sur les pierres humides, au pied des murailles, de petites croûtes de couleur verte ou rougeâtre : ces croûtes sont les plus simples de toutes les organisations végétales : les unes consistent en une masse irrégulière et gélatineuse, recouverte d'une pellicule ; on y distingue des cellules qui s'arrangent en *chapelet* ; bientôt ces cellules s'ouvrent et donnent issue à des cellules nouvelles, engendrées dans leur cavité, qui se disséminent et reproduisent la plante : ces végétaux portent le nom de *Nostochs*. Les autres sont des filaments enveloppés d'une sorte de mucosité, et feutrés ensemble par leurs bases ; ces filaments, qui se composent de deux tubes emboîtés l'un dans l'autre, et dont l'intérieur renferme des corpuscules colorés, jouissent d'une propriété bien remarquable : ils se meuvent circulairement, ou se balancent d'avant en arrière, ou décrivent des ondulations variées ; leur mouvement est tantôt lent, tantôt brusque, mais chaque espèce en a un qui lui est propre. Ces êtres singuliers sont nommés *Oscillaires*. — Nous voilà sur la frontière du royaume : les Oscillaires sont-elles des plantes ou des animaux ? Un pas de plus, nous tombons dans le Règne animal, et nous rencontrons le *Polype* et l'*Éponge*, qui appartiennent aux *Zoophytes* ou Animaux-Plantes.

Les *Nostochs* et les *Oscillaires*, qu'on rencontre partout, mais qu'on ne peut étudier qu'avec le microscope, n'occupent pas cependant le plus bas degré de l'échelle végétale. Il est une plante dont l'organisation est encore inférieure à celle que je viens de vous décrire : allez au pôle, et vous y verrez de la neige rouge ; cette coloration est due à de petits corps qui ne sont autre chose que des cellules isolées, pleines de suc. Ici, l'être végétal est réduit à l'état de simplicité absolue ; cette singulière production est nommée *Protococcus nivalis*.

Les Nostochs, les Oscillaires et le Protococcus appartiennent à l'immense famille des *Algues*, la plus ancienne du Règne végétal, comme vous le saurez bientôt. — Les Algues sont des plantes aquatiques, et habitent surtout la mer ; elles ont la forme tantôt d'un fil, tantôt d'une lame, tantôt d'une membrane, et quelquefois elles présentent ces trois états réunis ; leur consistance est gélatineuse, ou membraneuse, ou coriace ; leur tissu est cloisonné ou continu. Quelquefois elles se ramifient indéfiniment, et atteignent des proportions gigantesques. Tel est, par exemple, le *Varech* que l'amiral d'Urville a rencontré dans les mers du Sud, et qui entravait la marche de ses navires ; cette Algue est comestible, de là son nom de *Durvillea utilis*. — La fructification des Algues marines n'a été jusqu'ici que très-imparfaitement connue : mais les beaux travaux de M. Decaisne, l'un des naturalistes de ce Jardin, vont jeter une vive lumière sur la structure intime de leurs organes reproducteurs.

Si le Jardin des Plantes ne nous offre pas, rangés en ordre et à leur place convenable, les *Mousses*, les *Lichens* et les *Champignons*, ces plantes se trouvent dans tous les bois, et vous pouvez facilement les observer ; mais il n'en est pas de même des Algues marines ; c'est dans leur patrie qu'il faut les étudier. N'allez pas sur le quai d'un port de mer, voir quelques *Varechs* fangeux et mutilés, que le reflux a laissés sur la vase ; poussez hardiment votre excursion jusqu'aux récifs les plus avancés de la côte, que la mer ne quitte jamais : c'est là que sont fixés les crampons vigoureux des Algues ; c'est au pied de ces granits primitifs, battus d'un flot éternel, que se sont succédé leurs générations depuis les premiers âges du Globe. Allez donc en Bretagne, allez visiter cette terre, si longtemps ignorée des artistes, et qu'ils ont aimée dès qu'ils l'ont connue. Si votre âme s'élève à la vue des grandes scènes de la Nature, préférez pour quelques instants à vos rivière toujours tranquille, à vos plaines sans accident, à vos monotones rideaux de peupliers, préférez la tempête sonore, les âpres rochers et les aspects sauvages de l'Océan breton. Du haut des promontoires escarpés de nos *Côtes-du-Nord*, vous pourrez contempler au-dessous de vous le précipice effrayant, dont le fond est un lit de galets, que la mer vient battre deux fois par jour. Si vous y arrivez à l'heure du *flux*, vous verrez au loin s'avancer vers vous d'immenses nappes d'eau, qui se développeront paisiblement sur la plage déserte, comme l'avant-garde d'une armée envahit sans résistance un pays abandonné par ses habitants ; mais bientôt la mer, rencontrant la pointe roide de la falaise, s'irritera contre l'obstacle qui l'arrête ; le bruit de sa colère mugissante remplira votre cœur de trouble et de plaisir ; vous la verrez, à chaque flot, gagner du terrain, puis reculer en ramenant avec elle des milliers de cailloux qu'elle rejettera ensuite plus loin avec fureur. Alors les froides théories des savants disparaîtront devant la poésie de ce tableau ; et les lois de l'*attraction, qui agit en raison inverse du carré des distances,* s'effaceront de votre mémoire ; alors la mer ne sera plus pour vous une masse d'eau salée, que le soleil et la lune attirent : ce sera l'Océan, animé et intelligent, qui exécute avec fidélité le pacte d'obéissance arrêté par le Créateur entre les sphères célestes et lui ; alors, satisfait d'avoir imposé silence à votre raison, qui se plaît dans le doute, pour n'écouter que votre âme, dont le bonheur est de croire, vous resterez devant ce beau spectacle, enveloppé de vos illusions, qui valent mieux que la vérité.

Puis, quand vous serez familiarisé avec les émotions régulières du drame sublime qui s'exécute sous vos yeux, un vif désir d'y prendre part viendra peut-être s'emparer de votre âme ; vous voudrez voir de près cet élément terrible, et mettre en rapport votre petitesse avec son immensité ; vous descendrez le promontoire, en suivant les détours de l'étroit sentier qui conduit à la grève ; là, vous vous ferez un jeu de poursuivre la vague qui recule, et de fuir à votre tour quand elle revient plus menaçante ; vous serez fier d'être placé entre une montagne à pic et l'Océan qui gronde ; et, comme le grand prêtre d'Homère, *vous marcherez silencieux le long du rivage retentissant*.

Mais, pour cueillir des Algues, c'est l'heure du *reflux* qu'il faut choisir : la scène alors est bien différente, et quand vous arrivez sur la côte, vous voyez devant vous une vaste étendue de grèves solitaires. A l'horizon se déroule un large ruban d'azur : c'est la profonde mer qui vous permet de vous promener sur son domaine pendant son absence, mais qui bientôt reviendra, haute et puissante, pour en reprendre possession. Allez donc au-devant d'elle, et à mesure que vous approcherez de son lit, cette nature marine, qui de loin vous paraissait froide et inanimée, va vous montrer partout la vie et le mouvement. Votre passage jettera l'effroi parmi des myriades de *Crevettes*, qui se cachent dans les *Zostera*, dont la grève est jonchée, et de petits *Crabes*, d'un beau vert, fuiront à reculons devant vous. Les récifs voisins de la haute mer sont hérissés de *Mollusques*; les uns rampent lentement en traînant sur leur dos l'enveloppe calcaire qui les protége; les autres, appliquant avec ténacité leurs coquilles tranchantes contre la surface des roches, en rendent plus inaccessibles encore les crêtes aiguës et les âpres sommets. Vous pourrez recueillir de nombreuses espèces de Mollusques, qui ont été désignés d'après la forme de leur coquille; les uns ressemblent à une trompette, de là leur nom de *Buccin*; les autres vous offriront la miniature richement enluminée d'une tour en spirale, d'un cierge, d'un bonnet phrygien, d'un turban oriental; il y en a que vous prendriez pour des manches de couteau; il y en a qui représentent l'ébauche d'un peigne courbe, à dents d'ivoire teintes en pourpre. Vous rencontrerez aussi dans les cavités qui retiennent les eaux marines une *Astérie*, zoophyte rougeâtre, que les habitants du pays nomment *Étoile de mer*; et l'*Oursin comestible*, dont le test est armé d'épines mobiles, qui lui servent pour marcher et pour saisir sa proie. Mais le plus bel ornement de ces noirs rochers est l'*Actinie pourprée*, polype charnu, dont les tentacules nombreux, disposés autour de sa bouche, comme les pétales d'une fleur double, semblent couronner les écueils de touffes d'Anémones purpurines, tachetées de vert.

Le sable doux et fin de la grève est émaillé de millions de coquilles à deux valves, privées de leurs animaux et dont les couleurs éclatantes, passant par toutes les nuances, du violet au rose vif, donnent à la plage le plus riant aspect. Vous trouverez aussi beaucoup de coquilles d'une seule pièce, le long de la limite de la grève : la plus volumineuse est le *Buccin ondé*, grande trompette, dont la spire est relevée de côtes sinueuses comme les ondulations des vagues. Elle sert souvent d'asile à un petit crustacé, nommé *Bernard l'hermite*, qui en chasse le propriétaire naturel, et s'empare de son domicile. Ces coquillages, d'une seule valve, reposent sur un lit qui provient des *détritus* de coquilles plus anciennes, roulées et brisées par les flots. Au milieu de ces débris, vous pourrez découvrir, avec vos bons yeux, de charmants petits *sabots*, à taches purpurines (*Turbo purpureus*), des *Rissoaires*, des *Cérithes-Limes*, que l'on prendrait d'abord pour du sable, et dont chacune est la maison commode et sûre d'un Mollusque qui a ses organes digestifs, son système nerveux, son cœur, son industrie et ses amours.

Sur ces rives sauvages, devant cette nature primitive, que l'homme visite rarement, vous éprouverez un sentiment délicieux de solitude et de liberté; là se déploiera devant vous le tableau de l'enfance du monde; là vous croirez voir, dans sa beauté silencieuse, l'un des premiers *jours* de la grande SEMAINE qui fut employée à la création; jour immense, dont chaque minute durait un siècle; jour tranquille, pendant lequel les familles muettes des Zoophytes et des Mollusques régnèrent paisiblement et sans partage sur toute la surface du globe. Leur existence fut troublée par les *révolutions* des *jours* suivants, dont chaque aurore était le signal d'un déluge qui passait sur leurs cités populeuses, et les ensevelissait dans le sépulcre de marbre où nous les trouvons encore aujourd'hui. Ces derniers *jours* virent successivement paraître les Poissons, les Reptiles, les Oiseaux et les Quadrupèdes, qui usurpèrent insensiblement le domaine des Mollusques, et ceux-ci, confinés sur le rivage et dans le lit rétréci de l'Océan, décimés sans cesse par les nouveaux dominateurs du globe, ne furent plus qu'une race disgraciée devant l'Ouvrier suprême, qui détourna d'elle sa face, pour regarder avec complaisance les créatures plus parfaites, récemment sorties de ses mains.

Les végétaux de la classe immense des Algues, ces aînés de la grande famille, créés le même jour que les animaux inférieurs, et mêlés avec eux par de nombreuses alliances, ont partagé les prospérités et la disgrâce de leurs contemporains; ils avaient jadis, comme eux, le monde entier pour patrie; ils sont maintenant relégués sur la même terre d'exil. Les uns vivent le long des confins de l'Océan, les autres forment, sous la haute mer, d'humbles forêts, que la tempête arrache quelquefois du fond des abîmes, pour les jeter sur nos rivages. Dans leurs formes variées à l'infini, on croirait reconnaître les coups d'essai d'une puissance créatrice, qui cherche, de jour en jour, à perfectionner son œuvre : ainsi, vous trouverez des *Céramium* et des *Plocamium* ramifiés comme des arbrisseaux, portant des bourgeons, des feuilles et des fruits, véritables ébauches, qui promettaient, pour les *jours* suivants, des végétaux d'une organisation plus compliquée. Il y a une *Ulve-Laminaire* d'une immense longueur, surnommée le *Baudrier de Neptune* : lorsqu'on la fait tremper dans l'eau douce, et qu'on l'expose à l'air sec, elle se couvre bientôt d'une efflorescence de cristaux blancs et sucrés, qui annoncent le *Sucre parfait*, que Dieu donna plus tard aux végétaux supérieurs. La plus jolie des Ulves est une *Padine*, dont la feuille, imitant fidèlement, par ses zones tachetées, les yeux de la queue du paon, s'élargit dès sa base, et forme un élégant éventail que Dieu perfectionna, vers la fin de la SEMAINE, en faveur du roi des Gallinacés, de même qu'il avait d'abord essayé, sur la vivante palette de ses Coquilles, le coloris nuancé du plumage des Oiseaux, les bigarrures de la robe des Quadrupèdes, et l'incarnat de la peau humaine.

§ 11.

L'ÉCOLE DES ARBRES FRUITIERS.

Nous allons visiter maintenant l'*École des arbres fruitiers*, qu'on appelle aussi les *Carrés fruitiers*, et qui se trouvent à l'extrémité nord du Jardin, près de la porte d'entrée donnant sur le quai, au coin de la rue Cuvier (*n° 103 du plan*). Les végétaux qu'on y cultive occupent des planches différentes, selon la nature de leur fruit. Les arbres ou arbrisseaux dont le fruit est une *baie*, tels que les *Groseilliers*, les *Framboisiers*, les *Vignes*, les *Mûriers*, sont rangés dans la première division; dans la seconde, vous voyez les arbres dont le fruit est *à noyau*, comme les *Cerisiers*, les *Pruniers*, les *Pêchers*; dans la troisième, sont les fruits à *osselets*, comme les *Néfliers*, les *Azeroliers*, les *Plaqueminiers*; dans la quatrième, les fruits à *pépins*, tels que les *Pommiers*, les *Sorbiers*; et les fruits *juteux*, tels que la *Figue*; dans la cinquième, les fruits dont on mange seulement l'amande, qui est renfermée dans une coque : ce sont les *Pins*, les *Noisetiers*, les *Noyers*, les *Châtaigniers*, etc. La plupart de ces arbres sont taillés en *quenouille*; mais nous trouverons au bas de la plantation quelques Pêchers et autres arbres disposés en espaliers. En adoptant la taille en quenouille dans l'École des arbres fruitiers, on n'a pas eu pour but d'indiquer la manière de conduire les arbres pour leur faire produire beaucoup de fruits et pour les faire durer longtemps; on a préféré cette taille parce qu'elle économise le terrain, et met à portée de l'observateur les bourgeons, les feuilles et les fruits de l'arbre, et fait pousser des *scions* plus longs et plus vigoureux, ce qui donne le moyen d'avoir un plus grand nombre de *greffes*.

Vous voyez dans cette plantation toutes les *variétés* d'arbres fruitiers rapprochées les unes des autres selon leurs affinités, et vous pouvez facilement les comparer : les fruits des différentes saisons s'y succèdent depuis le mois de mai jusqu'au mois de novembre; ils y ont disparu dans certaines variétés, tandis qu'ils ne sont pas encore mûrs dans d'autres. On peut, en hiver, y étudier les caractères qui font distinguer les variétés par la couleur du bois et la forme des boutons : connaissance précieuse pour les cultivateurs, puisque c'est après la chute des feuilles que se font les plantations.

Je viens de vous parler de *variétés*, de *scions*, de *greffes*, et je ne sais trop si vous m'avez compris : je vais donc, pour avoir le droit de vous en parler encore, vous donner d'abord quelques notions générales sur le mode d'accroissement des végétaux, et ensuite vous entretenir des modifications que la main de l'homme a su apporter à leur nature primitive. Ce sera pour vous une leçon élémentaire d'*horticulture*, qui vous fera aimer davantage les fleurs et les fruits de votre jardin.

Quand une graine est jeune encore dans l'ovaire, son tissu ne se compose que de petites cellules placées les unes contre les autres (figurez-vous l'écume de la bière ou de l'eau de savon) ; ce tissu, qu'on nomme *tissu cellulaire*, se voit parfaitement dans une tranche fine de pomme. Quand la graine commence à germer (et même avant sa germination), ces cellules se modifient : les unes s'allongent en tubes cylindriques nommés *vaisseaux*, qui servent à charrier la sève, et dont les parois offrent des épaississements divers ; les autres s'allongent aussi, et prennent la forme de petits fuseaux, à parois épaisses, s'ajustant les uns avec les autres, et formant les *fibres* destinées à solidifier la plante : ce sont ces mêmes fibres qui constituent les côtes ou *nervures* des feuilles ; les autres enfin restent à l'état de simples cellules, et s'imbibent des sucs qui leur sont fournis par les vaisseaux voisins, sucs destinés à nourrir et à multiplier les cellules. Ces cellules contiennent de la fécule, du sucre, des acides, des matières colorantes, de la résine, de l'huile, etc. On nomme *parenchyme* l'ensemble des cellules ; ce que vous mangez dans les fruits et les légumes, c'est le parenchyme ; les carottes, les navets, les asperges, etc., ne vous plaisent qu'à cause de leur parenchyme ; mais quand ces légumes sont *boisés*, c'est-à-dire quand, avec l'âge, les cellules se sont épaissies et refoulées les unes contre les autres de manière à former des faisceaux fibreux, ces mêmes légumes sont rejetés par vous. Voilà pourquoi, par exemple, les carottes de la seconde année ne sont plus comestibles ; voilà pourquoi les jeunes pousses d'asperge, que l'on recherche au printemps, ne peuvent nous servir quand elles se sont allongées en rameaux et en feuilles.

Il y a des plantes, telles que les *Lichens* et les *Champignons*, qui sont uniquement formées de tissu cellulaire ; il y en a d'autres, beaucoup plus rares, chez lesquelles il n'y a que des fibres : telle est par exemple la petite *Renoncule aquatique à fleur blanche*, dont les rameaux, sans cesse lavés par l'eau, se réduisent à de longs filaments verts que l'on voit ondoyer dans le courant des ruisseaux ; telle est l'*Hydrogeton fenestrale*, autre plante aquatique, dont les feuilles sont percées de trous, et forment un réseau très-élégant de mailles parallélogrammes, qui ne sont autre chose que des fibres sans parenchyme.

HYDROGETON.

Entre les cellules, sont des espaces tortueux qui tous aboutissent à la surface des feuilles et des parties vertes de la plante. Je vous ai dit que la pellicule, ou épiderme des végétaux, est criblée d'une infinité de petits trous, par lesquels l'air pénètre dans l'intérieur de la plante. C'est précisément à ces orifices, qui ont la forme d'une bouche béante, que répondent les espaces *intercellulaires* ; l'air pénètre dans ces espaces qui contiennent de la sève, et c'est là que s'opère cette merveilleuse élaboration, dont le résultat est de nourrir la plante et de purifier l'atmosphère viciée par les animaux.

L'accroissement de la tige, dans les végétaux à deux cotylédons (*dicotylédones*), a lieu en hauteur et en épaisseur. Quand la *jeune tige* et la *jeune racine* s'allongent, l'une en montant vers le ciel, l'autre en s'enfonçant dans le sol, le tissu cellulaire, qui occupe le centre de ces parties, reste lâche et diaphane, c'est ce qu'on nomme la *moelle* ; les cellules qui entourent cette moelle centrale s'organisent bientôt, et s'endurcissent de manière à former autour d'elle une sorte d'*étui* ; cet étui ne tarde pas à se dédoubler en deux couches distinctes, dont l'extérieure est l'*écorce*, et l'intérieure le *bois*. (Je ne parle ici que des tiges *ligneuses*, bien que la tige *herbacée* offre la même conformation ; mais comme elle est abreuvée de sucs aqueux, et qu'elle prend un moindre développement, son tissu mou est incapable de résister aux agents extérieurs de destruction, et elle n'a que peu d'années ou peu de mois d'existence.)

L'écorce est tapissée extérieurement par une pellicule transparente très-fine nommée épiderme; sous cet épiderme est une couche verte de tissu cellulaire, qu'on nomme *moelle externe*, pour la distinguer de la *moelle centrale*. Cette moelle externe est revêtue intérieurement par les fibres de l'écorce; ces fibres s'appliquent contre celles du bois. La communication entre les deux moelles est établie par des prolongements de tissu cellulaire, qui, lorsqu'on observe une tranche horizontale de la tige, ont l'aspect des rayons d'une roue, ou des lignes horaires d'un cadran. Chacun de ces prolongements provient en partie de la moelle interne, en partie de la moelle externe, et passe entre les fibres du bois et de l'écorce.

Voici maintenant comment s'accroît la tige : les fibres longitudinales de l'écorce sont séparées les unes des autres, comme je vous l'ai dit, par le tissu cellulaire, qui est divisé par elles en lignes rayonnantes, qu'on a nommées les *rayons médullaires*. Le tissu cellulaire, qui se trouve entre les vaisseaux de chaque fibre, se développe à son tour dans le centre de ces fibres, et forme un nouveau rayon médullaire qui aboutit à la surface interne de l'écorce; ce nouveau rayon, et les rayons primitifs qui se trouvent entre les premières fibres, produisent dans leur intérieur un nouveau faisceau fibreux qui, en grossissant, divise et dédouble le rayon médullaire au milieu duquel il est né. Dans le centre de chacune des divisions du faisceau primitif et du nouveau faisceau central s'engendre ensuite un autre rayon médullaire, et dans ceux-ci se créent successivement de nouvelles fibres : de cette manière, leur nombre s'accroît sans cesse; elles deviennent très-rapprochées, et forment une couche continue. Le bois s'accroît de la même manière que l'écorce; il est d'abord composé de la moelle centrale qui engendre des fibres autour d'elle; dans l'épaisseur des rayons médullaires se développent de nouvelles fibres, et les fibres primitives sont bientôt séparées, parce que le tissu cellulaire de leur intérieur se développe et forme un rayon médullaire, lequel est bientôt divisé lui-même par une fibre engendrée à son centre. Ainsi s'opère l'accroissement en *largeur*.

L'accroissement en *hauteur* a lieu d'une manière tout à fait semblable : la moelle du *bois* s'allonge à son extrémité (laquelle extrémité fait nécessairement partie de la surface extérieure) : à mesure qu'elle s'accroît, elle se recouvre de fibres qui se continuent avec celles de la surface externe, puisque c'est une même couche qui se développe sur toute la superficie. L'*écorce* doit son augmentation à un procédé analogue; mais sa partie vivante étant interne, c'est sur sa face interne que se forment les fibres. — D'après cette théorie, que nous devons à M. Dutrochet, vous voyez 1° que l'accroissement se fait par couches à l'extérieur du bois et à la surface interne de l'écorce; 2° que c'est le tissu cellulaire qui engendre tous les autres. — En voulez-vous deux preuves convaincantes? Tracez des caractères sur un arbre, en entaillant l'écorce dans toute son épaisseur, et en entamant même le bois; ces caractères seront bientôt séparés en deux parties : la partie creusée dans le bois est recouverte par les nouvelles couches, et se trouve ainsi renfermée; celle qui occupait l'épaisseur de l'écorce est repoussée au dehors par les fibres de nouvelle formation; ainsi les deux portions de caractères sont séparées par les couches de bois et d'écorce tout à la fois : donc ces parties croissent en sens inverse. — Si maintenant vous voulez vous assurer que c'est le tissu cellulaire qui engendre toutes ces parties, coupez par tranches menues, au printemps, une tige charnue : vous voyez au point de jonction de l'écorce et de la tige une couche transparente, qui est la partie nouvellement développée : si vous enlevez l'écorce, vous enlevez avec elle la moitié de cette couche transparente; l'autre moitié reste adhérente au bois. Cette séparation s'opère sans déchirure : le bois et l'écorce ne sont donc que juxtaposés, tous deux se séparent d'eux-mêmes en produisant une couche au point de contact. Cette couche, d'abord entièrement cellulaire, se continue avec les deux moelles, n'en est par conséquent qu'une émanation, et, puisqu'elle forme les fibres, il faut conclure que c'est le tissu cellulaire qui est la source primitive de toutes les productions.

10

Mais quel est l'aliment qui, en nourrissant les cellules, leur donne cette faculté créatrice? c'est la séve. Ce liquide, que les racines ont pompé dans le sol, monte dans la tige par *les vaisseaux qui entourent la moelle centrale,* et se répand en même temps du centre à la circonférence; il en arrive ainsi dans les parties vertes des végétaux, principalement dans les feuilles : celles-ci étant le siége de la transpiration, et faisant office de *poumons,* mettent la séve en communication avec l'atmosphère; la séve se dépouille alors de la plus grande partie de son eau, s'enrichit du carbone que lui apporte l'acide carbonique de l'air, s'assimile en même temps le carbone qu'elle avait puisé dans le terreau, acquiert ainsi de nouvelles propriétés, se transforme en suc nourricier, et redescend des feuilles vers la racine *entre le bois et l'écorce :* c'est cette *séve descendante* qui abreuve le tissu cellulaire, et produit chaque année une couche d'écorce et une couche de bois.

Le bois d'un arbre dicotylédone se trouve donc formé de cônes très-allongés, dont le sommet est en haut, et qui s'emboîtent les uns dans les autres, de manière que le plus récent est aussi le plus extérieur. Si vous coupez transversalement le tronc de cet arbre, vous verrez sur la tranche des cercles concentriques qui sont la limite des couches formées chaque année, et dont le nombre peut par conséquent indiquer l'âge de la tige : si vous observez la tranche d'un rameau, les zones ne vous apprendront que l'âge de ce rameau : pour savoir celui de l'arbre, il faut le couper au collet de la racine.

COUPE D'UNE TIGE DICOTYLÉDONÉE.

Les tiges des végétaux à un seul cotylédon (*monocotylédones*) s'accroissent d'une manière toute différente. Si vous observez la germination d'une graine de palmier, vous verrez qu'il ne s'élève plus de *jeune tige* : c'est le jeune bourgeon qui forme une *gerbe* de feuilles; du centre de cette gerbe s'en élève une autre, qui rejette les premières en dehors; celle-ci persiste par sa base seulement, et forme sur le collet de la racine un anneau qui devient la base de la tige : ce ne sont donc plus des cônes creux emboîtés, ce sont des anneaux superposés, et la tige ne croît qu'en hauteur. — Le tronc d'un arbre monocotylédone, coupé en travers, n'offre ni zones concentriques, ni rayons médullaires, ni moelle centrale : le bois est divisé en filets nombreux, tantôt épars, tantôt disposés par faisceaux; chacun de ces faisceaux est entouré de moelle ou tissu cellulaire; les parties les plus centrales sont les plus jeunes et les moins dures; c'est ce qui a fait dire à quelques botanistes que le tronc d'un arbre monocotylédone est comparable à une tige dicotylédone privée de son *bois,* et dont l'écorce s'est développée à l'intérieur, de manière à confondre ensemble tous les faisceaux fibreux.

COUPE D'UNE TIGE MONOCOTYLÉDONÉE.

Parlons maintenant des divers modes de reproduction que la nature a accordés aux végétaux : vous connaissez la reproduction par fécondation : elle est opérée par le pollen jeté sur le stigmate, qui a ensuite passé dans l'ovaire entre les cellules du style; — mais les plantes se multiplient par plusieurs autres moyens, dont les principaux sont : les *boutures,* les *marcottes,* les *drageons,* les *stolons,* les *tubercules* et les *bulbilles.*

La *bouture* est une jeune branche que l'on sépare d'un végétal, et que l'on met en terre pour produire un nouvel individu. On choisit, dans le temps de la séve, une branche saine, vigoureuse, garnie de boutons, et verticale plutôt qu'horizontale; on enlève avec l'ongle les boutons situés sur la partie qu'on doit enterrer, mais on respecte les bourrelets qui leur servent de support, car ce sont eux qui doivent produire les racines : ce moyen de reproduction s'applique surtout aux *Saules,* aux *Peupliers,* etc.

La *marcotte* est une branche tenant au tronc, dont on environne la base de terre humide pour y provoquer la formation de racines; quand les racines sont développées, on sépare les branches de la plante mère, et on les met en terre comme une bouture.

Les *drageons* sont des branches qui naissent au pied de plantes ligneuses et herbacées, et qui, séparées *avec un fragment de la racine,* puis mises en terre, peuvent former de nouveaux individus; c'est ce qu'on peut expérimenter sur les *Violettes,* la *Vigne,* l'*Olivier,* etc.

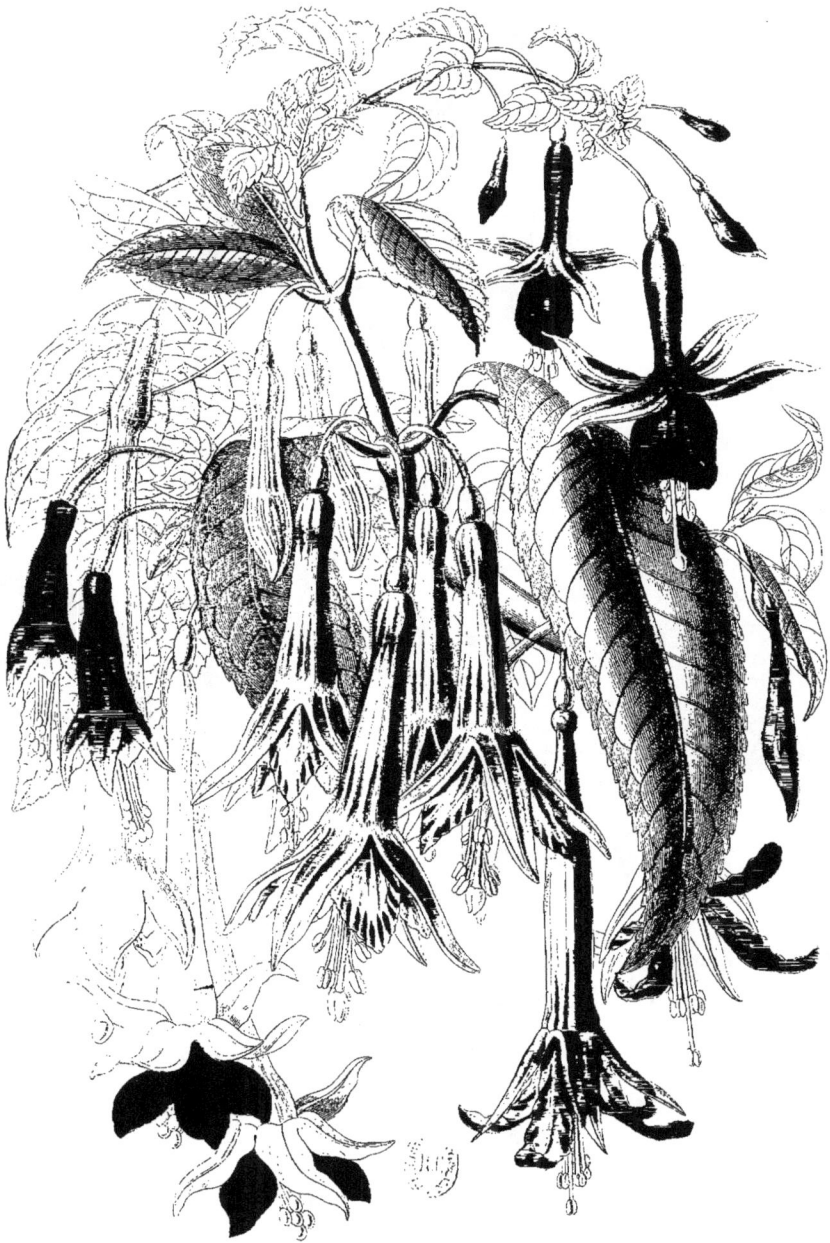

FUCHSIAS.

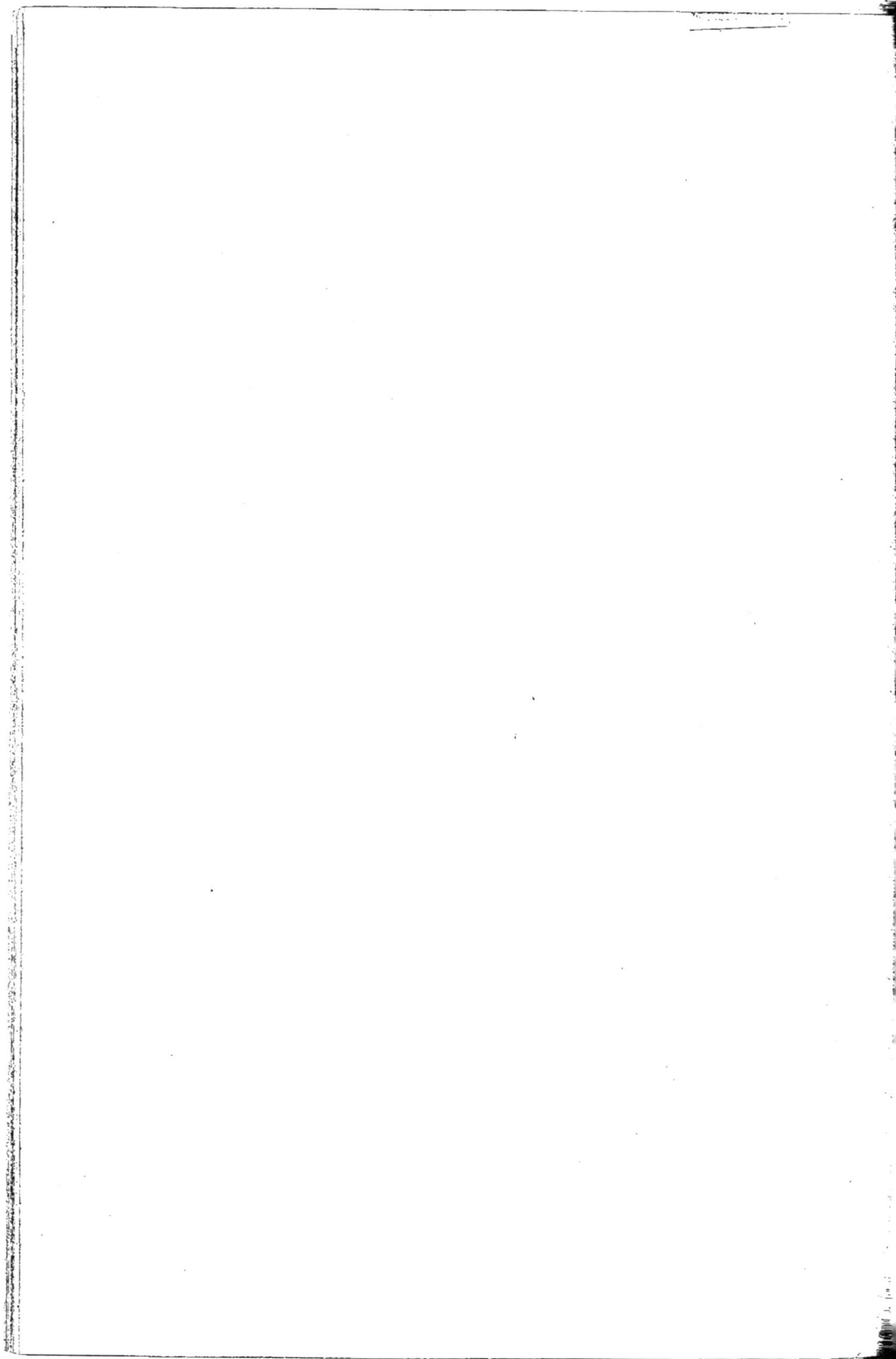

Les *stolons* ou *coulants* sont des branches poussant du collet des racines, tombantes, et produisant, d'espace en espace, supérieurement des racines, inférieurement des feuilles : c'est ce que vous observez dans le Fraisier.

Les *tubercules* sont des masses épaisses, contenant du tissu cellulaire dont les mailles sont remplies de fécule, et entre-croisées par quelques vaisseaux qui se rendent à la surface. Cette surface offre de petites cicatrices ou *yeux*, qui ne sont autre chose que de véritables bourgeons souterrains, aptes à produire de nouveaux individus : c'est ainsi que la *Pomme de terre* peut se reproduire ; la Pomme de terre est un véritable rameau souterrain, gonflé de parenchyme, d'où naissent des racines et des feuilles.

Les *bulbilles* sont des corpuscules écailleux ou charnus qui naissent sur diverses parties de certains végétaux, se détachent de la plante mère, s'enfoncent en terre, et produisent de nouveaux individus : c'est ce qu'on observe dans une espèce d'*Ail* et une espèce de *Lis*.

La *greffe* est un mode de reproduction des végétaux ligneux, qui consiste à implanter sur un individu une branche ou un bouton d'un autre individu. Pour que la greffe réussisse, il faut que les deux individus appartiennent au même genre et à la même famille ; que leurs vaisseaux soient conformes, pour pouvoir s'aboucher ; que leurs sucs soient identiques ; qu'ils absorbent la même quantité de sève, et entrent en sève à la même époque : lorsque ces conditions sont remplies, et que l'on met en contact les fibres intérieures de leur écorce, la branche ou le bouton greffé se développe comme à sa place naturelle. L'individu sur lequel on pratique la greffe s'appelle *sujet*, et l'individu qu'on lui fait adopter s'appelle *greffe*.

§ III.

LE PARTERRE DES PLANTES MÉDICINALES, LE CARRÉ POTAGER ET DES PLANTES USUELLES, LE CARRÉ CREUX, LE CARRÉ FLEURISTE, LE PARTERRE CHAPTAL.

Descendons maintenant vers la terrasse qui conduit à la porte d'entrée du côté de la rivière (*n° 96 du plan*) : en face de cette porte sont quatre carrés consacrés à la culture des plantes médicinales, dont on fait des distributions gratuites aux pauvres. Elles y sont déposées par bandes et toutes étiquetées, pour que les herboristes et les étudiants en pharmacie puissent les examiner dans tout leur développement.

VUE DU JARDIN PRÈS LA PORTE D'AUSTERLITZ.

Le Carré qui vient à la suite du Parterre médicinal porte le nom de *Carré potager* (*n° 95 du plan*), dont nous parlerons plus en détail tout à l'heure : on y cultive les plantes potagères et usuelles.

Le *Carré creux* (*n° 94 du plan*), au fond duquel il y avait autrefois un bassin destiné à la culture des plantes aquatiques qui devaient recevoir par infiltration les eaux de la Seine, est maintenant consacré à la culture des plantes à fleur, dont on veut étudier l'effet pour l'ornementation des jardins.

Après le Carré creux, viennent le *Carré fleuriste* (*n° 93 du plan*), les *Carrés Chaptal* (*n° 92 du plan*), où l'on cultive les plantes d'ornement vivaces. Le Parterre Chaptal doit son nom au ministre qui accorda les fonds nécessaires pour l'établir. Vous y pourrez admirer de longues lignes d'*Iris*, des *Pivoines*, des *Martagons*, des *Asters*, des *Dahlias*, des *Géraniums*, et de charmantes fleurs propres aux bordures.

Dans le Carré potager et des plantes usuelles (*n° 95 du plan*), qui suit immédiatement le Parterre des plantes médicinales, les plantes ne sont point rangées selon une méthode botanique, mais par ordre de propriétés. Il y a des carrés pour les plantes qui nourrissent l'homme, pour les plantes propres à servir de fourrages, et pour les plantes employées dans les arts. Là sont les Céréales (*Froment*, *Avoine*, *Orge*, *Seigle*, *Maïs*); les Légumes farineux (*Haricots*, *Fèves*, *Pois*, *Lentilles*, etc.); les plantes potagères (*Patates*, *Topinambour*, *Scorsonère*, *Choux*, *Épinards*, *Oseille*, *Artichauts*, *Choux-Fleurs*, *Capucines*, *Courges*, *Melons*); les Semences ou les feuilles aromatiques (*Coriandre*, *Anis*, *Fenouil*, *Persil*); les plantes mangées en salade (*Laitue*, *Chicorée*, *Mâches*). Là sont aussi les plantes textiles (*Lin*, *Chanvre*, *Phormium tenax*); les plantes tinctoriales (*Garance*, *Pastel*); les Herbes à fourrages (*Graminées*, *Trèfles*, *Luzernes*, *Sainfoin*); enfin, le *Houblon*, le *Tabac*, le *Chardon à foulon*, qui ont un usage particulier.

L'École des plantes usuelles est une véritable *ferme-modèle* en raccourci. Chaque massif représente un champ destiné à chacun des Végétaux herbacés qui sont utiles à l'homme, et qui peuvent croître dans nos climats. On a soin d'alterner les cultures, pour ne pas mettre plusieurs années de suite les mêmes plantes dans le même terrain; cette *alternance* est fondée sur la propriété spéciale, appartenant à chaque plante, de ne puiser dans le sol que les matériaux qui lui conviennent, et de laisser ceux qui ne peuvent la nourrir, mais qui pourraient nourrir une espèce différente.

Ceci me fournit l'occasion de vous dire quelques mots sur les *variétés*. Vous savez que le mot *Espèce*, en botanique, exprime la *réunion d'individus assez semblables entre eux pour être supposés issus d'une même graine*; vous savez qu'un *Genre* est la *réunion des espèces analogues par les organes de la fructification*; vous savez enfin qu'une *Famille* est la *réunion de tous les genres qui*, malgré les différences dans la forme extérieure du calice, de la corolle, du pistil, dans le nombre des étamines et dans le *port* de la plante, *ont entre eux une affinité réelle, fondée sur le calice libre ou adhérent, l'ensemble des pétales, le point de départ des étamines, l'agencement du pistil et l'organisation de la graine*. Ainsi, la Famille se divise en Genres, et le Genre en Espèces; mais l'Espèce elle-même peut se subdiviser : plusieurs individus provenant des graines d'un même ovaire peuvent être placés dans de certaines conditions, différentes pour chacun d'eux. L'un végétera sur un rocher aride, l'autre dans un sol marécageux; celui-ci sera abrité, celui-là sera battu des vents; l'homme lui-même pourra faire naître volontairement ces circonstances extérieures, et les combiner selon ses besoins. Le Végétal, soumis à ces diverses influences, finira par éprouver des changements dans ses qualités sensibles, telles que le volume de la racine, les dimensions, la consistance et la durée de sa tige, les nuances et le parfum de sa fleur, la saveur et les dimensions de son fruit, etc. — Mais ces changements, quelque grands qu'ils puissent être, n'effaceront pas le caractère primitif de l'espèce, que l'on reconnaîtra toujours au milieu de ses modifications. *L'ensemble des individus d'une même espèce qui ont subi une modification semblable, porte le nom de* VARIÉTÉ.

Les caractères d'une Variété, tenant à des causes accidentelles, ne sont jamais constants : dès que la cause altérante s'arrête, l'altération cesse, et l'espèce primitive reparaît avec son type originel. La plupart des Variétés sont l'ouvrage de l'homme : il a observé attentivement, il a continué avec persévérance, il a même exagéré les circonstances accidentelles qui avaient donné lieu à une modification quelconque dans les qualités de l'espèce; et la plante sauvage

GLOXINIES.

a reçu entre ses mains des perfectionnements prodigieux, au bénéfice du cultivateur. « Sans la culture, dit Linné, le doux Raisin serait acide; la suave Pomme, acerbe; la délicieuse Poire, austère; la succulente Pêche, aride; la grasse et lisse Laitue, maigre et épineuse; la pulpeuse Asperge, fibreuse; les sapides Cerises, aigres; les Céréales seraient sans fécule; les Légumes et les Fruits s'aviliraient. » L'horticulteur a changé la fleur de l'Églantier en Roses *doubles* et *pleines*; il a rendu *vivaces* les plantes annuelles; il a supprimé les pédoncules à fleurs du *Réséda*, et la tige de cette plante (qui chez nous est une herbe), fortifiée de la séve destinée aux fleurs, est devenue un arbrisseau, comme dans sa patrie primitive. Les *Banksia*, les *Casuarina*, les *Eucalyptus* de Van-Diémen, la *Belle-de-Nuit* et les *Dahlias* du Pérou, fleurissent dans leur hémisphère pendant l'été, qui coïncide avec l'hiver du nôtre; apportés en France, ils conservaient les mêmes habitudes, suivaient les mêmes périodes de végétation, et le froid les faisait périr; le jardinier les a cultivés en serres, en a obtenu des graines, et a semé ces graines à une époque favorable; la plante, forcée d'entrer en séve au printemps, a fleuri pendant l'été, fructifié en automne, et s'est naturalisée dans nos jardins.

La *variété*, une fois obtenue, peut se reproduire identique par boutures, marcottes, tubercules, drageons, greffes, etc.; mais la graine ne conserve pas la variété; elle tend toujours à reproduire le type primitif de l'espèce. Il y a cependant des plantes dont les variétés se multiplient par graines, pourvu que l'on conserve les conditions de culture qui ont modifié l'espèce; telles sont les Céréales, qui forment non pas des *variétés*, mais des *races*, dont le type originel est perdu.

Le *Chou potager* va vous fournir un exemple frappant de cette perfectibilité, ou, si l'on veut, de cette propension à dégénérer, que nous venons de signaler dans l'espèce végétale. Vous avez ici, sous les yeux, cinq variétés principales du Chou potager : 1° la variété nommée *Chou sauvage* est le type primitif de l'espèce : la racine est cylindrique et élevée hors de terre; les feuilles sont d'une couleur vert de mer, les inférieures sont très-larges, pétiolées, presque charnues et à bords sinueux; les supérieures sont sessiles, embrassent la tige, et leurs bords sont très-entiers; 2° la variété nommée *Chou frisé* ou *Chou de Milan* a une tige cylindrique, un peu allongée; les feuilles sont presque en tête dans leur jeunesse, puis étalées et crispées; 3° la variété nommée *Chou cabus* ou *Chou pommé* a une tige cylindrique, courte; les feuilles sont vertes ou rouges, concaves, non frisées, ramassées en tête avant la fleuraison; 4° la variété nommée *Chou-Rave* a sa tige renflée et globuleuse à l'origine des feuilles; 5° la variété nommée *Chou-Fleur* a ses pédoncules ramassés et serrés avant l'époque de la fleuraison ; la séve se jette sur ces pédoncules, et les transforme en une masse épaisse, charnue, tendre, mamelonnée ou grenue : c'est en cet état qu'on sert le légume sur nos tables. Si on laisse vivre la plante, cette tige informe et rabougrie s'allonge, se divise et porte des fleurs. — Telles sont les modifications que la culture fait subir au Chou potager, et qui altèrent si profondément en lui la physionomie de l'état sauvage. Elles sont dues uniquement, comme vous le voyez, au développement exagéré du parenchyme, qui s'accumule tantôt dans les feuilles (Chou cabus), tantôt au bord seulement de ces feuilles (Chou frisé), tantôt en bas de la tige (Chou-Rave), tantôt enfin dans les pédoncules (Chou-Fleur).

§ IV.

LES PÉPINIÈRES ET BOSQUETS.

Sortons maintenant du Jardin pour visiter la *Pépinière* centrale, située dans les terrains dépendants du Jardin et se trouvant au delà de la rue de Buffon (*n° 106 du plan*). C'est là qu'on élève les arbres, arbrisseaux et arbustes nécessaires pour garnir les différentes parties du Jardin. On y propage toutes les espèces intéressantes qui sont nouvellement introduites, ou qui ne sont pas encore répandues dans le commerce, et l'on en donne de jeunes pieds aux correspondants du Muséum. Je vais vous indiquer les espèces les plus remarquables.

Voici d'abord le *Cognassier de la Chine,* à grandes et belles fleurs roses, et à calice non cotonneux. On le greffe sur notre Cognassier de France; il a fleuri au Jardin pour la première fois en 1811. Voici une *Ronce à fleur double;* c'est notre Ronce sauvage que l'horticulteur a civilisée, aux dépens de sa fructification. Voici l'*Acacia tortueux* et le *Myrica de Pensylvanie;* il y a une espèce de ce genre (*Myrica cerifera*), dont les fruits donnent, par leur ébullition dans l'eau, une cire avec laquelle on fait des bougies d'une odeur agréable. Ce joli arbrisseau, toujours vert, appartient à la famille des Jasminées : c'est le *Fontanesia phyllyreoïdes,* originaire de Syrie, que M. de la Billardière a décrit le premier, et auquel il a donné le nom du professeur Desfontaines. Cet *Orme pyramidal* n'est autre chose qu'une variété de l'*Orme champêtre.* Voici un *Aralia épineux,* de l'Amérique septentrionale. Voici un joli *Marronnier* à fleurs rouges. Voici le *Pêcher d'Ispahan,* dont Olivier apporta des noyaux à son retour de Perse, en 1780; ce noyau est peu ridé, et a l'aspect de celui de l'Amandier. Le *Jujubier,* que vous avez sous les yeux, appartient au genre des *Nerpruns;* il est originaire de Syrie, ce fut Papirius qui le transporta en Italie; vous connaissez le goût fin de ses fruits, nommés *Jujubes.* Cet *Aune* à feuilles découpées est une variété de l'*Aune commun.* Voici l'*Aralia du Japon,* dont la feuille est énorme, et découpée en folioles si nombreuses, qu'on croirait voir autant de feuilles distinctes; mais vous savez que la feuille abrite un bourgeon à son aisselle : ici les folioles n'en ont pas, et c'est seulement à la base du pétiole principal que vous voyez le bourgeon; toutes ces folioles forment donc une feuille unique.

Nous allons visiter les succursales de la *Pépinière* en rentrant dans le Jardin par la grande porte de la rue de Buffon. Nous trouvons d'abord un carré clos (*n° 98 du plan*), primitivement consacré aux arbres qui conservent leur verdure toute l'année : de là son nom de *Bosquet d'hiver;* mais les arbres verts n'y ont pas prospéré, et il n'en reste qu'un petit nombre. Ce carré sert maintenant pour la propagation, par boutures, des arbres et des arbustes. Vous y pouvez voir le *Houx des îles Baléares (Houx de Mahon)* greffé sur le Houx de notre pays, et le *Pin de Caramanie,* variété du *Laricio,* dont les pousses sont jaunes à leur extrémité.

Le carré clos, qui fait suite à celui d'où nous sortons, contenait d'abord exclusivement une collection des arbres dont les feuilles et les fruits se colorent pendant l'automne : de là son nom de *Bosquet d'automne;* on y trouvait autrefois des Aliziers, des Néfliers, des Sorbiers, des Poiriers, etc.; maintenant c'est une école des arbres à fruits à noyau, tels que Pruniers, Cerisiers et Abricotiers (*n° 99 du plan*). Là nous voyons le *Frêne d'Amérique* ou *Frêne blanc,* le *Plaqueminier de Virginie (Diospyros Virginiana),* le *Bouleau noir d'Amérique (Betula papyrifera),* que l'on a greffé sur le Bouleau de France; son écorce se détache par larges plaques dont les sauvages font des canots. Voici le *Tilleul argenté,* greffé sur le Tilleul d'Europe, et le *Gincko à feuilles bilobées,* le plus beau des individus cultivés dans le Jardin; c'est un arbre du Japon, appartenant à la famille des Conifères; son feuillage singulier ne vous l'aurait pas fait soupçonner, mais son fruit est tout à fait analogue à celui de l'If; il est gros comme une Pomme, et contient une amande qu'on sert sur les tables; il fut introduit en Angleterre, au milieu du siècle dernier, et, peu après, M. Petigny l'apporta en France.

Nous arrivons maintenant dans un bosquet sans clôture, qui formait autrefois le *Bosquet d'été (n° 100 du plan*) et le *Bosquet de printemps (n° 101 du plan*); vous y remarquerez le *Frêne à feuilles simples (Fraxinus monophylla);* diverses espèces de *Celtis* ou *Micocoulier;* le *Chicot (Gymnocladus canadensis);* cet arbre, de la famille des Légumineuses, porte des feuilles divisées en folioles nombreuses; ces feuilles ont jusqu'à trois pieds de longueur; en hiver, lorsqu'elles sont tombées, les branches, qui sont en petit nombre, donnent à l'arbre l'aspect d'un arbre mort : de là son nom de Chicot. Nous y trouvons aussi un très-beau *Noyer noir de Virginie*, dont le bois, d'un violet foncé, noircit avec l'âge, ne *travaille* pas, n'est jamais attaqué par les vers, et donne de très-beaux meubles; on pourrait le greffer sur le *Noyer commun*, il pousse plus vite que ce dernier, et son bois est supérieur. Voici le *Févier à trois épines* (*Gleditzia triacanthos*), arbre au feuillage fin et au port élégant. Tous ces Végétaux sont exotiques, et, pour la plupart, originaires de l'Amérique septentrionale.

Remarquez sur leur tronc, du côté qui regarde le midi, la trace du terrible hiver de 1789; ce fut l'action du soleil, succédant brusquement à celle du froid, qui endommagea le tissu de la tige.

Le *Bosquet du printemps* avait autrefois une étendue double: quand on construisit le pont d'Austerlitz, on en retrancha une partie pour agrandir le quai; les arbres qu'on enleva furent transportés de l'autre côté du Jardin, à la suite de l'*École de culture*; ce Bosquet, défendu de la poussière par un rideau de Thuyas, est presque complétement détruit; nous n'y trouverons plus que le *Poirier à feuille de Saule*, le *Pommier à baie*, le *Néflier à feuille de Prunier* et le *Cornouiller mâle*.

§ V.

JARDIN DES SEMIS. — JARDIN DE NATURALISATION.

Remontons maintenant l'allée des Marronniers; après avoir longé la limite méridionale de la *Vallée Suisse* et les fossés des Ours, nous arrivons vis-à-vis de deux jardins enfoncés d'environ dix pieds au-dessous du sol; ce sont: 1° le *Jardin de Naturalisation*; 2° le *Jardin des Semis* (*n° 89 du plan*). Commençons par ce dernier.

Le jardin des Semis, destiné à entretenir et augmenter les richesses végétales du Muséum, n'existe que depuis 1786; Buffon en confia l'ordonnance à André Thouin, jardinier en chef. Dans cet enclos, abrité par sa position contre les vents et le soleil, on sème, on fait lever, on conduit jusqu'à l'époque de la transplantation, les Végétaux de tous les climats. La porte d'entrée est au bout de la terrasse de deux cents pieds de long, qui occupe le devant de la serre tempérée. Pendant la belle saison, cette terrasse est garnie des arbres et arbrisseaux qui ont passé l'hiver dans la serre: vous pouvez, de l'allée des Marronniers, jouir du coup d'œil magnifique de cette exposition.

Dans ce jardin garni de châssis et de couches, les plantes sont distribuées d'après la nature du climat qui leur convient: les unes sont constamment protégées par des châssis, et trouvent, dans des couches chaudes, la température de leur patrie; ce sont les plantes *tropicales*. Les autres, qui appartiennent à des régions tempérées, sont abritées également contre les vents du nord et les ardeurs du soleil. D'autres, enfin, sont placées de manière à ne recevoir que quelques rayons le matin et le soir: ce sont les Végétaux des régions polaires et des montagnes couvertes de neiges éternelles. Vous verrez parmi ces plantes de jolies *Fougères du nord*, des *Daphnés*, des *Gentianes*, des *Geraniums alpins*, la *Violette à fleur jaune*, les *Androsaces*, les *Primevères* et *Saxifrages des Pyrénées*, la *Soldanelle des Alpes*, l'*Absinthe des Glaciers*, les *Renoncules*, les *Saules nains*, etc.

AMARYLLIS

La plate-bande adossée à l'allée des Marronniers est partagée dans son milieu par un passage souterrain et voûté, qui conduit à l'École de botanique.

Le jardin de *Naturalisation* est à l'est de celui que nous venons de visiter; il en est séparé par une plantation de hauts Thuyas, et un mur de clôture, au milieu duquel est la porte d'entrée: sa largeur est d'abord la même que celle du jardin des Semis, mais il se rétrécit en

allant vers l'est, ce qui rend sa forme irrégulière. La face qui se présente au levant est destinée à recevoir pendant l'été la plupart des arbres et arbustes de la Nouvelle-Hollande, qui ont passé l'hiver dans la serre tempérée : ce sont les *Metrosideros*, *Embothrium*, *Melaleuca*, *Eucalyptus*, etc. Le long des murs qui entourent le jardin des trois autres côtés, on voit, au midi, des *Pistachiers*, des *Jujubiers*, des *Grenadiers*, des *Câpriers*, etc. Au nord, des arbrisseaux et des plantes vivaces des pays froids, tels que des *Spirées de Sibérie*, des *Orchidées*, des *Fougères*, etc. Ce jardin est coupé transversalement par deux allées de Thuyas, qui sont rapprochés les uns des autres, et sous lesquels on élève en pots les plantes qui croissent dans les forêts les plus épaisses, et ont besoin d'être cultivées à l'ombre. Le reste du jardin est divisé en plates-bandes destinées à la culture des plantes vivaces de pleine terre les plus intéressantes et les plus rares.

§ VI.

LES ALLÉES ET LES COLLINES.

Nous n'avons vu jusqu'ici que les Carrés considérés isolément : il faut maintenant les examiner dans leur ensemble avec les diverses allées qui les séparent. Nous terminerons cette revue générale par une promenade sur les deux collines situées au nord-ouest du Jardin.

Prenons pour point de départ la cour du Cabinet d'histoire naturelle; devant cette cour s'étendent, jusqu'au quai, deux magnifiques *allées de Tilleuls*, plantées par Buffon en 1740. — Passons à l'angle sud de la cour, et entrons dans l'allée qui borde la lisière méridionale du Jardin; suivons-la dans toute sa longueur : nous avons à notre gauche le *Parterre Chaptal*, à notre droite, les galeries de *Botanique* et de *Minéralogie*; devant les galeries sont quelques arbres plantés jadis par Tournefort et Bernard de Jussieu : voici d'abord un *Sophora du Japon*, le premier qui ait été cultivé en Europe; ce fut le P. d'Incarville qui en envoya des racines en 1747 à Bernard de Jussieu; il fleurit pour la première fois en 1779; jusqu'alors on l'avait nommé *l'arbre inconnu des Chinois* (arbor incognita Sinarum) : sa fleur fit voir qu'il appartenait à la famille des Légumineuses; c'est un arbre dont le bois est très-dur, et qui pousse avec beaucoup de vigueur dans les terrains pierreux; un *Genévrier élevé* (*Juniperus excelsa*), qui a quarante pieds de haut, et seize pieds jusqu'à la naissance des branches; il fut apporté du Levant par Tournefort; c'est presque le seul qui existe en France; nous n'avons que l'individu à étamines; le *Chêne Yeuse* (*Quercus Ilex*), le *Micocoulier* d'Amérique (*Celtis occidentalis*), grand arbre de la famille des Amentacées, dont le bois est dur et propre à faire des meubles; enfin le premier *Acacia* venu de l'Amérique septentrionale, que Vespasien Robin, qui en était possesseur, planta, quand il fut nommé sous-démonstrateur de botanique, lors de la fondation du Jardin, en 1635. De lui sont venues les graines qui ont servi à naturaliser en France l'un des arbres les plus élégants et les plus utiles de notre patrie; c'est en mémoire de ce service, rendu par Robin, que Linné a donné au genre le nom de *Robinia*; le nom d'espèce de celui-ci est *Pseudo-Acacia* (car ce n'est pas l'Acacia véritable). Ce patriarche du Jardin a subi l'injure des temps. Il avait autrefois plus de soixante pieds d'élévation, mais les branches supérieures s'étant successivement desséchées, on a été obligé de le receper pour le faire repousser du tronc.

Plan des deux Labyrinthes

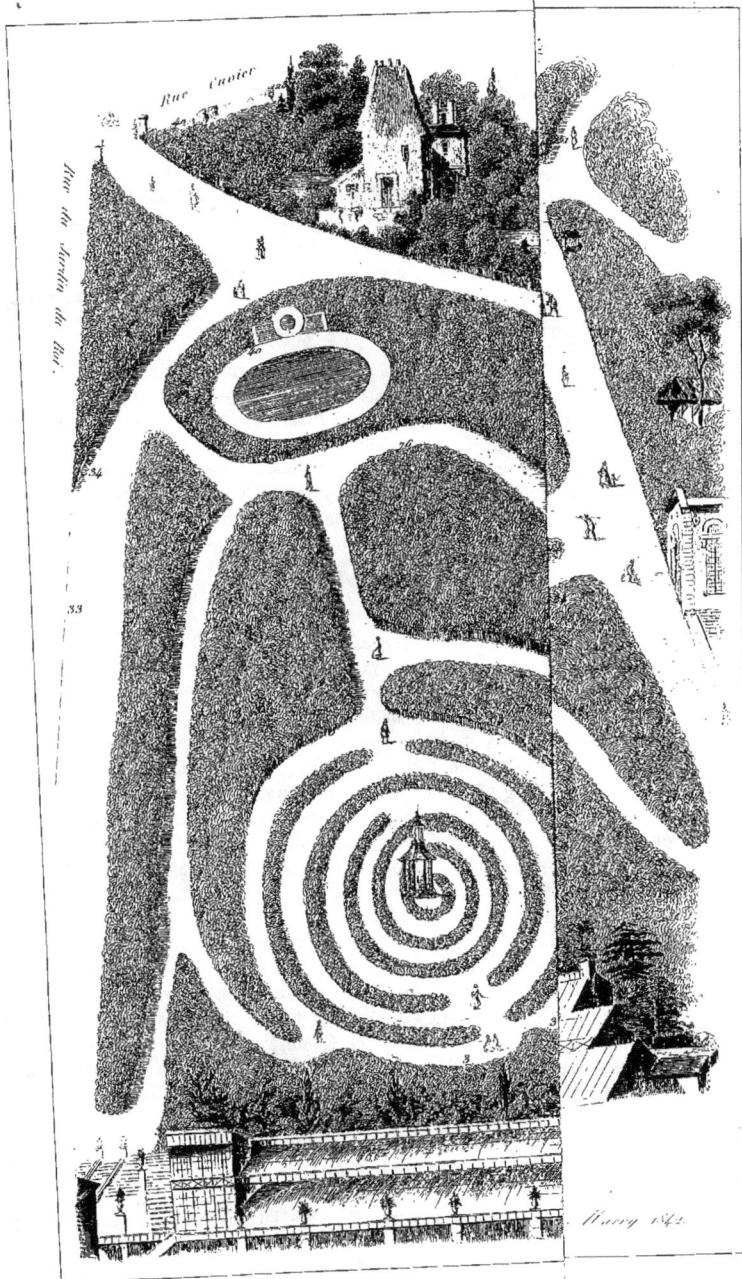

Rue Cuvier

Rue du Jardin du Roi.

Macq 1842.

Nous sommes à la limite du *Parterre Chaptal*; nous avons à droite le petit pavillon-café, que le vieux *Robinia* protége de ses rameaux vénérables; à notre gauche s'étend une allée qui sépare d'abord le Parterre Chaptal du *Carré Fleuriste*. Cette allée est ornée, dans la belle saison, par des arbres en caisse qu'on a retirés de la serre tempérée. En longeant le *Carré Fleuriste*, à gauche, nous longeons à droite le *Carré des Semis de pépinière* (n° 97 *du plan*). Nous arrivons ainsi vis-à-vis de la porte qui ouvre le Jardin sur la rue de Buffon : à droite est l'allée dite des *Tulipiers*; il n'y en a plus qu'un; les autres sont morts, et on les a remplacés par des *Noyers* d'Amérique (le *Noyer-Olivier* et le *Noyer cendré*); à gauche est une allée séparant le *Fleuriste* du *Carré Creux*; cette allée est garnie de deux rangées d'arbres; la ligne adossée au *Fleuriste* se compose de *Néfliers à feuilles étroites* (*Mespilus linearis*), dont les branches horizontales sont d'un effet pittoresque. La ligne adossée au *Carré Creux* est formée par le *Kœlreuteria paniculata*, jolie espèce d'arbre, originaire de la Chine, qui a été introduite en France en 1789.

Après avoir doublé le *Carré Creux* et le *Bosquet d'Hiver*, nous arrivons entre deux allées latérales, dont l'une, à gauche, est garnie de deux rangées d'*Acacias parasols*; cet arbre n'est autre chose qu'une variété sans épines du *Robinia Pseudo-Acacia*, dont nous parlions tout à l'heure : le feuillage s'est développé aux dépens des fleurs; l'allée de droite porte encore le nom d'*Allée des Mélèzes*, mais les Mélèzes n'y ont pas réussi. Vous voyez à leur place diverses espèces d'arbres : ce sont le *Noyer noir*, que vous avez déjà vu; l'*Érable sucré*, dont la séve fournit un sucre abondant aux habitants du Canada; l'*Ulmus americana*, le *Févier à longues épines* (*Gleditzia macracantha*), arbre exotique très-élégant, comme toutes les espèces du même genre, et l'*Allouchier* (*Cratægus aria*), qui appartient à la Flore française. Remarquez, au nord du Bosquet d'Automne, ce beau *Planera crenata*, genre voisin des *Ormes*, et un bel individu de *Gincko bilobé*.

Après avoir passé le *Carré des plantes usuelles et potagères* (n° 95 *du plan*), d'une part, et le *Bosquet d'Automne*, de l'autre, nous trouvons à droite l'*Allée des Érables* : elle est formée par l'*Érable à fruits cotonneux* (*Acer Eriocarpon*); à gauche, l'allée qui sépare le Carré des plantes usuelles et potagères des *Parterres Médicinaux*, et qui n'est pas garnie d'arbres. Nous continuons notre marche jusqu'à l'extrémité de l'Avenue des Tilleuls, et nous arrivons à l'Allée des *Aïlantes*, qui sépare à droite le *Bosquet d'Été* (n° 100 *du plan*) du *Bosquet de Printemps* (n° 101 *du plan*). Les graines de ce bel arbre furent envoyées de la Chine par le P. d'Incarville, en 1751. Desfontaines, l'ayant vu fructifier pour la première fois chez Lemonnier, à Versailles, le reconnut pour un nouveau genre de la famille des *Térébinthes*; il lui donna le nom d'*Aïlante*, qu'il porte à Amboine, et qui signifie *Arbre du Ciel*; on l'avait d'abord désigné sous le nom de *Vernis du Japon*, parce qu'on avait cru à tort que les Japonais en tiraient leur beau vernis.

Nous voilà à la fin de la grande Allée des Tilleuls : vous avez pu remarquer qu'à partir de la porte qui ouvre sur la rue de Buffon, les Tilleuls sont moins élevés; cette différence vient de ce qu'ils sont de quarante-trois ans plus jeunes que les précédents.

Passons maintenant entre les Parterres Médicinaux et la porte d'entrée qui donne sur le quai; laissons à notre gauche la grande Allée des Tilleuls, parallèle à celle que nous venons de quitter, et entrons dans l'*Allée de Marronniers*. Cette allée fut plantée par Buffon, lorsqu'il eut fait l'acquisition, en 1782, des terrains appartenant aux religieux de l'abbaye de Saint-Victor. Le Marronnier d'Inde n'est venu en Europe que dans le dix-septième siècle : il arriva du nord de l'Asie à Constantinople, d'où il passa à Vienne, puis en 1665, à Paris, où l'on n'en posséda longtemps que trois individus, l'un à l'hôtel de Soubise, le second au Luxembourg, le troisième au Jardin du Roi.

Cet arbre, dont les bourgeons sont entourés d'écailles laineuses, qui les protégent contre les rigueurs de l'hiver, se naturalisa rapidement dans toute l'Europe, et il forme aujourd'hui, par la hauteur de sa taille, la disposition élégante de son feuillage, la symétrie et la richesse

11

des thyrses de ses fleurs, le plus bel ornement de nos jardins publics. Parcourons cette magnifique avenue, qui se prolonge entre la Vallée Suisse et les Carrés que vous connaissez. Nous trouvons d'abord à gauche l'Allée des *Arbres de Judée,* qui offre un aspect délicieux au commencement du printemps, lorsque les feuilles ne sont pas encore développées et que toutes les branches sont couvertes d'une innombrable quantité de fleurs roses; l'Arbre de Judée, ou *Gaînier* (*Cercis siliquastrum*), appartient à la famille des Légumineuses. Après avoir passé le *Carré des plantes aquatiques* (*n° 102 du plan*), le premier carré de l'*École de botanique* (*n° 90 du plan*), nous arrivons à une allée latérale garnie de *Virgilias,* dont les bourgeons offrent un caractère singulier : ils sont placés, non pas à l'aisselle de la feuille, mais dans l'intérieur même du pétiole, qui les coiffe pendant tout l'été, et les laisse à nu après sa chute. — Enfin nous longeons le second carré de l'*École de botanique* (*n° 90 du plan*), nous laissons à droite les fosses des Ours (*n° 30 du plan*) et le jardin des *Semis* (*n° 89 du plan*) et nous arrivons à l'extrémité de l'Allée des Marronniers, qui se termine au pied des collines nommées vulgairement les *Buttes* (*n° 88 du plan*).

Avant de gravir leurs pentes douces, détournons à droite, et entrons dans ce *grand rond* ou *ovale,* qui forme un beau tapis de verdure entre l'Amphithéâtre et la Petite Butte. On y transporte, pendant la belle saison, les plus beaux arbres en caisse de la grande serre tempérée; mais nous y trouverons aussi, en pleine terre, plusieurs plantes très-intéressantes. Commençons par ces dernières : nous avons à droite l'Amphithéâtre, à gauche la Petite Butte; le long du treillage s'étend un massif de terre de bruyère, qui va nous offrir de charmants arbustes. Ce sont des *Azaléas,* sous-arbrisseaux dont les fleurs sont solitaires, à l'aisselle de feuilles alternes ; diverses espèces de *Rhododendron,* l'*Airelle agréable* (*Vaccinium amœnum*) ; l'*Andromède à feuille de Cassine* (*Andromeda Cassine-folia*), l'*Andromède axillaire* (*Andromeda axillaris*), le *Clethra à feuille d'Aune* (*Clethra Alnifolia*), dont les fleurs blanches sont disposées en épi; le *Clethra acuminé* (*Clethra acuminata*), la *Kalmie à larges feuilles,* arbrisseau de six pieds, dont les fleurs forment des grappes d'un rose pâle, etc.; toutes ces plantes sont des Bruyères, dont la plupart viennent de l'Amérique septentrionale; les *Alezia diptera* et *tetraptera,* qui appartiennent à la famille des Ébénacées, et dont la première est d'une extrême rareté; le *Céphalanthe occidental,* Rubiacée du Canada; le *Céanothe occidental,* de la famille des Nerpruns; le *Calycanthe précoce,* arbrisseau du Japon, voisin des Rosacées, à feuilles opposées, sans stipules, à fleurs odorantes qui s'épanouissent en hiver; le *Néflier Yulang* et les *Magnolia Thompsoniana* et *cordata,* arbrisseaux dont le calice est à trois folioles, la corolle à neuf pétales, les étamines et les ovaires nombreux.

Tournons à gauche, entre le massif et le treillage, nous verrons l'*Itéa de Virginie,* saxifrage élégante de l'Amérique boréale, dont les fleurs sont petites, blanches et disposées en grappes qui terminent la tige; le *Fothergilla à feuille d'Aune,* dont les étamines sont nombreuses et les feuilles alternes : sa famille est inconnue; la *Glycine de Chine,* Légumineuse qui grimpe le long d'un *Sapin picea;* le *Comptonia à feuilles de Capillaire,* arbrisseau de la famille des Amentacées, dont les feuilles sont profondément crénelées et velues en dessous; le *Magnolia grandiflora* ou *Laurier-Tulipier,* arbre magnifique de l'Amérique boréale, qui s'élève souvent à une hauteur de quatre-vingts pieds.

Sur ces ruines artificielles, vous voyez le *Bignonia grimpant*, que vous connaissez déjà, et la *Ronce remarquable (Rubus spectabilis)*; enfin, vers l'extrémité du rocher, en nous rapprochant du point de départ, nous trouverons des touffes d'*Alysson deltoïde*, petite Crucifère à fleurs bleues, de *Saxifrage Joubarbe*, et de *Sedum à feuilles opposées*.

Les arbres en caisse qu'on a transportés dans le *Grand Rond*, pour y passer le temps de la belle saison, sont : l'*Araucaria du Brésil*, l'*Araucaria de Cunningham*, l'*Araucaria des îles Norfolk (Araucaria excelsa)*, Conifères d'une admirable élégance, à rameaux groupés circulairement, et formant dans leur patrie d'immenses forêts; le *Dragonnier austral*, Liliacée qui a le port des Palmiers, et dont la tige simple, souvent énorme, est couronnée par une touffe de feuilles, d'où sortent des grappes de fleurs; un *Eucalyptus*, arbre de la famille des Myrtes, venu de la Nouvelle-Hollande, et dont les feuilles coriaces, entières, sont marquées de points transparents; des *Banksia*, venus aussi de l'Australasie, et dont les feuilles sont persistantes; des *Casuarina* ou *Filao*, qui ont le port d'une *Prêle arborescente*, et dont les rameaux pendants, grêles et cannelés, offrent de petites gaînes, terminées par des dents analogues à des feuilles; l'*Olivier fer de lance*, de l'île Bourbon; le *Citronnier à feuilles de Myrte*, le premier individu qu'on ait cultivé en France; le *Sterculia à feuilles de Platane*, Malvacée des Indes; le *Thuya articulé* ou *Callitris*, qui fournit la résine nommée *Sandaraque*; l'*Acacia Julibrizin*, nommé vulgairement *Arbre de soie*, à cause de la finesse de ses folioles, etc., etc.

Sortons maintenant du Grand Rond, et passons devant la limite de la Vallée suisse, qui fait suite à l'entrée de la serre tempérée. Si nous voulions parcourir les allées de la Vallée suisse, nous y trouverions de beaux individus de tous les arbres qui peuvent passer l'hiver en pleine terre; mais, comme vous les avez déjà observés dans les carrés, nous nous contenterons de remarquer ceux qui font suite à la façade de l'Orangerie. Voici d'abord un *Sophora du Japon*, un *Érable à feuilles de Frêne (Acer negundo)*, un *Robinia visqueux* ou *Acacia à fleurs roses*, un beau *Mûrier à papier (Broussonetia papyrifera)* d'Othaïti, un *Sycomore (Acer Pseudoplatanus)*, un *Coudrier de Byzance (Corylus colurna)*, dont la noisette est garnie de deux enveloppes de bractées : l'extérieure très-découpée, et l'intérieure à trois divisions.

Remarquez, en passant devant l'Amphithéâtre, ces deux beaux *Palmiers à éventail (Chamærops humilis)*. En Sicile et en Espagne, on n'en rencontre jamais qui soient aussi élevés. Ils furent envoyés, il y a cent cinquante ans, à Louis XIV par le margrave de Bade-Bourlach; ils avaient alors douze pieds de tige. Je vous ai expliqué l'accroissement des Palmiers; il a lieu par le sommet, et non par des bourgeons latéraux; il ne se forme pas de nouvelles couches sur le tronc, et il pousse, chaque année, de nouvelles feuilles, tandis que les plus

anciennes tombent; le nombre d'anneaux qui se voient sur la tige indique son âge, comme les zones concentriques du bois indiquent celui des arbres dicotylédones. Observez que, dans ces deux Palmiers, la base se soulève de même que le sommet, de sorte que l'impression du premier anneau de feuilles, qui était primitivement au niveau de la terre, en est aujourd'hui à plus de deux pieds; cela vient de ce que le pivot de la racine, étant repoussé hors de terre par les racines inférieures qui ne pouvaient s'enfoncer au delà du fond de la caisse, a monté, faute de pouvoir descendre.

Nous allons maintenant parcourir les deux collines ou *buttes*, que l'on nomme aussi *Labyrinthes*, à cause des sinuosités de leurs sentiers. Ces labyrinthes nous offrent beaucoup d'intérêt à cause de la riche collection d'arbres et d'arbrisseaux toujours verts, que l'on y cultive : nous y trouvons environ trente espèces de Conifères, quinze d'Amentacées, et cinquante de familles diverses.

Commençons par la *Grande Butte*, nommée communément le *Labyrinthe*, et, pour ne pas nous y égarer, attachons notre fil au *Cèdre du Liban*. Cet arbre magnifique, dont vous connaissez l'histoire, est au centre d'un carrefour d'où partent quatre allées : l'une monte, vers l'ouest, jusqu'à l'*allée des Ifs*; la seconde monte vers le sud, et conduit au Colimaçon; la troisième descend au sud-est, et conduit à la rampe des deux grandes serres ou *pavillons*; la quatrième descend, au nord, jusqu'à l'allée qui conduit à la porte ouvrant sur la place de la Pitié.

En vous acheminant vers le grand Cèdre, qui sera notre point de départ, vous avez vu les espèces d'arbres que nous rencontrerons le plus fréquemment dans notre promenade. Je vais vous les mentionner ici une fois pour toutes, ce sont : le *Nerprun toujours vert* (*Rhamnus semper virens*), arbrisseau peu brillant par lui-même, mais qui tient bien sa place dans l'ensemble d'un paysage d'arbres verts; l'*Alizier lisse* (*Cratægus glabra*), Rosacée qui a des feuilles larges, luisantes, et d'un vert gai; le *Thuya de la Chine* (*Thuya orientalis*), nommé aussi *Arbre de vie*, élégante Conifère dont les rameaux dressés sont menus, un peu aplatis, et chargés de feuilles très-petites, qui se recouvrent comme les tuiles d'un toit; l'*If commun* (*Taxus baccata*), dont vous avez étudié le fruit, analogue à une baie; les deux *Cyprès horizontal* et *pyramidal*; le *Tamarix*, dont l'écorce rougeâtre, les rameaux déliés, les feuilles courtes et menues forment un contraste harmonieux avec la verdure sombre des Ifs et des Cyprès; le *Buis commun* (*Buxus semper virens*), arbre de la famille des Euphorbiacées; le *Sapin épicea* (*Abies excelsa*), à feuilles courtes, carrées, pointues, d'un vert foncé, éparses en tous sens autour des branches : ce qui le distingue du *Sapin ordinaire* (*Abies pectinata*), qui a ses feuilles plates, blanches en dessous, et disposées sur deux rangées le long des rameaux; le *Pin sylvestre* (*Pinus sylvestris*), dont les jeunes pousses sont verdâtres, les feuilles d'un vert un peu bleuâtre, et de deux pouces de longueur; le *Pin d'Écosse* (*Pinus rubra*), dont les pousses et le bois sont rouges, et les feuilles plus courtes et plus glauques que celles du précédent; le *Pin maritime* (*Pinus maritima*), qui a des feuilles d'un vert foncé, droites et longues, de six à dix pouces; le *Pin de Corse* (*Pinus Laricio*), dont les feuilles sont aussi

longues que celles du précédent, mais un peu chiffonnées. Dans tous ces Pins, les feuilles naissent deux à deux.

Partons donc de notre Cèdre du Liban, et prenons l'allée qui monte, à l'ouest, vers celle des Ifs; outre plusieurs des arbres que je viens de vous citer, et sur lesquels je ne reviendrai plus, nous trouvons, à gauche, le *Thuya d'Amérique* (*Thuya occidentalis*), dont les rameaux sont étalés, et dont les feuilles, froissées entre les doigts, ont l'odeur de la *Thériaque*, médicament célèbre, inventé par Mithridate, et composé de plus de cent substances différentes; un petit groupe de jeunes *Pins cembro*, dont les feuilles, disposées par cinq, sont d'un vert glauque; à droite, le *Néflier buisson ardent* (*Mespilus pyracantha*), dont les fruits nombreux, et d'un rouge écarlate, font souvent paraître cet arbrisseau comme en feu; le *Chèvrefeuille à baies blanches* (*Symphoricarpos leucocarpa*); le *Sapin baumier* (*Abies balsamea*), arbre de l'Amérique boréale, qui a le port et les feuilles de notre Sapin commun, et fournit une Térébenthine nommée *Baume du Canada*.

Nous voilà au milieu de l'*allée des Ifs*; elle conduit du *Réservoir* au *Colimaçon*, qui couronne le Labyrinthe de ses sentiers en spirale, et est surmonté lui-même d'un belvédère. Montons cette allée : parvenus au Colimaçon, faisons le tour de sa base : en prenant le sentier à gauche, nous voyons, à droite, les massifs de Lilas (*Syringa*), de Jasminoïde (*Lycium*), et de Seringat (*Philadelphus*), qui composent exclusivement la *Flore* du colimaçon; à gauche, un *Laurier-Cerise* (*Prunus Lauro-Cerasus*), aux feuilles épaisses et luisantes, un *Chêne pyramidal* (*Quercus fatigiata*), un *Houx des îles Baléares* (*Ilex balearica*), un *Chêne Yeuse* (*Quercus Ilex*), et le tombeau de Daubenton, entouré d'un Cyprès, d'un Pin Laricio et d'un If. Nous arrivons au petit escalier qui conduit au belvédère; passons outre, et achevons notre circuit autour du Colimaçon. Nous voilà de nouveau dans l'allée des Ifs, descendons-la jusqu'au Réservoir : c'est dans ce bassin qu'arrive, du canal de l'Ourcq, l'eau destinée à alimenter tout le Jardin; d'ici partent de nombreux tuyaux qui se distribuent dans tous les carrés. Tournons à gauche, et laissons à notre droite le petit sentier qui descend vers la porte du Jardin : nous voilà dans l'*Allée des Soupirs*, presque parallèle à celle que nous venons de quitter; nous y trouvons à gauche (outre les arbres déjà cités) un jeune Houx, un petit *Cerisier du Portugal* (*Prunus lusitanica*) et une variété de Chêne Yeuse; ces arbres sont au bout de l'allée.

et de ce point vous voyez une plantation, en pente, de jeunes Pins et Sapins, faisant face à la cour du Cabinet d'histoire naturelle.

Ici, laissons le petit sentier qui monte à gauche, tournons à droite, et nous descendrons sur la *terrasse* qui borde la rue du Jardin : cette terrasse est à peu près parallèle à l'allée des Soupirs. Elle offre à gauche un rideau de Tilleuls ; à droite, vous trouverez deux variétés de Houx : le *Houx ordinaire* et le *Houx panaché*, puis un Genévrier de Virginie (*Juniperus Virginiana*), arbre moyen, nommé *Cèdre rouge* à cause de la couleur de son bois.

A l'extrémité de la terrasse, nous trouvons un sentier qui descend vers la porte du Jardin, et monte vers le Réservoir ; laissons-le à notre droite ; en descendant, nous trouverons dans le massif adossé au mur de la rue un joli *Buis à feuilles étroites* (*Buxus angustifolius*), le *Chèvrefeuille de Ledebour* (*Lonicera Ledebourii*), venu de l'Asie septentrionale ; le *Groseillier sanguin* (*Ribes sanguineum*), dont les belles fleurs rouges paraissent au commencement du printemps ; un jeune *Chêne à gros glands* (*Quercus macrocarpa*), et le *Paulownia impérial*, magnifique Bignoniacée aux larges feuilles, récemment naturalisée dans notre climat. Le long du mur s'étendent le *Bignonia grimpant* et l'*Érythine crête-de-coq*, arbre sarmenteux de la famille des Légumineuses, dont les fleurs sont grandes et d'un rouge éclatant.

Nous sommes à la porte ouvrant sur la place de la Pitié ; suivons l'allée qui s'étend devant nous : nous avons à gauche un massif, et à droite le bassin inférieur du Réservoir. Dans le massif, vous voyez le *Berberis aristata*, le *Chèvrefeuille du Mexique* (*Symphoricarpos mexicana*), le *Chêne pyramidal* que vous connaissez déjà, une *Aubépine* à fleurs roses ; le *Néflier du Japon*, à feuilles larges, dentées au sommet et cotonneuses en dessous ; le *Néflier cotonnier à petites feuilles* (*Cotoneaster Microphylla*), petit arbrisseau étalé, dont les feuilles sont laineuses en dessous ; un jeune *Pin élevé* (*Pinus excelsa*), tout récemment naturalisé, et qui atteint dans sa patrie une hauteur considérable ; deux variétés de *Pin Sabin* (*Pinus Sabiniana*), espèces nouvelles très-intéressantes, et enfin un *Érable à grandes feuilles* (*Acer Macrophyllum*), le seul pied qui existe en France.

A droite, en partant du bassin, dont les murailles sont garnies de *Lierre* et d'*Ampelopsis à cinq feuilles* ou vigne-vierge, vous voyez un jeune *Saule pleureur*, un *Peuplier pyramidal*, un beau *Platane d'Amérique*, une jolie plantation de *Sapins du Canada* (*Abies canadensis*), vulgairement nommés *Hemlock-Sprace* ; le *Mahonia rampant* et le *Mahonia fasciculé*, arbrisseaux voisins du genre Berberis ; un pied *femelle* du *Gincko bilobé*, le seul qu'on possède au Jardin, tous les autres étant des individus à étamines ; un beau *Pin de Corse* (*Pinus Laricio*) ; quatre jeunes *Tulipiers* (*Liriodendron tulipifera*), espèce appartenant à la famille des Magnoliacées, remarquable par la beauté de ses feuilles et de ses fleurs ; une variété curieuse du *Sophora japonica*, dont les rameaux sont pendants comme ceux du Saule pleureur ; le *Liquidambar d'Amérique* (*Liquidambar imberbe*), Amentacée aux feuilles élégamment découpées ; le *Mahonia à feuilles de Houx*, Berbéridée de l'Amérique du Nord ; le *Cyprès faux-Thuya* (*Cupressus thuyoïdes*), nommé vulgairement *Cèdre blanc*, qui croît dans les marécages du Canada, et dont le bois blanc, mais serré, se travaille facilement ; un beau *Buis des îles Baléares* (*Buxus balearica*) ; et enfin plusieurs *Cyprès Chauves* (*Cupressus disticha*). Cet arbre atteint dans sa patrie une hauteur et une grosseur prodigieuses : il y en a un individu, au Mexique, dans le cimetière de *Sainte-Marie de Tesla*, à deux lieues ouest d'Oaxaca, qui a cent pieds de haut, et *cent dix-huit pieds de circonférence* ; il est mentionné par Fernand Cortez, qui abrita sous son ombre toute sa petite armée, quand il vint faire la conquête du Mexique. Ce colosse du Règne végétal est un objet de haute vénération pour les Mexicains indigènes.

Nous sommes maintenant au milieu d'un carrefour qui sépare les deux Buttes, et où viennent aboutir six allées ; prenons celle qui conduit aux bureaux de l'Administration : nous trouverons, auprès de la maison, un élégant *Araucaria à feuilles imbriquées* ; des Pins, des Thuyas, et un beau *Genévrier de Virginie*.

Revenons à notre carrefour ; nous allons monter l'allée qui conduit au Réservoir. Avant de nous mettre en marche, voyons les végétaux qui garnissent le massif que nous avons à notre gauche; ce sont : le *Pin élevé* (*Pinus excelsa*), dont je vous ai parlé tout à l'heure, le *Sapin morinda* (*Abies morinda*), le *Houx-Fragon à grappe* (*Ruscus racemosus*), genre voisin de celui des Asperges, dont les pédoncules sont élargis comme des feuilles, et portent les fleurs sur le milieu de leur surface; ici, comme dans les Asperges, les feuilles se réduisent à de petites écailles; la *Pivoine en arbre* (*Pæonia moutan*), que les jésuites de la Chine ont fait connaître en 1778; les Chinois cultivent cette espèce depuis quinze cents ans, et ils en ont obtenu plus de deux cents *variétés*, dont ils raffolent, comme les Hollandais des Tulipes; le *Néflier cotonnier à feuilles de Buis* (*Cotoneaster buxifolia*), petit arbrisseau dont les branches sont inclinées vers le sol ; l'*Yucca gloriosa*, belle Liliacée de l'Amérique septentrionale, voisine du genre *Aloès*; enfin un jeune *Cèdre déodora*, plus beau que celui du Liban, qui nous a été envoyé des monts Himalaya, et qu'on a parfaitement réussi à naturaliser.

Montons maintenant l'allée conduisant au Réservoir : vous voyez, à droite, deux beaux Genévriers de Virginie, des *Sapins à feuilles d'If* (*Abies taxifolia*) ; à gauche, de beaux *Sapins épicéas*, une variété à larges feuilles du *Cytise faux-Ébénier* (*Cytisus laburnum*) et un très-bel *Érable de Montpellier*, planté par Tournefort. Après avoir passé devant les roseaux qui bordent le bassin, et laissé à notre gauche l'*Allée des Ifs*, descendons le petit sentier que nous avions négligé en quittant la terrasse qui longe la *rue du Jardin*, et regagnons cette terrasse pour la parcourir de nouveau, mais en sens inverse. Arrivés à son extrémité méridionale, nous avons devant nous la porte de l'étage supérieur du Cabinet d'histoire naturelle, et, à notre gauche, le petit sentier devant lequel nous avions passé en quittant l'allée des Soupirs. Montons par ce sentier vers le *Colimaçon*. Nous trouverons à droite deux Érables de Montpellier, et diverses espèces de *Berbéris*; laissons à gauche l'escalier du Limaçon, le sentier qui conduit au tombeau de Daubenton, et entrons dans l'allée qui descend au grand Cèdre; remarquez, dans le massif même de Daubenton, deux Pins maritimes et trois *Érables à fruits cotonneux* (*Acer Eriocarpon*).

Nous voilà revenus à notre point de départ : nous avons devant nous une allée qui descend au nord jusqu'à l'allée *de la Pitié*, et au milieu de laquelle s'élève un *Sapin*; comme elle ne nous offrirait rien de nouveau à observer, faisons un demi-tour et descendons l'allée qui conduit aux deux grandes serres neuves, nommées communément les *Pavillons*. Nous trouvons à droite un beau *Pin à pignons* (*Pinus pinea*). Cet arbre est droit, élevé, et se divise en branches étalées qui forment un vaste parasol bombé; son écorce est rougeâtre et raboteuse; on le rencontre à chaque pas dans la campagne de Rome, où il atteint plus de cent pieds de hauteur; ses cônes sont gros et rougeâtres, et ses graines sont blanches et douces au goût. A gauche, au bas de l'allée, nous voyons un petit Cèdre du Liban, occupant le cap du massif, qui répond à la *rampe des pavillons*.

Nous allons maintenant visiter la *Petite Butte* : celle-ci mérite mieux que la grande le nom de *Labyrinthe*, car ses sentiers sont beaucoup plus entrelacés; les carrefours y sont nombreux, et les allées très-courtes. Afin de nous y reconnaître, permettez-moi d'emprunter à la langue des Latins, bien plus riche que la nôtre, les mots de *trivium* et de *quadrivium*, qu'ils employaient pour désigner les carrefours *à trois* ou *à quatre* aboutissants.

Prenons pour point de départ la rampe des pavillons, et montons la première allée à droite, derrière les Serres : nous trouvons, à gauche, de beaux *Philarias* (*Phyllyrea media*) de la famille des Jasminées, arbres très-rameux, à écorce cendrée, dont les feuilles se conservent pendant l'hiver; l'Érable de Montpellier, et le Chêne Yeuse, que vous connaissez déjà, puis le *Chêne à glands doux* (*Quercus ballota*), dont on mange les fruits comme des châtaignes en Espagne et en Barbarie; à droite, le *Cerisier de Portugal* (*Prunus lusitanica*), qui a des fleurs

en grappes et des feuilles toujours vertes, puis un quadrivium. Prenons l'allée à droite, et nous descendons à la *Place du petit Cèdre*, garnie en avant d'une balustrade de fer, et ayant vue sur l'*Allée des Marronniers*; au-dessous de nous s'étend une délicieuse petite colline, ornée de *Chênes*, de *Pivoines moutan*, de *Néfliers cotonniers*, d'*Uucca gloriosa*, de *Pins de Crimée*, et de *Tamarix*. Ces Tamarix, qui appartiennent aux espèces *Gallica* et *Indica*, sont très-voisins du *Tamarix mannifera*, qui produit la *fameuse manne* des Hébreux. On avait pensé que cette substance nutritive était fournie par l'*Alhagi*, espèce de *Sainfoin* épineux de la Mésopotamie, mais il est aujourd'hui reconnu que c'est une erreur : MM. Bové et Rüppel ont vu recueillir au mont Sinaï la manne sur le Tamarix, des branches duquel elle découle et tombe sous forme de petites larmes. Les femmes arabes chargées de cette minutieuse récolte jettent la manne dans de l'eau chaude, afin de la débarrasser des molécules de sable qui y adhèrent. Ce suc est aussi agréable que le meilleur miel. Nous ignorons si les Arabes conservent aujourd'hui cette précieuse substance, mais il est probable qu'après l'opération à laquelle on la soumet, la fermentation s'y développe, de sorte qu'il faut se hâter de la manger, comme au temps de Moïse.

A partir du petit Cèdre, en tournant à gauche, nous laissons du même côté un beau massif d'*Aucuba du Japon*, arbrisseaux à feuilles épaisses et panachées; nous suivons une allée courte qui nous conduit à un trivium, nous prenons l'allée à gauche : nous rencontrons un petit *Cèdre* et un grand *If*, et nous revenons au quadrivium que nous avons traversé tout à l'heure. Nous descendons à droite, nous laissons à notre gauche un If, et nous arrivons à un nouveau trivium; là nous ne prenons pas la petite allée à droite, nous descendons devant nous jusqu'à un autre trivium; nous négligeons l'allée de gauche, qui nous ramènerait à notre point de départ, et nous descendons à droite. Nous trouvons, du même côté, vis-à-vis le trivium, le *Houx* (*Ilex aquifolium*), deux *Juniperus excelsa*, jeunes, et le *Sapin de Douglas*, originaire de Californie, qui s'y élève à une hauteur de deux cents pieds. Au trivium suivant, nous continuons, sans descendre à gauche, et nous trouvons, dans le massif du même côté, le *Pin de Sabin*, le *Pin pesant* (*Pinus ponderosa*), dont on a soutenu les rameaux longs et grêles; le *Néflier cotonnier à feuilles de buis*, que vous avez déjà vu; le *Sapin du Canada*, et deux variétés de *Pin Laricio*. — Au trivium suivant, nous continuons l'allée, sans descendre, et nous remarquons, à gauche, le *Néflier luisant* (*Mespilus lucida*), un *Cèdre*, un *Buis des Baléares*, un *Pin mugho*, un *Sureau* et un *Tamarix* occupant le cap oriental de la Butte; à droite, nous trouvons le *Chêne pyramidal*, le *Chêne à gros glands*, le *Chêne cerris*, l'*Aucuba du Japon*, le *Groseillier sanguin*, et nous arrivons dans l'Allée des Marronniers. Le *Pin mugho*

RHODODENDRON COQUETTE DE PARIS

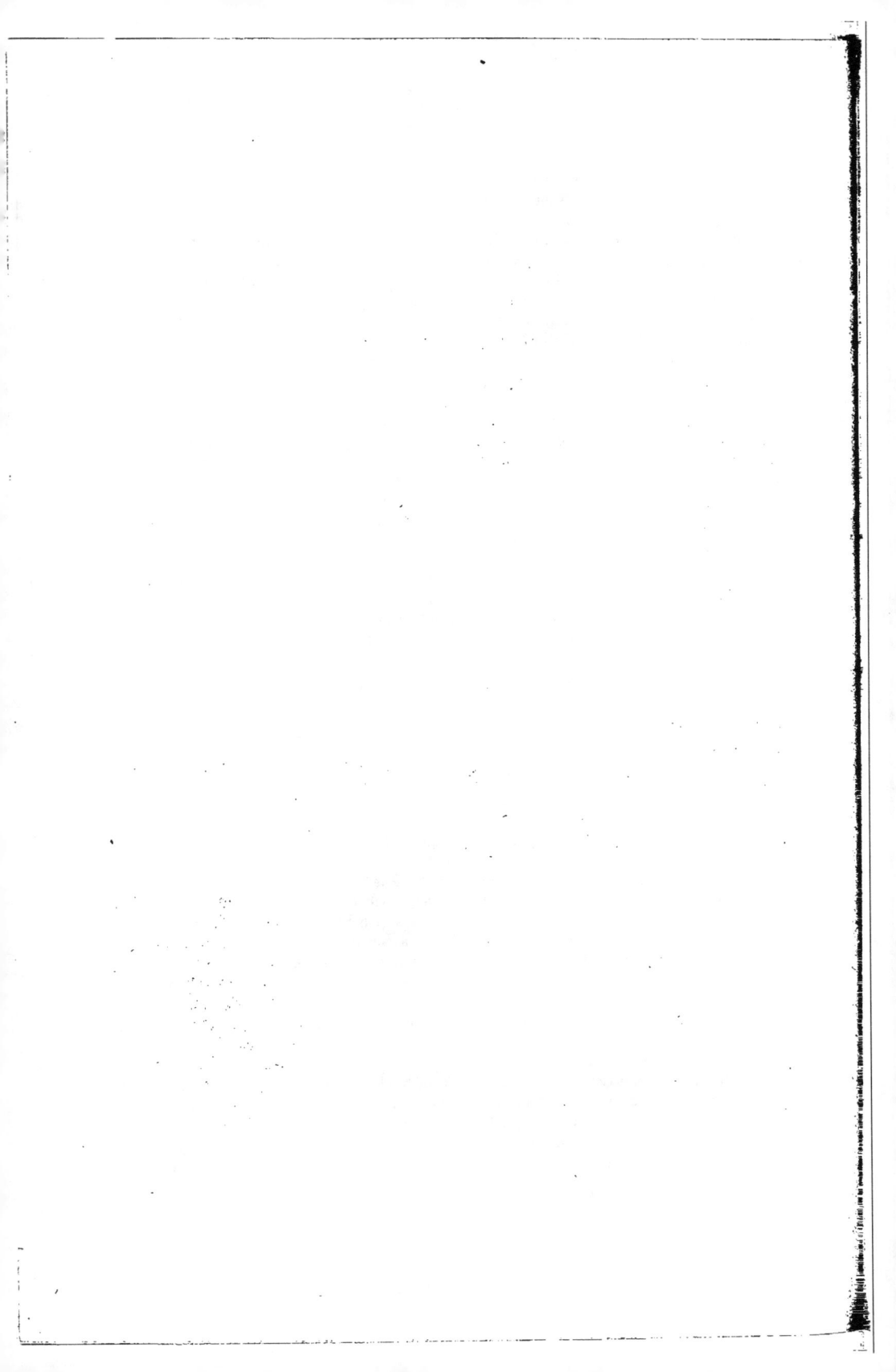

(*Pinus mugho*) a des branches très-étalées de couleur cannelle, qui, plus tard, deviennent d'un pourpre noirâtre; les feuilles sont d'un beau vert, le bois est roussâtre et très-résineux, et l'on en fait, dans les montagnes du Dauphiné, des torches qui brûlent très-bien; de là son nom populaire de *Torche-Pin*. Le *Chêne cerris* a ses feuilles découpées en forme de lyre, ordinairement cotonneuses à leur face inférieure; son gland est protégé par un godet de bractées qui, au lieu d'être appliquées les unes contre les autres, comme dans le Chêne ordinaire, sont redressées à leur sommet, et forment une coupe hérissée.

Maintenant tournons à gauche vers la grande serre tempérée, nous longerons une petite colline qui porte le *Genévrier de la Chine* (*Juniperus sinensis*), le *Pin pumilio*, arbrisseau rabougri de six à huit pieds, dont les rameaux sont étalés et rampants, le *Pin de Caramanie*, un massif d'*Aucuba*, le *Néflier du Japon*, et le *Chionanthus de Virginie* (*Chionanthus virginica*), petit arbrisseau de la famille des Jasminées, qui se couvre au printemps de fleurs blanches très-nombreuses : ce qui lui a valu le nom populaire d'*Arbre de neige*.

Arrivés à la hauteur de l'angle de la serre tempérée, nous négligeons le premier sentier à gauche, et nous suivons entre le *Grand Rond* et la *Colline* : nous trouvons le *Berberis aristata*, la *Spirée lancéolée*, le *Néflier buisson ardent*, le *Houx hérissé*, un massif de *Cognassier du Japon* (*Cydonia japonica*), arbrisseau épineux, à fleurs écarlates agglomérées et à jeunes pousses cotonneuses; le *Chalef réfléchi* (*Eleagnus reflexa*), arbrisseau du Japon, et les *Magnolias purpurea, glauca, soulangiana, tripetala* et *macrophylla*. Tous ces arbrisseaux sont dans leur patrie de grands et beaux arbres.

Arrivés au carrefour qui sépare les deux Buttes, nous négligeons le petit chemin à gauche, et nous avons, au cap ouest de la colline, le *Mahonia rampant*, les *Rhododendron hybridum, ponticum, maximum*, le *Hoteia japonica*, le *Magnolia à grandes feuilles*, et le *Calycanthus præcox* que vous connaissez déjà. En continuant à longer la colline, nous rencontrons quatre *Lauriers-Cerises*, et enfin nous revenons au sentier qui a été notre point de départ. Derrière les pavillons sont abrités deux magnifiques *Magnolias à grandes fleurs*, de la Caroline.

§ IX.

LES SERRES.

1° SERRES TEMPÉRÉES.

La grande serre tempérée, communément nommée *Orangerie* (*n° 17 du plan*), n'existe que depuis quarante ans; elle a deux cents pieds de longueur, vingt-quatre pieds de largeur, vingt-sept pieds de hauteur. La porte est large de dix pieds et haute de vingt-quatre, pour qu'on puisse aisément faire entrer et sortir les arbres. Il y a, sur le mur du fond, des poêles avec des tuyaux de chaleur, mais on n'y fait du feu que quand la température du dehors descend à quatre degrés au-dessous de zéro; les croisées s'ouvrant au midi, il suffit du moindre rayon de soleil pour entretenir une douce chaleur (*Figure de la tête de page 21*).

Les arbres qu'on abrite dans la serre tempérée sont originaires, les uns de l'Asie Mineure, de la Grèce et des autres contrées de notre hémisphère, dont le climat est semblable à celui de l'Espagne; les autres viennent de climats aussi froids que celui de la France; mais comme leur été correspond à notre hiver, et qu'ils fleurissent pour la plupart pendant cette saison, on ne peut les laisser en pleine terre; il en est cependant plusieurs dont on finira par retarder la floraison, de manière qu'ils puissent fleurir pendant l'été, et passer ensuite impunément l'hiver en pleine terre.

On loge les caisses dans cette serre au mois d'octobre; on les en retire au mois de mai : on place les unes dans le *Grand Rond*, les autres dans la grande allée transversale, qui coupe l'*École de botanique* et sépare la *Pépinière* du *Carré Chaptal*; les plus petites sont disposées en amphithéâtre sur la terrasse qui est au-devant de la serre.

2° SERRES CHAUDES.

Nous venons de voir la grande serre tempérée, nous allons visiter successivement les *serres chaudes*, dont chacune a une destination particulière; commençons par celles qui sont adossées à la partie orientale de la *Petite Butte*. Nous y entrons par une porte qui est vis-à-vis de l'*Allée des Marronniers*. On trouve d'abord une petite cour où sont rangées, dans la belle saison, les plantes les plus curieuses de la serre; et nous donnons vous faire remarquer une magnifique *Glycine* de la Chine, dont les guirlandes, couvertes au printemps d'une multitude de grappes bleues, vont se perdre à une grande élévation dans les arbres voisins; à gauche, une autre cour plus petite et fermée, où sont des couches et des châssis pour quelques plantes précieuses, et un cabinet où se font les rempotages.

Il y a ici trois serres disposées en amphithéâtre, adossées les unes aux autres, et communiquant entre elles; leurs toits sont obliques et vitrés; on les couvre de paillassons pendant les grands froids, ou aux approches d'un orage, ou lorsque le soleil est trop ardent.

Entrons d'abord dans la *serre Philibert*, qui est la plus inférieure des trois; elle a été construite, en 1821, pour renfermer la riche collection qui venait d'arriver de l'Inde et de Cayenne. On lui a donné le nom du capitaine de vaisseau qui a transporté ces plantes en France: il serait plus juste de la nommer *serre Perrotet*, car c'est ce dernier voyageur, remarquable par son activité et son intelligence, qui, après avoir recueilli lui-même la plupart des plantes dont elle est garnie, les a toutes soignées pendant la traversée, et apportées au Muséum dans le plus bel état de végétation.

Cette serre a soixante-quinze pieds de long sur douze de large et dix de hauteur. Elle est chauffée par quatre fourneaux, dont les tuyaux y entretiennent une chaleur de quinze degrés; c'est la plus chaude des trois : là sont déposées les plantes récemment arrivées des régions tropicales, et auxquelles on veut conserver la température de leur climat naturel. Parmi les espèces qui s'y trouvent, remarquez le *Sloanœa*, belle plante de la famille des Tilleuls, que MM. Guillemin et Houllet ont rapportée des forêts vierges du Brésil; voici le *Cannellier*, qui est une espèce de Laurier; le *Cacaoyer*, qui appartient à la famille des Malvacées, et dont la graine sert à fabriquer le chocolat; le *Giroflier*, de la famille des Myrtes; le *Cafier d'Arabie (Coffea arabica)*, dont vous connaissez l'histoire; le *Café des Savanes*, qui nous est venu de l'Amérique septentrionale; voici diverses espèces d'*Arum* ou *Gouet* aux feuilles larges et en fer de flèche, dont les plus remarquables sont l'*Arum discolor*, l'*Arum de Séguin* et l'*Arum palmé*; le *Lecythis ollaria*, arbre de la famille des Myrtes, dont le fruit énorme s'ouvre en travers, comme vous l'avez vu dans la Jusquiame et dans le Mouron, et figure un vase épais, fermé par un couvercle, de là son nom de *Marmite de Singe*. Cet arbrisseau, de la famille des Apocynées, est le *Théophraste de Jussieu (Theophrasta Jussiœi)* :

CANNELLIER.

il réunit les noms de celui qui créa la Botanique chez les anciens, et de celui qui découvrit la Méthode chez les modernes : cet arbre, très-rare dans les serres, porte au sommet de sa tige une touffe de feuilles circulaires, figurant un vase. Voici le *Brésillet* ou *Bois de Fernambouc (Cœsalpinia echinata)*, qui doit son nom générique à un botaniste célèbre du seizième siècle : cet arbre, de la famille des Légumineuses, sert à faire des meubles, et fournit une belle couleur rouge, très-connue des teinturiers; voici enfin le *Carolinea princeps (Pachira aquatica)*, qu'on nomme à la Guyane *Cacao sauvage*; il appartient en effet à la famille des Malvacées; c'est un arbre remarquable par ses belles feuilles découpées en grandes digitations, et surtout par ses fleurs à étamines nombreuses, dont l'ensemble offre souvent dix pouces de diamètre, et jusqu'à quinze pouces de longueur.

Passons dans la *serre Baudin,* qui est au-dessus de celle-ci, et qui fut construite en 1798, pour loger les plantes apportées par le jardinier du Muséum, *Riedlé,* voyageur infatigable, qui avait accompagné le capitaine Baudin dans son expédition botanique à Porto-Ricco, Saint-Thomas, etc. On y fait des boutures sous châssis, on y cultive les plantes herbacées les plus curieuses, et l'on y élève de jeunes arbrisseaux pour les transporter dans la serre supérieure. Cette serre a cent quarante pieds de long sur neuf de large ; elle est chauffée par deux poêles ; la température y est entretenue à dix ou douze degrés. Voici l'*Aristoloche à grandes lèvres* (*Aristolochia labiosa*), dont les fleurs exhalent une odeur fétide ; l'*Aristoloche rechignée* (*Aristolochia ringens*), le *Figuier-Cerisier* (*Ficus cerasiformis*), le *Laurier à glands* (*Ochotea*) du Brésil ; la *Passiflore palmée* (*Passiflora palmata*). Ce genre, dont nous verrons de nombreuses espèces tapisser les murs et les grottes des serres, doit son nom de *Passiflore* à la structure bizarre de sa fleur, où l'historien espagnol Pierre de Cieza a cru voir représentés tous les instruments du supplice de Notre-Seigneur Jésus-Christ : de là le nom de *Fleurs de la Passion,* qui a été donné aux espèces de ce genre singulier. La corolle est de cinq pétales, et présente entre eux et les cinq étamines trois rangées de filaments pointus, dont les plus extérieurs sont plus longs, c'est ce qui figure la *couronne d'épines ;* le pistil est terminé par trois styles divergents, à stigmates élargis, ce sont les *clous* qui servirent à fixer le corps sur la croix ; les étamines ont des anthères à loges séparées, et ont l'apparence de *marteaux ;* quant aux *cordes,* on peut les voir dans les *vrilles* qui accompagnent les feuilles, et au moyen desquelles la plante s'attache aux arbres qui la soutiennent.

Nous trouvons aussi le *Poivrier,* plante sarmenteuse de la famille des Urticées, dont les graines fournissent la poudre nommée *Poivre ;* la *Dionée Attrape-mouche* (*Dionœa muscipula*), dont je vous ai parlé dans l'École de botanique ; le *Cecropia palmata,* arbre brésilien de la famille des Urticées, dont les feuilles sont partagées en neuf longues digitations, blanches et cotonneuses en dessous, et dont la tige creuse lui a valu aux colonies le nom de *Bois Trompette ;* le *Calebassier* (*Crescentia cujete*), Bignoniacée dont l'ovaire énorme et de consistance ligneuse sert à fabriquer des vases ; le *Tamarin* (*Tamarindus indica*), Légumineuse dont la gousse brune-rougeâtre est remplie d'une pulpe aigrelette au milieu de laquelle sont nichées les graines ; le *Hura crepitans,* petit arbre de la famille des Euphorbes, dont les ovaires, en se décollant à la maturité, éclatent avec bruit et lancent au loin les graines ; dans la capsule desséchée et criblée d'ouvertures, on place du sable. Enfin le *Mancenillier* (*Hippomane mancinella*), de la famille des Euphorbiacées ; cet arbre, dont le suc laiteux est le plus redoutable des poisons du Règne végétal, habite les bords de la mer sous les tropiques ; cependant, quelles que soient ses propriétés vénéneuses, il vaut encore mieux que sa réputation : on croit que celui qui s'endort sous son ombrage ne se réveille plus ; mais le contraire a été expérimenté par plusieurs personnes. Ce qu'il y a de vrai, c'est que, dans certaines contrées, on ne le fait abattre que par les criminels ; la pluie qui tombe sur la peau, après avoir coulé sur ses feuilles, y produit l'effet d'un vésicatoire ; les Indiens empoisonnent leurs flèches en les trempant dans le suc qui coule de son écorce, et si le voyageur inexpérimenté se laisse séduire par les vives couleurs et le parfum suave de son fruit, il ne tarde pas à périr au milieu des plus affreuses douleurs.

CECROPIA.

MANCENILLIER.

Montons dans la serre supérieure ou serre *Buffon,* qui fut construite en 1788 ; elle a cent vingt-deux pieds et demi de long, douze pieds et demi de large, et quinze de hauteur. C'est la moins chaude des trois ; on n'y entretient qu'une chaleur de dix degrés. Nous y trouvons une magnifique collection de Fougères équatoriales, telles que le *Gymnogramma Chrysophylla*, dont les feuilles sont dorées en dessous ; le *Gymnogramma dealbata*, dont la face inférieure est argentée ; le *Platycerium alcicorne* ou *Acrostic à corne de cerf*, dont le feuillage est irrégulièrement découpé à son extrémité, ce qui offre une exception à la symétrie ordinaire des Fougères. Voici l'*Astrapœa Wallichii*, superbe Malvacée originaire de l'Inde, à feuilles en cœur très-grandes, et à fleurs d'un rouge éclatant, disposées en ombelles serrées. Remarquez ce *Pin dammara*, c'est le seul qui existe en Europe ; ce *Figuier élastique* (*Ficus elastica*) dont la stipule est située à l'aisselle de la feuille, et forme un cornet clos qui recouvre tout le bourgeon

ASTRAPÆA.

PLATYCERIUM.

comme une sorte de coiffe ; si l'on enlève la pellicule interne et la pellicule externe de cette stipule, il reste une membrane qui, humectée d'eau, et placée sur un microscope, offre les vaisseaux ramifiés de la sève descendante, dans lesquels on peut voir cette sève circuler. La sève descendante du Figuier élastique est laiteuse ; lorsqu'elle a été épaissie par l'évaporation, elle fournit une espèce de cuir inodore, insipide, mou, flexible, très-élastique, connu dans le commerce sous le nom de *Caoutchouc* ; ce produit, blanc d'abord, devient brun par l'action de la fumée à laquelle il est exposé par les Indiens ; d'autres Urticées et Euphorbiacées exotiques fournissent aussi du Caoutchouc.

Dans la serre *Buffon*, nous trouvons encore le *Bougainvillia spectabilis*, magnifique Nyctaginée grimpante, découverte au Brésil par Commerson pendant son voyage autour du monde avec Bougainville. Les feuilles sont luisantes, la tige est mince, flexueuse, et porte les épines recourbées au-dessus de l'insertion des feuilles : les fleurs, peu apparentes, sont roses et velues en dehors, jaunes en dedans ; elles ont un tube long et rétréci. Ce qui justifie le nom spécifique de cette plante, c'est la beauté de ses bractées ovales, longues et de couleur rose, réunies trois par trois sur un pédoncule à trois divisions ; une fleur est insérée sur chaque bractée, un peu plus bas que le milieu de sa face supérieure. Le *Globba penché* (*Globba nutans*) est une Monocotylédone de la famille des Amomées ; ses feuilles sont grandes et ses fleurs nombreuses, disposées en épi pendant ; elles contiennent deux étamines et un ovaire à trois loges. Voici le *Musa rosacea*, qui appartient à la belle famille des Bananiers ; la tige des plantes de cette famille est simple, et formée par les gaînes des pétioles des feuilles qui se recouvrent et s'enveloppent ; le sommet de cette tige est couronné par un faisceau de huit à douze feuilles qui acquièrent souvent dix pieds de longueur sur un de largeur ; du centre de cette couronne de feuilles sort un gros et long pédoncule, qui sert d'axe à de nombreuses fleurs cachées sous des bractées, et formant un

GLOBBA.

long épi nommé *régime* ; ces fleurs ont un calice soudé avec le pistil, et divisé dans sa partie supérieure en deux lobes inégaux ; il y a six étamines, dont plusieurs avortent ordinairement ; l'ovaire est triangulaire et à trois loges ; à sa maturité, il forme un fruit de cinq à huit pouces, qui devient jaunâtre en mûrissant ; chaque régime porte communément de quatre-vingts à cent bananes.

En quittant la serre *Buffon*, nous trouvons une petite serre faisant suite à la serre *Philibert* ; elle sert aux multiplications, ainsi qu'aux plantes exigeant de l'humidité, telles que le *Népenthes*, dont je vous ai déjà parlé, le *Poivre Bétel*, les *Eupatoires Ouago* et *Ayapana*, etc.

Passons maintenant aux deux *Pavillons* de fer qui ont été construits depuis 1830 : ces magnifiques palais de cristal sont chauffés à la vapeur ; une grande chaudière est disposée derrière les Pavillons, et l'eau réduite en vapeur par l'ébullition vient se répandre dans de gros tuyaux de fer qui règnent le long de l'intérieur des serres. Cette vapeur brûlante cède sa cha-

leur au métal, se condense par le refroidissement et va couler dans un réservoir, où on la reprend pour la placer de nouveau dans la chaudière ; les tuyaux échauffés communiquent leur température aux couches d'air environnantes : celles-ci, devenues plus légères, s'élèvent vers la région supérieure de l'édifice, et sont remplacées par des couches d'air plus froides qui se succèdent continuellement. Ce mode de chauffage est aride, malgré sa régularité, et l'atmosphère des Pavillons n'imite pas exactement celle des tropiques, où les végétaux sont rarement arrosés par de l'eau liquide, mais constamment baignés dans une vapeur tiède qui les humecte, en même temps qu'elle les échauffe.

Commençons par le *Pavillon oriental*, dont la température est moins élevée que celle de son voisin. Le végétal qui domine tous les autres est l'*Eucalyptus glauca*, arbre de la famille des Myrtes, qui croît dans la Nouvelle-Hollande. Voici le *Dragonnier des terres australes* (*Dracœna australis*) superbe Liliacée, dont nous verrons bientôt l'espèce principale ; le *Rhododendron des Indes* et le *Dahlia arborescent* du Mexique ; le *Phormium tenax*, dont je vous ai déjà parlé ; l'*Acacia habillé* (*Acacia vestita*), dont les folioles sont velues ; le *Mimosa dealbata*, charmant arbrisseau à feuilles argentées ; l'*Acacia à feuilles variables* (*Acacia heterophylla*), dont les pé-

CYCAS.

tioles aplatis ressemblent à des feuilles, surtout lorsque les folioles ne s'y sont pas développées. Ce petit arbrisseau est un *Thé* de la Chine (*Thea viridis*) ; ses feuilles sont toujours vertes, et portent à leur aisselle des fleurs élégantes ; ces deux Chênes sont le Chêne du Népaul (*Quercus nepaulensis*) et le *Chêne lisse* (*Quercus glabra*) ; le *Lagerstrœmia des Indes* est de la famille des Rosacées, et ses fleurs sont d'une belle couleur rose. — Ce gracieux souchet est le *Papyrus* des anciens

PAPYRUS.

(*Cyperus papyrus*). Il croît dans les marais de l'Égypte et même de la Sicile ; c'est avec les fibres parallèles, composant sa tige, que les anciens fabriquaient leur papier ; ils en coupaient des tranches longitudinales, qu'ils plaçaient en croix les unes sur les autres ; ces tiges, soumises à la pression ou à la percussion, s'aplatissaient et formaient bientôt un feuillet, que l'ouvrier lissait ensuite avec un instrument d'ivoire.

Cet arbrisseau, dont les feuilles ressemblent à celles des Fougères, dont le port imite celui des Palmiers, et dont la fructification rappelle celle des Conifères, appartient aux *Cycadées*, famille peu nombreuse en espèces, mais qui n'en est pas moins digne d'intérêt. C'est le *Cycas revoluta* ; la graine est *nue*, comme dans les Conifères; il n'y a ni calice, ni corolle, ni ovaire pour la protéger; les fleurs *femelles* forment un chaton, où chaque graine est placée à l'aisselle d'une espèce de pétiole avorté, dont les bords dentelés se replient pour envelopper complétement le fruit. Les Japonais mangent le fruit du *Cycas revoluta*, et font si grand cas de la fécule que leur fournit la moelle de son tronc, qu'il est défendu, sous peine de mort, de transporter cet arbre hors du Japon.

Le Pavillon est tapissé par des Passiflores et autres plantes grimpantes appartenant aux genres *Plumbago, Clématite, Thunbergia* et *Livêche*.

Passons dans le *Pavillon occidental*, nommé le *Pavillon des Palmiers* ; ici la température est plus élevée. Nous trouvons d'abord le *Bambou*, Graminée gigantesque, rivale des Palmiers dans les Indes, où leur tige s'élève à plus de soixante pieds. Vous avez vu souvent dans nos campagnes les ondulations des blés agités par le vent; vous figurez-vous un ouragan dans l'Inde, où croissent des forêts de Bambous? Écoutez un grand poëte, il va vous transporter sur les bords du Gange : « Le vent s'engouffrait dans l'allée des Bambous, et quoique ces Roseaux indiens fussent aussi élevés que les plus grands arbres, il les agitait comme l'herbe des prairies; on voyait, à travers des tourbillons de poussière et de feuilles, leur longue avenue tout ondoyante, dont une partie se renversait à droite et à gauche jusqu'à terre, tandis que l'autre se relevait en gémissant. » La pellicule qui recouvre la tige du Bambou est employée par les Chinois, qui en font un papier sur lequel sont imprimés la plupart de leurs livres. Le long du mur, en entrant à gauche, vous voyez la *Canne à sucre*, autre Graminée moins majestueuse, mais bien plus utile que le Bambou. La tapisserie de cette serre est formée par le *Figuier grimpant*, le *Poivre noir*, et surtout par plusieurs espèces de *Vanilles*. La Vanille est une Orchidée sarmenteuse, comme je vous l'ai dit ; elle croît dans l'Amérique méridionale, et fournit des fruits allongés, de l'arome le plus délicieux ; ses graines sont nombreuses, très-menues, et l'on voit au milieu d'elles de petites aiguilles blanches : ce sont les cristaux d'un acide végétal, nommé acide benzoïque. La Vanille *givrée* est celle qui en contient, et qu'on estime le plus pour cette raison. — On a réussi à obtenir des fruits de Vanille dans cette serre ; il a fallu pour cela féconder artificiellement le pistil de chaque fleur, en appliquant sur le stigmate le pollen *solide* qui caractérise cette singulière famille.

VANILLE.

Le long du mur, vous voyez aussi le *Carolinea insignis*, dont les pétales ont treize pouces de longueur ; le *Songe épinars* (*Caladium violaceum*), magnifique plante de la famille des *Arums*, et le *Cierge du Pérou*, rejeton de l'ancien, dont je vous ai parlé.

Au centre, sont des *Palmiers* entourés d'*Arums grimpants*, et plusieurs beaux *Bananiers* : voici d'abord le *Strelitzia reginæ*, dont le calice, de couleur safran, contraste avec la corolle qui est du bleu le plus pur. Le *Bananier de la Chine* (*Musa sinensis*), que vous voyez, donne des fruits meilleurs que ceux du *Bananier de l'Éden* (*Musa paradisiaca*). Linné a donné le nom de *paradisiaca* à ce Bananier, parce que, suivant la tradition, ce fut cet arbre dont le fruit tenta nos premiers parents, et dont ils employèrent la feuille, après leur chute, pour cacher leur nudité. La feuille du Bananier, en effet, sert de vêtement aux habitants de l'Afrique et des Indes, qui en couvrent aussi leurs cases, et tirent du fil de sa tige; le fruit est très-nourrissant : il a le goût d'une pâte de beurre frais, légèrement sucrée.

STRELITZIA REGINÆ.

Le *Dattier* (*Phœnix dactylifera*) est le plus utile des arbres de la famille des Palmiers ; dans cette famille de Monocotylédones, les étamines et les pistils habitent ordinairement des fleurs différentes ; le calice est à trois folioles, la corolle a trois pétales ; il y a six étamines ; le fruit est d'abord à trois loges, qui se réduisent par avortement à une seule, contenant aussi le plus souvent une graine unique.

Le Dattier se cultive particulièrement dans cette partie de la Barbarie connue sous le nom de *Bilidulgerid* ou *pays des Dattes*. Les naturels fécondent artificiellement leurs Dattiers, en secouant sur les arbres à pistil les branches d'un autre arbre chargé d'étamines. Le *Cocotier* (*Cocos nucifera*), dont vous avez pu voir un jeune individu dans la serre Philibert, est un Palmier qui croît en Asie et en Amérique. Ses fruits ont le volume de la tête de l'homme ; ils sont enveloppés par un brou filandreux ; sous ce brou est une noix dure, percée à son sommet de trois trous ; l'amande est creuse, et se compose d'une chair sucrée, au milieu de laquelle est un lait du même goût ; cette matière, dont une moitié est liquide, et l'autre solide, n'est autre chose que cet *aliment supplémentaire* dont je vous ai déjà souvent entretenu, et qui doit nourrir la *jeune plante*, dont les proportions sont très-exiguës dans la graine du Cocotier. Les autres Palmiers sont le *Sabal umbraculifera*, ou arbre à parasol ; le *Latanier de Bourbon* ; l'*Arec cachou*, qui croît aux Indes et à Ceylan, et dont l'amande a une saveur âpre et astringente : elle entre dans la composition du *Bétel*, pâte formée de chaux vive, de feuilles de Poivre et de graines d'Arec, que les Indiens mâchent continuellement pour exciter la salivation ; ils se présentent mutuellement de cette pâte dans leurs visites, comme en Europe nous offrons du tabac aux personnes de notre compagnie.

PALMIER.

Enfin, le plus élevé et le plus élégant des arbres de l'Amérique, est l'*Arec légume* (*Areca oleracea*), qui fournit au centre du bouquet de feuilles terminant sa tige, un bourgeon tendre et succulent : ce bourgeon a la saveur de l'Artichaut, et on le mange aux Antilles sous le nom de *Chou-Palmiste*.

Ces fougères arborescentes sont l'*Aneimia laciniata*, dont la fructification est disposée en grappe, comme dans les *Osmondes* ; et le *Polypodium corcovadense*, rapporté tout récemment du Brésil par MM. Guillemin et Houllet.

Le *Caïnito* (*Chysophyllum macrophyllum*) est un grand et bel arbre des Antilles, dont le fruit renferme une bulbe agréable ; le *Dragonnier* (*Dracœna draco*) est un arbre gigantesque des îles Canaries, dont le tronc a souvent plus de quatre-vingts pieds de circonférence.

ANEIMIA LACINIATA.

Nous voici au bord d'un petit bassin que protège une élégante naïade de marbre ; dans ses eaux tièdes vivent le *Pontederia crassipes*, de la famille des Narcisses, le *Limnocharis*, le *Nymphœa lotos*, et le *Nymphœa azuré* ; mais la plus intéressante, sinon la plus belle de toutes ces plantes aquatiques, est le *Vallisneria spiralis* : les étamines et le pistil ne sont pas réunis dans une même fleur ; la fleur femelle a une longue tige roulée en spirale, qui naît d'une touffe de racines attachées au fond de l'eau, et est entourée de feuilles allongées, d'un beau vert presque transparent ; les fleurs à étamines ont un pédoncule très-court, et sont groupées autour d'un axe enveloppé d'une bractée ; à l'époque de la floraison, le pédoncule de la fleur femelle allonge sa spirale, et la fleur vient flotter à la surface de l'eau, où vous pouvez voir les six pièces très-petites que forment, sur deux rangs, son calice et sa corolle ;

VALLISNERIA SPIRALIS.

alors les fleurs mâles se détachent de leur axe, ouvrent la bractée qui les enveloppe, et viennent voguer autour de la fleur à pistil, qu'ils ne tardent pas à saupoudrer de leur pollen ; après cette fécondation merveilleuse, la fleur femelle resserre sa spirale, et descend au fond de l'eau, pour y mûrir ses graines.

3º LES SERRES COURBES.

Ces Serres, qui existent depuis 1830, occupent l'emplacement des anciennes Serres, construites successivement par Fagon, Buffon et Bernardin de Saint-Pierre, qui fut, comme vous le savez, le dernier intendant du Jardin. Elles sont à deux étages, et chaque étage se divise en trois compartiments. L'étage inférieur est entretenu à une température plus élevée que le supérieur. Visitons d'abord l'étage inférieur : dans le premier compartiment, nous trouvons le *Stephanotis floribunda,* Apocynée à fleurs blanches et odorantes ; le *Clerodendrum squamatum,* Verveine de la Nouvelle-Hollande, dont les fleurs blanches ou roses naissent, trois par trois, à l'aisselle des feuilles ; la *Passiflore quadrangulaire,* dont le fruit est très-volumineux ; le *Jatropha manihot,* Euphorbiacée américaine, dont toutes les parties sont âcres, excepté la racine, qui fournit abondamment une fécule que vous connaissez sous le nom de *Tapioka.* Ensuite viennent le *Figuier à stipules,* qui garnit les grottes et les murailles ; la *Poincillade* (*Poinciana pulcherrima*) arbrisseau de la famille des Légumineuses, qui croît aux Antilles, et dont les feuilles et les fleurs sont employées par les indigènes dans leurs maladies ; le *Rouconyer* (*Bixa orellana*), belle Liliacée de l'Amérique méridionale, dont les semences sont entourées d'une pellicule rougeâtre, très-répandue dans le commerce sous le nom de *Rocou,* et fort usitée dans la teinture en rouge ; le *Ravenala de Madagascar* (*Urania madagascariensis*), qui a les feuilles du Bananier avec le tronc d'un Palmier, et croît dans les marais à Madagascar, où ses feuilles servent à couvrir les maisons, les pellicules de ses semences à faire de l'huile, et ses semences elles-mêmes

CLERODENDRUM.

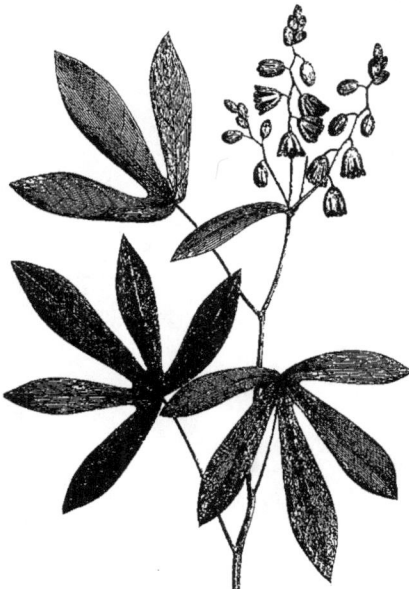

JATROPHA MANIHOT.

à préparer une bouillie féculente ; le *Cotonier arborescent* (*Gossypium arboreum*) ; le *Pitanga*

CAMELLIA JAPONICA, VAR MONARCH.

L. Constans pinx   Gérard col   Oudet sculp

(*Eugenia Michelii*), de la famille des Myrtes, dont le fruit est très-agréable au goût ; le *Goya-vier*, de la même famille, dont le fruit renferme une pulpe succulente, à saveur douce et parfumée ; le *Rhipsalis salicornoides*, plante de la famille des Cactées ; et enfin le *Tamnus à pied d'élé-phant*, remarquable par la souche rabougrie et ciselée, d'où partent les tiges.

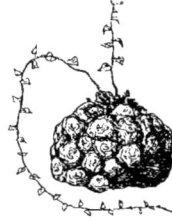

Dans le second compartiment, dont les grottes et les murailles sont tapissées de *Passiflora alata*, de *Begonia* et de *Poivriers*, on élève de jeunes Palmiers. Voici le *Manguier* (*Mangifera indica*), arbre de la famille des Térébinthes, que l'on cultive aux Indes et au Brésil. Ses fruits verdâtres, jaunes, rouges ou noirs sur le même arbre, sont aromatiques et savoureux ; on en prépare des gelées délicieuses. Cette Rutacée, à fleurs bleues, le

RHIPSALIS.

TAMNUS.

Gayac officinal, grand arbre des Antilles, à bois dur, pesant et résineux ; il est employé en médecine et dans les arts. Voici des *Begonia*, dont les feuilles sont d'un velouté admirable. Voici le *Dorstenia contrayerva*, qui étale sous nos yeux ses réceptacles carrés, sinueux et chargés de fleurs, dont je vous ai expliqué la structure en vous parlant de la famille des Urticées.

BEGONIA. CONTRAYERVA. CALADIUM.

Le troisième compartiment renferme, entre autres végétaux précieux, le *Caladium esculen-tum*, Arum aux feuilles énormes, dont la racine torréfiée fournit une fécule nutritive ; le *Pa-payer*, arbre des deux Indes, dont le fruit volumineux et odoriférant se mange confit au sucre ou au vinaigre. Le *Raisinier* (*Coccoloba uvifera*) appartient aux Polygonées ; son fruit est rouge et très-agréable à manger. L'*Alpinie penchée* (*Alpinia nutans*) est une Amomée de l'Amérique méridionale ; le *Bois de Cam-pêche* (*Hæmatoxylon campecianum*) est un grand arbre de la famille des légu-mineuses, dont le bois fournit une belle teinture rouge. Le *Plaqueminier Ébénier* (*Diospyros Ebenus*), très-renommé en menuiserie, présente dans son bois une singularité remarquable : les couches centrales sont d'un beau noir et très-dures ; les couches plus jeunes de la circonférence, nommées *aubier*, sont molles et d'une couleur blanche.

Montons dans l'étage supérieur, où l'on entretient une cha-leur tempérée. Dans le premier compartiment, nous trouvons surtout des plantes grasses ou *crassulées*. Tels sont les Cierges proprement dits (*Cereus*), dont voici une variété monstrueuse (*Cereus monstrosus*) ; les *Mamillaria* ou Cierges laiteux ; les *Échinocactus* ou Cierges épineux ; les *Melocactus* ou Cierges rabougris et arrondis comme des melons ; les *Opuntia* ou Cierges

MELOCACTUS. CIERGE.

en raquette. Dans les grottes, nous voyons diverses espèces d'*Euphorbes*, des *Aloès féroces* (*Aloe ferox*) ; le *Poinsettia*, magnifique Euphorbiacée, dont les bractées

énormes sont d'un rouge vif ; et des Cierges grimpants qui tapissent les murailles. Avant de quitter ce compartiment, jetez un coup d'œil sur ce *Zamia horrida*, à la tige courte, aux feuilles coriaces et grandes ; il appartient à la famille du *Cycas* que vous avez vu tout à l'heure. Voici l'*Asclépiade Attrape-Mouche* (*Asclepias curassivica*), Apocynée de l'Amé-

ZAMIA.

ASCLÉPIADE.

ALOÈS.

rique méridionale, dont les fleurs, disposées en ombelle, et d'un beau rouge aurore, attirent les pauvres mouches qui viennent s'y engluer, jusqu'à ce que mort s'ensuive.

Dans le second compartiment, nous rencontrons des aloès, des Opuntias, le *Nopal à Cochenille*, et plusieurs autres Nopals recouverts de Cochenille. Voici le *Cereus senilis*, du Mexique, couvert de longs poils blancs, qui le font ressembler à la tête chenue d'un vieillard.

Dans le troisième compartiment, sont cultivées des plantes du Cap et de la Nouvelle-Hollande ; les grottes sont tapissées de guirlandes de *Ceropegia elegans*, appartenant à la famille des Apocynées, et de *Passiflores comestibles* (*Passiflora edulis*), dont le fruit est d'une saveur acidule très-agréable ; on y voit aussi quelques belles *Protées*, telles que le *Protea argentea*, le *Protea speciosa* et le *Russelia* à fleurs rouges. Le *Protea argentea* forme, au Cap, des forêts entières, et ses feuilles argentées en dessous jettent un éclat éblouissant quand la brise les agite.

Il ne nous reste plus à visiter que la *serre des Orchidées*, qui est située dans le jardin *des Semis* ; la température y est maintenue à un haut degré ; nous trouverons là des *Lœlia*, des *Cattleia*, des *Oncidium*, des *Zygopetalum*, des *Catasetum*, des *Houlletia*, des *Cypripedium*, etc.

CEROPEGIA.   PROTEA.

Tous ces trésors, que vous venez de visiter en deux heures, ont été amassés lentement et péniblement depuis deux siècles. Il a fallu bien des dépenses, bien des soins, bien du dévouement pour les réunir. Les plantes vivantes que le nouveau monde envoyait à notre Jardin n'arrivaient pas toujours à bon port ; il fallait un jardinier spécial pour les soigner ; il fallait des provisions d'eau pour les arroser pendant la traversée ; il fallait que les matelots les respectassent, et souffrissent sur le pont des caisses qui embarrassaient souvent la manœuvre, et dont l'arrosement pouvait même diminuer leur ration quotidienne d'eau. Aujourd'hui, l'invention du docteur Nath. Ward remédie à tous ces inconvénients, et le dévouement de Déclieux, qui sauva son plant de Café en lui sacrifiant son eau, devient complétement superflu.

Figurez-vous une solide maisonnette en bois de chêne, longue de trois pieds quatre pouces, large de dix-huit pouces, et haute de trente-deux. Les deux côtés du toit sont des panneaux vitrés, protégés par un grillage de fil de fer. Sur un lit de terre, qui occupe le plancher de cette caisse, on place les pots pleins de terre eux-mêmes, et contenant chacun une plante ; on arrose bien tout cela, on pose la toiture sur la caisse, et l'on mastique toutes les jointures, de manière que la maisonnette soit hermétiquement close, et n'ait aucune communication avec l'air extérieur ; on amarre ensuite cette caisse sur le pont du navire : là, les plantes

Poinsettia

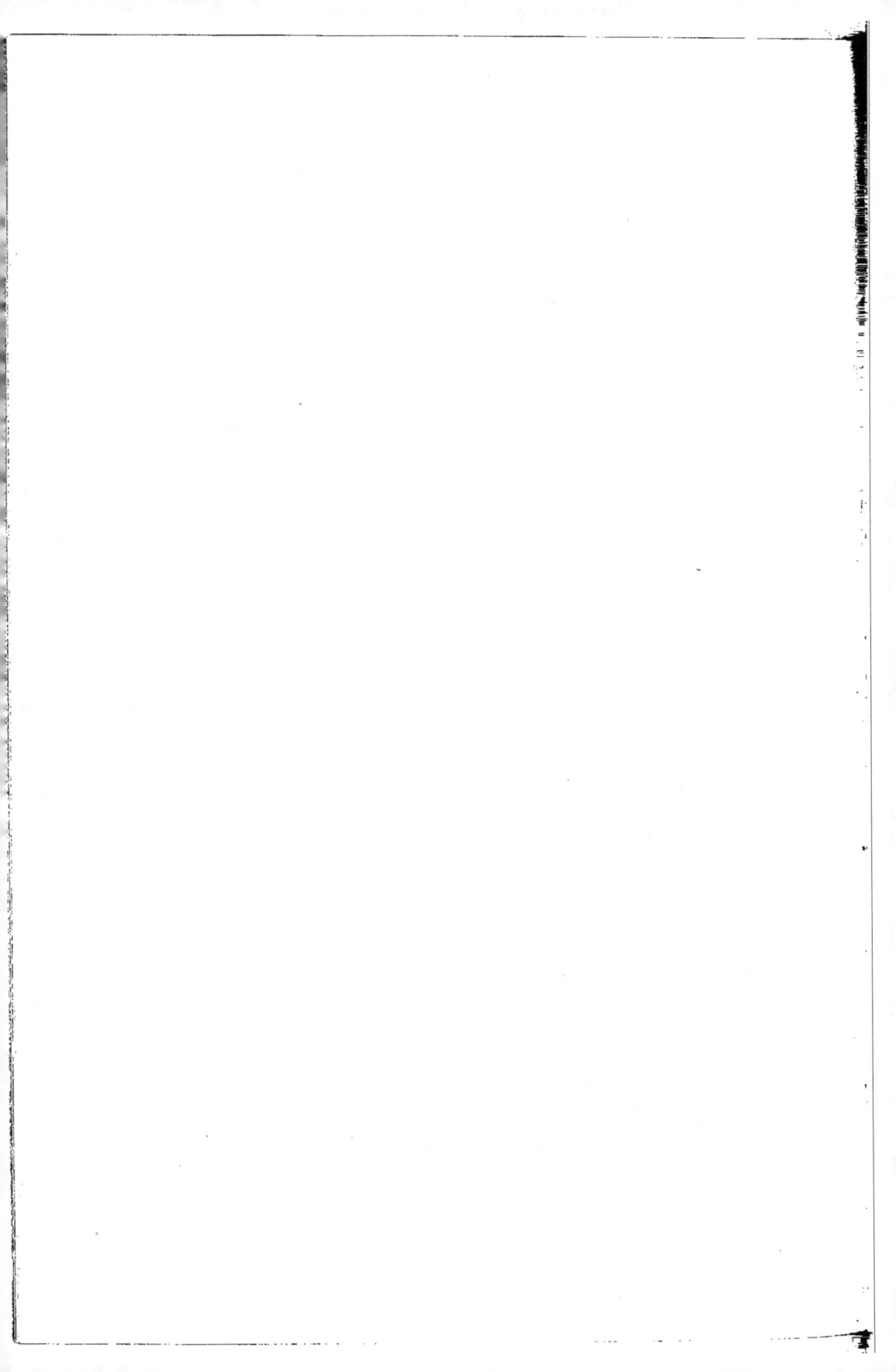

reçoivent, par leur toit de verre, la lumière et la chaleur dont elles ont besoin. Ne pouvant rien perdre au dehors par évaporation, elles conservent constamment leur atmosphère chaude et humide, et les végétaux les plus délicats, même ceux qui sont herbacés, arrivent ainsi sains et saufs à Paris après six mois de traversée.

A cet ingénieux procédé, M. Neumann, directeur des serres du Jardin, vient d'ajouter une amélioration importante : le transport par terre de ces caisses faisait souvent sortir les pots de leurs trous ; ceux-ci roulaient pêle-mêle les uns sur les autres, et les plantes étaient bouleversées. M. Neumann recommande aux expéditeurs de *fixer un lit de paille* sur la terre qui remplit les pots ; cette paille, bien nette et bien droite, est disposée entre les rangs des plantes, et on l'assujettit par le moyen de traverses clouées en dehors de la caisse.

Pour achever complétement la statistique du Jardin, il ne nous reste plus à visiter que les Galeries de botanique.

§ X.

LES GALERIES DE BOTANIQUE.

Nous voici devant les Galeries de botanique. Ici, vous allez mesurer d'un coup d'œil les services rendus à la science par ceux qui récoltent des plantes, ceux qui les décrivent, ceux qui les classent, ceux qui étudient la structure intime et les fonctions de leurs organes. Cette passion pour les végétaux, qui élève à la fois l'âme et l'intelligence, et que ne refroidit pas la vieillesse, se répand de plus en plus dans nos Sociétés modernes, et est devenue une sorte de religion, unissant par les liens d'une fraternité commune tous les Botanistes du globe.

> Au sein du monde policé
> Se propage un culte paisible ;
> Sectaires tolérants, dont le dogme est sensé,
> Ils ont un *Christ*, des *Saints*, des *Martyrs*, une *Bible*.
> De ce Livre divin, dans les champs dispersé,
> Chaque fleur est pour eux une page lisible.
> Le dôme des forêts est l'antique et haut lieu
> Où brille à leurs regards la majesté de Dieu ;
> Leur *messie* est Linné ; leurs quatre *évangélistes*,
> Tournefort, Robert-Brown, Decandolle, Jussieu :
> C'est la secte des Botanistes.

Montons d'abord, par cet escalier particulier, dans la galerie des *Herbiers*, où l'on n'entre pas sans une permission spéciale, et dont les savants conservateurs, MM. Gaudichaud, Guillemin et Decaisne, répondront à toutes vos questions avec une indulgente aménité. Cette galerie est la *Nécropole* du royaume végétal ; vous allez y voir les plus belles plantes réduites à l'état de *momie* ; mais, quoique aplaties sur du papier, vous pourrez encore reconnaître leurs formes extérieures, et même le *port* qu'elles avaient pendant leur vie. Un Herbier est un *Jardin sec,* inaltérable, qui permet au botaniste d'observer dans toutes les saisons les caractères de la *végétation,* tels que la consistance de la tige, la forme et la disposition des feuilles, l'arrangement des fleurs, etc.; quand il veut étudier les caractères de la *fructification,* il fait macérer dans de l'eau tiède la fleur qui les renferme : tous les organes se gonflent, se ramollissent, et, en les plaçant sur le porte-objet d'un microscope, l'observateur peut les décrire, comme s'ils étaient encore vivants. C'est ainsi qu'ont été composées beaucoup de *Flores* exotiques, dont les auteurs n'ont pu recevoir les plantes qu'à l'état de siccité : c'est pour eux qu'ont travaillé les herborisateurs que je vais tout à l'heure vous nommer. Vous comprenez

que ces naturalistes, qui passaient leur journée à sillonner en tous sens la contrée dont ils
avaient entrepris l'exploitation, n'avaient pas le temps de faire la description des espèces
recueillies ; ils récoltaient les végétaux pendant le jour, les étalaient sur du papier pendant la
nuit, et lorsque, par la pression, la plante avait cédé son humidité au papier, ils en faisaient
des ballots, qu'ils plaçaient dans des caisses soigneusement goudronnées ; le tout était expédié aux botanistes du Muséum, qui classaient, à tête reposée, les richesses du pays que la
science venait de conquérir. Ainsi s'est formé, par des tributs envoyés de toutes les régions
de la terre, le trésor inestimable que vous avez sous les yeux ; toutes les espèces connues du
Règne végétal ont trouvé à se caser dans cette galerie : il y a encore plus d'une place vide ;
mais il n'est pas aujourd'hui, sur la surface du globe, une seule contrée qui ne soit parcourue
par d'habiles et infatigables voyageurs, consacrant leur vie tout entière à grossir le dépôt
précieux où la science doit puiser un jour les matériaux d'une *Flore universelle.*

Sur les côtés de la galerie est l'*Herbier général,* renfermant un échantillon de chacune des
espèces contenues dans les Herbiers particuliers ; ceux-ci occupent les dix cabinets latéraux
où nous allons tout à l'heure entrer. Le fond de cet Herbier général est composé de l'ancien
Herbier de Vaillant, dont toutes les plantes étaient étiquetées de sa main, avec la synonymie
des auteurs connus de son temps, et l'indication du lieu où la plante avait été recueillie. Il y
avait aussi dans cet Herbier plusieurs plantes envoyées à Vaillant par des botanistes, et étiquetées de leur main. Les écritures étant connues, lorsque ceux qui ont envoyé des plantes
les ont publiées dans leurs écrits, on a un synonyme incontestable. Desfontaines a joint à chacune de ces plantes, sur une étiquette particulière, le nom systématique moderne le plus sûr
et le plus connu ; les échantillons ont été comparés avec ceux des Herbiers de Lamarck et de
Jussieu. On a tenu séparé de cet Herbier classique celui de Tournefort, qui occupe à droite
et à gauche l'entrée de la salle, et où l'on trouve étiquetées de sa main toutes les plantes
qu'il avait recueillies dans son voyage au Levant.

Visitons maintenant les dix cabinets latéraux qui s'ouvrent sur la galerie, et où les Herbiers
sont disposés dans un ordre géographique.

Dans le premier cabinet est l'Herbier de *France,* formé par les botanistes peu nombreux
de nos départements, et surtout par l'illustre de Candolle, dont le monde savant pleure la
perte toute récente. Ce cabinet renferme aussi les plantes des autres contrées de l'*Europe,*
envoyées par MM. Tenore, Boissier, Boué, Robert, Bory de Saint-Vincent, Martins, Reichen-
bach, etc. Dans le second cabinet, est l'Herbier de l'*Afrique septentrionale et des îles Canaries :* il est dû à MM. Bové, Steinheil, Riedlé, Ledru, Webb. Dans le troisième cabinet, nous
trouvons l'Herbier de l'*Afrique tropicale :* MM. Perrotet, Leprieur, Heudelot, ont fait celui de
la Sénégambie ; MM. Dillon et Schimper, celui de l'Abyssinie. Le quatrième cabinet renferme
les plantes de l'*Afrique australe :* celles du cap de Bonne-Espérance ont été récoltées par
MM. Delalande, Ecklon, Drège ; celles de l'île Bourbon, de l'île de France, par MM. Dupetit-
Thouars, Commerson, Richard ; celles de Madagascar, par MM. Commerson, Dupetit-
Thouars, Chapelier. Le cinquième cabinet contient l'Herbier de l'*Australasie,* que nous
devons à MM. Riedlé, Leschenault, Guichenot, Blume, Perrotet, Robert Brown. Dans le
sixième cabinet, sont les plantes des *Indes-Orientales,* recueillies par MM. Leschenault,
Macé, Jacquemont, Wallich, Wight. Le septième cabinet contient les Herbiers de l'*Asie Mineure,* de l'*Arabie,* de l'*Égypte,* de la *Perse* et de l'*empire russe :* Olivier et Bruguière ont
exploité l'Asie Mineure, la Perse et l'Égypte ; MM. Bové, Schimper, Botta, l'Arabie ; MM. Fis-
cher, Bunge, Ledebour, l'empire russe. Le huitième cabinet renferme les plantes du *Chili,*
recueillies par MM. Cl. Gay, Bertero, Dombey. Dans le neuvième cabinet sont les Herbiers
du *Pérou,* du *Brésil* et de la *Guyane :* MM. Dombey, d'Orbigny, Humboldt et Bonpland ont
recueilli les plantes du Pérou ; MM. Poiteau, Leprieur, Perrotet, celles de la Guyane ;
MM. Commerson, A. de Saint-Hilaire, Gaudichaud, Guillemin, Claussen, celles du Brésil.
Enfin, le dixième cabinet contient les plantes du *Mexique* et de l'*Amérique septentrionale :*

nous devons l'Herbier du Mexique à MM. L'Herminier, Poiteau, Plée, Perrotet, et celui de l'Amérique du Nord, à MM. Michaux, Leconte, Castelnau, Lapilaye.

Je viens de vous citer les noms des naturalistes qui ont affronté des privations et des dangers de toute espèce pour enrichir le Muséum de plantes sèches et de plantes vivantes : ceux-là sont les *saints* de la botanique, dont je vous parlais tout à l'heure ; mais à ce titre de *saint,* on peut ajouter celui de *martyr,* pour un grand nombre d'entre eux. Je ne parle pas ici de ceux qui ont sacrifié, dans ces pérégrinations lointaines, leur jeunesse, leur santé, leur talent, leur position sociale ; je ne veux faire mention que des braves qui sont morts *au champ d'honneur* par le typhus, la misère, la faim, la captivité, l'assassinat, le poison et la nostalgie (ce besoin maladif de la patrie absente, *desiderium patriæ enorme,* que ne pouvait guérir l'énergie de leur dévouement volontaire) : voilà les *martyrs* dont les noms doivent être, non pas latinisés, mais religieusement conservés en toutes lettres dans les livres de botanique ; je vais vous en citer quelques-uns, en attendant qu'une mémoire plus sûre que la mienne les réunisse et les signale à la reconnaissance des amis de l'histoire naturelle.

Dombey, mort dans les fers en Catalogne, aux portes de la France, comme ce citoyen romain, qui fut crucifié sur le promontoire de Messine, et qui, du haut de sa croix, pouvait voir, en expirant, la terre sacrée de l'Italie. — Chapelier, mort de la fièvre à Madagascar. — Riedlé, qui mourut à Timor, et dont les paroles dernières furent une prière à ses compagnons pour la conservation du *Figuier à longues feuilles* (*Ficus macrophylla*), qu'il avait découvert dans l'île de Java ; l'arbre précieux donné par le mourant à sa patrie arriva sain et sauf au Muséum : vous avez pu le voir dans la *serre Buffon.* — Godefroy, assassiné par les naturels de Manille. — Plée, son compagnon, empoisonné à Maracaïbo. — Havet, mort de fatigue à Madagascar. — Commerson, mort à l'île de France, herborisateur admirable, qui avait, pour découvrir les plantes, la sagacité instinctive d'un Mohican. — Aucher-Éloy, mort de misère à Ispahan. — Jacquemont, qui le premier nous fit connaître les productions végétales du Cachemire et de l'Himalaya ; sa santé s'épuisa sous le ciel dévorant de l'Inde, et les miasmes empestés de l'île de Salsette lui portèrent le dernier coup : il mourut à Bombay, le 7 décembre 1832 ; cinq jours avant sa mort, il adressa à son frère une lettre déchirante pour lui dire adieu et le consoler : forcé par la douleur de rester sur le dos, il écrivit sa lettre au crayon, et mit deux jours entiers à l'écrire ; son généreux hôte, M. Nicol, passa de l'encre sur tous les traits du crayon avec une attention religieuse qui conserva exactement le caractère de l'écriture du mourant : sainte hospitalité ! Les richesses scientifiques que Jacquemont a léguées au Muséum ont doublé de valeur en passant par les mains de M. Decaisne, son exécuteur testamentaire. — Bertero, qui avait frété lui-même un navire pour transporter sa cargaison botanique, et qui sombra sous voile au milieu de l'*archipel des Amis.* — Bové, mort en Algérie. — Heudelot, collecteur intrépide et jardinier intelligent, qui fut vaincu par le climat brûlant du Sénégal. — Lefèvre, mort en Nubie. — A. Steinheil, jeune médecin-botaniste, plein d'avenir, qui avait déjà pris place dans le monde savant par des mémoires du plus haut intérêt ; il se rendait au Brésil pour y étudier les nombreuses espèces de Quinquinas ; mais en passant à la Martinique, il avait herborisé avec ardeur au milieu des mornes, sous le soleil des Antilles, il y prit le germe de la fièvre jaune, et mourut dans la traversée. — Le docteur Dillon, mort après un très-court séjour en Abyssinie, termine ce froid et incomplet martyrologe : nous le vîmes partir, et nous étions loin de penser que son apostolat botanique serait de si courte durée. Ce jeune médecin, homme de haute piété et de mœurs austères, âpre à l'étude, tenace dans l'observation, doué d'une vaste mémoire, dessinateur excellent, réunissait au plus haut degré toutes les qualités du naturaliste voyageur. Son talent pour la peinture et ses sentiments religieux l'avaient rendu cher aux chrétiens de l'Abyssinie ; il faisait des tableaux pour les églises de leurs villages, et les Abyssiniens lui servaient de guides et de protecteurs dans ses herborisations. Sa santé robuste n'ayant pu suffire à son zèle, une dyssenterie meurtrière est venue interrompre la mission que le Muséum lui avait confiée.

Nous allons maintenant descendre dans la Galerie du rez-de-chaussée qui est ouverte au public. Le vestibule est magnifique : au-dessus de ces portes opposées sont deux immenses feuilles de *Palmier parasol*. Le long des murailles sont quelques échantillons desséchés de Fougères arborescentes; en voici une qui est bifurquée, disposition tout à fait exceptionnelle dans le tronc des plantes de cette famille. Cette autre Fougère gigantesque a été partagée en deux moitiés longitudinales. Voici un *Ravenala* mort, espèce dont vous avez vu dans les Serres un individu vivant : on le nomme à Madagascar *l'arbre du voyageur*; ce nom est justifié par la disposition de ses feuilles qui offrent au voyageur altéré un réservoir plein d'une eau claire et limpide. Vous voyez aussi quelques Palmiers, dont un est rameux, anomalie non moins rare que dans les Fougères; parmi eux se trouve le Dattier, que vous connaissez déjà. Remarquez cette tige de Palmier qu'entourent de mille bandelettes entrelacées les racines aériennes d'un arbre que l'on suppose être un Figuier. Vous voyez que ces bandelettes n'ont produit aucune impression sur le tronc du Palmier, qui ne croît pas en grosseur. Si c'eût été un arbre dicotylédone, dont l'accroissement se fait en hauteur et en diamètre, la pression de ces racines eût donné lieu à des bourrelets considérables. Voici un Orme des environs de Paris, qui a été foudroyé, et dont la foudre a divisé les faisceaux fibreux.

FOUGÈRE ARBORESCENTE.

Au centre de ce vestibule s'élève la statue d'Antoine-Laurent de Jussieu, due au ciseau de M. Legendre Héral. L'illustre professeur est représenté dans son costume officiel, méditant sur les caractères d'une plante qu'il vient d'examiner à la loupe.

Entrons dans la Galerie de botanique : nous trouvons devant le meuble du milieu un bloc de bois pétrifié, recueilli dans la *Vallée de la Désolation*, qui s'étend du Caire à la mer Rouge. Sur la table de ce meuble est la collection de champignons imités en cire, dont une partie a été donnée par l'empereur d'Autriche. A gauche, dans les cabinets, sont des bois vivants de tous les pays, dont plusieurs offrent des coupes différentes, qui montrent l'organisation des tiges. Voici un morceau de bois, dans l'intérieur duquel on trouve l'impression de ce qui avait été écrit sur l'écorce en 1750; les lettres et les chiffres se voient encore sur l'écorce, mais il n'y en a pas la moindre trace sur les couches intermédiaires qui se sont formées entre l'écorce et le bois. Nous trouvons aussi dans

A.-L. DE JUSSIEU.

ces cabinets les tiges dont la partie fibreuse forme un tissu naturel; tel est le *Lagetto* ou *Bois-dentelle*, arbrisseau de la famille des Daphinées, dont l'écorce se dédouble en lames filandreuses qui imitent la gaze ou la dentelle; tel est encore l'*Hydrogeton fenestrale*, dont je vous ai déjà parlé.

Les travées séparant les cabinets à droite et à gauche renferment la collection des fruits indigènes et exotiques, desséchés ou conservés dans de l'esprit-de-vin. Voici de beaux *Cocos des Maldives,* dont un est à quatre lobes; ces fruits appartiennent à un Palmier (*Lodoicea Sechellarum*), découvert aux îles Séchelles par Commerson. On les a appelés Cocos des Maldives, parce que les marins les trouvaient flottants aux environs des îles de ce nom; on en a trouvé depuis dans divers parages de l'Océan, et jusque sur les rives de l'Islande. Le *Doum* ou Palmier de la Thébaïde, dont vous voyez les fruits volumineux, est un bel arbre naturel à l'Égypte; son tronc, qui fournit des planches; ses feuilles, avec lesquelles on fabrique des tapis et des paniers; son fruit, dont la pulpe est sucrée, en font un des végétaux les plus utiles de l'Égypte. Voici le fruit du *Lecythis,* que vous connaissez déjà, et dont la forme bizarre explique le nom populaire de *Marmite de Singe.* Je ne passerai pas outre, sans vous dire un mot du *Rafflesia,* dont on conserve la fleur dans des bocaux d'esprit-de-vin. Cette Cytinée parasite produit une fleur qui a plus de huit pieds de circonférence, et ne pèse pas moins de quinze livres; la corolle est à cinq pétales, réunis par un tube ou nectaire, qui peut contenir au moins douze pintes de liquide; ce nectaire est plein de mouches, attirées par l'odeur de viande qu'il exhale. Cette fleur gigantesque croît et s'épanouit sans tige ni feuilles, et constitue presque toute la plante; une petite racine traçante, longue à peine de deux doigts, la fixe à celles du *Cissus angustifolius,* aux dépens duquel elle se nourrit.

Nous allons maintenant visiter les cabinets qui occupent le côté droit de la Galerie : là sont rangés les végétaux *fossiles,* dont M. Ad. Brongniart a publié l'histoire.

Vous avez souvent entendu dire que le globe terrestre n'a pas toujours été ce qu'il est actuellement; cette vérité, devenue aujourd'hui vulgaire, nous a été révélée par les couches de terrains différents, superposées les unes aux autres dans un ordre de succession qui est partout le même, et renfermant des débris d'animaux.

Ces débris attestent que les animaux des couches inférieures vivaient à ciel ouvert sur le sol de ces couches; qu'ils y ont été engloutis dans des liquides, qui se sont ensuite durcis par évaporation; que sur cette croûte sont venus vivre d'autres animaux, lesquels ont été envahis à leur tour par de nouveaux liquides, qui se sont également épaissis et solidifiés, pour être habités par de nouveaux êtres qu'a détruits la formation de la croûte superficielle sur laquelle vit aujourd'hui l'homme, sorti le dernier des mains du Créateur. La date relative de toutes ces révolutions nous est donnée par les ossements et les coquilles d'animaux terrestres, marins et d'eau douce, qui occupent, toujours dans le même ordre, les couches successivement formées. On en doit conclure que la mer, l'eau douce, la terre ferme ont tour à tour occupé le même bassin; c'est ce qu'on voit, par exemple, à Paris, où l'on trouve des Huîtres marines, des Moules d'eau douce, des Quadrupèdes terrestres, et d'énormes Amphibies, tels que le Crocodile de Meudon, etc.

Celui qui a jeté le plus de lumière sur l'histoire de ces révolutions, est Cuvier. Un seul os, trouvé dans les carrières de Montmartre, lui a suffi pour construire, par induction, un animal complet dont l'espèce avait disparu; et quelque temps après, on a trouvé dans le plâtre le squelette presque entier de l'animal inconnu, conforme au dessin qu'il en avait tracé. En poursuivant ses études sur les fossiles, Cuvier est arrivé à reconnaître qu'un grand nombre d'espèces animales n'existaient plus à la surface du globe; il en a donné la description sur les ossements qu'on a trouvés, et nous avons eu ainsi la *Faune fossile* de notre planète.

Vous admettrez sans peine que les premiers animaux qui peuplèrent les anciennes couches de la terre durent se nourrir de végétaux; le Règne végétal a donc précédé le Règne animal; mais quels étaient ces végétaux? C'est ce que M. Ad. Brongniart a entrepris de nous faire connaître : géologue et botaniste profond, il s'est livré à de longues et minutieuses recherches; les matériaux, d'abord peu nombreux, qu'il avait à sa disposition, lui ont suffi pour établir les familles et les genres de la *Flore fossile;* et ceux qui sont venus s'ajouter aux premiers ont confirmé la justesse de ses aperçus. Je vais en peu de mots vous faire comprendre quelles difficultés il y avait à vaincre pour que la botanique eût son Cuvier.

On peut, en zoologie, déterminer, d'après la structure d'un seul organe, celle de tout l'individu : ainsi un os, ayant, grâce à la nature de son tissu serré et calcaire, résisté aux causes de décomposition, et conservé sa forme extérieure, peut révéler à un observateur exercé la proportion des autres os avec lesquels il s'agençait, et la structure des parties molles auxquelles il servait d'axe : ainsi, une dent, une griffe, un sabot, un bec, une mâchoire, en nous indiquant le régime alimentaire et les mœurs d'un animal, peuvent nous conduire à deviner sa structure complète, ou du moins à le classer dans le genre ou la famille à laquelle il appartient. Mais il n'en est pas de même en botanique ; la connexion qui lie les organes de la plante (bien qu'on ne puisse la révoquer en doute) est loin d'être aussi évidente que chez les animaux. C'est seulement dans les végétaux inférieurs, comme dans les *Algues*, où la liaison est intime entre la végétation et la fructification, que l'on peut reconnaître la seconde par la première, et déterminer la famille, le genre et même l'espèce ; dans les *Fougères*, les *Prêles*, les *Mousses*, la végétation suffit pour indiquer la famille ; mais la fructification est indispensable pour arriver à reconnaître le genre : ici déjà la fructification et la végétation sont moins dépendantes l'une de l'autre ; dans les monocotylédones, et surtout dans les dicotylédones, cette dépendance mutuelle des organes végétants et reproducteurs est encore moins marquée. Or, les végétaux fossiles présentant très-rarement réunis les deux systèmes d'organes, et n'ayant guère conservé que ceux de la végétation, c'est-à-dire les tiges et les feuilles, il a fallu s'en contenter pour recomposer la plante dont les parties étaient dispersées.

M. Ad. Brongniart a accordé à chaque organe une valeur fondée sur son importance; il a mis en première ligne les caractères anatomiques de la tige, qui tiennent à l'organisation intime de la plante; et lorsqu'il n'a pu les observer, il a cherché à découvrir dans les formes extérieures quelques modifications qui fussent, pour ainsi dire, l'expression du caractère interne. Après le mode de distribution des vaisseaux dans la tige, il a placé l'insertion des feuilles et la distribution des vaisseaux qui se rendent dans le pétiole; enfin, l'arrangement des nervures dans les feuilles lui a fourni les signes les plus essentiels pour les distinguer entre elles, et pour déterminer les familles auxquelles elles appartiennent.

Quant aux organes *reproducteurs*, ils n'ont fourni à M. Brongniart qu'un bien petit nombre d'indications : la fleur ne se rencontre presque jamais ; le fruit pourrait, par sa structure, son adhérence avec le calice, le nombre et l'insertion de ses graines, etc., fournir des caractères précieux : mais il est ordinairement impossible de le distinguer : cependant on a pu présumer le nombre des loges de l'ovaire d'après celui de ses côtes ou de ses sillons longitudinaux, ou bien encore par les traces de la base des styles.

Mais ce qui complique surtout l'étude de la *Botanique fossile*, ce sont les déformations variées que la chaleur, la pression en sens divers, etc., ont fait subir aux organes des végétaux : « Ces modifications, dit M. Brongniart, exigent une attention extrême pour remonter, lorsque cela est possible, de l'échantillon ainsi transformé, à son type primitif, c'est-à-dire à la forme que l'organe devait avoir durant la vie ; cependant cette opération est celle qui doit précéder toute autre recherche, et sans laquelle on est conduit aux erreurs les plus grossières. Ainsi il faut, avant tout, s'assurer si l'échantillon représente la plante ou sa *contre-épreuve* dans la roche environnante ; dans le premier cas, on doit déterminer si la plante est entière ou incomplète ; si, par exemple, l'écorce y est encore, représentant la surface extérieure de la plante, ou si cette surface est dépourvue d'écorce et n'est qu'un moule intérieur. Dans le second cas, il faut examiner si la contre-épreuve représente la surface extérieure de l'écorce ou le noyau intérieur sans écorce. Faute de toutes ces précautions, on est exposé à des erreurs, à des multiplications d'espèces, etc. »

C'est en marchant avec prudence et circonspection dans ces routes obscures, éclairé par le flambeau de l'anatomie comparée, que M. Ad. Brongniart est parvenu à dresser l'inventaire des richesses végétales du monde antédiluvien. Dans les terrains de transition et dans les bassins de *houille* (*Charbon de terre*), dont l'origine est due à des végétaux accumulés, que sont venues recouvrir et comprimer sous leur poids brûlant des masses de substances minérales, la science n'a rencontré qu'un petit nombre de familles : les *Algues* constituent presque exclusivement la Flore des *terrains de transition* (qui se composent de schistes-ardoises noirs, calcaires, etc., lentement déposés sur le granit primitif). Dans les *terrains houillers* qui succédèrent aux précédents, on ne retrouve plus les Algues (qui, sans doute, vu le peu de solidité de leur tissu, ont été détruites), mais les *Prêles*, les *Lycopodes* et les *Fougères* y dominent. Les Fougères de ces temps primitifs n'étaient pas les mêmes que celles qui vivent aujourd'hui dans nos climats tempérés : on ne retrouve leurs analogues que dans les Fougères arborescentes des régions équatoriales. « Les autres arbres de cette antique végétation, dit M. Ad. Brongniart, sont représentés aujourd'hui par les végétaux les plus humbles de notre Flore. Ainsi les *Calamites*, qui avaient jusqu'à seize pieds d'élévation, ont une

TIGE DE FOUGÈRE FOSSILE.

ressemblance presque complète avec les *Prêles* dont les tiges, moins grosses que le doigt, dépassent rarement trois pieds de hauteur : les *Calamites* étaient donc des *Prêles arborescentes*. Les *Lepidodendrons*, qui ont contribué, plus que tous les autres végétaux, à la formation de la houille, diffèrent peu de nos *Lycopodes*; mais tandis que les Lycopodes actuels sont de petites plantes, ordinairement rampantes et semblables à de grandes mousses, atteignant rarement trois pieds de haut et couvertes de très-petites feuilles, les *Lepidodendrons,* tout en conservant la même forme et le même aspect, s'élevaient jusqu'à soixante-quinze pieds, avaient à leur base près de neuf pieds de circonférence, et portaient des feuilles d'un pied et demi de longueur : c'étaient par conséquent des *Lycopodes arborescents*, comparables par leur taille aux plus grands sapins.

« Après la destruction de cette puissante végétation primitive, qui fut ensevelie sous les dernières couches des *terrains houilliers,* le Règne végétal paraît pendant longtemps n'avoir pas atteint ce même degré de développement : cependant la période qui sépare la formation houillère de nos terrains modernes est remarquable par la prépondérance de deux familles qui se perdent, pour ainsi dire, au milieu de l'immense variété des végétaux dont est couverte aujourd'hui la surface de la terre, mais qui alors dominaient toutes les autres par leur nombre et leur grandeur : ce sont les *Conifères* et les *Cycadées*. L'existence de ces deux familles pendant cette période est d'autant plus importante à signaler, qu'intimement liées entre elles par leur organisation (vous vous rappelez que leur fleur n'a ni calice, ni corolle, ni ovaire, et se réduit à une graine *nue,* protégée uniquement par une écaille), elles forment le chaînon intermédiaire entre les plantes sans cotylédons à fructification inconnue, qui composaient presque seules la végétation primitive, et les monocotylédones et dicotylédones qui, de nos jours, forment la majorité du Règne végétal. »

C'est au-dessus des terrains *crétacés*, entre la craie et le *calcaire grossier,* que change tout à coup la nature de la végétation terrestre. Les Cycadées ont disparu; on ne trouve presque aucune Fougère; la végétation est composée de Conifères très-différentes des anciennes; on voit en outre apparaître des *Palmiers*, des *Amentacées*, des *Noyers*, des *Érables,* et une foule de dicotylédones, dont on ne peut déterminer la famille. Le *calcaire grossier*, d'origine marine, contient de nouvelles Algues,

PALMIER FOSSILE.

TIGE SOUTERRAINE DE NYMPHÉA.

des *Naïades ;* et enfin les terrains d'eau douce, qui forment les couches supérieures du sol que nous habitons aujourd'hui, présentent à l'état fossile des *Chara,* des *Liliacées*, des *Nymphéas,* etc.

14

« Ainsi, aux *Prêles*, aux *Fougères*, aux *Lycopodes*, premier degré de l'organisation ligneuse (qu'avaient précédées les *Algues*), succédèrent les *Conifères* et les *Cycadées*, qui tiennent un rang plus élevé dans l'échelle des végétaux ; et à celles-ci succèdent les plantes dicotylédones qui en occupent le sommet.

« Dans le Règne végétal, comme dans le Règne animal, il y a donc eu un perfectionnement graduel dans l'organisation des êtres qui ont successivement vécu sur notre globe, depuis ceux qui, les premiers, ont apparu à sa surface, jusqu'à ceux qui l'habitent actuellement. »

HISTOIRE BOTANIQUE DU JARDIN

Nous avons terminé la revue botanique du Jardin ; vous avez admiré la splendeur de ce royal établissement, vous avez dénombré toutes les richesses végétales qu'il renferme ; mais ces richesses vont augmenter de valeur à vos yeux, quand vous saurez ce qu'il en a coûté de travaux, de patience et de génie pour les acquérir, et les ranger dans l'ordre où nous les voyons aujourd'hui.

On vous a dit que Louis XIII créa le Jardin du Roi ; mais il n'est pas sans intérêt de remonter aux causes premières qui amenèrent cette création. Vous saurez donc que les dames de la cour de Henri IV avaient un goût très-vif pour la broderie des fleurs : après avoir exercé leur talent sur les plantes de nos bois et de nos prairies, elles se lassèrent de l'*Églantine*, de la *Marguerite*, du *Bouton d'or*, et firent partout chercher des fleurs étrangères. Or, il y avait à la pointe occidentale de la Cité, sur l'emplacement actuellement occupé par la place Dauphine, un jardin appartenant à *Jean Robin*, *simpliciste du Roi*. Ce Jean Robin avait fait venir à grands frais de la Hollande des Graines et des Oignons de Plantes exotiques, et son catalogue s'élevait à treize cents espèces ; il vendait des fleurs aux dames, mais il refusait obstinément d'en donner les graines, et détruisait ses *cayeux* plutôt que de les communiquer. Guy Patin (le célèbre adversaire de l'émétique), grand amateur d'horticulture, n'avait rien pu obtenir de Jean Robin : aussi l'appelait-il dans ses lettres le *dragon des Hespérides*. On raconte même que, désespérant de l'endormir, il se présenta un matin chez lui, en grande robe, suivant l'usage des médecins de ce temps-là ; il le trouve dans son grenier, occupé à ranger les semences et les fruits de sa collection ; il regarde tout, admire tout, et ne demande rien ; il lui explique les propriétés médicinales et, comme on disait alors, l'*intérieur* de toutes ces plantes. L'avare jardinier était enchanté de cette visite, et toutefois ne perdait pas de vue les mains agiles de Guy Patin ; mais le rusé docteur, allant et venant par la chambre, balayait avec la longue queue de sa robe le parquet tout jonché de graines : il s'en accrocha plus d'une à l'étoffe doctorale, comme vous pouvez croire. Cependant cette récolte d'un nouveau genre ne fut pas assez abondante pour enrichir les amateurs, et la réputation exclusive de Jean Robin alla toujours en croissant.

Ce fut alors que *Guy de La Brosse*, médecin ordinaire du roi Louis XIII, eut l'idée de susciter au *simpliciste* une concurrence royale. Il stimula son collègue Hérouard, premier médecin, et tous deux représentèrent au roi qu'il était honteux pour la couronne et affligeant pour l'humanité, qu'un simple particulier fût seul possesseur en France des plantes exotiques les plus belles et les plus précieuses ; que, dans une capitale comme Paris, où florissait la médecine, il était indispensable d'avoir un établissement spécial pour la démonstration de l'*extérieur* et de l'*intérieur* des plantes, ainsi que pour la manipulation des drogues. Louis XIII accueillit les observations de ses médecins, et le *Jardin royal des Plantes médicinales* fut institué. L'édit créait trois professeurs pour la démonstration de l'intérieur des plantes, de la chimie-pharmacie et de la Botanique : Guy de La Brosse fut nommé *intendant* du Jardin ; il fut chargé de diriger les cultures et d'enseigner l'*extérieur* des plantes, c'est-à-dire leurs caractères physiques; sur sa demande, on lui adjoignit, comme *sous-démonstrateur*, *Vespasien Robin*, fils de *Jean*, qui avait succédé, du vivant de son père, à la charge d'*arboriste* ou *simpliciste* du Roi. Cette adjonction était un habile calcul de La Brosse : la vanité paternelle parla plus haut que l'avarice dans le cœur du vieux jardinier, et pour payer la bienvenue de son fils, il donna au Jardin plus de douze cents espèces, qui formèrent le fond de l'*École de Botanique*.

Vous devez penser que, dans un établissement qui portait le nom de *Jardin des Herbes médicinales*, les plantes durent être classées, non d'après leurs rapports d'organisation, que l'on ne connaissait pas, mais d'après leurs vertus, que l'on croyait connaître : ainsi l'on réunit comme espèces *émollientes*, la *Guimauve*, la *Molène*, le *Seneçon* et la *pariétaire*, qui appartiennent à quatre familles très-éloignées les unes des autres; le *Pied-de-Chat*, le *Coquelicot*, la *Mauve*, furent mis ensemble sous le nom de plantes *béchiques*; l'*Hysope*, le *Capillaire* et la *Véronique* occupèrent une même plate-bande en qualité d'espèces *pectorales*, etc.

Le Jardin était loin d'offrir alors le magnifique développement qu'il a reçu sous Buffon. Les deux grands carrés, séparés par un bassin, que l'on nomme aujourd'hui le *Parterre Chaptal*, et qui s'étendent vis-à-vis des deux *Buttes*, formaient quatre carrés où l'on cultivait les Plantes médicinales les plus usitées. (Vous avez vu des carrés analogues, à l'entrée du Jardin, du côté de la rivière.) Entre ce grand parterre et la *petite Butte* était l'*École de Botanique*, qui s'étendait par conséquent depuis la rampe qui monte entre les deux grandes Serres neuves, jusqu'à l'allée qui sépare l'*École* actuelle en deux parties inégales. Plus à l'ouest, c'est-à-dire vis-à-vis la *grande Butte*, étaient d'abord des banquettes pour les Plantes du midi de la France; puis tout à fait à l'ouest (jusqu'à la cour qui est située devant le *Cabinet*) l'*Orangerie* et son jardin. Ce qu'on appelle maintenant le *Cabinet* ou la *Galerie d'histoire naturelle* n'existait pas encore; il y avait là un château à un étage, occupé par l'intendant; la porte d'entrée, qui était unique pour tout l'établissement, répondait à l'allée séparant le Parterre médicinal de l'École; à gauche de cette porte, était un amphithéâtre pour les leçons; à droite le château; et à l'angle méridional, une galerie contenant six cents bocaux de substances desséchées, désignées sous le nom de *matière médicale*. Sur l'emplacement actuel des Galeries de Minéralogie et de Botanique, s'étendait un Jardin légumier, qui devint plus tard l'*École des arbres*, sous Tournefort, et où existent encore le vieil *Acacia* de Vespasien Robin, l'*Érable de Montpellier*, le *Sophora du Japon*, le *Genévrier élevé* et le *Micocoulier austral*.

La rue de Buffon n'était pas percée; l'espace qu'elle traverse aujourd'hui était occupé par des jardins particuliers. A l'est du Parterre médicinal et de l'École, étaient d'abord un *petit bois* percé en étoile, et planté d'arbres rustiques; puis un *terrain vague*, dont on tira plus tard du sable pour les allées; puis un *Jardin des couches et des légumes délicats*; puis enfin un *Verger agreste en quinconce*, continuant au nord-est l'École de Botanique. Cette limite orientale du Jardin commençait à la porte qui ouvre sur la rue de Buffon, coupait l'angle nord des deux terrains faisant suite au Parterre médicinal, et occupés actuellement par la grande *Pépinière*; puis elle bordait le Verger agreste en quinconce, qui depuis est devenu le commencement du grand carré de l'École actuelle. Arrivée à l'allée où l'on a depuis planté des Marronniers, elle se terminait à l'angle de marais donnant sur la rue de Seine, et où se trouvent maintenant le *Jardin des Serres* et la *grande Serre tempérée*. Le long de toute cette limite coulait la rivière de Bièvre, dont le cours a été détourné plus tard. Entre la Bièvre et la Seine étaient des marais légumiers et des chantiers de bois.

La limite septentrionale du Jardin, faisant suite à celle que je viens de vous décrire, longeait le Jardin actuel des *Semis*, et se brisait pour contourner la petite Butte; laissant à sa droite le jardin de l'hôtel de Magny, où l'on a plus tard établi le *grand Rond*, et construit l'*Amphithéâtre*; puis elle suivait le contour de la grande Butte, jusqu'à la rue du Jardin du Roi, en longeant à droite des maisons et des terrains qui aujourd'hui appartiennent à l'établissement.

Tel était le Jardin dont Guy de La Brosse fut le véritable fondateur, et où le premier il professa la Botanique. Il mourut trois ans après l'ouverture de l'établissement, et sa mort eût été un malheur irréparable, s'il n'avait laissé un petit-neveu qui devait plus tard restaurer glorieusement son œuvre ; en attendant, on s'occupa de donner un successeur à Guy de La Brosse : il fallait un botaniste pour remplir sa place, et ce fut un magistrat qui l'obtint : Bouvart de Fourqueux, premier médecin du roi, et en cette qualité surintendant de son Jardin des Herbes médicinales, nomma intendant et professeur de botanique son propre fils, conseiller au parlement. Nous ne savons si ce cumul fut aussi préjudiciable à la Justice qu'à la Science ; ce qu'il y a de vrai, c'est que Vespasien Robin demeura seul chargé de démontrer l'extérieur des plantes. Bientôt le premier médecin Bouvart fut remplacé par Vautier, qui voulut évincer le fils de son prédécesseur, et nommer un intendant à son choix ; n'ayant pu y réussir, il se dégoûta de la surintendance, et ne prit plus aucun intérêt au Jardin. Dès lors tout tomba en décadence, les Plantes périrent, les leçons furent négligées, et le pauvre Robin n'osa pas réagir contre l'incurie de Vautier. Toutefois, celui-ci opéra une réforme utile dans l'enseignement : il substitua un cours d'Anatomie à celui qu'on faisait sur l'intérieur des Plantes ; cette mesure prépara la chaire que Cuvier devait remplir un jour.

Vallot, qui succéda à Vautier en 1652, ne montra pas d'abord plus de zèle que celui-ci ; mais une circonstance fortuite vint le tirer de son apathie : il vit à Blois le jardin de botanique établi par Gaston d'Orléans, frère de Louis XIII. Ce jardin renfermait non-seulement une riche collection de Plantes de tous les pays, que le prince avait fait décrire par de savants botanistes ; mais on y admirait encore de magnifiques vélins qui représentaient les espèces les plus remarquables, peintes par le fameux Robert. Vallot fut alors saisi d'une généreuse émulation : Vespasien Robin venait de mourir, il nomma pour le remplacer Denis Jonquet, médecin, qui cultivait des plantes à Saint-Germain-des-Prés ; Jonquet s'adjoignit Guy Fagon, petit-neveu de Guy de La Brosse, et dès lors commença la prospérité du Jardin.

Fagon venait de terminer ses études à Sainte-Barbe ; le Jardin du Roi était sa patrie, il y était né en même temps que les carrés de l'École ; les premiers mots qu'il avait bégayés étaient les noms latins des plantes. A peine nommé sous-démonstrateur, il se met en route pour enrichir sa terre natale : il parcourt la France à ses frais (et sa fortune était mince), ramassant, demandant, achetant des graines, des oignons, des boutures, et fait passer au Jardin tout ce qu'il peut recueillir. Jonquet, en même temps, fait venir des plantes des pays étrangers ; enfin, après dix ans de travaux, de pérégrinations et de sacrifices, nos deux botanistes publièrent leur *Catalogue :* il était de quatre mille espèces ; en tête du Catalogue, dédié au roi, on lisait une pièce de vers latins, composée par Fagon, où *monsieur le surintendant* Vallot était loué avec finesse. Vallot nomma sur-le-champ Fagon professeur de chimie ; et à la mort de Jonquet, qui arriva six ans après, il lui donna la chaire de botanique.

Mais Fagon savait faire autre chose que des vers latins ; il avait obtenu le bonnet de docteur en médecine ; il avait défendu en pleine Faculté la théorie *de la circulation du sang,* et les *vieux, quoique non préparés à cet excès d'audace,* trouvèrent que le jeune homme avait *défendu avec esprit cet estrange paradoxe.* Fagon, devenu professeur de botanique, repeupla d'étudiants le Jardin du Roi, comme il l'avait repeuplé de végétaux ; il professait avec chaleur ; son érudition était immense, sa mémoire prodigieuse ; il nommait imperturbablement les quatre mille espèces de son Catalogue ; et alors chaque espèce ne portait pas seulement deux noms comme à présent, il y avait deux phrases pour chacune, et souvent des synonymes à la suite : ainsi, par exemple, la *Bette vulgaire* (*Beta vulgaris*) s'appelait en latin *Bette blanche ou pâle, qui est la Poirée des boutiques* ; la *Spirée filipendule* (*Spiræa filipendula*) se nommait *Filipendule vulgaire, peut-être le* MOLON *de Pline* ; le *Frêne à manne* (*Fraxinus ornus*) était le *Frêne plus humble, ou l'autre de Théophraste à feuille plus courte et plus étroite* ; le *Varech vésiculeux* (*Fucus vesiculosus*) était le *Varech maritime, ou Chêne de mer, portant des vésicules,* etc., etc. Cette science de mots était la seule qu'on possédât dans ce temps-là, et c'était la science qui convenait à l'époque : il fallait, avant tout, posséder un grand nombre d'espèces, les distinguer les unes des autres par les traits les plus saillants de leur physionomie, tels que la consistance et le port de la plante, la couleur, l'odeur, la forme de la fleur et des feuilles; en un mot, il fallait commencer par le commencement. De cette réunion de végétaux découlait nécessairement l'étude *comparée* de leurs caractères les plus délicats, tels que la structure de la corolle et du fruit. Des ouvriers infatigables amassaient les matériaux de l'édifice; l'architecte qui les mettrait en ordre devait arriver tôt ou tard.

Au reste, le poëte-botaniste Fagon était, plus que personne, capable d'orner cette aride nomenclature et de la *mnémoniser* pour les étudiants. Quand il nommait une Plante, il assaisonnait la lourde phrase de Bauhin d'un vers de Virgile ou d'Ovide, et la phrase était digérée par ses auditeurs. Les démonstrations de botanique se faisaient dans l'École même : il présentait à ses élèves une branche de *Sauge officinale*, et leur citait le distique *léonin* de l'*École de Salerne* :

> Cur moriatur homo cui *salvia* crescit in horto?
> — Contra vim mortis non est medicamen in hortis.

« Pourquoi mourait l'homme, qui a de la Sauge dans son jardin? — C'est qu'il n'y a pas dans les jardins de remède contre la mort. »

Fagon n'était pas seulement professeur, il exerçait la médecine, et il l'exerçait avec un désintéressement complet; il n'acceptait ni l'argent de ses malades, ni les présents, qui sont un salaire déguisé; il fut bientôt nommé médecin ordinaire, puis premier médecin du roi, et porta à la cour l'insouciance du gain, qui l'avait fait remarquer à la ville; ce mépris des richesses fut taxé de bizarrerie et d'orgueil par les courtisans du grand roi, et ils cherchèrent à tourner en ridicule un homme qui leur donnait un exemple si sévère : Fagon ne s'en inquiéta point, et se réduisit strictement aux appointements de sa place; il renonça à tous les bénéfices accessoires qui rendaient énormément lucrative la charge de premier médecin du roi : c'étaient des rétributions qu'avaient à payer les médecins *ordinaires*, pour leur prestation de serment, les intendants des eaux minérales du royaume, les professeurs qui obtenaient une chaire à la faculté, etc. Le roi, en faisant la maison du dauphin, avait donné à Fagon la charge de premier médecin pour la *vendre* à qui il voudrait (pauvre dauphin!), et ce n'était pas une somme à mépriser; mais Fagon ne souffrit pas qu'une place aussi importante fût vénale, et il la fit tomber sur *La Carlière*, qu'il en jugea le plus digne.

Dès qu'il sentit que ses devoirs de médecin pouvaient nuire à ses fonctions de professeur, il songea à se démettre des deux places qu'il occupait au Jardin; il se fit suppléer dans la chaire de chimie par Lémery, puis par Geoffroy (à qui il céda définitivement sa place en 1712); et, pour la botanique, il fit venir de Provence le jeune Tournefort dont le nom était déjà célèbre. Tournefort était né à Aix, où il avait fait de brillantes études chez les jésuites; son père voulait en conséquence le faire *d'église*, le fils aimait mieux être *de science*; mais il fallut obéir, entrer au séminaire, suivre un cours de théologie, et le pauvre abbé Tournefort dut craindre, comme le cardinal Duperron, *de gâter sa belle latinité*. Libre enfin, à la mort de son père, de suivre sa vocation pour l'histoire naturelle, Tournefort avait parcouru les Alpes en tous sens, et fait un magnifique *herbier*; puis il avait exploité les Pyrénées et la Catalogne, avait été pris et dépouillé par les *miquelets*; il avait caché son argent dans un pain noir, qui ne tenta pas la cupidité des brigands; il avait souffert, pendant ses longues herborisations, le froid, le chaud, la faim et la soif, et son ardeur ne s'était pas ralentie; enfin, rentré en France, il avait refusé la chaire de Botanique de Leyde, dont les appointements étaient de 4,000 francs (15,000 francs d'aujourd'hui).

Tel était l'homme que Fagon jugea digne de le remplacer. Vous avez vu dans Fagon le médecin désintéressé, ce qui est beau; le fonctionnaire ennemi du cumul, ce qui est rare;

mais voici le sublime ! c'est le professeur cédant sa place à un homme qu'il sait être plus capable que lui... Hélas ! hélas ! que ces temps héroïques sont loin de nous !

Tournefort arrive à Paris, en 1683, et bientôt ses leçons, ses voyages nombreux et productifs, la réorganisation de l'École d'après une nouvelle méthode, rendent le Jardin plus florissant que jamais. Fagon, nommé premier médecin du roi et en même temps surintendant, vient encore augmenter de son crédit et de son zèle la prospérité de sa chère *patrie*. L'année 1693 est mémorable par la nomination de Fagon à la surintendance du Jardin, et la publication des *Éléments de Botanique* de Tournefort. Dans cet ouvrage, l'auteur expose les principes de sa *Méthode*, dont les divisions sont tirées de la *durée* et de la *consistance* des végétaux, de l'*absence* ou de la *présence* des pétales, de leur *soudure* ou de leur *indépendance* réciproque, de la *disposition* et de la *forme* des fleurs et de la nature du fruit. Il range dans cette méthode dix mille cent quarante-six *espèces*, qu'il distribue en six cent quatre-vingt-dix-huit *genres*; chaque espèce est indiquée par une phrase caractéristique.

La méthode de Tournefort, fondée sur la partie la plus brillante du règne végétal, facile à comprendre et à pratiquer, obtint un succès universel; mais ce qui recommande surtout Tournefort à la postérité, c'est la création des genres et des espèces, qu'il caractérisa le premier d'une manière rigoureuse et précise.

De tous les voyages de Tournefort, le plus remarquable est celui qu'il fit, en 1700, dans le Levant, accompagné du peintre Aubriet, attaché au Jardin, qui devait dessiner les espèces nouvelles. Pendant son absence, sa chaire fut remplie par Morin, membre de l'Académie des sciences, et médecin de l'Hôtel-Dieu : ce Morin mettait tous les mois ses appointements dans le tronc de l'hôpital, d'où vous pouvez conclure, d'abord, qu'il était désintéressé, ensuite qu'il soignait ses malades.

Tournefort nous a laissé une relation de son *Voyage au Levant*, qui suffirait pour immortaliser son nom, si nous n'avions pas ses *Institutions de la Chose végétale* (*Institutiones rei herbariæ*), qu'il écrivit en latin et qui sont une traduction, augmentée, de ses *Éléments de Botanique*. Il mourut dans toute la force de son talent, des suites d'un coup qu'il avait reçu de l'essieu d'une voiture. Il laissa au Jardin sa collection d'histoire naturelle et son herbier.

C'était en 1708; d'Isnard, nommé professeur de botanique, n'avait pu, à cause de sa santé, faire qu'un seul cours, et Tournefort n'était pas remplacé; mais le plus fervent des élèves de ce grand homme dirigeait les cultures du Jardin : il se nommait *Sébastien Vaillant*.

Vaillant naquit à Vigny, près Pontoise, en 1669; dès l'âge de cinq ans, il était botaniste, sans connaître le nom d'une seule plante; il avait rassemblé dans le jardin de son père tous les végétaux qu'il avait pu trouver dans les bois et les prairies du pays; le père, qui voyait son petit parc encombré par les plantations de l'enfant, fut forcé d'arrêter ces envahissements, mais il lui laissa en toute propriété un côté du jardin pour qu'il y pût cultiver ses délices. Sébastien eut bientôt épuisé toute la campagne des environs; alors il se glissait dans les jardins du voisinage et trouvait toujours moyen d'en rapporter quelque graine, ou quelque oignon, dont il enrichissait sa collection. Bientôt il fallut que le petit savant apprît à lire et à écrire; on l'envoya chez un *frère* qui tenait une école; il y avait des leçons à apprendre par cœur, et Sébastien passait avec ses fleurs plus de temps qu'avec son catéchisme : il fut puni, et résolut de ne plus l'être; pour accorder ses devoirs avec ses plaisirs, il plaça au chevet de son lit un soufflet garni d'un gros clou de cuivre, et s'en servit comme d'un oreiller; la gêne que lui causait ce corps dur, sur lequel posait sa tête, rendait son sommeil léger; il s'éveillait de grand matin, étudiait ses leçons, et gagnait ainsi du temps pour ses plantes chéries. Le frottement continuel du clou contre la nuque du pauvre enfant détermina la formation d'une loupe, qu'il conserva toute sa vie.

Vaillant devint bientôt le meilleur écolier de sa classe, et, pour récompenser ses progrès, on lui fit apprendre la musique : à onze ans, il devint l'organiste des bénédictins, puis des religieuses de Pontoise, qui lui fournirent, outre ses gages, la nourriture et le logement. Notre botaniste musicien, ayant vu les bonnes sœurs faire des pansements, voulut en faire aussi, prit goût à la médecine, et fit une campagne avec je ne sais quel capitaine de cavalerie, comme chirurgien militaire.

En 1691, Vaillant, âgé de vingt ans, vient à Paris, et se fait recevoir externe à l'Hôtel-Dieu ; là il apprend qu'au Jardin du Roi il y a un professeur qui démontre les plantes aux élèves ; il y court, et bientôt il sait les noms de toutes les plantes qu'il connaissait depuis quinze ans. Cet enseignement, qui fixait dans son esprit par des formules précises les observations innombrables qu'il avait faites depuis sa plus tendre enfance, l'enflamma d'une nouvelle ardeur pour la botanique ; il ne tarda pas à être remarqué de Tournefort, qui le signalait à tous les étudiants comme son premier élève. L'année suivante, Vaillant va s'établir à Neuilly, où il exerce la chirurgie ; mais chaque matin, comme un héros d'Homère, il supprime, à pied, l'espace qui sépare Neuilly du Jardin des Plantes, et, chemin faisant, il herborise, ce qui veut dire qu'au lieu de faire trois lieues, il en fait six ; puis, après avoir fait ses stations au Jardin du Roi, il retourne à ses pansements. Tous les mercredis, jour d'herborisation de Tournefort, Vaillant est le premier au rendez-vous, et c'est toujours lui qui présente au professeur les plantes les plus rares. Il abandonne bientôt la clientèle de Neuilly, trop peu productive pour un médecin qui ne sait pas demander son salaire ; et comme il faut qu'il vive, il accepte la place de secrétaire du père Valois, confesseur du duc de Bourgogne.

C'est là qu'il fut rencontré par Fagon ; celui-ci le vit occupé à son herbier de mousses ; frappé de l'ordre admirable qui régnait dans sa collection et de la beauté de son écriture, il lui proposa d'être son secrétaire : secrétaire d'un surintendant du Jardin des Plantes ! vous jugez si Vaillant accepta. Quelque temps après, Fagon, qui avait apprécié le trésor qu'il possédait, confia à son secrétaire la direction des cultures du Jardin, puis il le nomma sous-démonstrateur, pour suppléer le professeur en cas d'absence, et conduire les élèves à la campagne.

Mais Tournefort n'était pas remplacé : d'Isnard avait donné sa démission, et Fagon cherchait un successeur digne de remplir la chaire occupée si glorieusement pendant vingt-cinq ans. Un jour, il reçoit à Versailles la visite d'un jeune Lyonnais, médecin de la Faculté de Montpellier : « ce jeune homme, élève du fameux Magnol, et passionné pour la botanique, « est venu à Paris, au commencement de cette année, pour assister aux leçons de Tournefort, « dont il admire les ouvrages ; il l'a trouvé mourant, et n'a pu jouir que de quelques instants « d'entretien. Pour utiliser son voyage, avant de retourner à Lyon, il est allé herboriser dans « la Bretagne et la Normandie, et en revenant par Versailles, il a voulu saluer M. Fagon. » Fagon accueille avec bienveillance l'élève de Magnol, veut voir ses plantes, le questionne, l'écoute avec attention, et notre voyageur se disposant à prendre congé, Fagon lui dit : « Vous « ne partirez pas, je vous nomme professeur au Jardin du Roi, pour remplacer Tournefort. » Ce successeur de Tournefort, âgé de vingt-trois ans, était *Antoine de Jussieu*, frère de *Bernard*, de *Joseph*, et oncle d'*Antoine-Laurent*.

Ainsi fut fondée la dynastie des Jussieu, par un coup d'œil et une parole du surintendant Fagon. N'y a-t-il pas là de quoi nous faire aimer le *despotisme éclairé?* (Je ne parle que des établissements scientifiques.) La république des lettres soit ! mais la *monarchie*, pour les sciences, sera toujours le meilleur des régimes. Ce n'est pas ici qu'il convient de développer cette proposition : l'établissement que nous visitons, malgré son nom de *Jardin du Roi*, se régit d'après la constitution toute républicaine qui lui fut donnée en 93 ; mais l'histoire du passé et celle du présent me suffiraient pour prouver que, quand le poids de la responsabilité d'une administration est également dispersé sur un grand nombre de têtes, l'opinion publique est une reine sans autorité.

Antoine justifia bientôt le choix de Fagon (choix qui avait fait murmurer bien des concurrents) par ses belles leçons et ses mémoires scientifiques ; en 1712, il était membre de l'Académie des sciences ; en 1716, il alla parcourir l'Espagne et le Portugal ; son frère Bernard, qui venait d'arriver à Paris, l'accompagna dans son voyage, et se passionna pour la botanique, aux dépens de la médecine qu'il avait étudiée; néanmoins il se rendit à Montpellier, où il se fit recevoir docteur; mais sa profonde sensibilité le força de renoncer à une profession qui lui faisait éprouver toutes les souffrances de ses malades. Dès lors il se livra tout entier à la botanique, et Vaillant, qui d'abord avait vu avec déplaisir la nomination d'Antoine, mais qui bientôt s'était attaché à lui par une amitié fondée sur l'estime, Vaillant conseilla lui-même au frère aîné de préparer Bernard à le remplacer dans sa charge de sous-démonstrateur et de chef des cultures.

Antoine de Jussieu n'étant pas encore revenu d'Espagne à l'époque où devait commencer son cours de botanique, ce fut Vaillant qui en fit l'ouverture, en 1716, par un discours que la postérité regardera comme son plus beau titre de gloire. Dans ce discours mémorable, Vaillant démontre la nature des étamines et le phénomène de la fécondation dans les végétaux; grâce à ce monument littéraire, dont la date est certaine, c'est à la France que revient l'honneur de la découverte la plus importante qui eût été faite jusqu'alors en botanique : et ce fait physiologique, soupçonné seulement par quelques-uns, et nié par la plupart des autres, fut, pour la première fois, exposé d'une manière positive et appuyé de preuves incontestables au Jardin des Plantes de Paris.

Fagon voyait avec bonheur grandir et prospérer le Jardin restauré par lui. Les trois professeurs d'anatomie, de chimie et de botanique, qu'il avait choisis lui-même, étaient des hommes supérieurs; les démonstrateurs qui les secondaient étaient des savants du premier mérite : leurs leçons étaient reçues avec enthousiasme, et l'amphithéâtre, qui pouvait contenir six cents auditeurs, était presque toujours plein : la mission du petit-neveu de Guy de La Brosse était accomplie : il était vieux et infirme, il se démit de sa place de premier médecin, et vint mourir paisiblement au lieu où il avait pris naissance.

Vaillant ne lui survécut que de quatre ans : il mourut presque à l'âge de Tournefort; il avait composé la *Flore des environs de Paris (Botanicon parisiense)*; cet ouvrage, le meilleur de tous les livres publiés jusqu'à nos jours sur la Flore Parisienne, était enrichi de magnifiques dessins du peintre Aubriet; mais il fallait payer ces dessins : Vaillant, qui n'avait jamais songé à ramasser un peu d'argent, ne pouvait les retirer, et Fagon n'était plus là! Se sentant mourir, il écrit au grand Boerhaave, et lui recommande son *Botanicon Parisiense*... Cette lettre devait être bien touchante, et les larmes du mourant durent tomber plus d'une fois sur le papier où il traçait, d'une main défaillante, son dernier vœu de botaniste. Boerhaave, le plus fameux médecin de son temps, qui vivait à Leyde, et à qui, de toutes les parties du monde, on écrivait des lettres, portant pour unique adresse : *A Boerhaave, en Europe,* Boerhaave adopta sur-le-champ l'ouvrage du pauvre savant : il retira les dessins, les fit graver avec le plus grand soin, et se chargea de l'impression du manuscrit : Vaillant, tranquillisé sur les objets de ses affections terrestres, n'avait plus qu'à réciter le cantique de saint Siméon : il défendit qu'on lui parlât de botanique, ne voulut s'occuper désormais que de la Vie nouvelle qui allait bientôt commencer pour lui, et mourut en remerciant le ciel d'avoir pour successeur Bernard de Jussieu.

Ici vous allez voir surgir la hideuse figure de ce *Chirac*, qui avait su tromper le pénétrant Saint-Simon, et obtenir, par sa recommandation, la surintendance du Jardin. C'était ce même Chirac qui soutenait que la petite vérole n'est pas contagieuse, et qui l'apostrophait ainsi, la lancette à la main : *Tu as beau faire, petite vérole, je t'accoutumerai à la saignée!* Dieu sait combien de funérailles furent la conséquence de cet entêtement dogmatique! Il voulut appliquer le même traitement au Jardin, dont l'existence lui était confiée; il pensa, le misérable! que le Jardin, aussi, *s'accoutumerait à la saignée;* en conséquence il lui enleva jour par jour, et enserra dans son coffre l'argent qui devait l'alimenter. Mais le Jardin n'eut pas le même sort que ses malades; il était soigné par les frères Jussieu, qui réparaient, aux dépens de leur propre substance, les coups de lancette de l'infâme Chirac. Leur dévouement fut plus tenace que la cupidité du surintendant. Antoine de Jussieu pratiquait la médecine, et s'était fait une clientèle considérable (clientèle qui, du reste, ne lui fit jamais négliger une seule leçon); pauvres et riches le consultaient, il ne recevait d'honoraires que des riches, et le petit peuple du faubourg Saint-Victor, qui le révérait comme un père, ne croyait pas le moins du monde altérer son nom en l'appelant *monsieur Judicieux*. Antoine sacrifia toutes ses économies pour soutenir le Jardin dont son frère et lui étaient les seuls protecteurs; il payait les engrais, les instruments de culture, entretenait les serres, défrichait les terrains incultes, relevait les murs de clôture, faisait des voyages à ses frais, et le transport des plantes recueillies était à sa charge; son frère et lui payaient de leur personne comme de leur bourse; et bien que, malgré tous leurs sacrifices, le Jardin fût devenu languissant sous la thérapeutique meurtrière de Chirac, jamais les cours, les démonstrations et les herborisations n'avaient marché plus régulièrement.

Chirac s'irritait de ces généreux efforts : il retira à Bernard la garde du *Droguier*, qu'on avait ajoutée aux attributions de démonstrateur et de chef des cultures; c'est ce Droguier qui devint, sous Buffon, le *Cabinet d'histoire naturelle*. Il aurait bien voulu destituer les deux frères pour les remplacer par ses créatures, et alors c'en était fait du Jardin; mais ils avaient des brevets qui rendaient leur place fixe. C'était une prévoyance du grand Colbert : Colbert avait eu pendant quelques mois la surintendance, et il avait fait rendre, en décembre 1671, une déclaration du roi qui réglait définitivement la constitution du Jardin.

Détournons nos regards de cette ignoble tyrannie, qui dura quatorze ans, et reposons-les sur l'administration paternelle de du Fay : elle commença la convalescence du Jardin, et le prépara sans secousse à la santé robuste qu'il acquit sous Buffon. Charles-François de Cisternay du Fay, fils, petit-fils de militaires, militaire lui-même, avait toujours cultivé les sciences, et, depuis neuf ans, était membre de l'Académie; helléniste, botaniste, physicien, chimiste et même alchimiste, il possédait toutes les qualités nécessaires pour donner de l'impulsion à un établissement scientifique. Nommé intendant, à l'âge de trente-cinq ans, il résolut de consacrer sa vie entière à l'établissement dont il était le chef. Ardent et infatigable solliciteur, ayant accès auprès des ministres, il préparait de loin ses demandes, obtenait souvent des fonds extraordinaires, dépassait toujours les sommes accordées, et ne craignait pas de s'engager dans des avances considérables. Il porta sa principale attention sur la botanique, rendit à Bernard la place de *garde du Cabinet*, fit des voyages en Hollande et en Angleterre pour établir des correspondances et enrichir le Jardin, et donna au cabinet sa collection de pierres précieuses. La septième année de son intendance, il fut atteint d'une maladie mortelle, et songea à se choisir un successeur : il était en mésintelligence avec Buffon, son collègue à l'Académie des sciences; mais Hellot, leur ami commun, voulut réconcilier, dans ce moment suprême, deux rivaux faits pour s'aimer : il conseilla à du Fay de le demander pour son successeur; du Fay suivit généreusement ce conseil, écrivit au ministre sur son lit de mort, et Buffon fut nommé intendant du Jardin.

Je n'ai pas à vous entretenir de la splendeur matérielle que le Jardin doit à Buffon : une dictature d'un demi-siècle, exercée par un homme de génie, qui ne relève que de l'autorité royale et de l'opinion publique, devait produire d'immenses résultats. Comme je vous dois seulement l'histoire botanique du Jardin, je ne ferai mention de Buffon qu'au sujet du renouvellement de l'École, qui eut lieu en 1774. Mais avant d'arriver à cet événement, qui tient une grande place dans les fastes du Jardin, j'ai à vous faire connaître quelques détails qui pourront vous intéresser.

Je ne vous ai parlé jusqu'ici que de deux Jussieu : leur famille, originaire de Montrotier, dans les montagnes du Lyonnais, était fort nombreuse; son chef, nommé *Laurent de Jussieu*, exerçait la pharmacie à Lyon. Il eut seize enfants; trois de ses fils vinrent à Paris : c'étaient *Antoine*, *Bernard* et *Joseph*; son fils aîné *Christophe* fut père d'*Antoine-Laurent*, dont le fils *Adrien* est mort récemment professeur au Jardin.

Antoine avait fait adjoindre, en 1735, son plus jeune frère *Joseph* (d'abord ingénieur, ensuite médecin) aux académiciens qui allaient en Amérique mesurer un degré du méridien sous l'équateur. Joseph avait pour mission d'étudier l'histoire naturelle du pays, et d'envoyer des plantes au Jardin. Il fit, en effet, des envois considérables de graines et d'oignons, et c'est à lui que nous devons une quantité de fleurs qui ornent aujourd'hui nos parterres, telles que, par exemple, l'*Héliotrope* et la *Capucine*. Il fut nommé, en 1743, membre de l'Académie des sciences, pendant qu'il était dans les Cordilières. Il revint fort tard en France; mais les fatigues avaient épuisé sa santé, et il ne put rien publier.

Antoine mourut en 1758, après quarante-neuf ans de professorat. Sa place fut donnée à *Louis-Guillaume Lemonnier*, médecin en chef de l'armée d'Allemagne. Ce Lemonnier était fils et frère d'académiciens; il n'avait guère que 22 ans, quand il fut lui-même reçu à l'Académie des sciences, à la suite d'un voyage fait avec Cassini dans le midi de la France, pour y prolonger la méridienne de Paris. Le père et les deux fils siégèrent ensemble pendant quatorze ans. Lemonnier était bon physicien; il travailla à la première Encyclopédie, et publia divers mémoires sur les *Aimants*. Il aimait la botanique par-dessus toutes choses; il était l'élève assidu de Bernard, et avait exploité avec lui la riche forêt de Fontainebleau, en compagnie de Linné. Plus tard, il fit de nombreuses herborisations avec Jean-Jacques Rousseau dans la forêt de Montmorency. Quelque temps après son admission à l'Académie, il alla s'établir à Saint-Germain-en-Laye pour y exercer la médecine; il y fit la connaissance d'un fleuriste, et entreprit de disposer les plantes de son jardin d'après le système de Linné. C'est là qu'il fut remarqué par le duc d'Ayen (qui fut depuis le maréchal de Noailles); Lemonnier plut au duc par la vivacité de son esprit, et lui donna le goût de la culture des arbres étrangers. Bientôt le duc d'Ayen eut de belles plantations exotiques, et Louis XV étant venu les voir, d'Ayen voulut lui présenter son ami : Lemonnier, conduit à l'improviste devant le roi, se troubla et s'évanouit. Louis XV fut flatté de l'effet que sa présence avait produit sur le jeune homme, et il le nomma directeur de son jardin de Trianon. Lemonnier jouit bientôt de la faveur du monarque; il parlait avec élégance, et son enthousiasme pour la botanique se communiquait à ses auditeurs. Louis XV venait souvent à Trianon se délasser, en l'écoutant, des ennuis et des plaisirs de la royauté; leurs conversations étaient longues, et le bonheur de Lemonnier excitait au plus haut degré l'envie des courtisans qui, de loin, voyaient le monarque s'entretenir familièrement avec lui pendant des heures entières. Mais Lemonnier ne songeait pas à l'immense parti qu'il aurait pu tirer de ces augustes conférences, et il ne parla jamais au roi que de fleurs, d'oignons et de boutures.

Il avait 38 ans, quand il fut nommé médecin en chef de l'armée d'Allemagne; avant de quitter Trianon, il présenta à Louis XV Bernard de Jussieu, son maître, pour prendre soin du Jardin en son absence. Bernard, alors âgé de 59 ans, le remplaça en effet, et classa l'École de Trianon d'après les *rapports naturels des plantes;* bientôt il plut au roi qui avait, en botanique, des idées saines et étendues; mais Bernard ne se souciait pas plus que Lemonnier des avantages matériels attachés à la faveur royale. Son ambition s'élevait bien plus haut : il rêvait la coordination de tous les êtres du Règne végétal. Linné avait dit : « La Nature ne fait point de sauts: toutes les plantes sont liées par des affinités, comme les territoires se touchent sur une mappemonde ; les botanistes doivent *suer* sans cesse pour parvenir à un *ordre naturel*. L'ordre naturel est le but final de la Science; ce qui rend défectueuse la *méthode* naturelle, c'est le défaut des plantes qu'on n'a pas encore trouvées ; quand on les connaîtra toutes, l'Ordre naturel sera achevé, *car la nature ne fait point de sauts (Natura non facit saltus)*. » Linné avait lui-même ébauché le tableau d'un ordre naturel, et il avait écrit au-dessous de la liste des genres qu'il n'avait pu classer : « Celui qui rangera ces *genres d'un siége incertain* à leur véritable place, celui-là sera pour moi un grand Apollon (*et eris mihi magnus Apollo*). » Bernard de Jussieu avait entrepris de rendre à leur famille légitime les plantes dont Linné n'avait pas su débrouiller la généalogie ; il avait découvert avec une sagacité merveilleuse les liens de parenté unissant, par exemple, le *Lilas*, qui possède une corolle, au *Frêne* qui n'en a pas; il avait placé le *Choin* auprès du *Carex*, l'*Aloès* auprès de l'*Hyacinthe*, la *Pimprenelle* auprès de la *Sanguisorbe*, l'*Hydrophylle* à la suite des *Boraginées*, etc. Ces observations, qui feraient aujourd'hui la fortune d'un *mémoire à l'Institut*, Bernard ne cherchait pas le moins du monde à s'en faire honneur, il n'était pas plus ambitieux de gloire que de richesses. Membre de l'Académie des sciences depuis l'âge de 26 ans, il n'inséra dans le recueil de cette compagnie qu'un petit nombre de mémoires; modeste jusqu'à l'excès, et ignorant de lui-même comme un enfant, il ne publia jamais rien de général, mais toutes ses observations particulières sont des modèles; il disait souvent : *Le temps qu'on passe à écrire n'est pas employé à observer;* au reste, s'il ne publiait pas ses découvertes, elles n'étaient pas perdues pour les sciences, car il les communiquait sans réserve aux élèves qui l'entouraient. Ses rapports avec eux étaient multipliés et incessants. Garde du Cabinet, chef des cultures, démonstrateur de botanique, il leur était utile pour la matière médicale, l'horticulture pratique, et surtout pour les herborisations. Les étudiants, qui l'adoraient, inventaient quelquefois d'innocentes malices pour mettre à l'épreuve la sagacité de leur maître : ils falsifiaient des plantes, plaçaient artistement dans le calice de l'une la corolle d'une autre, adaptaient à la tige les feuilles d'une troisième, et venaient lui présenter le végétal factice comme une trouvaille merveilleuse : le bon Bernard souriait, et faisait, en trois mots, l'analyse de cette combinaison hétérogène : Tige de A, Feuilles de B, calice de C, corolle de D. L'attachement qu'il portait à ses élèves était plus fort que sa répugnance pour la médecine, et lorsqu'il s'en trouvait quelques-uns d'incommodés pendant les longues herborisations, Bernard quittait tout pour les soigner. C'est à lui que nous devons la connaissance des vertus *héroïques* de l'*Alcali volatil* contre la morsure des Serpents venimeux. Il fit, sur les propriétés de ce médicament, une série d'expériences qui constatèrent l'utilité de sa découverte. Aussi portait-il toujours sur lui, à la campagne, un flacon d'*Eau de Luce ;* et il lui arriva souvent d'en faire usage au profit de ses élèves, lorsqu'il herborisait dans la forêt de Fontainebleau, où la Vipère est fort commune.

Jean-Jacques Rousseau fit plus d'une fois partie du cortège de Bernard. Il lui demanda un jour quelle méthode il fallait suivre pour apprendre la botanique : « Aucune, lui répondit Bernard, observez et comparez, vous avez assez d'intelligence pour cela ; la botanique est une science de combinaison et non de nomenclature. » Cette réponse résume complétement les travaux de Bernard de Jussieu : c'était en effet par la comparaison des *caractères* qu'il avait été conduit à pressentir le grand principe de leur *inégale valeur*, c'est-à-dire de leur *subordination*, principe qui fut si habilement développé dans la suite par son neveu Antoine-Laurent.

Revenons à Lemonnier : pendant qu'il remplissait les fonctions de médecin en chef, en Allemagne, Antoine de Jussieu mourut, et Lemonnier fut nommé pour occuper sa chaire de Botanique au Jardin. Lemonnier revint à Paris, et voulut permuter avec Bernard, en lui cédant la place de son frère ; Bernard s'y refusa, et demeura simple démonstrateur. Douze ans après, Lemonnier, devenu médecin ordinaire du roi, et forcé, par les devoirs de sa charge, de résider à Versailles, se fit suppléer au Jardin par le jeune Antoine-Laurent de Jussieu, neveu de Bernard, qui venait d'arriver à Paris. En 1788, nommé premier médecin, il se démit de sa place en faveur de Desfontaines, dont nous parlerons bientôt. Comblé des faveurs de la cour, Lemonnier ne fit usage de son crédit que pour encourager les savants ; il employait ses loisirs à cultiver des plantes et des arbres, qu'il faisait venir à grands frais des pays étrangers ; riche et charitable, il était adoré des indigents, dont il était le médecin et le bienfaiteur. Cette existence, calme et sereine depuis soixante-quinze ans, fut bouleversée par le tourbillon révolutionnaire : il était aux Tuileries, dans la journée du 10 août, en sa qualité de premier médecin du roi ; la foule victorieuse envahit le château, et pénètre dans le pavillon de Flore : Lemonnier se présente aux assaillants ; sa physionomie pleine de douceur et de dignité ne désarme pas ces furieux, qui l'accablent d'injures. Un de leurs chefs saisit le vieillard au collet, et l'entraîne dans le Jardin avec tous les signes de la violence. Arrivés au Pont-Royal, la scène change : le vainqueur féroce devient doux et poli, il offre affectueusement son bras à Lemonnier, lui demande où il demeure, le conduit à son domicile, et lui dit en le quittant : « J'ai les rois en horreur, et j'ai fait serment de les combattre jusqu'à la mort ; mais un vieillard vénérable, tel que vous, sera toujours une *majesté* pour moi. »

La révolution avait respecté la tête de Lemonnier, mais elle le condamnait à l'indigence ; il n'avait rien conservé des émoluments de ses places ; sa bibliothèque, son jardin et les pauvres avaient tout absorbé : il fallait vendre ses livres, couper ses arbres ou mourir de faim. Lemonnier serait mort de douleur avant un mois, s'il se fût séparé de ce qui avait fait son bonheur pendant soixante ans. Pour conserver son trésor, il se fit *herboriste*, et le premier médecin du roi vendit pour un sou de réglisse au pauvre peuple sur lequel naguère il versait l'or à pleines mains. Ce commerce ne lui fit gagner qu'un peu de pain ; mais il put, pendant quelques années encore, ranger, déranger ses livres, et voir bourgeonner ses arbres. De douces clartés vinrent dissiper les ténèbres qui avaient obscurci le soir d'une si belle vie : l'une des nièces de Lemonnier, jeune, belle, pleine de talents et de grâces, éprouvait pour son oncle un amour filial, qui était devenu dans l'adversité une adoration religieuse : le vieillard, plus qu'octogénaire, était en proie à des souffrances qui exigeaient des soins minutieux et continuels ; sa nièce le supplia de l'épouser, pour avoir le droit d'être son infirmière. Lemonnier s'en défendit longtemps ; mais enfin, vaincu par les prières de la créature céleste que Dieu avait placée sur sa route pour soutenir ses derniers pas, il accepta sa main, et mourut en la bénissant.

Parmi les événements qui précédèrent le renouvellement de l'*École*, en 1774, je ne dois pas omettre la visite de Linné au Jardin des Plantes. Cet homme, dont l'histoire offre tout l'intérêt d'un roman, était né en Suède, d'un pauvre ministre luthérien, qui occupait une petite cure de village. Vous avez vu que Vaillant était botaniste dès l'âge de 5 ans ; on peut dire que Linné le devint dans le sein de sa mère : celle-ci, pendant sa grossesse, passait des heures entières à contempler son mari qui cultivait avec amour quelques fleurs rares dans son modeste jardin : aussi ne fut-elle pas étonnée, après la naissance de son enfant, de le voir cesser subitement ses cris dès qu'on lui mettait une fleur à la main. Ce goût ne fit que s'accroître avec l'âge, et devint une passion qui s'étendit à toute l'Histoire naturelle. On trouve dans un froid poëme de Castel, qui parut il y a cinquante ans, un vers très-heureux, qui pourrait être mis au bas du portrait de Linné :

Tu vis, tu connus tout, et tu fis tout connaître !

En effet, son regard embrassa le globe terrestre tout entier : Animaux, Végétaux, Minéraux, tout fut observé, classé, décrit ; tout reçut un signalement spécial, *une note caractéristique*. Tournefort et Vaillant contribuèrent pour une bonne part à la gloire botanique de Linné : ce fut en lisant le fameux discours prononcé par Vaillant, en 1716, qu'il conçut l'idée d'un *système* fondé sur les *sexes* des Plantes ; il corrobora par des expériences ingénieuses et multipliées la théorie de Vaillant sur le rôle physiologique des étamines et du pistil. Quand il publia, à **27** ans, la description de tout le Règne végétal, sous le nom de *Species Plantarum*, il profita habilement des ouvrages de Tournefort, conserva les *genres* et les *espèces* établis par ce dernier ; mais, avec un bonheur singulier, il simplifia les phrases que Tournefort avait employées pour les désigner ; il donna à chaque *genre* un nom substantif, et à chaque *espèce* un nom adjectif qu'il plaça à côté du nom de genre ; chaque Plante eut alors son nom *générique* et son nom *spécifique*, à peu près comme, dans nos sociétés modernes, un individu porte deux noms : le nom de son père et son nom de baptême. — En outre, Linné fit subir aux genres de Tournefort des réductions d'une justesse éminemment philosophique. Un exemple familier va vous les faire comprendre. Tournefort faisait du *Prunier,* du *Cerisier,* du *Laurier-Cerise,* de l'*Abricotier*, quatre genres différents : Linné les réduisit au seul genre *Prunier*, et il dit : *Prunier domestique*, *Prunier-Cerisier*, *Prunier Laurier-Cerise*, *Prunier-Abricotier* ; c'est ainsi que les genres *Pommier*, *Poirier*, *Cognassier*, *Sorbier*, *Alizier*, de Tournefort, furent réunis par Linné en un seul, et l'on eut alors le *Poirier commun*, le *Poirier-Pommier*, le *Poirier-Cognassier*, le *Poirier-Sorbier*, le *Poirier-Alizier*.

Dans sa *Philosophie botanique*, trésor inépuisable d'érudition, de didactique et de poésie, il affecta à chaque organe un nom propre, et à chaque modification d'organe une épithète particulière. Tous les noms et tous les termes qu'il proposa furent consacrés par le suffrage universel. Ce livre, enrichi d'aphorismes dictés par le génie et l'expérience, n'est pas seulement aujourd'hui le *Code* des botanistes : les principes généraux qu'il renferme ont été appliqués avec de grands avantages à toutes les parties de l'Histoire naturelle.

Je viens de vous parler de la poésie de Linné : il y en a dans tous ses ouvrages, bien qu'ils soient écrits en prose. Son style, qui n'est qu'à lui, se distingue, non par l'harmonie, mais par la concision ; et certes, de tous les éléments de la poésie, la concision était presque le seul qui convînt à un livre renfermant la description de tous les êtres. C'est surtout dans ses *Introductions* et ses *Généralités* que se montre le poëte : les hautes pensées, les images sublimes y abondent en foule, mais cette foule est si compacte, qu'il est impossible de traverser rapidement une page de Linné. Lorsqu'on a passé une heure avec lui, et qu'on rencontre ensuite la phrase nombreuse et sonore de Buffon, on conçoit le peu de sympathie qu'éprouvait l'écrivain français pour le naturaliste suédois.

Je vais vous donner une traduction *libre* des premières lignes qui servent d'exorde à son grand ouvrage du *Système de la Nature* ; je dis *libre*, car il m'a été impossible d'être fidèle au *texte* : je vous avertis donc avec chagrin que la concision (*note caractéristique* du style de Linné) manquera tout à fait ici ; il faut en accuser surtout le traducteur, et un peu le génie de notre langue.

> Dans la nuit de l'erreur, une soudaine voix
> Me dit : « Mortel aveugle, ouvre les yeux et vois! »
> Je m'éveillai : je vis l'Être éternel, immense
> Source de tout savoir et de toute puissance;
> Il se montra sans voile à mes yeux stupéfaits;
> Je compris sa beauté, sa gloire, ses bienfaits.
> Il passa et semait les mondes dans l'espace :
> Je le suivis de loin, en adorant sa trace,
> Et l'empreinte divine à mon esprit grossier
> Révéla les secrets du céleste Ouvrier;
> Je vis dans le Ciron, qui pour lui vaut un monde,
> Raison, force, grandeur, perfection profonde.

Vous avez entendu tant de mots latins, depuis votre entrée au Jardin des Plantes, que je ne puis résister à l'envie de vous réciter le *texte*, dont ces vers sont la froide paraphrase : je suis sûr que vous allez le comprendre, en vous aidant de la traduction.

DEUM sempiternum, immensum, omniscium, omnipotentem, expergefactus transeuntem vidi, et obstupui. Legi aliquot ejus vestigia per creata rerum, in quibus, etiam in minimis, ac ferè nullis quæ ratio! quanta vis! quàm inextricabilis perfectio!

Linné était âgé de 31 ans, et avait déjà publié son *Système de la nature*, et ses principaux ouvrages de Botanique (excepté la *Philosophie*), quand il vint à Paris. Il arrivait de Leyde, où il avait vu Boërhaave mourant. Boërhaave avait porté à ses lèvres la main du jeune homme, en lui disant : « J'ai rempli ma carrière ; que Dieu te conserve, toi qui n'as pas fourni la tienne. Tout ce que le monde savant voulait de moi, il l'a obtenu, mais il attend bien plus encore de toi, mon cher fils. Adieu, mon Linnæus. »

Linné, à peine débarqué, court au Jardin des Plantes ; on raconte qu'il y arriva au moment où Bernard de Jussieu faisait une démonstration botanique : Linné se mêle parmi les assistants. Bernard leur parlait des différences d'aspect que présentent les Végétaux de telle ou telle région : il montrait à l'un des élèves une plante originaire d'Amérique, et lui demandait s'il pourrait bien sur son extérieur reconnaître sa patrie : l'élève garda le silence, une voix sort de la foule, et fait entendre ces mots en latin : *Physionomie américaine !... (facies americana)* ; Bernard se retourne précipitamment vers l'interlocuteur, et lui dit dans la même langue : « Vous êtes *Linné !* — Oui, » répondit celui-ci : en même temps il lui présenta la lettre de recommandation que Van Royen lui avait donnée pour les Jussieu. Van Royen, dans cette lettre, appelait Linné le *prince de la Botanique* ; mais le *prince* était sans argent et loin de sa patrie. Bernard l'accueillit en frère, et (pour parler le langage des anciens) *il l'augmenta de sa monnaie, et le réchauffa de son hospitalité.* Les deux amis exploitèrent ensemble la forêt de Fontainebleau ; Bernard présenta son hôte à l'Académie, qui le nomma l'un de ses membres correspondants, et Linné quitta Paris, emportant pour les Jussieu une reconnaissance qu'il conserva toute sa vie.

Vers 1740, Bernard, ne pouvant suffire aux travaux que nécessitait la direction de toutes les cultures, forma un jardinier nommé Bertamboise, qui bientôt fut digne d'un tel maître ; en 1745, Bertamboise étant mort, Buffon mit à sa place *Jean-André Thouin*, jardinier à Stord, près l'Ile-Adam. Thouin se distingua pendant vingt-trois ans par son zèle et ses connaissances. Lorsqu'il mourut, Bernard proposa, pour lui succéder, son fils *André*, à peine âgé de vingt ans ; Buffon se défiait de l'extrême jeunesse du candidat, mais Bernard·répondit pour lui, et André fut nommé jardinier en chef. C'est encore une belle et longue vie que celle d'André Thouin : ce jeune homme, laissé par la mort de son père à la tête d'une nombreuse famille, se voua au célibat, et travailla pendant soixante ans à justifier la confiance des Jussieu. Doué d'une activité et d'un esprit d'ordre admirables, il trouvait du temps pour tout ; il faisait face aux travaux multipliés de l'intérieur et à toutes les correspondances du dehors : c'était lui seul qui surveillait la préparation des terres artificielles, lui seul qui faisait les semis, lui seul qui les inspectait, en visitant jour par jour des milliers de pots. Il envoyait des jardiniers dans les colonies pour y établir des jardins de naturalisation, et leur donnait des instructions immensément détaillées. Il réussit, en peu d'années, à tripler les richesses végétales du jardin. — Reçu à l'Académie des sciences en 1786, il fut élu, quatre ans après, membre du conseil général de la Seine ; on le chargea de la section d'agriculture, et il donna une impulsion nouvelle à cette partie de l'administration. En 1793, à la réorganisation du *Muséum*, il fut nommé professeur de culture, fonda l'*École* que vous avez vue au bas du Jardin, et y fit un cours spécial sur les diverses parties de l'art agricole. Ses leçons avaient lieu à six heures du matin, et n'étaient destinées qu'aux jardiniers, mais le public y accourait en foule ; on admirait ses leçons substantielles et son éloquence simple, que rehaussait encore un physique plein de noblesse. Il conseillait les *semis* pour raviver les *races*, prêchait les plantations comme un acte de vertu, et la naturalisation des plantes utiles comme un devoir envers la patrie. — Vous ne serez pas étonné qu'un tel jardinier ait été estimé par Linné, Jean-Jacques Rousseau et Malesherbes. Lorsque Napoléon créa l'ordre de la Légion d'honneur, il fit André chevalier, mais celui-ci refusa de porter la décoration. « J'accepte avec reconnaissance, dit-il à l'empereur, cet emblème des vertus civiques, qui m'est offert par les mains de l'héroïsme ; mais je ne le porterai pas ; un ruban irait mal à mon habit de jardinier, et l'orgueil, inséparable de toute distinction, pourrait me faire oublier la bêche et la serpe : comme elles ont fait ma consolation et ma fortune, elles doivent suffire à mon ambition, c'est d'elles seules que j'attends le bonheur et la gloire. » Il mourut à soixante-dix-sept ans ; il avait renoncé au mariage pour soutenir ses frères, dont il était l'aîné : mais, sans avoir eu d'enfants, il éprouva dans ses pépinières toutes les jouissances de la paternité : ses semis, ses plantations, ses greffes étaient pour lui une innombrable famille, dont l'éducation lui coûta soixante ans de travail, de

patience et de dévouement : la postérité d'André Thouin ne vaut-elle pas bien les deux sanglantes victoires qu'Épaminondas appelait ses deux filles?

Bernard de Jussieu, qui, dans les dernières années de sa vie, s'était reposé entièrement sur
André Thouin des détails de la culture, fut contraint, par l'âge, de confier ses autres fonctions
à son neveu; depuis 1745, il avait cédé à Daubenton sa place de garde et démonstrateur du
Cabinet d'histoire naturelle, place devenue importante sous Buffon, et qui demandait un
homme tout entier. Antoine-Laurent, que Lemonnier, professeur titulaire, avait nommé son
suppléant, se vit de la sorte chargé de faire les leçons dans le jardin et les herborisations à la
campagne. Lorsqu'en 1772, Buffon, guéri d'une grave maladie, résolut de donner à l'établissement, dont il était le chef, toute l'étendue et toute la régularité possible, les sollicitations
d'Antoine-Laurent le déterminèrent à porter d'abord ses vues sur la botanique, et ce fut par
l'École de botanique qu'il commença l'exécution de son plan. Cette École était encore la même
que du temps de Tournefort : les arbres étaient séparés des herbes, et plantés à une grande
distance, près de l'endroit où est maintenant un café. L'espace qui se terminait à l'extrémité
des serres actuelles était tellement insuffisant, qu'il fallait cultiver une partie des plantes, soit
hors de l'École, soit dans les endroits où l'on trouvait une place vide, sans aucun égard à leur
classification, et que le professeur était souvent obligé d'aller faire la démonstration dans une
autre partie du jardin. Le terrain était d'ailleurs épuisé, et les plantes délicates ne pouvaient
s'y conserver qu'à force de soins. Buffon, cédant aux instances réitérées d'Antoine-Laurent,
exposa au ministre, duc de la Vrillière, les besoins du Jardin, et il en obtint, en 1773, une
somme de 36,000 livres, qui fut destinée au renouvellement de l'École de botanique. On traça
des plates-bandes, on fit défoncer les terrains, et les plantes, levées en automne avec les précautions convenables, furent, à la fin de l'hiver, transplantées dans le lieu qu'elles devaient
occuper. Ce fut alors qu'Antoine-Laurent disposa les *familles* et les *genres* suivant leurs rapports naturels, en conservant une partie des groupes établis par son oncle Bernard dans le
jardin de Trianon; sur l'étiquette des plantes, il substitua aux longues phrases de Tournefort,
la nomenclature laconique de Linné : il dut vaincre à ce sujet les résistances de Buffon, qui
avait en horreur les classifications, et pour qui Linné était la classification personnifiée.

Alors, de même qu'à présent, la famille des Conifères terminait l'École; mais celle-ci avait
bien moins d'étendue que de nos jours, comme vous pourrez en juger par la position presque
centrale du grand *Pin Laricio,* qui fut planté par Antoine-Laurent, et indiquait la limite de
l'École nouvellement établie. L'École fut agrandie d'un quart en 1788; en 1802, Desfontaines
la replanta de nouveau; en 1824, elle fut mise dans l'état où nous la voyons aujourd'hui;
mais on s'occupe en ce moment de l'agrandir encore; elle va se prolonger jusqu'à l'extrémité
du Jardin, et envahir l'emplacement des Écoles d'arbres fruitiers et de culture; ces derniers
occuperont le terrain qui fait suite à la Ménagerie du côté de la Seine.

Bernard de Jussieu vécut encore trois ans après la création de la nouvelle École : il venait
quelquefois s'y promener malgré son grand âge : vous jugez si son âme silencieuse et modeste
dut tressaillir de bonheur en voyant son neveu, son fils, son disciple bien-aimé, l'imiter et
faire mieux que lui. Quand il paraissait au Jardin, sa présence était une solennité : ses anciens
élèves accouraient en foule, ils l'entouraient avec respect, et recueillaient précieusement les
moindres paroles du vénérable vieillard. Il s'éteignit en 1777, et alla rendre compte à Dieu
d'une vie qu'avaient exclusivement occupée l'amour de l'humanité, l'observation de la nature,
et le culte de son Auteur.

Je viens de vous dire qu'Antoine-Laurent était le disciple de Bernard; il est important de
savoir au juste ce que le neveu doit à l'oncle, et d'évaluer la part de gloire qui revient à chacun
dans l'établissement de la *méthode naturelle.* Disons d'abord qu'en 1758, époque où Linné
publia ses *ordres naturels,* Bernard de Jussieu n'avait pas encore commencé les siens; on en
trouve la preuve dans un petit cahier écrit de sa main, que possède aujourd'hui son petit-
neveu Adrien; les *ordres* de Linné y sont transcrits, et à la suite ont été rangés alphabétique-

ment les genres *d'un siége incertain*, pour le classement desquels Linné faisait un appel à la sagacité des autres botanistes. On y voit quelques-uns de ces genres intercalés par Bernard dans les ordres proposés ; quelques genres classés par Linné sont transportés ailleurs, ou groupés d'une manière différente. L'antériorité de Linné ne diminue en rien le mérite de Bernard, pas plus que celui de Linné n'est amoindri par les travaux de ses prédécesseurs : l'idée d'une *méthode* n'était pas nouvelle; dès 1689, Magnol, de Montpellier, maître d'Antoine de Jussieu, avait déjà introduit en botanique des *familles* dont l'arrangement était fondé sur la structure du calice et de la corolle : en 1690, *Rivin* avait publié une classification sur la figure de la corolle, sur le nombre des graines, sur la forme, les loges et la consistance du fruit; le problème des *affinités naturelles* était posé depuis longtemps; il s'agissait de le résoudre mieux que les autres : c'est ce que tenta Bernard de Jussieu; mais il n'entreprit pas de motiver les préférences qu'il avait accordées à telles ou telles analogies : elles étaient pour lui des vérités de sentiment qu'il ne chercha pas à raisonner, et dont il consigna l'expression matérielle dans les plates-bandes de Trianon.

Il y avait peu de temps qu'Antoine-Laurent était arrivé à Paris, lorsque Lemonnier, professeur titulaire, le nomma son suppléant. Il avait alors vingt-un ans, et son expérience botanique était si jeune encore, qu'il était souvent obligé d'apprendre la veille ce qu'il devait enseigner le lendemain; son oncle, plus que septuagénaire, était affaibli par l'âge, et consacrait une grande partie de son temps à des exercices de piété. Le jeune professeur suivit d'abord la méthode de Tournefort, et cette circonstance nous autorise à croire que les communications verbales entre l'oncle et le neveu se réduisaient à bien peu de chose; au reste, un esprit aussi philosophique que celui d'Antoine-Laurent ne pouvait se contenter longtemps du système imparfait de Tournefort : ce fut alors qu'il dut prendre connaissance du catalogue manuscrit de Trianon, leçon muette pour une intelligence vulgaire, mais que la sagacité du jeune commentateur sut trouver éloquente, et qu'il voulut compléter. Trois ans après, son travail sur les *Renonculacées* lui ouvrit les yeux, et il put s'écrier : « Moi aussi, je suis botaniste! »

Le choix de cette famille était déjà un trait de génie : en effet, les anomalies multipliées que présentent dans les parties *secondaires* de leur fleur (calice et corolle) les *Ancolies*, les *Aconits*, les *Dauphinelles*, les *Hellébores*, les *Nigelles*, les *Renoncules*, les *Anémones*, et en même temps l'analogie invariable qui associe tous ces genres, lorsqu'on observe la non-soudure des pétales et des folioles du calice, la position et le nombre des étamines, la direction des anthères, la forme des ovaires, et surtout la structure de la graine, ces diverses considérations durent conduire le botaniste-philosophe à découvrir le grand principe de la *valeur relative* des caractères.

Dès lors, Antoine-Laurent put raisonner et formuler l'axiome fécond que son oncle avait pressenti : il vit qu'il fallait, *non pas compter, mais évaluer* les caractères, et que ce calcul pouvait seul résoudre le problème de la méthode. C'est dans ce mémoire sur les *Renoncules*, lu à l'Académie, en 1773, que se trouve énoncée et développée *l'importance relative et subordonnée des divers organes de la plante*, importance que Linné et tous les autres avaient méconnue avant lui Jussieu. L'année suivante, comme il s'agissait de replanter l'École, Antoine-Laurent proposa et lut à l'Académie le plan d'une nouvelle méthode, auquel Bernard resta complétement étranger. Ce plan fut proposé et exécuté par le neveu, qui fut seul ainsi, selon l'expression de son fils, *législateur et ministre de la méthode* (*legis simul lator et minister*).

A dater de cette époque mémorable Jussieu prépara son grand ouvrage sur les familles et les genres du Règne végétal. Il y travailla sans relâche pendant quinze ans, analysa tous les genres, vit germer toutes les graines sur les couches du Jardin, et pas un élève ne l'aida dans cette immense opération. Quand ses observations furent terminées, il rédigea son ouvrage qui parut en 1789. La préface de ce beau livre, écrit en latin, est un modèle de style et de philosophie : ce n'est plus l'aphorisme nerveux et concis de Linné, c'est la phrase académique de Cicéron, colorée par des réminiscences virgiliennes. L'auteur y expose le principe lumineux qui l'a guidé dans ses travaux, et les applications qu'il en a faites à sa méthode ; il compare entre eux les caractères, et évalue leur importance relative ; il établit cette importance sur les fonctions et sur la constance de chaque organe : ainsi, par exemple, la graine étant destinée à reproduire la plante, cette fonction de premier ordre lui donne aussi une valeur de premier ordre : viennent ensuite les caractères secondaires, c'est-à-dire l'insertion des étamines *au-dessous* du pistil, ou *autour* du pistil, ou *au-dessus* du pistil ; la présence ou l'absence de la corolle, la soudure ou l'indépendance des pétales, la forme du pistil et de la corolle, le nombre des étamines, etc. Dans sa coordination des familles, il corrige par des notes profondément judicieuses ce qu'une série linéaire peut avoir d'artificiel ; il indique les rapports multiples des familles ; et les doutes même qu'il exprime, révèlent le sentiment exquis des affinités qu'il avait reçu de la nature. Il n'ignorait pas que les grandes divisions de sa méthode sont défectueuses dans quelques cas, et qu'il avait rompu des rapports en séparant, dans des classes différentes, les *Monopétales*, les *Polypétales* et les *Apétales ;* mais cette irrégularité était une concession qui avait pour but de rendre son ouvrage d'une application plus facile.

Si maintenant vous mettez en parallèle Antoine-Laurent et Bernard, vous ne serez pas embarrassé de décider lequel des deux a le plus fait pour la *méthode naturelle*. Bernard médita pendant vingt ans, et obtint des résultats supérieurs à ceux de ses devanciers ; trois années suffirent à Antoine-Laurent pour découvrir un principe qui l'éleva subitement à une hauteur d'où il put considérer la philosophie botanique sous un point de vue tout nouveau ; et cela seul, à mon avis, le place bien au-dessus de son oncle, indépendamment du talent qu'il a montré dans l'exposition et la mise en pratique de ce principe fondamental. Ce principe s'appliqua bientôt à toutes les parties de l'histoire naturelle, et la science dut remercier Jussieu d'avoir préparé la réforme *zoologique*, qui, à elle seule, suffirait pour immortaliser Cuvier.

Il y a des livres où on lit que «Bernard découvrit la méthode, et que son neveu la publia.» Cette erreur m'a toujours révolté, moi, l'adorateur de Bernard ! Antoine-Laurent fut le *disciple* et non l'*éditeur* de son oncle : il partit d'un point plus élevé, cela est vrai, et il devait monter beaucoup plus haut ; mais tout fait penser que s'il eût été son contemporain, il l'eût laissé bien loin derrière lui. A ceux donc qui seraient tentés de nier la supériorité du neveu sur l'oncle, et qui diront que Bernard a fait Antoine-Laurent, parce qu'il lui a servi de modèle, on peut répéter ce qu'on a dit au sujet d'Homère et de Corneille, venus avant Virgile et Racine : « Si Bernard a fait Antoine-Laurent, c'est assurément son plus bel ouvrage. »

Comme il ne m'est permis de louer que les morts, je vais terminer mon récit par l'histoire de Desfontaines, qui succéda, en 1788, à Lemonnier. *Réné Desfontaines* naquit en 1752, à Tremblay, village du département d'Ille-et-Vilaine. Son enfance fut malheureuse ; il avait pour maître d'école un brutal qui le battait sans cesse, et accompagnait ses corrections du refrain suivant : « Tu ne seras jamais rien. » Un jour, après avoir dérobé quelques pommes, l'enfant, voyant arriver la vengeance du *cinglant* Breton, sauta par la fenêtre, et se sauva chez son père, bien résolu à ne plus retourner sous la férule de son persécuteur. Le père, malgré la sinistre prédiction du pédagogue, ne regardant pas son fils comme tout à fait perdu, l'envoya au collège de Rennes. L'enfant arriva à Rennes, frappé de l'anathème lancé par son premier maître ; et, convaincu qu'il était un mauvais sujet, il se dégoûta du travail. Un beau jour, il est nommé le premier en thème, et ne peut revenir de sa surprise ; son professeur l'encourage, lui rend le sentiment de sa propre estime, si précieux pour les enfants, et Desfontaines devint bientôt le meilleur écolier de sa classe. Toutes les fois qu'il écrivait à son père pour lui faire part d'un nouveau succès, il ajoutait en apostille : « N'oubliez pas de dire à M. N., mon maître, que *je ne serai jamais rien*. » Cette petite vengeance fut répétée, même après qu'il fut sorti du collège, et le dernier de ses *post-scriptum* railleurs fut celui où il annonça à son père qu'il venait d'entrer à l'Académie des sciences.

Desfontaines était venu à Paris pour étudier la médecine : l'étude accessoire de la botanique lui révéla sa vocation, et il se mit bientôt en rapport avec Antoine-Laurent, qui le présenta à Lemonnier, dont vous connaissez l'histoire. Lemonnier accueillit Desfontaines, le fit travailler sous sa direction, et jugea bientôt qu'il ne pouvait choisir un plus digne successeur pour lui, et un meilleur collègue pour Antoine-Laurent. Il songea donc à lui transmettre sa place; mais Desfontaines, n'ayant pas encore un nom connu, travailla avec ardeur, publia d'excellents Mémoires, et fut nommé, en 1785, membre de l'Académie des sciences. Il fit alors en Barbarie un voyage qui acheva d'établir sa réputation. A son retour, Lemonnier se disposa à lui céder sa chaire de botanique au Jardin; mais avant de se démettre, il voulut s'assurer du consentement de Buffon, lequel, en sa qualité d'intendant, avait seul le droit de nommer les professeurs. Buffon, qui tenait à ses prérogatives, ne voulut s'engager à rien : « Que M. Lemonnier donne sa démission, dit-il, ensuite j'userai des droits de ma charge. » Lemonnier se démit de sa place; Buffon fit attendre la réponse deux jours entiers, et le troisième, il nomma gracieusement Desfontaines. Celui-ci voulait occuper seulement la place de démonstrateur, et laisser celle de professeur à Jussieu; mais Jussieu préféra conserver des fonctions que son oncle avait exercées pendant quarante-cinq ans.

Desfontaines lut, en 1796, à l'Académie, un Mémoire sur l'organisation comparée des Monocotylédones et des Dicotylédones, qui fut reçu avec acclamations; sa division des végétaux en deux classes, établies sur la structure de la tige, s'adapta parfaitement à celle que Jussieu avait fondée sur la structure de la graine, et facilita l'application de la méthode de ce dernier. En effet, avant Desfontaines, une plante étant donnée, il fallait, pour première notion, savoir si la graine était à deux cotylédons ou à un seul; or, la plante étant en fleurs et l'ovaire à peine formé, cette question était difficile à résoudre, et l'élève était arrêté dès le premier pas. Les observations de Desfontaines remédièrent à cet inconvénient : il ne fut plus nécessaire d'analyser la graine; il suffit de regarder la coupe de la tige, ou même les nervures des feuilles; si la tige offre des zones concentriques, coupées par des rayons médullaires, si les feuilles ont des nervures ramifiées, dont les dernières veines s'entre-croisent, la plante est une Dicotylédone; si la tige offre des fibres éparses sans ordre dans le tissu cellulaire, et si les feuilles ont des nervures simples et parallèles entre elles, comme dans le Maïs, par exemple, la plante est une Monocotylédone; ces deux règles sont presque sans exception.

Maïs
(Monocotylédone.)

Vous savez qu'en 1793, après le 31 mai, le Jardin des Plantes fut sur le point d'être détruit en qualité d'établissement *royal*. Quelques membres de la Convention résolurent de s'opposer à ce vandalisme; l'un d'eux, M. Lakanal, président du comité d'instruction publique, se rendit secrètement au Jardin; il s'entretint avec Desfontaines, Thouin et Daubenton, sur les moyens de prévenir le danger qui les menaçait, se fit remettre par eux le projet de règlement qu'ils avaient présenté à l'Assemblée constituante, et, dès le lendemain, il fit rendre un décret qui constituait et organisait l'établissement, en lui donnant le titre de *Muséum d'histoire naturelle*. Il y avait au Jardin trois professeurs, trois démonstrateurs, trois gardes du Cabinet, un sous-garde du Cabinet, un peintre du Cabinet, un jardinier en chef, en tout douze fonctionnaires; le décret de la Convention porta que les *douze officiers* du Muséum seraient tous *professeurs*, et jouiraient des mêmes droits. Ils étaient chargés de distribuer entre eux les fonctions et de se nommer eux-mêmes des collègues, quand une place deviendrait vacante.

Les six chaires de *botanique*, *chimie* et *anatomie* se trouvaient remplies; André Thouin devint professeur de *culture*, et la place de jardinier en chef fut donnée à Jean, son frère; Daubenton fut professeur de *minéralogie*; Vanspaendonck, professeur d'*iconographie*; Geoffroy-Saint-Hilaire professeur de *zoologie*. Restaient deux chaires à occuper : cele de *géologie* et celle des *animaux invertébrés*. La Convention, en décrétant douze chaires de professeurs, avait apparemment prétendu que les douze officiers du Muséum seraient aptes à les remplir ; le hasard justifia merveilleusement cette prétention *révolutionnaire :* il se trouva que Faujas de Saint-Fond, qui était chargé de la correspondance, avait fait un bel ouvrage sur les volcans du Vivarais : on lui donna la chaire de géologie ; il se trouva que Lamark, qui n'était employé au Cabinet qu'à soigner les herbiers, connaissait les coquilles mieux que personne en France : on le chargea d'enseigner l'histoire des animaux invertébrés, et cette nouvelle direction donnée à ses travaux nous valut bientôt d'excellents ouvrages.

Revenons à Desfontaines, dont le long professorat fut marqué par d'heureuses innovations. Les travaux de ses devanciers, les richesses de l'École, et la classification méthodique que Jussieu y avait établie, lui permirent de donner à son enseignement une marche philosophique. Il divisa son cours en deux parties : la première, consacrée à la description des organes dans les végétaux, et à l'histoire des fonctions de ces organes (*anatomie* et *physiologie*) ; la seconde, à la classification et à la description des familles, des genres et des espèces. Cette division produisit d'excellents résultats ; elle facilitait aux élèves non pas seulement la connaissance des formes extérieures des plantes, mais encore celle de leurs rapports réciproques, de leurs usages dans les arts et l'économie domestique, et les diverses modifications que la culture pouvait leur faire subir. Desfontaines continua pendant quelques années à démontrer les plantes dans l'École ; mais sa manière d'enseigner attira un si grand nombre d'élèves, qu'il devint impossible que tous pussent entendre le professeur en se plaçant sur une ligne droite le long des plates-bandes. Le professeur prit alors le parti de faire ses leçons dans l'amphithéâtre, où l'on porta des échantillons que tout le monde pouvait voir, et que chacun put, après la leçon, aller étudier à l'École.

Jussieu, de son côté, faisait chaque semaine une herborisation à la campagne pour compléter et mettre en pratique les notions que les étudiants avaient reçues de Desfontaines. Dans ces promenades, qui duraient quelquefois plusieurs jours, il ne se bornait pas à leur donner les deux noms latins de la plante présentée ; il profitait de toutes les occasions pour leur faire sentir, comparer, évaluer les caractères qui réunissent et séparent les familles et les genres. Les élèves, rencontrant des végétaux indigènes dispersés sans ordre, s'exerçaient ainsi à les grouper et à les ramener à des types connus, et ce travail de synthèse, fait joyeusement en parcourant les bois et les prairies, leur rendait plus faciles et plus agréables les études analytiques du Jardin.

Il nous faut dire adieu à ces deux hommes, si éminents dans la science et l'Enseignement, qui traversèrent plus d'une époque difficile, sans que leurs travaux en souffrissent un seul instant. Pendant que la tempête révolutionnaire grondait autour des établissements religieux, Antoine-Laurent, calme et studieux comme un bénédictin, ramassait dans les cloîtres les livres dispersés qui devaient former la bibliothèque du Muséum. Desfontaines, nommé secrétaire de l'assemblée des professeurs, travaillait avec ses collègues à rédiger le règlement demandé par la Convention, et à obtenir la création de plusieurs emplois que la nouvelle organisation rendait nécessaires. Toute fonction administrative était alors pénible, et souvent périlleuse ; le zèle de Desfontaines ne s'effraya pas des obstacles qu'il dut rencontrer dans ses rapports avec ceux de qui dépendait la destinée du Jardin. Cet homme, d'un naturel doux et timide, osa, dans un temps où la pitié était un crime capital, visiter les botanistes L'Héritier et Ramond, qui étaient détenus, et dont la tête était menacée ; il obtint même, pour le premier, un sursis qui lui sauva la vie.

Quand les alliés entrèrent à Paris, en 1814, un corps de troupes prussiennes se présenta à la porte du Muséum pour bivouaquer dans l'établissement ; le danger était imminent : il n'y avait dans Paris d'autre autorité que celle des vainqueurs, et ce fut à l'un de leurs compatriotes que s'adressèrent les professeurs. Le commandant prussien avait consenti à attendre deux heures avant de prendre possession du Jardin ; ce délai suffit pour obtenir une sauvegarde : l'illustre savant, M. de Humboldt, prévenu par les professeurs, parvint rapidement jusqu'au général prussien, et le Muséum fut exempté de tout logement militaire. Ce fut à peu près vers cette époque que Desfontaines et Jussieu furent avertis, par des infirmités successives, du tribut qu'ils devaient bientôt payer à la nature : leur vue s'altéra peu à peu, Desfontaines la perdit même tout à fait; mais l'activité de leur esprit ne déclina pas comme leurs facultés physiques, et ils cultivèrent la science jusqu'à leur dernier jour. Desfontaines se faisait donner des plantes, qu'il ne pouvait voir, mais qu'il cherchait à reconnaître par le tact; il était souvent heureux dans ses déterminations, et ses succès lui causaient une joie inexprimable. Jussieu ne sortait que très-rarement, sa taille s'était courbée. La dernière année de sa vie, il vint visiter l'École fondée par lui; il entra dans le pavillon du jardinier, et s'entretint pendant quelque temps avec lui sur les moyens de changer les plantes annuelles en plantes vivaces. En sortant du pavillon, il avisa de ses yeux presque éteints le *Pin Laricio*, qu'il avait planté soixante-trois ans auparavant, et dont la pyramide domine toute l'École; il s'approcha de lui, appuya une main sur le tronc, et sa tête, inclinée sous le poids de quatre-vingt-neuf ans, se redressa en tremblant pour admirer la taille élancée et l'adolescence vigou-reuse de son nourrisson. Cette visite était un adieu, car elle fut la dernière. Il mourut en 1837, et son fils Adrien, qui depuis longtemps le remplaçait dans le cours de botanique rurale, fut nommé son successeur. Desfontaines était mort en 1833, âgé de soixante-dix-neuf ans, et sa chaire fut donnée à son suppléant, M. Adolphe Brongniart.

Ici se termine la liste mortuaire des Professeurs et des Démonstrateurs de Botanique du Jardin; liste peu nombreuse, il est vrai (bien qu'il ait fallu deux siècles pour la remplir), mais qui, par un hasard fortuné, ne présente que des noms sans tache. On se sent meilleur après avoir loué ces hommes savants et probes, qui nous rappellent les *âmes blanches* de Varius et de Virgile, adorées par le bon Horace. Voltaire voulait écrire pour toute critique au bas de chaque page de Racine : *beau, harmonieux, sublime*; on pourrait également résumer en trois mots l'histoire *botanique* du Jardin : *dévouement, génie* et *simplicité*.

ÉM. LE MAOUT,
Ancien démonstrateur de botanique à l'École de Médecine de Paris.

VALLÉE SUISSE, MÉNAGERIE,
SINGERIE, FOSSES AUX OURS, PARCS.

Les Ménageries sont une institution moderne : ce n'est que depuis un assez petit nombre d'années que les nations éclairées entretiennent, à leurs frais, des animaux vivants, afin d'en mieux connaître les mœurs, d'en étudier plus attentivement les formes et les allures, et d'observer avec plus de soin les changements physiques que l'âge ou les saisons leur font éprouver. L'homme, placé au premier rang de la création, ne doit rien négliger pour connaître toutes les espèces utiles ou nuisibles qui habitent avec lui le globe terrestre.

Les Romains faisaient venir à grands frais de l'Afrique les animaux féroces qu'elle produit. Les généraux qui s'étaient illustrés sur cette terre lointaine traînaient à la suite de leur pompe triomphale des lions, des panthères, des éléphants, et souvent en grand nombre. Ces animaux, et beaucoup d'autres, originaires des mêmes pays, ou même de l'Asie occidentale, étaient destinés aux jeux du cirque, et les Romains aimaient à les voir s'entr'égorger ou à les faire lutter contre les gladiateurs les plus hardis. Ils dépensaient aussi des sommes immenses pour réunir dans leurs viviers les poissons les plus beaux et les plus succulents.

Mais ces caprices bizarres ont peu profité à la science ; et si l'histoire en a conservé le souvenir, c'est seulement pour nous apprendre le nombre des victimes immolées sous chaque empereur, et les folles dépenses des Licinius Muræna, des Hortensius et des Lucullus.

L'abbé Mongez a fait un relevé fort curieux des Mammifères amenés, à Rome, d'Afrique, d'Asie ou du nord de l'Europe. Voici comment G. Cuvier a résumé ce travail :

« Dès l'an de Rome 479 (273 ans avant Jésus-Christ), Curius Dentatus, vainqueur de Pyrrhus, lui prit quatre éléphants que Pyrrhus lui-même avait pris sur Démétrius Poliorcète ; ils furent les premiers que virent les Romains. En 252 avant Jésus-Christ, Métellus en fit transporter à Rome, sur des radeaux, cent quarante-deux qu'il avait pris sur les Carthaginois, et que l'on fit tuer à coups de flèches dans le cirque, parce qu'on ne voulait pas les donner et que l'on ne savait comment les employer. En 169, aux jeux de Scipion Nasica et de Publius Lentulus, on montra soixante-trois panthères et quarante ours. En 93, Sylla, lors de sa préture, fit combattre cent lions mâles. Émilius Scaurus, dans les jeux célèbres qu'il donna lors de son édilité, en 58, fit voir l'hippopotame pour la première fois, accompagné de cinq crocodiles et de cent cinquante panthères. Pompée, pour l'inauguration de son théâtre, montra le lynx, le céphus ou guenon d'Éthiopie (probablement le grivet), le caracal, le rhinocéros unicorne. On y vit six cents lions dont trois cent quinze mâles, et avec eux quatre cent dix panthères : vingt éléphants y combattaient contre des hommes armés. César, 46 ans avant Jésus-Christ, fit voir une girafe et quatre cents lions à la fois, tous mâles, tous à crinière. Ces profusions ne firent qu'augmenter sous les empereurs. Une inscription d'Ancyre loue Auguste d'avoir fait tuer trois mille cinq cents bêtes fauves devant le peuple romain. A la dédicace du temple de Marcellus, on fit périr six cents panthères : un tigre royal y parut ; un serpent de cinquante coudées fut montré au peuple dans le Forum ; ayant fait entrer l'eau dans le cirque de Flaminius, on y introduisit trente-six crocodiles qui furent mis en pièces. Un rhinocéros et un hippopotame furent tués lors du triomphe d'Auguste sur Cléopâtre. Les animaux étaient exercés à des travaux extraordinaires. Caligula, 36 ans avant Jésus-Christ, fit disputer le prix de la course par des chameaux attelés à des chars ; Galba, étant empereur, fit montrer des éléphants funambules ; sous Néron (an 58 de Jésus-Christ), on en vit un, monté par un chevalier romain, descendre sur la corde du sommet de la scène jusqu'à l'autre extrémité du théâtre. C'étaient de jeunes éléphants, nés à Rome, que l'on dressait ainsi ; car alors on savait faire produire ces animaux en domesticité. Claude eut à la fois jusqu'à quatre tigres royaux dont on a trouvé le monument il y a quelques années. Le sage Titus, lui-même, à la dédicace de ses Thermes, livra à la mort neuf mille animaux tant sauvages que domestiques, et on y vit combattre des femmes. Un livre tout entier des épigrammes de Martial est destiné à célébrer les animaux que Domitien fit paraître, l'an 90 de Jésus-Christ, et auxquels on fit la chasse aux flambeaux ; une femme y combattit contre un lion ; un tigre royal y mit un autre lion en pièces. Des aurochs y furent attelés à des chars. Ce fut là que l'on vit pour la première fois le rhinocéros à deux cornes, qui est même représenté sur les médailles de cet empereur. Aux jeux que Trajan donna après avoir vaincu Décébale, roi des Parthes, l'an 105 de Jésus-Christ, on fit mourir, selon Dion, qui était contemporain, jusqu'à onze mille animaux domestiques ou sauvages. Antonin montra des éléphants, des crocodiles, des hippopotames, des tigres, et, pour la première fois, des crocutes ou hyènes, et des strepsicéros. Marc-Aurèle, plus sensible, eut horreur de ces spectacles ; mais ils reprirent avec une nouvelle force sous Domitien, qui, à la mort de son père, donna des jeux pendant quatorze jours, et y tua un tigre, un hippopotame, un éléphant, et y trancha le cou à des autruches. Hérodien remarque même que ces autruches faisaient encore quelques pas, ce qui ne m'étonne point, car j'en ai vu faire autant à des canards. Une des plus curieuses de ces exhibitions fut celle de Philippe, l'an 1000 de Rome (248 de Jésus-Christ). Les animaux rassemblés pour cette fête, par Gordien III, qui espérait la célébrer, consistaient en trente-deux éléphants, dix élans, dix tigres, soixante lions apprivoisés, trente léopards, dix hyènes, un hippopotame, un rhinocéros, dix girafes, vingt onagres, quarante chevaux sauvages, dix argoléons, nom dont la signification est présentement inconnue, et beaucoup d'autres qui furent tous tués.

« Probus, à son triomphe, planta dans le cirque une forêt où se promenèrent mille autruches, mille cerfs, mille sangliers, mille daims, cent lions et autant de lionnes, cent léopards de Lybie et autant de Syrie, trois cents ours, des chamois, des mouflons, etc.

« Il semble que les sangliers cornus, qui parurent aux jeux de Carus et de Numérius, chantés par le poëte Calpurnius, aient été des babiroussa. Constantin prohiba les jeux sanglants et les combats du cirque, et cependant Symmaque, sous Théodose, parle encore de panthères, de léopards, d'ours, d'addax, de pygargues ; il rapporte que les crocodiles qu'il destinait au cirque périssaient par une diète de quarante jours. Claudien dit qu'Honorius avait des tigres attelés à des chars, et Marcellin attribue à Justinien d'avoir fait paraître vingt lions et trente panthères. La difficulté de se procurer des animaux que de pareilles destructions avaient dû éloigner des provinces romaines, et la diminution des ressources de l'empire, contribuèrent sans doute, autant que l'humanité, à faire cesser ces usages barbares qui avaient peut-être été introduits dans l'origine pour maintenir dans l'habitude du sang un peuple que l'on destinait à faire sans cesse la guerre. »

Nos Ménageries se recrutent sur une plus vaste étendue que celle des Romains qui ne connaissaient qu'une petite portion de la terre ; elles ont d'ailleurs un but plus élevé. Destinées à fournir à l'agriculture des animaux utiles, elles sont aussi un de nos meilleurs éléments d'instruction ; en même temps qu'elles offrent au savant les moyens de reculer les bornes de la science, elles fixent l'attention des gens du monde, et contribuent à détruire les préjugés, quelquefois ridicules, transmis d'âge en âge, et dont beaucoup d'auteurs n'ont pas été exempts. Naturaliste ou homme du monde, chacun suit avec intérêt les scènes toujours curieuses que des sujets, députés de tous les points du globe, et choisis parmi les plus remarquables d'entre les espèces animales, représentent au bénéfice de la science sur ce théâtre où la nature est reproduite en abrégé.

On s'est quelquefois demandé s'il y avait utilité à entretenir des Ménageries. C'est presque douter que l'étude des sciences ait elle-même des avantages.

Dans de semblables établissements, les vrais observateurs peuvent étudier les instincts si variés des Mammifères, des Oiseaux et des Reptiles ; c'est là qu'ils développent, et fort souvent rectifient les rapports des voyageurs sur les espèces exotiques. Ils comparent entre eux les animaux les plus divers et ceux qui, bien que semblables en organisation, proviennent néanmoins de régions fort éloignées.

C'était uniquement dans les Ménageries, comme on les entend aujourd'hui, qu'il devenait possible d'acquérir une idée exacte de la nature morale des animaux, et de comprendre leurs actes en les jugeant d'après le principe qui les détermine : l'intelligence ou l'instinct.

Descartes et Buffon n'admettaient de véritable intelligence que chez l'homme, et l'on pourrait supposer, à la lecture de plusieurs de leurs écrits, que les animaux sont de simples machines animées, des automates agissant toujours de même, sans qu'il y ait en eux d'autre impulsion que celle qui fait croître ou fleurir les plantes. Et cependant ce n'est point sous cette impression que Buffon lui-même écrivait l'histoire du Chien, du Cheval ou du Lion. Ce n'est pas non plus ce que pensaient Réaumur, Condillac, Dupont de Nemours, Georges Leroy. Mais entre la générosité avec laquelle ces derniers prodiguaient l'intelligence aux animaux de toutes les classes, et l'erreur de Descartes, il fallait trouver la vérité ; et la vérité ici, comme partout, devait être simple, et en dehors de toute définition exclusive et systématique. Nous verrons, en parlant de certains animaux, que plusieurs sont doués d'une véritable intelligence, et que chez eux cette intelligence diffère seulement de celle de l'homme par une moindre portée (1). L'homme, en effet, est, sous ce rapport, incomparablement au-dessus de tous les animaux, et, à ce don précieux, il joint une qualité plus élevée encore, la *raison*, que nulle espèce animale ne possède.

La Ménagerie du Muséum est assurément le centre le plus favorable aux études qui ont pour objet la nature même des animaux et surtout leurs instincts; et, par une heureuse coïncidence, elle est peut-être, de toutes les institutions scientifiques de la capitale, la plus populaire et la mieux appréciée du public : elle offre un attrait égal à tous les âges et à toutes les conditions, et personne ne vient visiter la capitale sans lui consacrer de nombreuses visites. Ce qui suffirait pour montrer combien est à la fois profond et universel l'intérêt qu'elle inspire, c'est que les étrangers les plus savants y accourent avec le même empressement que les plus obscurs. Quoi de plus digne en effet de l'attention générale que le spectacle de ces sauvages habitants des contrées les plus lointaines, célèbres de tous temps par les descriptions des naturalistes et des voyageurs, reproduction de la peinture et du dessin, et réunis dans un riche jardin, où ils prennent leurs ébats, au sein des fleurs et de la verdure! Ne sont-ce point là, dans le fond, les mêmes fêtes que les Romains donnaient dans leurs cirques où l'on rassemblait, pour les y mettre à mort sous les yeux du peuple, les animaux les plus rares, mais transformées et mises en harmonie avec l'humanité et le sage désir de connaître qui caractérise nos temps modernes? Le sentiment qui amène chaque dimanche, dans les allées de la Ménagerie, les flots paisibles de la population est, dans son essence, tout à fait analogue à celui qui poussait les Romains sur les gradins du cirque. C'est toujours la même curiosité à l'égard des animaux qui habitent la terre avec nous. Les Romains, placés à l'origine des conquêtes de la civilisation sur la nature, prenaient plaisir à voir détruire ces êtres farouches, symbole de la vie sauvage; mais nous qui sommes placés, pour ainsi dire, au terme de ces conquêtes, au lieu de nous complaire à ce qui nous rappelle l'anéantissement de la nature primitive, nous recherchons, au contraire, ce qui nous en offre et nous en conserve de vivantes images.

La première idée de l'établissement d'une Ménagerie d'animaux vivants remonte à Louis XIV. Ce fut l'Académie des sciences qui eut cette heureuse inspiration. Mais le grand monarque, au lieu de doter le Jardin des Plantes de cet utile et indispensable établissement, préféra en enrichir le parc de Versailles. Il fit donc rechercher avec soin tout ce que le règne animal pouvait offrir de plus beau et de plus intéressant; les souverains étrangers s'empressèrent de lui envoyer les animaux curieux des contrées les plus diverses et les plus éloignées, et bientôt les espèces remarquables du règne animal furent établies dans les bâtiments situés au midi du grand canal, et qui ont encore aujourd'hui conservé le nom de Ménagerie malgré l'absence de leurs hôtes. Saint-Simon parle de cette Ménagerie en ces termes :

« La Ménagerie de l'autre côté de la croisée du canal de Versailles, toute de riens exquis, et garnie de toutes sortes de bêtes, à deux et quatre pieds, les plus rares. »

Cette Ménagerie était tenue, du reste, avec une extrême négligence : un contemporain en donne pour témoignage une visite que Louis XV y fit peu de temps avant sa mort. Il remarqua que cet asile royal était peuplé d'une multitude de dindons. Le directeur, en effet, avait jugé convenable d'en acheter un troupeau. Le Roi trouva ces bêtes désagréables; il le témoigna. Le gouverneur de la Ménagerie, chevalier de Saint-Louis, aussi original qu'entêté, n'en tint aucun compte. Le Roi, en repassant, les revit encore : « Monsieur, dit-il au gouverneur, que cette troupe disparaisse, ou, je vous en donne ma parole royale, je vous ferai casser à la tête de votre régiment. »

Dans un Mémoire fort remarquable publié par Bernardin de Saint-Pierre, au moment où il était intendant du Jardin des Plantes, l'illustre auteur des *Études de la nature* a fait ressortir,

---

(1) C'est ce que Frédéric Cuvier a démontré avec une lucidité parfaite, ainsi que nous l'avons expliqué dans la notice qui lui est consacrée dans la première partie de ce volume.

de la manière la plus victorieuse, la nécessité de joindre une Ménagerie au Jardin des Plantes qui n'en possédait pas encore, et il a tracé en même temps un historique exact et pittoresque des faits qui contribuèrent à amener, plus tard, les débris de la Ménagerie de Versailles au Muséum :

« L'étude de la Nature, dit-il, est la base de toutes les connaissances humaines. Le Cabinet d'histoire naturelle et son Jardin des Plantes sont destinés, à Paris, à en renfermer les principaux objets pour l'instruction publique. Peu d'hommes connaissent tout le prix de cet établissement, parce qu'ils n'y font pas plus d'attention qu'à la nature même au milieu de laquelle ils vivent. Ils peuvent s'en faire une idée en considérant combien d'états viennent y puiser des lumières : les minéralogistes, les botanistes, les zoologistes; ensuite ceux qui professent les arts qui émanent des trois premiers règnes de la Nature : les lapidaires, les chimistes, les apothicaires, les distillateurs, les chirurgiens, les anatomistes, les médecins; enfin ceux même qui exercent les arts de goût, les dessinateurs, les peintres, les sculpteurs, viennent y chercher chaque jour de nouvelles connaissances; c'est là que se sont formés les Tournefort, les Rouelle, les Macquer, les Jussieu, les Vaillant, les Buffon, ainsi que les savants qui l'illustrent aujourd'hui, dont les ouvrages se sont répandus dans toute l'Europe, avec une multitude de végétaux utiles ou agréables qui ont pris naissance dans ses jardins. Qui croirait qu'avec tant d'avantages cet établissement est encore très-imparfait, puisqu'il lui manque la principale partie de l'Histoire naturelle.

« A Dieu ne plaise que nous soyons assez insensés pour vouloir y rassembler tous les ouvrages de la Nature, plus profonde et plus vaste que l'Océan. L'homme le plus actif, dans le cours de la vie la plus longue, n'en peut entrevoir que les principaux rivages; mais ses études élémentaires doivent au moins en embrasser l'ensemble. Ainsi une mappemonde offre au voyageur l'image du globe qu'il doit parcourir; celui de la Nature ne présente dans le Jardin qu'un de ses hémisphères.

« Le Cabinet renferme les trois règnes de la Nature morte : des fossiles, des herbiers, des animaux disséqués, empaillés, injectés. Le Jardin ne contient que les deux premiers règnes de la Nature, un sol en activité et des plantes qui végètent; il n'y a point d'animaux qui sentent, qui aiment, qui connaissent. Le Cabinet montre les dépouilles de la mort; le Jardin, au contraire, les premiers éléments de la vie. Le Cabinet est le tombeau des règnes de la Nature; le Jardin en doit donc être le berceau. Les Égyptiens représentaient cette mère commune de tant d'enfants avec trois rangs apparents de mamelles, sans doute comme le symbole de ces trois règnes. Le Jardin manque du plus important, puisqu'il n'a pas le règne animal, pour lequel a été créé le végétal et avant tout le minéral.

« Les relations du règne minéral avec le végétal ne sont pas moins utiles à connaître que celles du végétal avec l'animal; ce sont les trois étages du palais de la Nature; nous ne pourrons l'apprécier qu'en étudiant son ensemble.

« L'Anatomie comparée des animaux suffit, dit-on, pour les connaître. Quelques lumières qu'elle ait répandues sur celle de l'homme même, l'étude de leurs goûts, de leurs instincts, de leurs passions, en jette de bien plus importantes pour nos besoins et pour notre propre existence; elle est le complément de l'Histoire naturelle. C'est cette étude qui a rendu Buffon si intéressant, non-seulement aux savants, mais à tous les hommes. Mais cet écrivain illustre, ayant manqué de beaucoup d'objets d'observation, n'a travaillé souvent que sur des mémoires incertains : ses remarques les plus utiles lui ont été inspirées par les animaux qu'il avait lui-même étudiés, et les tableaux les mieux coloriés sont ceux qui les ont eus pour modèles; car les pensées de la Nature portent avec elle leur expression. Quelles riches études il nous eût laissées, s'il avait pu les étendre à une Ménagerie. Celle de Versailles fut toujours l'objet de ses désirs; il aurait voulu la joindre au Jardin des Plantes; mais quelque grand que fût son crédit, il n'osa la disputer à l'homme de cour qui en avait le gouvernement. Aussi la Ménagerie resta à Versailles et ne fut pour la nation qu'un objet inutile de luxe et de dépenses; mais il n'y a pas de doute qu'elle ne fût devenue la portion la plus importante de l'Histoire naturelle, sous ses yeux et sous ceux des naturalistes.

« Pour moi, continua-t-il, qui au sein de ma solitude ai été appelé à remplir la place de Buffon au Jardin des Plantes, sans posséder à fond aucune des sciences qui illustrent en particulier nos collègues, je crois de mon devoir principal de chercher à établir un ensemble dans toutes les parties de cet utile établissement, en y attachant une Ménagerie. Les circonstances ne pourraient être plus favorables ; on nous offre les animaux de celle de Versailles, et il y a pour les recevoir, à Paris, un grand terrain non occupé, avec ses bâtiments, qui est enclavé dans le Jardin des Plantes et qui appartient à la nation. Il me suffit donc d'exposer en peu de mots l'état où se trouve la Ménagerie de Versailles, son utilité au Jardin des Plantes et les moyens économiques qui peuvent l'y établir, pour déterminer la nation à accorder les fonds nécessaires à son entretien. Le zèle des ministres, l'intérêt de la municipalité de Paris, la bonne volonté de son département, les lumières et le patriotisme de la Convention nationale suppléeront à mon défaut de crédit.

« M. Couturier, régisseur général des domaines de Versailles, m'écrivit, il y a quelques jours, que le ministre des finances l'avait chargé d'offrir au Cabinet d'histoire naturelle les animaux de la Ménagerie en m'engageant à les venir voir. Les infirmités de M. Daubenton ne lui permettant pas de m'accompagner, j'y invitai M. Thouin, jardinier en chef, et M. Desfontaines, professeur de botanique du Jardin national des Plantes. M. Thouin était chargé de plus, de la part du ministre de l'intérieur, de prendre dans les jardins de Trianon, Bellevue, etc., etc., les plantes qui pourraient convenir au Jardin national. Nous nous rendîmes avec M. Couturier à la Ménagerie, où nous fûmes introduits par M. Laimant, qui en est l'inspecteur et le concierge.

« Nous n'y trouvâmes que cinq animaux étrangers, à la vérité fort rares et fort curieux :

« 1° Le COUAGGA : c'est une espèce de Cheval zébré à la tête et aux épaules ; il est venu du cap de Bonne-Espérance en 1784. Il est doux. Il se présenta lui-même à sa grille pour se laisser caresser, excepté aux oreilles ; particularité qui, dit-on, lui est commune avec l'Ane.

« 2° Le BUBALE : c'est une espèce de petit Bœuf qui tient du Cerf et de la Gazelle ; il a été envoyé en 1783 par le dey d'Alger. Il est susceptible de domesticité, comme le Couagga ; comme lui, il venait chercher des caresses à travers sa grille.

« 3° Le PIGEON-HUPPÉ de l'île de Banda. Bisson le nomme le Faisan couronné des Indes ; mais il boit en pompant l'eau comme le Pigeon. Cet oiseau est magnifique ; son plumage est bleu, et il est de la taille du Poulet d'Inde. Il est couronné d'une magnifique aigrette d'un bleu de ciel qui lui couvre la tête en forme d'auréole. Il est fort sauvage : en nous voyant, il se tint dans le fond de sa cage, où il allait et venait dans une agitation perpétuelle. Il est cependant dans la Ménagerie depuis 1787.

« 4° Le RHINOCÉROS, envoyé de l'Inde en 1771 ; il avait alors un an. Cet animal est fort rare en Europe. Sa lourde masse, en contraste avec sa tête qui ressemble à celle d'un aigle, sa peau épaisse à plusieurs plis qui le couvre comme une robe, les gros boutons dont elle est parsemée, sa corne unique sur le nez, ses pieds à trois ergots, nous offrirent une nouvelle combinaisons de formes dans l'ordre des quadrupèdes. Moins intelligent que l'Éléphant, il aime à se bauger comme le Sanglier. Il n'en paraît pas moins sensible aux caresses : il passa, pour les recevoir, son large museau à travers sa palissade. Je remarquai que sa corne, qu'il a entièrement usée contre les barreaux, n'avait point d'os au centre, comme celle des Bœufs, et que la racine était toute parsemée de petits points blancs. M. Daubenton m'a dit que ce n'était qu'un paquet de crins agglutinés.

« 5° Un beau LION, arrivé du Sénégal, en septembre 1788 ; il avait alors sept ou huit mois, ainsi qu'un Chien braque, son compagnon, avec lequel il a été élevé. Leur amitié est un des plus touchants spectacles que la nature puisse offrir aux spéculations d'un philosophe. J'avais lu, dans les voyages de Jean Moquet, fondateur et garde du Cabinet des singularités du roi, sous

Henri IV, l'histoire d'un Chien qu'il avait vu à Maroc dans la fosse aux Lions, où on l'avait jeté pour être dévoré; il y vivait paisiblement sous la protection du plus fort d'entre eux, qu'il s'était attirée en le flattant et en lui léchant une gale qu'il avait sous le menton. Mais l'ami du Lion de Versailles est plus intéressant que le protégé du Lion de Maroc. Dès qu'il nous aperçut, il vint avec le Lion à la grille, nous faisant fête de la tête et de la queue. Pour le Lion, il se promenait gravement le long de ses barreaux, contre lesquels il frottait sa tête énorme. L'air sérieux de ce terrible despote et l'air caressant de son ami m'inspirèrent pour tous deux le plus tendre intérêt. Jamais je n'avais vu tant de générosité dans un Lion et tant d'amabilité dans un Chien. Celui-ci sembla deviner que sa familiarité avec le roi des animaux était le principal objet de notre curiosité; cherchant à nous complaire dans sa captivité, dès que nous lui eûmes adressé quelques paroles d'affection, il se jeta d'un air gai sur la crinière du Lion, et lui mordit en jouant les oreilles. Le Lion, se prêtant à ses jeux, baissa la tête et fit entendre de sourds rugissements. Cependant ce Chien, si complaisant et si hardi, portait à son côté une cicatrice toute rouge, qu'il léchait de temps en temps, et qu'il semblait nous montrer comme les effets d'une amitié trop inégale. J'admirais la gaîté franche du Chien sans rancune et sans méfiance auprès de son redoutable ami, après une aussi cruelle injure. Toutefois, les caprices, l'humeur, les premiers mouvements sont plus rares et ont des suites moins dangereuses dans leurs sociétés que dans la plupart de celles des hommes. Le Lion se livre très-rarement à la colère envers ses compagnons. On nous assura qu'il l'invitait souvent à se jouer, en se mettant sur le dos les pattes en l'air et le serrant entre ses bras.

« Tel est l'état où nous avons trouvé la Ménagerie. Cependant, qui le croirait? ce petit nombre d'animaux venus de loin, si curieux et si intéressants, ne nous ont été offerts que pour en faire des squelettes. M. Laimant, concierge de la Ménagerie, nous a dit que depuis la révolution elle avait été pillée; qu'on en avait enlevé un Dromadaire, cinq espèces de Singes et une foule d'oiseaux dont la plupart avaient été donnés à l'écorcheur, faute de moyens de les nourrir. Il nous fit ce récit les larmes aux yeux; car, indépendamment du zèle qu'il a pour cet établissement qu'il dirige depuis vingt ans, il est père de six petits enfants charmants, auxquels il ne pourra donner de pain lui-même par la destruction de sa place.

« Le raisonnement le plus spécieux employé pour l'anéantissement total de la Ménagerie, c'est que ces animaux ne servent à rien; qu'ils sont dangereux dans une ville, surtout les carnassiers, et qu'ils sont coûteux à nourrir. Si nous portons la parcimonie sur de si petits objets, que dirons-nous aux puissances d'Afrique et d'Asie qui, de temps immémorial, ont coutume de nous faire des présents d'animaux? Les tuerons-nous pour en faire des squelettes? Ce serait leur faire injure. Les refuserons-nous, en leur disant que nous n'avons plus de quoi les loger ni les nourrir? Nos relations politiques nécessitent donc l'existence d'une Ménagerie. Si elle a été jusqu'à présent un établissement de faste, elle cessera de l'être quand elle sera placée dans un lieu destiné à l'étude de la nature. Nous proposerons des moyens d'économie en parlant de son établissement : auparavant occupons-nous de son utilité.

« Une Ménagerie est donc nécessaire aux bienséances et à la dignité de la nation. Elle l'est essentiellement à l'étude générale de la Nature, comme nous l'avons déjà dit. Elle ne l'est pas moins à celle des arts libéraux. Des dessinateurs et des peintres viennent chaque jour au Jardin national pour y dessiner des plantes étrangères, lorsqu'ils ont à représenter des sites d'Asie, d'Afrique et d'Amérique. Les animaux des mêmes climats leur seront aussi utiles; ils étudieront les formes, les attitudes, les passions. Ils ont déjà, dit-on, des modèles en plâtre. Mais d'après quel plâtre Puget a-t-il sculpté le Lion dévorant qui déchire les muscles de Milon de Crotone? Artistes, poëtes, écrivains, si vous copiez toujours, on ne vous copiera jamais. Voulez-vous être originaux et fixer l'admiration de la postérité sur vos ouvrages? n'en cherchez les modèles que dans la nature.

« Une Ménagerie sera utile à Paris, en y attirant des curieux. Ceux qui veulent achalander une foire y apportent des animaux étrangers, et la partie où on les montre est la plus fréquentée. C'est une curiosité naturelle à tous les hommes. Si les monuments morts des arts illustrent une capitale et y appellent les voyageurs, les monuments vivants de la nature sont bien plus dignes de leurs regards. Une statue égyptienne nous donne quelque perception de l'Afrique, de ses arts imparfaits et de ses peuples passagers; mais le noir basalte ou le porphyre sanglant dont elle est formée, nous présente une idée de ses tristes rochers; la raquette hérissée d'épines et l'aloès *férox* maculé de sang, qui les couronnent, nous offrent une image encore plus vive de ses sites barbares; et le Lion fauve qui naquit dans leurs cavernes, aux pattes armées de griffes, à la voix rugissante, nous imprime des sensations bien plus profondes de ses solitudes redoutables que ses sombres fossiles et ses végétaux épineux. Le philosophe cherche par quelle loi un animal renforce son caractère indomptable dans l'esclavage, tandis que le nègre, son compatriote, et bien souvent le blanc, ont dégradé celui de l'homme au sein même de la liberté.

« Les animaux féroces, dit-on, sont dangereux dans une ville, parce qu'ils peuvent venir à s'échapper. C'est une bien faible objection contre l'établissement d'une Ménagerie. On ne l'a jamais employée contre les animaux qu'on amène journellement aux foires et sur les boulevards de Paris. On ne voit point qu'il s'en échappe aucun, quoiqu'ils ne soient renfermés que dans de mauvaises cages de bois mobiles : comment donc pourraient-ils le faire dans les loges solides et bien grillées d'une Ménagerie, où ils ont de plus des cours particulières? D'ailleurs, quand cet accident est arrivé, il n'en est résulté aucun malheur. Une bête féroce dans les rues d'une ville est aussi étonnée à la vue du peuple que le peuple l'est à la vue d'une bête féroce : ses gardiens la reprennent aisément. C'est ce qui arriva, il y a quelques années, en Angleterre, lorsqu'une hyène sortit de sa cage en la débarquant d'un vaisseau.

« Il est très-remarquable que la solitude renforce le caractère de tous les êtres, et que la captivité l'aigrit. Cette observation a fait conclure à l'Anglais Howard, ce bienfaiteur des prisonniers, que, pour réformer des hommes enfermés pour leurs mauvaises habitudes, il ne fallait pas les laisser seuls. Il en doit être de même des animaux renfermés, surtout de ceux qui, comme les féroces, ne reçoivent souvent des visites que pour éprouver des outrages. La société et les bienfaits influent sur les lions mêmes, au point de les rendre familiers. On voit à Alger et à Tunis des Lions aller et venir dans les maisons des grands, sans faire de mal; ils jouent avec leurs serviteurs, dont ils sont caressés. Ce fut sans doute par l'influence toute puissante des bienfaits qu'un citoyen de Carthage se faisait suivre d'un Lion apprivoisé; ce qui obligea le sénat à le bannir, dans la crainte qu'il ne se servît de ses talents pour subjuguer la république. Carthage ne méritait pas de subsister longtemps, puisqu'elle punissait l'homme le plus capable de la gouverner. C'est un apprentissage sans doute utile pour régir les hommes que l'art d'apprivoiser des Lions. C'était entouré de Lions et de bêtes féroces sensibles aux charmes de l'harmonie que les Grecs représentaient Orphée, le premier de leurs législateurs.

« Le Lion de la Ménagerie est une preuve de ce que peut l'influence de la société sur le caractère le plus sauvage; il est beaucoup plus gai qu'un Lion solitaire. J'ai été le voir une seconde fois dans la compagnie d'une dame qui s'amusa à faire mouvoir son éventail devant lui; il la regarda avec la plus grande attention et prit toutes les attitudes d'un chat qui veut jouer.

« J'attribue cette disposition du lion pour la sociabilité à l'amitié de son chien; comme l'homme s'est servi des espèces si variées des chiens pour subjuguer toutes les espèces d'animaux par la force, peut-être réussirait-il à s'en servir encore pour les attirer à lui par la bienveillance : l'amitié naturelle des chiens pour l'homme lui servirait peut-être d'intermédiaire pour acquérir celle des animaux. J'ai vu des chiens liés de la plus intime affection avec des chevaux, des chats et même des oiseaux, et réciproquement. J'ai vu, à l'île de Bourbon, chez le commissaire de la marine, un kakatoès de la grande espèce qui s'était pris d'une si grande affection pour un chien épagneul, qu'il volait au-devant de lui dès qu'il l'apercevait :

il le suivait en jetant des cris de joie; et lorsque son ami était entré dans l'appartement et s'était couché, il mettait sa tête entre ses pattes, sans remuer, pendant des heures entières. Mais, après tout, l'amitié la plus forte n'est qu'une nuance de l'amour. Je pense que si on eût élevé une chienne de la plus grande espèce avec le lion de la ménagerie, leur affection mutuelle eût redoublé, et qu'il en fût résulté peut-être un accouplement. Pline dit, d'après Aristote, que les Indiens faisaient couvrir leurs chiennes par des tigres, et qu'il en naissait des chiens-tigres, et qu'ils ne se servaient que de la troisième littée, ceux des deux premières étant trop dangereux. On s'est procuré ainsi en France des chiens-loups; pourquoi ne parviendrait-on pas à avoir des chiens-lions? On peut au moins, au défaut d'une compagne, donner des amis aux animaux féroces, comme on le voit par l'exemple du lion. Le rhinocéros dont l'instinct, semblable à celui du sanglier, paraît stupide, est sensible à l'amitié. Je l'ai vu, en 1770, à son passage à l'île de France; il haïssait les cochons, et écrasait avec sa corne, contre le bord du vaisseau, tous ceux qui venaient à sa portée; mais il avait pris une chèvre en affection; il la laissait manger son foin entre ses jambes. Ainsi, au défaut de l'amour, on peut offrir à ces tristes célibataires les consolations de l'amitié, et, par celle des animaux apprivoisés, les amener à celle de l'homme. Les faits que j'ai cités motivent ces aperçus sur la civilisation des bêtes féroces, et la possibilité de produire, par leur moyen, des races de chiens plus fortes et plus courageuses. On réussirait peut-être à adoucir leur naturel carnassier en les nourrissant de Végétaux. C'est peut-être à cette nourriture qu'on doit attribuer la douceur des tigres en Égypte, cette terre si abondante en fruits spontanés. L'étude suivie de leurs mœurs dans une ménagerie peut donc procurer de grandes lumières à la philosophie, et des avantages même à l'économie rurale.

« Je ne parlerai point de l'utilité réciproque d'une ménagerie et d'un jardin pour nos animaux domestiques. C'est là qu'on peut essayer divers fourrages nouveaux, croiser les races des chevaux, des taureaux, des béliers, etc., étudier leurs maladies auxquelles la médecine vétérinaire n'offre souvent, comme la nôtre à nous-mêmes, que des remèdes incertains. Le jardin renferme dans ses nombreux Végétaux mille vertus à découvrir; elles n'y dépendront point des conjectures trompeuses des savants; le docteur y recevra des leçons de la bête. La science de l'homme n'est infaillible que quand elle s'appuie de l'instinct des animaux.

« Il me reste à répondre à quelques objections qui m'ont été faites par des botanistes même, sur l'établissement d'une ménagerie d'animaux au Jardin des Plantes. Ils veulent qu'on dissèque ceux de Versailles et qu'on les place au cabinet. « Il suffit, disent-ils, d'étudier les ani- « maux morts, pour connaître suffisamment leurs genres et leurs espèces. » Ceux qui n'ont étudié la nature que dans les livres, ne voient plus que leurs livres dans la nature : ils n'y cherchent plus que les noms et les caractères de leurs systèmes. S'ils sont botanistes, satisfaits d'avoir reconnu la plante dont leur auteur leur a parlé, et de l'avoir rapportée à la classe et au genre qu'il leur a désignés, ils la cueillent, et, l'étendant entre deux papiers gris, les voilà très-contents de leur savoir et de leurs recherches. Ils ne se forment pas un herbier pour étudier la Nature, mais ils n'étudient la Nature que pour se former un herbier. Ils ne font de même des collections d'animaux que pour remplir leur cabinet et connaître leurs noms, leurs genres et leurs espèces.

« Mais quel est l'amateur de la Nature qui étudie ainsi ses ravissants ouvrages? Quelle différence d'un Végétal mort, sec, flétri, décoloré, dont les tiges, les feuilles et les fleurs s'en vont en poudre, à un Végétal vivant, plein de suc, qui bourgeonne et fleurit, parfume, fructifie, se ressème, entretient mille harmonies avec les éléments, les insectes, les oiseaux, les quadrupèdes, et, se combinant avec mille autres Végétaux, couronne nos collines ou tapisse nos rivages!...

« Peut-on reconnaître la verdure et les fleurs d'une prairie sur des bottes de foin, et la majesté des arbres d'une forêt dans des fagots? L'animal perd par la mort encore plus que le Végétal, parce qu'il avait reçu une plus forte portion de vie. Ses principaux caractères s'évanouissent : ses yeux sont fermés, ses prunelles ternies, ses membres roides ; il est sans chaleur, sans mouvement, sans sentiment, sans voix, sans instinct. Quelle différence avec celui qui jouit de la lumière, distingue les objets, se meut vers eux, aime, appelle sa femelle, s'accouple, fait son nid, élève ses petits, les défend de ses ennemis, étend ses relations avec ses semblables et enchante nos bocages ou anime nos prairies ! Reconnaîtriez-vous l'Alouette matinale et gaie comme l'aurore, qui s'élève en chantant jusque dans les nues, lorsqu'elle est attachée par le bec à un cordon ; ou la Brebis bêlante et le Bœuf laboureur, dans les quartiers sanglants d'une boucherie ? L'animal mort, le mieux préparé, ne représente qu'une peau rembourrée, un squelette, une anatomie. La partie principale y manque : la vie qui le classait dans le Règne animal. Il a encore les dents d'un Loup, mais il n'en a plus l'instinct qui déterminait son caractère féroce et le différenciait seul de celui du Chien si sociable. La plante morte n'est plus végétale, parce qu'elle ne végète plus ; le cadavre n'est plus animal, parce qu'il n'est plus animé ; l'une n'est qu'une paille et l'autre n'est qu'une peau. Il ne faut donc étudier les plantes dans les herbiers et les animaux dans les cabinets, que pour les reconnaître vivants, observer leurs qualités et peupler de ceux qui sont utiles nos jardins et nos métairies.

« Les animaux étrangers, ajoute-t-on, perdent leur caractère dans la captivité, et il n'y a « que des voyageurs qui, allant dans leurs pays, puissent les connaître dans leur état na- « turel. » En conséquence, on propose d'employer les fonds que je sollicite pour une ménagerie nationale à faire voyager des zoologistes.

« Si les animaux perdent leur caractère par la captivité, ils le perdent bien davantage par la mort. A quoi donc serviraient les voyages des zoologistes qui n'iraient nous chercher que leurs peaux ou leurs squelettes ?

« Si une ménagerie affaiblit le caractère des animaux en les captivant, autant en fait une serre chaude de celui des plantes ; car un palmier y est aussi captif dans son caisson qu'un rhinocéros dans sa loge. Il y a plus, c'est que l'animal dégénère beaucoup moins en captivité que le végétal. Certainement le bambou, le café, les palmiers de nos serres sont plus petits, plus rachitiques que les Autruches, les Lions et les autres animaux des même climats qu'on amène en Europe, parce que ceux-ci ont pour l'ordinaire toute leur crue lorsqu'on les envoie et qu'il est plus facile de leur procurer les aliments qui leur conviennent qu'aux végétaux le sol et les températures dont ils ont besoin. Cependant conclurait-on de la dégénération des plantes étrangères dans nos serres chaudes qu'il faut les supprimer et envoyer des botanistes en Asie, en Afrique et en Amérique, pour nous les faire connaître en Europe ? Mais en a-t-on jamais fait voyager uniquement pour chercher des herbiers ? N'attend-on pas d'eux, au contraire, qu'ils ne nous apportent des plantes mortes que quand ils ne pourront nous les donner vivantes ? Ne leur recommande-t-on pas d'en recueillir les graines, afin de les semer chez nous ? Ne sont-ce pas eux qui ont peuplé le Jardin national d'une foule de végétaux agréables ou utiles, qui delà se sont répandus dans nos jardins et dans nos campagnes ? Quels avantages retirerons-nous donc des voyages des zoologistes, s'ils ne nous apportent jamais que des animaux morts ? Que feraient-ils d'ailleurs des vivants, puisque la nation n'aura pas de ménagerie pour les recevoir ? Ils étudieront leurs mœurs, dit-on, et nous en apporteront des descriptions exactes ; ils nous en feront des dessins. Ils en jouiront donc seuls en réalité, tandis que la nation qui les paie n'en aura que les images. Mais à quoi nous servira de les connaître morts, si jamais nous ne devons les voir vivants ? Après tout, je voudrais bien savoir comment des zoologistes peuvent connaître à fond les animaux sauvages d'un pays dont, au bout du compte, ils ne veulent avoir que les peaux. Comment étudieront-ils leurs mœurs, s'ils ne les observent qu'en les couchant en joue ? Ils ne les verront jamais que fugitifs et tremblants. Iront-ils avec toute leur bravoure, au sein des déserts, examiner le Lion dans sa caverne et le Rhinocéros dans son marais ? Au moins l'animal au pouvoir de l'homme montre encore son instinct ; s'il s'altère par les mauvais traitements, il semble se perfectionner par les bienfaits. Le Lion s'associe un ami dans les fers; et le Rhinocéros, sortant de sa bauge, vient à travers ses barreaux mendier des caresses à la main qui le nourrit.

« Une Ménagerie bien dirigée peut nous donner encore une image de ces antiques correspondances des animaux avec l'homme. Le cabinet ne nous présente guère que ceux auxquels il a arraché la vie par violence : la ménagerie peut nous montrer ceux à qui il la conserve par ses bienfaits. Cette école nécessaire à l'étude des lois de la nature peut devenir intéressante pour celle de la société, et influer sur les mœurs d'un peuple, dont la férocité à l'égard des hommes commence souvent son apprentissage par celle qu'il voit exercer sur les animaux.

« Cette Ménagerie coûtera, dit-on, beaucoup plus que le Jardin, parce que les animaux consomment beaucoup plus que les plantes. Mais les plantes qui sont dans les serres chaudes coûtent beaucoup de bois et d'entretien : il leur faut des engrais, des terres de fougères, des caissons, des paillassons, des vitres. Je conviens cependant que les animaux consomment davantage, mais il ne sera pas nécessaire de se procurer toutes les familles de ceux qui sont connus; on ne s'attachera qu'à avoir les plus utiles. Quant à ceux qu'on nous offre aujourd'hui, comme on nous les donne, l'achat n'en coûtera rien. Leur nourriture n'est pas dispendieuse : le bubale, le couagga, le rhinocéros vivent de foin, d'un peu d'avoine et de son; le lion mange par jour 6 livres de viande de basse boucherie; et le chien son ami 6 livres de pain par semaine. On peut nourrir le lion à meilleur marché avec des équarrissages de chevaux. Leur logement sera de peu de dépense : M. Laimann, concierge de la Ménagerie, nous a promis les grilles, les palissades et les charpentes de leurs loges. M. Couturier, régisseur général des domaines de Versailles, et rempli d'ardeur pour le bien public, s'est chargé de les faire transporter sans frais, ainsi que les animaux, ayant à sa disposition un grand nombre de chevaux de trait. Enfin, pour comble de facilités, il y a sur la rue de Seine un terrain, ci-devant aux nouveaux convertis, qui appartient à la nation et qui est enclavé dans le Jardin des Plantes : il contient des bâtiments considérables, qui n'ont besoin que de quelques cloisons; et il y a, de l'autre côté de la rue, la fontaine Saint-Victor, d'où il est facile d'envoyer de l'eau vive pour les besoins de ces animaux.

« Il ne s'agit donc plus que de fixer une somme annuelle pour leur établissement et leur nourriture, et pour les gages du portier, du gardien, du concierge, du professeur, etc. Quoique cette évaluation ne soit pas de mon ressort, je l'estime à vingt mille livres. La dépense du Cabinet, du Jardin, de ses professeurs, jardiniers, portiers, garde-bosquets, a été portée cette année à cent mille livres; l'année précédente, elle l'avait été à cent seize mille, sans rien ajouter à l'instruction publique: moyennant cent vingt mille livres, cet établissement aura un cours complet d'Histoire naturelle et donnera des naturalistes, des plantes et des animaux utiles aux quatre-vingt-trois départements de la France et même aux pays étrangers.

« Tout nécessite donc l'établissement d'une Ménagerie au Jardin des Plantes, et tout y est favorable : le besoin de placer, dans un lieu destiné à l'étude de l'Histoire naturelle, le Règne le plus intéressant de la nature; les avantages qui en résulteront pour le progrès des arts, des sciences, de l'économie rurale et de la philosophie même; nos relations politiques avec les puissances étrangères; l'intérêt de la capitale, la nécessité urgente de recueillir les débris de la ménagerie de Versailles; la facilité de les transporter à Paris et d'acquérir sans bourse délier un terrain et des bâtiments enclavés dans le Jardin des Plantes et voisins d'une fontaine.

« Ministres, honorés de la confiance de la nation; sections de Paris, si zélées pour la gloire de votre ville; citoyens éclairés, qui étendez vos lumières économiques à tout son département, prenez en considération un établissement qui doit illustrer la capitale et éclairer toutes les parties du corps politique : attachez-les au centre commun de la patrie par les liens de la reconnaissance. »

On voit, d'après les extraits de cet excellent Mémoire, qui est aujourd'hui comme oublié dans les œuvres complètes de Bernardin-de-Saint-Pierre, combien l'illustre successeur de Buffon attachait d'importance à la fondation d'une ménagerie d'animaux vivants au Jardin des Plantes, avec quelle sollicitude il invoque toutes les raisons qui peuvent militer en faveur de sa cause pour laquelle Buffon lui-même n'eût pas trouvé de plus généreux arguments.

Quelque sensation qu'ait produite ce Mémoire, la translation des animaux de la Ménagerie de Versailles au Jardin des Plantes ne fut ni décrétée ni même discutée par l'Assemblée ; c'était au milieu de circonstances solennelles que la voix de l'intendant du Jardin s'était élevée ; elle fut étouffée par l'orage qui grondait et dont les premières commotions se traduisaient par la mise en jugement de Louis XVI. Mais il était impossible qu'un projet, dont l'utilité et la grandeur avaient été si souverainement démontrées, ne fût pas reproduit lors de la première organisation du Muséum, en juin 1793. Le règlement qui fut alors rédigé par les professeurs et voté par le Comité d'instruction publique de la Convention, est complété par un chapitre intitulé : *Des moyens d'accélérer les progrès de l'Histoire naturelle*. L'une des promesses de ce chapitre est la création d'une Ménagerie destinée à la fois à l'étude scientifique de l'organisation et des mœurs des diverses classes d'animaux et à l'acclimatation des espèces utiles.

Cette indication n'était encore qu'une espérance dont la réalisation fut renvoyée à un avenir indéfini. Mais il existe dans la vie humaine des circonstances imprévues, des concours heureux de volontés persévérantes, qui font éclore les résultats avant les temps fixés par les prévisions de la temporisation.

Geoffroy Saint-Hilaire, chargé au Jardin de la zoologie et de l'administration des matériaux zoologiques, venait de commencer avec un éclatant succès l'enseignement de la zoologie, qui, pour la première fois, se faisait entendre au Muséum, lorsqu'une occasion aussi heureuse que fortuite se présenta pour créer une Ménagerie.

Ce fut un coup de main du procureur général de la Commune de Paris qui dota la France de l'établissement que nous admirons aujourd'hui. Ce magistrat, considérant que les exhibitions publiques d'animaux vivants ne devaient point être abandonnées à l'industrie particulière, attendu que ces ménageries foraines causaient non-seulement encombrement sur les places publiques, mais pouvaient même, par suite de la négligence des gardiens à l'égard des bêtes féroces, devenir une cause de danger pour les citoyens, prit de lui-même, et sans s'être entendu à ce sujet avec personne, un arrêté portant que les animaux stationnés sur les places de Paris seraient saisis sans délai par le ministère des officiers de police et conduits au Jardin des Plantes, où, après estimation de leur valeur et indemnité donnée aux propriétaires, on les établirait à demeure. Cependant les professeurs du Jardin des Plantes n'avaient reçu aucun avis. L'arrêté avait été exécuté aussitôt que signé, et la première nouvelle en fut portée au Jardin par les animaux eux-mêmes qui, avec leurs gardiens, y affluaient de toutes parts sous la conduite des commissaires de police et de la force armée. Geoffroy Saint-Hilaire était tranquillement occupé dans son cabinet, quand on vint le prévenir de l'arrivée des étranges visiteurs qui assiégeaient sa porte. La circonstance n'était pas seulement singulière, elle était réellement difficile. Il était évident que le procureur général de la Commune avait dépassé ses pouvoirs en ordonnant que ces animaux seraient conduits et nourris au Jardin des Plantes. Ce n'était pas le tout que de recevoir ces nouveaux hôtes, il fallait les payer et les nourrir, et sur quels fonds cette dépense se ferait-elle? Les animaux auraient fort bien pu demeurer longtemps dans la rue, s'il avait fallu attendre, pour leur ouvrir les portes du Jardin, que cette question eût été convenablement discutée et finalement résolue par les pouvoirs compétents. Le Muséum avait le droit de refuser un envoi fait dans des circonstances si inopportunes; établissement national et non municipal, il relevait de l'État seul et rien ne l'obligeait à déférer à un ordre de l'administration de la police.

Loin de songer à profiter de cette ressource légale, Geoffroy, en homme dont le jugement droit était secondé par une imagination active, eut bientôt pris son parti; fort de l'appui de son vénérable maître Daubenton, alors directeur du Muséum, il assuma sur lui toute la responsabilité des circonstances auxquelles il allait donner une éclatante sanction.

Sans locaux préparés, sans fonds alloués pour la nourriture et la garde des animaux, sans que rien n'eût été ni disposé ni prévu pour la création immédiate de la Ménagerie, il donna ordre d'ouvrir les portes à l'attroupement, d'installer les voitures avec les cages qu'elles renfermaient dans la cour intérieure; il se chargea, jusqu'à décision légale, de fournir à ses frais à l'entretien des animaux et de leurs gardiens. Il avait compris tout l'intérêt que devait avoir pour la science et pour le pays un pareil établissement, et combien, le premier pas une fois fait, il serait difficile au Gouvernement de revenir en arrière.

C'est ainsi que fut institué révolutionnairement, en date du 15 brumaire an II, le premier noyau de la Ménagerie. Parmi les animaux ainsi recrutés, se trouvèrent deux ours blancs, un léopard, un chat tigre, une civette, un raton, un vautour, deux aigles, plusieurs singes, des agoutis. Ils furent évalués en somme à 33,000 francs.

Comme Geoffroy l'avait prévu, il n'eut pas l'assentiment de tous ses collègues. Ceux dont la prévision s'étendait au delà des difficultés du moment approuvèrent hautement sa conduite; la prudence de quelques autres s'en effraya. L'hésitation ne fut pas de longue durée: un mois ne s'était pas écoulé que l'assemblée des professeurs subvenait par un vote aux besoins les plus urgents des animaux et de leurs gardiens, et que des démarches étaient faites pour obtenir les ressources nécessaires à l'établissement définitif de la ménagerie.

Lakanal, protecteur infatigable de l'établissement dont il venait d'être le second fondateur, en plaida la cause cette fois encore auprès de ses collègues; elle fut gagnée. mais non sans peine.

Ce fut seulement en mai 1794 que le Comité de salut public ordonna l'*arrangement provisoire de quelques loges;* en août, les travaux furent commencés, et, trois mois plus tard, la Ménagerie, par un décret rendu le 11 décembre 1794 par la Convention, reçut enfin une exécution définitive et des ressources assurées.

18

Geoffroy Saint-Hilaire et ses collègues n'avaient point attendu que la Ménagerie fût officiellement reconnue pour l'enrichir et la rendre digne d'un grand établissement et d'une grande nation. Dès le premier jour, l'Ordre des Carnassiers et celui des Primates y avaient eu de nombreux représentants, et le bâtiment situé à l'extrémité de l'allée des marronniers, près du quai, consacré jusque-là aux petits Mammifères, se trouva rempli aussitôt qu'occupé. Il existait alors, vers le milieu du Jardin, un vaste bassin enclos d'une grille ; des Oiseaux de rivage et des Palmipèdes se trouvèrent bientôt rassemblés sur les bords ; le Rhinocéros de Versailles, tant désiré de Bernardin de Saint-Pierre, était mort ; mais le Couagga et le Bubale avaient survécu : on les obtint facilement ainsi que deux Dromadaires qui avaient appartenu au prince de Ligne ; mais, pour compléter l'idée d'une Ménagerie, il restait à leur adjoindre des représentants des classes pacifiques. Ce fut encore par arrêté révolutionnaire qu'il y fut pourvu. Après la mort du duc d'Orléans, le Rainci avait été confisqué comme propriété nationale, et la chasse du parc avait été adjugée aux enchères à Merlin de Thionville et au marquis de Livry. Crassous, qui exerçait les fonctions proconsulaires dans le département de Seine-et-Oise, cassant le marché, décida que le district de Gonesse ferait saisir dans le parc les bêtes fauves qui s'y trouvaient pour les mettre à la disposition des administrateurs du Jardin des Plantes. En même temps, donnant avis à ceux-ci de son arrêté, il les invita à déléguer quelqu'un au Rainci pour recevoir ce tribut. Ce fut encore Geoffroy Saint-Hilaire qui, à raison de ses fonctions, fut chargé de ce soin. Il se plaisait dans sa vieillesse à raconter la visite qu'il fit à cette occasion au Rainci avec Lamarck, cette autre gloire, alors naissante aussi, de la zoologie française. Merlin de Thionville, qui n'avait point encore connaissance de l'arrêté proconsulaire, était en pleine chasse quand on vint l'avertir que deux jeunes gens arrivés au château demandaient qu'on leur remît les précieux habitants de la forêt. On peut s'imaginer la surprise et la colère du terrible conventionnel ainsi menacé dans ses plaisirs. Geoffroy n'était pas maître d'une certaine émotion, et ce fut presque timidement que, pour toute réponse, il présenta au furieux chasseur l'arrêté dont il était porteur, et qui faisait connaître, avec sa qualité, le nom du pouvoir qui l'en avait revêtu. Le prestige de ce nom, de cette décision prise dans l'intérêt du peuple, produisit un effet magique. Les chasseurs s'arrêtèrent ; l'emportement contre les importuns visiteurs fit place au désir empressé de les servir ; on se remit en chasse non plus pour le divertissement de tuer des animaux, mais pour une poursuite toute philosophique destinée à les mettre dans les filets, et par suite à la disposition des deux délégués de la Ménagerie nationale. Merlin de Thionville conduisit lui-même le convoi ; et aux animaux confisqués au Rainci il ajouta même plus tard, en échange d'animaux empaillés, divers animaux précieux dont il était possesseur. Ainsi prirent place, à côté des Tigres et des Ours, au Jardin des Plantes, des Cerfs et des Biches, des Daims fauves et blancs, des Chevreuils, un Chameau ; et la seconde section de la ménagerie, entretenue de fourrage comme la première de débris de boucherie, fut installée, en attendant décision, sous les grands arbres qui existaient alors près de la rue de Buffon.

L'établissement ne reposait encore que sur l'incertain. Le Comité d'instruction publique avait vu avec déplaisir les empiétements de la Commune, et ne se pressait pas de les ratifier. Cependant, stimulé par Geoffroy, dont ces nouvelles acquisitions n'avaient fait qu'augmenter le zèle, il consentit à décréter en principe l'établissement d'une Ménagerie au Jardin des Plantes, et autorisa Geoffroy à continuer ses avances. Les premières difficultés s'aplanirent peu à peu. L'affluence du peuple, qui avait immédiatement saisi toute l'importance de cette institution nouvelle, en fit sentir la valeur. Des mesures furent prises pour faire traquer et saisir dans les forêts de l'État des représentants de tous les animaux qui les habitent. Geoffroy ayant appris qu'il y avait, à la foire de Rouen, un Éléphant, s'y rendit sans éclat, et en fit, à assez bon prix, l'acquisition. Un superbe Lion fut acquis de la même manière. Bref, la Ménagerie prit figure, et un an ne s'était pas écoulé depuis le premier acte d'hospitalité accordé, dans l'enceinte du Jardin des Plantes, aux Ménageries foraines, que la Convention nationale, sur le rapport du député Thibaudeau, sanctionnait par un décret l'établissement d'une Ménagerie nationale. Les idées de Bernardin de Saint-Pierre se trouvent en partie reproduites dans ce rapport, et il n'est pas sans intérêt de les rappeler ici.

« La Botanique, disait le rapporteur, est sans doute une des branches les plus étendues de l'Histoire naturelle; mais il y en a plusieurs autres dont l'étude est très-utile. On peut en prendre les premières notions dans les cabinets, mais on n'y acquerra jamais des connaissances complètes, parce que l'on n'y voit pas la nature vivante et agissante. Quelque apprêt que l'on donne aux cadavres des animaux ou à leurs dépouilles, ils ne sont plus qu'une faible représentation des animaux vivants. La peinture n'en retrace même qu'imparfaitement l'image. Quand on compare les lions qui sont dans la plupart des tableaux au magnifique individu qui existe au Muséum, on voit que la plus grande partie des artistes, se copiant les uns sur les autres, n'ont pas rendu la nature, et que leurs imitations sont beaucoup au-dessous du modèle.

« Le Muséum a recueilli des animaux envoyés par la municipalité de Paris, ceux de Versailles, du Rainci; ils sont très-mal logés : le Comité de salut public avait en conséquence ordonné à la commission des travaux publics d'examiner avec les professeurs l'emplacement le plus commode pour y construire provisoirement une ménagerie propre à les recevoir. Elle est presque terminée. Vous sentirez la nécessité de cet établissement au Muséum, qui doit renfermer tout ce qui tient à l'Histoire naturelle. Jusqu'à présent, les plus belles ménageries n'étaient que des prisons où les animaux resserrés avaient la physionomie de la tristesse, perdaient une partie de leur robe, et restaient presque toujours dans une attitude qui attestait leur langueur. Pour les rendre utiles à l'instruction publique, les ménageries doivent être construites de manière que les animaux, de quelque espèce qu'ils soient, jouissent de toute la liberté qui s'accorde avec la sûreté des spectateurs, afin qu'on puisse étudier leurs mœurs, leurs habitudes, leur intelligence, et jouir de leur fierté naturelle dans tout son développement. Les animaux qui servaient pour les grands spectacles des anciens conservaient toute la beauté des formes. On atteindra ce but en pratiquant des parcs un peu étendus, environnés de terrasses. Les spectateurs suivront sans danger tous les mouvements des animaux; le peintre et le sculpteur feront alors facilement passer dans leurs ouvrages le caractère qui les distingue.

« En rapprochant de nous toutes les productions de la nature, ne la rendons pas prisonnière. Un auteur a dit que nos cabinets en étaient le tombeau. Eh bien! que tout y prenne une nouvelle vie par vos soins, et que les animaux destinés aux jouissances et à l'instruction du peuple ne portent pas sur leur front, comme dans les ménageries construites par le faste des rois, la flétrissure de l'esclavage; que l'on puisse admirer la force majestueuse du Lion, l'agilité de la Panthère, et les élans de colère ou de plaisir dans tous les animaux. Quant à ceux d'un caractère plus doux, ils pourront être placés dans des parcs un peu étendus, en partie ombragés par des arbres, et tapissés de verdure propre à les nourrir. »

N'est-il pas remarquable de voir le programme de cette Ménagerie, que tant de personnes admirent aujourd'hui sans en connaître l'origine, prendre naissance au milieu des débats de cette Convention que d'ordinaire on se représente comme toujours terrible? Dans cette même séance, 21 frimaire an III, malgré la pénurie du Trésor, la Convention vota, en faveur du Muséum d'Histoire naturelle, une somme de 237,233 francs. C'était alors une somme considérable, et qui témoignait assez de l'intérêt que portait la République à l'étude des sciences naturelles. Geoffroy fut officiellement nommé, par règlement approuvé par la Convention, directeur de la Ménagerie : cette direction se trouvait être le complément normal de la chaire de zoologie dont il était chargé.

L'impulsion ainsi donnée, la Ménagerie s'accrut successivement et à mesure que les circonstances le permirent. Ainsi la conquête de la Hollande, en 1798, amena deux Éléphants mâle et femelle, provenant de la ménagerie du stathouder.

Plus tard, après divers événements qui diminuèrent le nombre des animaux, attendu qu'on fut obligé, en 1799, par exemple, d'en tuer une partie pour nourrir les plus précieux, la Ménagerie reçut en 1800, moyennant une somme de 17,500 francs, un envoi que lui fit l'Angleterre de deux *Tigres* mâle et femelle, deux *Lynx* aussi mâle et femelle, un *Mandril*, un *Léopard*, une *Panthère*, une *Hyène*, et quelques Oiseaux. En 1801, le plan de la Ménagerie fut définitivement arrêté, l'on acquit quelques chantiers situés sur la Seine et l'on fit quelques nouveaux parcs et de nouvelles cabanes pour les Daims, les Axis, les Cerfs, les Bouquetins, les Mérinos, le Gnou, les Kanguroos. En 1810, la ménagerie du roi de Hollande vint donner au Jardin un complément de vingt-quatre animaux, qui constituèrent enfin la Ménagerie.

Successivement de nouvelles acquisitions lui donnèrent toute l'étendue et l'importance qu'elle possède actuellement.

Au Muséum, les animaux vivants sont groupés par catégories, et pour ainsi dire par familles naturelles. A la *Singerie*, on met les Singes et les Makis ; au bâtiment plus rapproché de la Seine, les *Animaux féroces*, c'est-à-dire les Mammifères carnassiers. Quelques Ours, insensibles à nos variations de température, habitent dans de grandes fosses. Des Lions, des Panthères, etc., ne pourraient pas y vivre en toute saison ; et d'ailleurs, il serait impossible de les y retenir, car leur grande agilité leur permettrait bientôt de s'échapper. La *Rotonde*, qu'on pourrait appeler le point central de la Vallée suisse, en est aussi la construction la plus considérable et la mieux conçue ; elle donne asile aux plus grands animaux : l'Éléphant, les Pachydermes et les Ruminants. Diverses espèces la quittent pendant la belle saison et vont occuper les *parcs* ; cette faveur est plus particulièrement réservée à celles de l'Inde, de l'Afrique ou de l'Amérique méridionale, auxquelles les chaleurs de l'été rappellent leur patrie ; pendant l'hiver ces animaux reviennent à la Rotonde. Mais les parcs ont, comme les fosses, des habitants qui ne les quittent pas plus en hiver qu'en été. Tels sont les Cerfs de Virginie, les Axis de l'Inde, dont les espèces peuvent être regardées comme acclimatées chez nous, et divers autres qui nous viennent des pays froids, comme le Renne, l'Élan, etc.

Des parties non moins essentielles de la Ménagerie sont : la *Volière* du nord, où l'on met principalement les Oiseaux de proie et les Perroquets ; la *Faisanderie*, où sont les Faisans, qui lui ont donné leur nom, les Poules de diverses races, les Pintades et les autres Gallinacés. Les Autruches, les Casoars et quelques oiseaux de grande taille occupent une fabrique spéciale, subdivisée en plusieurs compartiments ; deux endroits, pourvus d'une pièce d'eau, sont le séjour des espèces aquatiques ou de rivage : c'est là que l'on voit les Cygnes, les Oies, les Canards de diverses sortes, les Grues, les Cigognes, etc.

Les *Reptiles* habitent le local autrefois réservé aux Singes. Quoique placé en dehors de la Vallée suisse, il en est très-peu éloigné.

La Ménagerie n'a pas de chef spécial comme la bibliothèque ou les galeries d'histoire naturelle ; elle est placée sous la direction immédiate des professeurs de zoologie chargés de l'enseignement relatif aux animaux qu'on y conserve : M. Isidore Geoffroy-Saint-Hilaire, pour les Mammifères et les Oiseaux, et M. Duméril, pour les Reptiles. Les aides naturalistes de chacun de ces professeurs, MM. *Florent Prévost* et *Aug. Duméril*, sont chargés de les seconder.

On pourrait écrire et même on a écrit, au grand profit de l'histoire naturelle, plusieurs volumes sur la Ménagerie du Muséum. Mais comment la dépeindre en un seul chapitre? comment raconter en quelques pages ce que la science moderne lui doit de connaissances positives et d'applications utiles? La description pure et simple de ses habitants est déjà un travail d'une assez grande étendue ; et, comme on a soin de faire figurer dans la belle collection des vélins conservés à la bibliothèque du Muséum toutes les espèces remarquables qui s'y succèdent, et, le plus souvent, d'en publier la description, l'histoire détaillée de la Ménagerie entraînerait celle d'une branche importante de la zoologie, depuis le commencement du dix-neuvième siècle. Frédéric Cuvier a déjà donné la plus grande partie de ces matériaux dans l'*Histoire naturelle des Mammifères*, publiée par lui et Étienne Geoffroy-Saint-Hilaire, qui, depuis la fondation du Muséum jusqu'en 1841, a occupé la chaire de mammalogie et d'ornithologie de ce magnifique établissement. Avant l'ouvrage dont il vient d'être question, Lacépède, G. Cuvier et E. Geoffroy, avaient commencé, sous ce titre : *La Ménagerie du Muséum national d'histoire naturelle, ou les Animaux vivants*, un livre avec figures peintes d'après nature par Maréchal, et gravées par Miger. Le nom de Maréchal est devenu célèbre par les beaux dessins d'animaux qu'il a faits, d'après des individus vivants à la Ménagerie. Huet a continué avec talent ce travail, aujourd'hui confié à plusieurs artistes d'un grand mérite. Parmi ces derniers, M. Werner est celui qui a fait, soit pour M. F. Cuvier, soit pour la collection des vélins, le plus grand nombre de peintures nouvelles.

L'administration du Muséum achète les animaux intéressants qui lui sont proposés, ou dont elle a eu connaissance; la Ménagerie s'enrichit aussi fréquemment de dons, et, dans ce cas, on a soin de conserver le nom des donataires; tant que l'animal offert au Muséum fait partie de l'établissement, ou, après sa mort, lorsqu'il a été préparé par les galeries d'histoire naturelle, une étiquette spéciale rappelle cet acte de générosité. Parmi les amis ou protecteurs des sciences auxquels la Ménagerie doit des espèces rares, nous citerons quelques voyageurs naturalistes : Péron et M. Lesueur, Leschenault, Milbert, M. Dussumier, M. Gaimard. Des princes français de plusieurs familles ont également fait à la Ménagerie des offres précieuses; et, à diverses époques, des princes africains, le pacha d'Égypte, l'empereur de Maroc, Abd-el-Kader, ont adressé au gouvernement des animaux remarquables, et dont la Ménagerie a été aussitôt gratifiée. C'est au pacha d'Égypte que sont dus l'Éléphant d'Afrique et la Girafe.

Tout ce que nous allons dire sur la Ménagerie ne saurait se rapporter exclusivement à son état présent. Si nous nous bornions aux individus que la Ménagerie possède au moment où nous écrivons ces lignes, peut-être que dès demain plusieurs auraient fait défaut. Ce n'est pas qu'elle n'ait un fond de représentants sur lequel on ne puisse toujours compter : Macaque, Sapajou, Lion, Panthère, Ours, Hyène, Chacal, Agouti, Dromadaire, Autruche, etc., etc.; ces espèces s'y voient en tout temps, et toujours en bonne santé, car il est si facile de se les procurer, que la substitution d'un individu à un autre est à peine sensible. On a déjà beaucoup parlé de ces différents animaux, qui forment le vulgaire des Ménageries européennes, et nous ne nous arrêterons pas à les décrire une fois de plus; nous préférons mettre sous les yeux du public l'état des Mammifères qui ont vécu à la Ménagerie, d'après un important document que nous devons à l'obligeance de M. le Professeur Isidore Geoffroy-Saint-Hilaire; cet exposé fera mieux comprendre que tous les éloges possibles combien l'administration a mis de soin à réunir les animaux rares et précieux auxquels elle a eu seule en Europe le privilège de donner une hospitalité, qui n'a pas été sans résultat pour les améliorations de race et les études physiologiques et anatomiques.

La Ménagerie des Mammifères, Oiseaux et Reptiles, contient en ce moment onze cents individus vivants. On trouvera dans les parties spéciales de cet ouvrage les monographies de chaque espèce intéressante; il nous suffira donc de les désigner ici en renvoyant nos lecteurs aux autres volumes des *Trois Règnes de la Nature*.

ANIMAUX DE LA SINGERIE.

Tout le monde connaît aujourd'hui la définition caractéristique des MAMMIFÈRES : « *Animaux pourvus de mamelles au moyen desquelles ils allaitent leurs petits.* » On sait aussi que la dénomination de *Quadrupèdes vivipares*, donnée par Lacépède à ces animaux, a dû être rejetée, parce qu'il y a dans cette classe certaines familles qui sont mammifères et vivipares sans être quadrupèdes. De ce nombre sont les Lamentins et les Cétacés.

Les SINGES appartiennent au premier ordre des Mammifères. Ce sont les animaux qui se rapprochent le plus de l'homme par la nature de leurs actes et par leur conformation.

Les Singes et les autres espèces qui constituent avec eux ce premier ordre de la classe des Mammifères, ont reçu de beaucoup de naturalistes le nom de *Quadrumanes*, c'est-à-dire animaux à quatre mains. En effet, le Chimpanzé, le Gorille, l'Orang-Outan, les Guenons, les Macaques, etc., ont, comme l'homme, le pouce des mains susceptible de mouvements assez variés, et opposable aux autres doigts, ce qui est le caractère d'une main, et, de plus, le pouce de leurs pattes de derrière a la même disposition; ainsi leurs quatre extrémités sont également terminées par des mains. Mais le pouce des mains de devant est si petit, que beaucoup de Singes se servent moins adroitement de leurs mains antérieures que de leurs pieds ou mains postérieures, et même, chez les Primates d'Amérique, le pouce des membres antérieurs prend la direction des autres doigts, presque au même degré que dans la patte d'un Ours. La dénomination de Quadrumanes devient dès lors fautive.

Les Mammifères de cet ordre sont incontestablement les premiers d'entre les animaux après l'homme; aussi le mot *Primatès* ou *Primats*, qu'employait le célèbre Linné avant qu'on eût adopté celui de Quadrumanes, leur convient-il beaucoup mieux que ce dernier. On peut dire que, sous le rapport de l'intelligence et de l'organisation, les Singes et autres animaux qualifiés comme eux de Quadrumanes, forment l'élite du règne animal.

L'élégante construction élevée à la Ménagerie pour y placer les Primates, et que l'on désigne, à cause de sa destination même, par le nom de *Singerie*, mérite donc la première mention (*n° 27 du plan*). Les espèces de l'ordre des Primates sont toutes étrangères à l'Europe. Le Magot seul se trouve en petit nombre sur le rocher de Gibraltar. Les anciens les ont peu connues, bien que du temps des Grecs et des Romains on eût déjà conduit à Athènes et à Rome une partie des espèces qui vivent dans le nord de l'Afrique et peut-être dans l'ouest de l'Asie. Doués d'une intelligence très-mobile, les Singes sont susceptibles de quelque éducation; mais c'est dans le jeune âge seulement que l'on peut les dresser. Les femelles, dont le caractère est plus doux que celui des mâles, restent plus longtemps soumises. Les Singes que les bateleurs ont avec eux, sont le plus fréquemment le Macaque, originaire de l'Inde, et le Sapajou, qui vient d'Amérique.

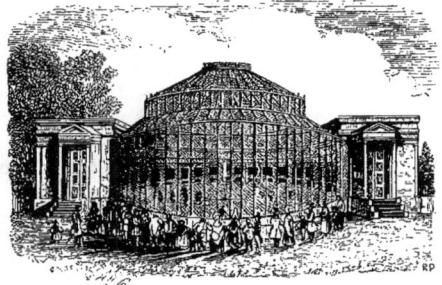

Les Primates vivent aussi bien dans l'ancien monde, Asie et Afrique, que dans le nouveau; mais aucune des espèces américaines n'existe naturellement dans l'ancien continent, et celles de cette partie du globe ne se rencontrent point en Amérique. Il y a même, au sujet de la répartition géographique de ces animaux, un fait plus curieux encore, remarqué par Buffon et Daubenton. Les Singes d'Asie et d'Afrique, quoique se rapportant à plusieurs genres, appartiennent tous à la même famille naturelle; tous ceux de l'Amérique sont également d'une famille à part, et se distinguent de ceux de la famille précédente par des caractères parfaitement tranchés. On donne aux premiers le nom de PITHÈQUES (en latin, *Pithecus*) ou Singes de l'ancien monde, et aux seconds celui de SAPAJOUS (*Cebus*). Une troisième famille de Primates est celle des MAKIS, confinés dans l'île de Madagascar, qui ne possède aucune espèce de vrais Singes. On trouve aussi quelques espèces, voisines des Makis, dans les parties les plus chaudes de l'Afrique et de l'Inde.

PRIMATES ou QUADRUMANES

Iʳᵉ Famille — LES SINGES. — *SIMIIDÆ*

SINGES DE LA PREMIÈRE TRIBU

Les Pithèques, ou les Singes de l'ancien continent, ont le même nombre de dents que l'homme, et ces dents affectent la même répartition : deux incisives, une canine et cinq molaires de chaque côté de chaque mâchoire. Quelques-uns manquent de queue, et chez ceux qui en présentent, cet organe n'est jamais susceptible de s'enrouler autour des corps pour aider l'animal à les saisir. La séparation des narines par une cloison très-mince est encore un des signes caractéristiques de cette famille. Les Pithèques sont les plus intelligents, mais aussi les plus redoutables d'entre les Singes, tant ils sont parfois robustes, défiants et malintentionnés.

La Ménagerie a déjà possédé une grande partie des espèces connues de cette famille, et, sauf les *Gorilles*, originaires du Gabon, et les *Colobes*, naturels de l'Afrique inter-tropicale, elle a eu des représentants de tous les genres dont se compose la série des Pithèques.

Genre TROGLODYTE (*Troglodytes*). — Troglodyte Chimpanzé (*Troglodytes niger*), — Geoffroy-Saint-Hilaire, — *de l'Afrique occidentale*.

C'est de tous les Singes celui qui ressemble le plus à l'homme par son extérieur. Il est presque taillé sur le même modèle, mais ses oreilles sont beaucoup plus grandes et en partie débordées; son nez, au contraire, est presque nul; ses cheveux, ou plutôt les poils semblables à ceux du corps qui couvrent sa tête, sont dirigés du front vers l'occiput et sa station bipède paraît des plus embarrassées si on la compare à la nôtre.

Trois individus de cette Espèce, qui habitent la région occidentale et l'intérieur de l'Afrique, ont vécu à la Ménagerie, l'un en 1837-38, un autre en 1849 (donné par M. le colonel Bertin-Duchâteau), le troisième en 1852-53, encore vivant.

Un autre individu avait antérieurement été observé au Muséum par Buffon, sous la fausse dénomination d'Orang-Outan. Il est constant que c'est bien du Chimpanzé qu'il a voulu parler. La peau et le squelette qui font encore partie des collections, ne laissent aucun doute à ce sujet. « L'Orang-Outan que nous avons vu, dit-il, marchait debout sur ses deux pieds, même en *portant des choses lourdes ;* son air était assez triste, sa démarche grave, ses mouvements mesurés, son naturel doux et très-différent de celui des autres Singes. Le signe et la parole suffisaient pour le faire agir. Nous avons vu cet animal présenter la main pour reconduire les gens qui venaient le visiter, se promener avec eux et comme de compagnie; nous l'avons vu s'asseoir à table, déployer sa serviette, s'en essuyer les lèvres, se servir de la cuiller et de la fourchette pour porter à sa bouche, verser lui-même sa boisson dans un verre, le choquer lorsqu'il y était invité, aller prendre une tasse et une soucoupe, l'apporter sur la table, y mettre du sucre, y verser du thé, le laisser refroidir pour le boire, et tout cela sans autre instigation que les signes ou les paroles de son maître, et souvent de lui-même. Il ne faisait de mal à personne, s'approchait même avec circonspection, et se présentait comme pour demander des caresses. Il aimait prodigieusement les bonbons : tout le monde lui en donnait, et comme il avait une toux fréquente et la poitrine attaquée, cette grande quantité de choses sucrées contribua sans doute à abréger sa vie. Il ne vécut à Paris qu'un été et mourut l'hiver suivant à Londres. Il mangeait presque de tout; seulement il préférait les fruits mûrs et secs à tous les autres aliments. Il buvait du vin, mais en petite quantité ; il le laissait volontiers pour du lait, du thé ou d'autres liqueurs douces. »

Le Chimpanzé de 1837 était un animal fort doux, assez docile et très-intelligent ; mais il n'avait pas été aussi bien élevé que celui de l'intendant du Jardin des Plantes ; et quoiqu'il reçut des visites des personnages les plus éminents, il vivait modestement dans une des travées de la Rotonde, n'ayant fort souvent pour toute société qu'un chien ou un chat.

Au rapport de M. Broderip, naturaliste anglais, un jeune Chimpanzé, qui a vécu quelque temps à Londres, était aussi un animal fort remarquable par son intelligence.

« Dès qu'il fut devenu un peu familier avec moi, dit ce savant, je lui montrai un jour, en jouant, un miroir, et je le mis tout à coup devant ses yeux. Aussitôt il fixa son attention sur ce nouvel objet, et passa subitement de la plus grande activité à une immobilité complète : il examinait le miroir avec curiosité, et paraissait frappé d'étonnement ; ensuite il me regarda, puis porta de nouveau les yeux sur la glace, passa derrière, revint par devant ; et tout en considérant son image, il cherchait, à l'aide de ses mains, à s'assurer s'il n'y avait rien derrière le miroir ; enfin il y appliqua ses lèvres. Un sauvage, d'après les récits des voyageurs, ne fait pas autrement dans la même circonstance. »

Le Chimpanzé actuellement vivant à la Ménagerie est jeune et de petite taille ; il est timide et extrêmement doux ; la cage dans laquelle il est enfermé est de dimension assez grande et permet d'observer sa démarche ; il se tient rarement debout sur les deux pattes de derrière, et lorsqu'il veut aller prendre un objet qu'on lui présente à l'autre extrémité de sa cage, il préfère saisir une corde et traverser la distance par un saut rapide plutôt que de courir comme le ferait un véritable bipède.

GENRE ORANG (*Simia*). — ORANG BICOLOR (*Simia bicolor*), — Isidore Geoffroy-Saint-Hilaire, — *de Sumatra*.

Espèce voisine, mais distraite de l'Orang-Outan ; établie d'après un individu qui a vécu en 1836-37.

L'Orang-Outan n'a été vu vivant en France que pendant le dix-neuvième siècle. *Quatre individus* ont été amenés à Paris : 1° une jeune femelle de Bornéo, offerte, en 1808, à l'impératrice Joséphine par M. Decaen, et qui a fait partie de la ménagerie de la Malmaison, où elle est morte cinq mois après son arrivée ; 2° un autre qu'on montrait dans la rue Saint-André-des-Arcs, en 1809 ; 3° le jeune mâle de Sumatra, qu'on a vu au Muséum depuis le mois de mai 1836 jusqu'au commencement de janvier 1837, époque de sa mort ; 4° un sujet également jeune, et postérieur au précédent, qui appartenait à la direction du Cirque-Olympique. On avait d'abord eu l'intention de le faire jouer avec les autres singes qu'on a vus sur ce théâtre, mais il n'a même pas débuté.

Tous ces Orangs étaient jeunes, ainsi que ceux qu'on a vus en Angleterre, et les quatre ou cinq Chimpanzés amenés vivants en Europe. L'intelligence de ces animaux est des plus souples, et, dans le jeune âge, leur caractère se distingue par une douceur et une gaieté qu'on pourrait appeler enfantine. Mais il n'en est pas de même des adultes, dont la brutalité se développe à l'égal de leurs forces physiques, et les rend véritablement indomptables. Aussi n'en a-t-on jusqu'ici conservé aucun vivant.

Jack, l'orang-outan du Jardin des Plantes, était remarquable par sa douceur, par son amabilité, et par un mélange de manières à la fois gauches ou intelligentes, selon que les actes qu'on voulait lui faire accomplir étaient plus ou moins en rapport avec la nature de son organisation. Il aimait beaucoup à jouer, surtout avec les enfants, et il vivait en quelque sorte familièrement avec son gardien, se conformant au régime du petit ménage qui l'avait accueilli, et subissant tour à tour les réprimandes ou les caresses de son tuteur, selon qu'il s'était bien ou mal conduit. Jouait-il avec brusquerie ? avait-il été gourmand ? ou bien essayait-il de briser les vitres de son logement, ou de mordiller, comme un jeune chien, les personnes qui le visitaient ? Une correction sévère lui était administrée, et il la recevait, sinon de bonne grâce, du moins avec résignation; cachant sa figure dans ses mains, dès qu'on le menaçait, et versant des larmes quand on employait les coups. Il grimpait avec facilité à une corde placée dans son logement. Lorsqu'il s'asseyait, il croisait les jambes comme le font les Turcs et les tailleurs; et, dans cette attitude, sa physionomie ressemblait assez bien à celle des petites figurines indiennes appelées magots de la Chine.

Il mangeait assez proprement; et, suivant la nature des aliments, il se servait de la cuiller ou de la fourchette. Ici, comme dans presque tous ses actes, on reconnaissait des preuves de son intelligence. Nous n'en citerons qu'une : un jour, on lui avait apporté pour déjeuner de la salade, que sans doute il trouvait trop vinaigrée; l'idée lui vint d'ôter un peu de vinaigre en frottant la salade sur les poils de son bras; mais ce moyen ayant été infructueux, il prit les feuilles et les pressa l'une après l'autre entre les plis d'une couverture qui lui servait de tapis.

Cet animal était curieux et gourmand; les nombreuses corrections de son gardien n'avaient pas tardé à lui montrer qu'il devait être un peu plus réservé; aussi exécutait-il ses petits coups lorsqu'on ne faisait pas attention à lui. Il ne pouvait rester seul : le voisinage d'un chien rendait d'abord son isolement moins triste; mais il s'en fatiguait promptement. Il lui fallait la société des hommes, et quoiqu'il affectionnât de préférence un petit nombre de personnes qu'il voyait fréquemment, il se liait néanmoins fort aisément avec tout le monde.

Les Orangs adultes sont essentiellement tristes et paresseux, et leur démarche a quelque chose de grave. On suppose que la durée de leur existence ne dépasse pas quarante ou cinquante ans.

Le travail de la dentition, toujours pénible chez les animaux captifs, n'a pas permis aux Orangs-Outan que l'on a pu se procurer, d'arriver à l'âge adulte. Il en est ainsi de presque tous les Singes de nos Ménageries que l'on a pris jeunes, et même de beaucoup d'autres animaux. La dentition des Orangs et des autres Singes de l'ancien monde suit les mêmes phases que celle de l'espèce humaine.

GENRE GIBBON (*Hylobates*). — GIBBON CENDRÉ (*Hylobates leuciscus*), — Kühl, — de Java et de Sumatra.

GIBBON EN DEUIL (*Hyl. funereus*), — Geoffroy-Saint-Hilaire, — (Espèce établie d'après cet individu).

Indépendamment de ces deux individus qui ont existé dans la Ménagerie, on en a vu un autre, il y a une dizaine d'années, dans un des cafés du boulevard du Temple, à Paris, et la liberté dont on le laissait jouir permettait au public de constater l'agilité de ses mouvements. Les Gibbons sont construits sur le même modèle que les Orangs. Ils sont destinés, comme ceux-ci, à vivre sur les arbres; leurs membres antérieurs sont fort longs, et les postérieurs proportionnellement assez courts. Ils n'ont pas autant d'intelligence que les Orangs; mais, en grandissant, ils conservent des mœurs plus douces, et jamais ils ne présentent le caractère brutal de ces derniers. Ce sont, en somme, des animaux fort tristes, et dont la démarche à terre est assez embarrassée; ils ne montrent de l'agilité qu'en grimpant sur les arbres ou en s'élançant d'un point à un autre; il paraît même que sous ce rapport ils sont bien supérieurs aux Orangs. Un des traits dominants de leur caractère est l'affection qu'ils portent à leurs petits.

On n'a encore trouvé d'Orangs qu'à Sumatra et à Bornéo. Les Gibbons existent aussi dans ces deux îles, et de plus à Java, à Célèbes, etc., ainsi que sur une partie du continent indien. Buffon a observé vivante une des espèces du genre Gibbon.

Les Singes qui précèdent n'ont pas d'apparence de queue, et leurs vertèbres caudales constituent, comme chez l'homme, un petit coccyx caché sous les téguments. Ce caractère, et quelques autres encore, tels que l'élargissement de leur sternum, la forme tuberculeuse de leurs dents molaires, etc., les ont fait considérer comme les plus semblables à notre espèce et nommer *anthropomorphes*. Linné les plaçait même dans le genre Homme. Après eux, nous devons parler des autres Singes qu'on voit à la Ménagerie, et d'abord des SEMNOPITHÈQUES.

19

SINGES DE LA DEUXIÈME TRIBU

GENRE SEMNOPITHÈQUE.

Ceux-ci constituent un genre assez nombreux en espèces propres à l'Inde et à ses îles. Il y en a aussi en Afrique, sous l'équateur ; mais la particularité d'avoir le pouce des mains de devant très-court ou même rudimentaire et caché sous la peau, les avait fait distinguer en un genre particulier sous le nom de *Colobes*. Le *Douc,* le *Nasique,* l'*Entelle,* etc., sont des Semnopithèques. Le *Guereza* d'Abyssinie, et quelques autres assez peu connus, sont des Colobes.

La Ménagerie a possédé deux individus appartenant à ce genre.

SEMNOPITHÈQUE ENTELLE (*Semnopithecus Entellus*), — Frédéric Cuvier, — *de l'Inde.*

SEMN. NÈGRE (*Semn. Maurus*), — Frédéric Cuvier, — *de Java.*

L'Entelle qui vit au Bengale est un de ceux que les Indous révèrent, et dont la capture est interdite. On a pu cependant en observer à l'état de captivité des sujets jeunes et adultes. Fr. Cuvier, en rappelant les modifications que l'âge amène dans le moral de ce Singe et de la plupart des autres espèces qu'il a été possible d'étudier, s'exprime ainsi :

« Pendant sa première jeunesse, l'Entelle a le museau très-peu saillant; son front est assez large et presque sur la même ligne que les autres parties de la face, le crâne est élevé, arrondi, et renferme un cerveau qui le remplit entièrement. A ces traits organiques se joignent des qualités intellectuelles très-étendues ; une étonnante pénétration pour concevoir ce qui peut lui être agréable ou nuisible, d'où naît une grande facilité à l'apprivoiser par les bons traitements, et un penchant invincible à employer la ruse pour s'approprier ce qu'il ne pourrait obtenir par la force, ou pour échapper à des dangers qu'il ne parviendrait pas à surmonter autrement. Au contraire, l'Entelle très-adulte n'a plus de front; son museau a acquis une proéminence considérable, et la convexité de son crâne ne nous présente plus que l'arc d'un grand cercle, tant la capacité cérébrale a diminué. Aussi, ne trouve-t-on plus en lui les qualités si remarquables qu'il nous offrait auparavant : l'apathie a remplacé la pénétration ; le besoin de la solitude a succédé à la confiance, et la force supplée en grande partie à l'adresse. Ces différences sont si grandes, que, dans l'habitude vicieuse où nous sommes de juger des actions des animaux par les nôtres, nous prendrions le jeune Entelle pour un individu de l'âge où les développements les plus tardifs sont atteints, où toutes les perfections morales de l'espèce sont acquises, et où les forces physiques commencent à s'affaiblir ; et l'Entelle adulte, pour un individu qui n'aurait encore que sa force physique, et qui n'obtiendrait que plus tard celle qui est destinée à la diriger. Mais la nature n'agit pas ainsi avec ces animaux, qui ne doivent point sortir de la sphère étroite où ils sont destinés à exercer leur influence. Pour cela il suffit, en quelque sorte, qu'ils puissent veiller à leur conservation. Or, dans ce but, l'intelligence était nécessaire quand la force n'existait point encore; dès que celle-ci est acquise, toute autre puissance perd son utilité ; et en effet, c'est ce que nous montrent encore tous les Singes : tant qu'ils sont jeunes, ils rivalisent presque avec l'homme de pénétration et d'adresse; et dès que leurs forces musculaires se développent, ils deviennent sérieux et féroces. En esclavage même, plutôt que de solliciter du geste et de la voix; ils exigent en menaçant; et au lieu de la liberté turbulente, mais sans danger, dont on pouvait les laisser jouir, il faut les charger de chaînes pour éviter qu'ils ne se livrent à toute leur méchanceté. Et ces faits n'ont pour cause ni la gêne, ni rien de ce qui se trouve de violent dans la situation de ces animaux renfermés dans nos Ménageries. Les mêmes observations ont eu lieu de la part de tous ceux qui ont pu étudier les Singes, là où ils jouissent le plus de leur liberté. »

GENRE MIOPITHÈQUE (*Miopithecus*). — MIOPITHÈQUE TALAPOIN, — Le Talapoin de Buffon.

La Ménagerie a possédé trois individus, deux femelles adultes et un jeune mâle, reçus par la voie du commerce, et qui ont permis à M. Isidore Geoffroy-Saint-Hilaire de déterminer ce genre intéressant, sur lequel il existait des doutes.

GENRE CERCOPITHÈQUE (*Cercopithecus*). — CERCOPITHÈQUE MONE (*Cercopithecus Mona*), — Erxleben, — *de l'Afrique occidentale.*

CERC. MONOÏDE (*Cerc. Monoïdes*), — Isidore Geoffroy-Saint-Hilaire, — *de la côte occidentale d'Afrique.*

Cet individu, donné par Mme la princesse de Beauvau, était très-adulte lorsqu'il est arrivé à la Ménagerie; il y a vécu très-longtemps.

CERC. DIANE (*Cerc. Diana*), — Erxleben, — *de Guinée.*

CERC. A DIADÈME (*Cerc. Leucampyx*), — J.-B. Fish, — *de Guinée.*

CERC. HOCHEUR (*Cerc. Nictitans*), — Erxleben, — *de Guinée.*

CERC. MOUSTAC (*Cerc. Cephus*), — Erxleben, — *de l'Afrique occidentale.*

CERC. CALLITRICHE (*Cerc. Callitrichus*), — Isid. Geoffroy, — *de l'Afrique occidentale* (ordinairement rapporté au *Simia sabæa* de Linné).

CERC. WERNER (*Cerc. Werneri*), — Isid. Geoffroy, — *d'Afrique,* établi d'après les individus de la Ménagerie.

CERC. GRIVET (*Cerc. Sabæus*), — Isid. Geoffroy, — *des bords du Nil Blanc* (véritable *Simia sabæa* de Linné).

CERC. ROUX-VERT (*Cerc. rufo-viridis*), — Isid. Geoffroy, — *d'Afrique,* établi d'après un individu qui a vécu à la Ménagerie.

CERC. VERVET (*Cerc. Pygerythrus*), — Fr. Cuvier, — *de l'Afrique,* établi d'après un individu de la Ménagerie.

CERC. MALBROUCK (*Cerc. Cynosurus*), — Erxleben, — *de l'Afrique occidentale.*

CERC. PATAS (*Cerc. Ruber*), — Erxleben, — *du Sénégal.*

CERC. A DOS ROUGE OU NISNAS. (*Cerc. Pyrrhonotus*), — Ehrenberg, — *de Nubie.*

Deux individus de cette rare espèce font partie du magnifique envoi récemment fait d'Égypte par M. Delaporte.

On voit par la liste des individus qu'a possédés la Ménagerie combien ce genre lui fournit d'hôtes intéressants. La plupart s'acclimatent facilement, grâce aux soins dont ils sont entourés; quelques-uns se sont reproduits, le Grivet notamment; trois individus sont nés à la Ménagerie: l'un, en 1837, et pour la première fois en Europe, a vécu deux mois; le second, en 1838, et a vécu trois mois; le troisième, en 1840, et a vécu dix mois. Nous vous ferons remarquer que c'est grâce à la possession de ces individus vivants que Fr. Cuvier et M. Isid. Geoffroy-Saint-Hilaire ont pu établir des genres et éclaircir des doutes que regrettait la science.

GENRE CERCOCÈBE (*Cercocebus*). — CERCOCÈBE A COLLIER (*Cercocebus collaris*), — Gray, — *d'Afrique.*

CERC. ENFUMÉ OU MANGABEY (*Cerc. fuliginosus*), — Isid. Geoffroy-Saint-Hilaire, — *d'Afrique.*

Cette espèce s'est reproduite à la Ménagerie en 1827, mais la mère a, aussitôt la naissance, dévoré la tête de son petit.

CERC. D'ÉTHIOPIE (*Cerc. Æthiops*), — Linné, — *d'Afrique.*

Espèce confondue avec les précédentes.

La Ménagerie, qui en avait eu un individu assez anciennement, en possède deux magnifiques en ce moment.

GENRE MACAQUE (*Macacus*). — MACAQUE ORDINAIRE (*Macacus cynomolgus*), — Desmar, — *de l'Asie orientale.*

S'est reproduit à la Ménagerie; et par croisement aussi avec le Macaque couronné.

MAC. ROUX DORÉ (*Mac. aureus*). — Isid. Geoffroy.

MAC. DES PHILIPPINES (*Albinos*).

MAC. BONNET CHINOIS (*Mac. sinicus*), — Isid. Geoffroy, — *Simia sinica* de Linné.

MAC. COURONNÉ (*Mac. pibatus*), — Isid. Geoffroy, — *Simia pibata* de Shau.

MAC. RHÉSUS (*Mac. Erythræus*), — Isid. Geoffroy, — *Simia Erythræa,* — *du continent de l'Inde.*

S'est reproduit à la Ménagerie.

MAC. MAIMON OU SINGE A QUEUE DE COCHON (*Mac. Nemestrinus*), — Desmar., — *de Sumatra.*

S'est reproduit à la Ménagerie.

MAC. OUANDEROU (*Mac. Silenus*), — Desmar., — *côte de Malabar.*

Les Macaques se reconnaissent à leurs formes lourdes ; leur oreille n'est pas bordée, et elle commence à devenir angulaire dans la partie supérieure. Leur queue est plus ou moins longue, quelquefois à peine visible ; mais dans le premier cas toujours traînante, et ne se relevant pas au-dessus du dos, comme chez les Cercopithèques et les Semnopithèques.

Les Macaques sont communs en Europe, et il n'est pas rare d'en voir entre les mains des petits Savoyards, qui font métier de l'intelligence et de la singularité de différents animaux.

L'Ouanderou a un aspect tout particulier, et le nom de *Silenus*, qui lui a été donné par Linné, exprime parfaitement sa longue chevelure, en partie composée de poils gris et comparable à celle d'un vieillard de joyeuse compagnie.

Le Rhésus n'est pas non plus extrêmement rare ; c'est un des Macaques les plus forts et les plus laids.

GENRE MAGOT PITHÈQUE (*Inuus pithecus*). — MAGOT (*Inuus Sylvanus*), — Geoffroy-Saint-Hilaire.

Ce Singe est celui qu'a disséqué Galien, et d'après lequel les anciens ont connu par analogie la structure physique de l'homme. C'est à tort, ainsi que l'a remarqué M. de Blainville, que Camper, célèbre naturaliste hollandais, avait rapporté à l'Orang la description anatomique faite dès le deuxième siècle par le professeur d'Alexandrie, et qui, jusqu'au temps de Vésale, a été la seule que les médecins apprissent. Le Magot vit sur les rochers les plus escarpés de la Barbarie. Il y en a aussi quelques-uns sur la montagne de Gibraltar ; mais rien ne démontre que ce ne soient pas des individus échappés à la captivité. Les Singes de cette espèce manquent de queue, comme ceux des trois premiers genres ; ils sont fort intelligents et susceptibles, surtout dans le jeune âge, d'une éducation assez étendue.

GENRE CYNOPITHÈQUE (*Cynopithecus niger*). — CYNOPITHÈQUE NÈGRE (*Cynopithecus niger*), — Isid. Geoffroy.

Le Cynopithèque nègre, qu'on n'a vu qu'une seule fois à Paris, a pour caractère d'être entièrement noir et de manquer de queue. Ce curieux animal a quelque chose des Gibbons et du Chimpanzé. Il semble aussi plus intelligent que la plupart de ses congénères, et sa physionomie, ses oreilles même, qui sont presque complètement bordées comme celle de l'Orang, expriment extérieurement la supériorité de sa nature morale.

GENRE CYNOCÉPHALE (*Cynocephalus*). — CYNOCÉPHALE HAMADRYAS (*Cynocephalus Hamadryas*), — Desmar., — *d'Abyssinie, Égypte et Arabie.*

CYNOC. BABOUIN (*Cynoc. Babuin*), — Desmar., — *du nord-est de l'Afrique.*

CYNOC. ANUBIS (*Cynoc. Anubis*), — Fréd. Cuvier.

CYNOC. PAPION (*Cynoc. Sphinx*), — *du Sénégal.*

S'est reproduit plusieurs fois à la Ménagerie, et par croisement avec le CHACMA.

CYNOC. CHACMA (*Cynoc. Porcarius*), — Desmar., — *de l'Afrique australe.*

CYNOC. DRILL (*Cynoc. Leucophæus*), — Fréd. Cuvier, — *d'Afrique.*

Cette espèce a été distinguée du Mandrill par Fréd. Cuvier, et d'après les observations qu'il a pu faire sur les individus vivants à la Ménagerie.

CYNOC. MANDRILL (*Cynoc. Mormon*), — *de Guinée.*

Les Cynocéphales ont la queue pendante, mais légèrement relevée à sa base; leurs narines sont tout à fait terminales, et donnent à leur tête l'apparence d'une tête de Cochon ou même de Chien, ce qu'on a voulu exprimer par le mot cynocéphale. Si l'on considère seulement la manière de vivre de ces Singes, la première de ces dénominations leur convient beaucoup mieux que la seconde, car ils sont sales et grossiers au dernier point. Ils nous viennent d'Afrique. Le plus commun est le PAPION de la haute Égypte. Il est verdâtre et tiqueté de jaune; ses formes sont trapues, sa queue est assez longue, mais ne touche pas le sol quand l'animal est en marche. On le distingue du BABOUIN, qui est plus jaunâtre, et du CHACMA, espèce des environs du cap de Bonne-Espérance, et dont l'aspect a quelque chose d'effrayant. L'HAMADRYAS paraît, au contraire, plus doux; il est en effet plus facile à apprivoiser. Dans les mâles adultes, les poils sont fort agréablement mouchetés de cendré, et ceux de la tête et du thorax forment une sorte de crinière qui coiffe l'animal comme d'une ample perruque. L'Arabie est la patrie de ce Singe, et les bateleurs égyptiens le mènent fréquemment avec eux. Quatre Hamadryas, d'âge et de sexe différents, ont vécu à la Ménagerie.

Ces Singes ont été fort souvent représentés sur les monuments égyptiens. Leur cri ordinaire, ainsi que celui des autres Cynocéphales, est un grognement assez facile à imiter. Quand ils sont en colère, leur voix devient forte et retentissante. Quelques-uns reconnaissent, après les avoir depuis longtemps perdues de vue, les personnes qui leur ont anciennement donné des soins.

La Singerie nourrit aussi, et presque constamment, des Singes de l'espèce des MAN-DRILLS, habitant la côte de Guinée. Ils reproduisent parmi les Cynocéphales la particularité remarquable d'une queue très-courte, particularité également offerte par quelques espèces du genre Macaque.

Les Mandrills sont surtout singuliers par la vivacité des couleurs de leur face et de quelques autres parties de leur corps. On n'en possède guère que des jeunes; les adultes sont d'une brutalité incorrigible.

Le DRILL en est très-voisin sous tous les rapports, mais il est plus rare; le premier de ceux qu'ont observés les naturalistes français appartenait à un montreur d'animaux; il a été décrit avec soin par Fréd. Cuvier. La seule espèce connue de Cynocéphale qu'on n'ait pas encore possédée vivante est celle que M. Ruppel, de Francfort, a trouvée sur les montagnes boisées de l'Abyssinie, et qu'il appelle *Cynocephalus Gelada*.

La Singerie a nourri un joli Papion d'Afrique, remarquable par ses formes élancées et par la teinte jaunâtre de son pelage. C'est une espèce bien différente de celles qu'on connaît et qui ressemble au Babouin. Elle a été figurée dans les vélins de la collection du Muséum.

Le genre des Cynocéphales est le dernier de la première famille des Singes Pithèques, qui comprend tous les Singes de l'Afrique et de l'Asie. Le Maroc et le Japon sont, de l'ouest à l'est, les points extrêmes où l'on en connaisse; et dans la Malaisie, il n'y en a plus au sud, à partir de la Nouvelle-Guinée. La Nouvelle-Hollande, la Tasmanie et la Nouvelle-Zélande en manquent également.

SINGES DE LA TROISIÈME TRIBU

En Amérique, il existe des Singes depuis le Mexique jusqu'au Paraguay. Mais leurs caractères ont dû les faire considérer comme appartenant à une autre famille que les Singes d'Afrique et d'Asie, et on leur donne communément le nom de SAPAJOUS, en latin *Cebus*, par opposition à celui de Pithèques (*Pithecus*), que reçoivent les précédents. Les Sapajous se partagent en plusieurs genres. Captifs dans nos Ménageries, ils témoignent une intelligence moins variée que les Pithèques; en revanche, ils sont plus doux et plus confiants, et leur âge adulte n'est pas caractérisé, comme chez ceux-ci, par une humeur rétive. Ils s'attachent facilement et savent reconnaître, par leur amabilité, la protection qu'on leur accorde; mais ils sont généralement assez malpropres. Ils ont plus de goût pour les insectes que n'en ont les Singes de l'ancien monde; ils aiment aussi les fruits, les légumes et le laitage.

GENRE ATÈLE (*Ateles*). — ATÈLE COAITA (*Ateles Paniscus*), — Geoffroy-Saint-Hilaire, — *de la Guyane, du Brésil et du Pérou.*

AT. PENTADACTYLE (*A. Pentadactylus*), — Geoffroy-Saint-Hilaire, — *de la Guyane et du Pérou.*

AT. A FRONT BLANC (*A. Marginatus*), — Geoffroy-Saint-Hilaire, — *au Brésil.*

AT. CAYOU (*A. Ater*), — Frédéric Cuvier, — *de la Guyane.*

AT. BELZEBUTH (*A. Belzebuth*), — Geoffroy-Saint-Hilaire, — *de la Guyane et du Pérou.*

AT. AUX MAINS NOIRES (*A. Melanochir*), — Desmar.

AT. METIS (*A. Hybrides*), — Isidore Geoffroy, — *de Colombie.*

Les ATÈLES sont des espèces de Sapajous, remarquables par la disproportion apparente de leur corps, comparé à leurs membres et à leur queue. Ils s'accrochent mieux que les précédents au moyen de cette queue, qui est terminée par une sorte de doigt préhensible. Leur naturel est doux, et ils ne manquent pas de pénétration; mais ils sont tristes et comme souffrants dans la loge où on les tient. Dans les bois, au contraire, ces animaux déploient la plus grande agilité, et ils ont, à un plus haut degré que les Gibbons, la faculté de s'élancer d'arbre en arbre avec une extrême rapidité.

GENRE SAJOU ou SAPAJOU (*Cebus*). — SAJOU BRUN (*Cebus apella*), — Erxleben, *de la Guyane.*

S. VARIÉ (*C. Variegatus*), — Geoffroy-Saint-Hilaire, — *du Brésil.*

S. A PIEDS DORÉS ou CHRYSOPE (*Cebus Chrysopus*), — Cuvier.

S. A TOUPET (*C. Cirrifer*), — Geoffroy-Saint-Hilaire, — *du Brésil et de la Guyane.*

S. A FOURRURE (*C. Vellerosus*), — Isidore Geoffroy, — *du Brésil.*

S. COIFFÉ (*C. Frontatus*), — Desmar., — *de l'Amérique méridionale.*

S. ÉLÉGANT (*C. Elegans*), — Isidore Geoffroy, — *du Brésil et du Pérou.*

S. BARBU (*C. Barbatus*), — Geoffroy-Saint-Hilaire, — *de la Guyane.*

S. CAPUCIN (*C. Capucinus*), — Erxleben, — *de la Guyane et du Brésil.*

S. A GORGE BLANCHE (*C. Hypoleucus*), — Geoffroy-Saint-Hilaire, — *de la Guyane.*

Ces singes, caractérisés par leur queue prenante, mais non pas dénudée à son extrémité, présentent de nombreuses variétés de coloration.

Les Sajous apprennent assez facilement différentes sortes d'exercices, et ce sont parmi les singes savants que l'on voit avec les montreurs d'animaux ceux qui amusent davantage le public.

GENRE SAIMIRI (*Saïmiris*). — SAIMIRI SCIURIN (*Saïmiris Sciureus*), — Isidore Geoffroy, — *du Nord de l'Amérique méridionale.*

La présence à la Ménagerie de ce joli petit singe a été d'autant plus remarquable qu'il est très-difficile de l'amener vivant en Europe : sa gentillesse et sa douceur sont célébrées avec raison par les naturalistes; son crâne est remarquable par sa grande capacité ; c'est surtout dans le diamètre antéro-postérieur et non en élévation que ce développement est sensible.

GENRE NYCTIPITHÈQUE (*Nyctipithecus*). — NYCTIPITHÈQUE FELIN (*Nyctipithecus felinus*), — Spix, — *de Bolivie.*

GENRE CALLITRICHE (*Callithrix*). — CALLITRICHE MOLOCH (*Callithrix moloch*), — Hoffman, — *du Brésil.*

GENRE SAKI (*Pithecia*). — SAKI SATANIQUE (*Pithecia Satanas*), — Hoffmann, — *du Brésil.*

GENRE TAMARIN (*Midas*). — TAMARIN NÈGRE (*Midas ursulus*), — Geoffroy-Saint-Hilaire, — *du Brésil.*

TAMARIN AUX MAINS ROUSSES (*Midas Rufimanus*).

T. MARIKINA (*Midas Rosalia*), — Geoffroy-Saint-Hilaire, — *du Brésil*.

T. PINCHE (*M. OEdipus*), — Geoffroy-Saint-Hilaire, — *de la Guyane et de la Colombie*.

GENRE OUISTITI (*Hapale*). — OUISTITI ORDINAIRE (*Jacchus vulgaris*), —Geoffroy-Saint-Hilaire, — *du Brésil*.

OUISTITI A PINCEAUX NOIRS (*Hapale penicillata*), — U. Ayner, — *du Brésil*.

Les OUISTITIS sont un groupe de Primatès également américains, et dont les espèces, les plus petites parmi les Singes, rappellent, par leurs mœurs et leur agilité, le genre de vie des Écureuils.

On remarquera surtout, à l'occasion des Ouistitis, combien est peu général le caractère qui avait fait appeler *Quadrumanes* l'ordre des mammifères dans lequel se placent ces animaux. Leurs ongles ne sont pas aplatis comme ceux des autres Singes, et ressemblent plutôt à de petites griffes; aussi s'en servent-ils pour grimper aux arbres.

Les Ouistitis ont moins d'intelligence que les autres Primatès, et, sous ce rapport, ils se rapprochent jusqu'à un certain point des Écureuils.

L'Ouistiti à pinceaux a plusieurs fois reproduit à Paris, et c'est un des Singes que l'on conserve le plus aisément en cage. Dans un des couples qui ont offert cette particularité, et qu'on a pu observer à loisir, le mâle et la femelle prenaient également soin de leurs petits. Les Ouistitis sont fort attentifs à tout ce qui se passe autour d'eux; mais chez eux, c'est plutôt méfiance que curiosité. Leurs grands yeux, la vivacité de leurs regards semblent bien indiquer un certain jugement, et cependant leur intelligence est très-limitée. On assure même qu'ils ne reconnaissent pas les personnes qui les nourrissent, et ils les menacent de leurs morsures aussi bien que celles qu'ils voient pour la première fois. Ces petits animaux sont très-irascibles; quand on les taquine, ils poussent des cris aigus.

Les Ouistitis et les Sapajous des différents genres ont pour caractères communs l'écartement de leurs narines, la longueur de leur queue et l'absence des callosités ischiatiques que présentent tous les Singes de l'ancien monde, à l'exception des Orangs et des Chimpanzés, et sur lesquelles ces animaux s'asseoient.

Aucune espèce de Sapajou ne s'est encore multipliée à la Ménagerie, et l'on a cru qu'il fallait en accuser la faiblesse de leur tempérament et la difficulté avec laquelle ils supportent les nombreuses variations de notre température. Cependant un couple de ces animaux a reproduit, sous le même climat, dans une des propriétés de M. le duc de Luxembourg. Ces Sajous n'avaient qu'un seul petit. Le fait de la multiplication est moins rare chez les Singes d'Asie ou d'Afrique, et on a obtenu des petits dans plusieurs des genres de ces animaux. Les Papions, qui sont des Cynocéphales, le Maimon et le Rhésus, du genre Macaque, ainsi que le Macaque commun, et même la Guenon grivet, ont produit, bien que captifs et éloignés de leurs pays. Une même femelle de cette dernière espèce a eu trois portées successives. Les jeunes singes sont fort débiles au moment de leur naissance, et la mère, qui a pour eux une grande affection, les tient fort longtemps suspendus à son mamelon, et cramponnés à son corps. Chaque portée, chez les Singes de l'ancien monde, n'est que d'un seul petit. Il est difficile d'élever ceux qu'on obtient ainsi, et pourtant une femelle de Macaque, née à la Ménagerie en 1823, y a vécu jusqu'en 1831. Un Rhésus, né dans le même établissement, a atteint l'âge de 4 ans.

A la Singerie, les habitations particulières constituent autant de petits compartiments, ayant vue sur le couloir intérieur et sur la grande cage exposée à l'air libre et dans laquelle, si la saison le permet, les Singes sont à peu près mis en liberté. Le Sajou d'Amérique et le Mandrill de Guinée, le Macaque ou le Semnopithèque de l'Inde, et le Maki de Madagascar, vivent alors tous en commun. Il y a bien, de temps à autre, quelque dispute, quelque bataille même, mais peu d'effusion de sang; car on a soin de tenir en chartre privée les individus qui aiment trop à faire sentir la supériorité de leur force. Ces espèces de récréations générales sont un spectacle à la fois grave et burlesque qu'on observe toujours avec la même curiosité, mais dont nous ne saurions donner par la parole qu'une idée trop insuffisante. Quand un nouvel hôte arrive à la Singerie, il serait imprudent de le lâcher de prime abord au milieu de la troupe entière; il est nécessaire qu'il s'accoutume à quelques-uns de ses nouveaux compagnons, et qu'il prenne ainsi les allures de l'endroit. On a vu des Singes que les tracasseries d'une première réception avaient effrayés au point de les faire fuir au sommet d'une de leurs cellules où ils ne tardaient pas à mourir de peur ou d'abstinence.

Quelques-uns de ces animaux vivent assez longtemps en cage, et il en est qui ont supporté jusqu'à douze ou quinze années de captivité, même avant la construction du nouveau bâtiment. Mais, pour la plupart, ils sont moins heureusement constitués, et, après un temps qui est ordinairement beaucoup moins long, ils succombent à des maladies de poitrine ou d'intestins. Le froid leur est surtout nuisible, et en hiver ils sont pris quelquefois de coliques violentes, qui les emportent en peu de jours. L'autopsie, dans ce cas, démontre assez souvent la lésion connue sous le nom d'invagination des intestins. Le soin que l'administration du Muséum met à tenir les cages de la Singerie constamment habitées, en remplaçant par de nouveaux venus toutes les malheureuses victimes de notre climat, tient les pertes à peu près indifférentes; et les collections de zoologie et d'anatomie s'en partagent avantageusement les dépouilles.

Un vieux Sajou qui a vu l'ancien et le nouveau local a laissé des souvenirs intéressants. Il avait hérité du nom de *Jack* que portait l'Orang-Outan. C'était le plus intelligent de tous les Sapajous: passait-on sans s'arrêter devant sa cage, lorsqu'on avait quelques gâteaux à la main, il appelait en frappant, jusqu'à ce qu'on eût satisfait à son désir. Si on lui donnait des noisettes, et qu'il ne pût les casser avec ses dents, à cause de l'épaisseur du bois, il prenait une boule, et bientôt la coque était brisée. Ce Singe n'était pas moins curieux à voir lorsqu'on lui avait donné une de ces allumettes, aujourd'hui si usitées sous le nom de *chimiques allemandes*. Il la frottait, l'allumait et la tenait entre ses doigts sans s'effrayer du bruit ou de la lumière.

Nous nous contenterons d'emprunter aux Mémoires de la baronne d'Oberkich un exemple de la facilité avec laquelle les Singes, en général, reproduisent les actions qu'ils ont vu exécuter:

« Vers la fin du siècle dernier, Mᵐᵉ la princesse de Chimay avait un jeune Singe du genre des Sajous, et elle l'aimait beaucoup. Ce petit animal parvint à casser sa chaîne et à s'enfuir sans que personne y prît garde. Il couchait dans un cabinet, derrière la chambre de la princesse, en compagnie d'une chienne bichonne aussi petite que lui. Ils vivaient en parfaite intelligence, ne se battaient jamais, à moins qu'il n'y eût quelque amande ou quelque pistache à partager. Le Singe, tout heureux de sa liberté, en usa d'abord sobrement, à ce qu'il paraît, car il se contenta de verser de l'eau dans l'écuelle de sa compagne et d'en inonder le tapis. Enhardi bientôt, il s'aventura dans la chambre voisine, et pénétra enfin dans le cabinet de toilette qu'il connaissait parfaitement; on l'y amenait tous les jours, et la belle toilette de vermeil de la princesse faisait depuis longtemps l'objet de sa convoitise. On peut juger de sa joie: ce fut un bouleversement complet de boîtes, de houppes à poudre, de peignes et d'épingles à friser. Il ouvrit tout, répandit toutes les essences, après avoir eu le soin de s'en parfumer. Il se roula ensuite dans la poudre, minauda devant le miroir, et ravi de sa transformation, il la compléta en s'appliquant du rouge et des mouches, ainsi qu'il l'avait vu faire à sa maîtresse; il est inutile de dire que le rouge fut mis sur le nez et les mouches à tort et à travers. Pour compléter sa parure, il se fit un pouf avec une manchette, et cet ajustement complété, il se précipita dans la salle à manger au milieu du souper, au moment où on s'y attendait le moins, sauta sur la table et courut vers sa maîtresse.

« Les dames poussèrent des cris affreux et s'enfuirent, pensant que le diable en personne était venu les visiter. La princesse elle-même eut de la peine à reconnaître son favori ; mais lorsqu'elle se fut assurée que c'était bien *Almanzor*, lorsqu'elle le montra assis à côté d'elle, enchanté de sa parure et faisant le beau, les rires chassèrent la frayeur, et ce fut bientôt à qui lui donnerait des gimblettes et des avelines. »

IIᴱ Famille — LES LEMURIDÉS — *LEMURIDÆ*

Nous ne quitterons pas la Singerie sans parler des Makis ou *Lémuriens* (genre *Lemur* de Linné), qui sont les derniers des Primates. Ces animaux sont à peu près nocturnes : assez indolents pendant le jour, ils montrent, au contraire, pendant la nuit, et surtout au crépuscule, une grande activité. Ils viennent de Madagascar. La Ménagerie en a déjà reçu différentes espèces.

Genre MAKI. — Maki a front blanc (*Lemur albifrons*), — Geoffroy-Saint-Hilaire, — *de Madagascar*.

M. Mococo (*L. Catta*), — Linné, — *de Madagascar*.

M. rouge (*L. ruber*), — Geoffroy-Saint-Hilaire, — *de Madagascar*.

M. a fraise (*L. collaris*), — Geoffroy-Saint-Hilaire, — *de Madagascar*.

M. a front noir (*L. nigrifrons*), — Geoffroy-Saint-Hilaire, — *de Madagascar*.

M. Mongous (*L. Mongoz*), — Linné, — *de Madagascar*.

M. Vari (*L. Varius*), — Isid. Geoffroy, — *de Madagascar*.

Genre CHEIROGALE (*Cheirogaleus*), — Geoffroy-Saint-Hilaire. — Cheirogale de Milius (*Cheirogaleus Milii*), — Geoffroy-Saint-Hilaire, — *de Madagascar*.

Genre NYCTICÈBE (*Nycticebus*), — Geoffroy-Saint-Hilaire. — Nycticèbe de Java (*Nycticebus Javanicus*), Geoffroy-Saint-Hilaire, — *de Java*.

Genre LORIS. — Loris grêle (*Loris gracilis*), — Geoffroy-Saint-Hilaire, — *de l'Inde et de Ceylan*.

Genre MICROCÈBE (*Microcebus*). — Microcèbe roux (*Microcebus rufus*), — Schinz, — *de Madagascar*.

CARNASSIERS

Tous les Mammifères carnassiers ne se nourrissent pas exclusivement de chair, et parmi les animaux qui ont ce régime, il en est qui n'appartiennent pas à l'ordre des Carnassiers. Ainsi les Didelphes ou Marsupiaux, quoique leur mode d'alimentation soit souvent le même, ne font pas partie de cet ordre.

Linné donnait aux animaux carnassiers le nom commun de *Feræ* ou bêtes féroces. Cette appellation était assurément la plus exacte pour des espèces telles que le Lion, le Tigre, l'Hyène, qui vivent de carnage et de sang ; elle répond d'ailleurs parfaitement à l'expression vulgaire d'animaux féroces.

Nous verrons cependant qu'individuellement les Carnassiers sont susceptibles d'être apprivoisés. Ils ont assez de véritable intelligence pour apprécier les soins qu'on leur donne, et assez de docilité pour subir le joug d'un maître. Il n'est aucun de ces animaux, si farouches et si redoutables, que la main de l'homme ne soit parvenue à dompter. Quelques-uns, tels que le Chat et le Chien, sont devenus nos serviteurs fidèles et presque nos amis. Les Loutres et les Phoques pourraient être dressés à la pêche; les premières dans les eaux douces, les autres sur les bords de la mer.

Le bâtiment consacré à l'habitation des animaux carnassiers est situé dans l'enceinte consacrée à la Ménagerie, et presque contigu au quai Saint-Bernard (*n° 28 du plan*). C'est en 1817 que l'on a construit cet édifice, qui consiste en une longue galerie composée de vingt-et-une loges exposées au midi, double en profondeur et assez large pour que l'on puisse sans danger se promener à l'intérieur, et voir les animaux lorsque les volets extérieurs sont fermés. A chaque extrémité s'élève un pavillon servant d'entrée et suivi d'une belle et large pièce entourée de cages de fer où l'on renferme les Carnassiers de petite taille.

Derrière ce bâtiment règne une vaste cour et des hangars : on enchaîne dans la cour les animaux qui supportent facilement les intempéries des saisons, tels que les Chiens et leurs variétés, les Loups, les Chacals, les Renards.

Les hangars servent aux premières opérations qui suivent la mort des hôtes de la galerie : ce sont des laboratoires d'anatomie et d'expériences physiologiques. Les animaux féroces ne sont établis dans ce bâtiment que depuis 1821. Ils logeaient précédemment, et depuis 1794, dans un vieux bâtiment situé à l'extrémité de l'allée des Marronniers.

Nous continuons l'énumération des animaux qui ont vécu à la Ménagerie.

Le Kinkajou Potto (*Cercoleptes Caudivolvulus*), — Geoffroy-Saint-Hilaire. — L'Ours brun (*Ursus arctos*), — Linné. — L'Ours terrible (*Urs. ferox*), — des États-Unis. — L'Ours des Asturies (*Urs. Pyrenaïcus*), — Fréd. Cuvier. — L'Ours a collier de Sibérie (*Urs. collaris*), — Fréd. Cuvier. — L'Ours pêcheur du Kamtschatka (*Urs. piscator*), — Pucheran.

Ces trois dernières espèces ont été déterminées et établies d'après les individus qui ont vécu à la Ménagerie.

L'Ours noir d'Amérique (*Ursus Americanus*), — Fréd. Cuvier. — L'Ours orné des Cordillières (*Urs. ornatus*), — Fréd. Cuvier. — L'Ours Euryspile (*Urs. Euryspilus*). — L'Ours jongleur (*Urs. labiatus*). — L'Ours blanc (*Urs. maritimus*).

Les Ours habitent à la fois le bâtiment de la Ménagerie et les fosses qui leur sont exclusivement consacrées, et qui longent une partie de l'allée des Marronniers (*n° 30 du plan*). Il n'est pas rare de voir les Ours se reproduire pendant plusieurs générations.

L'Ours blanc a vécu à la Ménagerie de 1837 à 1841. Il avait une habitude caractéristique qui consistait dans un balancement continuel de sa tête, mouvement que les autres Ours exécutent quelquefois à la vue des chasseurs ou des Chiens prêts à les attaquer. Les chaleurs de l'été faisaient beaucoup souffrir cet habitant du pôle, et on était obligé de lui jeter, tous les jours, plusieurs seaux d'eau fraîche sur le corps. En hiver, au contraire, il supportait les plus grands froids avec une grande facilité.

Le Raton laveur (*Procyon lotor*). — Le Raton crabier (*Procyon cancrivorus*).

Ces animaux ont pour habitude de ne rien manger qu'après avoir trempé dans l'eau leur nourriture.

Le Coati roux (*Nasua vulgaris*). — Le Coati brun (*Nasua nasica*). — Le Coati brun, variété fauve, et un grand nombre d'autres variétés.

Le Coati a un long nez qui lui sert à fouir, et des ongles crochus avec lesquels il porte la nourriture à sa bouche.

Le Blaireau ordinaire (*Meles vulgaris*). — Le Glouton grison (*Gulo vittatus*), — Desmar. — Le Ratel du Cap (*Mellivora Capensis*). — Martes, — Putois, — Loutres : — plusieurs espèces. — Paradoxure type (*Paradoxurus typus*), — de Pondichéry. — Par. d'Hamilton (*Par. Hamiltonii*). — Par. de Nubie (*Par. Nubiæ*). — Mangouste, — plusieurs espèces. — Crossarque mangue (*Crossarcus obscurus*), — Fréd. Cuvier. — Genre et espèce établis d'après l'individu qui a vécu à la Ménagerie. — Suricate (*Ryzoena Tetradactyla*). — Civette d'Afrique (*Viverra Civetta*), — Linné. — Civette Zibeth (*Viv. Zibetha*), — Linné. — Genette ordinaire (*Genetta vulgaris*). — Genette panthérine (*Genetta pardina*), — Isid. Geoffroy. — Cette dernière Genette déterminée d'après l'individu de la Ménagerie. — Genette du Cap (*Genetta Capensis*). — Gen. de Barbarie (*Genetta Afra*).

CANIENS. — Renard, — plusieurs espèces. — Chien Isatis (*Canis Lagopus*), — Linné. — Il est brun bleuâtre en été, ce qui lui a valu le nom de *Renard bleu* ; en hiver, il est blanc. Beaucoup d'animaux du Nord, Mammifères ou Oiseaux, présentent le même phénomène. — Le Fennec (ou Animal anonyme de Buffon) (*Canis Zerdo*), — Gmelin. — Cet animal est remarquable par ses énormes oreilles. — Le Corsac (*Canis Corsac*), — Linné. — Le Chacal de l'Inde (*C. Aureus*), — Linné. — Le Chacal du Sénégal (*C. Anthus*), — Fréd. Cuvier. — Le Chacal d'Algérie. — Mulets de Chacals de l'Inde et du Sénégal. — Loup ordinaire (*Canis Lupus*), — Linné. — Loup noir (*C. Lycaon*), — Linné.

Chien domestique. — Un très-grand nombre de races, parmi lesquelles : — Chien de Terre Neuve. — Ch. des Esquimaux. — Ch. de la Nouvelle-Hollande. — Ch. de Chine (race de boucherie), — etc., etc., etc. — Métis de Chien et de Loup. — Métis de Chien et de Chacal. — Et Métis nés de ces Métis.

HYÉNIENS. — Hyène rayée (*Hyena vulgaris*), — d'Algérie, du Sénégal et de l'Inde. — Hyène tachetée (*Hyena crocuta*).

FÉLIENS. — Lion (*Felis Leo*). — Variétés de Barbarie, — du Sénégal, — de Nubie, — du Cap. — Tigre royal (*Felis Tigris*), — Linné. — Panthère (*F. Pardus*), — Linné. — Panthère noire (*F. Pardus*), — Var. — (*Mélas* des auteurs). — Léopard (*F. Leopardus*). — Serval (*F. Serval*). — Caracal (*F. Caracal*), — Linné. — Jaguar ou Tigre d'Amérique (*F. Onça*), — Linné. — Couguar ou Lion d'Amérique (*F. Concolor*), — Linné. — Ocelot (*F. Pardalis*), — Linné. — Chati (*F. Mitis*), — Fréd. Cuvier. — Margay (*F. Tigrina*). — Chat cervier du Canada (*F. Rufa*), — Linné. — Guépard (*F. Jubata*).

Phoque commun (*Phoca vitulina*).

RONGEURS

Les animaux appartenant à l'ordre des Rongeurs, et qui viennent habiter la Ménagerie, sont répartis dans diverses parties de l'établissement. Quelques-uns sont placés avec les Carnassiers, d'autres avec les Pachydermes et les Ruminants. Nous l'avons déjà dit, malgré le désir que l'on a naturellement de réunir les animaux selon leur rang dans la classification de la science, il faut se plier souvent à des nécessités résultant des habitudes, des mœurs de chaque espèce.

La Ménagerie a possédé un grand nombre d'individus. Voici les espèces auxquelles ils se rapportent :

Marmotte (*Arctomys alpinus*). — Monax gris (*Arctomys empetra*). — Souslic

(*Spermophilus citillus*). — ÉCUREUIL (un grand nombre d'espèces et de variétés). — POLATOUCHE (*Sciurus volans*). — LOIR (*Myoxus glis*). — LÉROT du Sénégal (*Myoxus coupéi*), — Fr. Cuvier. — MUSCARDIN (*Myoxus avellanarius*). — LÉROT (*Myoxus mitela*). — GRAPHIURE DU CAP (*Graphiurus Capensis*). — RAT, plusieurs espèces. — CAMPAGNOL, plusieurs espèces. — LIÈVRE COMMUN (*Lepus timidus*). — LAPIN (*Lepus cuniculus*). — Variétés diverses.

CHINCHILLA (*Chinchilla lanigera*). — AGOUTI (*Dasyprocta acuti*). — ACOUCHI (*Dasyprocta acuchi*). — COBAIE, diverses variétés. — CABIAI (*Cavia capybara*). — PACA BRUN (*Cœlogenys fuscus*).

ÉDENTÉS

UNAU (*Bradypus didactylus*), — Linné. — TATOU ENCOUBERT (*Dasypus sexcinctus*), — Linné. — TATOU CACHICAME (*D. octocinctus*), — Linné.

ANIMAUX DE LA ROTONDE ET DES PARCS.

PACHYDERMES

C'est aux Mammifères, dont il nous reste à parler, qu'appartiennent les espèces terrestres de plus grande taille. Ces animaux se partagent en différents ordres : en tête sont les Éléphants, que plusieurs auteurs ont réunis à tort aux Pachydermes ; puis les Pachydermes proprement dits, ainsi nommés à cause de l'épaisseur de leur peau, et enfin les Ruminants.

Le bâtiment consacré à ces animaux, et qui s'appelle la *Rotonde*, a été commencé en 1804 sur le plan de M. Molinos, et destiné à être le logement des animaux féroces ; il fut interrompu deux ans plus tard, puis repris en 1810 et terminé en 1812.

L'ordre des Pachydermes comprend les Hippopotames, les Rhinocéros, les Tapirs, les Chevaux et les Sangliers ou les Cochons. De même que les Ours, les Civettes, les Felis et les Chiens, ces animaux constituent autant de familles à part, autant de grands genres, dont les espèces ont été quelquefois partagées en subdivisions secondaires, appelées elles-mêmes genres par certains naturalistes, et sections ou sous-genres, par d'autres, mais sans qu'on ne les distingue guère que d'une manière artificielle, et en se servant des caractères qui différencient entre elles les espèces dans chacun des véritables genres.

Un autre ordre d'animaux, dont plusieurs espèces habitent la Rotonde et les Parcs de la

Vallée suisse, est celui des Ruminants. Il comprend le Chameau, le Lama, la Girafe, le Cerf, le Chevrotain, l'Antilope, la Chèvre, le Mouton et le Bœuf.

Éléphant d'Asie (*Elephas indicus*). — Éléphant d'Afrique (*Elephas africanus*). — Rhinocéros des Indes (*Rhinoceros indicus*).

La Ménagerie de Versailles en a nourri un, et la Ménagerie de Paris en possède un dont les formes gigantesques se développent rapidement.

Daman de Syrie (*Hyrax syriacus*). — Tapir d'Amérique (*Tapir americanus*). Hippopotame amphibie (*Hippopotamus amphibius*).

Un individu donné par S. A. le Pacha d'Egypte est arrivé tout récemment à la Ménagerie (août 1853). Il est le premier qui soit venu sur le continent européen (il y en a un en Angleterre) depuis les Romains.

Sanglier (*Sus Scropha*). — Sanglier du Gabon. — Cochon domestique, variétés du Cap. — Variétés diverses de Chine. — Babiroussa (*Sus Babirussa*), s'est reproduit à la Ménagerie. — Pécari a collier (*Dicotyles torquatus*). — Pécari Tajacu (*Dicotyles labiatus*).

Cheval (*Equus*), diverses variétés. — Onagre (*Asinus ferus*), le seul qui paraisse être encore venu en Europe. — Ane domestique, diverses variétés. — Zèbre (*Equus Zebra*), mulet de Zèbre et d'Anesse. — Dauw (*Equus Burchellii*), s'est reproduit plusieurs fois à la Ménagerie. — Hémione ou Dzigguetai (*Equus Hemionus*), s'est reproduit plusieurs fois à la Ménagerie, où l'on a même obtenu des individus nés de parents français. — Mulets d'Anesse et d'Hémione. Ces animaux sont parqués dans la vallée Suisse (n° 62 du plan).

L'Hémione a été offert au Muséum par M. Dussumier.

On dresse aussi les espèces africaines de la famille des Solipèdes. Au Cap, on a des Couagga, et l'on cherche à en multiplier le nombre; car ces animaux sont doués d'un grand courage, et loin de fuir devant les bêtes féroces, ils les attaquent eux-mêmes, et parviennent habituellement à les mettre en fuite. Aussi élève-t-on de ces Couagga avec les troupeaux qui, sous leur protection, parcourent les pâturages avec plus de sécurité qu'ils ne pourraient le faire sans eux. Le Couagga est moins rayé que le Zèbre (*Equus Zebra*) et que le Dauw (*Equus Burchellii*). Les Dauws que l'établissement acheta en 1824 ont eu cinq petits; un seul de ces derniers n'a pas survécu, encore est-ce par accident qu'on l'a perdu. Ces animaux sont très-rétifs, et à certaines époques de l'année, ils sont même dangereux pour les personnes qu'ils ont journellement l'habitude de voir.

RUMINANTS

Nous passons maintenant aux *Ruminants*, dont les trois familles principales sont celles des Chameaux, des Cerfs et des Bêtes à cornes, comprenant les Antilopes, les Chèvres, les Moutons et les Bœufs. Les Chevrotains et la Girafe sont aussi des animaux de cette catégorie. Les premiers tiennent à la fois des Muntjacs, qui sont des Cerfs de petite taille, et des Antilopes du sous-genre des Grimms. La Girafe, sous d'autres rapports cependant, se lie également par ses caractères essentiels aux Cerfs et aux Antilopes. Les Ruminants à cornes, c'est-à-dire ceux dont les espèces ont le front armé de prolongements osseux revêtus d'un étui de matière cornée, sont les plus nombreux en espèces. On distingue aussi un assez grand nombre de Cerfs. L'Inde et surtout l'Afrique sont essentiellement le pays des Antilopes. C'est dans l'Inde et en Amérique que les Cerfs sont le plus abondants.

DROMADAIRE, variété brune, (*Camelus dromaderius*). — DROMADAIRE, variété blanche, (*Camelus dromaderius*). — DROMADAIRE MEHARI ou *de Course*. — CHAMEAU DE LA BACTRIANE, — (*Camelus bactrianus*). — LAMA (*Anchenia lacma*). — ALPACA (*Anchenia paco*). — VIGOGNE (*Anchenia vicunnia*).

CHEVROTAIN DE JAVA ou KANTCHIL (*Moschus javanicus*).

GIRAFE (*Camelopardalis giraffa*). — Individus du Kordofan, de Nubie et du Sénégal.

En ce moment, la Ménagerie possède trois individus donnés par M. Delaporte, consul de France au Caire.

ÉLAN (*Cervus alces*). — RENNE (*Cervus tarandus*). — DAIM (*Cervus dama*). — DAIM, variété blanche. — DAIM, variété noire. — CERF COMMUN (*Cervus elaphus*). — CERF DU CANADA (*Cervus canadensis*), — Brisson. — CERF DE VIRGINIE (*Cervus virginianus*), — Gmelin. — CERF GYMNOTE (*Cervus gymnotis*), — Wiegh. — CERF D'ARISTOTE (*Cervus Aristotelis*). — CERF DE DUVAUCEL (*Duvaucelii*), — Cuvier. — CERF AXIS (*Cervus axis*), — Erxleben. — CERF PSEUDAXIS (*Cervus pseudaxis*), — Eydoux et Soul. — Ces deux espèces ont été croisées et leurs métis sont féconds. — CERF DE PÉRON (*Cervus Peronii*), — Cuvier. — CERF DES PHILIPPINES. — CERF COCHON (*Cervus porcinus*), — Zimmermann. — CHEVREUIL (*Cervus capreolus*). — CERF ROUX (*Cervus rufus*). — CERF MUNTJAK (*Cervus muntjak*).

Presque tous ces Cerfs, principalement les espèces de l'Inde, se son reproduits et même se reproduisent habituellement à la Ménagerie.

Le Cerf cochon a déjà été mis dans de grands parcs ou dans des bois clos, avec l'espoir de le naturaliser tout à fait.

ANTILOPE CORINNE (*Antilope dorcas*), — Linné. — KEVÈL GRIS. — NANGUER (*Antilope dama*). — ALGAZELLE (*Antilope gazella*). — GRIMM (*Antilope grimmia*). — GUEVEI (*Antilope pygmœa*). — GUIB (*Antilops scripta*). — ANTILOPE A QUATRE CORNES ou CHICARA (*Antilope chicara*). — ANTILOPE NILGAU (*Antilope picta*). — ANTILOPE DES INDES (*Antilope cervicapra*). — ANTILOPE ADDAX (*Antilope addax*). — ANTILOPE UNCHIAQUE (*Antilope unctuosa*), — Linné. — BUBALE (*Antilope bubalis*). — CHAMOIS (*Antilope rupicapra*). — GNOU (*Antilope gnu*).

BOUQUETIN ŒGAGRE (*Capra œgagrus*). — BOUQUETIN DES PYRÉNÉES (*Capra ibex*). — BOUC SAUVAGE DE LA HAUTE-ÉGYPTE ou BOUQUETIN D'ÉTHIOPIE (*Capra Nubiana*). — BOUC DE CACHEMIRE (*Capra hircus*), — variété *Lanigera*. — BOUC DE LA HAUTE-ÉGYPTE (*Capra hircus*), — variété *Thebaïca*. — CHÈVRE DE LA HAUTE-ÉGYPTE AVEC SON PETIT. — CHÈVRE DU NÉPAUL (*Capra hircus*), — variété *Arictina*. — BOUC ET CHÈVRES NAINS (*Capra hircus*), — variété *Depressa*. — BOUC A QUATRE CORNES (*Capra hircus*). — BOUC SANS CORNES (*Capra hircus*), — variété *Acera*.

MOUFFLON A MANCHETTES (*Ovis ornata*). — MOUFFLON DE CORSE (*Ovis musimon*). — MOUTON (*Ovis aries*), — variété *à grosse queue*. — MOUTON, — variété *Laticauda*. — MOUTON D'ASTRACAN, — variété *Laticauda*. — MOUTON A COU NOIR (*Ovis aries*), — variété *Recurvicauda*. — MOUTON, — variété *à longues jambes*. — MOUTON (*Ovis aries*), — variété *Longipes*.

BÉLIER A QUATRE CORNES (*Ovis aries*). — ZÉBU FEMELLE (*Bos taurus*), — variété *Indica*. — BISON (*Bos bison*). — BUFFLE D'ITALIE (*Bos bubalus*). — BUFFLE DE VALA-

CHIE. — VACHE A LONGS POILS DES MONTAGNES DE L'ÉCOSSE, — et plusieurs autres variétés. — VACHE BRACHYCÈRE (*Bos brachyceros*), — Gray. — Type de cette remarquable espèce.

MARSUPIAUX

La série des Mammifères Didelphes est la seule dont nous ayons à parler maintenant.

Voici quelles espèces la Ménagerie a reçues :

DIDELPHE A OREILLES BICOLORES (*Didelphis virginiana*), — Péron. — DIDELPHE CHABIER (*Didelphis cancrivora*), — Linné. — DASYURE MAUGÉ (*Dasyurus Maugei*), — Geoffroy-Saint-Hilaire. — DASYURE OURSON (*Dasyurus ursinus*), — Geoffroy-Saint-Hilaire. — PHALANGER DE COOK (*Phalangista Cookii*), — Cuvier. — PHALANGER RENARD (*Phalangista vulpina*), — Temminck. — VOLTIGEUR TAGUANOÏDE (*Petauros taguanoïdes*), — Desmarest. — KANGUROO A MOUSTACHES (*Kanguru labiatus*), — Geoffroy-Saint-Hilaire. KANGUROO ENFUMÉ (*Kang. fuliginosus*), — Péron. — KANGUROO DE BENNELT (*Kang. Benneltii*). — KANGUROO THETYS (*Kang. Thetys*). — POTOROU ou KANGUROO RAT (*Hypdiprymnus murinus*). — PHASCOLOME WOMBAT (*Phascolomis Wombat*), — Péron et Lesueur.

Plusieurs ordres de Mammifères : les *Cheiroptères* ou CHAUVES-SOURIS ; les *Lamentins* ou CÉTACÉS HERBIVORES ; les *Cétacés véritables*, c'est-à-dire les DAUPHINS, les BALEINES, etc. ; et les *Monotrèmes*, c'est-à-dire les ORNITHORHYNQUES et les ÉCHIDNÉS, n'ont fourni aucune de leurs espèces.

La plupart des Cheiroptères sont trop petits pour être tenus en ménagerie, et leur conservation demanderait trop de soins. Il serait curieux cependant d'en posséder de différents genres, afin de pouvoir comparer leurs instincts. Les *Phillostômes*, dont l'ancien monde n'a pas une seule espèce, et les *Roussettes* qui ne vivent ni en Europe, ni en Amérique, fourniraient certainement des faits curieux.

Les *Lamentins*, avec lesquels il faut citer les *Dugongs*, seraient encore plus embarrassants à conserver que les Phoques ou les Hippopotames ; mais leur caractère est si doux, et leur régime si simple, qu'on ne doit pas désespérer d'en tenir en captivité. On ne peut en dire autant des Cétacés, car, même lorsque leur taille le permettrait, il est bien probable que ni leurs appétits, ni leurs allures ne sauraient s'y prêter.

Les Didelphes semblent être, par rapport aux Mammifères ordinaires, ce que les Monotrèmes sont par rapport aux Édentés : des animaux qui, à un certain nombre de traits communs, joignent, chacun selon le degré de la série zoologique dont il fait partie, des différences qui doivent les faire séparer nettement entre eux. Les Monotrèmes sont les derniers des Mammifères, et ceux qui dans leurs actes, aussi bien que dans leur structure, se rapprochent davantage des animaux ovipares, et en particulier des Reptiles. On n'en connaît qu'à la Nouvelle-Hollande, et il n'y en a que de deux genres : l'*Échidné* et l'*Ornithorhynque*. Le premier fréquente les terrains meubles et s'y creuse des retraites ; le second est aquatique. Ni l'un ni l'autre n'ont encore été ramenés vivants jusqu'en France.

L'énumération des animaux qui ont paru à la Ménagerie du Muséum a été fort longue, et on a pu, au moyen de ce qui précède, se faire une idée des services nombreux que les établissements de cette nature rendent chaque jour à la science, et de tout ce qu'on doit encore en attendre. Les galeries de Zoologie reçoivent les animaux de la Vallée suisse, à mesure qu'elle les perd ; et comme on a pu noter leurs allures et apprécier leur physionomie, les poses qu'on leur donne, en les préparant pour ces galeries, sont en même temps plus gracieuses et plus naturelles. C'est à la Ménagerie de Paris qu'ont été modelées dans ces dernières années les nombreuses sculptures d'animaux, et toutes ces jolies statuettes qui laissent si loin derrière elles pour l'exactitude, comme pour le fini, ce qu'on avait fait jusqu'alors en ce genre. M. Barye est pour cette partie intéressante notre meilleur artiste.

On voit, dans les salles d'Anatomie comparée, quelques figures en plâtre, et diverses parties caractéristiques, moulées sur nature morte, d'après des animaux provenant de la même source. Les galeries d'Anatomie comparée reçoivent aussi de la Ménagerie la plupart de leurs richesses ; beaucoup de squelettes, de crânes et de préparations de toutes sortes qu'on y conserve, ont appartenu à des animaux qui, après nous avoir fait connaître leur manière de vivre et leur naturel, nous donnent ici l'explication de leur structure, et presque la raison des actes que nous leur avons vu exécuter. Perrault, Duverney, Daubenton, Mertrud, Vicq-d'Azyr si tôt enlevé aux sciences ; G. Cuvier et de Blainville, ont tour à tour fait profiter la science anatomique de leurs recherches sur les animaux morts dans la Ménagerie de Versailles, dans celle du Muséum, ou chez plusieurs grands personnages qui, par suite d'une curiosité éclairée, ne dédaignaient pas d'entretenir à leurs frais des animaux remarquables, comme le font aujourd'hui plusieurs riches lords d'Angleterre.

La Vallée suisse, où se trouvent réunis les Mammifères que nous venons de signaler, est élégamment disposée pour recevoir des hôtes si variés dans leurs habitudes et dans leurs mœurs ; les allées, par leurs sinuosités, forment des parcs où s'élèvent de gracieuses maisonnettes couvertes en chaume, de formes pittoresques et de couleur différente : tantôt c'est le climat de la Russie que rappellent ces murs faits de troncs d'arbres superposés ; plus loin, la Suisse se retrouve dans ces châlets ; un édifice à demi ruiné donne son hospitalité aux Chèvres accoutumées à braver les périls de l'escalade.

Nous ne pouvons mieux faire que de mettre sous les yeux de nos lecteurs quelques-unes de ces habitations qui ne dépareraient pas les parcs les plus élégants.

En entrant par la porte de la Vallée suisse qui s'ouvre sur l'allée des Marronniers, en face de celle des Virgilias, vous suivez une jolie route bordée de chaque côté de beaux arbres et de constructions légères, c'est l'asile des Vaches d'Écosse (*n° 66 du plan*).

Cette allée est délicieusement ombragée par la plus fraîche verdure ; aussi est-elle le rendez-vous habituel des promeneurs, qui retrouvent au Jardin des Plantes les souvenirs de la jeunesse et des études pour l'âge mûr. Ce parc était autrefois consacré aux Rennes ; mais à la Ménagerie, encore moins qu'ailleurs, rien n'est perpétuel ; les habitants changent souvent, et c'est encore un charme pour les promeneurs, qui trouvent dans cette mobilité un attrait toujours nouveau.

En face de ce parc, se trouvent des fossés habités par les Brebis anglaises. On leur a consacré une chaumière peu élevée qui ne manque pas d'un certain caractère (n° 37 du plan).

Ces Brebis, qui sont à peu près semblables aux nôtres, paraissent presque un hors-d'œuvre dans un établissement où l'on ne s'attend à trouver que des animaux rares ou singuliers. Mais la Ménagerie a une plus haute mission, c'est celle d'acclimater les races étrangères, et d'améliorer nos races indigènes par des croisements sagement combinés ; c'est ce qui explique la présence de ces espèces, qui, au premier aspect, semblent des doubles emplois, mais qui diffèrent par des caractères que le savant sait apprécier, ou par des qualités économiques qu'il appartient plus particulièrement à l'industrie manufacturière de reconnaître.

A côté, le Mouton à quatre cornes habitait une petite maisonnette contiguë à la fosse aux Ours, et qui, aujourd'hui, est occupée par les Sangliers (n° 36 du plan) : leur aspect farouche contraste pittoresquement avec la tranquillité de leurs voisins.

En suivant cette même allée, vous arrivez à un groupe de maisonnettes dominées par un toit rond qui s'élève à leur centre, c'est la demeure de l'Antilope-Bubale, du Mouflon à manchettes du Maroc, et du Cerf-Cochon (n°s 31, 32, 33 et 34 du plan).

Cette heureuse disposition a permis de réunir dans des parcs voisins des espèces variées, en facilitant le service et en simplifiant les soins qu'il exige. Ces rapprochements facilitent, du reste, la comparaison des espèces entre elles, et rendent agréables les fonctions de l'observateur.

La même allée, en con-
duisant le promeneur vers
le grand amphithéâtre, lui
offre, à gauche, plusieurs
parcs où l'on retient les Chèvres de la Haute-Égypte et
la gracieuse Antilope corinne
(*n^os* 83, 84 *du plan*).

Cette jolie petite maisonnette en bois, d'un aspect
tout particulier, est emprun-
tée aux constructions russes, et elle a été souvent
répétée, et toujours avec
succès, dans les parcs qui
avoisinent la capitale. Le
Muséum a devancé, dans
cette voie d'élégance et de
variété, les constructions les plus recherchées. Il faut en féliciter les habiles architectes qui
ont exécuté ces petites merveilles.

En revenant devant la Rotonde,
on trouve la cabane des Chèvres
du Sennaar (*n°* 77 *du plan*); c'est
une espèce de ruine d'un effet très-
pittoresque.

C'est encore la même pensée de
perfectionnement des races qui a
réuni dans les parcs ces Chèvres
de diverses espèces, empruntées à
l'Égypte, au Sennaar, au Thibet.
Grâce aux courageuses explorations de nos voyageurs, ces espèces précieuses, amenées à grands
frais, ont pu faire rivaliser nos fabriques françaises avec les productions de l'Inde. Nous avions pour
nous la perfection du travail ma-
nuel, l'exquise supériorité et l'incomparable élégance des dessins,
la vivacité éblouissante des couleurs; la finesse des matières premières nous a été acquise par l'introduction des espèces qui habitent
les parcs du Muséum.

Des industries particulières, en multipliant les individus, ont formé des troupeaux qui sont
arrivés à des nombres importants, et qui ont même déterminé, par les soins constants dont
ils ont été l'objet, des perfectionnements qui ont honoré notre agriculture. Le Muséum a
cherché à conserver soigneusement les types, afin que l'on pût toujours recourir à la race
première, lorsque, par des croisements malheureux ou trop répétés, les qualités primitives de
l'espèce seraient altérées.

A droite de la porte d'entrée, les Chèvres du Thibet sont établies dans une chaumière construite avec de vieux troncs d'arbre (n° 39 *du plan*).

Les Chèvres du Thibet sont dues à l'importation de M. Jaubert, qui a su braver les plus grands périls et surmonter des difficultés sans nombre pour enrichir nos manufactures de ces précieuses toisons.

Il est facile de comprendre, en voyant l'importation de ces races utiles, combien le rôle des voyageurs, accrédités par le Muséum pour explorer les contrées peu connues, est important, et combien il serait à désirer que ces voyages fussent répétés fréquemment et dans des directions variées. Il n'est, en effet, aucun voyage d'exploration qui n'ait mis à la disposition de l'industrie, de l'agriculture et du commerce, des espèces nouvelles, et d'un usage pratique et journalier; et l'on est surpris, en parcourant la liste des échantillons rapportés par les expéditions de circumnavigation, de voir apparaître, chaque fois qu'elles ont lieu, *des types jusque-là inconnus,* et des variétés d'espèces importantes qui trouvent *presque immédiatement* une application utile.

Enfin, les Axis et les Biches occupent un parc, où s'élève une très-jolie rotonde à deux toits. Nous en donnons une vue (*n° 63 du plan*).

La mobilité de la population des parcs explique pourquoi nous voyons des Moutons dans cet asile occupé maintenant par les Axis et les Biches. Il est impossible, en effet, de consacrer les parcs exclusivement à une espèce spéciale, les convenances de situation, de salubrité, déterminent l'occupation tantôt par une espèce, tantôt par une autre; les soins attentifs de M. le directeur en chef de la Ménagerie et de ses aides intelligents fixent les conditions d'habitation et désignent les hôtes qui doivent occuper les parcs. Il est difficile de savoir mieux allier les convenances aux plaisirs des promeneurs.

Les Cerfs et Daims de France ont une jolie hutte auprès de la ménagerie des animaux féroces (*n° 41 du plan*), et les Lamas occupent le parc (*n° 62 du plan*) habité autrefois par les Cerfs du Malabar.

Le promeneur aimera à retrouver ces indications sur les lieux mêmes, entourés de verdure et animés par les mouvements gracieux de leurs habitants. Il était difficile de tirer un meilleur parti d'un terrain peu accidenté, mais où l'on a su rappeler les divers sites qui peuvent charmer les regards du voyageur.

OISEAUX

La classe des Oiseaux occupe une place importante dans le Règne animal, et leur histoire a été savamment décrite par la plume élégante de M. le docteur LE MAOUT, dans le volume qui est spécialement consacré à cette classe; il a su allier tout ce que la science réclame, aux descriptions les plus pittoresques et les plus attachantes des mœurs, des instincts et de l'utilité de chacune des espèces qui paient à l'homme un tribut de jouissances et de services par la beauté du plumage, la vivacité du chant, la sapidité de leur chair. Nous n'avons donc rien à ajouter à ces études complètes sous tous les rapports; nous nous contenterons d'indiquer les espèces qui ont vécu ou qui vivent dans la Fauconnerie, la Faisanderie et les Parcs, en suivant l'ordre de classification adopté par M. le professeur Isid. Geoffroy-Saint-Hilaire, dans ses cours si remarquables du Muséum.

FAUCONNERIE

La Fauconnerie est située auprès de la porte qui donne sur le quai Saint-Bernard, au coin de la rue Cuvier (*n° 25 du plan*). C'est un bâtiment long et divisé en compartiments qui forment autant de volières pour les Oiseaux de grande taille.

Ce bâtiment est exclusivement consacré aux RAPACES et aux PASSEREAUX ZYCO-DACTYLES (*Perroquets*). Cette partie intéressante de la Ménagerie attire, avec raison, les regards; elle contient les plus grandes espèces ornithologiques.

RAPACES

FAMILLE DES FALCONIDÉS

FALCONIENS

Faucon Éléonore (*Falco Eleonoræ*), — Temminck, — *du midi de l'Europe et du nord de l'Afrique.* — Harpie d'Amérique (*F. destructor*), — Brésil. — Aigle royal (*F. Chrysaetos*), — Linné. — Aigle a queue barbée (*Aquila fasciata*), — Vieillot, — *Europe méridionale.* — Aigle botté (*F. pennatus*), — Brisson, — *Europe méridionale.* — Aigle de la Thébaïde (*Falco Nævius*), — *Afrique.* — Pygargue a tète blanche (*Haliæthus leucocephalus*), — Lesson, — *Europe septentrionale et Amérique.* — Pygargue Aguia (*Hal. Aguia*), — Lesson, — *Chili.* — Pygargue vocifère (*Hal. vocifer*), — Lesson, — *Afrique.* — Hélotarse batelelr (*Falco ecaudatus*), — *Afrique.*

GYPOHIÉRACIENS

Gypohiérax Catharthoïde (*Gypohierax Angolensis*), — Gray, — *Afrique occidentale.*

POLYBORIENS

Caracara ordinaire (*Polyborus vulgaris*), — Vieillot, — *Brésil.*

VULTURIENS

Gypaete barbu (*Gypaetos barbatus*), — Linné, — *d'Europe.*
Vautour fauve (*Vultur fulvus*), — *Europe.*
Vautour cendré Arrian (*Vultur cinereus*), — Gmelin, — *le sud et le sud-est de l'Europe.*
Donné par l'ambassadeur de France à Constantinople, en 1814. Cet oiseau a pondu trois années de suite, et existe encore à la Ménagerie.
Néophron percnoptère (*Neophron percnopterus*), — de Savigny, — *d'Égypte.*
Rapporté par l'expédition de Luxor, en 1833; existe encore.
Néophron moine (*Neophron monacus*), — de Gray, — *Afrique.*
Sarcoramphe papa (*Vultur papa*), — Linné, — *Amérique méridionale.*
Condor type (*Gryphus typus*), — Isid. Geoffroy, — *Chili.*
Donné par M. Billard, lieutenant de vaisseau, en 1826; existe encore à la Ménagerie.
Catharte aura (*Cathartes aura*), — Illiger, — *Brésil.*
Coragyps urubu (*Coragyps urubu*), — Isid. Geoffroy, — *Brésil.*

FAMILLE DES STRIGIDÉS

Duc de Virginie (*Strix Virginiana*), — Gmelin, — *États-Unis.*

PASSEREAUX

FAMILLE DES PSITTACIDÉS

Cacatoes rosaldin (*Cacatua rosea*), — Vieillot, — *Nouvelle-Hollande.* — Cac. a la huppe rouge (*Cac. rosacea*), — Vieillot. — Cac. des Philippines (*Cac. Philippinarum*), — Gmelin. — Lori cramoisi (*Psittacus puniceus*), — Gmelin, — *Moluques.* — Perroquet vaza (*Psitt. vasa*), — Shaw., — *Madagascar.* Perruche ondulée, — *de la Nouvelle-Hollande.* — A produit plusieurs fois à la Ménagerie.

FAMILLE DES BUCÉRIDÉS

Bucorve caronculé (*Buceros Abyssinicus*), — Gmelin, — *Abyssinie*.

FAISANDERIE

En suivant l'allée qui fait face à l'extrémité de la Fauconnerie du côté opposé au quai, on rencontre bientôt, à droite, la Faisanderie, élégante construction demi-circulaire, dont la partie extérieure, divisée en compartiments treillagés, qui donne asile à une foule de jolis Oiseaux dont le plumage éclatant appelle l'attention (*n° 24 du plan*).

Nous engageons les visiteurs à ne pas se contenter de la vue extérieure de la Faisanderie, mais à réclamer de l'obligeance de M. Reynié l'ouverture du petit parc qui se trouve derrière le bâtiment : indépendamment des Oiseaux d'eau et de quelques Échassiers curieux, c'est là que sont élevées les variétés si remarquables de tous nos Oiseaux domestiques.

Les promeneurs remarqueront avec plaisir l'Ibis sacré, le Pélican, et, si le temps l'a permis, le Phoque, qui habite le même bassin que les oiseaux dont nous venons de parler : la vivacité de cet intéressant animal est remarquable quand la voix de son gardien se fait entendre ; il répond par un léger grognement à la voix qui l'appelle, et la vue d'un poisson qu'on lui destine le fait courir rapidement sur le sable par des soubresauts réitérés, qui se terminent presque toujours par un plongeon dans son bassin favori.

FAMILLE DES SITTIDÉS

Mainate de Sumatra (*Gracula religiosa*), — Gmelin, — *Inde*. — Rollier commun (*Coracias garrula*), — Linné, — *France*.

FAMILLE DES COLOMBIDÉS

Colombe longup (*Columba*), — Temminck, — *Nouvelle-Hollande*. — Col. a nuque perlée (*C. tigrina*), — Latham, — *Asie*. — Espèce acclimatée et produisant en domesticité. — Col. maillée (*C. Senegalensis*), — Gmelin, — *Sénégal*. — Acclimatée et produisant. — Col. a nuque écaillée, — *Brésil*. — Col. Linnachelle (*C. Chalcoptera*), — Temminck, — *Nouvelle-Hollande*. — Produisant en domesticité. — Nicombar a camail (*C. Nicobarica*), — Temminck, — *Moluques*. — Colombi-galline poignardée (*C. cruentata*), — Temminck, — *Manille*. — Col. a cravate noire (*C. Martinica*), — Gmelin, — *Antilles*. — Lophyre couronné (*C. coronata*), — Gmelin, — *Nouvelle-Guinée*. — Se reproduit en domesticité.

Cossine bleue .
Manakin Tijé
sur un Inga Sacrin .

FAMILLE DES TINAMIDÉS

Tinamou du Brésil (*Tinamus Brasiliensis*), — Latham. — Rhynchote Isabelle (*Rhynchotus fasciatus*), — Spix, — *Brésil*.

FAMILLE DES PHASIANIDÉS

Perdrix Francolin a collier roux (*Perdix Francolina*), — Latham. — Colin Colenicui (Ha-oui) (*Ortyx Virginiana*), — Kayserling, — *Amérique*. — Acclimaté en France et Angleterre, comme gibier, produit beaucoup. — Ganga Cata unibande (*Pterocles Alchata*), — Ch. Bonaparte, — *Sénégal*. — Faisan a collier (*Phasianus torquatus*), — Linné, — *Chine*. — Acclimaté, se reproduit en domesticité. — Pénélope Guan (*Pénélope Cristata*), — Latham, — *Brésil*. — Se reproduit en domesticité. — Hocco Alector (*Crax Alector*), — Linné, — *Guyane*. — H. Tacholi (*C. Globicera*), — Gmelin, — *Guyane*. — H. Hoccan (*C. Galeata*), — Latham, — *Guyane*. — Ourax Pauxi (*C. Pauxi*), — Gmelin, — *Guyane*. — Paon spicifère (*Pavo spiciferus*), — Vieillot, — *Japon*. — Un individu de cette rare espèce a été donné à la Ménagerie par M. le comte d'Ourche, en 1851. — Dindon (*Gallo pavo vulgaris*), — Linné, — *États-Unis*. Se produit facilement. Plusieurs mâles ont été introduits en France dans les basses-cours pour remettre du sang sauvage dans notre variété domestique. Pintade a joues bleues (*Numida*), — *Égypte*.

ÉCHASSIERS, PALMIPÈDES ET COUREURS

La remarque que nous avons faite au sujet du domicile respectif des Mammifères de nature différente s'applique aussi aux cages des Oiseaux. Les changements n'y sont pas moins fréquents, et telle espèce qui se voit aujourd'hui dans un parc pourra passer dans un autre quelques jours après, suivant les convenances du service. La Rotonde, couverte de chaume et pourvue d'un bassin (*n° 71 du plan*) renferme des Échassiers et plusieurs Palmipèdes. On voit aussi des Échassiers dans le parc voisin de celui des Axis, et ils y vivent avec des Paons, des Cygnes et d'autres Oiseaux nageurs que l'eau abondante de cette partie de la Vallée suisse rend à leurs habitudes favorites. Les Oies d'Égypte, les Hérons, les Cormorans habitent pêle-mêle dans un parc situé près de la loge des Reptiles (*nos 69, 72, 75, 76 du plan*).

Les Autruches et les Casoars nous ont accoutumés à la physionomie des Échassiers; mais s'ils en ont l'aspect extérieur, il n'ont ni leur genre de vie ni leur organisation : très-bien disposés pour le vol, les Échassiers se livrent à de longs et fréquents voyages aériens, et lorsqu'ils sont à terre, c'est aux bords des eaux, sur les fleuves, ou dans les marécages, qu'ils se tiennent de préférence. Les poissons, les grenouilles, les vers, etc., sont leur nourriture la plus habituelle (*nos 73 et 74 du plan*).

Les Palmipèdes occupent presqu'exclusivement les parcs (*n° 69
du plan*) dont nous donnons ici la
vue. Leur gîte, construit au pied
de l'arbre magnifique qui leur sert
d'abri, a un aspect tout particulier. Ces intéressantes espèces ont
déjà rendu par leurs croisements
les plus grands services à l'économie domestique et rurale. C'est
à cette étude assidue et à la munificence du Muséum que sont dues
ces magnifiques espèces de Canards, qui se sont répandues en si
grande quantité dans les basses-
cours des grandes exploitations rurales, et des établissements dans
lesquels le gouvernement met à la
disposition de l'agriculture les types qui doivent améliorer nos races
indigènes.

ÉCHASSIERS

FAMILLE DES OTIDÉS

Houbara ondulé (*Otis Houbara*), — *Algérie.*

FAMILLE DES MICRODACTYLÉS

Cariama de Margrave (*Microdactylus Margravii*), — Geoffroy - Saint - Hilaire, —
Brésil.

FAMILLE DES PSOPHIDÉS

Agami trompette (*Psophia crepitans*), — *Brésil.*

FAMILLE DES ARDEIDÉS

Anthropoïde demoiselle (*Anthropoides virgo*), — Vieillot, — *Numidie.*
L'oiseau royal ou Grue couronnée (*Ardea paronina*), — Linné, — *Afrique.*
Héron verdatre (*Ardea virescens*), — Linné, — *Amérique.*
Marabou du Sénégal (*Leptopilos argala*), — Gray.

FAMILLE DES SCOLOPACIDÉS

Ibis sacré (*Ibis religiosa*), — Cuvier, — *Afrique.*
Paribis rouge (*Scolopax rubra*), — Linné, — *Brésil.*

FAMILLE DES RALLIDÉS

Talève Hyacinthe (Poule sultane) (*Porphyrio Hyacinthinus*), — Temminck, — *Afrique.*

Oiseau mouche hirondelle.   Guitguit azur.

sur un Datura en arbre.   sur un Oranger.

PALMIPÈDES

FAMILLE DES LARIDÉS

LABBE CATARACTE (*Lestris cataractes*), — Temminck, — *Europe.*
GOÉLAND BOURGUEMESTRE (*Larus glaucus*), — *Europe septentrionale.*

FAMILLE DES PÉLÉCANIDÉS

PÉLICAN BLANC (*Pelecanus onocrotalus*), — Linné, — *Europe méridionale.*

FAMILLE DES ANATIDÉS

CYGNE NOIR (*Anas atrata*). — CYGNE DE BEWICK (*Cygnus Bewickii*), — Temminck, — *Europe.* — CYGNE CANADIEN (Oie à cravate) (*Anas canadensis*), — Linné, — *États-Unis.* — OIE A DOUBLE ÉPERON (*Anas gambensis*), — Linné, — *Sénégal.* — BERNACHE ARMÉE (*Anas Ægytiaca*), — Linné, — *Égypte.* — Se reproduit tous les ans à la Ménagerie. — CEREOPSIS DE L'AUSTRALIE (*Cereopsis cinereus*), — Latham, — *Nouvelle-Hollande.* — CANARD HUPPÉ (*Anas sponsa*), — Linné, — *États-Unis.* — CANARD DE LA CAROLINE. — Se reproduit à la Ménagerie. — CANARD KASAROKA (*Anas rutila*), — Temminck, — *Europe méridionale et Afrique septentrionale.*

COUREURS

FAMILLE DES STRUTHIONIDÉS

AUTRUCHE D'AFRIQUE (*Struthio Camelus*), — Linné. — A pondu très-souvent dans la Ménagerie. — NANDOU D'AMÉRIQUE (*Rhea Americana*), — Linné.

FAMILLE DES CASOARIDÉS

CASOAR ÉMEU (*Struthio Casuarius*), — Linné, — *Archipel des Indes.* — DROMÉE NOIR (*Dromaius ater*), — Vieillot, — *Nouvelle-Hollande.*
Se reproduit facilement en domesticité. La Ménagerie a obtenu plusieurs éclosions en 1851 et 1852.

On voit par cette nomenclature, qui ne contient que les Oiseaux rares et précieux, combien la Ménagerie a réuni d'espèces importantes ; nous ne parlons pas des variétés domestiques obtenues par des croisements, et qui ont servi à peupler les basses-cours de Poules, de Canards, de Pigeons, aussi remarquables par leurs formes et leur plumage que par leurs qualités économiques. A ce point de vue, la Faisanderie a rendu de très-grands services, et est appelée à en rendre encore de plus essentiels dans l'avenir.

REPTILES

La fondation de la Ménagerie des Reptiles, au Muséum d'histoire naturelle de Paris, date d'une époque encore assez récente. Quatorze années, en effet, se sont à peine écoulées depuis l'acquisition, faite en octobre **1839**, des deux *Pythons molures* et des trois *Caïmans à museau de brochet,* qui en ont été les premiers hôtes. Dans cette courte période, un très-grand nombre de Reptiles appartenant aux différents ordres dont cette classe d'animaux se compose y a successivement pris place.

Un livre d'entrées tenu avec beaucoup d'exactitude dès l'origine indique sans lacunes, depuis le premier jour jusqu'à l'époque actuelle, toutes les espèces reçues à la Ménagerie, et le nombre d'individus par lesquels chacune d'elles y a été représentée.

En résumant les indications fournies par ce catalogue, on trouve trente-huit espèces de Chéloniens, de Sauriens, d'Ophidiens, et enfin de Batraciens.

Une des principales conditions à remplir pour conserver vivants pendant un temps un peu long des Reptiles recueillis dans les différentes parties du monde, et plus spécialement dans les contrées les plus chaudes, était de les placer au milieu d'une température assez élevée. Il fallait surtout arriver à les préserver des transitions brusques du chaud au froid.

Le chauffage des salles était insuffisant à lui seul pour parer à ce grave inconvénient. Il était donc nécessaire de lui venir en aide par un moyen plus direct de chauffer les cages; c'est ce qui a été obtenu au moyen d'un ingénieux appareil, imaginé par M. Sorel, qui y entretient une température à peu près constante, et principalement à leur partie inférieure par une circulation continuelle d'eau chaude à travers des tuyaux placés dans un double fond au-dessous des cages et dans lesquels l'eau est versée par une chaudière servant de réservoir, puisque cette eau y rentre par des tuyaux de retour parallèles à ceux qui la reçoivent à son départ. Un flotteur, par ses mouvements d'ascension ou d'abaissement dus à la dilatation plus ou moins considérable de l'air qu'il contient, laquelle varie suivant la chaleur de l'eau qui le baigne, et dont il est ainsi l'indicateur, ferme ou agrandit l'ouverture par où passe l'air destiné à l'alimentation du foyer. La combustion se trouve donc ainsi constamment réglée par les effets mêmes qu'elle produit.

Des quatre grandes familles dont l'ordre des CHÉLONIENS se compose, les deux premières, celles des CHERSITES ou TORTUES TERRESTRES, et des ÉLODITES ou TORTUES DE MARAIS, sont les plus riches en espèces. Le nombre de ces Chéloniens à la Ménagerie, comparativement aux POTAMITES ou TORTUES FLUVIALES, et aux THALASSITES ou TORTUES MARINES, a été bien plus considérable.

Parmi les trente espèces connues de CHERSITES, treize ont été reçues vivantes. Il faut citer d'abord les TORTUES BORDÉE (*T. marginata*), MORESQUE (*T. mauritanica*) et GRECQUE (*T. græca*), les seules qui habitent l'Europe méridionale et le nord de l'Afrique, puis la T. GÉOMÉTRIQUE (*T. geometrica*), du cap de Bonne-Espérance, et une autre espèce assez voisine, mais originaire des Indes-Orientales, la T. ACTINODE (*T. Actinodes*). Le Sénégal, et très-probablement aussi l'Amérique du sud, comme le voyage de M. A. d'Orbigny l'a appris, nourrissent une Chersite remarquable par l'aspect de sa carapace, d'où lui est venu son nom : c'est la T. SILLONNÉE (*T. sulcata*). Elle a vécu à la Ménagerie, qui en a possédé, en particulier, un très-beau spécimen. On doit en rapprocher la T. RADIÉE (*T. radiata*), à disque globuleux jaune et brun et de taille à peu près semblable, qui ne paraît avoir d'autre patrie que Madagascar. C'est de cette île ou du cap de Bonne-Espérance que le Muséum a reçu la T. ANGULEUSE (*T. Angulata*), d'un aspect bizarre, dû aux grandes dimensions du plastron qui se prolonge en pointe sous le col.

On y a vu, à différentes reprises, des CHERSITES américaines, les unes du Continent méridional, les T. MARQUETÉE et CHARBONNIÈRE (*T. tabulata* et *carbonaria*), les autres des provinces septentrionales, les T. POLYPHÈME et NOIRE (*T. polyphemus* et *nigra*).

Deux magnifiques individus de l'espèce qui atteint les plus grandes dimensions en longueur et en hauteur, la T. ÉLÉPHANTINE (*T. elephantina*), ont été envoyés de l'île Maurice. Leur longueur était d'un mètre et demi environ et leur hauteur d'un mètre. Ces deux CHÉLONIENS pesaient ensemble deux cent vingt-cinq kilogrammes, poids énorme, surtout si on le compare à celui de la plupart des Tortues, car même celles qui vivent dans la mer et dont la carapace a quelquefois une très-grande largeur, ne sont jamais à beaucoup près aussi bombées.

La PYXIDE ou T. À BOITE, seule espèce terrestre dont le battant antérieur du plastron soit mobile, a été vue trois fois vivante à la Ménagerie.

Les T. DE MARAIS ou PALUDINES, nommées aussi ÉLODITES, étant beaucoup mieux conformées que les précédentes pour la natation, fixent leur séjour dans des localités voisines d'étangs ou de petites rivières. On les a divisées en deux sous-familles, celle des CRYPTODÈRES, à tête rétractile directement en arrière entre les pattes et à peau du cou libre et engaînante, puis celle des PLEURODÈRES, dont la tête n'est pas rétractile, mais peut, en raison de la flexibilité du cou, venir se placer latéralement entre le plastron et la carapace. Parmi les Cryptodères que la Ménagerie a possédées, on doit mentionner la CISTUDE DE LA

CAROLINE, élégante petite Tortue à boîte, caractérisée par la mobilité en avant et en arrière des deux pièces du sternum sur une même charnière transversale, et la CISTUDE EUROPÉENNE, ornée de nombreux points jaunes. Cette ELODITE, qui vit dans le midi de l'Europe et même en France, aux environs de Châteauroux, peut, comme la précédente, rentrer complétement la tête et les pattes.

Après les Cistudes, viennent les Elodites à plastron immobile, comprenant plusieurs genres. Le plus considérable, celui des EMYDES, ne renferme pas moins de quarante-quatre espèces, dont onze ont été vues vivantes à Paris. — Telles sont l'E. SIGRIZ (*Emys sigriz*), la plus commune de toutes, qui habite l'Espagne, ainsi que la côte méditerranéenne de l'Afrique, et l'Algérie en particulier; puis, au nombre des espèces de l'Amérique du Nord où ce genre a de nombreux représentants, l'E. A LIGNES CONCENTRIQUES (*E. concentrica*), bien distincte par sa tête volumineuse et les stries de sa carapace; l'E. PONCTUÉE (*E. guttata*), qui est de petite taille, avec une carapace noire, élégamment tachetée de gros points jaunes; l'E. DU CUMBERLAND (*E. Cumberlandensis*), dont les tempes portent une large tache rouge, d'autant plus éclatante que l'animal est plus jeune; l'E. PEINTE (*E. picta*), agréablement nuancée sur sa teinte brune de bandes jaunes à double liséré noir; l'E. A BORDS EN SCIE (*E. serrata*), qui doit son nom aux fortes et profondes dentures du limbe à la région postérieure; l'E. RUGUEUSE (*E. rugosa*), nommée ainsi à cause des stries longitudinales de la carapace; l'E. GÉOGRAPHIQUE (*E. geographica*); puis l'E. DE MOBILE (*E. Mobilensis*).

A ces espèces, il faut en joindre une autre de l'Amérique du Sud : l'E. PONCTULAIRE (*E. punctularia*), et l'E. CROISÉE (*E. decussata*), originaire des Antilles. — Enfin, une espèce indienne, l'E. OCELLÉE (*E. ocellata*), a vécu en captivité, comme les précédentes, dans les bassins de la Ménagerie.

De toutes les Tortues, celle qu'on a conservée le plus longtemps est l'EMYSAURE SERPENTINE (*E. serpentinus*), dont le bec solide et tranchant, et la queue longue et robuste, sont des armes dangereuses surtout chez les grands individus.

A ces différents genres, il convient de joindre celui des CINOSTERNES, dont le caractère essentiel est la mobilité des portions antérieure et postérieure du plastron, non pas sur une même charnière ligamenteuse transversale, comme chez les Cistudes, mais sur une pièce intermédiaire immobile. Trois espèces américaines, les C. DE PENSYLVANIE, ENSANGLANTÉ et à BOUCHE BLANCHE (*C. pensylvanicum, cruentatum et leucostomum*), ont été conservées en captivité.

Les ELODITES PLEURODÈRES que la Ménagerie a reçues sont le STERNOTHÈRE NOIRATRE (*St.-Nigricans*) à plastron mobile en avant, et les CHÉLODINES de la Nouvelle-Hollande et de Maximilien (*Ch. Novæ Hollandiæ et Maximiliani*); cette dernière, originaire de l'Amérique du Sud, remarquables toutes les deux par l'extrême longueur du cou.

On n'y a vu que deux espèces de TORTUES FLUVIATILES ou POTAMITES, recueillies l'une et l'autre dans les fleuves de l'Amérique du Nord : ce sont les GYMNOPODES SPINIFÈRE ET MUTIQUE (*Gymnopus spiniferus et muticus*). Ces deux Chéloniens, comme tous leurs congénères, sont très-facilement reconnaissables à l'aplatissement considérable de la carapace que forme en grande partie un cuir épais, fortement incrusté sur les vermiculations du disque et par la large palmure des doigts, dont trois seulement à chaque patte sont munis d'ongles, ce qui a motivé la dénomination souvent employée de TRIOMYX.

Quant aux TORTUES MARINES ou THALASSITES, auxquelles l'eau de mer et surtout l'agitation continuelle des flots sont indispensables, elles n'ont jamais été longtemps conservées en captivité.

SAURIENS. La première famille est celle des CROCODILIENS ou ASPIDIOTES. Deux espèces de CROCODILES, proprement dits, figurent sur les registres de la Ménagerie : le VULGAIRE et celui A MUSEAU AIGU (*C. vulgaris et acutus*); ce dernier, apporté très-jeune, grandit et se développe très-bien.

Les CAÏMANS ou CROCODILES à dents inférieures complétement cachées pendant l'occlusion de la bouche ont été beaucoup plus nombreux : tous font partie de l'espèce dite CAÏMAN A MUSEAU DE BROCHET (*Alligator lucius*).

La deuxième famille comprend ces animaux bizarres connus sous le nom de CAMÉLÉONS, et dont une seule espèce, le C. VULGAIRE (*Chamæleo vulgaris*), a été vue vivante. En raison du grand nombre d'individus adressés, chaque année, de l'Algérie, beaucoup d'observations ont pu être faites sur le genre de vie de ce singulier Reptile.

De la famille des GECKOTIENS, nous n'avons à citer que le PLATYDACTYLE DES MURAILLES, commun en Algérie et dans le midi de l'Europe. Il est remarquable en ce qu'il a les doigts élargis par des membranes latérales, et garnis en dessous de lames transversales entuilées, à l'aide desquelles il peut grimper le long des plans les plus lisses, et même s'y maintenir contre son propre poids, comme le font les mouches.

La quatrième famille, celle des VARANIENS, caractérisée par l'aspect des téguments qui sont en quelque sorte chagrinés, et dont les écailles consistent en petits tubercules arrondis et granuleux, n'a été jusqu'ici représentée à la Ménagerie que par deux espèces : l'une aquatique, le VARAN DU NIL (*Varanus niloticus*) à queue comprimée, et l'autre terrestre, à queue arrondie, le V. DU DÉSERT (*V. arenarius*), originaire de l'Afrique et, en particulier, du sud de nos possessions algériennes.

Parmi les IGUANIENS, dont les caractères essentiels sont l'absence sur le ventre de larges plaques carrées, et sur la tête de grandes squames polygones, puis de fourreau dans lequel la langue puisse rentrer, et enfin la présence, chez un grand nombre d'espèces, d'une crête sur le dos, il faut citer d'abord deux grandes et belles espèces : ce sont l'IGUANE TUBERCULEUX, très-commun aux Antilles où il se mange, et le CYCLURE DE HARLAN (*Iguana tuberculata, vel delicatissima et Cyclurus Harlani*). On doit en rapprocher l'ANOLIS, analogue aux GECKOS par l'élargissement des premières phalanges munies en dessous de lamelles imbriquées; puis, trois espèces bizarres, le PHRYNOSOME DE HARLAN (*Phr. Harlani*), Saurien du Mexique, à tronc court et très-déprimé, hérissé, ainsi que la tête, de longues et nombreuses épines, et les FOUETTE-QUEUES SPINIPÈDE et ACANTHINURE (*Uromastyx Spinipes et Acanthinurus*), originaires de l'Egypte et du nord de l'Afrique, et dont la queue est armée d'aiguillons épineux, longs et acérés, disposés en verticilles réguliers.

Dans la sixième famille, dite des LACERTIENS, MM. Duméril et Bibron ont rangé tous les LÉZARDS proprement dits, toujours faciles à distinguer par l'écaillure de la tête composée de grandes squames polygones, par celle du ventre formée de larges plaques différentes du revêtement des régions supérieures, et enfin par la disposition des écailles de la queue. L'espèce la plus grande de cette famille que le Muséum ait reçue est le SAUVE-GARDE DE CAYENNE, dédié à la célèbre mademoiselle de Mérian qui, la première, l'a fait connaître (*Salvator Marianæ*).

Quant au genre LÉZARD proprement dit, il est, de toute la classe des Reptiles, celui dont on retrouve le plus fréquemment le nom sur les registres; car cinq des espèces qu'il comprend vivent en France et dans le midi de l'Europe, et deux ou trois de celles-ci se trouvent également en Algérie. Les plus communes sont les LÉZARDS DES MURAILLES ET DES SOUCHES (*Lacerta muralis et stirpium*), dont un grand nombre servent à la nourriture de Reptiles plus volumineux; puis le LÉZARD VERT (*L. viridis*), de plus grande taille, et dont les régions supérieures sont le plus ordinairement d'une belle teinte verte, et les inférieures d'un jaune verdâtre. Le LÉZARD OCELLÉ (*L. ocellata*), remarquable par ses grandes dimensions, a été reçu du midi de la France, de l'Espagne, de l'Italie et de l'Algérie. On a été témoin, à la Ménagerie, de l'ovoviviparité de l'espèce européenne, nommée, en raison de ce singulier mode de parturition, LÉZARD VIVIPARE (*L. vivipara*).

Les deux dernières familles de Sauriens sont celles des SCINCOIDIENS et des AMPHISBÉNIENS. Ceux-ci sont tout à fait remarquables par l'absence complète des membres, ce qui a longtemps fait supposer aux naturalistes que ces Reptiles appartenaient à l'ordre des Ophidiens, et par le défaut d'écailles sur leurs téguments, qui sont comme tuberculeux ou en quelque sorte damasquinés. L'AMPHISBÈNE CENDRÉE (*A. cinerea*), qu'on trouve en Espagne, dans les terrains mobiles où elle s'enfouit, a été conservée vivante, ainsi que deux autres espèces Brésiliennes placées dans le genre *Lépidosterne*, à cause des grandes plaques écailleuses de la région sternale. LÉP. MICROCÉPHALE et SCUTIGÈRE (*Lepidosternon microcephalum et scutigerum*). C'est à ce même groupe des Amphisbéniens qu'appartient le joli TROGONOPHIDE DE WIEGMANN plusieurs fois adressé de l'Algérie (*Trogonophis Wiegmannii*). Enfin, parmi les Scincoïdiens, distincts de tous les autres Sauriens par la forme et par la disposition des écailles, qui sont arrondies à leur bord postérieur et entuilées comme celles des poissons, d'où leur nom de CYPRINOLÉPIDES, on a souvent reçu du nord de l'Afrique le GONGYLE OCELLÉ (*G. ocellatus*), remarquable par son ovoviviparité, et moins souvent, le PLESTIODONTE D'ALDROVANDE (*Pl. Aldrovandi*), dont le système de coloration est élégamment relevé par de belles teintes d'un rouge-orange. C'est à cette même famille qu'il faut rapporter le LÉZARD SERPENTIFORME de notre pays, l'ORVET si lisse et si fragile qu'on le nomme souvent SERPENT DE VERRE (*Anguis fragilis*). Le SEPS CHALCIDE (*Seps chalcides*), presque aussi commun en Espagne (d'où M. le professeur Duméril l'a rapporté en 1806), et en Algérie que l'ORVET en France, se distingue de ce dernier par deux paires de petites pattes courtes et grêles.

OPHIDIENS. — Des quatre ordres dont la classe des Reptiles se compose, aucun n'a fourni à la Ménagerie un contingent plus considérable que l'ordre des Ophidiens ou Serpents : il est, à la vérité, le plus riche en espèces.

M. le professeur Duméril et son habile collaborateur, Bibron, prématurément enlevé en 1848 à la science, qu'il cultivait avec tant de succès, ont, dans leur grande Erpétologie, divisé ces Reptiles en cinq grandes sections, dont les deux premières comprennent les espèces non venimeuses. De la première, ou celle des TYPHLOPS, il n'y a rien à dire ici, aucun n'ayant été reçu vivant.

La deuxième section, celle des AGLYPHODONTES, est très-considérable : elle comprend tous les autres Serpents non venimeux. Les plus grandes espèces de ce groupe ont été à différentes reprises, et souvent pendant plusieurs années, conservées en captivité.

Tels sont le PYTHON DE SÉBA (*Python Sebæ*), originaire du Sénégal, l'un des Ophidiens les plus considérables par leur longueur et par leur volume (on en a possédé un de 4 m. 70); le PYTHON ROYAL (*P. regius*), africain comme le précédent, de moins grande taille et orné de couleurs plus brillantes; le PYTHON MOLURE OU A DEUX BANDES (*P. bivittatus*), d'origine indienne, et qui s'est reproduit il y a près de dix ans au Muséum, où ont vécu et se sont parfaitement développés ces jeunes Ophidiens, dont deux d'entre eux vivent encore. Un autre Python, qui peut atteindre comme les précédents une grande longueur, puisque les collections en renferment un de 7 mètres, est le RÉTICULÉ (*P. reticulatus*). L'exemplaire de la Ménagerie, au reste, est beaucoup plus petit, il ne dépasse guère 2 mètres. Il est remarquable par ses belles teintes brune, blanche et jaune.

Les BOAS sont les grands Serpents qui ont le plus de ressemblance avec ceux dont nous venons de parler. Ceux dont il doit être question ici sont : 1° le BOA DIVINILOQUE (*Boa diviniloquus*), dont l'île Sainte-Lucie des Antilles paraît être jusqu'à présent la patrie presque exclusive. Les magnifiques reflets métalliques de ses téguments, qui se parent des plus belles nuances bleues ou verdâtres, selon le jeu de la lumière, expliquent son nom vulgaire de Boa bleu; 2° le BOA CONSTRICTEUR (*B. constrictor*), habitant de l'Amérique du Sud et particulièrement de Cayenne et du Brésil, orné sur le dos de grandes taches brunes, veloutées, à reflets métalliques, et sur la queue des cercles noirs circonscrivant des espaces d'un rouge brique; il atteint jusqu'à 2 m. 50 ou 3 m. de longueur; 3° l'ÉPICRATE CENCHRIS (*Epicrates cenchris*), de plus petite dimension que les précédents, et adressé de Cayenne : l'individu actuellement vivant a 1 m. 50 environ ; 4° et 5° les TROPIDOPHIDES TACHETÉ et A QUEUE OIRE (*Tropidophis maculatus et melanurus*), de Porto-Rico, et dont le second a donné dans la Ménagerie la preuve de son ovoviviparité.

Pour terminer l'énumération des Serpents Pythoniens conservés en captivité à Paris, il faudrait encore citer une espèce assez différente par son aspect extérieur de celles dont il vient d'être question. Elle est destinée à vivre sur le sable où elle peut se creuser des retraites à l'aide d'une sorte de boutoir qui termine le museau : c'est l'EREX DE JOHN, dont trois échantillons ont été acquis comme provenant des Indes-Orientales, patrie ordinaire de ce Serpent.

L'un des plus grands Ophidiens que l'on connaisse, l'EUNECTE MURIN (*Eunectes murinus*), pourrait presque prendre place dans cette Notice sur la Ménagerie des Reptiles, car c'est quelques heures à peine après sa mort qu'un de ces énormes animaux a été reçu au Muséum où il avait été adressé vivant de Cayenne. Il avait près de 5 mètres de longueur.

Les volumineux Serpents non venimeux ainsi mis à part dans ce groupe qui vient d'être indiqué, il reste encore un très-grand nombre d'espèces à morsure non venimeuse, et qui sont généralement désignées sous la dénomination assez vague de COULEUVRES.

Les travaux récents de M. le professeur Duméril, qui fait imprimer en ce moment la fin de l'ouvrage qu'il avait commencé avec la savante collaboration de Bibron, montrent quelles coupes peuvent être faites pour la facilité de l'étude dans l'ancien genre COLUBER, de *Linnæus*.

Ce n'est pas ici le lieu de faire connaître ces divisions, qui doivent seulement servir de guide pour l'inscription méthodique des espèces que la Ménagerie a possédées ou possède encore. A ces dernières, il faut rapporter un bel Ophidien, d'un noir d'ébène, à taches jaunes brillantes ; le SPILOTE VARIABLE (*Spilotes variabilis*), de Cayenne ; la COULEUVRE D'ES-CULAPE (*Elaphis Æsculapii*), assez commune en France, d'un brun verdâtre uniforme, avec deux taches jaunes derrière la tête ; une autre espèce de ce même genre et beaucoup plus remarquable à cause de la grande taille qu'elle peut atteindre, envoyée des États-Unis il y a onze ans et qui vit encore : c'est l'ELAPHE A QUATRE BANDES (*E. quadrivittatus*), ainsi nommé à cause de quatre longs rubans brun foncé prolongés sur le tronc et sur la queue ; puis enfin l'ELAPHE TACHETÉ (*E. guttatus*), également originaire des États de l'Union et très-nettement caractérisé par une série sur toute la longueur du dos de grandes taches ovalaires d'un rouge de brique pilée, bordées de noir.

Les mêmes contrées de l'Amérique du Nord, si riche en Reptiles de tous les ordres, nourrissent une Couleuvre à port lourd, à tête confondue avec le tronc et à queue courte et peu effilée, noire en dessus et d'un rouge vif sous le ventre où se voient, disposées avec régularité, et comme les cases d'un damier, des taches noires, quadrilatères ; elle est le type du genre CALLOPISME, et le nom spécifique rappelle la marqueterie des régions inférieures (*Callopisma abacura*).

Un Serpent à nez pointu, à raies noires longitudinales, réunies de distance en distance par des raies également noires, mais transversales, et nommé à cause de ces diverses particularités RHINECHIS A ÉCHELONS (*Rhinechis scalaris*), a été plusieurs fois adressé de Montpellier. On le trouve dans les terrains meubles où il se creuse des retraites à l'aide de l'espèce de boutoir que forme la proéminence de l'os intermaxillaire.

Beaucoup de Couleuvres, ayant à l'extrémité postérieure de la mâchoire supérieure des dents plus longues que celles qui les précèdent, M. le professeur Duméril réunit dans une famille particulière, et sous le nom de Syncrantériens, celles chez lesquelles toutes les dents des os sus-maxillaires sont disposées sans interruption en série continue ; puis il a groupé dans une autre famille les espèces où la série est interrompue en arrière par un espace vide que laissent au-devant d'elles les dernières dents souvent beaucoup plus longues que les autres : ce sont les Diacrantériens.

A la première de ces deux familles armées de grandes dents postérieures, il faut rapporter quatre Serpents de France. L'un est la COULEUVRE A COLLIER (*Tropidonotus torquatus vel natrix*). Ses formes assez lourdes, le volume du tronc, la largeur de l'abdomen et la brièveté de la queue, sont des caractères qui dénotent, comme le prouve d'ailleurs son séjour habituel auprès des eaux, des habitudes aquatiques. Elle est verte, tachetée de noir, et sur le cou elle a une double empreinte jaune simulant une sorte de collier.

Le deuxième, dont le genre de vie est analogue, offre une ressemblance curieuse avec la Vipère, si l'on ne tient compte que des caractères extérieurs : c'est de là qu'est venu son nom de COULEUVRE VIPÉRINE (*Trop. viperinus*). Sans parler de l'absence des crochets à venin, le revêtement écailleux de la tête formé de grandes plaques polygones, régulières et propres aux Couleuvres, s'oppose à toute confusion.

Les deux autres Syncrantériens de notre pays sont la COULEUVRE LISSE et la COULEUVRE BORDELAISE (*Coronella lævis et girundica*).

Toutes les deux sont d'un brun fauve assez foncé; mais outre des différences spécifiques bien tranchées, la seconde ne porte qu'une série unique de taches noires sur le dos, tandis que chez la Couleuvre lisse les taches, qui sont plus petites, sont disposées sur deux rangs parallèles et principalement à la région antérieure.

La famille des DIACRANTÉRIENS comprend plusieurs genres et un grand nombre d'espèces. Quelques-unes doivent être mentionnées dans ce relevé des hôtes de la Ménagerie. Telle est d'abord une élégante Couleuvre de l'Europe centrale et méridionale, ainsi que de l'Afrique, souvent adressée du département de la Nièvre, et dont la livrée se compose d'une multitude de petites raies d'un jaune vif semées sur un fond vert : c'est la C. VERTE et JAUNE (*Zamenis viridi-flavus*). On en possède une curieuse variété toute noire, recueillie d'abord en Sicile, puis en Égypte. On doit rapporter à ce même genre une autre espèce, également égyptienne; son système de coloration consistant en de petits dessins noirs sur un fond brun verdâtre, lui a mérité le nom de COULEUVRE A BOUQUETS (*Z. florulentus*).

On en distingue deux espèces qui, offrant un cercle orbitaire complet formé par des écailles particulières, ont été réunies dans un même genre nommé PÉRIOPS, à cause de cette particularité. L'une de ces espèces, égyptienne comme la Couleuvre à bouquets, porte un grand nombre de petites lignes longitudinales, parallèles entre elles et groupées de manière à former des maculatures irrégulières de teinte sombre se détachant sur un fond brun fauve : elle est dite COULEUVRE A RAIES PARALLÈLES (*Periops parallelus*). Le nom de COULEUVRE FER A CHEVAL (*P. hippocropis*) désigne une note particulière relative à l'arrangement des taches de la région supérieure du crâne propre à un Ophidien de France et d'Algérie, bien distinct de tous les autres par des caractères spécifiques très-nets.

Une Couleuvre de Porto-Rico peut être considérée comme l'un des types du genre nombreux des DROMIQUES, placés au troisième rang dans la famille des Diacrantériens. Elle est dite DROMIQUE DES ANTILLES (*Dromicus Antillensis*).

La longue série des Serpents sans crochets à venin, observés à la Ménagerie, se termine par une espèce qu'on pourrait croire venimeuse, d'après l'expression particulière de ce que M. Schlegel de Leyde appelle si ingénieusement la physionomie, comme d'ailleurs l'ancienne dénomination de COULEUVRE SÉVÈRE (*Xenodon severus*), employée par Linnæus, cherche à l'exprimer. En raison de la longueur des dernières dents sus-maxillaires, elle entre dans un genre spécial, à dents étranges en quelque sorte.

Entre les Ophidiens, dont il vient d'être question, et ceux qui peuvent faire des blessures si graves qu'elles sont rapidement mortelles, il y a une nombreuse série intermédiaire d'espèces colubriformes, comme les précédents, et cependant armées de dents à venin. M. le professeur Duméril, en créant le mot OPISTHOGLYPHE, qu'il applique à cette famille, a voulu rappeler l'insertion en arrière de ces dents et la rainure de leur face antérieure, car ce qui fait le caractère essentiel de cet appareil venimeux, c'est sa situation à la partie la plus reculée de la bouche, à l'extrémité postérieure des os sus-maxillaires, à la suite des dents pleines et sans sillon implantées sur ces os.

A la base de ces crochets propres à inoculer le poison, non pas au moment de la première morsure, mais quand la proie a déjà pénétré dans la bouche, il y a une glande d'une structure particulière destinée à sécréter le liquide meurtrier.

Quoique ces Serpents soient fort nombreux, on ne peut citer dans cette Note que deux espèces. — L'une, originaire d'Égypte et d'Algérie, est nommée LYCOGNATHE A CAPUCHON (*Lycognathus cucullatus*), à cause de ses grandes dents antérieures et à cause du dessin que forment sur la partie postérieure de la tête et sur la nuque deux bandes et quatre taches noires. L'autre, qui est dite Couleuvre de Montpellier, parce qu'on la rencontre aux environs de cette ville, se trouve aussi en Afrique. Elle se distingue facilement par la conformation de la tête : la région sus-cranienne, au lieu d'être plate, comme chez les autres Ophidiens, est creusée dans le sens longitudinal d'une sorte de gouttière évasée et peu profonde. Elle est d'une teinte sombre d'un brun verdâtre à peine relevé par de petites taches noires.

Il reste enfin à parler des Serpents les plus venimeux, dont les crochets longs et robustes occupent l'extrémité antérieure de la mâchoire supérieure.

La première famille de ces Ophidiens si redoutables comprend, sous la dénomination de *Protéroglyphes,* les espèces à crochets situés en avant et parcourus dans toute leur longueur par un sillon.

C'est à cette première division qu'il faut rapporter les singuliers animaux connus sous les noms vulgaires de SERPENT A COIFFE ou COBRA DI CAPELLO, et qui sont désignés par les naturalistes sous celui de NAJA. Les voyageurs, depuis le célèbre Kœmpfer, qui, le premier, a donné de très-intéressants détails sur ce sujet, ont souvent parlé des exercices bizarres auxquels les bateleurs indiens ou égyptiens les soumettent à l'aide des sons monotones d'un petit flageolet. Le NAJA A LUNETTES ou BALADIN (*Naja tripudians*), le plus célèbre à cause de l'espèce de dessin qu'il porte sur le cou et que rappelle sa dénomination, n'a jamais été vu vivant à Paris, quoiqu'il soit très-commun aux Grandes-Indes et qu'il ait été souvent vu au Jardin de la Société zoologique de Londres.

Le NAJA HAJE, au contraire, a été plusieurs fois adressé d'Égypte, et dans ce moment encore la Ménagerie possède un très-beau spécimen de cette espèce. Dès qu'on irrite ce Serpent, il relève brusquement la tête et toute la partie antérieure du tronc à une hauteur de 0 m. 30 à 0 m. 35 environ. En même temps, les côtes antérieures, qui sont les plus longues, sont fortement ramenées en avant. La peau les suit dans ce mouvement de progression, et, comme elle est lâche et extensible, elle s'élargit de la même manière en quelque sorte que l'étoffe d'un éventail se déplie, quand les touches dont il est formé sont rapidement écartées les unes des autres. La tête domine le capuchon, elle devient horizontale et l'animal la dirige constamment à droite ou à gauche pour épier le danger.

Le nom de *Solinoglyphes,* donné par M. le professeur Duméril aux espèces de la seconde famille de Serpents à crochets venimeux antérieurs, indique leur caractère anatomique essentiel, qui est d'avoir ces crochets perforés dans toute leur longueur par un canal terminé par un sillon à son extrémité libre.

Le plus connu de ces Ophidiens est la Vipère, représentée en France, et jusque dans les environs de Paris, par deux Serpents très-semblables entre eux par leur apparence extérieure et par leur système de coloration, mais offrant cependant une différence très-remarquable. L'un, qui reste le type du genre Vipère proprement dit, a la tête couverte non pas de grandes plaques symétriques, comme celles des Couleuvres, mais de petites squames analogues aux écailles du tronc : c'est la VIPÈRE ASPIC (*Vipera aspis vel prœster*). L'autre, le PÉLIAS BERUS (*Pelias berus*), se distingue d'une façon très-nette par la présence, sur la région antérieure de la tête, de petits écussons, dont un central, plus considérable. De là vient l'erreur qu'il est important de prévenir et qui, au premier moment, peut faire prendre cette espèce

23

pour la Couleuvre vipérine. Chez cette dernière, cependant, les plaques sus-céphaliques sont plus grandes et plus nombreuses. La tête des Vipères et des Pélias, en outre, a une forme spéciale, légèrement triangulaire.

Le Sénégal nourrit une très-grosse Vipère, proportionnellement courte, à tête plate et large, de couleur sombre et d'un aspect sinistre, que Cuvier nommait V. A COURTE-QUEUE : c'est l'ÉCHIDNÉE HEURTANTE (*Echidna arietans*). Il y en a de beaux exemplaires dans ce moment à la Ménagerie. On y voit aussi la VIPÈRE CORNUE ou CÉRASTE ÉGYPTIEN, qu'on a quelques raisons de regarder comme étant le célèbre ASPIC DE CLÉOPATRE (*Cerastes Ægyptiacus*).

On a reçu du même pays deux autres espèces de petite taille, comme la précédente, mais bien différentes en ce que les régions surcillaires ne portent pas les appendices saillants si caractéristiques du Céraste. En raison de différences qui permettent de les distinguer l'une de l'autre, elles ont reçu les noms d'ECHIS A FREIN et d'ECHIS CARÉNÉE (*Echis frenata* et *carinata*).

A la suite de ces Ophidiens, il faut placer le CROTALE ou SERPENT A SONNETTES, si remarquable par l'appareil corné qu'il porte à l'extrémité de la queue, et dont les pièces, lâchement emboîtées entre elles, produisent, lorsque la série tout entière est mise en vibration par les mouvements fort rapides de la queue, un bruit très-particulier. Les sons aigus et stridents que le serpent fait alors entendre sont si étranges, qu'on s'explique sans peine la frayeur qu'il inspire aux hommes et aux animaux qui fuient épouvantés à l'approche de ce dangereux Reptile que la Ménagerie a presque toujours possédé et dont, en ce moment encore, elle a de beaux spécimens.

On y garde aussi en captivité l'espèce si redoutée aux Antilles, sous le nom de FER DE LANCE, à cause de la forme de la tête : c'est le BOTHROPS LANCEOLATUS qui peut avoir 2 mètres de long. Les mêmes cages, soigneusement entourées d'un double grillage, renferment en outre un serpent venimeux, à tête triangulaire, et que la diversité de ses couleurs sombres, il est vrai, a fait nommer ARLEQUIN (*Trigonocephalus histrionicus*).

BATRACIENS. Le quatrième ordre de la classe des Reptiles, comprenant les GRENOUILLES, les RAINETTES, les CRAPAUDS, les SALAMANDRES et quelques autres espèces, occupe, dans l'histoire de la Ménagerie, une place moins importante que les trois premiers ordres. Le nombre de ces Batraciens qui y ont été vus reste en effet inférieur à celui des Chéloniens, des Sauriens et des Ophidiens. Dans ce nombre, cependant, il y a quelques animaux très-intéressants. En tête de la liste qui doit en être donnée ici, il faut placer la CÉCILIE A MUSEAU ÉTROIT et le SIPHONOPS ANNELÉ (*Cæcilia rostrata* et *Siphonops annulatus*). Longtemps considérés comme des Serpents, à cause de la forme allongée et cylindrique du corps et de l'absence complète des membres, ces Reptiles offrent néanmoins cette curieuse particularité d'être, par toute leur organisation, de véritables Batraciens, malgré l'analogie remarquable de leur conformation extérieure avec les Ophidiens de petite taille, qui, à cause de leur cécité presque absolue, ont été nommés TYPHLOPS. Ce sont des animaux pour la plupart aveugles, à museau plus ou moins prolongé en une sorte de boutoir, et qui vivent dans les terrains mobiles de l'Amérique méridionale et, en particulier, du Brésil, d'où le Muséum les a déjà plusieurs fois reçus.

Tous les autres Batraciens ont des membres, mais les uns ont une queue : ce sont les URODÈLES, ainsi nommés en raison de ce caractère. La queue, au contraire, manque chez les autres qui, en raison de cette particularité notable, ont reçu le nom d'ANOURES.

Ceux-ci, très-nombreux en espèces, présentent entre eux des différences très-remarquables, faciles à constater quand on compare entre eux le CRAPAUD, la GRENOUILLE et la RAINETTE, types de trois grandes familles qui sont représentées dans notre pays par quelques espèces qui sont toujours assez abondantes dans les cases.

Parmi les GRENOUILLES, que la longueur de leurs membres et la palmure de leurs doigts font reconnaître si aisément, on doit nommer la VERTE, dont la couleur paraît varier suivant qu'elle habite l'Europe, l'Asie ou l'Afrique. Le nom de RANA ESCULENTA, donné par Linnæus, rappelle l'usage qu'on fait souvent dans l'art culinaire de ce Reptile, dont les membres postérieurs sont comparés, pour l'aspect et pour la saveur, à la chair du poulet. Cette Grenouille se distingue surtout de l'autre espèce, commune dans notre pays, par l'absence, sur les côtés de la tête, de la tache noire qui, par sa constance, a motivé, pour cette deuxième espèce, la dénomination de TEMPORAIRE. Elle est dite aussi quelquefois, à cause de sa teinte jaune-brunâtre, GR. ROUSSE (*Rana temporaria vel fusca*).

L'abondance de ces deux Batraciens aux environs de Paris permet de les employer dans la Ménagerie comme pâture pour les Serpents qui, vivant à l'état de liberté, dans les lieux humides et au bord des ruisseaux, telles que les COULEUVRES A COLLIER et VIPÉRINE et quelques autres, recherchent cette proie avec avidité.

Des États-Unis, on a reçu deux Grenouilles très-analogues entre elles : la GR. HALÉCINE et celle des marais (*R. halecia* et *palustris*), qui paraissent être, dans l'Amérique du Nord, les représentants de nos deux espèces communes.

Semblables à ces dernières pour la taille, elles sont très-petites comparativement à une grosse espèce, originaire du même pays, et dont certains individus qui ont été conservés en captivité étaient longs de $0^m 35$ à $0^m 40$. On a pu reconnaître, au bruit produit par ces énormes Batraciens, surtout au moment où ils s'élançaient pour sauter à de très-grandes distances, qu'ils méritent bien le nom de GRENOUILLE-TAUREAU ou MUGISSANTE (*R. mugiens*).

Des possessions algériennes, on a adressé plusieurs fois au Muséum une espèce à régions supérieures marbrées de gris, de brun ou de roussâtre, et souvent ornées, sur le milieu du dos, d'une bande blanche ou jaune Elle est devenue le type d'un genre distinct, fondé d'après des caractères particuliers, et surtout d'après l'invisibilité de la membrane du tympan, qui est cachée sous les téguments, contrairement à ce qui a lieu chez la plupart des Batraciens, où cette membrane, située à fleur de tête, est très-apparente. Ce DISCOGLOSSE PEINT (*Discoglossus pictus*), qui a les formes élancées des Grenouilles, ne vit pas en France, mais il a été trouvé en Grèce, en Sicile et en Sardaigne.

Pour terminer la série des Raniformes à membres postérieurs, longs et bien disposés pour le saut, il faut citer une espèce spéciale à la France, et dont les habitudes aquatiques se trouvent rappelées par le nom de PÉLODYTE qui lui est donné et qui signifie qu'elle fréquente les localités marécageuses. Elle est tachée de noir en dessus. C'est le P. PONCTUÉ (*Pelodytes punctatus*), qui se distingue de toutes les autres Grenouilles par certains caractères anatomiques et par le pouvoir dont il est doué de grimper presque aussi facilement que les Rainettes le long d'un plan vertical et très-uni, comme les parois d'un vase de verre, ainsi que l'observation en a été bien souvent faite à la Ménagerie. C'est particulièrement dans l'ancien parc de Sceaux que ce Batracien se rencontre dans les environs de Paris.

La division des ANOURES, adoptée dans l'*Erpétologie générale* de MM. Duméril et Bibron, étant fondée sur la conformation des doigts qui permet de séparer tout d'abord les RAINETTES, dont il sera question plus loin, la distinction fondamentale entre les GRENOUILLES et les CRAPAUDS se tire du système dentaire.

Les véritables Crapauds n'ayant aucune dent ni à l'une ni à l'autre des mâchoires, ni au palais, tandis qu'il y en a dans la région maxillaire supérieure et à la voûte palatine chez les Grenouilles, il a fallu nécessairement ranger parmi celles-ci quelques Batraciens à membres postérieurs courts et à corps ramassé, malgré la dénomination vulgaire qui sert à les désigner et dont on ne saurait méconnaître la justesse, si l'on s'en tient aux formes extérieures. Tels sont, entre autres, le CRAPAUD ACCOUCHEUR (*Alytes obstetricans*), le CRAPAUD A VENTRE COULEUR DE FEU ou SONNEUR (*Bombinator igneus*) et le PÉLOBATE BRUN (*Pelobates fuscus*) qui vivent en France, même aux abords de Paris, et que, par cela même, on a fréquemment conservés en captivité au Muséum.

La première espèce est très-intéressante à étudier à cause des particularités de mœurs qu'elle offre à l'observateur.

N'est-il pas en effet bien remarquable qu'au moment où les œufs viennent d'être pondus, le mâle, comme guidé par une prévoyance ingénieuse pour la protection de sa race, s'en empare et enlace autour de ses membres postérieurs le chapelet que ces œufs forment par leur union avec une matière visqueuse et tenace qui les unit les uns aux autres. Ce n'est pourtant que la manifestation pleine d'intérêt, il est vrai, pour le naturaliste, d'un instinct qui pousse cet animal à se charger de ce fardeau précieux qu'il conserve ainsi pendant vingt-cinq à trente jours. Tant que dure cette sorte de gestation extérieure, il reste immobile dans une retraite sombre et humide, où il se cache pour se mettre à l'abri des attaques. Il y a quelque chose de plus merveilleux encore dans cette série d'actes instinctifs que ce Batracien accomplit à cette époque si importante de sa vie, puisqu'il s'agit de la perpétuation de sa race. Il quitte, au bout de ce temps, le lieu de son refuge, et se dirige, tant bien que mal, embarrassé qu'il est dans sa marche, vers les eaux du voisinage. Ne faut-il pas, en effet, que les jeunes animaux qui vont sortir des œufs arrivés à leur dernière période de développement naissent au milieu de l'eau? Ce sont des TÉTARDS, c'est-à-dire des animaux à respiration branchiale, et même de véritables poissons pendant tous les premiers temps de leur vie. Ils périraient promptement, si l'éclosion avait lieu sur le sol, par suite de l'impossibilité absolue pour eux de respirer dans l'air. Le rôle du Crapaud accoucheur rempli, il reprend ses habitudes et le genre de vie qui lui est propre, se tenant de préférence dans les herbages humides.

Quant au Sonneur, il ne mérite pas plus ce nom que d'autres Batraciens; le coassement qu'il fait entendre n'a rien de spécial, et n'étant même pas aussi caractéristique que celui de l'espèce dont il vient d'être question, laquelle produit, à l'époque des amours, des sons analogues à ceux qui résulteraient de la percussion d'une clochette de verre. Il est remarquable par la teinte d'un jaune-orange vif des régions inférieures rendue plus éclatante encore par les marbrures d'un brun foncé. Il est de petite taille, se trouve dans toute l'Europe tempérée, et vit presque toujours dans l'eau.

Le Pélobate brun enfin se reconnaît facilement à la saillie très-prononcée de l'un des os du pied, d'où résulte l'apparence au talon d'une sorte d'éperon tranchant de couleur jaune. Sa tête est rugueuse et couverte d'aspérités auxquelles la peau est très-fortement adhérente.

Entre ces trois derniers Batraciens et les véritables Crapauds, il y a cette différence anatomique importante que ceux-ci sont complètement privés de dents. Leur langue, d'ailleurs, contrairement à ce qui s'observe chez les Grenouilles et chez les Rainettes, n'est presque jamais échancrée à son bord postérieur, et à l'exception des grosses glandes qu'un certain nombre d'entre eux portent derrière la tête, sur les côtés du cou, et d'où s'échappe une humeur âcre et irritante, vénéneuse même pour les petits animaux, leur peau est plus lisse que celle des autres Anoures.

Le corps est généralement trapu, les membres courts et ramassés. Ces différents caractères sont très-évidents sur les deux espèces communes de notre pays, et dont il y a presque toujours des échantillons à la Ménagerie. Les différences qui les distinguent l'une de l'autre sont assez faciles à saisir pour le zoologiste, mais vulgairement on les confond, quoique le CRAPAUD VERT (*Bufo viridis*) ne devienne pas aussi volumineux que le CRAPAUD VULGAIRE (*Bufo vulgaris*), qui ne porte jamais la ligne médiane jaune dont le dos du premier est souvent orné dans toute sa longueur. Fréquemment aussi leurs régions supérieures, d'une teinte verte, mais le plus souvent sombre ou d'un brun plus ou moins obscur, sont parsemées de tubercules, ce qui leur fait donner, dans quelques contrées, le nom de CRAPAUD GALEUX.

Il est venu des États-Unis une espèce à grandes taches et à ligne médiane le long du dos qui a reçu des zoologistes de ce pays le nom de CRAPAUD AMÉRICAIN (*Bufo americanus*), et de l'Algérie le CRAPAUD PANTHÉRIN (*Bufo pantherinus*), très-analogue au Crapaud vert de notre pays, dont il diffère cependant par des caractères assez nets.

Ces différentes espèces, ainsi qu'on le sait de la plupart de celles en très-grand nombre que renferme la famille des Bufoniformes, ont des habitudes nocturnes.

Ces Batraciens anoures ne sont pas les seuls dont il y ait à parler ici; le troisième groupe celui des Rainettes doit être aussi mentionné, car la Ménagerie possède toujours pendant la belle saison cette charmante petite Grenouille d'arbre, connue sous le nom de RAINETTE VERTE (*Hyla viridis vel arborea*). Sa jolie couleur est constamment en harmonie avec la nuance des feuilles à la surface desquelles elle se tient suspendue au moyen des disques élargis qui terminent les doigts en matière de pelottes, dont la surface molle adhère solidement aux corps les plus lisses. On l'a recueillie dans les différentes parties de l'Europe, excepté dans la Grande-Bretagne où elle n'a jamais été vue. Elle vit aussi en Algérie. Une espèce beaucoup plus volumineuse, rapportée de la Nouvelle-Hollande, vit depuis six ans dans une des cages où l'on ne peut la voir sortir de sa retraite qu'à la nuit tombante : c'est alors qu'elle poursuit les insectes dont elle fait sa nourriture. Quoique verte, elle est désignée dans les catalogues scientifiques sous les noms de RAINETTE BLEUE (*Hyla cyanea*), parce que le séjour dans l'alcool altère promptement son système de coloration en lui donnant une nuance bleuâtre.

Après tous les Batraciens, dont il a été question jusqu'à présent, et qui ont dans leur conformation générale une remarquable analogie, il en vient d'autres qui, au premier abord, en diffèrent de la façon la plus notable. Au lieu d'avoir un tronc large, court, déprimé, privé de queue et supporté par des membres de longueur inégale et dont les postérieurs quelquefois l'emportent beaucoup par la longueur, ils ont le corps allongé, terminé par une queue considérable plus ou moins bien disposée pour faciliter la natation, et des membres courts égaux entre eux. En se bornant à ces caractères extérieurs, on les croirait plus voisins des Lézards que de tous les autres Reptiles, mais l'étude de leur organisation et de leurs métamorphoses ne laisse aucun doute sur le rang qu'ils doivent occuper. Comme les Grenouilles, les Crapauds et les Rainettes, ce sont des Batraciens, mais dont la queue constitue l'une des particularités les plus notables. — Aussi, leur nom d'URODÈLES, qui rappelle cette différence, met-il en saillie l'opposition frappante qui existe entre eux et les ANOURES.

Le plus connu et le plus célèbre, à cause des préjugés qui se rattachent à son histoire, est la SALAMANDRE TERRESTRE (*Salamandra terrestris*), à teinte brune. élégamment relevée par de larges taches jaunes. — Le fait le plus merveilleux des récits qui ont cours dans les traditions populaires relatives à ce Reptile, est la propriété dont il jouirait, dit-on, de résister à l'action des flammes. Or, si l'on cherche ce qui a pu donner lieu à cette fable, on trouve que, sous l'influence d'une vive irritation, les glandes volumineuses que la Salamandre porte sur la nuque sécrètent en grande abondance le liquide qu'elles produisent. Des charbons ardents peuvent donc, au premier moment où cette humeur âcre et visqueuse les couvre, paraître éteints, mais bientôt, la sécrétion s'arrêtant, le feu continue son œuvre de destruction un instant interrompue et la mort ne se fait pas longtemps attendre.

Cette Salamandre, qui est généralement redoutée dans les campagnes, quoi qu'elle n'ait pas d'autres armes que ces appareils glandulaires, n'est pas également commune dans toutes les parties de la France. C'est spécialement en Bretagne que les individus conservés à différentes reprises en captivité avaient été recueillis.

Une autre espèce, assez analogue à celle-ci dans sa conformation générale, mais qui a dû devenir le type d'un genre particulier, offre, dans sa structure, une anomalie bizarre. Elle a, sur les côtés du corps, une série longitudinale de saillies formées par les extrémités libres des côtes, qui soulèvent les téguments et quelquefois même les traversent. Le nom de Pleurodèle sert à rappeler ce fait unique dans la série des animaux vertébrés. On n'a encore trouvé qu'en Espagne ce genre, où il est connu par une espèce unique, le PLEURODÈLE DE WALTL (*Pleurodeles Waltlii*), qui, deux fois, a été envoyé vivant des environs de Madrid.

L'étude de la Salamandre terrestre est d'un grand intérêt pour le physiologiste, car elle offre un remarquable exemple d'ovoviviparité. Les jeunes animaux naissent tout développés, et sont abandonnés dans l'eau par la mère. Elle s'y tient en effet au moment de la parturition, afin que les Têtards, dont la respiration, comme celle des Têtards d'Anoures, ne peut s'accomplir que sur des lames branchiales, n'aient pas à chercher l'élément qui leur est indispensable. A mesure que leur transformation s'opère, que les poumons se développent et que les organes de respiration aquatique s'atrophient, les Salamandres quittent de plus en plus le lieu de leur premier séjour, pour se tenir de préférence dans des localités ombragées et un peu humides, et elles ne retournent plus à l'eau qu'à l'époque où elles doivent perpétuer leur race.

Tous les Urodèles, cependant, ne deviennent pas exclusivement terrestres, comme ceux dont il vient d'être question. D'autres, dont la conformation indique un genre de vie différent, ne quittent presque jamais les ruisseaux et les mares, bien que munis d'appareils pulmonaires comme tous les autres Batraciens adultes. Ce sont les Tritons, qui, à l'aide de leurs pattes largement palmées, de leur queue comprimée et surmontée d'une membrane, et de plus avec une crête dorsale, dont le développement varie suivant les saisons et paraît être, ainsi qu'on l'a dit, une parure de noce, peuvent nager avec une grande facilité.

Trois espèces, souvent difficiles à distinguer à cause de la variabilité remarquable du système de coloration, les Tritons a crête, marbré et Alpestre (*Triton cristatus*, *marmoratus* et *Alpestris*), vivent en France, et sont constamment représentées à la Ménagerie par des échantillons recueillis dans des localités variées.

Une des modifications les plus curieuses des organes des Têtards, à mesure qu'ils approchent de l'état adulte, consiste dans la disparition des houppes branchiales qui, d'abord extérieures, cessent peu à peu de faire saillie au dehors et qui s'atrophient à mesure que les poumons restés à l'état rudimentaire pendant les premiers temps de la vie, passent par les développements nécessaires pour qu'ils deviennent de véritables organes de respiration. Or, cet état, transitoire chez le plus grand nombre des Batraciens urodèles, est permanent chez quelques-uns d'entre eux, que pour cette raison l'on nomme Pérennibranches. Ces derniers sont caractérisés par la persistance, pendant toute la durée de leur vie, des houppes branchiales extérieures, lesquelles, au reste, pas plus que chez les Têtards des Salamandres et des Tritons, ne constituent l'organe essentiel de la revivification du sang. Elles ne sont, en effet, que des appendices accessoires des branchies intérieures. Ces Pérennibranches offrent encore une autre particularité d'organisation très-digne d'intérêt. Elle est relative à l'ordre d'apparition des membres qui, manquant au jeune animal au moment où il sort de l'œuf, se développent successivement, la paire antérieure la première, et la postérieure la seconde. Un de ces Urodèles anomaux, dont il s'agit ici, n'a jamais que les membres de devant, tandis qu'un autre, représentant en quelque sorte un état de développement plus avancé, a de plus les membres pelviens. Ce ne sont pas, d'ailleurs, comme on aurait été tenté de le croire, des Urodèles à l'état de larve : la Sirène lacertine (*Siren lacertina*), qui n'a que les pattes thoraciques, et le Protée anguillard (*Proteus anguineus*), qui a les unes et les autres, ont été représentés à la Ménagerie par plusieurs individus dont l'un a vécu sept ans et l'autre onze ans, c'est-à-dire pendant un laps de temps bien plus considérable qu'il n'aurait été nécessaire pour que la transformation s'accomplît si elle avait dû se faire. Ce sont des animaux à l'état parfait, mais arrêtés à une période de développement inférieur, malgré leur grande taille, qui l'emporte de beaucoup sur celle des Urodèles ordinaires. Ils habitent les eaux souterraines, la Sirène lacertine dans l'Amérique du Nord, et le Protée dans la Carniole. Celui-ci surtout, qui n'est jamais frappé par la lumière solaire, a les téguments blanchâtres et étiolés, comme tous les animaux appelés à vivre dans les lieux obscurs.

Ici se termine l'énumération des Reptiles qui ont été observés à la Ménagerie, ou qu'on y voit encore aujourd'hui. Il est facile de comprendre, d'après les détails qui précèdent, tout l'intérêt qui s'attache à cette section encore assez nouvelle de la collection si riche d'animaux vivants, que la munificence du gouvernement réunit à grands frais dans les jardins du Muséum d'histoire naturelle. On peut prévoir, par ce qui a déjà été fait, toute l'importance du rôle que cette Ménagerie spéciale est appelée à remplir dans ce vaste et magnifique ensemble.

A. D.

ANATOMIE COMPARÉE

CONSIDÉRATIONS PRÉLIMINAIRES.

L'examen des formes extérieures des nombreux habitants de la Ménagerie ne suffit pas à votre curiosité toujours croissante, et vous éprouvez le désir de reconnaître les rouages cachés qui font mouvoir tous ces corps animés, ou, en d'autres termes, leur organisation intérieure, leur squelette.

Préoccupé de cette idée, dirigez vos pas vers le Cabinet d'anatomie comparée. Ce nom de *cabinet*, par trop modeste, ne devrait plus être donné à cette galerie étroite et peu longue qui renferme une collection anatomique déjà nombreuse, qui s'accroît et s'enrichit chaque année ; mais, à vrai dire, si c'est bien plus qu'un cabinet, ce n'est encore qu'une galerie à proportions mesquines, et qui devra un jour disparaître, car le moment viendra où la science des Daubenton, des Cuvier, des de Blainville, exigera, pour être développée dans l'ordre de l'organisation animale, qu'un véritable Musée zootomique puisse renfermer sans confusion toutes les parties des animaux, depuis les plus petits jusqu'à ceux dont la taille est la plus gigantesque.

Avant de pénétrer dans cette galerie, où sont déposés et entassés les restes précieux de tous les animaux morts depuis plus d'un siècle à la Ménagerie de Versailles et à celle de Paris, et ceux venus de toutes les parties du globe, il est indispensable de vous dire qu'en anatomie comparée il faut d'abord placer l'Homme moral en dehors et au-dessus du Règne animal, et procéder de l'Homme physique à l'Éponge, parce que l'anatomie de l'Homme, ayant été étudiée la première et le plus longtemps, c'est elle nécessairement qui est la mieux connue dans ses détails et dans ses profondeurs; elle doit donc fournir le point de départ, et le principe de l'ordre qu'il a fallu suivre dans l'arrangement des pièces anatomiques naturelles ou artificielles qui doivent figurer dans un cabinet tout prêt à se transformer en Musée.

Parcourons maintenant les galeries dans l'ordre que les surveillants de la collection ont dû demander à l'architecte. Cet ordre ne coïncide pas avec la pensée de G. Cuvier, mais il est facile d'y remédier, et nos indications vous mettront sur la voie qui vous facilitera l'intelligence de la portion la plus riche de la collection ; vous reconnaissez d'abord qu'il s'agit des squelettes de l'Homme et de ceux des animaux qui s'en rapprochent le plus, c'est-à-dire des Mammifères principalement, puis des Oiseaux, des Reptiles et des Poissons.

VOUTE ET PORTE-COCHÈRE DU CABINET D'ANATOMIE COMPARÉE.

Sous cette voûte sont deux portes : celle de droite sert à l'entrée, et celle de gauche à la sortie. Sur chaque côté de ces deux portes, vous voyez de grands os qui ressemblent à des côtes et qui sont des mâchoires inférieures de Baleines.

Au rez-de-chaussée

Sont deux salles auxquelles conduisent les deux portes latérales de cette voûte. Ces deux salles renferment les squelettes des plus grands animaux, qu'il a été impossible de disposer dans l'ordre anatomique. Il faut donc suivre les avis que nous vous donnerons pour rétablir l'ordre suivi dans la collection par G. Cuvier et de Blainville.

PREMIÈRE SALLE DU REZ-DE-CHAUSSÉE.

En entrant par la porte de droite :

Parcourez rapidement cette salle, qui renferme des squelettes de Mammifères de toutes les dimensions. Ces squelettes appartiennent à des Cétacés et au groupe des Carnassiers. Nous y reviendrons quand Cuvier nous le prescrira.

Au fond de cette première salle du rez-de-chaussée est une grande porte qu'il vous faudra ouvrir, si vous voulez voir en raccourci tout le Règne animal. Allez vous placer sur les gradins du milieu de cet amphithéâtre, et vous aurez en face de vous la chaire du professeur, et au-dessus de cette chaire vous verrez, sur une grande étagère, la série de tous les animaux vertébrés ou à os, depuis les Singes jusqu'aux Poissons; puis, sur une étagère inférieure, à gauche, la série des animaux articulés extérieurement, depuis le Hanneton jusqu'au Ver le plus simple ; puis, enfin, sur une étagère à droite, la série de tous les animaux inférieurs, depuis les Poulpes et l'Escargot jusqu'à l'Éponge.

Ce sont les squelettes des Vertébrés qui occupent le plus de place dans cette collection, et il a fallu employer, pour les contenir, neuf salles sur treize. Sur ces neuf salles, six contiennent les squelettes des Mammifères, en y comprenant l'Homme. Voici, avant de commencer notre examen, l'ordre d'exposition des squelettes des Vertébrés :

I. *Salle des squelettes et des têtes osseuses de l'Homme*, contiguë à la grande salle des squelettes des Baleines. Rez-de-chaussée.

Escalier qui conduit au premier étage :

II. *Collection des têtes osseuses de l'Homme et des Mammifères*, à la première salle du premier étage.

III. *Salle des têtes osseuses des Oiseaux, Reptiles, Poissons*, renfermant un grand nombre d'autres parties osseuses pour les études de détails ; plus, quelques monstruosités.

IV. *Salle de choix de squelettes de Mammifères, depuis le Chimpanzé jusqu'à l'Ornithorhynque*. Il faut maintenant considérer comme des succursales de cette salle :

V. La première salle de droite au rez-de-chaussée, où sont des squelettes de Baleines, d'autres Cétacés, et de Carnassiers.

Et VI, la salle de gauche, au rez-de-chaussée, qui renferme les squelettes des grands Pachydermes et des Ruminants.

Après l'examen de ces six salles destinées aux squelettes des Mammifères, on doit voir la quatrième du premier étage, qui fait suite à celle des petits Mammifères. Cette quatrième salle du premier étage est destinée aux squelettes des Oiseaux.

La cinquième salle du premier étage renferme les squelettes des reptiles et une portion des squelettes des Poissons.

Toute la sixième salle est affectée au restant des squelettes des Poissons.

Nous allons maintenant vous donner succinctement une idée générale de chacune de ces collections particulières, tout en vous indiquant les soins pris par les professeurs pour favoriser les études de détails.

DEUXIÈME SALLE DU REZ-DE-CHAUSSÉE.

C'est celle des squelettes de l'Homme. La plupart de ces squelettes sont d'individus de la race caucasique, à laquelle appartiennent la majorité des nations européennes et de celles de l'Asie et du nord de l'Afrique.

A votre gauche, en entrant, sont des squelettes de Français, d'Italiens, de Hollandais, d'Anglais, etc. Sur votre droite sont des squelettes d'individus de la race éthiopique, ou nègres, et de races croisées, mulâtres.

Il n'y en a point encore de la race mongolique.

Les particularités, ou les squelettes les plus curieux qu'il vous faudra remarquer, sont :

1° Trois squelettes de momies égyptiennes, dont deux sont de femmes, et le troisième, placé entre ces deux premiers, qui offre des traces d'un grand nombre de fractures qui avaient toutes été guéries ;

2° Le squelette du jeune Syrien Solyman el Hhaleby, assassin de Kléber, général en chef de l'armée française en Égypte ; — il fut condamné à être empalé après avoir eu la main brûlée ; la brûlure de la main en a seulement noirci les os ; le pal avait déchiré les organes du bas-ventre, fracturé le sacrum, deux vertèbres des lombes, et s'était enfoncé dans le canal de la moelle épinière ; nonobstant des blessures aussi graves, Solyman el Hhaleby survécut six heures à son supplice, et en supporta les souffrances sans se plaindre ; ce squelette a été donné au Muséum par M. le baron Larrey, chirurgien en chef des armées françaises sous l'empire ;

3° Le squelette de Bébé, nain du roi de Pologne Stanislas ;

4° Le squelette de la Vénus hottentote ; sous ce nom était désignée une femme boschimane que l'on montrait comme objet de curiosité, et qui est morte à Paris : son corps a été moulé

24

en plâtre et se trouve actuellement dans le Cabinet d'anatomie humaine dirigé par M. Serres ;

5° Le moule en plâtre d'un squelette donné au Muséum par M. Reuvens, directeur du Musée des antiquités de l'Université de Leyde ; à ce moule est jointe l'inscription suivante :

Squelette présumé être celui d'une jeune Romaine, trouvé en 1828 *dans les fouilles faites à Avensburg, commune de Wooburg, près La Haye, sur l'emplacement du forum Adriani.*

6° Le squelette de la femme Supiot, dont Morand a donné l'histoire dans les Mémoires de l'Académie des sciences en 1753. Cette femme était atteinte d'un ramollissement des os. Mais ce squelette, de même que plusieurs têtes osseuses d'hommes difformes, nous semblent devoir plutôt figurer dans un Musée d'anatomie pathologique que dans la galerie de squeletto-logie humaine d'un Musée d'anatomie comparée.

La collection des squelettes de l'Homme est, sans nul doute, bien incomplète ; mais elle suffit pour le moment aux besoins de la science.

Il fallait connaître les modifications que l'âge apporte : 1° dans les mâchoires pendant la pousse et après la chute des dents ; 2° dans le crâne des sujets jeunes et vieux, et c'est pourquoi il a fallu réunir cette série de têtes osseuses de l'Homme que vous voyez placées au-dessus des squelettes.

Le Cabinet d'anatomie a eu l'insigne honneur d'abriter, pendant les dernières années du siècle dernier, les restes de Turenne, arrachés au monument que lui avait élevé la reconnais-sance nationale et de les préserver de nouvelles profanations. Ces précieux ossements qui ne durent leur conservation qu'à l'égide protectrice d'une étiquette banale, furent replacés avec le plus grand respect, par les soins d'Alexandre Lenoir, qui les avait confiés à la garde du Muséum, dans le mausolée qui avait été élevé jadis, et que l'on admire encore aujourd'hui dans l'église du Dôme des Invalides, à côté du tombeau de l'empereur Napoléon Ier.

Au milieu de cette salle des squelettes humains, sont disposées sur une table des têtes osseuses d'Éléphants. Mais, dans l'ordre scientifique du Cabinet, ce n'est point là leur place. Nous vous engageons ici à prendre note de l'une de ces têtes d'Éléphant, celle qui est sciée longitudinalement dans son milieu, où vous remarquerez combien la cavité du crâne est petite, quoique la tête soit très-volumineuse.

Nous devons faire remarquer ici que la collection des têtes osseuses des Vertébrés, depuis et y compris l'Homme, commence déjà dans la salle des squelettes humains.

Il semblait aussi qu'on aurait dû y commencer la collection des colonnes vertébrales, des côtes, des sternums, mais il n'y avait pas possibilité, ou d'autres raisons.

C'est dans cette même salle des squelettes humains que vous voyez en haut de deux murs : 1° les os des hanches qui, avec le sacrum, forment la ceinture coxale ; 2° les os des épaules qui forment la ceinture scapulaire.

L'ostéologie comparée des membres des Vertébrés commence donc dans la salle des sque-lettes humains ; mais on ne trouve dans cette salle que les os des épaules et des hanches des Mammifères, et ceux des bassins des Oiseaux. Nous verrons que les os des épaules des Oiseaux étant unis très-solidement à leur sternum, cette particularité, exigée pour l'action du vol, nécessite un autre genre de préparations qui forment une étude en quelque sorte à part.

Nous pourrions vous présenter ici un aperçu rapide des modifications et des grandeurs proportionnelles des os des hanches et des épaules, mais comme ces particularités se lient à la forme générale des squelettes des animaux vertébrés, qui sont ou terrestres, ou aériens, ou aquatiques, une vue générale de l'ensemble de ces modifications sera plus convenable lorsque nous serons dans les salles des squelettes entiers des diverses classes de Vertébrés.

Il faut maintenant vous faire remarquer les objets placés dans la pièce où se trouve l'escalier qui conduit de la salle du rez-de-chaussée (pièce des squelettes humains) au pre-mier étage.

On voit dans l'enfoncement, sous cet escalier, la collection des os du bras, de la cuisse, et de ceux de l'avant-bras et de la jambe des Mammifères.

On a aussi placé sur les quatre murs de l'enceinte de cet escalier des têtes osseuses d'Hippopotames et de Taureaux.

On a donc profité de l'emplacement de cet escalier pour continuer la collection des têtes osseuses et celle des membres.

SALLE DES TÊTES OSSEUSES DES MAMMIFÈRES.

Arrivé au haut de l'escalier, vous vous trouvez en face d'une porte, toujours fermée ; c'est celle du cabinet du conservateur de la collection. A votre droite est la porte de la première salle du premier étage.

Entre cette porte et la croisée qui est en face est une grande armoire vitrée dans tous les sens, dans laquelle sont disposées des têtes humaines de diverses races et peuplades, qui sont dues aux soins des voyageurs expédiés par l'administration du Muséum, et des médecins naturalistes attachés aux expéditions scientifiques.

La forme de la tête de l'Homme, comprenant le crâne et la face, est si généralement connue, que nous devons nous borner ici à en signaler le caractère principal et le plus saillant :

Ce caractère est la grande étendue du crâne qui renferme le cerveau le plus volumineux, et la proportion moindre de la face ou des deux mâchoires.

Les autres têtes sont ici disposées dans les armoires adossées aux murs de la salle, en procédant des Singes aux derniers Mammifères qui, suivant la méthode de G. Cuvier, sont les Cétacés.

La première armoire à gauche, en entrant dans cette salle, est celle des têtes osseuses de Chéiroptères, ou Chauves-Souris, et d'Insectivores; puis celles des Carnassiers terrestres et aquatiques ; puis enfin celle des Rongeurs, des Pachydermes, des Ruminants, des Edentés et des Cétacés.

Toutes les différences de formes et de proportions entre le crâne et la face, ou les mâchoires, que vous pouvez remarquer dans cette série de têtes, en général pourvues de dents, ont été étudiées en prenant la tête osseuse de l'Homme pour type. Or, toutes ces différences peuvent se réduire à la considération pratique des usages que la tête osseuse remplit. Et ces principaux usages sont faciles à constater. On sait, en effet, que la tête sert d'abord à contenir l'organe des manifestations de l'intelligence (cerveau), et quatre sens ; savoir : celui de l'odorat, du goût, de la vue et de l'ouïe ; que, par sa forme, elle se prête aux divers genres de locomotion terrestre, aérienne, aquatique ; et qu'enfin elle se modifie aussi suivant les divers genres de mastication et de respiration dans l'air et dans l'eau.

Avant de sortir de la salle des têtes osseuses des Mammifères, jetez un coup d'œil sur les deux tables entre lesquelles est placée l'armoire vitrée des têtes osseuses de races humaines.

On y a disposé un choix de pieds de devant ou mains et un choix de pieds de derrière dans la série des Vertébrés ; ces extrémités osseuses des deux membres sont placées sur le plan supérieur de ces deux tables. Le plan moyen et le plan inférieur de ces tables portent des boîtes vitrées renfermant des colonnes vertébrales, des côtes, des membres ou nageoires paires et des nageoires impaires des Poissons.

DEUXIÈME SALLE DU PREMIER ÉTAGE, OU SALLE DES TÊTES OSSEUSES DES OISEAUX, DES REPTILES ET DES POISSONS.

Dans la série des têtes osseuses de ces trois classes d'animaux, que l'on réunit sous le nom commun de *Vertébrés ovipares*, il suffisait de faire un choix des espèces les plus remarquables, et c'est ce qui a été fait dans cette partie de la collection ostéologique.

Vous voyez reparaître ici des têtes osseuses de Mammifères, mais ces têtes sont celles de jeunes individus; et les os qui entrent dans leur composition sont disposés par ordre dans des boîtes vitrées pour en faciliter l'étude et la comparaison avec les mêmes os des têtes des autres Vertébrés.

Les têtes osseuses des Oiseaux présentent cette particularité que toutes les pièces qui les composent se soudent de bonne heure entre elles, ce qui n'a pas lieu dans la plupart des Mammifères, ni dans les Reptiles et les Poissons. Chez ces deux dernières classes de Vertébrés, même très-avancés en âge, les os de la tête sont le plus souvent séparés entre eux. Il n'y a point lieu de distinguer des pièces séparées dans les crânes et les os des mâchoires des Poissons cartilagineux et fibreux. Ces trois parties de la tête, c'est-à-dire le crâne, la mâchoire supérieure et l'inférieure, y sont chacune d'une seule pièce.

Les boîtes renfermant des têtes désarticulées de jeunes Mammifères et des têtes d'Oiseaux sont sur les étagères à gauche en entrant.

Des têtes de Reptiles, Tortues, Crocodiles, Lézards, Serpents, Grenouilles, Salamandres, sont dans la première armoire à droite.

Un certain nombre de squelettes monstrueux et des os préparés pour l'étude de leur intérieur sont déposés dans la deuxième armoire à droite. Dans une troisième armoire, toujours à droite de la porte d'entrée, sont placés le squelette d'un jeune Hippopotame et celui d'un jeune Ours, et un grand nombre de squelettes de jeunes Oiseaux Gallinacés, Palmipèdes, etc., qui ont servi à Georges Cuvier pour ses études sur le développement du sternum des Oiseaux. On voit encore, dans cette troisième armoire, une série de squelettes d'embryons et de fœtus humains.

Une quatrième armoire, située en face de l'armoire des têtes de Reptiles, etc., contient une série nombreuse de préparations de sternums et d'épaules d'Oiseaux adultes. Ces préparations sont très-utiles aux élèves pour comprendre les vues théoriques publiées sur ce sujet par M. de Blainville et M. L'Herminier, son élève.

Dans une cinquième armoire, plus petite et contiguë à la précédente, on voit la préparation squelettologique, au moyen de laquelle M. de Blainville démontrait dans ses cours ses principes sur la disposition générale des pièces du squelette des Vertébrés.

Enfin, sur les étagères qui sont à droite de la porte qui conduit à la troisième salle du premier étage, on voit encore un très-grand nombre de boîtes vitrées qui renferment des préparations d'os de la tête d'un certain nombre de Poissons.

Au milieu de la deuxième salle du premier étage, on a pratiqué une grande ouverture circulaire, garnie d'une balustrade en fer, pour éclairer la première salle du rez-de-chaussée, où sont les squelettes de Baleines.

La deuxième salle du premier étage reçoit le jour par deux lucarnes, et, quand on le veut, par une croisée pratiquée dans le mur du côté de l'est. Cette croisée est en face de la porte de communication entre la deuxième et la troisième salle. Dans l'embrasure de cette croisée sont deux grandes défenses d'Éléphant.

TROISIÈME SALLE DU PREMIER ÉTAGE.

On a disposé dans cette salle un choix de squelettes de Mammifères qui ont pu être placés dans les armoires. On y voit, en effet, un nombre considérable de squelettes de Quadrumanes ou Primatès dont on vous a donné une description succincte, en les divisant en Singes proprement dits ou Pithèques, en Sapajous ou Cébus, et en Lémuriens ou Makis, en traitant de la singerie.

L'étude des squelettes de ces Quadrumanes est du plus grand intérêt lorsqu'on veut entrer dans l'explication des particularités des mœurs des animaux de cet ordre. Mais nous n'aurions ni le temps, ni la volonté de vous en entretenir ici, et nous devons vous engager à jeter un coup d'œil sur le squelette du Chimpanzé qui a vécu plusieurs années chez Buffon, et celui d'un Orang-Outan adulte dont la tête et surtout le crâne vous présentent la physionomie d'une bête féroce.

Les squelettes de Lémuriens ou du sous-ordre des Makis sont aussi très-dignes de votre attention, surtout ceux de l'Aye-Aye, des Indris, des Loris et du Galago, et enfin celui du Galéopithèque qui ressemble beaucoup à ceux des Cheiroptères. Dans ceux-ci, tout le squelette est modifié pour le vol et le régime insectivore.

Viennent ensuite les squelettes des Quadrupèdes insectivores plus ou moins fouisseurs ou nageurs que vous connaissez sous les noms de Taupes, de Musaraignes, de Desmans, de Hérissons, de Tenrecs. Parmi ces squelettes d'Insectivores, remarquez surtout celui du Macroscélide qui nous vient de l'Algérie et qui avait besoin de sauter pour atteindre les sauterelles dont il fait sa nourriture.

Vous ne pouvez trouver dans cette salle que des squelettes de Carnassiers de moyenne et de petite taille. Vous n'avez donc sous les yeux que celui des principaux genres de la classe des Mammifères.

Vous reconnaissez ainsi l'indispensable nécessité de considérer, comme une succursale de la troisième salle du premier étage, celle du rez-de-chaussée où vous avez pu remarquer les squelettes de Loups, de Chiens, de Renards, de Tigres, de Lions et d'Ours.

Dans l'ordre suivi pour l'exposition des squelettes de la troisième salle du premier étage, après les armoires contenant les squelettes des petits et des moyens Carnassiers, viennent les squelettes des Marsupiaux, puis ceux d'un grand nombre de Rongeurs, ceux des Édentés et des petits Ruminants, et enfin les squelettes de l'Échidné et de l'Ornithorynque, par lesquels se termine la série des squelettes des petits Mammifères de cette salle.

Il a bien fallu transporter ailleurs les squelettes des Pachydermes (Éléphants, Rhinocéros, Tapirs, Chevaux, Cochons), et ceux des Ruminants (Chameaux, Girafe, Cerf, Daims, Rennes, Élans, Antilopes, Chèvre, Bélier, Bœuf); c'est pour cette raison qu'il vous faut encore considérer la salle du rez-de-chaussée où sont tous ces squelettes comme une deuxième succursale de la salle des squelettes des Mammifères au premier étage.

Mais cette grande classe de Mammifères, qui tous nourrissent leurs petits avec du lait, renferme encore les Cétacés, distingués par Cuvier en *Herbivores* (Lamantins, Dugongs), et en *Souffleurs* (Dauphin, Marsouin, Narval, Cachalot et Baleine). Or, les squelettes de la plupart de ces animaux, même dans leur très-jeune âge, n'auraient pu être renfermés dans les armoires des salles du premier étage, et on a été forcé de placer tous les squelettes de Cétacés qu'on possède dans la grande salle du rez-de-chaussée, où vous avez dû remarquer le squelette de la Baleine, dont la partie supérieure de la bouche est toute garnie de fanons. Les squelettes des Cétacés occupent, en effet, le plus de place dans cette salle où sont disposés à gauche, le long du mur du nord, les squelettes des Carnivores (Tigres, Lions, Ours). Cette salle du rez-de-chaussée, où l'on a réuni les squelettes des Cétacés et des grands Carnassiers, est donc, comme nous l'avons déjà dit, une véritable succursale de la troisième salle du premier étage, où sont les squelettes des petits et des moyens Mammifères.

Mais ces deux succursales n'ont pas suffi, et il y a eu nécessité impérieuse de placer le squelette du Cachalot dans la cour située au nord du Cabinet d'anatomie comparée.

Pour compléter cet exposé sur la collection des squelettes des autres Vertébrés, nous avons encore à visiter la salle des squelettes des Oiseaux, celle des squelettes des Reptiles, d'une partie des Poissons, et enfin celle où l'on a réuni le restant des squelettes des Poissons.

QUATRIÈME SALLE DU PREMIER ÉTAGE.

Le même nombre d'armoires que dans la salle précédente a suffi pour contenir un nombre convenable de squelettes d'Oiseaux des divers ordres, en procédant des Rapaces ou Oiseaux de proie, aux Palmipèdes les plus nageurs et ne volant plus.

Il a été inutile d'avoir pour cette salle d'autres succursales, puisqu'on s'est attaché à faire entrer les Oiseaux les plus grands (Autruche, Casoar) dans les armoires disposées pour les contenir.

L'ordre de l'exposition des squelettes des Oiseaux est le suivant :

Squelettes de... {
Rapaces,
Grimpeurs,
Passereaux,
Gallinacés,
Échassiers,
Palmipèdes,
} Méthode de G. Cuvier.

CINQUIÈME SALLE DU PREMIER ÉTAGE.

Les armoires à droite et à gauche, en entrant dans cette salle, contiennent les squelettes des Reptiles.

L'ordre d'exposition est, suivant G. Cuvier :

Squelettes de Reptiles, {
Squelettes de Chéloniens (Tortues).
Id.   de Sauriens   (Crocodiles, Lézards).
Id.   d'Ophidiens   (Serpents).
Id.   de Batraciens (Grenouilles, Crapauds, Salamandres, etc.).
}

Le nombre considérable de squelettes de Poissons qui composent cette partie de la collection anatomique a exigé une partie des armoires de la cinquième salle et toutes celles de la sixième du premier étage.

CINQUIÈME ET SIXIÈME SALLES DU PREMIER ÉTAGE.

Malgré les difficultés que présente le classement des familles très-nombreuses des Poissons, nous vous ferons remarquer que les grandes divisions ou les sous-classes de ces Vertébrés ovipares tous aquatiques ont pu être établies d'après la nature de leur squelette.

Vous savez que les Poissons sont : les uns osseux, les autres subosseux, c'est-à-dire non entièrement osseux, et les troisièmes cartilagineux.

Nous devons vous faire remarquer ici que les squelettes des Poissons sont également conformés pour le vol, comme chez l'Exocet; pour la nage en général, et quelques-uns pour ramper sur le sol, hors de l'eau, comme l'Anguille.

Parmi les Poissons cartilagineux, dont les uns (Esturgeons, Squales) nagent à la manière des Poissons osseux normaux (Carpes, etc.), dont les autres se meuvent dans l'eau en serpentant comme les Anguilles (Lamproies, Myxines), nous devons vous faire remarquer le squelette des Raies, dont les nageoires paires antérieures sont transformées en ailes aquatiques pour voler dans l'eau à la manière des Oiseaux dans l'air.

De l'exposé succinct des principales formes des squelettes des Vertébrés dont nous vous avons présenté quelques figures, il résulte que le tronc et les membres se modifient pour les trois sortes de locomotion, qui sont elles-mêmes très-variées (marche, grimper, fouir, ramper, saut), (voltiger, vol), (nage au moyen du tronc, ou de la queue, ou des membres). C'est aux exigences physiologiques pour l'exécution de ces mouvements de translation des Vertébrés en général, que sont dues les principales différences des formes, du tronc et des membres.

Voici en quoi consistent ces principales différences :

1° Le squelette du tronc est, en général, raccourci dans ses parties moyenne et postérieure, pendant que les membres de devant sont, en général, très-développés chez les Vertébrés de chaque classe (Mammifères, Oiseaux, Reptiles, Poissons) qui volent.

2° A l'égard de ceux qui marchent de diverses manières, depuis le saut jusqu'au fouir et au ramper, le squelette est encore modifié dans les parties moyenne et caudale du tronc et surtout dans les membres de derrière, qui sont très-développés pour le saut, dans ceux de devant, qui deviennent très-forts pour le fouir. Enfin, lorsqu'un Vertébré doit se mouvoir en rampant, les membres se raccourcissent de plus en plus, disparaissent d'abord à l'intérieur; on en trouve encore les rudiments ou vestiges sous la peau, et bientôt les vestiges des membres ne se retrouvent plus.

3° Lorsqu'un Vertébré devient de plus en plus nageur, soit à la surface, soit dans l'intérieur de l'eau, les extrémités des membres prennent les formes de nageoires, et le corps, devenant de plus en plus pisciforme, est alors caractérisé par la grande proportion de la queue, qui est elle-même garnie d'une nageoire horizontale dans les Cétacés, et verticale dans les Reptiles et les Poissons.

SEPTIÈME SALLE DU PREMIER ÉTAGE.

En entrant dans cette salle, vous voyez à votre gauche une statue d'homme en plâtre peint, qu'on nomme l'*Écorché de Bouchardon*. Vous pouvez y distinguer les muscles de la tête, du tronc et des membres, du moins tous ceux qui en forment les couches superficielles.

On eût pu recourir aux préparations artificielles de myologie humaine du docteur Auzoux, qui permettent d'entrer dans la plupart des détails descriptifs de cette branche de l'anatomie de l'Homme; mais le cadavre ou l'écorché artificiel du docteur Auzoux est plus propre à l'étude des détails qu'à une vue exacte d'ensemble des muscles de squelette, et l'assemblage de pièces qu'on peut replacer après les avoir démontées ne peut être assez exactement fait pour qu'on puisse obtenir un résultat vraiment artistique.

Si vous avez trouvé quelques squelettes de Races ou variétés de l'espèce humaine, ne vous attendez pas à avoir de même une série d'écorchés de chacune de ces races ou variétés. L'Écorché que vous avez sous les yeux est un exemplaire tiré d'un moule d'un individu de la race Caucasique.

Une collection pour l'étude de la Myologie comparée serait beaucoup trop étendue, s'il fallait exposer à vos regards toutes les différences que les muscles de la tête, du tronc, des membres de l'Homme, des Mammifères, des Oiseaux, des Reptiles et des Poissons présentent lorsqu'on les observe comparativement.

Il a donc fallu se borner à un certain nombre de préparations, soit artificielles en cire ou en plâtre peint, soit naturelles et conservées dans l'alcool.

Il vous suffira de jeter maintenant un coup d'œil sur les étiquettes des cases où sont renfermées les préparations de Myologie comparée pour vous assurer qu'on a eu soin de faire un choix de ce genre de préparations anatomiques dans les classes de Mammifères, d'Oiseaux, de Reptiles et de Poissons.

En outre des Myologies de l'Homme en cire, vous remarquerez les plâtres peints qui vous donnent une idée des muscles du Kanguroo, de ceux du Bélier, et des muscles du Cheval et du Lion.

HUITIÈME SALLE. NÉVROLOGIE COMPARÉE; SALLE DES PRÉPARATIONS DES ORGANES DE LA SENSIBILITÉ.

Dans cette huitième salle du premier étage, on a disposé les préparations soit en cire, soit en plâtre, soit naturelles des cerveaux, des moelles épinières et des sens de tous les Vertébrés. Le nombre de ces préparations est sinon complet, du moins plus que suffisant pour l'étude et pour donner une idée de la variété et des degrés de composition des centres nerveux et de chacun des sens, au moyen desquels l'animal peut apercevoir, entendre, flairer sa proie ou son ennemi, et goûter ou distinguer les aliments qui lui conviennent. La huitième salle du premier étage, où sont déposées toutes ces préparations, peut donc être considérée comme la collection de la Névrologie comparée, en y rattachant les organes des sens d'après la doctrine de G. Cuvier.

Les figures qui suivent représentent :

1° Le cerveau et la moelle épinière d'un Vertébré Mammifère, qui sont renfermés dans le crâne et la colonne vertébrale ; au-dessous de la moelle est le cordon ganglionnaire des nerfs des viscères.

2° Le cerveau et la série des ganglions, ou moelle noueuse d'un Animal articulé, placée du côté du ventre ; au-dessus de cette moelle noueuse est le cordon des nerfs des viscères.

3° Le collier nerveux autour de l'œsophage, et les nerfs qui en partent, chez les Mollusques ; le cordon des nerfs des viscères se voit encore du côté du dos.

4° Le pentagone ganglionnaire et nerveux de quelques Animaux rayonnés.

Les préparations des organes des sens (toucher, vue, ouïe, odorat, goût) sont très-nombreuses ; les unes sont sèches, les autres en plâtre, et plusieurs dans la liqueur. Il serait à désirer qu'on exécutât des imitations en cire très-grossies des principaux appareils et organes de sensation les plus remarquables dans la série animale. Il nous serait impossible de figurer ici tous les organes des sens ; nous nous bornons à donner les figures du globe de l'œil de quelques Vertébrés et Invertébrés.

Les figures indiquées par les Nos I, II, III, IV, V, VI, VII représentent les yeux du Lynx (I), de la Baleine (II), d'un Oiseau (III), d'une Tortue (IV), d'un Poisson (V), d'un Insecte (VI), d'un Mollusque Céphalopode (VII).

NEUVIÈME SALLE DU PREMIER ÉTAGE, OU SALLE DES PRÉPARATIONS DES VISCÈRES DES ANIMAUX VERTÉBRÉS.

C'est ici que sont exposés dans un espace encore trop resserré tous les organes connus sous le nom de Viscères ou d'entrailles. Ceux de la digestion, de la circulation, de la respiration et des sécrétions y sont encore disposés en procédant toujours depuis l'Homme jusqu'au dernier Poisson.

DIXIÈME SALLE DU PREMIER ÉTAGE, OU SALLE DES PRÉPARATIONS DES ANIMAUX INVERTÉBRÉS.

Les premières armoires de cette salle, celles à gauche en entrant, contiennent des monstres humains et de Vertébrés et un grand nombre de fœtus de ces animaux. La place occupée par toutes ces pièces devra être bientôt envahie par celles relatives à l'anatomie comparée des Invertébrés. Toute la partie de la collection des organes de ces animaux nous semble, ainsi que nous l'avons déjà fait pressentir, avoir été laissée par G. Cuvier dans un état provisoire ou d'attente, nécessité par l'état de la science et par le défaut de place ou à cause du nombre insuffisant des aides.

En outre de cette collection d'anatomie des Animaux invertébrés qui se trouve dans les armoires, on voit sur deux grandes tables des boîtes vitrées qui contiennent des anatomies en cire de Mollusques. Ces pièces artificielles qui ont, dit-on, servi au grand ouvrage de Poli, célèbre naturaliste napolitain, ont été acquises par le Muséum, au moyen d'un échange fait avec le professeur Hermann, de Strasbourg. Chacune de ces boîtes porte le nom de l'animal dont on a imité en cire l'anatomie.

Il y a donc dans cette salle une collection d'anatomie d'Animaux invertébrés et point encore d'anatomie comparée; nous considérons cependant comme un commencement d'exécution les préparations du système solide des Insectes, des Crustacés et des Myriapodes qui sont renfermés dans onze boîtes vitrées, placées sous une grande table à droite en entrant.

Avant de vous introduire dans la 11e salle, où se trouve la collection du docteur Gall, nous vous engageons à ne pas oublier de donner quelque attention à des pièces en cire qui imitent l'anatomie de la Poule et le développement du Poulet, et à celles qui représentent les mêmes objets observés chez le Lapin, la Couleuvre à collier et la Grenouille. Un grand nombre de préparations naturelles relatives aux œufs et au développement des Vertébrés et des Invertébrés sont placées avec les viscères dont ils font partie.

ONZIÈME ET DERNIÈRE SALLE DU PREMIER ÉTAGE, OU SALLE DE LA COLLECTION PHRÉNOLOGIQUE DE GALL.

Les masques, les plâtres de têtes entières, ou les têtes osseuses d'un grand nombre d'individus de l'espèce humaine, sont rangés sous trois principaux chefs, savoir : 1° ceux qui ont acquis une célébrité plus ou moins grande dans les sciences, les arts, etc.; 2° ceux qui ont commis des crimes plus ou moins grands, et enfin ceux qui, par l'exagération de leurs facultés, ont été atteints d'aliénation.

Nous vous engageons à remarquer dans cette collection les têtes ou les masques de plusieurs hommes célèbres dans l'histoire, celles des criminels et des aliénés. Vous verrez aussi dans le bas de l'armoire à gauche, entre la croisée et l'escalier, des têtes recouvertes de leur peau, tatouées et préparées par les naturels de la Nouvelle-Zélande, qui sont encore anthropophages, et qui les conservent comme des trophées de leur victoire.

Ici se termine la collection d'Anatomie comparée. Il faut maintenant descendre l'escalier pour arriver dans la salle du rez-de-chaussée où se trouve la porte de sortie. Mais avant de descendre cet escalier, nous vous engageons à porter vos regards sur les dessins de la tête de l'Éléphant, et de celle du Rhinocéros de Sibérie, qui ont été donnés au Muséum par l'Académie impériale des sciences de Saint-Pétersbourg. Ces dessins sous verre sont en face du haut de l'escalier.

Il vous faut aussi remarquer dans les diverses salles les plâtres des têtes du Mososaure et du Dinothérium (première salle du rez-de-chaussée), et ceux des squelettes du Plésiosaure et de l'Ichtyosaure, l'un au bas de l'escalier qui conduit à la dernière salle (rez-de-chaussée); les autres sur le mur, à droite de cette salle.

Vous n'avez plus maintenant qu'à parcourir rapidement la salle du rez-de-chaussée où se trouvent les squelettes des Ruminants, c'est-à-dire des Bœufs, des Boucs, des Moutons, des Chameaux, des Girafes, des Cerfs, et ceux des Pachydermes, c'est-à-dire des Éléphants, des Rhinocéros, des Tapirs, des Cochons ou Sangliers, et des Chevaux; ces derniers sont placés en partie sur les côtés de la porte de sortie. En face de cette porte, et au fond de cette salle, se trouve le squelette incomplet d'un animal fossile, le Mégathérium, dont l'espèce est perdue; vous verrez qu'on n'en possède que quelques parties de la tête, du tronc et des membres.

Si des squelettes entiers de cet animal n'existaient point à Madrid, il serait possible de restituer plus ou moins exactement toutes les parties qui manquent. Ces procédés ingénieux de restitution des animaux perdus, quoique réellement empiriques, ont fourni à G. Cuvier des vues hardies et très-contestables d'anatomie transcendante, qui, jointes à ses nombreux travaux, lui ont valu l'illustration dont il a joui pendant sa vie, et lui ont mérité la reconnaissance de ses élèves et de ses contemporains.

A. L.

25

ANTHROPOLOGIE

Il n'y a point d'étude plus digne de notre attention et de notre intérêt que celle de notre propre espèce, et, de même que l'Homme occupe le premier rang parmi les créatures, les sciences qui le concernent doivent être au premier rang parmi les sciences naturelles. Cette vérité est aujourd'hui généralement admise; une foule de savants consacrent leurs veilles à des travaux relatifs à l'Homme, et le précepte de Socrate : *Connais-toi toi-même*, reçoit tous les jours une application plus étendue. Cependant le Muséum semble être demeuré étranger à ce mouvement. Ce bel établissement, si riche en collections de tout genre, ne possède pas encore une galerie d'anthropologie. Le premier et le plus intéressant de tous les animaux ne figure pas dans ce palais où tous les animaux doivent être représentés. On y peut voir des exemplaires de tous les Singes et de tous les Ours; mais on y chercherait vainement des images de toutes les races d'Hommes. C'est là une lacune qu'il est urgent de combler. Je veux voir par mes yeux si en effet il y a plusieurs espèces d'Hommes bien distinctes; si le

Nègre est une variété du Singe ou de l'Homme ; si c'est Voltaire qui a raison ou l'auteur de la Genèse.

A quelles causes, nous demanderez-vous, faut-il attribuer la lacune que vous venez de signaler ? Est-ce indifférence, est-ce antipathie, est-ce oubli de la part des administrateurs ? Nullement ; les administrateurs aiment avec une égale ardeur toutes les sciences dont la direction leur est confiée ; ils hâtent leurs progrès avec la même sollicitude, et n'ont pour aucune d'elles ni répulsion aveugle, ni partialité exclusive. Ils ont pourvu à l'anthropologie comme aux autres branches, et si la galerie n'existe pas encore, ce n'est pas faute de matériaux. On en a réuni un grand nombre que l'on doit aux soins de voyageurs distingués et surtout à M. Dumoutier, qui a rapporté d'Asie une série de masques moulés sur des indigènes de Bornéo, de l'Inde et de plusieurs autres contrées où il s'est arrêté. Toutes ces richesses, fruit de tant de fatigues, perdues jusqu'à ce jour pour le public, vont enfin être livrées à l'admiration des amis de la science : un local spacieux et disposé avec la méthode convenable permettra de saisir la liaison qui existe entre les variétés des différents types de l'espèce humaine.

Voici bientôt six mille ans que l'Homme observe ses semblables et qu'il pose les fondements de la science dont nous allons parler, et pourtant cette science, la plus ancienne de toutes, est peut-être la moins avancée et la moins solidement assise. Une multitude de savants sont venus, chacun armé d'un système, s'en disputer la possession. La lutte dure encore, et il est impossible de prévoir à qui restera la victoire.

La première question à résoudre, quand on s'occupe de l'homme, c'est de savoir dans quel ordre de la série animale on doit le classer. Aristote le regardait comme un être tellement supérieur aux animaux, qu'il aurait cru commettre un sacrilège s'il l'avait confondu avec eux. Linné, au contraire, moins pénétré de notre mérite et de notre perfection, nous range sans façon parmi les Primates, à côté des Singes et des Chauves-Souris. « On n'a encore pu « découvrir, dit ce grand naturaliste, aucun caractère bien positif qui autorise à séparer « l'Homme du Singe. »

Quoi ! l'être qui a mesuré la terre et les cieux, qui a décomposé la lumière, qui a inventé les langues, qui a construit tous ces beaux édifices, animé toutes ces statues ; l'être qui a dompté la vapeur et l'a rendue exécutrice fidèle de ses volontés ; l'être qui pense et qui prévoit, l'être doué de raison, ne différerait du Singe que par un plus haut degré d'intelligence ! Le jour où vous avez écrit ces lignes, honnête Linné, vous aviez sans doute à vous plaindre de quelqu'un de vos semblables, et c'est ainsi que vous vous êtes vengé.

Deux professeurs du Jardin des Plantes, Daubenton et Vicq-d'Azyr, entreprirent, dans le siècle passé, de réfuter Linné et de réhabiliter l'espèce humaine. Il ne leur fut pas difficile de démontrer que si l'Homme se rapprochait du Singe par son organisation, il s'en éloignait réellement par ses facultés morales, et que, quelle que fût leur analogie apparente, il y avait toujours un abîme entre eux.

De nos jours, un autre savant français, l'illustre Cuvier, a soutenu la même thèse et a conclu à l'adoption d'une nouvelle classification. Il a divisé les Primates de Linné en trois ordres : celui des Bimanes ou des animaux à deux mains, qui comprend toutes les races d'Hommes ; celui des Quadrumanes ou des animaux à quatre mains, qui renferme tous les Singes ; et enfin l'ordre des Cheiroptères ou des Chauves-Souris.

Nous savons très-bien que l'Homme, si supérieur aux animaux par son intelligence, se ravale souvent au-dessous d'eux par ses vices ; nous n'ignorons pas qu'on l'a vu et qu'on le voit encore tous les jours plus féroce que les Tigres et les Hyènes auxquels il donne la chasse ; mais ses excès même ne sont-ils pas une nouvelle preuve de sa supériorité, et ne dénotent-ils pas une liberté d'action, une force de volonté et de réflexion dont la brute est incapable ? L'abus de ces facultés peut être la source des crimes les plus horribles, comme, en revanche, leur emploi bien dirigé peut faire naître les vertus les plus sublimes.

Voyons maintenant quels sont, d'après Cuvier, les caractères essentiels de notre espèce :

Station droite et perpendiculaire; corps soutenu par les membres inférieurs, lesquels sont développés en raison du poids qu'ils ont à porter; pieds plantigrades, pentadactyles, non préhensiles ;

Extrémités supérieures libres, à clavicules, terminées par des mains véritables, c'est-à-dire par des organes propres au toucher et à la préhension, et ayant un pouce opposable à tous les autres doigts ;

Tête placée sur l'épine dorsale; crâne développé dans les proportions du visage; mâchoire inférieure courte et symphyse ayant forme de menton ;

Dents au nombre de 32, d'égale longueur et sans intervalle entre elles ;

Hémisphères cérébraux très-prépondérants; cerveau d'un volume proportionné à la multitude de nerfs qui y aboutissent ;

Croissance lente, enfance longue, maturité tardive ;

Peau lisse ; point d'armes naturelles, ni offensives ni défensives ;

Deux mamelles pectorales ;

Coccyx court et recourbé.

L'Homme est, de tous les animaux, le seul qui ait une station droite, aisée et naturelle : la capacité et la position du crâne, la structure de l'épine dorsale, le développement osseux et musculaire du bassin et des extrémités inférieures ne lui permettraient pas de se tenir autrement. Les membres inférieurs seuls étant exclusivement destinés à la marche, il en résulte que les membres supérieurs sont entièrement libres. Dans les Chimpanzés et les Orangs, les quatre extrémités sont tout à la fois des organes de locomotion et de préhension. Le Chimpanzé peut, il est vrai, changer de place en se tenant debout sur ses jambes, mais il se traîne plutôt qu'il ne marche, et il est obligé à tout moment de s'appuyer sur ses membres antérieurs. Les mains des Singes sont propres à saisir les objets; mais elles n'ont pas le caractère des véritables mains; le pouce n'est pas opposable aux autres doigts. Une autre différence non moins importante, c'est que les membres postérieurs des Singes sont préhensiles comme ceux de devant, tandis que nos pieds sont exclusivement conformés pour la marche. L'Homme a le cou moins gros, à proportion, que les Quadrupèdes, mais la poitrine plus large; il n'y a que le Singe et lui qui aient des clavicules.

Ici une autre question se présente; question immense, question difficile, ou pour mieux dire impossible à résoudre, et contre laquelle sont venus se briser tous les efforts des savants : c'est la question des espèces et des races. Les hommes dérivent-ils tous d'un seul homme comme le veut la Genèse, ou bien de deux ou plusieurs hommes de différentes couleurs? Quand nous égorgeons nos voisins pour l'amusement de nos princes ou pour la satisfaction de notre ambition, égorgeons-nous nos propres frères ou les descendants d'une autre souche que la nôtre? Les philosophes, les naturalistes de tous les temps ont longuement étudié ces questions, et de leurs profondes méditations, qu'est-il sorti? Comme toujours, des systèmes. Si du moins ces systèmes étaient d'accord entre eux, cette harmonie leur mériterait jusqu'à un certain point notre confiance; mais ils se contredisent tous et se détruisent les uns les autres. Nous nous garderons bien de les examiner et encore plus de les reproduire; nous n'en rapporterons qu'un seul, celui de Martin, qui est le plus récent, et, à notre avis, le plus complet.

Il partage le genre humain en cinq races, chacune desquelles se subdivise en plusieurs familles et tribus. Le tableau qu'il en donne, accompagné des caractères particuliers à chaque race, nous a paru curieux et instructif. Le voici :

TABLEAU DES RACES, FAMILLES ET TRIBUS

COMPOSANT LE GENRE HUMAIN.

I. RACE JAPÉTIQUE. Tête ovale; front ouvert; nez proéminent; os des joues peu ou point saillants; oreilles petites et fermées; dents verticales; mâchoires moyennes, avec un menton bien exprimé; cheveux longs flottants; quelquefois crépus, mais jamais laineux; barbe épaisse; teint variable.

Européens.

Famille celtique. — Les anciens habitants de la Gaule, d'une partie de l'Allemagne, de l'Italie, de l'Espagne, des Iles Britanniques et peut-être de la Grèce.

Pélasgique. — Les Grecs et leurs colonies.

Teutonique. — Les Goths, les Vandales, les Allemands, les Francs, les Germains, les Angles.

Slave. — Les Russes, les Polonais, les Bohèmes, les Illyriens, etc.

Asiatiques.

Tartare. — Les anciens Scythes, les Parthes, les Tartares, les Usbecs, etc.

Caucasique. — Les Géorgiens, les Circassiens, les Mingreliens.

Sémitique. — Les Arabes, les Hébreux, les Chaldéens, les Phéniciens, etc.

Sanscrite. — Les div. nations de l'Inde.

Africains.

Mizraïmique. — Les anciens Égyptiens, les Éthiopiens, les Abyssiniens, les Guanches, etc.

II. RACE NEPTUNIENNE. Tête arrondie, quelquefois comprimée sur les côtés; tête sub-ovale avec les os des joues proéminents; yeux plus éloignés les uns des autres que dans la race japétique, et plus élevés aux angles temporaux; iris noirs; bouche moyenne; lèvres relevées; cheveux longs, droits, noirs; barbe rare et tant soit peu roide; membres bien formés; plantes des pieds étroites; teint basané, ou brun jaunâtre.

Malais. — Les indigènes de la presqu'île de Malacca. — Les Storas de Madagascar.

Polynésiens. — Les indigènes de la Nouvelle-Zélande, des îles Sandwich, des îles de la Société, etc. — Peut-être les émigrants qui fondèrent l'empire du Pérou et celui du Mexique.

III. RACE MONGOLE. Tête grosse et haute; visage aplati; pommettes relevées, proéminentes; yeux étroits, obliques; paupières saillantes, sourcils arqués; nez écrasé; narines très ouvertes; menton dépourvu de barbe; oreilles larges; bouche très-fendue; dents droites; teint jaune très-basané.

Mongols. — Les Mongols, Tartares, Mantchous, Calmoucks, Chinois, Coréens, Japonais, Thibétains, Avanais, Pégnans, Siamois, etc.

Hyperborécns. — Ostiages, Tongouses, Samoïèdes, Lapons, Esquimaux, etc.

IV. RACE PROGNATHIQUE. Mâchoires grandes, proéminentes; dents incisives obliques; front étroit; tête comprimée des deux côtés; os des joues saillants; lèvres épaisses; nez épaté; narines très ouvertes; cheveux laineux et embrouillés, quelquefois crépus, quelquefois roides et longs; barbe clair-semée et roide; couleur noire foncée ou basanée jaunâtre.

Afro-nègres. Hottentots. — Tous les nègres d'Afrique, les Cafres. Namaquois, Coras, Gonaquois, Saabes.

Papous. — Noirs aux cheveux laineux de la Nouvelle-Guinée, de la terre de Van Diemen, les Papous de Madagascar.

Alfourous. — Noirs aux cheveux droits ou crépus de la Nouvelle-Guinée, de quelques îles de l'archipel indien, de la Nouvelle-Hollande, les Virzembirs de Madagascar.

V. RACE OCCIDENTALE. Front aplati; le sommet de la tête peu élevé; pommettes très-proéminentes; ouverture des yeux linéaire, ordinairement oblique; nez peu saillant, quelquefois écrasé; bouche très-fendue; dents légèrement obliques; cheveux longs, roides, noirs; barbe très-clair-semée; couleur variable, brune, jaunâtre ou cuivrée.

Colombiens. — Indigènes de l'Amérique du Nord, du Mexique, de la Floride, du Yucatan, de la Colombie.

Américains du Sud. — Indigènes des bords de l'Amazone et des sources supérieures de l'Orinoco, du Brésil, du Paraguay, de l'intérieur du Chili, etc.

Patagons. — Les indigènes de la Patagonie.

DEUXIÈME PARTIE.

RACE JAPÉTIQUE.

FAMILLE CELTIQUE.

LA TOUR-D'AUVERGNE. — BRETON.

ROMAIN.

FAMILLE PÉLASGIQUE.

FAMILLE SLAVE.

GREC.

DALMATE.

FAMILLE SLAVE.

FAMILLE TARTARE.

Cte Opalinski. — Polonais.

Hongrois (Magyar).

FAMILLE TARTARE.

FAMILLE CAUCASIQUE.

Feodor Iwanowitsh. — Kalmouck.

Circassien.

DEUXIÈME PARTIE.

FAMILLE SÉMITIQUE.

FAMILLE SANSCRITE.

MOZABITE.

INDOU.

FAMILLE MISRAIMIQUE.

EGYPTIEN ANCIEN.

TURC.

GALLA-ÉDJOW. — ABYSSINIEN.

RACE NEPTUNIENNE.

FAMILLE MALAISE.

FAMILLE POLYNÉSIENNE.

MALAIS DE SUMATRA.

INDIGÈNE DE L'ÎLE D'OMBAÏ.

FAMILLE POLYNÉSIENNE.

INDIGÈNE DE TAHITI.

26

RACE MONGOLE.

FAMILLE MONGOLE.

FAMILLE HYPERBORÉENNE.

CHINOIS.

ESQUIMAU.

RACE PROGNATIQUE.

FAMILLE AFRO-NÈGRE.

CAFRE.

NÈGRE D'AFRIQUE.

FAMILLE AFRO-NÈGRE.

FAMILLE HOTTENTOTE.

NÈGRE MOZAMBIQUE.

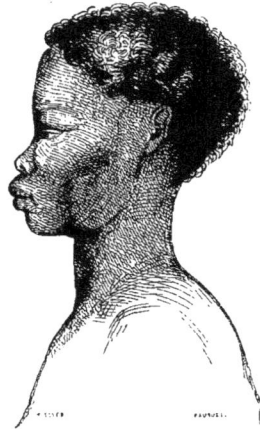

HOTTENTOTE.

FAMILLE DES PAPOUS.

PAPOU.

INDIGÈNE DE VAN DIEMEN.

FAMILLE DES ALFOUROUS.

AUSTRALIEN.

RACE OCCIDENTALE.

FAMILLE COLOMBIENNE.   FAMILLE DES PATAGONS.

THAYEN DENEEGA, CHEF DES MOKAWKS.   PATAGONS

La question des espèces est loin d'être vidée, nous le savons; on écrira encore bien des volumes avant d'arriver à un résultat et de proclamer un principe qui prenne place dans la catégorie des vérités universellement connues et universellement admises.

Peut-être en sera-t-il de l'unité d'origine des races humaines comme de la réalité du déluge; on a commencé par le nier hardiment; puis, enfin, les preuves de son existence se sont présentées en si grande quantité, qu'on a été obligé d'y croire et de le ranger parmi les axiomes de la science géologique.

Quoi qu'il en soit, nous sommes heureux de voir que ce principe, sur lequel repose la grande pensée de la fraternité des peuples, trouve partout des adhérents et des défenseurs. Nous nous félicitons de voir que la science daigne enfin consulter quelquefois cet instinct révélateur, cette voix secrète et inspirée qui parle en nous, et qui nous apprend souvent des vérités plus hautes et plus certaines que toutes celles que découvre, en fouillant des tombes, le scalpel curieux et patient de l'anatomie. Nous ne croyons pas que le rôle de la science doive se borner simplement à l'examen et à la discussion des faits matériels; sa mission est aussi de mettre ces faits et leurs résultats en rapport avec les besoins des temps, avec les lois du cœur et les vœux de la civilisation. Elle doit être un messager de paix et de conciliation; elle doit s'attacher à propager parmi nous les lumières de l'esprit, et non pas à nous insuffler le feu de la guerre. Son flambeau ne doit jamais devenir un brandon. Assez de germes de discorde et de haine existent entre les hommes; loin de chercher à les fomenter, employons tous nos soins à les détruire.

Citons, en finissant, ces remarquables paroles de M. le docteur Hollard, par lesquelles il termine lui-même son excellent livre : *De l'Homme et des races humaines.*

« La Bible a proclamé avant nous, ou mieux, antérieurement à toutes les études anthropologiques, cette vérité de l'unité de l'espèce humaine qui se dégage aujourd'hui comme vérité scientifique d'un débat où la contradiction ne lui a pas été épargnée. De même qu'aux cosmogonies de l'antiquité païenne, la Bible oppose sa cosmogonie monothéiste, si simple, si sobre de détails, en si parfait accord, par la notion d'harmonie et de progrès qui la résume, avec les résultats généraux les plus incontestables des sciences naturelles; de même qu'aux dogmes erronés des religions, et trop souvent aussi des philosophies de l'antiquité sur la nature de l'homme, sur son origine et sur sa destinée, nos livres saints opposent cette doctrine simple et sublime, que l'homme, dernier venu de la création, domine celle-ci, non comme le premier des animaux, mais à titre de chef privilégié, comme fils de Dieu, comme personne morale placée sur la limite de deux mondes; de même aussi à des sociétés divisées en castes et qui pratiquaient l'esclavage en grand, ces livres antiques, quand les philosophes se taisaient, jetaient cette parole de vérité : « Dieu a fait naître d'un seul sang tout le genre humain » (1), et cette autre, qui la complète : « Tous meurent en Adam, tous revivront en Jésus-Christ. » Oui, tous les peuples de la terre sont unis de cette triple unité du sang, de la chute et de la rédemption, et cette triple unité est une triple fraternité qui ne nous laisse aucun autre droit sur nos semblables, que le privilége de leur dispenser les bienfaits de Dieu. »

A. L.

(1) Saint Paul à l'aréopage d'Athènes (*Actes*, ch. XVII, 26).

MAISON DE CUVIER
DERRIÈRE LE GRAND AMPHITHÉÂTRE.

MINÉRALOGIE

Si nous avions voulu suivre un ordre rigoureux et logique dans les pérégrinations que vou-voulez bien faire avec nous, nous aurions dû commencer par vous conduire dans les galeries de Minéralogie et de Géologie : là, en effet, se trouve le point de départ des sciences naturelles, et le règne minéral dans l'ordre de la création, aussi bien que dans la série instituée par la science, réclame la priorité sur les deux autres ; mais il ne s'agit pas ici d'une exposition des principes de la science et encore moins de leur application, c'est une promenade à travers les merveilles du Muséum, et nous n'avons d'autre but que de vous éviter la fatigue en recher-chant ce qui peut vous plaire et vous intéresser. Nous savons que le Muséum est un temple d'où l'on ne sort pas à son gré, si nous vous en rendons l'accès facile, votre curiosité se chars gera à notre grande joie de faire le reste.

Prenez pour quelques moments droit de cité dans cette magnifique enceinte consacrée à deux des branches les plus intéressantes de ces sciences naturelles : la Minéralogie et la Géologie.

Entrez, regardez tout avec attention, scrutez la nature jusque dans ses replis les plus secrets, et que votre esprit, plongeant plus avant dans les abîmes de la terre, élève votre âme plus haut vers celui qui en est le créateur et le roi.

La Minéralogie déploiera à vos yeux sa robe brodée de métaux précieux et de pierres éblouissantes reflétant toutes les couleurs du prisme et surpassant l'éclat des plus belles fleurs; mais la Géologie étalera devant vous des merveilles encore plus surprenantes, et vous fera goûter des plaisirs encore plus variés.

De nombreuses populations d'animaux perdus; le globe entier bouleversé à plusieurs reprises, avec des preuves irrécusables de ces catastrophes terribles, se présenteront à vous dans toute leur imposante vérité.

Nous dépouillerons peu à peu la terre de ses enveloppes successives, et comparant les rapports de ses couches avec les débris qu'elle recèlent, nous arriverons à une conséquence remarquable : nous verrons que la vie, et par conséquent la mort, ont commencé longtemps avant l'homme; et que cet être si fier, qui se pose en seigneur et maître de l'univers, est à peine né d'hier, eu égard à l'antiquité incontestable de ses devanciers, lui qui cependant compte déjà son existence par vingtaine de siècles.

Nous vous montrerons, nous vous prouverons tout cela par les moyens qui sont à la disposition des deux sciences, dont nous sommes le très-humble interprète. Mais, avant tout, jetons un coup d'œil sur cette belle galerie qui en est le digne sanctuaire.

A peine avez-vous traversé le premier vestibule, que vos regards sont frappés par une quantité d'échantillons de nos richesses minérales. Ces précieuses dépouilles, arrachées à la terre, ont été classées et étiquetées par Haüy; c'est la collection déterminée par ce grand homme et la cristallographie établie par lui; cette collection unique a coûté quarante ans de travaux à son auteur; elle sert merveilleusement d'introduction aux galeries.

M. Biard s'est chargé de représenter sur les parois supérieurs des murs quelques-unes des grandes scènes des régions polaires : la chasse aux Morses, la chasse aux Rennes. Il est à désirer que ces exhibitions des divers aspects de la nature se multiplient et complètent par la vue ce que l'imagination du promeneur essayerait en vain d'inventer.

La porte qui fait face à la porte d'entrée est celle du Petit-Amphithéâtre, où se professent la *Minéralogie*, la *Géologie*, la *Culture* et la *Physiologie comparée*.

Entrons maintenant dans la galerie, vous voyez ces trente-six gracieuses colonnes, placées en deux rangs, par dix-huit de chaque côté, soutenant la voûte vitrée qui éclaire cette salle. Eh bien, c'est ici que la Minéralogie et la Géologie ont établi leur domaine.

Naguère encore resserrées dans deux ou trois chambres de l'ancienne galerie, elles y représentaient modestement l'état peu avancé dans lequel, comme sciences exactes, elles avaient langui toutes deux jusqu'alors. A présent leurs richesses sont tellement grandes, que cette vaste enceinte les contient à peine.

Mais aussi quel rare exemple d'union n'ont-elles pas donné, ces deux sœurs jumelles : marchant, dès l'origine, toujours ensemble; s'appuyant l'une sur l'autre, grandissant l'une par l'autre, elles sont parvenues au point où nous les voyons aujourd'hui.

Et, bien qu'elles fussent désormais en état de marcher séparément, chacune avec gloire et sûreté, elles ne se quittent pas cependant, et ne cessent de se soutenir comme par le passé.

Vous voyez la longue file d'armoires vitrées à gauche et à droite de la galerie; c'est là dedans et sous les cages de verre qui sont au pied de ces armoires que se trouvent les Minéraux d'après leurs genres, leur variétés, leurs groupements, leurs associations habituelles, en un mot, tout ce qui a rapport à l'histoire naturelle de chaque espèce.

Les armoires des piédestaux des colonnes indiquent les nombreux usages de luxe ou d'utilité auxquels ces diverses substances peuvent servir : c'est la Minéralogie technologique et historique.

La collection Géologique a une plus large part, comme celle des deux sciences dont le domaine est naturellement plus étendu. Ce sont d'abord les cages et les tiroirs de *l'épine* ou du milieu qui, avec les armoires des piédestaux des deux côtés de la galerie, lui appartiennent en entier; les échantillons des terrains qui composent l'écorce du globe y sont rangés suivant l'ordre de superposition et d'après la méthode de M. Cordier.

En outre, on lui a consacré les deux galeries élevées derrière les colonnes, dont celle de gauche présente une classification méthodique des roches, et celle de droite une collection des débris organiques fossiles.

Maintenant que nous connaissons la disposition générale de la localité, à quel objet donner la préférence pour entrer en matière?

Le premier objet qui frappe notre vue, en entrant dans la galerie, c'est un beau *Quartz hyalin* (Cristal de roche), d'une grosseur peu ordinaire et d'une limpidité parfaite.

A cette occasion, nous trouvons moyen de rendre hommage, en passant, à l'homme le plus éminent de son siècle, à celui qui a compris presque tous les genres de gloire et s'y est associé. Nous lisons écrit au bas de cette pièce : « Qu'elle a fait partie des objets d'art et de « science rapportés d'Italie, en 1797, par le général Bonaparte; elle provient de la vallée de « Viége, en Valais, et pèse 400 kilogrammes. »

Ce qui nous frappe à la première vue dans cette belle pierre, c'est sa forme régulière, accusée nettement par des facettes planes, unies, et aussi brillantes que si on les eût fait tailler par un lapidaire.

Telle est exactement la manière d'être de quelques substances pierreuses et métalliques, qu'on désigne, en Minéralogie, sous le nom de *Cristaux*. Mais gardez-vous de les confondre avec les Cristaux artificiels : ceux-ci ont, communément, pour attribut principal, la transparence dont on a fait, pour ainsi dire, leur synonyme; tandis que les seules formes polyédriques suffisent pour caractériser les Cristaux naturels.

Pour vous mieux familiariser avec cette espèce, très-abondante dans la nature, voici les formes sous lesquelles elle se présente habituellement quand elle est cristallisée.

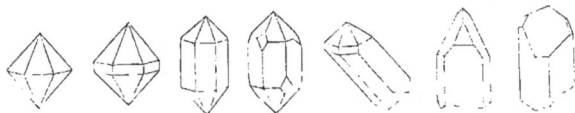

Vous remarquerez facilement, après le plus léger examen, que, abstraction faite de quelques imperfections, ou d'une sorte d'empiétement d'une face sur l'autre, toutes ces formes présentent, plus ou moins nettement, un prisme hexagone, couronné d'un pointement ou d'une pyramide à six faces, ce qui est le caractère de l'espèce.

La forme polyédrique et régulière qui distingue les Cristaux ne se présente quelquefois qu'à l'extérieur, comme c'est le cas pour le Quartz, lequel, brisé en morceaux, ne la reproduit plus. Mais très-souvent cette forme paraît bien plus intimement liée à son espèce.

Vous voyez ici de la *Galène*, qui est du plomb combiné naturellement avec du soufre; là, du *Calcaire*, celui qu'on appelle le *Spath d'Islande;* chacune de ces deux substances a une forme différente.

La Galène se présente sous la forme d'un *cube*, c'est-à-dire d'un solide à six faces carrées égales, et qui vous rappelle parfaitement la forme d'un dé à jouer. Le Calcaire vous présente une forme à peu près semblable, mais un peu obliquement

tendue, solide qu'on appelle le *Rhomboèdre*, parce que ses faces sont en losange ; cette forme est tellement rigoureuse dans la nature, que si je prends un marteau pour en donner un léger coup à la Galène, le morceau qui s'en détache est encore un cube ; je fais de même avec le Spath d'Islande, et la particule détachée est encore un rhomboèdre. Que je répète cette opération autant de fois qu'il me plaira, chaque morceau nouvellement détaché présentera toujours la forme de son espèce ; de même que vous verrez toujours reparaître telle fleur sur telle plante.

Vous comprendrez facilement, en présence de ces faits, comment cette propriété, stable et invariable partout où on la rencontre, a pu être érigée en un des caractères principaux pour distinguer et classer les Minéraux. Car connaître n'est, en dernière analyse, que bien distinguer, comme le dernier mot de la science naturelle est bien classer, bien grouper.

Pour vous faire ensuite une idée de ce qu'on appelle les diverses modifications des formes, et comment celles-ci passent de l'une à l'autre, vous n'avez qu'à jeter un coup d'œil sur les figures suivantes.

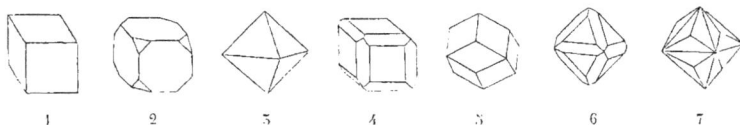

1   2   3   4   5   6   7

Vous reconnaissez la première pour être le cube ; vous n'avez qu'à faire naître des faces sur ces huit angles solides, ou à les couper sur un plan, et vous aurez la figure 2, qui est un cubo-octaèdre, c'est-à-dire un cube passant à l'octaèdre. Donnez plus d'extension à ces nouvelles faces, et vous arriverez au véritable octaèdre, figure 3. Que si, au lieu de modifier le cube sur ses angles, vous faites naître des faces sur ses arêtes, vous obtiendrez la figure 4, qui est un cubo-décaèdre ; puis un dodécaèdre, figure 5, et ainsi de suite.

Chaque forme modifiée pouvant à son tour servir de point de départ à une modification nouvelle, il est clair qu'il doit en résulter des formes très-nombreuses, et de plus en plus compliquées. C'est par cette raison qu'on les compte aujourd'hui par milliers. Leur étude ne paraît pas devoir être très-facile ; mais il existe à cet égard des faits généraux qui permettent de la simplifier considérablement.

Ces faits établissent d'une manière claire et positive, d'une part, que toutes ces formes se rapportent à six groupes bien caractérisés ; de l'autre, que, dans chaque groupe, tous les polyèdres qu'on y trouve peuvent se déduire rigoureusement d'une forme unique.

Il en résulte qu'en réalité, l'étude de la cristallographie consiste à bien connaître six genres particuliers de formes, dont chacun peut avoir diverses espèces.

Nous nous contenterons donc d'indiquer ici les six groupes, ou systèmes cristallins, dont nous venons de parler ; ce sont :

1° Le système cubique ;

2° Le système rhomboédrique ;

3° Le système prismatique carré ;

4° Le système prismatique rectangulaire, ou rhomboïdal, droit ;

5° Le système prismatique rectangulaire, ou rhomboïdal, oblique ;

6° Enfin le système prismatique oblique, à base de parallélogramme obliquangle.

— Je conçois, me direz-vous, qu'on puisse ainsi, sans beaucoup de difficulté, se rendre compte de tous les Cristaux connus, sous quelques formes qu'ils se présentent. Mais sait-on aussi comment la nature procède pour les former ? quelles sont les conditions et les circonstances qui déterminent telle ou telle forme, qui influent sur telle ou telle variation ?

— La nature a des mystères qu'elle ne livre pas aux investigations de l'homme ; mais en s'appuyant sur les faits qu'on a observés dans les ateliers chimiques, on peut arriver à des suppositions qui ne manquent pas de vraisemblance.

Ainsi, il y a des sels qu'on peut dissoudre et faire cristalliser à volonté. De ce nombre est l'alun, que tout le monde connaît. Qu'on en fasse dissoudre dans l'eau bouillante, autant que le liquide en peut prendre; qu'on tire la solution à clair dans un vase où l'on a suspendu quelques fils, et cette substance, en s'y attachant, ne tardera pas à former des Cristaux, d'autant plus gros, que la masse liquide est plus volumineuse.

Mais il y a des matières qui fondent plus facilement par la chaleur qu'elles ne se laissent dissoudre dans un liquide quelconque : alors, quand elles sont fondues, laissez-les refroidir lentement, et elles se cristalliseront dans l'intérieur de la masse; ce qu'on verra en brisant la croûte consolidée à la surface, et en renversant ce qui y reste encore de matière liquide. Le soufre, par exemple, qui est d'une facile fusion, peut servir à cette expérience; on en obtiendra des Cristaux d'autant plus nets que le volume de la masse fondue sera plus considérable.

Il y a encore un troisième mode pour produire des Cristaux : c'est celui de la sublimation. Plusieurs matières volatiles, comme l'arsenic, chauffées en vase clos, se volatilisent, et se déposent en Cristaux à la partie supérieure de l'appareil.

Vous voyez par là que l'une de ces trois conditions que nous venons d'exposer est indispensable pour la formation des Cristaux. La matière cristallisable paraît, avant tout, avoir besoin d'une complète liberté pour que ses molécules puissent ensuite, au moment de se consolider, céder au jeu des attractions naturelles qui les conduisent à telle ou telle forme.

Voilà pour le mode de formation des Cristaux en général. Quant aux diverses variations que les formes peuvent subir, on a aussi établi, par de nombreuses expériences, qu'elles dépendent de la nature du liquide qui sert de dissolvant, des matières que ce liquide peut renfermer en même temps que celles qui cristallisent, et de la température à laquelle la cristallisation se fait.

En présence de ces faits, on ne saurait se défendre d'en tirer cette induction, que les choses se passent de la même manière dans la cristallisation naturelle. En effet, les formes d'un même minéral sont différentes suivant la nature des substances qui l'accompagnent, et par conséquent avec lesquelles, ou au milieu desquelles, il a cristallisé. Le fait est tellement constant, que depuis longtemps les minéralogistes reconnaissent les localités d'où certains minéraux proviennent, par les formes seules qu'ils présentent.

Pour revenir au Quartz, vous saurez que, naturellement incolore, il prend souvent des couleurs plus ou moins vives, par des mélanges de matières étrangères.

Ainsi l'*Améthyste* est un Quartz transparent violet; celui qui porte le nom impropre de *Topaze d'Inde* est le Quartz transparent de diverses teintes jaunes; l'*Hyacinthe de Compostelle* est le même Quartz ayant la couleur rouge opaque; et le Quartz *enfumé* est le brun foncé, quelquefois complétement noir.

La *Calcédoine*, l'*Agate*, l'*Opale*, le *Silex* ou pierre à fusil, les *Jaspes*, sont toutes des matières de même nature que le Quartz, et n'en diffèrent principalement que par l'absence de cristallisation.

Les variétés translucides de la Calcédoine portent fréquemment le nom d'*Agate*; celles qui sont en même temps colorées portent le nom de *Sardoine*, lorsqu'elles sont jaunâtres ou brunâtres, et de *Cornaline*, lorsqu'elles sont rouges. Quand diverses couleurs se trouvent réunies par zones ou par bandes, la pierre prend le nom d'*Onyx*. Quelquefois la matière colorante se trouve en dendrites, et alors il en résulte ces belles *Agates herborisées*, qui, par leurs dessins variés, offrent des imitations de brins de mousse, de rameaux d'arbres et de buissons dans la pierre.

Les *Jaspes* sont des Calcédoines opaques mélangées de diverses matières étrangères qui les colorent.

Les variétés limpides de Quartz ont été autrefois travaillées comme objets de luxe; taillées à facettes, elles servaient surtout à garnir les lustres de grand prix. Mais tous ces objets sont passés de mode depuis l'invention de l'espèce de verre nommé *Cristal*, qui est à la fois plus limpide, plus éclatant et plus facile à travailler.

Les variétés de Calcédoine, comme la Sardoine, la Cornaline, ont été souvent fort recherchées, mais n'ont aujourd'hui que peu de valeur. Une autre variété, connue sous le nom de *Chrysoprase*, qui, avec la demi-transparence, offre une jolie teinte verte, est la seule qui soit encore demandée, et d'un prix élevé; elle fait de charmantes parures.

Les Onyx sont aussi recherchés pour en faire des camées, et l'on exécute alors le petit bas-relief sur l'une des couches, en laissant l'autre pour le fond.

Cependant la pierre qui l'emporte sur toutes les autres de cette espèce est l'*Opale*. Quand elle est demi-transparente, et qu'elle offre dans son intérieur ces reflets si agréablement colorés, et d'un éclat qui ne peut être comparé qu'à celui des Colibris, Oiseaux-Mouches et des Papillons les plus brillants, elle est d'un prix assez élevé. Il est à remarquer que c'est son imperfection qui fait sa beauté; car ces reflets proviennent d'une multitude de fissures qui interrompent la continuité de sa matière et déterminent la réflexion de différentes espèces de rayons colorés : aussi ces beaux reflets s'évanouissent-ils quand on vient à briser l'Opale.

Du Quartz nous passons au *Calcaire*. Le type de l'espèce susceptible de cristallisation est le *Calcaire limpide*, appelé vulgairement le *Spath d'Islande*. Il est remarquable par la propriété qu'il possède de doubler les images des objets placés au-dessous de sa surface. Les différentes espèces présentent des formes très-variées, dont les plus habituelles sont les suivantes :

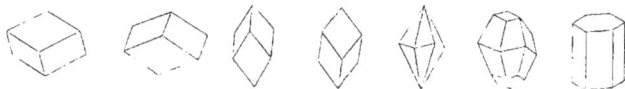

Cette substance est, au reste, répandue partout et avec la plus grande profusion, surtout celle qui n'est pas susceptible de cristallisation.

Depuis la belle Roche, connue sous le nom de *Marbre statuaire*, jusqu'au *Calcaire grossier*, ou pierre à bâtir, quelle longue série de la même matière se présentant sous les aspects les plus divers! Elle se produisait dans l'origine des choses; elle se produit encore aujourd'hui en masse dans ces fontaines incrustantes que les voyageurs admirent tant dans diverses localités. Les nombreux usages auxquels elle sert formeraient une véritable épopée technologique.

En effet, supprimez le Calcaire dans les environs de Paris, et cette superbe ville n'aura pu exister : retranchez-le à l'Italie, et ce pays, malgré son beau ciel bleu, restera monotone, dépouillé qu'il sera de ses villas, de ses palais blancs comme la neige, et de ses admirables statues.

Et que dire de ces magnifiques pierres de décorations, appelées Marbres dans la véritable acception du mot? Il est devenu indispensable d'en connaître au moins les plus remarquables, depuis que vous en rencontrez partout, dans les maisons particulières aussi bien que dans les monuments et les édifices publics.

Vous voyez celui-ci qui a l'air de vouloir imiter l'éclair fendant le ciel sombre : c'est le *Portor*, d'un fond noir intense, veiné de jaune vif ou d'orangé.

Celui à fond rouge de feu, rubané de blanc, est nommé le *Languedoc*.

La *Griotte d'Italie* est d'un rouge foncé, varié de taches ovales, d'une teinte plus vive, et de cercles noirs dus à des coquilles.

Le *Bleu Turquin* ou *Bardigle* est à fond bleuâtre et à veines plus foncées; le *Bardigle fleuri*, à pâte blanche, entremêlée d'une quantité de veines ardoisées par ondes et taches diverses.

Parmi les *Marbres de Flandre*, et qui sont ceux qu'on emploie le plus fréquemment à Paris, on remarque le *Sainte-Anne*, ordinairement à fond gris et veines blanches; mais il en existe de plus agréables à la vue, dont le fond est brun, rouge ou bleuâtre. Parmi les belles variétés qui proviennent de différents lieux, on distingue le *Grand Antique*, à fond noir et veines blanches nettement tranchées.

Parmi les *Marbres Brèches*, appelés ainsi parce qu'ils semblent composés de fragments réunis, méritent d'être nommés : le *Grand Deuil* et le *Petit Deuil*, qui offrent des éclats blancs sur un fond noir ; la *Brèche d'Aix*, ou *Brèche de Tolonet*, à grands fragments jaunes et violets, réunis par des veines noires ; et la *Brèche violette*, à fond violet, avec grands éclats blancs, un des marbres les plus riches, mais dont les carrières paraissent depuis longtemps épuisées.

Pour passer des Marbres simples aux composés, nous nommerons d'abord les *Campans*, dans les Pyrénées, à fond rouge, rose, ou vert clair, varié de veines entrelacées et de feuillets ondulés, d'une teinte plus foncée ; le *Jaune de Sienne*, qu'on nomme aussi *Jaune antique*, est d'un jaune vif, veiné de pourpre et de rouge violacé ; le *Sicile* ou *Jaspe de Sicile*, qui se distingue par de grandes bandes veinées et rubanées rouges, brunes et olivâtres ; enfin les diverses variétés de *Vert antique*, dont le fond est d'un vert tendre et foncé, parsemé de taches noires, blanches et quelquefois même pourpres.

Les *Marbres lumachelles* sont ceux qui renferment des coquilles. On distingue surtout des variétés à fond noir, sur lequel se dessinent des taches de calcaire blanc, dont chacune est une coquille : celui appelé le *Petit Granite*, qui couvre la plupart de nos meubles, en est un exemple commun.

Il faut vous dire, au reste, à propos des noms du Marbre, qu'ils sont extrêmement nombreux, car il suffit souvent aux marbriers du moindre accident pour donner des noms différents aux diverses plaques tirées du même bloc.

Il y a des pierres de décoration que l'on confond ordinairement avec les véritables Marbres, quoiqu'elles soient d'une nature tout à fait différente ; ce sont pour la plupart des *Granites* et des *Porphyres*. Ces derniers surtout sont susceptibles d'un beau poli, et présentent de belles nuances de couleurs. Le *Porphyre rouge*, ou de couleur purpurine, mêlé de grains de pierre blancs, était tellement estimé des anciens, qu'ils le faisaient tailler en bijoux et en amulettes.

Le *Porphyre vert*, et qu'on appelle aussi *Vert antique*, passait pour dissiper la mélancolie. Nous ne saurions dire jusqu'à quel point il justifie la singulière propriété qu'on lui attribuait autrefois, mais ce qu'il y a de très-sûr, c'est qu'il produit un effet fort agréable à la vue par ses taches, ou carrés longs, d'un blanc mat, qui se trouvent souvent disposés en manière de croix de Saint-André, sur un fond vert foncé.

Des pierres d'ornement aux pierres de luxe, le passage est naturel. A ce sujet j'ai à vous entretenir, d'abord, d'une substance dont le seul nom agira sur vous d'une manière magique ; et je n'aurai, je pense, qu'à le prononcer pour que vos yeux s'allument d'un éclat presque aussi vif que celui qui distingue la substance en question. Vous avez probablement déjà deviné qu'il s'agit du *Diamant*.

Mais ne donnez pas un essor illimité à votre admiration, car j'ai à vous dire, concernant son origine, un mot qui pourrait vous désenchanter cruellement, surtout si vous êtes du nombre de ceux pour lesquels les plus belles qualités ne rachètent pas une naissance peu illustre.

Ce que je viens de dire vous paraît étrange ; eh bien, tranchons-le donc ce mot, et apprenez que le Diamant n'est que du charbon.

— Comment du charbon ? m'objecterez-vous ; cette limpidité sans pareille, cet éclat si vif, si brillant, viendraient d'un morceau de charbon ? cela me paraît impossible.

— Vous avez bien raison de vous en étonner, mais vos objections ne changent rien à la nature du Diamant, et il reste charbon : des expériences réitérées des chimistes l'ont prouvé irrévocablement ; malgré les assertions très-positives des anciens, qui prétendaient qu'il triomphait du feu, et qu'il ne s'y échauffait même pas, ils l'ont brûlé, et le résidu de ce combustible a été toujours celui qu'offre un simple charbon, à savoir : une matière volatile qui est de l'acide carbonique.

— Alors ses qualités sont donc imaginaires, factices, et on a tort d'y attacher tant de prix?

— Nullement. Les qualités du Diamant sont bien réelles, et il reste toujours, malgré son origine, la pierre précieuse la plus dure, la plus pesante et la plus diaphane ; étant polie, c'est la plus brillante de toutes les pierres ; ajoutez que la nature en est très-avare, et que, jusqu'à présent, on n'est pas parvenu à la fabriquer, et vous vous expliquerez la haute valeur qu'on y attache.

Voulez-vous maintenant savoir comment on trouve les Diamants dans la nature, et comment on les exploite? le voici :

Dans les Indes et au Brésil, d'où proviennent la plupart des Diamants, on les trouve d'ordinaire dans des matières de transport, dans ces terres sablonneuses et argileuses, entremêlées de beaucoup de substances étrangères, et remaniées par les eaux, qu'on nomme terrains d'alluvion. Quand on est convenu de l'endroit que l'on veut fouiller, on en aplanit un autre aux environs, on l'entoure de murs de deux pieds de haut, et d'espace en espace on laisse des ouvertures pour faire écouler les eaux ; ensuite on fouille le premier endroit.

Il y a souvent jusqu'à soixante mille ouvriers, hommes, femmes et enfants, employés à cet ouvrage. Les hommes ouvrent la terre, les enfants et les femmes la transportent dans l'endroit entouré de murs. On continue la fouille, jusqu'à ce que l'on trouve l'eau : on s'en sert pour laver la terre qui a été transportée, et après qu'elle a été lavée deux ou trois fois, on la laisse sécher ; ensuite on la vanne dans des paniers faits exprès ; cette opération finie, on bat la terre grossière qui reste, pour la vanner de nouveau deux ou trois fois ; alors les ouvriers cherchent les Diamants à la main.

Les pauvres nègres employés à cette exploitation s'en acquittent avec autant d'indifférence que s'il s'agissait du produit le plus vulgaire. Et ils ont raison, les malheureux! car ce qui doit servir plus tard à l'étalage du luxe le plus effréné leur procure à peine de quoi vivre misérablement. Ce n'est que dans un seul cas qu'il leur arrive de bénir ce travail : la liberté est acquise à celui à qui le hasard fait trouver un Diamant d'une grosseur plus considérable : 17 carats, à peu près 3 grammes, en sont le taux fixé.

Il y a aussi des rivières qui contiennent des Diamants. Quand les grandes pluies sont tombées et que les eaux de la rivière sont éclaircies, ce qui arrive ordinairement vers la fin de janvier et le commencement de février, les ouvriers ou habitants voisins remontent la rivière jusqu'aux montagnes d'où elle sort ; on détourne le cours de l'eau, on tire le sable jusqu'à deux pieds de profondeur, on le porte sur le bord, dans un lieu entouré de murs, et on procède enfin au lavage des sables et à la recherche des Diamants, que l'on reconnaît, au soleil, à leur éclat.

Ces pierres se trouvent, à l'ordinaire, disséminées en petite quantité dans ces dépôts arénacés, et présentent des formes que nous avons déjà indiquées (page 209). L'octaèdre et le dodécaèdre en sont les plus fréquentes, lesquelles, acquérant plus de facettes, finissent par s'approcher de la forme presque sphérique.

En général, ces cristaux sont toujours loin d'avoir le brillant qui est une de leurs propriétés essentielles ; on l'obtient par un procédé particulier, qu'on appelle la taille et le poli du Diamant. Il est bien connu que c'est par le moyen de sa propre poussière qu'on y arrive ; mais ce qui l'est moins peut-être, c'est que cette découverte, avant laquelle on portait le Diamant brut, ne date que de 1456. Ce fut un nommé Louis de Berguen, natif de Bruges, qui, s'étant avisé de frotter deux Diamants l'un contre l'autre, s'aperçut qu'il en tombait une poudre, dont il se servit pour enduire la meule d'un moulin de lapidaire, et au moyen de laquelle il mit au jour les brillants reflets du Diamant, jusqu'alors inconnus. Charles, duc de Bourgogne, surnommé le Téméraire, posséda le premier Diamant poli ; il le perdit, avec tous ses autres dans la bataille de Morat, que les Suisses gagnèrent sur lui.

Dans l'Inde, on taille le Diamant de manière à lui conserver tout son volume; en Europe, on sacrifie beaucoup du volume de la pierre pour en enlever les défauts, et se procurer une belle forme. Les formes admises sont la *Rose* (figure 2), pour les pierres de peu d'épaisseur qu'on ne veut pas trop diminuer : c'est le Diamant taillé à facettes par-dessus, et à plat par-dessous, et le *Brillant* (figure 3 et 4), taillé à facettes par-dessus comme par-dessous, et qu'on monte à jour.

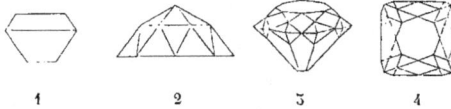

1   2   3   4

On attache ordinairement au Diamant l'idée d'une parfaite limpidité; cependant il est sali presque toujours par des teintes jaunâtres ou brunâtres. On n'en trouve pas beaucoup qui aient des couleurs bien décidées et bien vives; quand ces couleurs existent, elles donnent à la pierre un prix immense. Le Diamant vert et le Diamant rose, lorsque leur couleur est d'une bonne teinte, sont les plus rares, et par conséquent les plus chers. Il y a des Diamants noirs et complétement opaques, qui ont néanmoins un brillant extraordinaire quand ils sont polis.

La quantité de Diamants fournie annuellement au commerce, par le Brésil, qui, depuis qu'on les y a découverts, en a eu à peu près seul le privilége, ne s'élève pas à plus de six à sept kilogrammes, qui ont coûté plus d'un million de frais d'exploitation; aussi cette matière, même à l'état brut, est-elle toujours fort chère. Les Diamants défectueux, reconnus pour ne pouvoir pas être taillés, se vendent déjà, moyennement, à raison de 156 francs le gramme (quarante-cinq fois la valeur de l'or), soit pour faire la poussière de Diamant, ou *égrisée,* soit pour garnir les outils avec lesquels on grave les pierres fines, ou enfin pour couper le verre. Les très-petits Diamants, susceptibles d'être taillés, valent en lots jusqu'à 230 francs le gramme; mais à peine pèsent-ils chacun cinquante milligrammes, que le prix augmente considérablement, et, pour les poids au-dessus, la progression est très-rapide. A un demi-gramme, un Diamant brut vaut 260 à 280 francs; à un gramme, il vaut plus de 1,000 francs. Un Diamant taillé, d'un gramme, qui, à la vérité, est déjà une fort belle pierre, à peu près la grosseur figure 1, vaut au moins 3,500 francs.

Plus les Diamants sont volumineux, plus ils sont rares, et aussi plus leurs prix sont élevés. On n'en connaît que quelques-uns dont le poids s'élève au-dessus de vingt grammes. Les plus gros Diamants connus sont :

Celui du radjah de Mattam, à Bornéo, pesant environ 63 grammes.
Celui de l'empereur du Mogol. 59
Celui de l'empereur de Russie. 41
Celui de l'empereur d'Autriche 29,53
Celui du roi de France (qu'on nomme le *Régent*). . 28,89

Les quatre premiers ont une mauvaise forme. Le dernier est parfait sous tous les rapports; il pesait, avant la taille, quatre-vingt-sept grammes, et a coûté quatre années de travail; il a été acheté dans le principe pour 2,250,000 francs, et il est estimé plus du double.

Nous donnons ici la figure de grosseur naturelle des deux plus beaux Diamants de la couronne de France, *le Régent* et *le Sancy*.

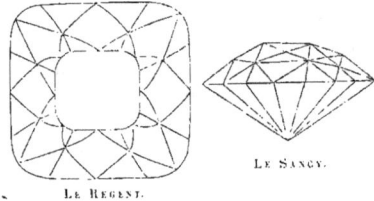

Le Sancy.

Le Régent.

A la suite du Diamant nous vous présenterons quatre autres substances connues et estimées de tout le monde : le *Rubis*, le *Saphir*, la *Topaze*, et l'*Émeraude*. Elles sont toutes de la même nature (alumine pure), et portent en Minéralogie le nom générique de *Corindon*; c'est la seule couleur qui les distingue.

Le Corindon *rouge* est la pierre précieuse qui, sous le nom de *Rubis*, tient le premier rang après le Diamant; quand elle est d'une belle teinte de feu et bien pure, sa valeur dépasse même celle du Diamant sous le même volume. Le *Saphir* est le Corindon *bleu d'azur*; la *Topaze*, le Corindon *jaune*, et l'*Émeraude* celui qui présente une couleur *verte*. On y ajoute cependant habituellement l'épithète d'*Orientale*, pour les distinguer des autres pierres portant le même nom, mais n'ayant pas complétement la même composition. Ainsi il y a des *Rubis spinelles*, un peu inférieurs aux Rubis orientaux, qui ne présentent jamais le même éclat, mais qui, étant polis, ont pourtant un feu très-agréable et très-ami de l'œil.

Quelque couleur, au reste, que présentent les Corindons, leurs formes dans la nature sont les suivantes :

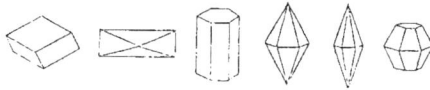

On voit cependant beaucoup de *Rubis* bruts, de forme arrondie ou ovale, et ce sont surtout ceux qui ont été ramassés dans le lit des rivières, et qui, entraînés par les eaux, ont perdu leur forme angulaire par le frottement qu'ils ont éprouvé les uns contre les autres.

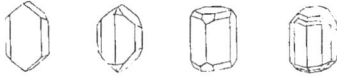

On fait en général aussi grand cas des belles Topazes, qu'on place au troisième rang après le Diamant, à cause de leur éclat vif, que du Saphir, qui, à part sa belle couleur bleue, présente encore ce phénomène particulier, qu'il montre, par réflexion devant une vive lumière, une étoile brillante à six rayons. Mais on n'a accordé, à coup sûr, à aucune pierre autant d'honneur qu'à l'*Émeraude* proprement dite. Les Romains l'estimaient au point qu'il était expressément défendu de rien graver dessus : on la réservait pour soulager la vue et délasser l'œil. Néron avait l'habitude de considérer le spectacle sanglant de l'arène à travers une Émeraude; Domitien s'en servait pour le même usage, ce qui a fait qu'on l'a appelée *pierre de Domitien et de Néron.*

Quelques peuples de la vallée de Manta, au Pérou, ont encore fait mieux, à en croire plusieurs historiens espagnols; car ils adoraient une *déesse Émeraude,* qui était tout bonnement une Émeraude grosse comme un œuf d'autruche, et à laquelle on faisait des offrandes d'Émeraudes.

De nos jours, cette pierre est encore au premier rang des Gemmes, et si elle le cède en dureté et même en éclat aux Corindons, et surtout aux Diamants, sa couleur pure et veloutée l'en dédommage; et quand son intérieur est exempt de défauts, de glaces ou de tout autre accident, elle rivalise, à volume égal, avec les plus belles variétés de Saphir, et surtout avec l'Émeraude orientale, dont la nuance est loin d'avoir l'éclat et la richesse de celle qui caractérise l'Émeraude du Pérou.

Pour en finir avec les substances pierreuses dont on se sert en joaillerie, nous ne ferons que vous nommer encore les *Grenats* et les *Turquoises*. Vous saurez que les beaux exemplaires des premiers, ceux qui réunissent à un certain volume une couleur agréable et une transparence convenable, sont assez estimés dans le commerce. Les anciens ont beaucoup gravé sur cette pierre, qu'ils nommaient quelquefois *Escarboucle*, et à laquelle ils se plaisaient à attribuer des propriétés fabuleuses; de nos jours, les teintes les plus estimées sont celles qui appartiennent aux Grenats *pyropes* et *syriens* des joailliers.

La forme primitive des Grenats est la même que celle des alvéoles des gâteaux d'abeilles; la figure de ces alvéoles, vous le savez sans doute, est celle qui renferme le plus grand espace avec le moins de matière.

Parmi les *Turquoises*, vous aurez à distinguer deux sortes : les Turquoises pierreuses, qu'on appelle aussi orientales, de vieille roche, ou *Calaïtes*. Elles passent par différentes nuances du bleu céleste clair au bleu foncé tirant un peu sur le vert; elles sont assez dures pour rayer le verre, et peuvent être appelées les véritables Turquoises.

Les autres, qu'on nomme *Odontolithes*, sont des dents fossiles colorées en bleu par du phosphate de fer; elles proviennent des molaires d'un animal voisin des Paresseux, du Cerf, d'animaux carnassiers, et sont beaucoup moins dures que les Calaïtes. Elles sont solubles dans les acides, et perdent leur couleur, même dans le vinaigre distillé, ce qui fait qu'elles sont beaucoup moins estimées que les Turquoises précieuses, qui résistent à ces épreuves. Chez les anciens, elles servaient, les unes et les autres, à faire des amulettes.

Au nombre des substances qui jouent dans la nature un grand rôle par leur abondance, il faut citer le groupe des *Feldspaths*, dont les cristaux se présentent sous les formes suivantes :

C'est à cette substance qu'appartient la matière première employée à la fabrication de porcelaine, sous le nom de *Kaolin*, qui n'est qu'un Feldspath décomposé.

Les *Micas* sont aussi très-répandus; ce sont des substances qui se divisent facilement en feuilles très-minces, élastiques, et tellement transparentes, qu'elles ont pu servir dans quelques pays, nommément en Russie, à remplacer les vitres, ce qui leur fait donner le nom de *Verre de Moscovie*. Le *Granit*, roche que tout le monde connaît, est essentiellement composé de ces trois minéraux : le Feldspath, le Quartz et le Mica, réunis ensemble par petites parties assez régulièrement entremêlées, et formant des masses granulaires. C'est le Mica qui donne à cette roche son aspect brillant au soleil.

Nous pouvons citer encore, comme très-abondants dans la nature, l'*Amphibole*, le *Pyroxène*, les *Serpentines*, etc., sans cependant en dire davantage, car nous avons hâte d'arriver aux *Métaux*.

A ce mot s'offrent naturellement à votre esprit les deux substances qui en sont pour ainsi dire les représentants, l'*Or* et l'*Argent*. Tout le monde a vu l'Or, ne fût-ce que sur les cadres dorés, et connaît la belle couleur jaune qui distingue ce métal de tous les autres. Son inaltérabilité est telle, qu'il résiste à presque tous les agents naturels et chimiques, et cette qualité, jointe à sa ductilité et à sa malléabilité, c'est-à-dire à la faculté de s'étendre sous le marteau et sous le laminoir, en fait le métal le plus précieux. L'Argent vient immédiatement après l'Or pour ces qualités : aussi ces deux substances ont-elles été regardées de tout temps comme des métaux parfaits, nobles par excellence; tandis que tous les autres étaient appelés imparfaits, ignobles, et qu'il fallait par conséquent, disait-on, les transformer.

La transmutation des métaux et la recherche d'un remède universel, telle fut, durant plusieurs siècles, l'occupation unique de ces hommes extraordinaires, bizarres, qu'on nommait *Alchimistes*. Toute la science d'alors était là, et il est inimaginable combien ils se donnaient de tourments, combien ils subissaient de peines, de fatigues, pour arriver à la possession de ces trois choses, auxquelles tendaient tous leurs efforts : la richesse, la longévité, la santé.

On conçoit facilement qu'ils aient pu être dévorés du désir d'arriver à ce but; car ces trois choses-là sont, en définitive, les seuls éléments de bonheur pour la plupart des hommes. Mais la voie qu'ils avaient choisie pour y parvenir était au moins aussi étrange qu'illusoire. Il en est donc résulté que l'absolu et la pierre philosophale sont encore à trouver.

L'Or, que de notre temps on envisage sous un point de vue moins chimérique, appartient au petit nombre de métaux que l'on rencontre dans la nature à l'état de pureté presque complète : en filaments, en lames minces, en grains plus ou moins volumineux, présentant de petits cristaux cubiques ou octaèdres ; quelquefois aussi en petites masses que l'on nomme *pépites*. Dans cet état, appelé *natif* ou *vierge,* l'Or peut facilement s'étendre sous le marteau, ou être coupé avec une lame tranchante, ce qui suffit pour le faire distinguer de cette foule de minéraux dorés que l'on a confondus si souvent avec lui, et qui ont donné lieu à tant de méprises.

L'Or natif se trouve dans quelques roches en forme de petites veines ; on le rencontre aussi, disséminé en paillettes, dans ces sables et terrains d'alluvion que nous avons vus renfermer des diamants. En outre, quelques rivières charrient des sables aurifères, et, pour ne citer que la France, nous dirons que le Rhône, la partie supérieure du Rhin, l'Ariége, la Cèse et plusieurs autres, transportent ce métal en assez grande quantité pour qu'il ait pu devenir l'objet de travaux et de lavages, et que les *orpailleurs* ou *pailloteurs,* hommes qui en font métier, gagnent à ce travail moyennement vingt ou trente sous par jour.

Les découvertes faites en Californie et en Australie tendent à rendre l'Or plus commun, en apportant des modifications profondes dans sa valeur relative, son emploi et son exploitation.

La méthode employée pour l'extraction et la purification de ce métal interposé dans les pierres, consiste dans le pilage, l'amalgame et l'ignition. S'il y a mélange de métaux, l'on a recours aux dissolvants ou à la fusion.

L'Or monnayé n'est pas pur ; celui des bijoux ne l'est pas non plus, et cela tient à la quantité de Cuivre ou d'Argent qu'il faut allier avec lui pour parer à son peu de dureté, et lui permettre de circuler sans perdre son empreinte. De là, ce qu'on appelle le *titre,* c'est-à-dire la valeur réelle de l'Or pur contenu dans un objet quelconque. L'essai du titre se fait le plus ordinairement à l'aide de la pierre de touche et de l'eau-forte, qui enlève l'alliage et laisse l'Or intact ; on juge de son titre par l'intensité de la trace qui résiste à l'acide.

Nous avons fait mention de la ductilité et de la malléabilité de l'Or. Vous en jugerez mieux quand vous aurez appris qu'un grain peut s'étendre sous le marteau du batteur en une feuille de 50 pouces carrés ; qu'une statue équestre, de grandeur naturelle, peut se dorer en plein avec une pièce de 20 francs ; enfin que 1 once d'or peut recouvrir et dorer très-exactement un fil d'argent long de 444 lieues.

Vous pouvez voir dans la dernière armoire à gauche, à côté de celle réservée aux *Gemmes,* de beaux échantillons d'or cristallisé, dont Geoffroy-Saint-Hilaire a enrichi le Muséum, et une énorme pépite d'or pesant 5 hectogrammes, donnée au Muséum par le comte de Lacépède. L'or californien brille à côté de ces beaux échantillons.

L'*Argent* se trouve aussi à l'état natif, comme l'Or, mais le plus souvent on le rencontre dans de véritables mines, dans ces souterrains profonds auxquels on n'arrive qu'avec des frais immenses, accompagnés de beaucoup de peine et de grands dangers.

Du temps de Buffon, on ne comptait que seize métaux sur quarante-deux que l'on connaît aujourd'hui comme essentiellement différents. Ce petit nombre de métaux, appelés aussi *éléments,* c'est-à-dire corps, qu'on n'est pas encore parvenu à décomposer par les moyens que la science actuelle possède, joints à une douzaine de corps semblables non métalliques, rendraient, certes, la minéralogie très-facile, s'ils n'étaient pas susceptibles de se combiner entre eux dans des proportions tellement variées, qu'il en résulte un nombre prodigieux de minéraux se ressemblant très-souvent à tel point, qu'on serait tenté de les prendre les uns pour les autres. Vous devez déjà, depuis que nous avançons dans notre promenade minéralogique, vous être aperçu de cette circonstance embarrassante, et une question toute naturelle se sera aussi présentée à votre esprit, à savoir : Quel est le moyen de débrouiller ce chaos minéral ?

Quand les formes ou les caractères cristallographiques manquent ou qu'ils se présentent de manière à offrir quelque doute, on est obligé d'avoir recours à l'analyse chimique, qui indique la nature des corps ou leur composition. Par ce moyen, on arrive toujours au caractère de première valeur ; et il est d'autant plus important de s'y attacher, qu'une fois la composition modifiée, les autres propriétés inhérentes aux minéraux, telles que la densité, la dureté, le poids spécifique et même la forme, changent également.

Nous ne pouvons passer en revue tous les métaux d'une manière détaillée : la besogne serait trop longue et nous obligerait même à de fréquentes répétitions : nous nous contenterons donc seulement d'en citer encore quelques-uns.

A la tête des métaux les plus usuels, il faut placer le *Fer*, substance très-répandue, et se présentant sous les aspects les plus variés. Ce sont quelquefois de beaux Cristaux, remarquables par des couleurs brillantes, qu'offre surtout le *Fer oligiste* de l'île d'Elbe. Les formes de ce métal sont les suivantes :

Tantôt c'est le *Fer aimant*, attirable au barreau aimanté et magnétique ; tantôt le *Fer météorique*, pierres qui tombent de l'atmosphère, fait qu'on a voulu en vain reléguer parmi les contes populaires. Enfin, le plus fréquemment, il se présente combiné avec le Soufre ; ce minerai de Fer, ayant la couleur et le brillant du Laiton, est appelé *Pyrite ;* ses formes cristallines sont :

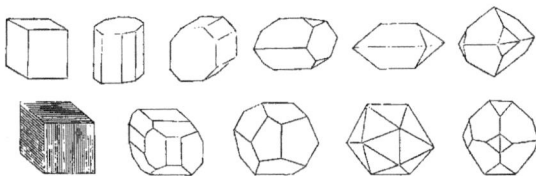

Le *Platine* mérite d'être cité comme étant le plus lourd de tous les corps connus et le moins dilatable. Pour l'inaltérabilité, il dispute le rang à l'Or ; mais la difficulté de le travailler fait qu'il n'est pas aussi précieux. Le *Mercure*, appelé vulgairement *Vif-Argent*, est remarquable par sa propriété d'être le seul métal liquide à la température ordinaire. C'est, selon les alchimistes, l'*eau qui ne mouille pas les mains*. Le minerai de *Cuivre*, surtout celui d'un vert d'émeraude, ou bleu d'indigo, est recherché pour les collections ; les variétés vertes et compactes, bien nuancées, sont employées, sous le nom de *Malachite*, à la confection des bijoux et des meubles précieux.

L'*Etain* fournit aussi pour des collections de beaux groupes de Cristaux, dont les formes sont :

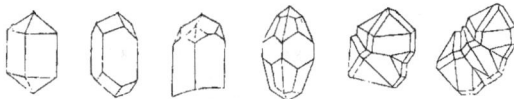

On connaît, en général, les usages très-variés auxquels les métaux peuvent servir ; mais ce dont peut-être beaucoup de personnes ne se doutent pas, c'est qu'ils fournissent aussi les couleurs les plus belles et les plus stables dans les divers genres de peinture et de coloration. Pour n'en citer que quelques exemples, nous dirons que le *Plomb chromaté* fournit une teinte chaude, d'un ton qui ne peut être imité par aucune autre substance. A l'état de *Minium*, le Plomb entre dans la composition du Cristal, dont on admire l'éclat et la limpidité. Le *Manganèse* colore certains vases de verre en violet vineux. L'*Antimoine* est employé pour la peinture en émail, et pour diaprer la Porcelaine. Le Cristal bleu est coloré par le *Safre* ou oxyde de *Cobalt*. L'oxyde de *Titane* donne à la Porcelaine une certaine teinte isabelle qui ne peut s'obtenir qu'à l'aide de cette substance. Le *Cuivre* enfin, le *Mercure*, le *Fer*, le *Chrome* et autres, fournissent en outre plusieurs principes colorants fort employés, inaltérables, et qui, par opposition aux couleurs végétales qui sont fugitives, s'appellent *couleurs minérales*.

Nous ne pouvons quitter cette galerie sans avoir admiré les trois magnifiques Tables en Mosaïques de Florence placées au milieu, et qui seraient dignes d'orner le salon d'un roi. Ce sont tout simplement des pierres naturelles des plus belles couleurs que l'art n'a eu que la peine de polir et de rapporter pour en faire les beaux dessins et les arabesques que vous voyez.

Les différents groupes de concrétions naturelles, les riches plaques en Marbre incrustant, les vases en Porphyre, en Fluorine, etc., en un mot, tous les objets les plus rares et les plus curieux qui ornent si bien cette galerie, ne sembleraient-ils pas être les dépouilles de quelque château princier, si la gratitude des administrateurs du Musée ne s'était empressée d'y faire inscrire les noms des donateurs? Ici, c'est le roi d'Espagne qui, en 1774, a envoyé une table, faite en échantillon, de divers Marbres de son royaume. A côté est placée une autre table, offerte par le docteur Clot-Bey, en Calcaire concrétionné, agréablement ondulé, et provenant de la Haute-Égypte.

La statue de Georges Cuvier, placée au centre de la galerie, du côté méridional, est un hommage rendu à la mémoire de cet illustre naturaliste. L'artiste, M. David d'Angers, l'a représenté dans son costume de professeur, sondant d'une main les profondeurs du globe terrestre et relevant l'autre vers le ciel, comme pour indiquer que les découvertes les plus importantes et les plus imprévues de la science ne servent qu'à confirmer les textes de la Genèse et à ramener l'homme vers son Créateur.

En face de cette statue, une autre non moins importante viendra prochainement prendre place; c'est celle d'Haüy, l'une de nos gloires scientifiques et le créateur de la classification minéralogique.

Enfin, vous apercevrez au bout de la galerie cette masse métallique, que l'inscription nous assure être tombée du ciel.

Nous voudrions vous conduire dans les galeries supérieures de ce magnifique Muséum géologique, vous y trouveriez les débris de toutes ces espèces aujourd'hui perdues, que Cuvier a rendues à l'admiration du monde savant; mais nous préférons, en vous signalant ces richesses, réserver leur description pour le moment où la MINÉRALOGIE et la GÉOLOGIE occuperont dans notre collection la place à laquelle elles ont droit.

C. D.

GALERIES DE ZOOLOGIE

En entrant dans le Jardin des Plantes par la grille d'Austerlitz, vous voyez devant vous un grand bâtiment situé au bout de deux longues allées d'arbres, comme un de ces manoirs féodaux qui s'élèvent à l'extrémité du parc seigneurial. Ce bâtiment a 60 toises de long, et se compose d'un rez-de-chaussée et de deux étages. La façade, d'un ordre architectural extrêmement simple, est divisée en trois parties par deux petits pavillons latéraux. Tel est l'aspect extérieur de cet édifice où sont déposées les archives de la création.

A l'époque de sa formation, il se composait d'une pièce renfermant des squelettes, et de deux petites salles où tenaient aisément toutes nos richesses zoologiques et minéralogiques. A côté de ces salles était l'appartement de l'intendant. Les deux pavillons n'existaient pas encore; le bâtiment du milieu suffisait pour loger toutes nos collections.

Sous l'administration de Buffon, les collections prirent un tel développement, que ce savant crut devoir leur abandonner une partie de son appartement, et que bientôt après il le leur sacrifia tout entier, et se retira dans une petite maison de la rue des Fossés-Saint-Victor.

Chaque semaine voyait arriver de toutes les contrées du globe des troupes de Bipèdes et de

Quadrupèdes. Il fut décidé que l'on construirait, au second étage, une grande galerie qui recevrait le jour d'en haut. Les travaux, commencés en 1794, furent terminés en 1801. Pendant cet intervalle, nos richesses s'accrurent tellement, que lorsque la nouvelle galerie fut achevée, elle se trouva insuffisante. Un plan plus vaste fut tracé, et l'on se remit à l'œuvre ; c'était en 1808. On supprima l'escalier de l'entrée principale située au-devant de l'allée de Tilleuls, et l'on ajouta, au premier étage, trois nouvelles salles où l'on disposa les collections géologiques et paléontologiques, les roches, les produits volcaniques et les fossiles. La galerie du second étage fut prolongée jusqu'à la terrasse qui faisait face au grand labyrinthe, et on la remplit de Mammifères. On transporta la bibliothèque dans la maison de l'intendance, et la salle qui avait été occupée par les livres fut consacrée aux habitants de l'humide empire.

On avait gagné de l'espace, mais pas encore assez pour la multitude toujours croissante des objets.

La translation eut lieu en 1834. Le Cabinet tout entier devint la propriété des animaux. On donna plus d'extension aux diverses branches de la zoologie ; on fit succéder à des espèces inorganiques une foule d'êtres intéressants, qui avaient été relégués dans des magasins où ils n'étaient visibles que pour les personnes attachées à l'établissement.

Mais cet agrandissement, quoique considérable, est loin de suffire à l'état actuel de nos collections. La mauvaise exposition de certaines branches, causée par la trop grande quantité des espèces, fait sentir de nouveau le besoin d'espace.

Cet encombrement nuit extrêmement à la distribution et au classement des animaux. On a été obligé de mettre au rez-de-chaussée plusieurs grands Mammifères, dont les congénères se trouvent dans les salles supérieures. Le couloir qui suit, et qui conduit à l'escalier, est garni d'armoires dans lesquelles on a rangé une partie des Zoophytes. Dans les premières salles du premier étage, on voit à gauche les Poissons ; plus loin, on a à droite les Reptiles. La quatrième salle renferme une partie des animaux sans vertèbres et les Crustacés ; la cinquième offre le groupe des Singes ; la sixième, les collections des Mollusques et des Zoophytes ; et enfin, la dernière contient les Cétacés. En montant l'escalier de la porte principale, opposée à celle par où nous sommes entrés, on arrive au second étage ; on trouve d'abord des Mammifères, puis des Oiseaux, puis encore des Mammifères entremêlés de Poissons.

Au milieu de la plupart de ces salles sont des meubles qui présentent, d'un côté, la collection des Coquilles, et, de l'autre, celle des Insectes.

Ainsi, l'ordre naturel est constamment interrompu, non-seulement pour quelques espèces qui forment exception par leur taille, mais pour toutes les espèces en général. Nous ne pourrons donc pas, dans cet exposé, observer le système de classification adopté par la science.

Cette classification, la voici ; et comme toutes les branches que nous allons nommer ont des chaires spéciales à l'amphithéâtre du Jardin des Plantes, nous indiquerons en même temps les noms des professeurs qui les enseignent :

1° MAMMALOGIE et ORNITHOLOGIE. — M. Isidore Geoffroy-Saint-Hilaire. Aide-naturaliste, M. Flor. Prévost.

2° ERPÉTOLOGIE, ICHTHYOLOGIE. — M. Duméril. Aide-naturaliste, M. Aug. Duméril.

3° ENTOMOLOGIE. — M. Milne Edwards. Aide-naturaliste, M. Blanchard.

4° CONCHYLIOLOGIE, ZOOPHYTOLOGIE. — M. Valenciennes. Aide-naturaliste. M. L. Rousseau.

Il y a en outre pour le Cabinet de zoologie un conservateur qui est M. Louis Kiener.

REZ-DE-CHAUSSÉE.

PREMIÈRE SALLE.

Cette salle, d'un aspect sombre et presque lugubre, contient les dépouilles de grands Mammifères, dont l'histoire vous sera présentée en détail dans les volumes consacrés à cette partie du Règne animal. Nous n'avons ici qu'à vous indiquer leurs noms.

Le DAUPHIN (*Delphinus gangeticus*). — Le NARVAL. — Les ÉLÉPHANTS *des Indes et d'Asie*. — Le RHINOCÉROS; cet animal a vécu à la Ménagerie de Versailles. — L'HIPPOPOTAME, — le RHINOCÉROS, — le TAPIR, — le PHACOCHÈRE, — le PÉCARI A LÈVRES BLANCHES.

SECONDE SALLE.

Les ZOOPHYTES ou ANIMAUX-PLANTES servent de transition et de lien entre le Règne animal et le Règne végétal. Pas de système nerveux, pas d'organes spéciaux pour les sens, pas de cœur, pas de circulation proprement dite : tels sont les principaux caractères spécifiques. Ils respirent et s'alimentent comme les Animaux, et ils se reproduisent comme les Plantes. Coupez un Polype en trois ou quatre parties : vous verrez aussitôt éclore et se mouvoir autant de Polypes que vous aurez fait de morceaux.

L'embranchement des Zoophytes se partage en cinq classes, savoir : les Animalcules microscopiques, les Polypes, les Acalèphes ou Orties de mer, les Échinodermes ou Animaux à peau de Hérisson, et les Vers intestinaux. Bien que la seconde de ces classes soit la seule qui doive nous occuper aujourd'hui, nous l'accompagnerons d'une description sommaire des autres.

Les Animaux microscopiques ont aussi été désignés sous le nom d'Infusoires, de ce que c'est principalement dans les infusions animales ou végétales qu'on les a observés; cependant beaucoup d'espèces vivent dans les eaux pures, et rien ne démontre qu'ils doivent nécessairement prendre leur origine dans les matières organiques en décomposition. Cette classe est fondée non-seulement sur la petitesse des individus qu'elle renferme, mais aussi sur une certaine simplicité de structure qui les rapproche entre eux et qui les place au dernier rang de la série des êtres organisés.

Tous ces Animalcules ont une bouche, un estomac et un canal intestinal; beaucoup ont des yeux dont le nombre varie depuis deux jusqu'à douze, et ils se propagent par des œufs fécondés. La *Monade* elle-même, qui passe pour le plus simple de ces petits êtres, a une bouche garnie de cils, et deux, trois et quelquefois six estomacs.

La seconde classe des Zoophytes comprend les Polypes, que les naturalistes divisent en vingt-six genres, présentant un total de plus de deux mille espèces.

Vous n'avez sans doute jamais vu de Polypes, et vous êtes curieux de savoir comment ils sont organisés. Représentez-vous un petit corps cylindrique de matière gélatineuse et transparente, n'offrant d'ouverture qu'à une de ses extrémités, et ayant autour de cette ouverture une couronne de tentacules, au moyen desquels il attire l'eau et les molécules végétales dont il fait sa nourriture; représentez-vous l'autre extrémité de ce petit corps attaché à une pierre, à une feuille, ou comme enracinée dans une de ces productions marines, connues sous le nom de Madrépores, de Coraux, etc., et vous aurez l'idée d'un Polype.

Ces animaux se reproduisent de trois manières différentes : ou par scission, ou par bourgeons, comme les végétaux, ou par des œufs. Les uns habitent la mer, les autres les eaux douces et stagnantes. Quelques espèces sont revêtues d'une robe dont le bord inférieur est d'une substance analogue à celle des coquilles; ce bord forme une sorte de cellule ou de gaine dure et solide, et se nomme *Polypier*.

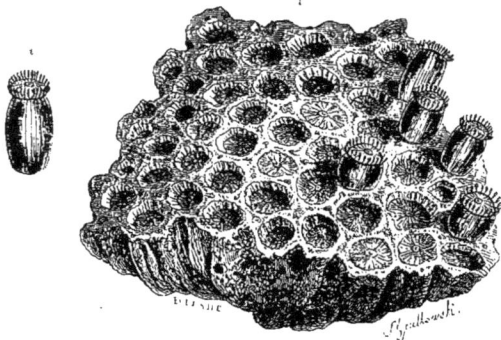

1. Le Polypier. ASTRÉE. 2. L'animal.

Les espèces qui en sont pourvues vivent en société comme les Abeilles ; et leurs cellules réunies forment de grandes ruches qu'on appelle Polypiers agrégés. Quoique chacune des parties constituantes soit d'une petitesse extrême, les Polypiers acquièrent avec le temps des dimensions gigantesques.

Chaque génération de Polypes construit des amas de cellules qui, après avoir été leur maison et leur tombeau, servent de base aux constructions de la génération suivante. Ce travail de superposition continue pendant des siècles; aussi audacieux qu'infatigables, ces vermisseaux architectes élèvent au fond de l'Océan de nouvelles tours de Babel qui ont le sort de la première; quand leurs murs atteignent le niveau de la mer, les Polypes, qui ne peuvent vivre hors de l'eau, sont obligés de les abandonner et de les laisser inachevés. Alors le sommet de ces merveilleuses demeures, exposé à l'action de l'atmosphère, devient le théâtre d'un autre ordre de phénomènes. Du limon, du sable et des débris de tout genre s'y agglomèrent; les flots ou les vents y déposent des graines; ces graines produisent de l'herbe, des plantes, des arbres; la plus riche végétation s'y développe, et le mausolée colossal des Polypes se change en jardins suspendus comme ceux de Sémiramis. Un jour, en allant à la pêche, une tribu sauvage les aperçoit, y aborde et s'y établit. La cité des Zoophytes devient une île habitée où l'homme déploie les ressources de son génie et de son activité, où il étale ses misères et ses vices. La plupart des îles, surtout celles de l'Océan Pacifique, n'ont pas eu d'autre origine. Ces dernières sont, pour ainsi dire, écloses sous nos yeux : nos navigateurs les ont vues surgir du sein de la mer, se couvrir d'abord de terre, puis de végétaux, puis enfin d'habitants. Il est reconnu que le Japon, entre autres, n'est qu'un grand assemblage de Polypiers.

La troisième classe des Zoophytes se compose des Acalèphes ou Orties de mer, ainsi nommées parce qu'elles produisent, lorsqu'on les touche, une cuisson semblable à celle que fait éprouver le contact des Orties; mais cette propriété n'est pas caractéristique de cette classe, car elle s'observe aussi dans les Polypes. Les Acalèphes ont sur ces derniers l'avantage d'être revêtus d'une espèce de tissu cellulaire ou de peau. Les Méduses, ces animaux cartilagineux qui répandent une clarté phosphorique si brillante et qu'on a surnommés Chandelles de mer, appartiennent à cette classe.

La quatrième classe, ou des Échinodermes, comprend les Oursins, les Astéries ou Étoiles de mer

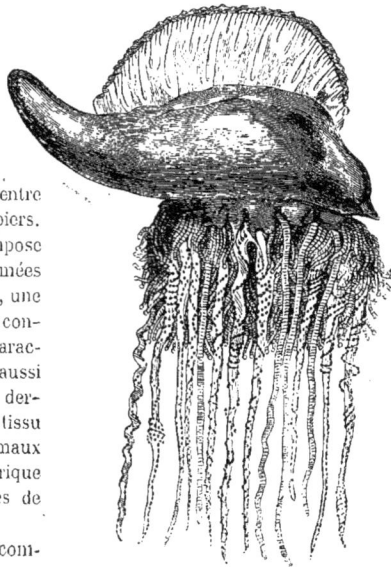

PHYSALIA ATLANTICA.

et plusieurs autres espèces généralement connues. Les Échinodermes offrent une organisation plus avancée que celle des classes précédentes. La peau est plus épaisse et mieux formée; un dépôt de matières terreuses qui s'y amasse devient le support ou le squelette de l'animal; la bouche s'arme de dents, les voies digestives sont de véritables intestins maintenus par une membrane particulière appelée mésentère. Un système nerveux commence à paraître.

Oursin.

La marche progressive que nous avons remarquée jusqu'ici dans la structure des Zoophytes cesse à la cinquième classe, composée des Vers intestinaux : les uns sont formés d'un simple tissu homogène sans aucune trace d'organes, les autres ont à peine une cavité digestive à laquelle s'adjoignent quelques traces de vaisseaux. Ainsi l'embranchement des Zoophytes, après s'être élevé, dans les Acalèphes et les Échinodermes, vers des formes plus perfectionnées, retombe dans les Vers intestinaux au plus bas échelon de la série animale. Mais laissons pour le moment les autres classes des Animaux-Plantes, pour ne nous occuper que des Polypes, dont les étonnants produits sont rangés et étiquetés dans les armoires de la seconde salle.

Certains Polypes constituent un ordre auquel on a donné le nom de Zoanthaires ou Animaux-Fleurs, et ce nom est fort bien choisi pour des animaux dont le corps présente la forme d'une corolle, et dont les bras, ou tentacules, ressemblent si bien à de petits pétales. Cette analogie est surtout frappante dans les *Actinies* ou *Anémones de mer*.

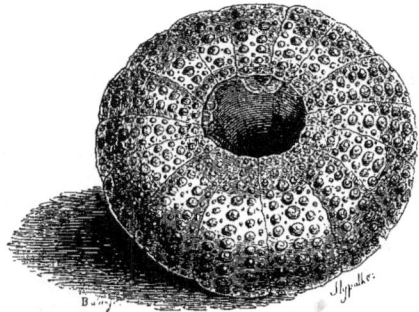

Actinie.

Quand le ciel est pur et que le soleil brille, on les voit se répandre par milliers sur le sable et sur les rochers qu'elles émaillent des plus riches couleurs. Mais aussitôt que le vent se lève, et que l'onde commence à se troubler, tout disparaît; les Anémones ferment leurs calices, et rentrent précipitamment dans leurs réduits d'azur.

Ces jolis animaux servent de baromètre aux marins : leur degré d'épanouissement ou de contraction est un indice presque certain pour connaître si le temps sera serein ou orageux, si la mer sera calme ou agitée. Nos côtes possèdent l'Actinie pourpre.

Les *Fongies*, les *Turbinolies*, espèces voisines de l'Anémone, habitent de petits gobelets hérissés à l'intérieur et à l'extérieur de lames extrêmement minces, qui convergent du centre vers la circonférence. Il y a des Fongies qui atteignent jusqu'à deux pieds, et dont les uns sont ronds et les autres cylindriques. Vous en pouvez voir plusieurs dans la troisième armoire, salle à gauche.

Dans les *Caryophyllis*, les loges sont plus allongées; elles se groupent les unes à côté des autres, sans se confondre, et forment des sortes de bouquets.

Approchons de ces cages vitrées : ces jolis tubes, rangés verticalement comme des tuyaux d'orgues sont l'ouvrage des Tubipores, originaires de la mer des Indes et de la mer Rouge. Les individus de cette espèce, comme ceux des précédentes, vivent séparés de corps et de biens; mais ceux qui suivent vivent en commun, et leurs habitations forment de grandes expansions foliacées. La *Tridacnophyllia* dispose ses cellules de manière à leur faire prendre l'aspect d'une laitue; c'est ce qui a valu à cette espèce le surnom de *Lactuca*.

Si l'on examine l'intérieur de ces expansions au moyen de sections verticales, on voit qu'elles sont composées de couches parallèles, chacune desquelles a été l'asile d'une génération.

Les constructions de ces Polypes atteignent quelquefois des dimensions colossales, et sont d'une pesanteur proportionnée.

Voici des *Méandrines* : ici les loges n'affectent pas une forme arrondie; elles serpentent en sillons sinueux et diversement contournés, à peu près comme le cours du fleuve Méandre, d'où dérive leur nom. La *Méandrine cerebriformis* ressemble à un cerveau; la *Méandrine labyrinthica* présente autant de tours et de détours qu'un labyrinthe.

Les cellules des *Porites* sont presque aussi microscopiques que les pores de la peau. Quel-

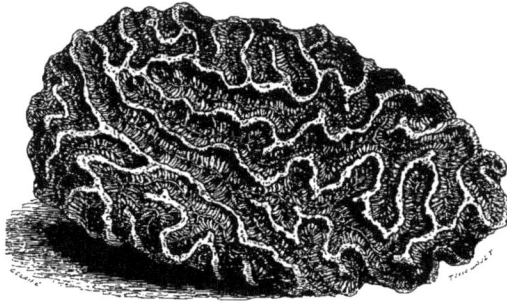

MÉANDRINE

ques Polypes de cette espèce donnent à leurs constructions la forme d'une corne de cerf ou d'un buisson, dont les branches se bifurquent et se subdivisent à l'infini. Dans les *Pocillopores*, les branches sont garnies de petites coupes qui semblent les fruits de ces buissons sous-marins.

Mais c'est surtout dans le groupe des *Madrépores* que cette disposition arborescente acquiert son maximum de développement. Les Polypes auxquels on donne ce nom sont les animaux les plus anciens de la création; c'est à eux qu'on attribue la formation de la plupart des montagnes calcaires; ce sont eux qui élèvent dans les mers équatoriales ces écueils et ces îles dont l'apparition inattendue étonne les navigateurs. Leur polypier est ramifié comme un arbuste; les cellules sont éparses, tubuleuses, saillantes.

MADRÉPORE ABROTANOÏDE.

Le *Madrépore abrotanoïde* se divise en branches épaisses, la plupart droites, rameuses et qui se terminent, ainsi que leurs divisions, en pyramides. Ces branches et leurs divisions sont presque partout chargées de ramuscules latéraux extrêmement courts, épars, hérissés de papilles tubuleux. Cette espèce habite l'Océan Indien. Voici le Madrépore plantané qui semble une forêt épaisse; voici le Madrépore en corymbe, dont les branches, élevées sur un tronc commun, se courbent en entonnoir comme les arbres fruitiers de nos jardins.

LE MÊME, GROSSI.

Le Madrépore palmé, dont nous ne possédons qu'un petit exemplaire, a été appelé aussi Char de Neptune, à cause de sa forme bombée et légère. Cet exemplaire est placé sous une cage de verre, dans la première salle à gauche.

Au-dessus de cette cage, vous voyez un autre Polypier dont la structure et la disposition arborescente sont d'une délicatesse et d'une ténuité

29

égale à celle de la dentelle. C'est l'*Oculica flabelliformis*, espèce voisine de la précédente.

Telles sont les formes et les dispositions principales des travaux des Polypes à Polypier. Les échantillons que nous possédons sont d'une belle conservation, mais de dimensions très-médiocres comparativement à celles qu'ils atteignent dans leur élément natal. Tous les Polypiers, dans l'état de vie, sont ornés de couleurs brillantes, qui disparaissent presque complétement après la mort de leurs habitants.

PREMIER ÉTAGE.

Sur le palier, on a exposé une certaine quantité de Poissons de grande dimension.

PREMIÈRE ET SECONDE SALLE.

La première salle est consacrée aux Tortues terrestres et marines, qui sont appendues au plafond ; les armoires contiennent les Poissons.

La deuxième salle est réservée aux Poissons cartilagineux.

On a placé dans cette seconde salle, entre les deux portes, une statue de Buffon, par Pajou. Il est à regretter que l'artiste ait cru devoir sacrifier au mauvais goût qui, en cherchant à dramatiser la nature, se jette dans des exagérations souvent ridicules. Buffon est représenté demi-nu, enveloppé dans une espèce de manteau informe ; sa chevelure est nouée par derrière, concession malheureuse faite à la coiffure du temps, et toutes ces prétentions avortées sont d'autant plus fâcheuses que certaines parties ne manquent pas de noblesse, et que la touche générale est fine et élégante.

La troisième salle est entièrement consacrée aux Poissons. On y remarque le Poisson volant, l'Espadon, etc.

La quatrième salle renferme les CHÉLO-NIENS, SAURIENS, OPHIDIENS et BATRA-CIENS.

Des quatre grandes divisions de la série des Vertébrés, celle des Poissons est la plus nombreuse en espèces ; on en compte aujourd'hui près de huit mille.

Le Muséum en possède la plus belle collection connue ; et bien qu'elle date d'une époque encore récente, elle est l'une des plus complètes de cet établissement. Elle a été mise en ordre et étiquetée par MM. Cuvier et Valenciennes, qui avaient entrepris en commun une Histoire naturelle des Poissons. Cet immense ouvrage, retardé quelque temps par la mort du principal collaborateur (G. Cuvier), est continué avec succès par M. Valenciennes, dont le monde savant apprécie et admire les profondes connaissances ichtyologiques.

Notre collection se compose de Poissons préparés et de Poissons dans l'esprit-de-vin. Il est fort à regretter que les Poissons perdent à l'air les brillantes couleurs dont la nature les a dotés, et que la science ne soit pas encore parvenue à leur conserver leur plus bel ornement. Chaque espèce a autant que possible un ou plusieurs représentants dans chacun de ses états, et rangés dans les armoires selon l'ordre adopté par les savants que nous venons de nommer.

On divise les Poissons en deux grandes séries : les Acanthoptérygiens, et les Chondropté-
rygiens. La première comprend les Poissons dont les nageoires sont composées en partie de
rayons osseux; la seconde série renferme les Poissons dont les nageoires sont cartilagineuses.

La première salle et la quatrième tout entière sont consacrées à la collection des Reptiles.
Nous ne reviendrons pas sur la classe des Reptiles, sur laquelle il vous a été donné de longs
détails dans la description de la Ménagerie, et nous passerons tout droit à la cinquième salle,
contenant les Crustacés.

CINQUIÈME SALLE.

Les Crustacés sont les Insectes de la mer. Leur corps se compose, comme celui des
Insectes, d'une série d'anneaux quelquefois distincts et mobiles, d'autres fois soudés ensemble.
M. Milne-Edwards a observé que la structure d'un Talitre (vulgairement Crevette) est
exactement pareille à celle d'un Cloporte ; chacun d'eux a une tête garnie d'antennes suivies
d'un thorax consistant en sept anneaux semblables entre eux et portant chacun une paire de
pattes.

Nous avons vu les Polypes sécréter une substance pierreuse qui leur sert de soutien et de
demeure ; cette substance est analogue à celle qui constitue la charpente osseuse dans les
animaux d'un ordre plus élevé ; et les vastes amas de Polypiers qui forment les continents ne
sont que les squelettes agrégés de plusieurs générations de Zoophytes. Nous avons vu la
Tortue porter sur son dos ses côtes aplaties et arrondies en bouclier ; chez les Crustacés, le
squelette tout entier est extérieur ; il enserre l'animal comme une gaîne solide ou comme une
armure. Cette gaîne se renouvelle plusieurs fois comme l'épiderme des Serpents. Les Crustacés quittent leur enveloppe sans y occasionner la moindre altération; ils en sortent déjà
revêtus d'un nouveau tégument qui est encore mou et ne commence à se durcir qu'au bout de
quelques jours.

Cette classe présente deux types principaux et très-distincts, celui du Crabe et celui de
l'Écrevisse. Le Crabe ressemble à une Araignée ; toutes les parties du corps sont ramassées autour d'un point central, d'où s'échappent en divergeant des pattes diversement conformées, et semblables à des rayons vivants par lesquels l'animal communique avec les objets
environnants.

L'Écrevisse est construite en longueur et disposée autour d'un axe comme le Scorpion.
La queue est quelquefois très-étendue, et sert tout à la fois d'arme défensive et d'organe de
locomotion. Chaque patte antérieure est terminée par deux pinces solides et tranchantes
comme une paire de ciseaux.

Les Crustacés sont tous ovipares ; la femelle se distingue du mâle par un abdomen plus
élargi dans lequel elle tient ses œufs suspendus jusqu'à ce que les petits soient éclos.

On voit ici des Crabes, des Écrevisses et des Langoustes. Le reste de la collection est placé
dans les armoires qui occupent le milieu de la grande galerie du second étage.

Le meuble qui est placé au milieu de la salle contient une partie de la collection des
Lépidoptères.

SIXIÈME SALLE.

Il a été question de l'ordre des Quadrumanes dans la partie de cet ouvrage consacrée à la
description de la Ménagerie. Nous nous bornerons donc à indiquer l'ordre établi dans cette
magnifique collection dont *l'histoire des Mammifères,* par M. Paul Gervais, vous rendra
encore l'aspect plus intéressant.

Les Singes sont exposés dans les armoires de la sixième salle du premier étage. Cette
riche et intéressante collection, rangée d'après la classification de M. Isidore Geoffroy-Saint-
Hilaire, offre quelques représentants de chacun des genres du grand ordre des Quadrumanes.

Elle commence par le *Chimpanzé* placé dans la première armoire à gauche en entrant, et finit aux *Tarsiers* placés dans l'armoire qui fait face à celle-là à droite.

Au milieu de la salle, dans une armoire vitrée à roulette, on a placé le GORILLE, nouvelle et curieuse espèce récemment importée du Gabon. Pour bien comprendre avec quel mérite M. Portmann est parvenu à monter cette colossale figure, il faut consulter une épreuve daguerréotype exposée dans l'armoire contiguë à la porte d'entrée, donnant une représentation exacte de l'animal accroupi dans un énorme cuvier rempli d'alcool, et rappelant à peine une forme d'être organisé.

Nous ne quitterons pas ces armoires où sont contenus les Chimpanzés et les Orangs, sans vous faire remarquer les épreuves daguerriennes qui sont exposées auprès de la porte d'entrée. Ce nouveau mode de reproduction de la nature vivante ou morte peut être appelé à rendre les plus grands services, et il est à désirer que son emploi joint à celui de la photographie soit plus largement étendu aux représentations des objets d'Histoire naturelle.

SEPTIÈME SALLE. — ZOOPHYTES ET MOLLUSQUES.

Cette salle renferme la suite de la collection des Zoophytes et le commencement de celle des Mollusques. Les armoires sont remplies d'Éponges, de Polypiers, parmi lesquels on remarque des Coraux de plusieurs espèces ; d'Oursins, d'Astéries, d'Uriales, d'Holothuries et, enfin, de Mollusques avec ou sans coquille, conservés dans des bocaux d'esprit-de-vin. Sur l'armoire qui est située au milieu de la salle, on remarque les Argonautes, les Nautilés, les Sèches, les Ammonites.

Il est des Coquilles auxquelles on attache autant de prix qu'à des Gemmes. Les PHACIA-NELLES ont été payées jusqu'à 1,500 francs ; le CÔNE GLOIRE DE MER est estimé les deux tiers de cette somme ; une coquille de la PORCELAINE AURORE, l'espèce la plus brillante de ce genre, vaut jusqu'à 500 francs.

Le GLAUCUS porte ses branchies sur les deux côtés du dos : chacun de ces organes est composé de plusieurs longues lanières ouvertes en éventail.

L'ARGONAUTE est une espèce de Poulpe pourvu de coquille ; son corps est un sac ou une bourse ovale, un peu resserrée du côté de son ouverture, puis s'élargissant en un enton-noir membraneux découpé en huit longs tentacules fixés autour de la bouche. Ces appendices sont à la fois des organes de locomotion et de pré-hension ; leur surface interne est gar-nie dans toute son étendue de suçoirs ou de ventouses, à l'aide desquels l'animal s'attache avec tant de force aux objets qu'il enlace, que les ani-maux beaucoup plus grands et plus forts que lui deviennent souvent sa proie.

L'Argonaute se sert de sa coquille comme d'un bateau pour voguer sur la surface de l'onde quand la mer est calme ; alors six de ces tentacules

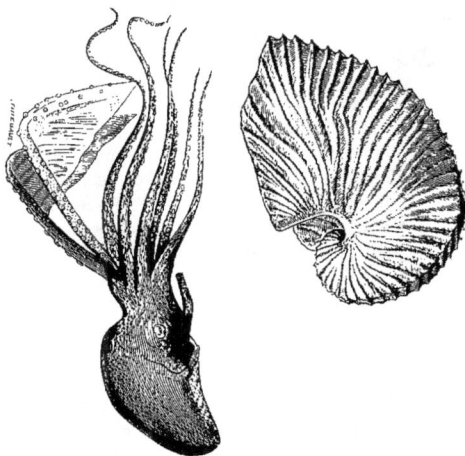

ARGONAUTE.

sont reployés en bas et agissent comme des rames ; les deux autres, qui se dilatent à leur extrémité en une large membrane, se relèvent et s'étendent comme des voiles.

La Sèche ressemble par sa forme au Poulpe et à l'Argonaute ; mais elle s'en distingue par un os intérieur et par un organe sécréteur qui produit en abondance une liqueur noirâtre à laquelle on a donné le nom d'encre ; lorsque l'animal est en danger, il la lance au dehors en quantité assez grande pour teindre l'eau qui l'entoure et se cacher ainsi à la vue de ses ennemis.

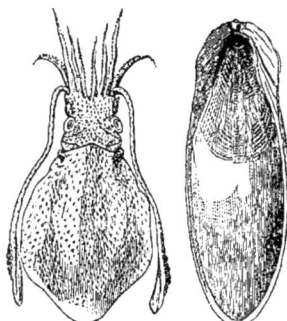

Sèche.   Os de Sèche.

L'os de la Sèche est une espèce de coquille que l'on emploie pour polir le bois, et qui sert, sous le nom de corail blanc, à la composition des poudres avec lesquelles on blanchit les dents. Cet os est parfaitement libre dans l'épaisseur du manteau ; il ne tient à aucun muscle, à aucun vaisseau ; cependant ses fonctions sont à peu près celles de l'épine dorsale chez les animaux vertébrés ; il sert d'axe à l'ensemble de l'organisation.

La Sèche est très-commune dans la Méditerranée ; elle forme un des principaux aliments des habitants des côtes. Quand on la retire de l'eau, elle meurt presque à l'instant, en faisant entendre un cri qui imite le grognement du Cochon. Quand l'encre est fraîche, elle tache le linge d'une manière ineffaçable.

Les Spirules sont faites à peu près comme les Sèches ; seulement, à l'arrière du corps elles portent une coquille tournée en spirale et connue vulgairement sous le nom de *Cornet de Postillon*.

Spirula prototypos

« Le manteau des Spirules, dit M. Antelme, dans son savant ouvrage sur les Mollusques, se prolonge et enveloppe presque en totalité cette Coquille, qui est petite et transparente. Elle est aussi divisée à l'intérieur par des cloisons transversales qui forment autant de loges successives et de plus en plus grandes, dont l'animal occupe toujours la dernière. Au fur et à mesure que son corps en grossissant nécessite la formation d'une loge nouvelle, il s'avance en se tenant fixé au fond de la loge qu'il quitte au moyen d'un appendice fort mince qui termine la partie postérieure de son corps ; puis il transsude une matière crétacée qui forme la cloison postérieure de sa nouvelle loge et un tube autour de l'appendice de son corps qui traverse toute la série des loges, et que les naturalistes ont désigné du nom de *Syphon*. On conçoit que ce Syphon doit être roulé en spirale comme l'ensemble de la coquille dont il occupe toute la longueur. »

HUITIÈME SALLE.

Cette salle contient les Mammifères domestiques ; au milieu s'élève une statue en marbre blanc, due au ciseau de Dupaty, et représentant la Nature caractérisée par ces mots du poëte Lucrèce : *Alma parens rerum* (*Souveraine créatrice de toutes choses*),

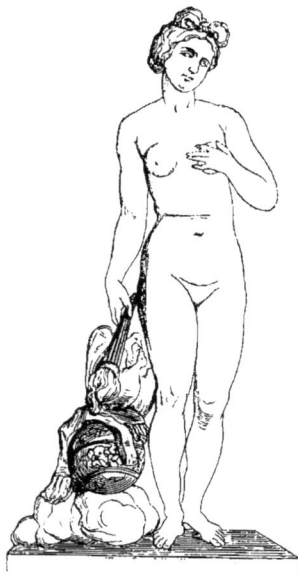

SECOND ÉTAGE.

En montant à cet étage supérieur par l'escalier situé au sud-ouest du grand bâtiment, dont nous nous occupons en ce moment, nous trouverons une suite de six magnifiques salles éclairées par leur partie supérieure. Nous n'entrerons dans aucune description détaillée des richesses contenues dans ces salles, nous indiquerons sommairement ce qu'elles renferment.

Chaque objet ayant une étiquette très-détaillée, il est très-facile d'en trouver l'histoire dans les parties spéciales de notre ouvrage.

Ces salles sont ainsi divisées :

Sur le palier qui précède la première salle, vous remarquerez une BALEINE en cire, des fanons de BALEINE, et une canne faite avec la dent du NARVAL.

PREMIÈRE SALLE.

Cette salle contient les Marsupiaux animaux à poche, tels que SARIGUE, KANGUROOS, et aussi l'ORNITHORINQUE et l'ÉCHIDNÉ.

DEUXIÈME SALLE.

Les armoires renferment, 1° les ÉDENTÉS : TATOU, PANGOLIN, armés de carapaces semblables à des cuirasses. Nous vous prierons de donner quelques secondes d'attention au FOURMILIER TAMANOIR, si remarquable par son museau allongé et par sa queue immense; le FOURMILIER DIDACTYLE et l'ORYCTÉROPE, du Cap, méritent aussi nos regards; tous ces animaux dépourvus de dents, comme leur nom l'indique, se nourrissent d'Insectes et surtout de Fourmis, qu'ils saisissent au moyen de leur langue enduite d'une matière gluante.

2° Les RONGEURS : le CHINCHILLA, le CASTOR, les ÉCUREUILS, les GERBOISES, les ALACTAGAS, si jolies, si légères, qui semblent faire les entrechats les plus gracieux du monde avec leurs longues pattes de derrière.

Les INSECTIVORES : les TAUPES, armées de leurs deux palettes tranchantes avec lesquelles elles fendent le sol presque aussi rapidement que les Oiseaux fendent les airs avec leurs ailes; les MUSARAIGNES, joli petit animal qui répand une odeur de musc; les MACROSCE-LIDES, le GYMNURE de Rafles, le TUPAIA au corps effilé, au museau pointu, à la queue touffue; le TANREC de Madagascar, couvert de piquants aigus comme nos Hérissons; le DESMAN, qui vit dans l'eau et dont les doigts sont réunis par une membrane, la queue aplatie en gouvernail et la tête prolongée en petite trompe.

Les CARNASSIERS : le LION, le TIGRE, l'HYÈNE, le CHACAL, la LOUTRE, la MARTE, l'HERMINE, le ZIBETH, et tout ce magnifique cortége d'animaux qui fournit les riches fourrures dont se parent les grands de la terre.

Le meuble qui règne sur toute l'étendue du milieu de cette pièce contient les collections d'Insectes et de Coquilles. A chacune de ses extrémités et sur l'épine qui le domine, vous aurez à remarquer les travaux destructeurs des Insectes; vous serez étonné de la perfection avec laquelle ils exécutent leurs perforations, dont l'exactitude ne peut être comparée qu'à la rapidité avec laquelle ces opérations perfides sont accomplies.

Reportons vos regards sur d'autres travaux dus aussi aux Insectes, mais qui cette fois n'exciteront que votre reconnaissance. C'est une riche collection d'échantillons de soie de toute espèce, don précieux fait au Muséum par un patient collectionneur.

Sur l'épine du meuble, votre attention sera captivée par de magnifiques spécimen empruntés aux collections des COQUILLES UNIVALVES TERRESTRES et BIVALVES MARINES.

TROISIÈME SALLE.

Cette salle est consacrée aux Oiseaux : l'aspect en est éblouissant ; la richesse des plumages, l'éclat du coloris, l'élégance des formes et leur excessive variété captivent et charment à la fois. Si vous voulez faire une promenade instructive et extrêmement intéressante, vous pouvez prendre l'*Histoire naturelle des Oiseaux*, par M. le docteur Emm. Le Maout, et vous aurez pour guide un savant éclairé et d'une élocution vive et attachante, qui vous dira les mœurs de ces charmants habitants de l'air, leur utilité pour les besoins de l'homme et les services auxquels l'agriculture a su plier quelques-uns d'entre eux.

Ces magnifiques collections sont dues à la plupart des savants et des voyageurs qui se sont plu à accroître les richesses du Muséum ; il existe encore des échantillons qui remontent jusqu'à Aldrovand. Buffon a augmenté considérablement cette collection, mais le principal lustre appartient aux découvertes faites dans la Nouvelle-Hollande et les montagnes de l'Hymalaya.

Le meuble qui s'étend dans toute la longueur de cette salle contient les collections de COQUILLES.

QUATRIÈME SALLE, DITE DE L'HORLOGE.

La collection des *Oiseaux* occupe encore toutes les armoires de cette belle salle ; au centre, en face de l'horloge, on a réuni les plus beaux échantillons des OISEAUX-MOUCHES ; cette vitrine resplendit de tous côtés des feux du tropique qui ont coloré ces délicats plumages ; vous aurez peine à ne pas consacrer beaucoup de temps à l'examen de ces jolis chanteurs si richement vêtus, si légers qu'ils semblent une pincée de plumes que le zéphir va emporter à son gré : les uns sont armés de longs becs avec lesquels ils pénètrent au fond des grandes fleurs en cornet pour y puiser leur succulente nourriture ; les autres sont ornés de collerettes de topazes et d'émeraudes, d'autres enfin jettent au loin de petits bouquets de plumes étincelantes retenues par un mince filet noir.

Le meuble du centre contient les collections de *Coquilles* et d'*Insectes* ; les plus riches échantillons sont exposés aux regards dans des cadres spéciaux : vous remarquerez aussi des *Astéries* et des *Polypiers* qui vous étonneront par leurs fines arabesques.

Ne quittons pas cette salle sans appeler vos hommages sur l'effigie du célèbre créateur du *Jardin des Herbes médicinales*, GUY DE LA BROSSE, dont le buste à l'air majestueux semble dominer toutes ces collections. Cet homme illustre embarrasserait singulièrement ceux qui aujourd'hui sont pour lui la postérité, si, recouvrant pour quelques moments sa voix, vibrante d'indignation, il divulguait l'oubli qui a relégué ses précieux ossements dans le plus grotesque réduit, et adressait à qui de droit cette exclamation : *Rendez donc mes restes à la paix du tombeau !*

Heureusement que les grands hommes revivent par leurs actes, et que l'anéantissement de leurs bienfaits n'est pas la conséquence nécessaire de l'ingratitude de la postérité.

Plusieurs autres bustes décorent la partie supérieure des armoires. Nous n'en dirons rien ici, parce que nous avons rendu, dans la partie historique, aux hommes célèbres qu'ils représentent les honneurs qui leur sont dus ; il y aurait, du reste, un inconvénient assez grave : la plupart de ces bustes étant veufs de leurs étiquettes, il pourrait en résulter de singulières méprises : nous avons d'ailleurs donné tous ces portraits entourés des attributs qui les caractérisent.

CINQUIÈME SALLE.

Cette salle contient la suite de la collection des Oiseaux et spécialement les oiseaux de proie, les Palmipèdes, les Brevipennes. Vous remarquerez l'Apterix, échantillon très-précieux d'une espèce excessivement rare. Il serait aussi long qu'inutile de vous indiquer les échantillons les plus curieux; *l'Histoire naturelle des Oiseaux* qui fait partie de notre publication est le meilleur et le plus sûr guide que vous puissiez choisir.

A l'extrémité de cette salle, votre attention sera frappée par deux armoires qui contiennent les nids les plus intéressants dont nous vous avons donné la figure dans *l'Histoire naturelle des Oiseaux*; chaque nid ayant son étiquette, et l'obligeance bien connue de MM. L. Kiener, Florent Prévost et Pucheran venant à votre aide, vous aurez un plaisir extrême à retrouver en nature ces nids du *Fournier*, du *Soui-Manga*, du *Tisserin*, dont la conformation est si adroite et si bien appropriée aux premiers besoins des jeunes oiseaux au moment de l'éclosion des œufs.

Le meuble qui règne dans toute l'étendue de cette salle contient la suite de la collection des Coquilles.

A son extrémité, on a disposé des tablettes pour l'exhibition de quelques œufs précieux, tels que ceux de l'*Autruche*, du *Casoar*, du *Goeland*, du *Pingouin*, de l'*Épiornis*, qui sert dans certains pays à porter l'eau tant sa capacité est énorme.

Nous ne pouvons, au sujet de ces œufs, nous dispenser de vous appeler à partager nos regrets. Ne vous semble-t-il pas qu'auprès de chaque Oiseau l'on devrait placer son nid garni de ses œufs? N'est-ce pas un complément indispensable qui, par la simple inspection, indiquerait l'habitude de chaque espèce?

SIXIÈME SALLE.

Cette salle, extrêmement intéressante, contient les RUMINANTS, parmi lesquels nous signalerons à votre admiration les gigantesques GIRAFES qui ont vécu au Muséum; le RENNE, l'ÉLAN, le BISON, l'AUROCHS, le ZÈBRE, le GNOU; le DROMADAIRE, auquel se rattache un précieux souvenir : cet individu est celui sur lequel le général Bonaparte montait habituellement pendant ses campagnes d'Égypte. Les personnes attachées à l'établissement vous diront que lorsque les envoyés égyptiens visitèrent le Muséum, ils tinrent à honneur de toucher respectueusement la dépouille du serviteur privilégié, et portèrent à leurs lèvres la main qui avait été en contact avec ce souvenir palpable du grand BOUNABERDI.

Ici se termine notre pérégrination dans cette nécropole du règne animal. Nous aurions eu promptement lassé votre patience, si, prenant chaque échantillon, nous vous avions fait de longs discours sur la forme, la couleur, les mœurs de chaque sujet, et sur le rang que la science lui a donné.

Cette tâche a été plus dignement accomplie par M. Paul GERVAIS, pour les MAMMIFÈRES, dans son *Histoire générale des Mammifères*, dernier mot de la science actuelle sur cette importante matière; et par M. le docteur LE MAOUT, en ce qui touche les OISEAUX, dans son *Histoire naturelle des Oiseaux*, ouvrage le plus complet et le plus clair sur cette intéressante partie du règne Animal, et où chaque genre est représenté par les figures les plus fidèles que l'on ait faites jusqu'à ce jour.

BIBLIOTHÈQUE

Le Muséum ne compte une Bibliothèque au nombre de ses richesses, que depuis le décret de juin 1793, qui la réorganisa. La Bibliothèque est exclusivement consacrée aux ouvrages relatifs aux sciences physiques et naturelles, et se trouve ainsi destinée à compléter, avec les cours et les collections, les moyens d'études offerts au public pour cette branche des connaissances humaines.

Elle est placée dans le bâtiment neuf qui donne sur la rue de Buffon, et occupe tout le pavillon de droite divisé en deux étages. Sa disposition est aussi simple que bien entendue pour faciliter l'étude.

QUARANTE-QUATRE mille volumes environ, en y comprenant les dissertations isolées, sont réunis et offrent des matériaux aussi précieux que variés sur toutes les parties de l'histoire naturelle, et sont ainsi divisés :

HISTOIRE NATURELLE GÉNÉRALE. — PHYSIQUE. — CHIMIE. — MINÉRALOGIE. — GÉOLOGIE. — PALÉONTOLOGIE. — BOTANIQUE. — HORTICULTURE. — AGRICULTURE. — ZOOLOGIE. — ANATOMIE ET PHYSIOLOGIE HUMAINE ET COMPARÉE.

GÉOGRAPHIE. — VOYAGES. — HISTOIRE NATURELLE TOPOGRAPHIQUE.

ACTES DES ACADÉMIES ET SOCIÉTÉS SAVANTES.

JOURNAUX ET RECUEILS PÉRIODIQUES.

COLLECTIONS DE MONOGRAPHIES ET DISSERTATIONS PARTICULIÈRES. — NOTICES BIOGRAPHIQUES ET AUTOBIOGRAPHIQUES.

Chacune de ces grandes sections est elle-même subdivisée méthodiquement en classes nombreuses. La ZOOLOGIE, par exemple, est ainsi partagée : *Zoologie générale*; — *Iconographie zoologique*; — *Classification des animaux*; — *Géographie zoologique*; — *Instincts des animaux*; — *Races humaines*; — *Mammifères*; — *Oiseaux*; — *Reptiles*; — *Poissons*; — *Mollusques*; — *Insectes*; — *Crustacés*; — *Aranéides*; — *Annélides*; — *Zoophytes*; — *Mélanges zoologiques.*

Il en est de même des autres divisions bibliographiques ; elles sont toutes conformes à la méthode propre à chacune des différentes branches d'études scientifiques professées au Muséum.

Il est inutile de dire que, parmi ces ouvrages, il s'en trouve d'éminemment remarquables à divers titres.

Nous citerons seulement le magnifique ouvrage d'Audubon, sur les *Oiseaux d'Amérique* ; les *Grandes Flores* de Grèce, par Sibtorpf ; de Portugal, par Kitaibel ; d'Asie, par Wallich, Blume, Royle ; d'Amérique, par Humboldt, Bonpland, Kunt, de Martius, etc.

Les belles *Monographies* de Gould de Gray, et la *Fauna Italica*, du prince Ch. Bonaparte.

Les beaux et nombreux ouvrages publiés depuis quelques années, dans l'Amérique du nord, sur l'histoire naturelle de différents États ; l'ouvrage sur l'Égypte, publié par la commission scientifique qui a accompagné le général Bonaparte ; presque tous les grands voyages de circumnavigation.

La collection des journaux scientifiques, et celle des mémoires publiés par les Académies et Sociétés savantes, sont des plus complètes et des plus importantes.

L'extrême complaisance des Bibliothécaires et leurs connaissances spéciales et variées nous dispensent d'une plus longue énumération.

Nous devons signaler seulement à l'attention du monde savant, une Collection unique et fort considérable des travaux publiés isolément, soit sous forme de Thèses ou de Dissertations, soit dans les revues et journaux scientifiques, et que la patiente élaboration des Bibliothécaires a classée méthodiquement ; en sorte que ces travaux, d'une valeur inestimable, sont rendus faciles à l'étude par l'ordre qui a présidé à leur arrangement.

La Bibliothèque possède d'intéressants Manuscrits, parmi lesquels il importe de citer ceux de Tournefort, qui ne forment pas moins de dix volumes in-folio et de six volumes in-8° des dessins originaux de ses différents ouvrages ;

Ceux du père Plumier, relatifs à son voyage aux Antilles, et qui se composent de trente volumes in-folio, comprenant cinq à six mille dessins originaux de botanique pour la plupart ;

Ceux de Commerson, présentant les observations et les dessins qu'il avait recueillis comme naturaliste attaché à l'expédition de Bougainville. Ces dessins originaux, souvent cités, quoique inédits pour le plus grand nombre, s'élèvent à plus de mille.

La Bibliothèque possède aussi la plus grande partie des Manuscrits des deux Forster père et fils, Reinold et Georges, compagnons du capitaine Cook, dans son second voyage aux mers du Sud ; la *Description des Plantes et de quelques Animaux de Java et des Philippines*, par Noronha ; l'*Oologie* de l'abbé Manesse ; des Fragments de Peyssonel, de Vaillant, de Buffon, de Daubenton, de Vicq-d'Azyr ; la plus grande partie des Manuscrits laissés par Guettard, Lamarck et Haüy. De G. Cuvier, la Bibliothèque ne possède que des Notes de botanique ajoutées par lui, dans sa jeunesse, à un exemplaire du *Genera plantarum* de Linné.

Le Muséum doit à la générosité de M. de Humboldt un Journal, manuscrit original fort précieux, composé de plusieurs volumes in-folio et in-4°, contenant des descriptions rédigées, sur les lieux par M. Bonpland, des plantes recueillies pendant leur voyage en Amérique.

Il serait à souhaiter que la section des Manuscrits de la Bibliothèque du Muséum s'enrichît des autres ouvrages manuscrits concernant les sciences naturelles, qui sont disséminés et oubliés dans les autres Bibliothèques de Paris, et de ceux qui se trouvent en assez grand nombre dans la Bibliothèque de M. A. de Jussieu, récemment enlevé aux sciences.

Mais ce qui est surtout remarquable, c'est la magnifique Collection de peintures sur vélin qui a été commencée vers 1640, par les ordres de Gaston d'Orléans, pour la description des Plantes rares et les plus remarquables de son jardin de Blois ; acquises à sa mort par Louis XIV, ces précieuses peintures furent d'abord placées à la Bibliothèque royale, puis transportées, en 1794, à la Bibliothèque du Muséum, dont elles sont l'un des principaux ornements.

Les premiers dessins furent faits par *Nicolas Robert*; puis *Joubert*, *Aubriet*, Mademoiselle *Basseporte*, vinrent ajouter leurs travaux à ceux déjà acquis; enfin, et successivement, *P.* et *H. Maréchal*, *Oudinot*, *Redouté*, *Van-Spaëndonk*, de *Wailly*, *Huet*, *Bessa*, *Werner*, *Meunier*, *Oudart*, *Chazal*, *Prêtre*, Mademoiselle *Riché*, vinrent compléter cette iconographie sans rivale, qui compte aujourd'hui de cinq à six mille dessins, répartis dans quatre-vingt-quatorze portefeuilles, comme il suit :

ANATOMIE COMPARÉE	3 vol.	ZOOLOGIE. — *Crustacés*	} ..... 1 vol.	
ZOOLOGIE. — *Mammifères*	5	*Arachnides*		
Oiseaux	8	*Mollusques*	2	
Reptiles	2	*Zoophytes*	1	
Poissons	5	BOTANIQUE	65	
Insectes	2		**94 vol.**	

Le nombre de ces dessins s'accroît chaque année, et les cours professés au Muséum encouragent les jeunes talents à se livrer à la reproduction des individus rares qui habitent la Ménagerie, ou des végétaux qui fleurissent dans les serres.

Outre cette précieuse collection, la Bibliothèque possède encore plusieurs autres fonds de dessins originaux, exécutés aussi sur vélin pour la plupart, mais que leur spécialité a empêché de réunir à la collection générale; tels sont les dessins des *Plantes grasses*, par Redouté, au nombre de plus de 150; — ceux de Van-Spaëndonk et de Redouté, représentant les *arbres et arbustes d'Amérique*, publiés dans l'ouvrage de Michaux; — les dessins des *Courges*, par Duchêne, dessins d'une grande vérité et d'une parfaite exécution; — plusieurs Recueils de dessins des plantes, exécutés en Hollande pendant le XVIIe et le XVIIIe siècle; — la plus grande partie des dessins originaux, exécutés depuis peu d'années aux frais de l'État; — la *Description de l'Algérie*, due, pour la plupart à Vaillant, jeune peintre de talent que les arts ont aussi perdu depuis quelques mois.

Un ordre parfait règne dans la Bibliothèque; les études y sont faciles; des tables et des pupitres sont disposés pour la lecture ou les copies des vélins qui sont communiqués sous verre aux personnes qui désirent les reproduire.

La Bibliothèque est ouverte tous les jours, sauf le dimanche, de onze heures du matin à trois heures de relevée. Ses vacances commencent le 1er septembre et finissent le 1er octobre.

Nous nous arrêtons ici; nous ne *pouvons* et nous ne *voulons* pas tout décrire. Notre but était de vous raconter quelques-unes des merveilles que la Nature a semées si abondamment dans le sein de la création, et ce but est atteint. Le peu que nous vous avons montré vous a inspiré le désir d'en voir davantage : ce désir est sacré; ne négligez rien pour le satisfaire. C'est toujours une noble et louable curiosité que celle qui nous entraîne vers les sentiers de la science; mais gardez-vous aussi de chercher à pénétrer trop avant dans ses mystères : vous rencontreriez des barrières insurmontables, vous vous égareriez dans un labyrinthe sans issue.

L'arbre de la science est couvert de branches innombrables et immenses; où est l'homme gigantesque qui pourra jamais se flatter de les embrasser toutes ? « Je ne suis qu'un enfant qui ramasse quelques coquilles sur les bords du vaste Océan, » disait le grand Newton à l'apogée de sa gloire, au moment même où, nouveau Colomb, il venait de nous révéler des mondes. Si Newton n'était qu'un enfant côtoyant timidement le profond abîme, que sommes-nous, nous qui n'avons qu'une étincelle de ce feu sacré dont il portait le flambeau ?

Consolons-nous, qui que nous soyons; l'hommage que nous rendons au Créateur en contemplant ses œuvres lui est aussi agréable que celui du premier des philosophes ou des poëtes. Ne cherchons dans cette étude que les plaisirs innocents, sereins et tranquilles, qu'elle peut nous procurer, plaisirs d'autant plus vrais et plus doux, qu'ils seront plus indépendants de toute pensée ambitieuse, de toute préoccupation savante.

Croyez-nous, il viendra un jour où les instants que vous aurez passés parmi nous dans ces belles galeries, dans ces riches jardins, vous paraîtront les plus heureux de votre vie.

TABLE DES MATIÈRES

CLASSEMENT DES GRAVURES

DU

MUSÉUM D'HISTOIRE NATURELLE.

PREMIÈRE PARTIE.

DEUXIÈME PARTIE.

Paris, impr. de Paul Dupont, rue de Grenelle-Saint-Honoré, 45.

www.ingramcontent.com/pod-product-compliance
Lightning Source LLC
Chambersburg PA
CBHW060909220326
41599CB00020B/2894